“十三五”江苏省高等学校重点教材(编号:2018-2-143)



# 大气辐射学

陈渭民　王金虎　王　震　吴鹏飞　编著

气象出版社
China Meteorological Press

## 内容简介

大气辐射学是大气科学的专业基础理论课，按照大气辐射课程教学要求，本书共 10 章。第 1 章是大气辐射基本知识；第 2 章是辐射在介质中的传输方程；第 3 章是太阳短波辐射；第 4 章是地球长波辐射和大气吸收计算；第 5 章是球形粒子的光散射；第 6 章是电磁辐射的偏振；第 7—9 章是辐射的计算方法，包括离散纵标法、二流近似、球谐函数法、蒙特卡洛法等；第 10 章是辐射和气候过程。

本书的使用对象是大气科学各专业本科生、研究生和气象台站气象工作者，及其相关科研领域科研工作者。

**图书在版编目(CIP)数据**

大气辐射学/陈渭民等编著. -- 北京：气象出版社，2020.3

ISBN 978-7-5029-7005-5

Ⅰ. ①大… Ⅱ. ①陈… Ⅲ. ①大气辐射 Ⅳ. ①P422

中国版本图书馆 CIP 数据核字(2019)第 150036 号

DAQI FUSHEXUE

**大气辐射学**

---

出版发行：气象出版社

地　　址：北京市海淀区中关村南大街 46 号　　邮政编码：100081

电　　话：010-68407112(总编室)　010-68408042(发行部)

网　　址：http://www.qxcbs.com　　E-mail：qxcbs@cma.gov.cn

责任编辑：黄红丽　黄海燕　赵梦杉　　终　　审：吴晓鹏

特邀编辑：周黎明　　责任技编：赵相宁

责任校对：王丽梅

封面设计：地大彩印设计中心

印　　刷：三河市百盛印装有限公司

开　　本：720 mm×960 mm　1/16　　印　　张：27

字　　数：547 千字

版　　次：2020 年 3 月第 1 版　　印　　次：2020 年 3 月第 1 次印刷

定　　价：95.00 元

---

# 前　言

太阳和地球大气辐射影响大气的温度、气体浓度、能见度、颜色和生物有机体。红色的日出、蓝色的天空、白色的云、天空的彩虹、绿色的植物、棕色的烟和灰暗的霾都是由可见光与气体、粒子、云滴或其它物体相互作用引起的。大气中许多大气物理光学现象都与大气紫外线、可见光、红外辐射有关。大气辐射学是大气物理学的一个重要组成部分。

大气辐射学是大气遥感的基础理论之一。无论是卫星遥感还是雷达探测,表征地球-大气特性的信息是通过电磁辐射这唯一方式传递。在大气遥感、海洋遥感或其他遥感领域中,大气、云雨和地面目标物吸收、发射或反射不同谱段的辐射,传递目标物光谱特性状态辐射等信息。传感器接收这种辐射信息,定量获取目标物特性。因此,电磁辐射是大气遥感的基础。

太阳辐射能是地球大气系统能量的源泉,太阳辐射能是大气中一切物理过程的原动力。一年中太阳跨赤道南北位移,形成春夏秋冬四季气候变化。各地气候差异的基本原因是太阳辐射能量在地球上分布不均匀。各地全年所得太阳辐射能因纬度而异,即随着纬度的增高而减少。

大气辐射学是气候学的基础。大气辐射直接影响地球气候的变化。气候系统内的各种气候过程大多与辐射有关,如大气中最基本的辐射加热和冷却、辐射平衡等。大气辐射直接与天气变化有关。大气辐射是大气中传播最快的能量。太阳辐射直接加热地表,使能量在很短时间内在大气底部堆积,驱动局地对流的发展,导致像冰雹强风等强烈天气的发生和发展。

大气辐射学是在学习数学、物理、气象学基础上的专业基础课,是具有一定深度和难度的课程,也是开展大气科学和遥感技术研究必须掌握的课程。本课程的特点是引进的概念多,知识跨度大。学好本课程首先要掌握辐射的基本知识。

本书是作者二十多年来在南京信息工程大学大气物理学院对大气探测专业研究生讲授大气辐射学的基础上,根据讲稿经过补充修改而成,并增加了问题、思考题。

全书主要由陈渭民编写,共有 10 章,第 1 章为大气辐射基本知识;第 2 章为辐射在介质中的传输方程;第 3 章为太阳短波辐射;第 4 章为地球长波辐射和大气吸收计算;第 5 章为球形粒子的光散射;第 6 章为电磁辐射的偏振;第 7 章为辐射传输的离散纵标法;第 8 章为辐射传输的近似处理方法和二流近似计算;第 9 章为辐射传输原理和球谐函数、有限差分法、蒙特卡洛法；第10章为辐射与气候过程。其中王金虎参与了第6、7、9等章的审阅修订工作，王震参与了第2、4章审阅修订工作，吴鹏飞参与了第3、5章审阅修订工作。

本书已列入“十三五”江苏省高等学校重点教材，得到江苏省高教学会的支持。在编写过程中得到南京信息工程大学大气物理学院和学校教务处的大力支持；卜令兵教授对全书提出很多宝贵意见，在此一并表示衷心感谢。

限于作者水平和能力，不当之处在所难免，敬请读者批评指正。

作者

2019年7月

# 目　录


前言

**第 1 章　大气辐射基本知识** …… 1

1.1　辐射基本度量 …… 1

1.2　辐射基本定理 …… 12

1.3　辐射的发射、吸收和反射 …… 18

本章要点 …… 22

问题和习题 …… 22

**第 2 章　辐射在介质中的传输方程** …… 25

2.1　基本辐射传输方程 …… 25

2.2　辐射传输方程式的形式解 …… 33

2.3　向上和向下辐射传输方程 …… 37

2.4　辐射的散射和反射参数 …… 43

2.5　累加法 …… 46

本章要点 …… 48

问题和习题 …… 48

**第 3 章　太阳短波辐射** …… 53

3.1　太阳基本知识 …… 53

3.2　太阳的辐射输出和大气顶的太阳辐射计算 …… 62

3.3　太阳辐射与地球大气上层的相互作用 …… 68

3.4　分子的散射辐射 …… 76

3.5　太阳辐射光谱和大气吸收 …… 82

3.6　入射大气的太阳辐射计算 …… 88

本章要点 …… 94

问题和习题 …… 94

**第 4 章　地球长波辐射和大气吸收计算** …… 97

4.1　地球大气的辐射光谱和长波辐射 …… 97

4.2　气体吸收光谱线特征 …… 100

4.3　大气吸收气体光谱 …… 114

4.4　大气吸收光谱的计算方法 …… 130

4.5 大气辐射的高度积分——不均匀垂直路径的透过率计算…… 158
4.6 大气辐射的角度积分…… 166
4.7 大气辐射的频率积分…… 167
本章要点 …… 168
问题和习题 …… 168
**第5章 球形粒子的光散射** …… 174
5.1 平面电磁波…… 174
5.2 电介质的极化…… 176
5.3 大气折射指数和大气中射线的折射…… 184
5.4 电磁波动方程及其解…… 191
5.5 球形粒子的 Mie 散射波的解 …… 201
5.6 粒子的远场散射波…… 206
5.7 远场单个球形粒子的消光参数…… 211
5.8 多球形粒子群的衰减系数…… 222
本章要点 …… 225
思考题和习题 …… 225
**第6章 电磁辐射的偏振** …… 231
6.1 电磁辐射椭圆、线、圆偏振…… 231
6.2 斯托克斯参数…… 235
6.3 辐射传输方程式的矢量形式…… 248
6.4 球形粒子的斯托克斯参数表示…… 249
6.5 粒子群的相函数矩阵元…… 250
6.6 多次散射源函数的变换…… 251
6.7 对于瑞利散射的 $I(\theta,\phi)$ 的变换方程 …… 252
本章要点 …… 256
思考题与习题 …… 256
**第7章 辐射传输的离散纵标法** …… 258
7.1 散射相函数的勒让德多项式和其他表示…… 258
7.2 辐射传输方程的相函数处理…… 263
7.3 各向同性离散纵标法…… 266
7.4 大气外部源(太阳等)的辐射平衡离散纵标法…… 273
7.5 守恒漫反射辐射($\varpi_0=1$) …… 275
7.6 各向异性散射大气的离散纵标法…… 276
7.7 离散纵标法矩阵公式…… 280
7.8 矩阵特征解…… 283

本章要点 …… 288
思考题和习题 …… 288
**第 8 章 辐射传输的近似处理方法和二流近似计算** …… 292
8.1 $\delta$-相函数定标处理辐射传输方程式 …… 292
8.2 辐射传输的一次散射和迭代计算 …… 298
8.3 辐射传输的二流近似 …… 299
8.4 介质中在有嵌入辐射源时的二流近似 …… 309
8.5 外源阳光下的二流近似 …… 314
8.6 Eddington 二流近似——各向异性散射的二流近似 …… 319
本章要点 …… 321
思考题和习题 …… 321
**第 9 章 辐射传输原理和球谐函数、有限差分法、蒙特卡洛法** …… 327
9.1 相互作用原理 …… 327
9.2 不变性原理 …… 330
9.3 考虑地表面反射后的大气的反射辐射和透射辐射 …… 333
9.4 辐射传输的球谐函数法 …… 336
9.5 有限微分法 …… 340
9.6 蒙特卡洛法 …… 346
本章要点 …… 352
问题和思考题 …… 353
**第 10 章 辐射与气候过程** …… 354
10.1 太阳辐射与简单的气候模式的全球温度预报 …… 354
10.2 气候变化 …… 358
10.3 辐射平衡 …… 361
10.4 辐射对流平衡 …… 368
10.5 辐射加热率 …… 372
10.6 辐射强迫 …… 383
本章要点 …… 396
问题和习题 …… 396
**参考文献** …… 400
**附录 A 一些通用常数** …… 410
**附录 B 标准大气(美)** …… 412
**附录 C 水和冰的复折射指数** …… 414
**附录 D 辐射参数量纲** …… 420
**附录 E 大气顶太阳辐照度和水汽、臭氧、混合气体的吸收系数** …… 422

# 第1章　大气辐射基本知识

学习大气辐射学，首先要引入描述该学科的基本量和基本定律，因此，本章内容有：(1)辐射基本量；(2)黑体辐射定律；(3)辐射介质的反射、吸收和透过基本定义。

## 1.1　辐射基本度量

地球大气中的气体分子和悬浮物的辐射吸收和发射及地物的目标特性随波长(频率)而变，不同波长处其特性不同。卫星遥感地球大气和地物就是根据不同波长处其不同特性，通过使用不同的光谱段遥感地球大气系统发出或反射的辐射，识别不同的目标物。因此，首先介绍电磁波谱的有关知识。

### 1.1.1　电磁波谱

电磁辐射包括太阳辐射、地球大气的热辐射和无线电辐射等，它的波长范围很广，从 $10^{-10}$ $\mu$m 的宇宙射线到 $10^{10}$ $\mu$m 的无线电波。为了使用的方便，按电磁波的频率或波长将电磁波划分为几个波段。

**1. 电磁波段的划分**

电磁波分成 $\gamma$ 射线、X 射线、紫外线(UV)、可见光(VIS)、红外线(IR)、微波(WV)等波段。它们都具有电磁波所固有的特性，同时由于波长和频率的不同，还表现有各自不同的特性，如图 1.1 所示。

(1) $\gamma$ 射线：它是放射性元素蜕变时产生的，其波长最短，在 $10^{-4}$～$10^{-1}$ nm，具有很高的能量(几万～几兆电子伏特)，因此，它能穿透非常稠密的物质。由于 $\gamma$ 射线能电离空气，所以可以通过其穿透空气来研究它的特性。

(2) X 射线(伦琴射线)：X 射线是原子内部的电子从激发态恢复到稳态产生的，因而它的波长短、频率高，其范围在 0.0045～$10^{-5}$ $\mu$m。X 射线也能穿透密度很大的物质，所以可以利用它的这种特性研究物质的内部结构。

(3) 紫外线(UV)：紫外线是由于原子和分子内部电子状态的改变引起的。其波长范围为 0.01～0.38 $\mu$m。紫外线又可分为近紫外(0.20～0.38 $\mu$m)和远紫外(0.01～0.20 $\mu$m)。由于它的频率高，各种物质对短的紫外线波都有强烈的吸收。近

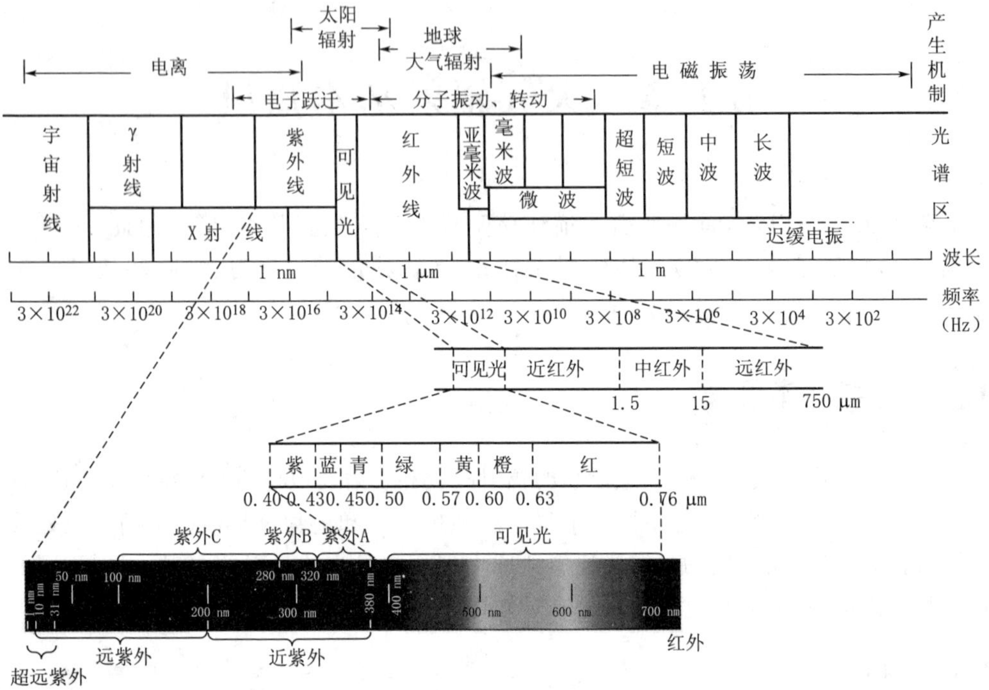


图 1.1　电磁波谱

紫外 UV 还分为：UVA(0.32～0.38 μm)、UVB(0.28～0.32 μm)和 UVC(0.10～0.28 μm)，其中 UVA 辐射对大多数人没有大的危害，UVB 可以对生命引起伤害，较强的 UVC 则对多数生命产生严重的损害。

(4)可见光(VIS)：可见光是一个很狭窄的波长间隔，波长范围为 0.35～0.76 μm，它是由于原子内部电子状态的改变而引起的，其最大特点是它对人眼的视网膜施以一种特殊的刺激而引起视觉。可见光谱段还可进一步分为：紫、蓝、青、绿、黄、橙、红等色光分波段。其中紫光波长最短，比紫光还要短的就是紫外线；红光波长最长，比红光还要长的是红外线。太阳辐射的主要范围是可见光辐射。

(5)红外线(IR)：红外线谱段为 0.76～1000 μm，它主要由分子、原子的振动转动而产生的。它还分为近、中、远红外谱段。红外辐射也叫热辐射或温度辐射，地球大气主要产生红外辐射。

(6)微波(WV)：这是比红外线还要长的电磁波辐射，波长范围为 1 mm～30 cm，它是由物质内部分子的转动引起的。大于 30 cm 的是无线电波。

**表 1.1　电磁波谱波段的划分**

| 分谱段名称 | | 波长范围 | 分谱段名称 | | 波长范围(或中心) |
|---|---|---|---|---|---|
| γ 射线 | | $10^{-4}$～$10^{-1}$ nm | 红外线 | 近红外 | 0.77～3 μm |
| X 射线 | | $10^{-2}$～10 nm | | 中红外 | 3～6 μm |
| 紫外线 | 远紫外 | 10～200 nm | | 远红外 | 6～15 μm |
| | 紫外 | 200～300 nm | | 超远红外 | 15～1000 μm |
| | 近紫外 | 300～380 nm | 微波 | L | 25 cm(1 GHz) |
| 可见光 | 紫 | 0.390～0.430 μm | | S | 10 cm(3 GHz) |
| | 蓝 | 0.430～0.450 μm | | C | 6 cm(5 GHz) |
| | 青 | 0.450～0.500 μm | | J | 4.5 cm(6 GHz) |
| | 绿 | 0.500～0.577 μm | | X | 3 cm(10 GHz) |
| | 黄 | 0.577～0.597 μm | | K | 1.2 cm(25 GHz) |
| | 橙 | 0.597～0.622 μm | | Q | 0.8 cm(38 GHz) |
| | 红 | 0.622～0.770 μm | | | |

电磁波谱各谱段的划分一般没有严格的界限,在两谱段之间的边界是渐变的。在某些文献中,其划分与表 1.1 略有不同。

电磁波的谱段有时还可以按照使用目的划分,如把 0.38～3.0 μm 谱段称为反射波段,这一波段的辐射源是太阳。卫星接收的是地面和云面对太阳辐射的反射辐射,反射波段还可把波长分为反射可见光谱段和反射近红外谱段。

电磁谱段还可以按吸收物质划分,如将水汽吸收谱段称为水汽带,二氧化碳吸收谱段称为二氧化碳吸收带。

**2. 电磁波各参数的关系和使用的单位**

(1) 电磁波各参数的关系

电磁波谱通常以波长和频率来表示,真空中存在关系

$$\lambda\nu=c;\quad \nu=c/\lambda;\quad \lambda=c/\nu \tag{1.1}$$

式中 $\lambda$ 是波长,$\nu$ 是频率,$c$ 是光速,在真空中它等于 $2.99792458\times10^{10}$ cm·$s^{-1}$。若在介质中传播,则有

$$v=\nu\lambda_n \tag{1.2}$$

式中 $v$ 是波在介质中的速度。$\lambda_n$ 是波在介质中的波长,等于 $\lambda/n$,$n=\sqrt{\varepsilon_r\mu_r}$ 是介质的折射指数,$\varepsilon_r$ 是介电常数,$\mu_r$ 是磁导率。

(2)电磁波各谱段使用的单位

电磁波波长单位的换算见表 1.2。在日常使用中,可见光波段的波长单位常用纳米(nm)和微米(μm)。红外波段的波长单位常用微米(μm)。除此之外,红外波段还

采用波数表示，所谓波数是指单位长度内包含波的数目，即

$$\tilde{\nu}=1/\lambda=\nu/c \tag{1.3}$$

式中 $\tilde{\nu}$ 是波数。波数的单位用厘米(cm)的倒数($cm^{-1}$)，其表示 1 cm 长度内含有波的数目。波数用于表示频率，频率越高，波数越大。虽然没有一种方法测量出红外波段那么高的频率，但测量其波长的精度却可达 $10^{-5}\sim10^{-7}$ m，为了表示这么高的精度，使用波数较为方便。

在微波波段，波长单位常用毫米(mm)或厘米(cm)。但也常用频率来表示，单位有赫兹、千赫、兆赫和千兆赫，它们间的关系为

1 千兆赫(GHz)$=10^3$ 兆赫(MHz)$=10^6$ 千赫(kHz)$=10^9$ 赫(Hz)

**表 1.2 波长单位换算因子**

| 单位 | 米(m) | 厘米(cm) | 毫米(mm) | 微米(μm) | 纳米(nm) |
|---|---|---|---|---|---|
| 米(m) | 1 | $10^2$ | $10^3$ | $10^6$ | $10^9$ |
| 厘米(cm) | $10^{-2}$ | 1 | 10 | $10^4$ | $10^7$ |
| 毫米(mm) | $10^{-3}$ | $10^{-1}$ | 1 | $10^3$ | $10^6$ |
| 微米(μm) | $10^{-6}$ | $10^{-4}$ | $10^{-3}$ | 1 | $10^3$ |
| 纳米(nm) | $10^{-9}$ | $10^{-7}$ | $10^{-6}$ | $10^{-3}$ | 1 |

(3)电磁波的量子特性

从量子观点看，电磁辐射可以看成是一粒一粒以光速 $c$ 运动的粒子流，这些粒子称为光量子，每一个光量子所具有的能量为

$$E=h\nu \tag{1.4}$$

式中 $E$ 是能量，$h$ 是普朗克常数($6.626196\times10^{-34}$ J·s)。光量子是粒子，它具有的质量为

$$m=E/c^2=h\nu/c^2 \tag{1.5}$$

式中 $m$ 是光量子的质量。光量子的动量为

$$P=mc=h/\lambda=h\nu/c \tag{1.6}$$

式中 $P$ 是动量。

按照量子理论，电磁辐射的发射或吸收是由于物质内原子或分子的能量状态发生改变引起的。如果物质中原子的状态由高能级 $E_j$ 跃迁到低能级 $E_i$，物质要发出辐射；而当由低能级 $E_i$ 跃迁到高能级 $E_j$ 时，物质便要吸收辐射。发出或吸收辐射时光量子的频率为

$$\nu=(E_j-E_i)/h \tag{1.7}$$

式中$(E_j-E_i)$是量子发生跃迁时能量的改变量。

光量子的能量可以根据(1.4)式计算，例如对于波长为 30000 Å(1 Å$=10^{-8}$ cm)的红外光，其波数为 $3.3\times10^5$ $m^{-1}$，则此红外光量子的能量为

$E=(6.6\times10^{-34}(\text{J}\cdot\text{s})\times3\times10^{8}(\text{m}\cdot\text{s}^{-1}))\ /(3\times10^{-6}(\text{m}))=6.6\times10^{-20}(\text{J})$

由于每 1 eV 是 $1.6\times10^{-19}$ J，所以该波长红外光量子能量是 0.4 eV。同理，对于 2500 Å 的紫外光光量子的能量为 5.5 eV。光量子的能量从光化学角度常用摩尔能量(单位:kcal)表示，由于光生物学是以光化学反应为基础的，大多数光化学反应的活化能都在 20～100 cal/mol 之间，所以由光量子能量的摩尔大小可以看出某波长的光能否产生光生化反应。从表 1.3 看出，对于红外光的光量子能量往往不能进行光化学反应，这种光量子被生物组织吸收后，转换为热能，所以红外光的生物学效应主要是热效应。从可见光开始可以进行光生物化学反应，波长越短，其热效应越小。一个光生物化学反应所需多大的波长也可以从反应活化能计算出来。如根据化学热力学计算，下面反应需要 46 kcal 的活化能：

$$2H_2O+O_2 \longrightarrow 2H_2O_2 \qquad \Delta H=46\ \text{cal}$$

而 $\Delta H=Nh\nu$，$N$ 是阿氏常数，所以

$$\frac{\Delta H}{N}=\frac{c}{\lambda}h$$

即

$$\lambda=\frac{chN}{\Delta H}=\frac{(2.998\times10^{10})\times(6.626\times10^{-34})\times(6.023\times10^{23})}{46000\times4.185}=6.215\times10^{-5}(\text{cm})=621.5(\text{nm})$$

从上述计算看出，若上面反应以光进行，则至少要波长为 621 nm 的红光进行，这种波长称最大效应波长。

**表 1.3　紫外光谱与可见光谱的能量**

| 波长(nm) | 频率($s^{-1}$) | 谱段 | 能量(kcal/mol) | 能量(eV) |
|---|---|---|---|---|
| 200 | $1.5\times10^{15}$ | 紫外光 | 143 | 6.2 |
| 250 | $1.2\times10^{15}$ | 紫外光 | 114 | 4.9 |
| 300 | $1.0\times10^{15}$ | 紫外光 | 102 | 4.4 |
| 380 | $7.9\times10^{14}$ | 可见与紫外边缘 | 76 | 3.3 |
| 400 | $7.5\times10^{14}$ | 紫色 | 72 | 3.1 |
| 470 | $6.4\times10^{14}$ | 蓝色 | 66 | 2.6 |
| 530 | $5.8\times10^{14}$ | 绿色 | 54 | 2.3 |
| 580 | $5.2\times10^{14}$ | 黄色 | 49 | 2.1 |
| 620 | $4.9\times10^{14}$ | 橙色 | 46 | 2.0 |
| 700 | $4.3\times10^{14}$ | 红色 | 41 | 1.8 |
| 800 | | 红色 | 36 | |
| 1 000 | | 红外光 | 28 | |

根据爱因斯坦的光化学当量定理，只有当吸收一个光量子以后，一个分子才会起

反应，因此，一摩尔化合物必须吸收 $N$（$N=6.02297\times10^{23}\ \text{mol}^{-1}$）个光量子才能启动反应，被一摩尔化合物吸收的光子总能量叫作一个爱因斯坦。

同样，可以反过来计算对于波长为 650 nm 的红光的摩尔能量（即是 $6.023\times10^{23}$ 个量子），其频率为

$$\nu=c/\lambda=4.6\times10^{14}$$

能量为：

$$E=Nh\nu=18.35\times10^{4}(\text{J})$$

所以一摩尔 650 nm 的红光的包含了 $18.35\times10^{4}$ J 的能量。

### 1.1.2 辐射基本量

**1. 辐射能 $Q$**

指电磁辐射所携带的能量，或物体发射的全部能量，其单位用焦耳(J)。

**2. 辐射通量 $\Phi$**

指单位时间内通过某一表面的辐射能，它表示了辐射能传递的速率，写成

$$\Phi=Q/t \qquad (\text{W}) \tag{1.8}$$

式中 $Q$ 是辐射能，$t$ 是时间。如果辐射能随时间而变，则辐射通量以微分形式表示

$$\Phi=\lim_{\Delta t\to0}\Delta Q/\Delta t=\mathrm{d}Q/\mathrm{d}t \quad 或 \quad Q=\int_{t_1}^{t_2}\Phi\,\mathrm{d}t \tag{1.9}$$

在遥感探测中，传送给探测器的能量必须超过一最低值，才能使它工作。若探测器接收最小辐射能所允许的时间是 $t_{\text{all}}$，则有

$$Q_{\min}=\Phi t_{\text{all}} \tag{1.10}$$

式中 $Q_{\min}$ 是遥感探测器能进行工作所需要的最低辐射能。

**3. 辐射通量密度或照度**

定义为通过单位面积、单位时间的辐射能 $Q(J)$，写为

$$F=\Phi/A \qquad (\text{W}\cdot\text{m}^{-2})$$

微分形式 $F(\boldsymbol{r},\boldsymbol{n})$ 为当 $\Delta A\to0$，$\Delta\Phi/\Delta A$ 的极限值，表示为

$$F=\lim_{\Delta A\to0}\Delta\Phi/\Delta A=\frac{\mathrm{d}^2Q}{\mathrm{d}A\,\mathrm{d}t}=\frac{\mathrm{d}\Phi}{\mathrm{d}A} \tag{1.11}$$

卫星遥感探测地球大气辐射是在一定波长间隔 $\lambda\to\lambda+\Delta\lambda$ 内进行，当 $\Delta\lambda\to0$ 时，测量的辐射通量密度写为

$$F_\lambda=\lim_{\Delta\lambda\to0}\Delta F/\Delta\lambda=\frac{\mathrm{d}^3Q}{\mathrm{d}A\,\mathrm{d}t\,\mathrm{d}\lambda}=\frac{\mathrm{d}^2\Phi}{\mathrm{d}A\,\mathrm{d}\lambda}=\frac{\mathrm{d}F}{\mathrm{d}\lambda} \quad (\text{W}\cdot\text{m}^{-2}\cdot\mu\text{m}^{-1}) \tag{1.12}$$

式中 $F_\lambda$（$\text{J}\cdot\text{s}^{-1}\cdot\text{m}^{-2}\cdot\mu\text{m}^{-1}=\text{W}\cdot\text{m}^{-2}\cdot\mu\text{m}^{-1}$）是单色辐射通量密度，$\boldsymbol{n}$ 是表面的法线方向。

注意 $F_\lambda$、$F_\nu$、$F_{\tilde{\nu}}$ 之间的关系，由关系式

$$F_{\tilde{\nu}} = \partial F/\partial\tilde{\nu} = (\partial F/\partial\nu)(\partial\nu/\partial\tilde{\nu}) = F_\nu(\partial\nu/\partial\tilde{\nu}) = (\partial F/\partial\lambda)(\partial\lambda/\partial\tilde{\nu}) = F_\lambda(\partial\lambda/\partial\tilde{\nu})$$

…………

即

$$F_{\tilde{\nu}}\mathrm{d}\nu = F_\nu \mathrm{d}\nu = F_\lambda \mathrm{d}\lambda$$

和由 $\lambda = c/\nu, \nu = c\tilde{\nu}$ 得

$$|\partial\nu/\partial\tilde{\nu}| = c,\quad |\partial\lambda/\partial\nu| = c/\nu^2,\quad |\partial\lambda/\partial\tilde{\nu}| = 1/\tilde{\nu}^2$$

有

$$F_\nu = \lambda^2 F_\lambda/c,\quad F_{\tilde{\nu}} = \lambda^2 F_\lambda,\quad F_\nu = c^{-1}F_{\tilde{\nu}} \tag{1.13}$$

如果遥感测量的波段为 $\lambda_1 \to \lambda_2$，则测量到的辐射通量密度为

$$F(\lambda_1 \to \lambda_2) = \int_{\lambda_1}^{\lambda_2} F_\lambda \mathrm{d}\lambda \tag{1.14}$$

对于一个被照射的表面或发射的表面，还使用以下术语：

辐照度($E$)：指投射到一表面上的辐射通量密度。

出射度($M$)：指辐射体表面发射出的辐射通量密度。

这几个量之间的关系为

$$\Phi = FA = EA = MA \quad 或是 \quad F = M = E = \frac{\partial\Phi}{\partial A} \tag{1.15}$$

### 1.1.3　辐射强度(或辐射率)

**1. 立体角**

辐射描述的是在空间中某一传播方向上的辐射能，而卫星遥感测量的是来自于某一方向的辐射能。因此，为表示空间中任一点处某一方向的辐射场强度，需要引入立体角的概念，由于辐射是有方向的，立体角也有方向性。下面就立体角作说明。

如图 1.2，定义立体角为球面上任一面积对球中心所张的角，数值上等于该面积被球半径的平方除，采用微分形式写为

$$\mathrm{d}\omega = \frac{\mathrm{d}A}{r^2} \tag{1.16}$$

式中 $\mathrm{d}A = r\mathrm{d}\theta r\sin\theta\mathrm{d}\phi$，$\mathrm{d}A$ 是球表面的面元，$r$ 是面元到球中心的距离，$\theta$、$\phi$ 分别是极角和方位角，则立体角元为

$$\mathrm{d}\omega = \sin\theta\mathrm{d}\theta\mathrm{d}\phi = -\mathrm{d}\cos\theta\mathrm{d}\phi = -\mathrm{d}\mu\mathrm{d}\phi \tag{1.17}$$

及 $\sin\theta = (1-\mu^2)^{1/2}, \cos\theta = \mu$。

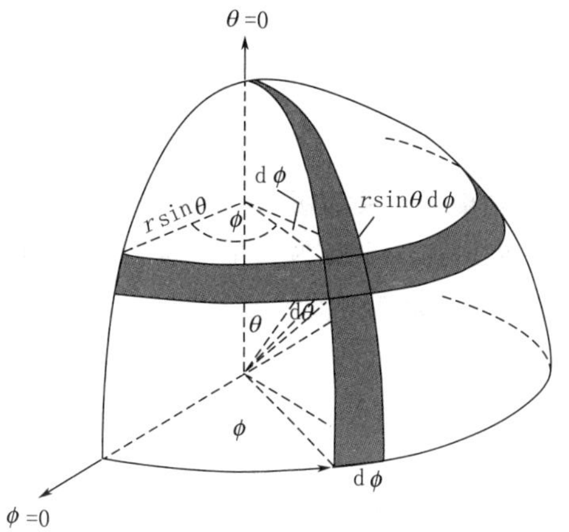

图 1.2　立体角

(1)整个空间的立体角：对整个空间积

分，就是 $\theta$：$-\pi\to\pi$ 和 $\phi$：$0\to2\pi$，即

$$\omega=\int_0^{2\pi}\int_0^{\pi}\sin\theta\,d\theta\,d\phi=4\pi$$

（2）对于球面上一弧形区所张的立体角

$$\omega=\int_{\theta_1}^{\theta_2}\sin\theta\,d\theta\int_0^{2\pi}d\phi=2\pi(\cos\theta_1-\cos\theta_2)$$

（3）角度为 $\theta$ 时的球冠所张的立体角

$$\omega=\int_0^{2\pi}d\phi\int_0^{\theta}\sin\theta\,d\theta=2\pi(1-\cos\theta)$$

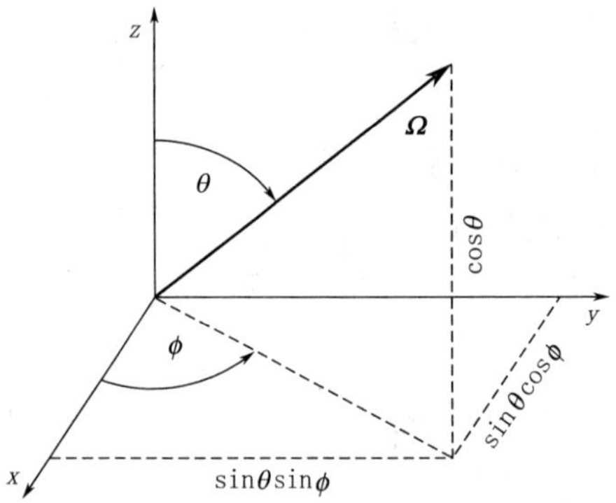


图 1.3 单位立体角的直角坐标 $\Omega_x$、$\Omega_y$、$\Omega_z$ 分量

（4）对于小角度 $\theta$，有 $\cos\theta\to1-\theta^2/2$，则

$$\omega\approx\pi\theta^2$$

（5）太阳对于地球所张的立体角为 $\Omega_0\approx\pi\theta_\odot^2$，日地距离为 $d_0=1.5\times10^8$ km，太阳半径为 $R_s=6.96\times10^5$ km，则得

$$\omega_0=\frac{\pi R_s^2}{d^2}=6.76\times10^{-5}(\mathrm{sr})$$

立体角是一矢量，如图 1.3 所示，在直角坐标中它可以表示

$$\boldsymbol{\Omega}=\Omega_x\boldsymbol{i}+\Omega_y\boldsymbol{j}+\Omega_z\boldsymbol{k}\qquad(1.18)$$

立体角分量值表示为

$$\begin{cases}\Omega_x=\dfrac{\partial x}{\partial s}=\boldsymbol{\Omega}\cdot\boldsymbol{i}=\cos(\Omega,i)=\sin\theta\cos\phi=(1-\mu^2)^{1/2}\cos\phi\\ \Omega_y=\dfrac{\partial y}{\partial s}=\boldsymbol{\Omega}\cdot\boldsymbol{j}=\cos(\Omega,j)=\sin\theta\sin\phi=(1-\mu^2)^{1/2}\sin\phi\\ \Omega_z=\dfrac{\partial z}{\partial s}=\boldsymbol{\Omega}\cdot\boldsymbol{k}=\cos(\Omega,k)=\cos\theta=\mu\end{cases}\qquad(1.19)$$

$$\Omega=\Omega(\theta,\phi)=\Omega(\mu,\phi)$$

**2. 辐射强度的定义**

辐射强度定义为在某点垂直于辐射传播方向上单位面积、单位立体角、单位时间、单位波长（频率或波数）的辐射能 $Q_\lambda$，写为

$$I_\lambda(\boldsymbol{\Omega})=\lim_{\Delta\Omega\to0}\Delta F_\lambda/\Delta\omega=\frac{d^2F}{\cos\theta\,d\omega\,d\lambda}=\frac{d^3\Phi}{dA\cos\theta\,d\omega\,d\lambda}$$

$$=\frac{d^4Q}{dA\cos\theta\,d\omega\,dt\,d\lambda}=\frac{d^4Q}{dA\boldsymbol{\Omega}\cdot\boldsymbol{n}\,d\omega\,dt\,d\lambda}\quad(\mathrm{W\cdot m^{-2}\cdot sr^{-1}\cdot\mu m^{-1}})\ (1.20)$$

式中 $I_\lambda$ 是单色辐射强度，$\theta$ 是介质表面方向 $\boldsymbol{n}$ 与辐射传播方向 $\boldsymbol{\Omega}$ 之间的夹角，$\mathrm{d}A$ 是介质表面积，$\mathrm{d}A\cos\theta$ 是垂直于 $\boldsymbol{\Omega}$ 方向的面积，$\cos\theta=\boldsymbol{\Omega}\cdot\boldsymbol{n}$。注意：单色不是在单一波长，而是指以波长为中心 $\lambda$ 波长间隔 $\Delta\lambda$ 很窄的范围。辐射率所用的单位：$(\mathrm{J}\cdot\mathrm{s}^{-1}\cdot\mathrm{sr}^{-1}\cdot\mathrm{m}^{-2}\cdot\mu\mathrm{m}^{-1})=(\mathrm{W}\cdot\mathrm{sr}^{-1}\cdot\mathrm{m}^{-2}\cdot\mu\mathrm{m}^{-1})$，为方便，辐射度量略去了位置坐标。

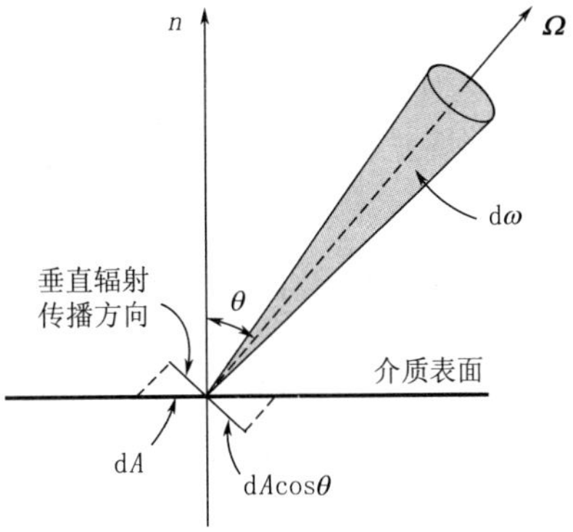

图 1.4　辐射率定义

辐射强度特点：①强度是坐标、方向、波长(频率)、时间的函数，因此，它取决于七个独立变量：三个空间、二个角度、一个波长和一个时间；②在透明介质中，沿射线方向，强度不变；③如果强度与方向无关，表示电磁辐射场是各向同性的；④如果辐射与位置无关，则辐射场是均匀的。

对于将任一函数对立体角积分，如强度就是对半球方向积分

$$h=\int_0^{2\pi}\mathrm{d}\phi\int_{\pi/2}^{0}I(\theta,\phi)\sin\theta\mathrm{d}\theta=\int_0^{2\pi}\mathrm{d}\phi\int_0^1 I(\mu,\phi)\mathrm{d}\mu \tag{1.21}$$

$$I=\int_0^{\infty}I_\nu\,\mathrm{d}\nu$$

**3. 辐射强度与辐射通量密度关系**

辐射通量密度是一个很重要的量，定义半球辐射通量密度为

$$F=\int_0^{2\pi}\mathrm{d}\phi\int_0^1 I(\mu,\phi)\mu\mathrm{d}\mu \tag{1.22}$$

它与 $h$ 的不同在于它表示的是通过水平面的辐射通量密度，$h$ 则是 $\boldsymbol{\Omega}$ 方向上的通量密度。

投射到一表面的辐射通量密度，称为辐照度，写为

$$\begin{aligned}E_{\lambda,z}&=I_\lambda(\boldsymbol{\Omega})\cos\theta\mathrm{d}\omega\mathrm{d}\lambda\\&=I_\lambda(\boldsymbol{\Omega})\Omega_z\mathrm{d}\omega\mathrm{d}\lambda\end{aligned} \tag{1.23}$$

上式对全波长和整个空间积分，有

$$E_{\lambda,x}=\int_0^{\infty}\int_{4\pi}I_\lambda(\boldsymbol{\Omega})\Omega_x\mathrm{d}\omega\mathrm{d}\lambda \tag{1.24}$$

总的辐照度为

$$\begin{aligned}E&=\int_0^{\infty}\int_{4\pi}\boldsymbol{\Omega}I_\lambda(\boldsymbol{\Omega})\mathrm{d}\omega\mathrm{d}\lambda\\&=\boldsymbol{i}E_{\lambda,x}+\boldsymbol{j}E_{\lambda,y}+\boldsymbol{k}E_{\lambda,z}\end{aligned} \tag{1.25}$$

式中
$$E_{\lambda,y}=\int_0^{\infty}\int_{4\pi}\Omega_yI_\lambda(\boldsymbol{\Omega})\mathrm{d}\omega\mathrm{d}\lambda$$

$$E_z = \int_0^{\infty}\int_{4\pi} \Omega_z I_{\lambda}(\boldsymbol{\Omega}) \mathrm{d}\omega \mathrm{d}\lambda$$

在表面法向 $\boldsymbol{n}$ 照度为

$$E_{n\lambda} = E_{\lambda} \cdot \boldsymbol{n} = \int_{4\pi} \boldsymbol{\Omega} \cdot \boldsymbol{n} I_{\lambda}(\Omega) \mathrm{d}\omega = \int_{4\pi} \cos(\boldsymbol{\Omega}, \boldsymbol{n}) I_{\lambda}(\boldsymbol{\Omega}) \mathrm{d}\omega \tag{1.26}$$

### 1.1.4 分谱辐射通量与分谱辐射强度关系

某一表面的分谱辐射通量密度是将其法向辐射率对立体角积分，为

$$F_{\lambda} = \int_{4\pi} I_{\lambda} \cos\theta \mathrm{d}\omega = \int_0^{2\pi}\int_{-\pi/2}^{\pi/2} I_{\lambda} \cos\theta \sin\theta \mathrm{d}\theta \mathrm{d}\phi \tag{1.27}$$

(1)在水平面上半球向上分谱辐射量密度，为

$$F_{\lambda}^{+} = \int_0^{2\pi}\int_0^{\pi/2} I_{\lambda} \cos\theta \sin\theta \mathrm{d}\theta \mathrm{d}\phi \tag{1.28}$$

(2)向下分谱辐射通量密度，为

$$F_{\lambda}^{-} = \int_0^{2\pi}\int_{-\pi/2}^{0} I_{\lambda} \cos\theta \sin\theta \mathrm{d}\theta \mathrm{d}\phi \tag{1.29}$$

(3)净分谱辐射通量密度，为

$$F_{\lambda} = F_{\lambda}^{+} + F_{\lambda}^{-} \tag{1.30}$$

(4)各向同性辐射情况下，也就是朗伯面时，有 $I_{\lambda} = I_{\lambda_0}$，辐射强度与辐射通量密度关系，为

$$F_{\lambda}^{+} = \int_0^{2\pi}\int_0^{\pi/2} I_{\lambda} \cos\theta \sin\theta \mathrm{d}\theta \mathrm{d}\phi = \pi I_{\lambda_0} \tag{1.31}$$

### 1.1.5 光度量

**1. 光谱光视效率 $V(\lambda)$**

人眼作为一种遥感器，能响应 0.4～0.7 μm 光谱范围内的电磁辐射，但是眼睛把辐射转换成视觉的光视效率对各种波长是不相等的。对于在白天光照条件下，眼睛把不同波长的辐射通量转变成视觉响应的相对效能称光谱光视效率，用符号 $V(\lambda)$ 表示。光谱光视效率是无量纲量，在约 0.53 μm 处最大，而向两边下降，到 0.4 和 0.7 μm 处下降到很小值。

**2. 光度量**

光度量的定义与辐射量的定义是一样的，只是使用的符号和名称不一样，表 1.4 给出它们相互间的关系。

**表 1.4 基本辐射量与光度量的定义**

| 辐射量 | 符号 | 定义 | 单位 | 光度量 | 符号 | 单位 |
|---|---|---|---|---|---|---|
| 辐射能 | $Q_e$ | | 焦耳(J) | 光能 | $Q_v$ | 流明·秒(lm·s) |

续表

| 辐射量 | 符号 | 定义 | 单位 | 光度量 | 符号 | 单位 |
|---|---|---|---|---|---|---|
| 辐射通量 | $\Phi_e$ | $\Phi_e=\frac{\partial Q_e}{\partial A}$ | 瓦(W) | 光通量 | $\Phi_v$ | 流明(lm) |
| 辐照度 | $E_e$ | $E_e=\frac{\partial \Phi_e}{\partial A}$ | 瓦·米$^{-2}$(W·m$^{-2}$) | 照度 | $E_v$ | 勒克斯(lx) |
| 辐射出射度 | $M_e$ | $M_e=\frac{\partial \Phi_e}{\partial A}$ | 瓦·米$^{-2}$(W·m$^{-2}$) | 光出射度 | $M_v$ | 流明·米$^{-2}$(lm·m$^{-2}$) |
| 辐射强度 | $I_e$ | $I_e=\frac{\partial^2 \Phi_e}{\partial A\cos\theta\partial\omega}$ | 瓦·米$^{-2}$·球面度$^{-1}$(W·m$^{-2}$·sr$^{-1}$) | 亮 度 | $L_v$ | 坎·米$^{-2}$(cd·m$^{-2}$) |

**3. 光度量与辐射量的转换**

光谱光度量 $\Phi_{v\lambda}$ 与分谱辐射量 $\Phi_{e\lambda}$ 可以根据下述关系换算

$$\Phi_{v\lambda}=680\Phi_{e\lambda}V(\lambda) \tag{1.32}$$

式中 680 这个因子可以把辐射通量单位转换成光通量单位，$V(\lambda)$是光谱光视效率。

### 1.1.6　辐射的吸收、反射和透射

若 $Q$ 是入射到介质的总的辐射能量，$Q_a$ 是介质对辐射能的吸收，$Q_t$ 是透过介质的辐射能量，$Q_r$ 是被介质反射的辐射能量，则有关系

$$Q=Q_a+Q_t+Q_r$$

定义吸收率 $a=\frac{Q_a}{Q}$，透过率 $t=\frac{Q_t}{Q}$，反射率 $r=\frac{Q_r}{Q}$，则上式可写为

$$a+t+r=1 \tag{1.33}$$

在实际中，$a$、$t$、$r$ 都是波长的函数，即有 $a=a(\lambda)$，$t=t(\lambda)$，$r=r(\lambda)$。考虑到入射辐射的光谱分布，$a$、$t$、$r$ 可以写为

$$a=\frac{\int_{\lambda_1}^{\lambda_2}\Phi(\lambda)a(\lambda)\mathrm{d}\lambda}{\int_{\lambda_1}^{\lambda_2}\Phi(\lambda)\mathrm{d}\lambda},\quad t=\frac{\int_{\lambda_1}^{\lambda_2}\Phi(\lambda)t(\lambda)\mathrm{d}\lambda}{\int_{\lambda_1}^{\lambda_2}\Phi(\lambda)\mathrm{d}\lambda},\quad r=\frac{\int_{\lambda_1}^{\lambda_2}\Phi(\lambda)r(\lambda)\mathrm{d}\lambda}{\int_{\lambda_1}^{\lambda_2}\Phi(\lambda)\mathrm{d}(\lambda)} \tag{1.34}$$

式中 $\Phi(\lambda)$是入射辐射的分谱辐射通量。

## 1.2 辐射基本定理

### 1.2.1 辐射体和辐射平衡

**1. 辐射体**

根据物体的吸收或发射能力，通常将物体分为三类。

(1)黑体

所谓黑体是指某一物体在任何温度下，对任意方向和任意波长，其吸收率或发射率都等于1，即

$$a(\lambda)\equiv 1 \tag{1.35}$$

或者说，在热力学定律允许的范围内，最大限度地把热能转变为辐射能的理想热辐射体称为黑体。黑体是一个理想的热辐射体，在自然界并不存在，但是在实验室可以近似地制作它，在自然界的某些物体(如太阳)可以看作黑体。

(2)灰体

如果物体的吸收率与波长无关，且为小于1的常数，即

$$a(\lambda)\equiv \text{常数}<1 \tag{1.36}$$

这物体称为灰体。

(3)选择性辐射体

如果物体的吸收率(或发射率)随波长而变，即

$$a=a(\lambda) \tag{1.37}$$

则这物体称作选择性辐射体。在自然界中绝大多数物体是选择性辐射体。不少选择性辐射体在某些波长间隔内的吸收率随波长变化很小，可以近似看作灰体。如在红外波段，不少物体的吸收率近似于1，这些物体在这一波段可以近似作为黑体。

**2. 发射率**

如果将辐射体的辐射通量密度 $M'$ 与具有同一温度的黑体的辐射通量密度 $M$ 作比值，即

$$\varepsilon=\frac{M'}{M} \tag{1.38}$$

则称 $\varepsilon$ 是比辐射率或发射率，其值介于0和1之间。由于辐射体发射的辐射随波长而变，所以发射率也是波长的函数，写为 $\varepsilon(\lambda)$。对于波长间隔 $\lambda_1\rightarrow\lambda_2$ 的发射率写成

$$\varepsilon=\frac{\int_{\lambda_1}^{\lambda_2}\varepsilon(\lambda)M(\lambda)\mathrm{d}\lambda}{\int_{\lambda_1}^{\lambda_2}M(\lambda)\mathrm{d}\lambda} \tag{1.39}$$

上面定义的是半球发射率，它给出辐射体在半球内的发射率。由于发射率随测量方向

而变，故有定向发射率 $\varepsilon(\theta)$，它是指与辐射表面成 $\theta$ 角的小立体角内的发射率。表 1.5 给出了某些地面目标物的发射率。

**表 1.5　地面目标物的发射率**

| 表面类型 | 发射率 | 表面类型 | 发射率 |
|---|---|---|---|
| 液态水 | 1.00 | 土壤 | 0.90～0.98 |
| 新雪 | 0.99 | 草地 | 0.90～0.95 |
| 老雪 | 0.82 | 沙漠 | 0.84～0.91 |
| 液态水云 | 0.25～1.00 | 森林 | 0.95～0.97 |
| 卷云 | 0.10～0.90 | 混凝土 | 0.71～0.90 |
| 冰 | 0.96 | 城市 | 0.85～0.87 |

**3. 辐射平衡与局地热力平衡**

自然界的所有物体都在向四周放射辐射能，同时也从周围吸收辐射能。如果一个物体在某一温度从外界得到辐射能，恰等于物体因辐射而失去的辐射能，则该物体的热辐射达到平衡，而温度保持不变，这一热辐射过程称作平衡热辐射或辐射平衡。

对于地球大气系统，它不是孤立的，要受到太阳辐射和其他微粒流的作用，同时大气内存在温度梯度，所以大气中完全的热力平衡是没有的。但是在所有热力不平衡的系统中，在一个宏观小体积内建立平衡的时间要短很多。从这个事实出发，就可设想在大气中存在如下状态，在这个状态中，气体的每一体积元量犹如处在热力平衡状态中（对这个体积温度而言），这样的平衡称局地热力平衡。实际大气中，在 50 km 以下可以认为大气处在局地热力平衡。

## 1.2.2　辐射基本定理

**1. 普朗克辐射定理**

对于物体温度为 $T$、波长为 $\lambda$ 的普朗克（黑体）分谱辐射公式为

$$M_\lambda(T)=2\pi hc^2/\{\lambda^5[\exp(hc/k_BT\lambda)-1]\} \tag{1.40}$$

式中 $M_\lambda(T)$（$\mathrm{W\cdot m^{-2}\cdot \mu m^{-1}}$）是黑体分谱辐射出射度（辐射通量密度），$h=6.626\times10^{-34}\ \mathrm{J\cdot s}$ 是普朗克常数，$k_B=1.3807\times10^{-23}\ \mathrm{J\cdot K^{-1}}$ 是玻尔兹曼常数。普朗克辐射亮度公式为

$$\begin{aligned}B_\lambda(T)&=2hc^2/\{\lambda^5[\exp(hc/k_BT\lambda)-1]\}\\&=c_1/\{\lambda^5[\exp(c_2/\lambda T)-1]\}\end{aligned} \tag{1.41}$$

如果以频率 $\nu$ 表示为

$$\begin{aligned}B_\nu(T)&=2h\nu^3/\{c^2[\exp(h\nu/k_BT)-1]\}\\&=c_1\nu^3/[\exp(c_2\nu/T)-1]\end{aligned} \tag{1.42}$$

如果以波数 $\tilde{\nu}$ 表示为

$$B_{\tilde{\nu}}(T)=2hc^2\tilde{\nu}^3/[\exp(hc\tilde{\nu}/k_BT)-1]$$
$$=c_1\tilde{\nu}^3[\exp(c_2\tilde{\nu}/T)-1] \quad (1.43)$$

式中 $k_B$ 是玻尔兹曼常数($1.3807\times10^{-23}$ J・K$^{-1}$),$h$ 是普朗克常数,$c$ 是光速,$T$ 是温度(K)。$c_1=2hc^2=1.191044\times10^{-8}$(W・m$^{-2}$・sr$^{-1}$・cm$^4$),$c_2=hc/k_B=1.438769$ K・cm。图 1.5 给出普朗克黑体辐射率与波长的关系。注意 $B_\lambda(T)$、$B_\nu(T)$、$B_{\tilde{\nu}}(T)$之间的关系,有

$$B_\nu(T)=\lambda^2B_\lambda(T)/c, \quad B_{\tilde{\nu}}(T)=\lambda^2B_\lambda(T) \quad (1.44)$$

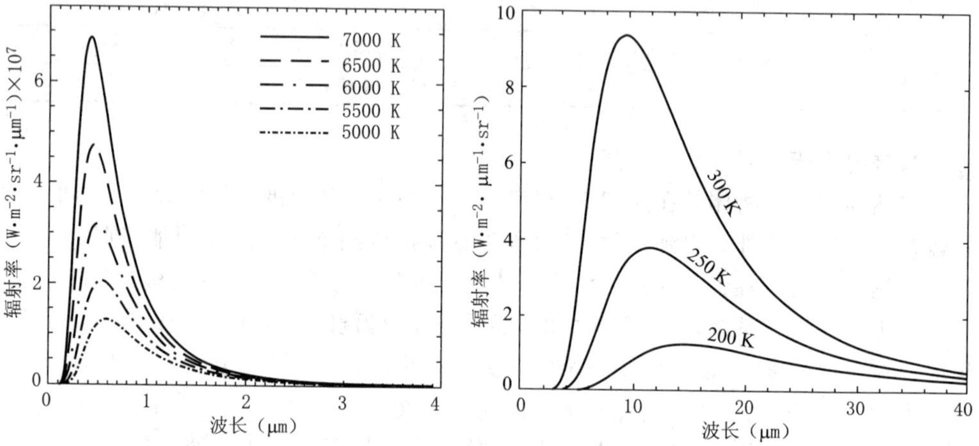


图 1.5 黑体辐射率与波长的关系

**2. 斯蒂芬-玻尔兹曼总的黑体辐射定理**

将普朗克公式对波长积分,有

$$B(T)=\int_0^\infty B_\lambda(T)\,\mathrm{d}\lambda=\frac{c_1T^4}{\pi}\int_0^\infty\frac{\mathrm{d}(\lambda T)}{(\lambda T^5)[\exp(c_2/\lambda T)-1]}=\left(\frac{c_1}{\pi c_2^4}\int_0^\infty\frac{y^3\mathrm{d}y}{\mathrm{e}^y-1}\right)T^4 \quad (1.45)$$

式中 $y=c_2/\lambda T$,其中积分为 $\pi^4/15$,因此常数为

$$\sigma=\frac{\pi^4c_1}{15c_2^4}5.67\times10^{-8}(\mathrm{W\cdot m^{-2}\cdot K^{-4}})$$

常数 $\sigma$ 称为斯蒂芬-玻尔兹曼常数,由此得总的黑体辐射为

$$B(T)=\frac{\sigma}{\pi}T^4 \quad 或 \quad F=\sigma T^4 \quad (1.46)$$

式中 $\pi$ 是对于各向同性辐射出现的因子。

在卫星遥感中常对有限光谱宽度的普朗克函数积分,也就是由波长 $\lambda_1\to\lambda_2$ 积分,则是

$$\int_{\lambda_1}^{\lambda_2}B_\lambda(T)\mathrm{d}\lambda=\left(\frac{c_1}{\pi c_2^4}\int_{y_2}^{y_1}\frac{y^3\mathrm{d}y}{\mathrm{e}^y-1}\right)T^4 \quad (1.47)$$

(1.47)式积分一般不能解析求出。为此求取波长由 $0 \to \lambda_1$ 之间的黑体辐射，即是

$$f(\lambda_1, T) = \frac{\int_0^{\lambda_1} B_\lambda(T)\mathrm{d}\lambda}{\int_0^{\infty} B_\lambda(T)\mathrm{d}\lambda} = \frac{15}{\pi^4}\int_{y_1}^{\infty}\frac{y^3\mathrm{d}y}{\mathrm{e}^y - 1} \tag{1.48}$$

可以由数值的或预先计算好的查算表求取，则黑体辐射的 $\lambda_1 \to \lambda_2$ 光谱积分为

$$\int_{\lambda_1}^{\lambda_2} B_\lambda(T)\mathrm{d}\lambda = [\nu(\lambda_2, T) - \nu(\lambda_1, T)]\frac{\sigma}{\pi}T^4 \tag{1.49}$$

表 1.6 给出不同谱带的太阳辐射常数（日地平均距离处的太阳辐照度）和占有的百分数，从表中可以看到太阳辐射主要集中于可见光和近红外谱段及以下谱段。

**表 1.6　太阳常数在各谱段的分布(Theicekara,1976)**

| 谱段 | 波长间隔(μm) | 辐照度(W·m$^{-2}$) | 占有的百分数(%) |
|---|---|---|---|
| 紫外及紫外以外 | <350 | 62 | 4.5 |
| 近紫外 | 350～400 | 57 | 4.2 |
| 可见光 | 400～700 | 522 | 38.2 |
| 近红外 | 700～1000 | 309 | 22.6 |
| 红外及以下 | >1000 | 417 | 30.5 |
| 总的太阳常数 | | 1367 | 100.0 |

**3. 维恩位移定律**

如果将普朗克公式对波长求导，并令其为 0，就得

$$\frac{\mathrm{d}B(\lambda, T)}{\mathrm{d}\lambda} = 0$$

设 $x = c_2/\lambda_{\max}T$，得非线性方程

$$x = 5(1 - \mathrm{e}^{x})$$

可以得

$$\lambda_{\max}T = 2897.8(\mu\mathrm{m}\cdot\mathrm{K}) \tag{1.50}$$

(1.50)式就是维恩位移定律，其中 $\lambda_{\max}$ 称作光谱辐射峰值波长。可见，当黑体温度升高时，最大辐射值朝短波方向移动。若已知黑体的温度，就可以求出黑体在某一温度的峰值波长；将 $\lambda_{\max}$ 代入普朗克公式就得到温度为 $T$ 时最大峰值波长 $\lambda_{\max}$ 处的最大辐射值

$$M(\lambda_{\max}, T) = \frac{c_1}{\lambda_{\max}^5(\mathrm{e}^{c_2/\lambda_{\max}T} - 1)} \tag{1.51}$$

如果太阳的有效温度为 $T = 5777$ K，则太阳辐射的最大峰值波长为

$$\lambda_{\mathrm{sun,max}} = 0.5016(\mu\mathrm{m})$$

如果地球的温度为

$$T_{\text{earth}}=300(\text{K})$$

可以求得地球的最大辐射波长为

$$\lambda_{\text{earth,max}}=9.659(\mu\text{m})$$

**4. 维恩和瑞利-金斯辐射公式**

当波长为大于 1 mm 的微波区域，$h\nu \ll k_B T$，则(1.41)式的分母展开为

$$e^{h\nu/kT}=1+\frac{h\nu}{k_B T}+\frac{(h\nu/kT)^2}{2!}+\cdots\approx 1+\frac{h\nu}{k_B T} \tag{1.52}$$

则得瑞利-金斯辐射公式

$$B_\nu(T)=\frac{2\nu^2}{c^2}k_B T=8.278(0.001\nu)^2 T \tag{1.53}$$

以波长表示为

$$B_\lambda(T)=\frac{2k_B c}{\lambda^4}T=8278T/(100\lambda)^4 \tag{1.54}$$

计算表明，当 $hc/\lambda k_B T<0.019$ 时，用瑞利-金斯辐射公式代替普朗克公式，其误差小于 1%，同时可以看到，辐射与温度呈线性关系。

在可见光或紫外波段，于常温下，$\lambda T$ 很小，这时有

$$e^{c_2/\lambda T}-1\approx e^{-c_2/\lambda T}$$

由此代入普朗克公式中，得维恩公式，写为

$$B_\lambda(T)=\frac{c_1}{\lambda^5}e^{c_2/\lambda T} \quad 或是 \quad B_f(T)=c_1\nu e^{-c_1\nu/T} \tag{1.55}$$

**5. 基尔霍夫定理**

对于处在热力平衡状态的物体，其发射的辐射就等于吸收的辐射；如若物体被加热或冷却，这就违反热力平衡假设。因此，在热力平衡状态下，若 $I_\lambda$ 是入射至物体的分谱辐射率，则物体的发射辐射率为

$$J_\lambda=\varepsilon_\lambda B_\lambda(T)=a_\lambda I_\lambda \tag{1.56}$$

式中 $J_\lambda$ 是物体发射辐射率，$\varepsilon_\lambda$ 是物体的比辐射率或发射率，$B_\lambda(T)$是黑体普朗克辐射，$a_\lambda$ 是物体吸收率。如果辐射源与该物体一起处在热力平衡中，则有基尔霍夫定理 $B_\lambda(T)=I_\lambda$，也就是

$$\varepsilon_\lambda=a_\lambda \tag{1.57}$$

基尔霍夫定理表示：一物体在一定温度下发射某一波长的辐射，则该物体在同一温度下吸收这种辐射；一物体是好的发射体，也是好的吸收体。

在热力平衡条件下，地表面有 $\varepsilon_\lambda+a_\lambda=1$

则发射率写为 $$\varepsilon_\lambda=1-a_\lambda \tag{1.58a}$$

对于大气，则写为 $$\varepsilon_\lambda=a_\lambda=1-\widetilde{T}_\lambda \tag{1.58b}$$

**6. 实际辐射体温度的几种表示**

(1) 亮度温度

定义为以黑体温度发射的辐射等同于测量到物体发射的辐射，则黑体温度为实测物体的亮度温度。亮度温度由普朗克公式求取，即

$$T_{B\lambda}=\frac{c_2}{\lambda\ln\left(1+\frac{c_1}{\lambda^5 I_\lambda}\right)}=c_2\nu\left[\ln\left(\frac{c_1\nu}{B_\nu}+1\right)\right] \tag{1.59}$$

式中 $c_1=1.191044\times10^8\ \mathrm{W\cdot m^{-2}\cdot sr^{-1}\cdot \mu m^4}$ 和 $c_2=1.438769\times10^4\ \mathrm{K\cdot\mu m}$。因此，亮度温度是把实际物体发出的辐射作为黑体发出的且由普朗克公式得出的温度，称为该物体的亮度温度。

瑞利-金斯区域亮度温度表示为

$$T_B=(c_2/c_1)\lambda^4 B_\lambda \tag{1.60}$$

式中 $c_2/c_1=1.208021\times10^5$。

维恩区域亮度温度表示为

$$T_B=c_2/\left[\lambda\ln\left(\frac{c_1}{\lambda^5 B_\lambda}\right)\right]=c_2\nu/\left[\ln\left(\frac{c_1\nu^3}{B_\nu}\right)\right] \tag{1.61}$$

如果卫星测量的辐射为

$$L_\lambda^{\mathrm{sat}}(\mu)=B_\lambda(T_{BB}) \tag{1.62}$$

则称 $T_{BB}$ 是亮度温度。

(2) 有效温度

若物理温度为 $T$ 的物体发射的辐射为 $M'(T)$，又若设想 $M'(T)$ 是由黑体发出的辐射，且与温度为 $T_e$ 的黑体辐射 $M(T_e)$ 相等，即 $M(T')=M(T_e)$，则称 $T_e$ 是该物体的有效温度。根据斯蒂芬-玻尔兹曼定律

$$M(T_e)=\sigma T_e{}^4=M'(T)$$

$$T_e=[M'(T)/\sigma]^{1/4} \tag{1.63}$$

通常由于物体的比辐射率小于 1，所以有 $T>T_e$。

(3) 色温度

物体的辐射光谱与温度为 $T_c$ 的黑体辐射光谱相一致，则称 $T_c$ 为该物体的色温度。它可根据物体的辐射光谱曲线，求出最大辐射波长 $\lambda_{\max}$，再由维恩位移律，得

$$T_c=2886/\lambda_{\max} \tag{1.64}$$

### 1.2.3　两面元的辐射交换

如图 1.6 所示，有两个面元 $dA$ 和 $dA'$，其中面元 $dA$ 的辐射率为 $L(P,\boldsymbol{\Omega})$，则从面元 $dA$ 到达面元 $dA'$ 的辐射通量 $\phi$ 为

$$\phi=L(P,\boldsymbol{\Omega})\cos\theta\,dA\,d\omega\,d\nu \tag{1.65}$$

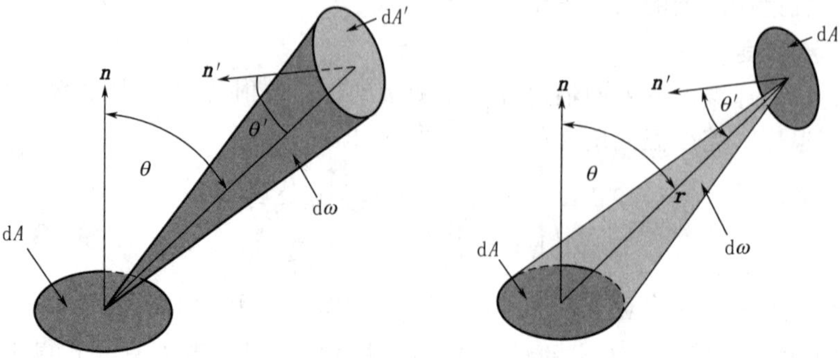


图 1.6 两面元辐射交换

(a)dA 到 dA′的辐射;(b)dA′到 dA 的辐射

式中 $\theta$ 是面元法线方向 $\boldsymbol{n}$ 与 $r$ 方向间的夹角,如果两面元相距足够远,则 $\mathrm{d}\omega=\frac{\mathrm{d}A'\cos\theta'}{r^2}$,其中 $\theta'$是面元 dA′的法线方向与 $r$ 间的夹角,因此(1.65)式写为

$$\phi=\frac{L(P,\boldsymbol{\Omega})\cos\theta\cos\theta'\mathrm{d}A\,\mathrm{d}A'\mathrm{d}\nu}{r^2} \tag{1.66}$$

如果 $A$ 是卫星辐射仪的光学口径,$B$ 是卫星观测星下点的面积,则按(1.66)式有

$$\phi_{\mathrm{sat}}=\frac{L(B,\boldsymbol{n})AB\eta\widetilde{T}}{h^2} \tag{1.67}$$

式中 $\phi_{\mathrm{sat}}$ 是卫星接收到的辐射,$L(B,\boldsymbol{n})$是星下点面积 $B$ 的辐射率,$h$ 是卫星高度,$\eta$ 是光学仪器效率,$\widetilde{T}$ 是大气的透过率。

## 1.3 辐射的发射、吸收和反射

### 1.3.1 辐射的发射

**1. 发射率**

定义:由一物体在 $\boldsymbol{\Omega}$ 方向发出的辐射能 $I_\lambda(\boldsymbol{\Omega})\cos\theta\mathrm{d}\omega\mathrm{d}A$ 与以该物体温度 $T$ 发出的黑体辐射能 $B_\lambda(T)\cos\theta\mathrm{d}\omega\mathrm{d}A$ 的比值称为方向比辐射率,为

$$\varepsilon_\lambda(\boldsymbol{\Omega},T_s)=\frac{I_\lambda^+(\boldsymbol{\Omega})\cos\theta\,\mathrm{d}\omega\,\mathrm{d}A}{B_\lambda(T)\cos\theta\,\mathrm{d}\omega\,\mathrm{d}A}=\frac{I_\lambda^+(\boldsymbol{\Omega})}{B_\lambda(T)} \tag{1.68}$$

物体在 $\boldsymbol{\Omega}$ 方向发射的辐射率为

$$I_\lambda(\boldsymbol{\Omega})=\varepsilon_\lambda(\boldsymbol{\Omega},T_s)B_\lambda(T) \tag{1.69}$$

如果 $\lambda$ 很大时,由瑞利-金斯定理,发射率写为

$$\varepsilon_\lambda(\boldsymbol{\Omega},T_s)=\frac{T_B(\boldsymbol{\Omega})}{T_s} \tag{1.70}$$

式中 $T_B$ 是亮度温度。

**2. 通量发射率**

将方向发射率对上半球或下半球空间积分得半球发射率

$$\varepsilon_\lambda(2\pi,T_s)=\frac{\int_+ I_\lambda^+(\boldsymbol{\Omega})\cos\theta\,\mathrm{d}\omega\,\mathrm{d}A}{\int_+ B_\lambda(T)\cos\theta\,\mathrm{d}\omega\,\mathrm{d}A}=\frac{\int_+ \varepsilon_\lambda(\boldsymbol{\Omega},T_s)B(T_s)\cos\theta\,\mathrm{d}\omega\,\mathrm{d}A}{\pi B_\lambda(T_s)} \tag{1.71}$$

$$=\frac{1}{\pi}\int_+ \varepsilon_\lambda(\boldsymbol{\Omega},T_s)\cos\theta\,\mathrm{d}\omega \tag{1.72}$$

通量发射率可直接测量，但也可以通过测量表面反射率 $\rho$，由 $\varepsilon=1-\rho$ 获取发射率。

物体对整个空间发射的辐射通量密度为

$$F_\lambda(4\pi)=\int_{4\pi} I_\lambda(\boldsymbol{\Omega})\cos\theta\,\mathrm{d}\omega=\int_{4\pi}\varepsilon_\lambda(\boldsymbol{\Omega},T_s)B_\lambda(T)\cos\theta\,\mathrm{d}\omega=\varepsilon_\lambda(T_s)\pi B_\lambda(T) \tag{1.73}$$

式中 $\varepsilon_\lambda(T_s)$是物体的比辐射率，

$$\varepsilon_\lambda(T_s)=\frac{1}{\pi}\int_{4\pi}\varepsilon_\lambda(\boldsymbol{\Omega},T_s)\cos\theta\,\mathrm{d}\omega \tag{1.74}$$

### 1.3.2　辐射的吸收

**1. 分光谱吸收率**

定义分光谱吸收率 $\alpha_\lambda(-\boldsymbol{\Omega}',T_s)$为在入射方向 $\boldsymbol{\Omega}'$ 上吸收辐射与入射辐射之比值，写为

$$\alpha_\lambda(-\boldsymbol{\Omega}',T_s)\equiv\frac{I_{\lambda,a}^-(\boldsymbol{\Omega}')\cos\theta'\,\mathrm{d}\omega'\,\mathrm{d}A}{I_\lambda^-(\boldsymbol{\Omega}')\cos\theta'\,\mathrm{d}\omega'\,\mathrm{d}A}=\frac{I_{\lambda,a}^-(\boldsymbol{\Omega}')}{I_\lambda^-(\boldsymbol{\Omega}')} \tag{1.75}$$

式中 $I_\lambda^-(\boldsymbol{\Omega}')\cos\theta'\mathrm{d}\omega'\mathrm{d}A$ 是入射至介质的辐射能，$I_{\lambda,a}^-(\boldsymbol{\Omega}')\cos\theta'\mathrm{d}\omega'\mathrm{d}A$ 是介质吸收的辐射能。

**2. 半球分光谱吸收率**

半球分光谱吸收率定义为吸收辐射通量与入射辐射通量的比值，为

$$\alpha_\lambda(-2\pi,T_s)=\frac{\int_+ I_{\lambda a}^-(\boldsymbol{\Omega}')\cos\theta'\,\mathrm{d}\omega'\,\mathrm{d}A}{\int_+ I_\lambda^-(\boldsymbol{\Omega}')\cos\theta'\,\mathrm{d}\omega'\,\mathrm{d}A}=\frac{\int_- \alpha_\lambda(\boldsymbol{\Omega}',T_s)I_\lambda^-(\boldsymbol{\Omega}')\cos\theta'\,\mathrm{d}\omega'\,\mathrm{d}A}{F_\lambda^-} \tag{1.76}$$

如果入射辐射是来自于各向同性的黑体，$I_\lambda^-(\boldsymbol{\Omega}')=B_\lambda(T_s)$，则

$$\alpha_\lambda(-2\pi,T_s)=\frac{1}{\pi}\int\alpha_\lambda(-\boldsymbol{\Omega}',T_s)\cos\theta'\,\mathrm{d}\omega' \tag{1.77}$$

### 1.3.3 辐射的反射

#### 1. 表面的分光谱双向反射率

如图 1.7 所示，现考虑方向$\hat{\Omega}'$立体角 $d\omega'$、强度为 $I_\lambda^-(\boldsymbol{\Omega}')$投射至与 $z$ 轴相一致的法向为 $\hat{n}$ 的平面，则入射到表面的辐射能为 $I_\lambda^-(\boldsymbol{\Omega}')\cos\theta' d\omega'$。$I_{\lambda r}^+(\boldsymbol{\Omega})$表示在 $\boldsymbol{\Omega}$ 方向立体角 $d\omega$ 内的辐射率，则定义光谱双向反射率(BRDF)为向上的反射辐射 $I_{\lambda r}^+(\boldsymbol{\Omega})$与向下入射辐射 $I_\lambda^-(\boldsymbol{\Omega}')\cos\theta' d\omega'$的比值，即为

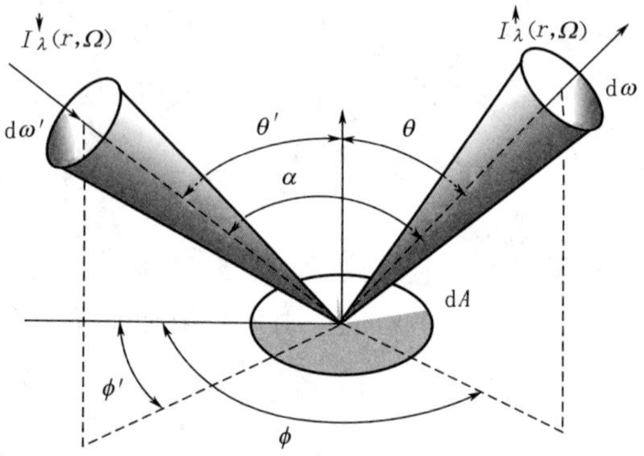


图 1.7 双向反射定义的几何图形

$$\rho(\lambda,-\boldsymbol{\Omega}',\boldsymbol{\Omega})\equiv\frac{dI_{\lambda r}^+(\boldsymbol{\Omega})}{I_\lambda^-(\boldsymbol{\Omega}')\cos\theta' d\omega'} \tag{1.78}$$

式中

$$I_{\lambda r}^+(\boldsymbol{\Omega})=\int_+ dI_{\lambda r}^+(\boldsymbol{\Omega})=\int_- \rho_\lambda(-\boldsymbol{\Omega}',\boldsymbol{\Omega})I_\lambda^-(\boldsymbol{\Omega}')\cos\theta' d\omega'$$

对于各向同性情况下，也就是朗伯面在各个方向的反射率相同，它可以用一固定的反射率 $\rho_{\lambda L}$ 表示，称为朗伯反射率，即有

$$\rho_\lambda(-\boldsymbol{\Omega}',\boldsymbol{\Omega})=\rho_{\lambda L} \tag{1.79}$$

这时向上的反射辐射写为

$$I_{\lambda r}^+=\rho_{\lambda L}\int_- I_\lambda^-(\boldsymbol{\Omega}')\cos\theta' d\omega'=\rho_{\lambda L}F_\lambda^- \tag{1.80}$$

向上辐射通量密度为

$$F_\lambda^+=\pi I_{\lambda r}^+=\pi\rho_{\lambda L}F_\lambda^- \tag{1.81}$$

在这种理想情况下，反射辐射强度与入射通量 $F_\lambda^\downarrow$ 成正比，与观测方向$\hat{\Omega}$ 无关。

图 1.8 表示了几类反射表面的反射情况，图 1.8a 中为镜面反射；图 1.8b 中，表示准镜面反射；图 1.8c 中为各向同性的朗伯面；图 1.8d 中为准朗伯表面；图 1.8e 中为复杂表面的反射；图虚线的长度表示反射辐射的强度。

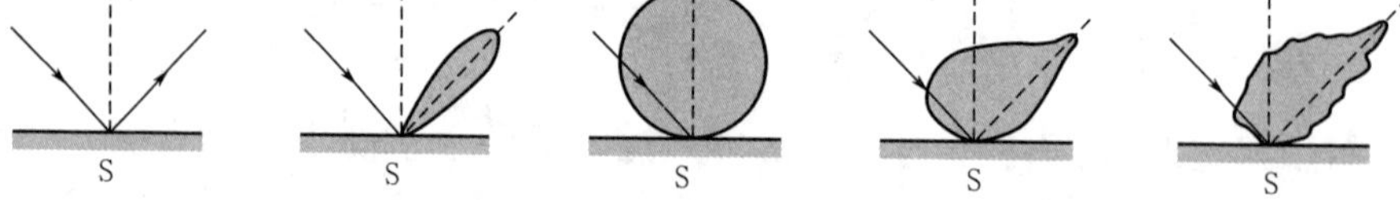


图 1.8 不同类型表面的反射

**2. 对于太阳的单向镜面表面反射率**

假定入射光是直接太阳辐射,即

$$I^{-}(\boldsymbol{\Omega}')=F_0\delta(\boldsymbol{\Omega}'-\boldsymbol{\Omega}_0)=F_0\delta(\cos\theta'-\cos\theta_0)\delta(\phi'-\phi_0)$$

式中略去下标"λ"。

根据菲涅尔定理,入射和反射方向间天顶角的关系为 $\theta=\theta'$,方位角为 $\phi=\phi'+\pi$,镜面单向反射率写为

$$\rho_\lambda(-\boldsymbol{\Omega}',\boldsymbol{\Omega})=\frac{\rho_{\lambda F}(\theta)}{\cos\theta}\delta(\cos\theta-\cos\theta')\delta[\phi-(\phi'+\pi)] \tag{1.82}$$

式中 $\rho_{\lambda F}(\theta)$是朗伯镜面的方向反射率。反射的太阳辐射为

$$\begin{aligned}I_{\lambda r}^{+}(\boldsymbol{\Omega})&=\int_{-}I_{\lambda}^{-}(\boldsymbol{\Omega}')\frac{\rho_{\lambda F}(\theta)}{\cos\theta}\delta(\cos\theta-\cos\theta')\delta[\phi-(\phi'+\pi)]\cos\theta'\mathrm{d}\omega'\\&=I_{\lambda}^{-}(\theta,\phi'-\pi)\rho_{\lambda F}(\theta)\end{aligned} \tag{1.83}$$

朗伯面对太阳辐射的双向反射率为朗伯面反射率与镜面单向反射率之和,写为

$$\rho_\lambda(-\boldsymbol{\Omega}',\boldsymbol{\Omega})=\rho_{\lambda L}+\frac{\rho_{\lambda F}(\theta)}{\cos\theta}\delta(\cos\theta-\cos\theta')\delta[\phi-(\phi'+\pi)] \tag{1.84}$$

在实际中,没有理想光滑的表面,一个表面显现出镜面和漫反射两个分量。以 $\rho_d$ 表示 BRDF 的漫反射部分,以 $\rho_s$ 表示 BRDF 的镜面反射部分,双向反射率写为镜面和漫反射两个分量,即

$$\rho(\lambda,-\boldsymbol{\Omega}',\boldsymbol{\Omega})=\rho_s(\lambda,-\boldsymbol{\Omega}',\boldsymbol{\Omega})+\rho_d(\lambda,-\boldsymbol{\Omega}',\boldsymbol{\Omega}) \tag{1.85}$$

因此反射辐射率为

$$\begin{aligned}I_{\lambda r}^{+}(\boldsymbol{\Omega})&=\int_{-}\mathrm{d}\omega'\ \cos\theta'\rho(\lambda,-\boldsymbol{\Omega}',\boldsymbol{\Omega})L_{\lambda}^{\downarrow}(\Omega')\\&=\rho_s(\lambda,\theta)I_{\lambda}^{-}(\theta,\phi'+\pi)+\int_{-}\mathrm{d}\omega'\cos\theta'\rho_d(\lambda,-\boldsymbol{\Omega}',\boldsymbol{\Omega})I_{\lambda}^{-}(\boldsymbol{\Omega}')\end{aligned} \tag{1.86}$$

**3. 入射太阳(平行)光的反射率**

由于太阳离地球距离相当远,到达地球的太阳辐射可以近似为平行辐射光,则投射到地球的太阳辐射强度写为

$$I_{\lambda}^{-}(\boldsymbol{\Omega}')=F_{\lambda_0}\delta(\boldsymbol{\Omega}-\boldsymbol{\Omega}_0) \tag{1.87}$$

式中 $\delta(\boldsymbol{\Omega}-\boldsymbol{\Omega}_0)$是 $\delta$ 函数,$F_{\lambda_0}$ 是到达大气顶的太阳辐射。对于各向同性情况下,朗伯面反射太阳辐射强度和辐射通量密度分别为

$$I_{\lambda r}^{+}=\rho_{\lambda L}F_{\lambda_0}\cos\theta_0,\quad F_{\lambda r}^{+}=\pi\rho_{\lambda L}F_{\lambda_0}\cos\theta_0 \tag{1.88}$$

镜面(单向)反射率和通量密度分别为

$$I_{\lambda r}^{+}(\boldsymbol{\Omega})=\rho_{\lambda L}F_{\lambda_0}\delta(\cos\theta-\cos\theta_0)\delta[\phi-(\phi_0+\pi)] \tag{1.89a}$$

$$F_{\lambda r}^{+}=\int_{+}I_{\lambda r}^{+}(\boldsymbol{\Omega})\cos\theta\mathrm{d}\omega=\rho_{\lambda F}(\theta_0)F_{\lambda_0}\cos\theta_0 \tag{1.89b}$$

**4. 对太阳光的(平行光)表面反照率**

对于平行太阳光，向上漫反射辐射写为

$$I_{\lambda r}^{+}(\boldsymbol{\Omega})=F_{\lambda_0}\int_{-}\rho_\lambda(-\boldsymbol{\Omega}',\boldsymbol{\Omega})\delta(\cos\theta-\cos\theta_0)\delta(\phi'-\phi_0)\ \cos\theta'\mathrm{d}\omega'$$

$$=F_{\lambda_0}\cos\theta_0\rho_\lambda(-\boldsymbol{\Omega}_0,\boldsymbol{\Omega}) \tag{1.90}$$

反射的辐射通量密度表示为

$$F_{\lambda r}^{+}=\int_{+}I_{\lambda r}^{+}(\boldsymbol{\Omega})\cos\theta\mathrm{d}\omega=F_{\lambda_0}\cos\theta_0\int_{+}\rho_\lambda(-\boldsymbol{\Omega}_0,\boldsymbol{\Omega})\ \cos\theta\mathrm{d}\omega \tag{1.91}$$

半球反照率(总的反射函数与入射初射比值)写为

$$\rho_\lambda(-\boldsymbol{\Omega}_0,2\pi)=\frac{F_{\lambda r}^{+}}{F_{\lambda_0}\cos\theta_0}=\int_{+}\rho_\lambda(-\boldsymbol{\Omega}_0,\boldsymbol{\Omega})\cos\theta\mathrm{d}\omega \tag{1.92}$$

观测方向的反照率为

$$\rho_\lambda(-\boldsymbol{\Omega}_0,\boldsymbol{\Omega}_v)=\frac{I_{\lambda r}^{+}(\boldsymbol{\Omega})}{F_{\lambda_0}\cos\theta_0} \tag{1.93}$$

对大气而言，大气的反射函数(反射方向 $\boldsymbol{\Omega}$ 的辐射与入射方向 $-\boldsymbol{\Omega}_0$ 辐射之比)表示为

$$R_\lambda(-\boldsymbol{\Omega}_0,\boldsymbol{\Omega})=\pi\rho_\lambda(-\boldsymbol{\Omega}_0,\boldsymbol{\Omega}_v)=\frac{\pi I_{\lambda r}^{+}(\boldsymbol{\Omega})}{F_{\lambda_0}\cos\theta_0} \tag{1.94}$$

## 本章要点

1. 掌握基本辐射量，如辐射率及其与通量密度间的变换关系、立体角的表示。

2. 熟记黑体辐射定理、几种温度的表达和意义。

3. 熟悉辐射表面的发射、吸收和反射、吸收参数的定义和意义。

## 问题和习题

1. 若电磁辐射波长 $\lambda=0.3$、0.5、0.7、1.2 μm，计算(a)波数、频率；(b)一个光子的能量；(c)每克分子能量。

2. 计算温度为 6000、800、300 K 时的辐射功率。

3. 波长分别为 500～700 nm、3.5～3.9 μm、10.0～12.5 μm，温度为 6000 K 和 300 K 的辐射功率是多少？

4. 求立体角

(a)太阳、月亮和地球的直径分别是 $1.39\times10^6$ km、$3.48\times10^3$ km、$12.74\times10^3$ km，地球与太阳和月亮的距离为 $1.49\times10^8$ km、$3.8\times10^5$ km，计算从地球中心看太阳和月亮的立体角，它与在地球表面看太阳和月亮的立体角的差是多少？

(b)如果入射方向是 $\boldsymbol{\Omega}=(\theta,\phi)$，散射方向是 $\boldsymbol{\Omega}'=(\theta',\phi')$，证明散射角是

$$\cos\Theta=\mathrm{coc}\theta\cos\theta'+\sin\theta\sin\theta'\cos(\phi'-\phi)$$

(c)由上(b)推导散射角与垂直入射太阳光间的表示式；推导散射角与作为太阳天顶和方位角为函数的阳光水平散射的表示式。

5. 根据普朗克公式计算物体温度 $T=273$ K，于(a)$\lambda=0.4$ $\mu$m，(b)$\lambda=1.0$ $\mu$m，(c)$\lambda=15$ $\mu$m 的辐射率和辐照度？

6. 地球的半径为 6371.2 km，卫星的高度为 850 km，试问卫星观测地球的总立体角是多少？

7. 高度为 830 km 的卫星观测地球的分辨率分别为 3 km、1 km、500 m，试问卫星瞬时观测立体角是多少？

8. 如果到达地面的太阳辐射为 0.9 cal/($cm^2$ · min)，地面短波辐射吸收率为 0.2，长波辐射吸收率为 0.97，则(1)地面辐射平衡温度是多少？(2)地面发出的辐射通量密度是多少？

9. 一个黑体在温度 300 K 的最大辐射强度是 153 $mW \cdot m^{-2} \cdot s^{-1} \cdot sr^{-1} \cdot cm^{-1}$，发生这辐射的波长是多少？在多少波长和温度的黑体的最大辐射强度是这个值的两倍？

10. 证明：$B(\nu_{max}, T)=\text{const}T^3$。

11. 温度灵敏度定义为 $dB/B=a \cdot dT/T$，就是测量辐射的百分比改变相对于温度变化的百分数，则对于短波(2500 $cm^{-1}$)和长波(1000 $cm^{-1}$)，温度为 200 K 和 300 K 的灵敏度是多少？在地球表面温度改变的最大灵敏度出现在哪一窗区？

12. 卫星上的红外扫描辐射仪测量地表 10 $\mu$m 大气窗区发射的红外辐射，假定卫星和地表之间大气效应忽略不计，问当在波长 10 $\mu$m 处观测到的辐亮度为 $0.98\times 10^4$ $J \cdot cm^{-2} \cdot s^{-1} \cdot sr^{-1} \cdot \mu m^{-1}$ 时，地表的温度是多少？

13. 温度为 15 ℃的黑体表面在所有频率发射辐射，试求它在 0.7 $\mu$m、1000 $cm^{-1}$ 和 331.4 GHz 处发出的辐射亮度是多少？

14. 求温度为 30 ℃、300 ℃、500 ℃的黑体表面最大辐射波长？有效温度？

15. 根据普朗克函数编写对于温度和波长计算辐射率和辐照度的程序，由此程序计算对于温度 $T=6000$ K 和 $T=300$ K，波长分别为 $\lambda=0.01$ $\mu$m、$\lambda=100$ mm 的辐射率和辐照度，且作图画出这结果。

16. 温度为 6000 K 和 300 K 的黑体在波长为(a)1 GHz；(b)1000 GHz；(c)1 $\mu$m；(d)0.1 $\mu$m 处发射的光谱辐射比是多少？

17. 证明：对于黑体，在同样温度下的波长 $B_\nu$ 的辐射是波长 $B_\lambda$ 辐射的 1.76 倍。

18. 如果太阳以 30°天顶角(大气顶太阳辐射为 1350 $W/m^2$)的辐射入射至地面，卫星以观测天顶角 60°接收到辐射为 175 $W/m^2$，试求地面的双向反射率？

19. 证明：如果与方位角 $\phi$ 无关，通量的 $x$ 和 $y$ 分量 $F_x$、$F_y$ 消去，在球对称介质中，$F_\nu$ 是非零，且表示为

$$F_\nu(r,t)=\int_{-1}^{+1} I(r,\mu)\,d\mu$$

20. 如果 $I=\sum_{n=0}^{\infty} I_0\mu^n$，这里 $I_0$ 是常数，证明仅对 $\mu$ 的奇次方对通量有贡献，而 $\mu$ 偶次方只对平均强度有贡献。

21. 如果 $R$ 是离观测点为距离 $D$ 的星体的半径($R \ll D$)，如果星外无辐射 $I(R,-\mu,\nu)=0$，证明观测点接收到到的星体辐射为

$$2\pi\left(\frac{R}{D}\right)^2\int_0^1 I(R,\mu,\nu)\mu\mathrm{d}\mu$$

22. 卫星高度为 800 km，观测地球的视场直径为 20 km，假定地面温度为 300 K，在光谱区 820 $\mathrm{cm}^{-1}$ 和 970 $\mathrm{cm}^{-1}$ 的全部辐射传输到达探测器，确定探测器测量的光谱照度？如果观测视场直径是 1 km，且只在 880 $\mathrm{cm}^{-1}$ 和 930 $\mathrm{cm}^{-1}$ 传输辐射，这照度改变是多少？

23. Meteosat 卫星的红外窗区覆盖 790～940 $\mathrm{cm}^{-1}$，GOES 卫星的红外窗区覆盖 890～980 $\mathrm{cm}^{-1}$，两感应器测量 300 K 的表面，探测到的辐射差是多少？

24. 一静止卫星的水汽谱带覆盖 1400～1490 $\mathrm{cm}^{-1}$，考虑到谱带宽度，用 $a+bT$ 替代 $T$ 调整普朗克函数，这里需要对整个地球温度范围 180～300 K 通过最小二乘法拟合确定 $a$ 和 $b$

$$B_{\mathrm{adj}}(\nu,T)=B(\nu_c a+bT)=\int B(\nu,T)S(\nu)\mathrm{d}\nu\Big/\int S(\nu)\mathrm{d}\nu$$

假定光谱响应 $S(\nu)$ 在这光谱范围内侧是 1，外侧是 0，中心波数是 $\nu_c=1445\ \mathrm{cm}^{-1}$，如果假定 $a=0$ 和 $b=1$，则在地球范围内的亮度温度最大主差是多少？

25. 地球静止气象卫星接收可见光(0.45～0.55 μm)和红外(9.95～10.05 μm)辐射：(a)确定在可见光和红外测量的辐射率比值？(b)可见光和红外测量的能量比值是多少？(注：可见光谱带宽度等于红外谱带宽度＝0.1 μm，可见光探测器面积＝红外探测器面积＝$0.5\times10^{-4}\ \mathrm{m}^{-2}$，可见光瞬时视场＝红外瞬时视场＝$4\times4\ \mathrm{km}^{-2}$，地球表面可见光反射率 $r=0.5$，$T$(太阳)＝6000 K，$T$(地球)＝300 K，$R$(太阳)＝$7\times10^8$ m，$R$(地球到卫星)＝$3.6\times10^7$ m)。

26. 自旋圆柱状地球静止气象卫星与地球之间的距离约是地球半径的 6 倍，卫星自旋轴与地球自旋轴一致，圆柱形卫星高度与它的半径相等，假定地球的有效平衡温度为 255 K，卫星是黑体，计算地球卫星系统中卫星的平衡温度(不考虑太阳)。

# 第 2 章　辐射在介质中的传输方程

辐射传输是辐射最基本问题之一，也是必须要掌握的内容。本章主要内容有：(1)介质对辐射吸收、发射和散射，以及引入的重要辐射参数的表示；(2)辐射传输方程的微分形式；(3)大气中辐射传输方程的积分形式；(4)几种具体情形下辐射传输；(5)反射函数、透射函数等表示和辐射传输的累加法。

## 2.1　基本辐射传输方程

辐射在通过介质时，由于介质对辐射的吸收和散射，将使辐射传播方向的辐射能量减小；同时由于物质本身发射辐射，及在空间各个方向上的散射辐射入射到介质并被介质散射到辐射传播方向，使辐射加强。

### 2.1.1　介质对辐射的吸收和散射

**1. 介质对辐射的吸收和质量吸收系数、体积吸收系数和吸收截面**

辐射在通过介质时的吸收可以用下面三种方式表示。

(1)介质对辐射的吸收与介质的质量成正比

在 $\boldsymbol{\Omega}$ 方向上的入射辐射 $I_{\lambda}(\boldsymbol{\Omega})$ 由于介质吸收引起辐射的减小，辐射的减小与吸收介质质量成正比，和与入射辐射强度成正比，设介质的截面积 $\mathrm{d}A=1$，体积 $\mathrm{d}V=1\times\mathrm{d}s=\mathrm{d}s$，吸收物质质量 $\mathrm{d}m=\rho(s)\mathrm{d}s$，写为

$$\mathrm{d}I_{a,\lambda}(\boldsymbol{\Omega})=-k_{a,m,\lambda}(s)I_{\lambda}(\boldsymbol{\Omega})\mathrm{d}m=-k_{a,m,\lambda}(s)\rho(s)I_{\lambda}(\boldsymbol{\Omega})\mathrm{d}s \tag{2.1}$$

式中 $\rho(s)$ 是吸收介质的密度，$k_{a,m,\lambda}(s)$ 是质量吸收系数。

(2)介质对辐射的吸收与介质的体积成正比

如果辐射的减小与吸收介质体积成正比，且与入射辐射强度成正比，则有

$$\mathrm{d}I_{a,\lambda}(\boldsymbol{\Omega})=-k_{a,\lambda,V}(s)I_{\lambda}(\boldsymbol{\Omega})\mathrm{d}V=-k_{a,\lambda,V}(s)I_{\lambda}(\boldsymbol{\Omega})\mathrm{d}s \tag{2.2}$$

式中 $k_{a,\lambda,V}(s)$ 是体积吸收系数$[=-k_{a,m,\lambda}(s)\rho(s)]$。

(3)介质对辐射的吸收与介质的粒子数 $N$ 成正比，又若 $n$ 是粒子数密度(单位体积中的粒子数)，则

$$\mathrm{d}I_{a,\lambda}(\boldsymbol{\Omega})=-k_{a,\lambda,n}(s)I_{\lambda}(\boldsymbol{\Omega})\mathrm{d}N=-\sigma_{\lambda}(s)I_{\lambda}(\boldsymbol{\Omega})\mathrm{d}N=-\sigma_{\lambda}(s)I_{\lambda}(\boldsymbol{\Omega})n\mathrm{d}s \tag{2.3}$$

式中 $k_{a,\lambda,n}(s)$ 是单个粒子吸收系数，通常称为吸收截面 $\sigma_{\lambda}(s)$。

质量吸收系数 $k_{a,m,\lambda}(s)$，体积吸收系数 $k_{a,\lambda,V}(s)$，吸收截面 $\sigma_\lambda(s)$ 分别写为

$$k_{a,\lambda,V}(s)=-\frac{\mathrm{d}I_\lambda}{I_\lambda\mathrm{d}s}\ (\mathrm{m}^{-1}) \tag{2.4}$$

$$k_{a,m,\lambda}(s)=-\frac{\mathrm{d}I_\lambda}{I_\lambda\rho\mathrm{d}s}=-\frac{\mathrm{d}I_\lambda}{I_\lambda\mathrm{d}m}\ (\mathrm{m}^2\cdot\mathrm{kg}^{-1}) \tag{2.5}$$

$$\sigma_\lambda(s)=k_{a,n,\lambda}(s)=-\frac{\mathrm{d}I_\lambda}{I_\lambda n\mathrm{d}s}=-\frac{\mathrm{d}I_\lambda}{I_\lambda\mathrm{d}N}\ (\mathrm{m}^2) \tag{2.6}$$

由上式可见：当体积 $\mathrm{d}s\mathrm{d}A(\mathrm{d}A=1)=1$ 时，就有 $k_{a,\lambda,V}(s)=-\mathrm{d}I_{a,\lambda}(\boldsymbol{\Omega})/I_\lambda(\boldsymbol{\Omega})$，体积吸收系数表示单位体积内物质吸收的辐射与入射辐射之比；同样，质量吸收系数表示单位质量物质吸收的辐射与入射辐射的比值。吸收截面是指单个粒子吸收的辐射与入射辐射的比值，因此体积吸收系数为

$$k_{a,\lambda,V}(s)=n\sigma_\lambda(s) \tag{2.7}$$

**2. 吸收介质的辐射透过率**

对(2.1)式整理后从 $0\to s_1$ 积分，得

$$\int_0^{s_1}\mathrm{d}I_{a,\lambda}(\boldsymbol{\Omega})/I_\lambda(\boldsymbol{\Omega})=-\int_0^{s_1}k_{a,m,\lambda}(s)\rho(s)\mathrm{d}s$$

结果为

$$I_{a,\lambda}(s_1)=I_\lambda(0)\exp\left[-\int_0^{s_1}k_{a,m,\lambda}(s)\rho(s)\mathrm{d}s\right] \tag{2.8}$$

式中 $I_\lambda(0)$ 是入射辐射，$I_{a,\lambda}(s_1)$ 是出射辐射。

定义透过率 $\widetilde{T}_\lambda$

$$\widetilde{T}_\lambda=\exp\left[-\int_0^{s_1}k_{a,m,\lambda}(s)\rho(s)\mathrm{d}s\right] \tag{2.9}$$

在大气中，总的透过率是各成分分量之和，为

$$\begin{aligned}\widetilde{T}_\lambda(\text{总})=&\widetilde{T}_{s,g,\lambda}(\text{气体的散射透过率})\times\widetilde{T}_{a,g,\lambda}(\text{气体吸收透过率})\times\\&\widetilde{T}_{s,a,\lambda}(\text{气溶胶散射透过率})\times\widetilde{T}_{a,a,\lambda}(\text{气溶胶吸收透过率})\times\\&\widetilde{T}_{s,c,\lambda}(\text{云散射透过率})\times\widetilde{T}_{a,c,\lambda}(\text{云吸收透过率})\end{aligned} \tag{2.10}$$

从(2.10)式可见，总的大气透过率为各成分透过率的乘积，称之透过率的乘法规则。

**3. 粒子的吸收系数和复折射指数**

对于一粒子的吸收可以用折射指数的虚部表示。如果略去散射，通过一个粒子的辐射能，仅由于吸收引起的辐射衰减，近似为

$$\frac{\mathrm{d}I}{\mathrm{d}s}=-\frac{4\pi m_I}{\lambda}I \tag{2.11}$$

式中 $m_I$ 是折射指数的虚部，$\sigma_{\mathrm{ext}}=4\pi m_I/\lambda$ 是对于一粒子的吸收衰减系数。如果辐射从粒子 $s_0$ 到 $s$，辐射的改变为

$$I(s)=I_0(s_0)e^{-4\pi m_I(s-s_0)/\lambda} \tag{2.12}$$

复折射指数 $m$ 为虚部 $m_I$ 和实部 $m_R$ 的组合，是波长的函数，写为

$$m=m_R-\mathrm{i}m_I \tag{2.13}$$

表 2.1 给出了某些物质的折射指数。

**表 2.1 给出了对于波长为 0.5 μm、10.0 μm 某些物质的折射指数**

| 物质 | 0.5 μm | | 10.0 μm | |
|---|---|---|---|---|
| | $m_R$ | $m_I$ | $m_R$ | $m_I$ |
| $H_2O$ | 1.34 | $1.0\times10^{-9}$ | 1.22 | $5.0\times10^{-2}$ |
| 无机 C | 1.82 | $7.4\times10^{-1}$ | 2.40 | $1.0\times10^{0}$ |
| 有机 C | 1.45 | $1.0\times10^{-3}$ | 1.77 | $1.2\times10^{-1}$ |
| $H_2SO_4$ | 1.43 | $1.0\times10^{-8}$ | 1.89 | $4.6\times10^{-1}$ |
| $NH_4SO_4$ | 1.52 | $5.0\times10^{-4}$ | 2.15 | $2.0\times10^{-2}$ |
| NaCl | 1.45 | $1.5\times10^{-4}$ | 1.53 | $5.3\times10^{-2}$ |

### 2.1.2 介质对入射辐射的散射引起辐射减小

**1. 辐射由传播方向 $\boldsymbol{\Omega}$ 散射到方向 $\boldsymbol{\Omega}'$ 辐射的改变**

因入射辐射受介质粒子散射，使辐射由传播方向 $\boldsymbol{\Omega}$ 散射到方向 $\boldsymbol{\Omega}'$，由此使传播方向 $\boldsymbol{\Omega}$ 的辐射减小为

$$\mathrm{d}I_{\mathrm{sca},\lambda}(\boldsymbol{\Omega}\rightarrow\boldsymbol{\Omega}')=-k_{\mathrm{sca},\lambda}(s,\boldsymbol{\Omega}\rightarrow\boldsymbol{\Omega}')\rho(s)I_\lambda(\boldsymbol{\Omega})\mathrm{d}s \tag{2.14}$$

式中 $k_{\mathrm{sca},\lambda}(s,\boldsymbol{\Omega}\rightarrow\boldsymbol{\Omega}')$ 是 $\boldsymbol{\Omega}$ 方向上的质量散射系数，$\boldsymbol{\Omega}$ 是入射辐射方向，$\boldsymbol{\Omega}'$ 是散射辐射方向。在 $\boldsymbol{\Omega}$ 方向辐射被介质散射到整个空间的散射辐射为

$$\begin{aligned}\mathrm{d}I_{\mathrm{sca},\lambda}(\boldsymbol{\Omega})&=-\int_{4\pi}k_{\mathrm{sca},\lambda}(s,\boldsymbol{\Omega}\rightarrow\boldsymbol{\Omega}')\rho(s)I_\lambda(\boldsymbol{\Omega})\mathrm{d}s\,\mathrm{d}\omega'\\&=-k_{\mathrm{sca},\lambda}(s)\rho(s)I_\lambda(\boldsymbol{\Omega})\mathrm{d}s=-k_{\mathrm{sca},\lambda,V}(s)I_\lambda(\boldsymbol{\Omega})\mathrm{d}s\end{aligned} \tag{2.15}$$

其中

$$k_{\mathrm{sca},\lambda}(s)=\int_{4\pi}k_{\mathrm{sca},\lambda}(s,\boldsymbol{\Omega}\rightarrow\boldsymbol{\Omega}')\mathrm{d}\omega' \tag{2.16}$$

是质量散射系数，表示单位质量物质散射的辐射与入射辐射的比值。而

$$k_{\mathrm{sca},\lambda,V}(s)=k_{\mathrm{sca},\lambda}(s)\rho(s) \tag{2.17}$$

是体积散射系数。它表示单位体积的物质散射的辐射与入射辐射的比值。

如果用散射粒子数密度 $n$ 表示，则以散射截面 $\sigma_\lambda(s)$ 表示

$$\sigma_\lambda(s)=k_{n,\lambda}(s)=-\frac{\mathrm{d}I_\lambda}{I_\lambda n\,\mathrm{d}s}=-\frac{\mathrm{d}I_\lambda}{I_\lambda\,\mathrm{d}N}\ (\mathrm{m}^2) \tag{2.18}$$

因此，当 $\mathrm{d}N=n\mathrm{d}s=1$，$\sigma_\lambda(s)=-\mathrm{d}I_\lambda/I_\lambda$，散射截面是指单个粒子吸收的辐射 $\mathrm{d}I_\lambda$ 与入

射辐射 $I_\lambda$ 的比值，因此体积散射系数 $k_{s,\lambda,V}(s)$ 为

$$k_{s,\lambda,V}(s)=n\sigma_\lambda(s) \tag{2.19}$$

**2. 多粒子吸收系数 $k_{a,a,\lambda}$、散射系数 $k_{s,a,\lambda}$**

由于大气中气溶胶和云的折射指数不同，粒子的尺度 $i$ 也不同，对于气溶胶的总的吸收系数 $k_{a,a,\lambda}$、散射系数 $k_{s,a,\lambda}$ 与单个气溶胶粒子吸收截面 $\sigma_{a,a,i,\lambda}$、散射截面 $\sigma_{s,a,i,\lambda}$ 间的关系写为

$$k_{a,a,\lambda}=\sum_{i=1}^{N_B} n_i\sigma_{a,a,i,\lambda};\quad k_{s,a,\lambda}=\sum_{i=1}^{N_B} n_i\sigma_{s,a,i,\lambda} \tag{2.20}$$

式中 $n_i$ 是 $i$ 尺度气溶胶粒子的浓度。同样，对于云，下标 $a$ 用 $c$ 代替，即为 $k_{a,c,\lambda}$、$k_{s,c,\lambda}$。

**3. 单个粒子的吸收效率和散射效率**

如果气溶胶粒子是球形的，定义单个粒子的吸收效率 $Q_{a,i,\lambda}$ 和散射效率 $Q_{s,i,\lambda}$，这时有

$$\sigma_{a,a,i,\lambda}=\pi r_i^2 Q_{a,i,\lambda};\quad \sigma_{s,a,i,\lambda}=\pi r_i^2 Q_{s,i,\lambda} \tag{2.21}$$

或写成

$$Q_{a,i,\lambda}=\frac{\sigma_{a,a,i,\lambda}}{\pi r_i^2},\quad Q_{s,i,\lambda}=\frac{\sigma_{s,a,i,\lambda}}{\pi r_i^2} \tag{2.22}$$

式中 $r_i$ 是粒子半径，$\pi r_i^2$ 是球形粒子截面积。从(2.20)式中看到，单个粒子的吸收或散射效率是指单位面积的吸收截面或散射截面。

实际气溶胶粒子或云粒子不是完全球形的，为方便，常把它们作为球粒看待，这时把 $\sigma_{a,a,i,\lambda}$、$\sigma_{s,a,i,\lambda}$ 称为有效吸收截面和有效散射截面。

### 2.1.3 介质本身发射的辐射引起传播方向辐射加强

介质本身发射的辐射与物质量 $\rho\mathrm{d}s$ 成正比，写为

$$\mathrm{d}I_{\mathrm{emit},\lambda,t}(\boldsymbol{\Omega})=j_\lambda\rho(s)\mathrm{d}s \tag{2.23}$$

式中 $j_\lambda$ 是质量发射系数，表示单位质量发射的辐射。定义源函数 $J_\lambda$

$$J_\lambda=\frac{j_\lambda}{k_{e,\lambda}} \tag{2.24}$$

则在辐射方向总的改变为

$$\begin{aligned}\mathrm{d}I(\boldsymbol{\Omega})&=-k_{a,\lambda}(s)\rho(s)I_\lambda(\boldsymbol{\Omega})\mathrm{d}s-k_{\mathrm{sca},\lambda}(s)\rho(s)I_\lambda(\boldsymbol{\Omega})\mathrm{d}s+j_\lambda\rho(s)\mathrm{d}s\\&=-k_{e,\lambda}(s)\rho(s)I_\lambda(\boldsymbol{\Omega})\mathrm{d}s+j_\lambda\rho(s)\mathrm{d}s\end{aligned} \tag{2.25}$$

•定义衰减系数 $k_{e,\lambda}(s)$ 为吸收系数 $k_{a,\lambda}(s)$ 与散射系数 $k_{\mathrm{sca},\lambda}(s)$ 之和，表示为

$$k_{e,\lambda}(s)=k_{a,\lambda}(s)+k_{\mathrm{sca},\lambda}(s) \tag{2.26}$$

•定义光学厚度(图 2.1)：

(1) 由点 $s \rightarrow s_1$ 之间介质的衰减光学厚度 $\tau_{e,\lambda}(s,s_1)$ 为

$$\tau_{e,\lambda}(s,s_1)=\int_s^{s_1} k_{e,\lambda}(s)\rho \mathrm{d}s \tag{2.27}$$

则微分形式表示为

$$\mathrm{d}\tau_{e,\lambda}(s,s_1)=-k_{e,\lambda}\rho \mathrm{d}s \tag{2.28}$$

注意上式中取“一”表示光学厚度随光学路径 ds 而减小。(2.27)式中积分限从 $s \rightarrow s_1$ 的选取，这是考虑到大气中各类吸收气体含量是随高度增加而减小，在大气顶吸收气体含量为0，光学厚度为0；在大气最下层吸收气体含量最大，光学厚度最大。

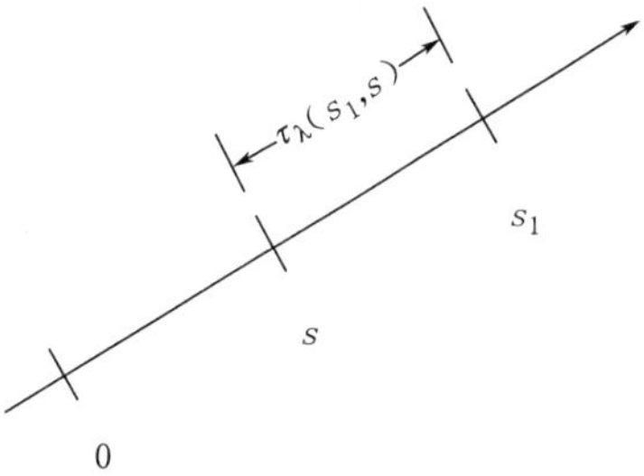

图 2.1　光学厚度定义

(2)介质的吸收光学厚度 $\tau_{e,\lambda}(s,s_1)$ 为

$$\tau_{a,\lambda}(s,s_1)=\int_s^{s_1} k_{a,\lambda}(s)\rho \mathrm{d}s \tag{2.29}$$

$$\mathrm{d}\tau_{a,\lambda}(s,s_1)=-k_{a,\lambda}(s)\rho(s)\mathrm{d}s \tag{2.30}$$

(3)散射光学厚度 $\tau_{\mathrm{sca},\lambda}(s,s_1)$ 为

$$\tau_{\mathrm{sca},\lambda}(s,s_1)=\int_s^{s_1} k_{\mathrm{sca},\lambda}(s)\rho \mathrm{d}s \tag{2.31}$$

$$\mathrm{d}\tau_{\mathrm{sca},\lambda}(s,s_1)=-k_{\mathrm{sca},\lambda}\rho \mathrm{d}s \tag{2.32}$$

(4)垂直光学厚度 $\tau_{e,\lambda}(z,\infty)$

如图 2.2 中，上面讨论的对于任意方向 $s$ 的光学厚度，即使对同一气层 $\Delta z$，对于不同方向光学厚度不同，为了便于应用，取垂直方向的光学厚度，由于 $\mathrm{d}z/\mathrm{d}s=\cos\theta=\mu$，$\mathrm{d}s=\mathrm{d}z/\mu$，

$$\tau_{e,\lambda}(z,\infty)=\int_s^{s_1} k_{\mathrm{sca},\lambda}(z)\rho \mathrm{d}z/\mu \tag{2.33}$$

$$\mathrm{d}\tau_{e,\lambda}(z,\infty)=-k_{e,\lambda}\rho \mathrm{d}z/\mu \tag{2.34}$$

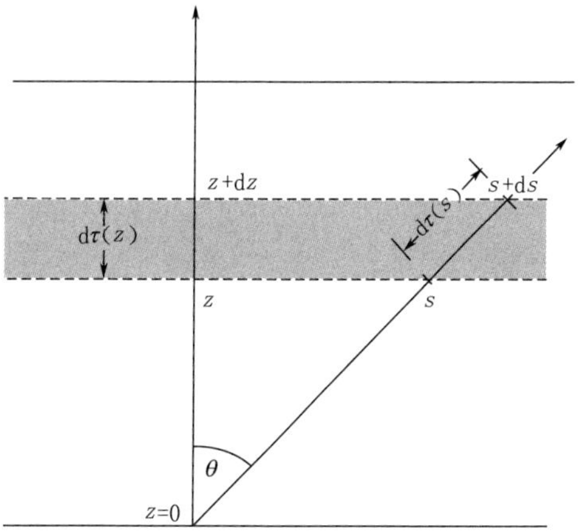

图 2.2　垂直光学厚度

(5)光程(光学质量)

大气对辐射的吸收和散射取决于辐射光束通过吸收和散射物质的含量，这种物质含量称为光程，又称为空气的绝对光学质量 $m_a$，为

$$m_a=\int_s^{s_1} \rho(s)\mathrm{d}s \tag{2.35}$$

式中 $\rho(s)$ 是吸收物质的密度，$ds$ 是沿光束方向的微分元，积分由高度 $H$ 到大气顶，对于无折射平面平行大气，光束以天顶角为 $\theta$ 方向光程为垂直方向光程乘以因子 $\sec\theta$，相乘因子称为空气的相对光学质量 $m_r$，定义为

$$m_r(h) = \int_h^{\infty} \rho(s)\mathrm{d}s \Big/ \int_h^{\infty} \rho(s)\mathrm{d}h \tag{2.36}$$

式中 $\mathrm{d}h$ 是垂直方向的微分元，对于无折射平面平行大气的相对光学质量为

$$m_r(h) = \sec\theta \tag{2.37}$$

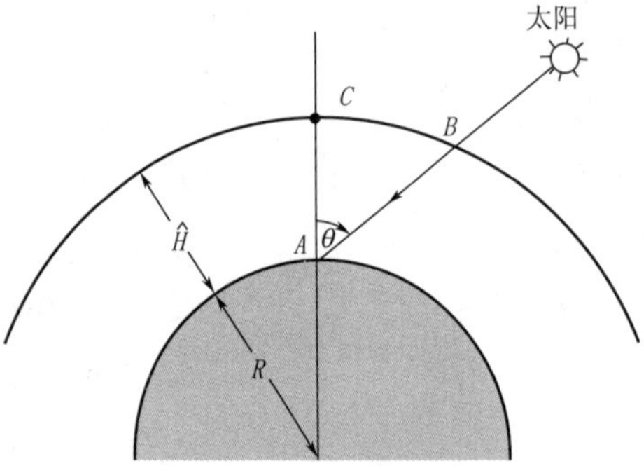


图 2.3　考虑到地球曲率的光学质量

如图 2.3 中，考虑到地球曲率，大气的相对光学质量为

$$m_r(\theta) = \frac{BA}{AC}\{[(R/\hat{H})\cos\theta]^2 + 2(R/\hat{H}) + 1\}^{1/2} - (R/\hat{H})\cos\theta \tag{2.38}$$

式中 $\hat{H}$ 是以地面密度为 $\rho_g$ 的均质大气高度，即是 $\hat{H} = P_g/(g\rho_g)$，$R$ 是地球半径，$P_g$ 是地面气压，$\theta$ 是太阳天顶角。对于 20 km 上空臭氧的光特性计算中，可证明有

$$m_r(h) = [1 + (h/R)]/[\cos^2\theta + 2(h/R)]^{1/2} \tag{2.39}$$

### 2.1.4　多次散射方向 $\boldsymbol{\Omega}'$ 辐射入射到介质后部分散射到传播方向 $\boldsymbol{\Omega}$ 辐射加强

如图 2.4，表示多次散射由 $\boldsymbol{\Omega}'$ 方向入射到介质后被介质散射到 $\boldsymbol{\Omega}$ 方向的辐射，表示为

$$\mathrm{d}I_\lambda(\boldsymbol{\Omega}' \to \boldsymbol{\Omega}) = k_{\mathrm{sca},\lambda}(s, \boldsymbol{\Omega}' \to \boldsymbol{\Omega}) \times \rho(s) I_{\mathrm{sca},\lambda}(\boldsymbol{\Omega}')\mathrm{d}s\,\mathrm{d}\omega' \tag{2.40}$$

式中 $I_\lambda(\boldsymbol{\Omega}')$ 是入射的多次散射辐射。

定义方向质量散射系数散射相函数的关系为

$$k_{\mathrm{sca},\lambda}(s, \boldsymbol{\Omega}' \to \boldsymbol{\Omega}) = \frac{1}{4\pi} k_{\mathrm{sca},\lambda}(s) P(\boldsymbol{\Omega}' \to \boldsymbol{\Omega}) \tag{2.41}$$

则散射相函数表示为

$$P(\boldsymbol{\Omega}', \boldsymbol{\Omega}) = P(\cos\Theta) = P(\boldsymbol{\Omega}, \boldsymbol{\Omega}') = P(\mu, \phi; \mu', \phi')$$

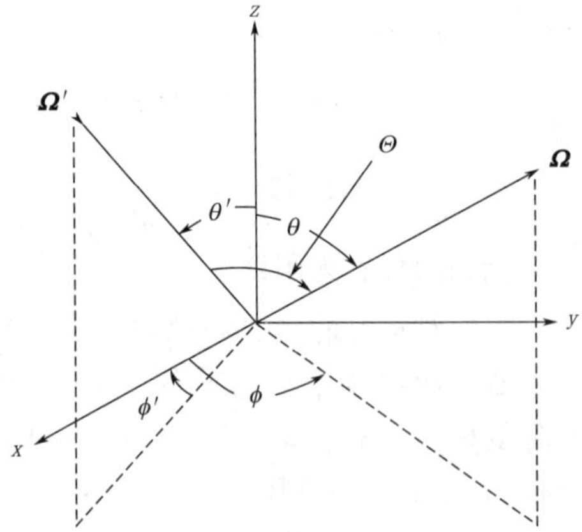


图 2.4　散射角

$$=4\pi k_{\mathrm{sca},\lambda}(s,\boldsymbol{\Omega}'\to\boldsymbol{\Omega})/k_{\mathrm{sca},\lambda}(s) \tag{2.42}$$

式中 $\Theta$ 是散射角，$\phi$ 为入射方向与散射方向间的夹角。如图 2.4 为散射角 $\Theta$ 与 $\boldsymbol{\Omega}'$、$\boldsymbol{\Omega}$ 的关系，表示为

$$\begin{aligned}\cos\Theta&=\boldsymbol{\Omega}'\cdot\boldsymbol{\Omega}=(\boldsymbol{i}\cos\phi'\sin\theta'+\boldsymbol{j}\sin\phi'\sin\theta'+\boldsymbol{k}\cos\theta')(\boldsymbol{i}\cos\phi\cos\theta+\boldsymbol{j}\sin\phi\sin\theta+\boldsymbol{k}\cos\theta)\\&=\cos\theta'\cos\theta+\sin\theta'\sin\theta\cos(\phi'-\phi)\\&=\mu'\mu+(1-\mu'^2)^{1/2}(1-\mu^2)^{1/2}\cos(\phi'-\phi)\end{aligned} \tag{2.43}$$

式中 $\mu'=\cos\theta'$，$\mu=\cos\theta$。

相函数归一化表示为

$$\frac{1}{4\pi}\int_{4\pi}P(\boldsymbol{\Omega}'\to\boldsymbol{\Omega})\mathrm{d}\omega'=1 \tag{2.44}$$

对于整个空间的入射的多次散射辐射，需将(2.40)式右边对整个空间积分，写为

$$\mathrm{d}I_\lambda(\boldsymbol{\Omega})=\frac{1}{4\pi}k_{\mathrm{sca},\lambda}(s)\int_{4\pi}P(\boldsymbol{\Omega}'\to\boldsymbol{\Omega})\rho(s)I_{\mathrm{sca},\lambda}(\boldsymbol{\Omega}')\mathrm{d}s\,\mathrm{d}\omega' \tag{2.45}$$

定义单次反照率$\varpi_0$，写为

$$\varpi_0\equiv\int P(\cos\Theta)\frac{\mathrm{d}\omega}{4\pi} \tag{2.46}$$

它表示在光束消光衰减中纯散射占的那部分。因此单次反照率$\varpi_0$也可以写为

$$\begin{aligned}\varpi_0(\tau_\lambda)&=\mathrm{d}\tau_{s\lambda}/\mathrm{d}\tau_{e\lambda}\\&=k_{s\lambda}/(k_{a\lambda}+k_{s\lambda})\end{aligned} \tag{2.47}$$

对于纯散射而言，$\varpi_0=1$，为完全反射体。在各向同性的情况下，由(2.46)式得：$\varpi_0=P(\cos\Theta)$。当存在有吸收时，$\varpi_0<1$，则 $1-\varpi_0$表示对辐射的吸收。

$$\varpi_0=\frac{k_{\mathrm{sca}}}{k_{e,\lambda}}=1-\frac{k_{a,\lambda}}{k_{e,\lambda}} \tag{2.48}$$

(2.45)式成为

$$\mathrm{d}I_\lambda(\boldsymbol{\Omega})=\frac{\varpi_0}{4\pi}k_{e,\lambda}(s)\int_{4\pi}P(\boldsymbol{\Omega}'\to\boldsymbol{\Omega})\rho(s)I_{\mathrm{sca},\lambda}(\boldsymbol{\Omega}')\mathrm{d}s\,\mathrm{d}\omega' \tag{2.49}$$

### 2.1.5　太阳的直接辐射和一次漫散射太阳辐射

到达地面的太阳辐射场是由明显不同的直接辐射 $I_{\mathrm{dir}}$ 和散射辐射 $I_{\mathrm{dif}}$ 两个分量之和，写为

$$I=I_{\mathrm{dir}}+I_{\mathrm{dif}} \tag{2.50}$$

**1. 直接辐射**

如图 2.5 中，直接辐射是通过光学厚度为 $\tau^*$ 气层的衰减后的太阳辐射部分，它满足比尔-朗伯(Beer-Bouguer-Lambert)定律，写为

$$I_{\mathrm{dir}}^{\downarrow}=I_0\exp(-\tau^*/\mu_0) \tag{2.51}$$

式中 $I_0$ 是大气顶给定波长处的太阳辐射，$\mu_0$ 是太阳天顶角的余弦。

直接太阳辐射通量定为

$$F_{\mathrm{dir}}^{\downarrow}=\mu_0 F_0 \exp(-\tau^*/\mu_0) \tag{2.52}$$

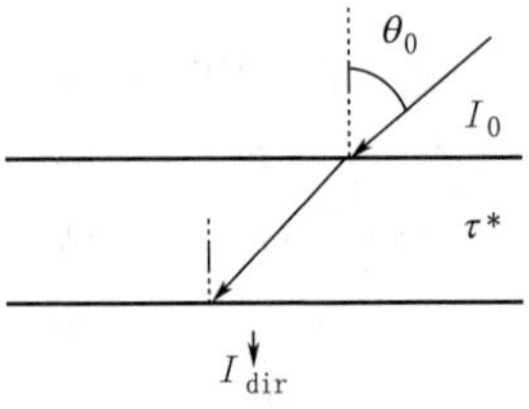


图 2.5 直接太阳辐射

**2. 漫太阳辐射传输方程的源函数**

如图 2.6 所示，漫辐射是由一次散射或多次散射所构成的光，定义源函数为

$$J_\lambda=(j_{\lambda,\mathrm{thermal}}+j_{\lambda,\mathrm{scattering}})/\beta_{\mathrm{e},\lambda} \tag{2.53}$$

式中 $j_{\lambda,\mathrm{thermal}}$ 是热力发射辐射，$j_{\lambda,\mathrm{thermal}}=\beta_{a,\lambda}B_\lambda(T)$，$j_{\lambda,\mathrm{scattering}}$ 是散射辐射的再辐射。

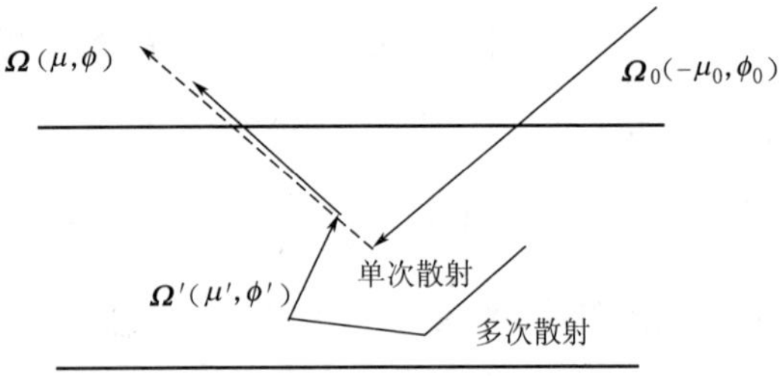


图 2.6 单次散射和多次散射

**3. 一次散射辐射**

这是指大气中的介质对太阳直接辐射的一次散射，写为

$$\mathrm{d}I_{\mathrm{sca},\lambda,}(\boldsymbol{\Omega}_0\to\boldsymbol{\Omega})=\frac{1}{4\pi}k_{\mathrm{sca},\lambda}(s)\times F_0\,\mathrm{e}^{-\tau\lambda/\mu_0}\times P_\lambda(\boldsymbol{\Omega}_0\to\boldsymbol{\Omega})\rho(s)\mathrm{d}s \tag{2.54}$$

式中，$F_0$ 是入射大气顶的太阳辐射，$P_\lambda(\boldsymbol{\Omega}_0\to\boldsymbol{\Omega})$ 是散射相函数。

## 2.1.6 辐射传输方程

地球与宇宙间辐射交换时发生的复杂过程主要出现于大气。影响大气中的辐射过程的因素有：

（1）大气中分子和粒子的吸收使传播方向辐射减小；

（2）物质对辐射的散射使传播方向辐射减小，大气中的分子、气溶胶、沙尘等改变辐射的传播方向；

（3）物质发射辐射使传播方向辐射加强；

（4）入射的多次散射辐射使传播方向辐射加强；

（5）介质对阳光的一次散射。

分别表示为：

吸收：$dI_{a,\lambda}(\boldsymbol{\Omega})=-k_{a,\lambda,V}(s)I_{\lambda}(\boldsymbol{\Omega})ds=-k_{a,m,\lambda}(s)\rho(s)I_{\lambda}(\boldsymbol{\Omega})ds$

散射：$dI_{sca,\lambda}(\boldsymbol{\Omega})=-k_{sca,\lambda}(s)\rho(s)I_{\lambda}(\boldsymbol{\Omega})ds=-k_{sca,\lambda,V}(s)I_{\lambda}(\boldsymbol{\Omega})ds$

发射：$dI_{emit,\lambda}(\boldsymbol{\Omega})=j_{\lambda}\rho(s)ds$　(2.55)

多次散射：$dI_{sca,\lambda}(\boldsymbol{\Omega})=\dfrac{1}{4\pi}k_{sca,\lambda}(s)\displaystyle\int_{4\pi}P(\boldsymbol{\Omega}'\to\boldsymbol{\Omega})\rho(s)I_{sca,\lambda}(\boldsymbol{\Omega}')\rho(s)ds\,d\omega'$

一次散射：$dI_{sca,\lambda}(\boldsymbol{\Omega}_0\to\boldsymbol{\Omega})=\dfrac{1}{4\pi}k_{sca,\lambda}(s)\times F_0 e^{-\tau\lambda/\mu_0}\times P_{\lambda}(\boldsymbol{\Omega}_0\to\boldsymbol{\Omega})\rho(s)ds$

总的辐射改变为以上五项之和，即为

$$dI_{\lambda}(\boldsymbol{\Omega})=dI_{a,\lambda}(\boldsymbol{\Omega})+dI_{sca,\lambda}(\boldsymbol{\Omega})+dI_{emit,\lambda}(\boldsymbol{\Omega})+dI_{sca,\lambda}(\boldsymbol{\Omega}'\to\boldsymbol{\Omega})+dI_{sca,\lambda}(\boldsymbol{\Omega}_0\to\boldsymbol{\Omega})\tag{2.56}$$

就是

$$dI_{a,\lambda}(\boldsymbol{\Omega})=-[k_{a,m,\lambda}(s)+k_{sca,\lambda}(s)]\rho(s)I_{\lambda}(\boldsymbol{\Omega})ds+j_{\lambda}\rho(s)ds+\frac{1}{4\pi}k_{sca,\lambda}(s)\int_{4\pi}P(\boldsymbol{\Omega}'\to\boldsymbol{\Omega})\rho(s)I_{sca,\lambda}(\boldsymbol{\Omega}')\rho(s)ds\,d\omega'+\frac{1}{4\pi}k_{sca,\lambda}(s)\times F_0 e^{-\tau\lambda/\mu_0}\times P_{\lambda}(\boldsymbol{\Omega}_0\to\boldsymbol{\Omega})\rho(s)ds\tag{2.57}$$

如果在可见光区，不考虑介质的辐射，有

$$\frac{dI_{\lambda}(s;\boldsymbol{\Omega})}{k_{e,\lambda}\rho ds}=-I_{\lambda}(s;\boldsymbol{\Omega})+\frac{\varpi_0}{4\pi}\int_{4\pi}P_{\lambda}(\boldsymbol{\Omega};\boldsymbol{\Omega}')I_{\lambda}(s;\Omega')d\omega'+\frac{\varpi_0}{4\pi}F_0 e^{-\tau\lambda/\mu_0}\times P_{\lambda}(\Omega,-\Omega_0)\tag{2.58}$$

用垂直光学厚度 $\tau$ 表示，由(2.24)式，则(2.58)式化为

$$\mu\frac{dI_{\lambda}(\tau,\boldsymbol{\Omega})}{d\tau}=I_{\lambda}(\tau;\boldsymbol{\Omega})-\frac{\varpi_0}{4\pi}\int_0^{2\pi}\int_{-1}^{1}P_{\lambda}(\boldsymbol{\Omega};\boldsymbol{\Omega}')I_{\lambda}(\tau;\boldsymbol{\Omega}')d\omega'-\frac{\varpi_0}{4\pi}F_0 e^{-\tau\lambda/\mu_0}\times P_{\lambda}(\boldsymbol{\Omega},-\boldsymbol{\Omega}_0)\tag{2.59}$$

在红外波段，不考虑大气散射，则当在局地热力平衡下，$J_{\lambda}\equiv j_{\lambda}/k_{e\lambda}=(1-\varpi_0)B_{\lambda}$

$$-\mu\frac{dI_{\lambda}(\tau,\boldsymbol{\Omega})}{d\tau}=-I_{\lambda}(\tau,\boldsymbol{\Omega})+(1-\varpi_0)B_{\lambda}[T(s)]\tag{2.60}$$

## 2.2 辐射传输方程式的形式解

### 2.2.1 无散射(零散射)大气辐射传输方程式的形式解

如图 2.7 所示，对于任意形状无散射介质的辐射传输方程式写为

$$\frac{dI}{d\tau_s}=I-B(T)\tag{2.61}$$

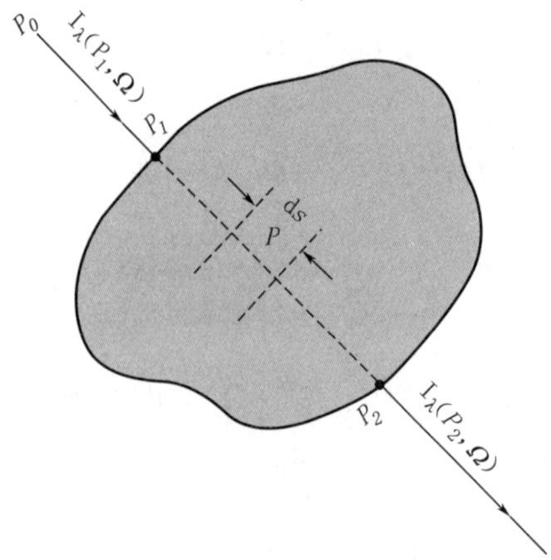


图 2.7　任意介质中辐射吸收

式中略去了下标波长或频率的缩写符号，源函数 $J=B(\mathrm{T})$，$T$ 是介质内的温度，$\tau_s$ 是路径光学厚度。如图 2.7 所示，对于 $P_1 \to P$ 的光学厚度写为

$$\tau(P_1,P)=\int_{P_1}^{P}\alpha\,\mathrm{d}s=\int_{0}^{P}\alpha\,\mathrm{d}s-\int_{0}^{P_1}\alpha\,\mathrm{d}s\equiv\tau(P)-\tau(P_1) \tag{2.62}$$

注意光学厚度可以从介质外的任一参考点 $P_0$ 测定。图 2.7 中 $I_\lambda(P_1,\Omega)$ 是 $\Omega$ 方向入射到 $P_1$ 点处的辐射，$I_\lambda(P_2,\Omega)$ 是 $\Omega$ 方向通过介质后 $P_2$ 点处的辐射，局地势力平衡不均匀介质各点发射的辐射是以该点的温度的普朗克辐射。

根据(2.61)式，使用积分因子 $\mathrm{e}^{-\tau}$，乘以(2.61)式的两边，可以把(2.61)式写为

$$\frac{\mathrm{d}I}{\mathrm{d}\tau}\mathrm{e}^{\tau}+I\mathrm{e}^{\tau}=\frac{\mathrm{d}I}{\mathrm{d}\tau}(I\mathrm{e}^{\tau})=B\mathrm{e}^{\tau} \tag{2.63}$$

由于略去折射，从 $P_1$ 到 $P_2$ 点按直线传播，积分得到

$$\int_{\tau(P_1)}^{\tau(P_2)}\mathrm{d}t\,\frac{\mathrm{d}}{\mathrm{d}t}(I\mathrm{e}^{t})=I[\tau(P_2)]\mathrm{e}^{\tau(P_2)}-I[\tau(P_1)]\mathrm{e}^{\tau(P_1)}=\int_{\tau(P_1)}^{\tau(P_2)}\mathrm{d}t\,B(t)\mathrm{e}^{t} \tag{2.64}$$

式中 $t$ 对于光学厚度 $\tau$ 的积分参数，得到 $P_2$ 点的强度为

$$\begin{aligned}I[\tau(P_2)]&=I[\tau(P_1)]\mathrm{e}^{-\tau(P_2)+\tau(P_1)}+\int_{\tau(P_1)}^{\tau(P_2)}\mathrm{d}tB(t)\mathrm{e}^{t-\tau(P_2)}\\&=I[\tau(P_1)]\mathrm{e}^{-\tau(P_1,P_2)}+\int_{\tau(P_1)}^{\tau(P_2)}\mathrm{d}tB(t)\mathrm{e}^{-t(P_1,P_2)}\\&=I[\tau(P_1)]\widetilde{T}_b(P_1,P_2)+\int_{\widetilde{T}_b(P_1,P_2)}^{1}\mathrm{d}\widetilde{T}_b(P_1,P_2)B(t)\end{aligned} \tag{2.65}$$

最后一式 $\widetilde{T}_b$ 是(2.65)式定义的透过率，$P_1$ 和 $P_2$ 方向由介质发射的辐射由两部分组成：一是来自于入射到介质边界处 $P_1$ 透射入射辐射；第二部分是来自于沿射线方向的介质发射、通过合适的射线透过率 $\mathrm{e}^{-t(P,P_2)}$ 加权的辐射。显然这解无论是在边界 $P_1$ 和 $P_2$ 或不在边界处（$P_1$ 和 $P_2$ 处在介质内部）都是成立的。如选择的点在边界上，就表示 $I[\tau(P_2)]$ 是射出辐射。

### 2.2.2　等温介质的传输方程式的形式解

假定整个介质内温度是等温的和吸收截面 $\alpha_n$ 是常数，对(2.65)式积分，再定义光学厚度的起始点，与 $P_1$(就是 $\tau(P_1)=0$)相一致，就得到

$$
\begin{aligned}
I[\tau(P_2)] &= I[\tau(P_1)]\mathrm{e}^{-\tau(P_2)} + B\int_0^{\tau(P_2)} \mathrm{d}t\,\mathrm{e}^{[\tau(P_2)-t]} \\
&= I[\tau(P_1)=0]\mathrm{e}^{-\tau(P_2)} + B[1-\mathrm{e}^{-\tau(P_2)}]
\end{aligned}
\tag{2.66}
$$

考虑到第二项光学厚度的特征，如果在给定方向(就是 $\tau(P_2)\ll 1$)，按光学特性介质很薄，则第二项 $B\tau(P_2)$ 为 $\tau(P_2)$ 的一次方。在这种情形下，来自介质的贡献与光学厚度呈线性关系。以另一种方式，按光学路径上的分子数，$\tau(P_2)$ 写为

$$
\tau(P_2) = \int_0^{P_2} \alpha\,\mathrm{d}s = \alpha_n \int_0^{P_2} n(s)\,\mathrm{d}s = \alpha_n N(0,P_2) \tag{2.67}
$$

式中 $N(0,P_2)$ 是吸收分子的数目。若介质既无吸收，也无散射，则 $\tau=0$，辐射强度在介质任意地方为常数。

### 2.2.3　平面平行大气的辐射传输方程的形式解

对于普遍的平面平行大气的辐射传输方程的形式可以写为

$$
\mu\frac{\mathrm{d}I(\tau,\mu,\phi)}{\mathrm{d}\tau} = I(\tau,\mu,\phi) - J(\tau,\mu,\phi) \tag{2.68}
$$

将上面方程式改写为

$$
\mathrm{d}I(\tau,\mu,\phi) = I(\tau,\mu,\phi)\frac{\mathrm{d}\tau}{\mu} - J(\tau,\mu,\phi)\frac{\mathrm{d}\tau}{\mu} \tag{2.69}
$$

将(2.69)式乘以 $\mathrm{e}^{-\tau/\mu}$，便有

$$
\mathrm{e}^{-\tau/\mu}\mathrm{d}I(\tau,\mu,\phi) = I(\tau,\mu,\phi)\mathrm{e}^{-\tau/\mu}\frac{\mathrm{d}\tau}{\mu} - J(\tau,\mu,\phi)\mathrm{e}^{-\tau/\mu}\frac{\mathrm{d}\tau}{\mu}
$$

即有

$$
\mathrm{e}^{-\tau/\mu}\mathrm{d}I(\tau,\mu,\phi) - I(\tau,\mu,\phi)\mathrm{e}^{-\tau/\mu}\frac{\mathrm{d}\tau}{\mu} = -J(\tau,\mu,\phi)\mathrm{e}^{-\tau/\mu}\frac{\mathrm{d}\tau}{\mu}
$$

就是

$$
\mathrm{d}[I(\tau,\mu,\phi)\mathrm{e}^{-\tau/\mu}] = -J(\tau,\mu,\phi)\mathrm{e}^{-\tau/\mu}\frac{\mathrm{d}\tau}{\mu}
$$

### 2.2.4　对于有限大气层内向上和向下的辐射强度

图 2.8 表示有限大气层中的辐射情况，图中 $I(\tau;\mu,\phi)$ 和 $I(\tau;-\mu,\phi)$ 是大气光学厚度为 $\tau$ 处的向上和向下辐射，$I(0;\mu,\phi)$ 和 $I(0;-\mu,\phi)$ 是分别是大气顶处向上和向

下辐射,$I(\tau_1;\mu,\phi)$是大气底的向上辐射。图中$\tau'$是大气中任一光学厚度。

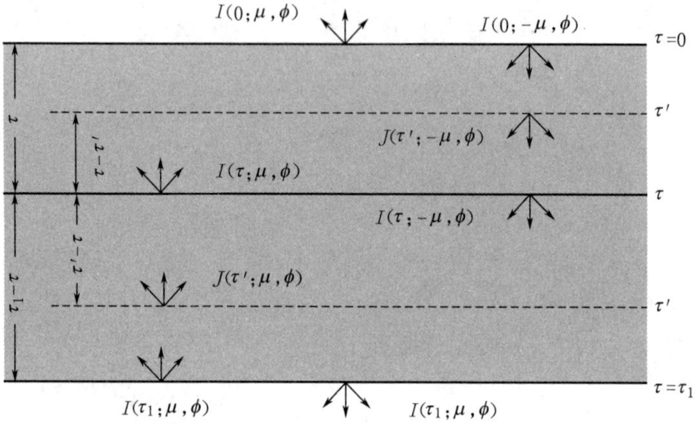


图 2.8 有限大气层中的辐射

**1. 有限大气层内向上辐射强度**

对于大气层内$\tau$高度处向上($\mu>0$)的辐射强度,将(2.68)式乘以$e^{-\tau/\mu}$,则有

$$\frac{d}{d\tau}[I^+(\tau;\mu,\phi)e^{-\tau/\mu}]=\frac{dI^+(\tau;\mu,\phi)}{d\tau}-\frac{1}{\mu}I^+(\tau;\mu,\phi)e^{-\tau/\mu}=-\frac{1}{\mu}J(\tau,\mu,\phi)e^{-\tau/\mu} \quad (2.70)$$

对(2.66)式由$\tau\rightarrow\tau_1$进行积分,则向上的辐射率为

$$I^+(\tau;\mu,\phi)=I^+(\tau_1;\mu,\varphi)e^{-(\tau_1-\tau)/\mu}+\int_\tau^{\tau_1}J(\tau';\mu,\phi)e^{-(\tau_1-\tau')/\mu}\frac{d\tau'}{\mu} \quad (2.71)$$

式中$\tau'$是$\tau$的积分参数;

**2. 有限大气层内向下辐射强度**

对于大气层内$\tau$高度处向下($\mu<0$)的辐射强度,与上类似,只是用$-\mu$代替$\mu$,并由$0\rightarrow\tau$进行积分(2.70),得

$$I^-(\tau;-\mu,\phi)=I^-(0;-\mu,\phi)e^{-\tau/\mu}+\int_0^\tau J(\tau';-\mu,\phi)e^{-(\tau-\tau')/\mu}\frac{d\tau'}{\mu} \quad (2.72)$$

**3. 有限大气层顶和底处向上和向下的辐射强度**

有限大气层顶处($\tau=0$),由大气发射的向下辐射强度为0,只有向上的辐射强度,由(2.71)式可以得

$$I^+(0;\mu,\phi)=I^+(\tau_1;\mu,\phi)e^{-\tau_1/\mu}+\int_0^{\tau_1}J^+(\tau';\mu,\phi)e^{-\tau'/\mu}\frac{d\tau'}{\mu} \quad (2.73)$$

式中右边第一项和第二项分别表示大气底面和大气层内部发射的辐射。

有限大气层底处($\tau=\tau_1$),大气向上辐射忽略不计,仅考虑向下大气辐射,由

(2.72)式得

$$I^{-}(\tau_1;\mu,\phi)=I^{-}(0;\ \mu,\phi)e^{-\tau_1/\mu}+\int_0^{\tau_1}J^{-}(\tau';\mu,\phi)e^{-(\tau-\tau')/\mu}\frac{d\tau'}{\mu} \tag{2.74}$$

式中 $I^{-}(\tau_1;\mu,\phi)$ 为大气底层处的向下辐射，式中右边第一项为入射大气顶后透过整层大气到达大气低层的辐射，第二项为整层大气发出的向下辐射。

**4. 半无限大气层内 $\tau$ 处向上、向下大气辐射强度**

(1)半无限大气层内 $\tau$ 处的向上辐射强度

对于半无限大气的顶部和底部，没有向上和向下的漫辐射，即

$$I^{+}(\tau_1;\mu,\phi)=0 \text{ 和 } I^{-}(0;\mu,\phi)=0$$

因此在 $\tau$ 处的向上辐射写为

$$I^{+}(\tau;\mu,\phi)=\int_{\tau}^{\tau_1}J(\tau';\mu,\phi)e^{-(\tau_1-\tau')/\mu}\frac{d\tau'}{\mu} \tag{2.75}$$

(2)半无限大气层内 $\tau$ 处的向下辐射强度

对于半无限大气 $\tau$ 处的向下辐射写为

$$I^{-}(\tau;-\mu,\phi)=I^{-}(0;-\mu,\phi)e^{-\tau/\mu}+\int_0^{\tau}J^{-}(\tau';-\mu,\phi)e^{-(\tau-\tau')/\mu}\frac{d\tau'}{\mu} \tag{2.76}$$

式中 $I^{-}(\tau;-\mu,\phi)$ 是半无限大气 $\tau$ 处的向下辐射，式中右边第一项 $I^{-}(0;-\mu,\phi)e^{-\tau/\mu}$ 是入射大气顶并透过光学厚度 $\tau$ 的辐射，式中右边第二项是 $\tau$ 以上气层发出的向下辐射。

## 2.3　向上和向下辐射传输方程

平面平行大气的辐射传输方程为

$$\mu\frac{dI_\lambda(\tau;\boldsymbol{\Omega})}{d\tau}=I_\lambda(\tau,\boldsymbol{\Omega})-J_\lambda(\tau,\boldsymbol{\Omega}) \tag{2.77}$$

式中右边第一项为辐射传播方向上因吸收和散射对辐射的衰减，第二项为源函数，包括多次散射辐射项、对太阳辐射的一次散射及热辐射，则源函数分别为

$$J_\lambda(\tau_\lambda;\boldsymbol{\Omega})=J_\lambda^{\text{diffuse}}(\tau_\lambda;\boldsymbol{\Omega})+S^*(\tau_\lambda;\boldsymbol{\Omega},-\boldsymbol{\Omega}_0)+J_\lambda^{\text{thrm}}(\tau_\lambda;\boldsymbol{\Omega}) \tag{2.78a}$$

其中，多次散射　$J_\lambda^{\text{diffuse}}(\tau_\lambda;\boldsymbol{\Omega})=\dfrac{\varpi_0}{4\pi}\displaystyle\int_{4\pi}I_\lambda(\tau_\lambda,\boldsymbol{\Omega}')P_\lambda(\boldsymbol{\Omega};\boldsymbol{\Omega}')d\omega'$　(2.78b)

太阳辐射的一次散射　$S^*(\tau_\lambda;\boldsymbol{\Omega},-\boldsymbol{\Omega}_0)=\dfrac{\varpi_0}{4\pi}F_0P_\lambda(\boldsymbol{\Omega};-\boldsymbol{\Omega}_0)e^{-\tau_\lambda/\mu_0}$　(2.78c)

热辐射　$J_\lambda^{\text{thrm}}(\tau_\lambda;\boldsymbol{\Omega})=(1-\varpi_0)B$　(2.78d)

### 2.3.1　平面平行大气的辐射传输方程

对于水平介质层向上、向下半空间的辐射强度传输方程式可以写成

$$-\mu\frac{\mathrm{d}I^{-}(\tau,\boldsymbol{\Omega})}{\mathrm{d}\tau}=I^{-}(\tau,\boldsymbol{\Omega})-(1-\varpi_0)B-\frac{\varpi_0}{4\pi}\int_{+}p(+\boldsymbol{\Omega}';-\boldsymbol{\Omega})I^{+}(\tau,\boldsymbol{\Omega}')\mathrm{d}\omega'$$
$$-\frac{\varpi_0}{4\pi}\int_{-}p(-\boldsymbol{\Omega}';-\boldsymbol{\Omega})I^{-}(\tau,\boldsymbol{\Omega}')\mathrm{d}\omega' \qquad (2.79\text{a})$$

$$\mu\frac{\mathrm{d}I^{+}(\tau,\boldsymbol{\Omega})}{\mathrm{d}\tau}=I^{+}(\tau,\boldsymbol{\Omega})-(1-\varpi_0)B-\frac{\varpi_0}{4\pi}\int_{+}p(+\boldsymbol{\Omega}';+\boldsymbol{\Omega})I^{+}(\tau,\boldsymbol{\Omega}')\mathrm{d}\omega'$$
$$-\frac{\varpi_0}{4\pi}\int_{-}p(-\boldsymbol{\Omega}';+\boldsymbol{\Omega})I^{-}(\tau,\boldsymbol{\Omega}')\mathrm{d}\omega' \qquad (2.79\text{b})$$

式中 $I^{-}(\tau,\boldsymbol{\Omega})=I^{-}(\tau,\mu,\phi)\equiv I(\tau,-\boldsymbol{\Omega})$，$p(-\boldsymbol{\Omega}';+\boldsymbol{\Omega})=P(-\boldsymbol{\Omega}';+\boldsymbol{\Omega})$表示光的方向在散射前向下($-\boldsymbol{\Omega}'$)，散射后向上($+\boldsymbol{\Omega}$)。

向下的辐射含直接辐射和散射辐射两部分，即是 $I^{-}(\tau,\boldsymbol{\Omega})=I_d^{-}(\tau,\boldsymbol{\Omega})+I_s^{-}(\tau,\boldsymbol{\Omega})$，这样传输方程序式又可以写成

$$-\mu\frac{\mathrm{d}I_d^{-}(\tau,\boldsymbol{\Omega})}{\mathrm{d}\tau}-\mu\frac{\mathrm{d}I_s^{-}(\tau,\boldsymbol{\Omega})}{\mathrm{d}\tau}=I_d^{-}(\tau,\boldsymbol{\Omega})+I_s^{-}(\tau,\boldsymbol{\Omega})-(1-\varpi_0)B$$
$$-\frac{\varpi_0}{4\pi}\int_{-}p(-\boldsymbol{\Omega}';-\boldsymbol{\Omega})I_s^{-}(\tau,\boldsymbol{\Omega}')\mathrm{d}\omega'$$
$$-\frac{\varpi_0}{4\pi}\int_{+}p(+\boldsymbol{\Omega}';-\boldsymbol{\Omega})I_d^{+}(\tau,\boldsymbol{\Omega}')\mathrm{d}\omega'-\frac{\varpi_0}{4\pi}\int_{-}p(-\boldsymbol{\Omega}';-\boldsymbol{\Omega})I_d^{-}(\tau,\boldsymbol{\Omega}')\mathrm{d}\omega' \qquad (2.80)$$

其中涉及到直接分量的两非积分项消去，便有$-\mu\mathrm{d}I_s^{-}/\mathrm{d}\tau=I_s^{-}$，这样

$$-\mu\frac{\mathrm{d}I_d^{-}(\tau,\boldsymbol{\Omega})}{\mathrm{d}\tau}=I_d^{-}(\tau,\boldsymbol{\Omega})-(1-\varpi_0)B-S^{*}(\tau,-\boldsymbol{\Omega}')-\frac{\varpi_0}{4\pi}\int_{+}p(+\boldsymbol{\Omega}';-\boldsymbol{\Omega})I_d^{+}(\tau,\boldsymbol{\Omega}')\mathrm{d}\omega'$$
$$-\frac{\varpi_0}{4\pi}\int_{-}p(-\boldsymbol{\Omega}';-\boldsymbol{\Omega})I_d^{-}(\tau,\boldsymbol{\Omega}')\mathrm{d}\omega' \qquad (2.81)$$

式中

$$S^{*}(\tau,-\boldsymbol{\Omega}')=\frac{\varpi_0}{4\pi}\int_{-}\mathrm{d}\omega' p(-\boldsymbol{\Omega}';-\boldsymbol{\Omega})F^{S}\exp(-\tau/\mu_0)\delta(\boldsymbol{\Omega}';-\boldsymbol{\Omega}_0)$$
$$=\frac{\varpi_0}{4\pi}p(-\boldsymbol{\Omega}_0;-\boldsymbol{\Omega})F^{S}\exp(-\tau/\mu_0) \qquad (2.82)$$

同样，对于向上辐射有

$$\mu\frac{\mathrm{d}I_d^{+}(\tau,\boldsymbol{\Omega})}{\mathrm{d}\tau}=I_d^{+}(\tau,\boldsymbol{\Omega})-(1-\varpi_0)B-S^{*}(\tau,+\boldsymbol{\Omega}')-\frac{\varpi_0}{4\pi}\int_{+}p(+\boldsymbol{\Omega}';+\boldsymbol{\Omega})I_d^{+}(\tau,\boldsymbol{\Omega}')\mathrm{d}\omega'$$
$$-\frac{\varpi_0}{4\pi}\int_{-}p(-\boldsymbol{\Omega}';+\boldsymbol{\Omega})I^{-}(\tau,\boldsymbol{\Omega}')\mathrm{d}\omega' \qquad (2.83\text{a})$$

其中

$$S^*(\tau,+\boldsymbol{\Omega}')=\frac{\varpi_0}{4\pi}\int_- p(-\boldsymbol{\Omega}';+\boldsymbol{\Omega})F^S\exp(-\tau/\mu_0)\delta(\boldsymbol{\Omega}'-\boldsymbol{\Omega}_0)$$

$$=\frac{\varpi_0}{4\pi}p(-\boldsymbol{\Omega}_0;+\boldsymbol{\Omega})F^S\exp(-\tau/\mu_0) \tag{2.83b}$$

(2.83a)式、(2.83b)式给出了附加源函数 $S^*(\tau,\pm\boldsymbol{\Omega}')$ 的漫辐射场表示。如果没有 $S^*(\tau,+\boldsymbol{\Omega}')$，则当热辐射 $B=0$ 情形下，就没有漫辐射场。也就是通过相函数 $p(-\boldsymbol{\Omega}_0,\pm\boldsymbol{\Omega})$ 给出了 $S^*(\tau,\pm\boldsymbol{\Omega}')$ 的辐射场与方位的依赖关系。如果一般更多的外部源函数具有的角依赖关系，则应用对整个外部辐射场的相函数加权角积分表示 $S^*(\tau,\pm\boldsymbol{\Omega}')$。

漫辐射强度的完整的和包括全部上下空间范围的辐射传输方程式为

$$\mu\frac{\mathrm{d}I(\tau,\mu,\phi)}{\mathrm{d}\tau}=I(\tau,\mu,\phi)-\frac{\varpi_0}{4\pi}\int_0^{2\pi}\int_{-1}^{1}p(\mu',\phi';\mu,\phi)I(\tau,\mu',\phi')\mathrm{d}\mu'\mathrm{d}\phi'$$
$$-(1-\varpi_0)B-S^*(\tau,\mu,\phi') \tag{2.84}$$

式中 $S^*(\tau,u,\phi')$ 表示上面导得的太阳辐射项。

下边界条件：

对于表面温度为 $T_s$，发射率为 $\varepsilon$，具有反射率为 $\rho$，反射入射辐射′ $I^-(\tau^*,\boldsymbol{\Omega}'')$ 的下表面显然有下面的源函数项

$$S^*(\tau,\pm\boldsymbol{\Omega}')=\frac{\varpi_0}{4\pi}\int_- p(+\boldsymbol{\Omega}';\pm\boldsymbol{\Omega})\exp[(\tau^*-\tau)/\mu]$$
$$\times\left[\int_-\mathrm{d}\omega''p(-\boldsymbol{\Omega}'';+\boldsymbol{\Omega}')\cos\theta' I^-(\tau^*,\boldsymbol{\Omega}'')+\varepsilon(\boldsymbol{\Omega})B(T_s)\right] \tag{2.85}$$

式中

$$I^-(\tau^*,\boldsymbol{\Omega}'')=F^s\exp(-\tau^*/\mu_0)\delta(\boldsymbol{\Omega}_0-\boldsymbol{\Omega}'')+I_d^-(\tau^*,\boldsymbol{\Omega}'')$$

最后，如果加上来自下边界的(类似向下辐射强度太阳分量)反射强度的非散射分量，采用极角坐标表示，总的向上强度为

$$I^+(\tau,\mu,\phi)=\int_0^{2\pi}\int_{-1}^{1}\mathrm{d}\mu\mathrm{d}\mu'\,p(-\mu',\phi';\mu,\phi)I^-(\tau^*,\mu',\phi')\exp[(\tau^*-\tau)/\mu]$$
$$+\int_\tau^{\tau^*}\frac{\mathrm{d}\tau'}{\mu}J_{\mathrm{tot}}(\tau',\mu',\phi')\exp[(\tau'-\tau)/\mu]$$
$$+\varepsilon(\mu,\phi)B(T_s)\exp[(\tau'-\tau)/\mu] \tag{2.86}$$

式中 $J_{\mathrm{tot}}=(1-\varpi_0)B+S^*+S+S_b^*$。在式中的各项都含有光粒子不同的反射和散射的轨迹，但是向下漫辐射分量是未知的。可以通过边界条件引入到求解过程中。在下面进一步说明。

### 2.3.2　各向同性散射情况下的辐射传输方程

一般情况下源函数包括热辐射、一次散射和多次散射三部分，可以写为

$$J(\tau,\boldsymbol{\Omega})=(1-\varpi_0)B+S^*(\tau,\boldsymbol{\Omega}')+\frac{\varpi_0}{4\pi}\int_+ p(\boldsymbol{\Omega}';\boldsymbol{\Omega})I_d(\tau,\boldsymbol{\Omega}')\mathrm{d}\omega' \quad (2.87)$$

有的情形中可以假定散射是各向同性的，这样 $p=1$，因此，源函数项也是各向同性的，$S^{*\pm}(\tau,\boldsymbol{\Omega})=S^*(\tau)$，这样由于积分是与方位无关的，对于半空间的漫辐射强度的传输方程式(2.79a)、(2.79b)可以进行很大的简化，假定黑下垫面，可得

$$\mu\frac{\mathrm{d}I^+(\tau,\mu)}{\mathrm{d}\tau}=I^+(\tau,\mu)-(1-\varpi_0)B-S^*(\tau)-\frac{\varpi_0}{2}\int_0^1\mathrm{d}\mu' I^+(\tau;\mu')$$
$$-\frac{\varpi_0}{2}\int_0^1\mathrm{d}\mu' I^-(\tau;\mu') \quad (2.88a)$$

$$-\mu\frac{\mathrm{d}I^-(\tau,\mu)}{\mathrm{d}\tau}=I^-(\tau,\mu)-(1-\varpi_0)B-S^*(\tau)-\frac{\varpi_0}{2}\int_0^1\mathrm{d}\mu' I^+(\tau;\mu')$$
$$-\frac{\varpi_0}{2}\int_0^1\mathrm{d}\mu' I^-(\tau;\mu') \quad (2.88b)$$

式中 $S^*(\tau)=\frac{\varpi_0}{4\pi}F^S\exp(-\tau/\mu_0)$。

由于在这种情况下是各向同性的，强度是与方位无关的，相对于各向异性情形有很大的简化。

由(2.88)式，源函数为

$$J(\tau)=(1-\varpi_0)B+S^*+\int_0^1\mathrm{d}\mu[I^+(\tau,\mu)+I^-(\tau,\mu)] \quad (2.89)$$

给定源函数，由(2.73)和(2.74)式，用 $J(t)$ 辐射强度的解为

$$I_d^-(\tau,\mu)=\int_0^\tau\frac{\mathrm{d}\tau'}{\mu}J(t')\exp[-(\tau-\tau')/\mu] \quad (2.90a)$$

$$I_d^+(\tau,\mu)=\int_\tau^{\tau_1}\frac{\mathrm{d}\tau'}{\mu}J(\tau')\exp[-(\tau'-\tau)/\mu] \quad (2.90b)$$

如果设

$$I_n(\tau)=\int_{-1}^1 I(\tau,\mu)\mu^n\mathrm{d}\mu \quad (2.91)$$

辐射强度的解(2.90a)和(2.90b)代入到(2.91)式为

$$I_n(\tau)=\int_\tau^{\tau_1}J(t)\mathrm{d}t\int_0^1\mu^{n-1}\exp[-(t-\tau)/\mu]\mathrm{d}\mu$$
$$+(-1)^n\int_0^\tau J(t)\mathrm{d}t\int_0^1\mu^{n-1}\exp[-(\tau-t)/\mu]\mathrm{d}\mu \quad (2.92)$$

如果以 $1/x$ 代替 $\mu$，则(2.92)为

$$I_n(\tau)=\int_\tau^\infty J(t)\mathrm{d}t\int_1^\infty\exp[-x(t-\tau)]\frac{\mathrm{d}x}{x^{n+1}}$$

$$+(-1)^n \int_0^\tau J(t)\mathrm{d}t \int_1^\infty \exp[-x(\tau-t)] \frac{\mathrm{d}x}{x^{n+1}} \tag{2.93}$$

按指数积分

$$E_n(y) = \int_1^\infty \frac{\mathrm{d}x}{x^n} \exp(-xy) \tag{2.94}$$

将(2.94)式代入到式(2.93)式

$$I_n(\tau) = \int_\tau^\infty J(t)E_{n+1}(t-\tau)\mathrm{d}t + (-1)^n \int_0^\tau J(t)E_{n+1}(\tau-t)\mathrm{d}t \tag{2.95}$$

只考虑散射辐射，源函数(2.89)式可以表示为

$$J(\tau) = \frac{1}{2}\int_0^\infty J(t)E_1(|t-\tau|)\mathrm{d}t \tag{2.96}$$

把这称为对于平均强度的施瓦兹希尔德(Schwarzschild-Milne)方程式，对于通量 $F$

$$F(\tau) = \frac{1}{2}\int_{-1}^1 I(\tau,\mu)\mu\mathrm{d}\mu \tag{2.97}$$

称为 Milne 方程式和记 $K$ 为

$$K(\tau) = \frac{1}{2}\int_{-1}^1 I(\tau,\mu)\mu^2\mathrm{d}\mu \tag{2.98}$$

则用(2.94)式的指数积分项给出

$$F(\tau) = 2\int_\tau^\infty J(t)E_2(t-\tau)\mathrm{d}t - 2\int_0^\tau J(t)E_2(\tau-t)\mathrm{d}t \tag{2.99}$$

和

$$K(\tau) = \frac{1}{2}\int_0^\infty J(t)E_3(|t-\tau|)\mathrm{d}t \tag{2.100}$$

### 2.3.3 与方位无关的通量和平均强度

下面给出一个重要结果，对于水平介质，通量和平均强度只与方位平均强度有关，通过将(2.81)和(2.83)式进行方位平均，得到一组方位平均的方程

$$\mu \frac{\mathrm{d}I^+(\tau,\mu)}{\mathrm{d}\tau} = I^+(\tau,\mu) - (1-\varpi_0)B - \frac{\varpi_0}{2}\int_0^1 \mathrm{d}\mu' p(+\mu',+\mu)I^+(\tau;\mu') - \frac{\varpi_0}{2}\int_0^1 \mathrm{d}\mu' p(-\mu',+\mu)I^-(\tau;\mu') - S^*(\tau;\mu) \tag{2.101a}$$

$$-\mu \frac{\mathrm{d}I^-(\tau,\mu)}{\mathrm{d}\tau} = I^-(\tau,\mu) - (1-\varpi_0)B - \frac{\varpi_0}{2}\int_0^1 \mathrm{d}\mu' p(+\mu',-\mu)I^+(\tau;\mu') - \frac{\varpi_0}{2}\int_0^1 \mathrm{d}\mu' p(-\mu',-\mu)I^-(\tau;\mu') - S^*(\tau;-\mu) \tag{2.101b}$$

式中

$$I^{\pm}(\tau,\mu)\equiv\frac{1}{2\pi}\int_0^{2\pi}\mathrm{d}\phi' I^{\pm}(\tau,\mu,\phi')$$

$$p(\pm\mu',\pm\mu)=\frac{1}{2\pi}\int_0^{2\pi}\mathrm{d}\phi' p(\pm\mu',\phi';\pm\mu,\phi') \tag{2.102}$$

$$S^*(\tau;\pm\mu)=\frac{1}{2\pi}\int_0^{2\pi}\mathrm{d}\phi' S^*(\tau,\pm\mu,\phi')=\frac{\varpi_0}{4\pi}p(-\mu_0,\pm\mu)F^S\exp(-\tau/\mu_0) \tag{2.103}$$

注意只考虑到指向前方的漫辐射，这里略去了下标“d”，式中出现的 $S^*$ 总是指漫辐射强度，定义

$$F^{\pm}(\tau)=\int_0^{2\pi}\mathrm{d}\phi'\int_0^1\mathrm{d}\mu'\mu' I^{\pm}(\tau,\mu',\phi')=2\pi\int_0^1\mathrm{d}\mu'\mu'\frac{1}{2\pi}\int_0^{2\pi}\mathrm{d}\phi' I^{\pm}(\tau,\mu',\phi')$$
$$=2\pi\int_0^1\mathrm{d}\mu'\mu' I^{\pm}(\tau,\mu',\phi') \tag{2.104}$$

为简化符号，常使用没有变量的方程，表示与方位角无关。这样对于水平介质的通量只取决于方位平均的辐射强度。上面的结果表明，如果只是求取辐射通量（相对于与角度有关的强度），则只要考虑方位无关的强度分量，类似地平均强度只与方位平均的辐射强度有关，回到坐标 $u$，有

$$\bar{I}(\tau)=\frac{1}{4\pi}\int_0^{2\pi}\mathrm{d}\phi'\int_{-1}^1\mathrm{d}u' I(\tau,u',\phi')=\frac{1}{2}\int_{-1}^1\mathrm{d}u'\frac{1}{2\pi}\int_0^{2\pi}\mathrm{d}\phi' I(\tau,u',\phi')$$
$$=\frac{1}{2}\int_{-1}^1\mathrm{d}u' I(\tau,u') \tag{2.105}$$

最后，可对(2.79a)(2.79b)式的立体角 $4\pi$ 积分，因此，总的辐射是漫辐射与直接辐射两项相加得到

$$\frac{\mathrm{d}F}{\mathrm{d}\tau}=4\pi(1-\varpi_0)(\bar{I}-B)=(1-\varpi_0)F^S\exp(-\tau/\mu_0)+4\pi(1-\varpi_0)(\bar{I}_d-B) \tag{2.106}$$

这表明，如果介质没有吸收($\varpi_0=1$)或水平介质是单色辐射平衡($\bar{I}=B$)，注意到(2.106)式正比于第 10 章讲到的光谱加热率。

## 2.3.4 局地热平衡下灰体介质的辐射传输方程

如果略去散射，源函数就简化为 $B_\nu$，则 $\int\mathrm{d}\nu B_\nu(\tau,\mu,\phi)=\sigma_B T^4/\pi$，由于大气接收来自空间的红外辐射为 $I^-(0;\mu,\phi)=0$，假定下边界强度由各向同性的黑体表面发射，则设 $I^+(\tau_1;\mu,\phi)=\sigma_B T_s^4/\pi$，对频率的积分强度为

$$I^+(\tau;\mu,\phi)=\frac{\sigma_B T_s^4}{\pi}\mathrm{e}^{-(\tau_1-\tau)/\mu}+\int_\tau^{\tau_1}\frac{\sigma_B T^4(\tau')}{\pi}\mathrm{e}^{-(\tau_1-\tau')/\mu}\frac{\mathrm{d}\tau'}{\mu} \tag{2.107a}$$

$$I^{-}(\tau;\mu,\phi)=\int_0^{\tau}\frac{\sigma_B T^4(\tau')}{\pi}e^{-(\tau_1-\tau')/\mu}\frac{d\tau'}{\mu} \tag{2.107b}$$

对半球立体角积分，得通量密度为

$$F^{+}(\tau)=2\sigma_B T_s^{\ 4}E_3(\tau_1-\tau)+2\int_{\tau}^{\tau_1}\sigma_B T^4(\tau')d\tau' E_2(\tau'-\tau) \tag{2.108a}$$

$$F^{-}(\tau)=2\int_0^{\tau}\sigma_B T^4(\tau')d\tau' E_2(\tau-\tau') \tag{2.108b}$$

## 2.4 辐射的散射和反射参数

通过确定某一气层的反射函数和透射函数表达气层的多次散射，有时要比求解辐射传输方程更方便，物理含义更明显。下面介绍有关这些函数的基本定义。

**1. 反射函数和透射函数**

如图 2.9 投射到介质层顶的辐射率为 $I_0(-\mu',\phi')$，其相应的辐照度为 $I_0(-\mu',\phi')\mu' d\mu' d\phi'$，定义反射函数 $R(\mu,\phi;\mu',\phi')$ 为：介质将方向 $(\mu',\phi')$ 反射到方向 $(\mu,\phi)$ 的反射的辐射通量密度 $F_r(0,\mu,\phi;\mu',\phi')$ 与入射的辐照度 $I_0(-\mu',\phi')\mu' d\mu' d\phi'$ 之比值，即

$R(\mu,\phi;\mu',\phi')=F_r(0,\mu,\phi;\mu',\phi')/I_0(-\mu',\phi')\mu' d\mu' d\phi'$，

即

$$F_r(0,\mu,\phi;\mu',\phi')=R(\mu,\phi;\mu',\phi')I_0(-\mu',\phi')\mu' d\mu' d\phi'$$

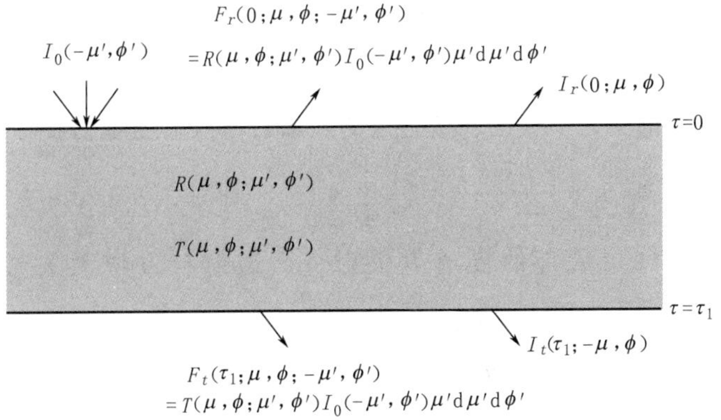


图 2.9　反射函数和透射函数

则由整个上半空间入射辐射 $I_0(-\mu',\phi')$ 反射到 $(\mu,\phi)$ 的辐射率为

$$I_r(0,\mu,\phi)=\frac{1}{\pi}\int_0^{2\pi}\int_0^1 R(\mu,\phi;\mu',\phi')I_0(-\mu',\phi')\mu' d\mu' d\phi' \tag{2.109}$$

同理可以有

$$I_t(\tau_1,\mu,\phi)=\frac{1}{\pi}\int_0^{2\pi}\int_0^1 T(\mu,\phi;\mu',\phi')I_0(-\mu',\phi')\mu'\mathrm{d}\mu'\mathrm{d}\phi' \tag{2.110}$$

式中$(\mu',\phi')$是入射大气顶的辐射方向，$(\mu,\phi)$是气层对辐射的反射方向；$I_0(-\mu',\phi')$是入射至散射层顶部的向下阳光辐射，$R(\mu,\phi;\mu',\phi')$所定义的反射函数，它表示整层气层对向下的辐射的反射辐射；$T(\mu,\phi;\mu',\phi')$是所定义的气层的透射函数，$I_r(0,\mu,\phi)$是大气顶的反射辐射，$I_t(\tau_1,\mu,\phi)$是透过气层的透射辐射。实际上，对于太阳光的方向只需用单一方向近似就足够了，写成

$$I_0(-\mu,\phi)=\delta(\mu-\mu_0)\delta(\phi-\phi_0)F_0 \tag{2.111}$$

式中$\delta$是狄拉克$\delta$函数，$F_0$是垂直于太阳光束的入射太阳辐射通量密度。这时由(2.110)、(2.111)式得反射函数和透射函数为

$$R(\mu,\phi;\mu_0,\phi_0)=\pi L_r(0,\mu,\phi)/(\mu_0F_0) \tag{2.112}$$

$$T(\mu,\phi;\mu_0,\phi_0)=\pi L_t(\tau_1,-\mu,\phi)/(\mu_0F_0) \tag{2.113}$$

式中$L_t(\tau_1,-\mu,\phi)$代表漫透射强度，它没有包括直接透射太阳辐射$F_0\exp(-\tau_1/\mu_0)$。

**2. 局地的反射比 *r*(行星反照率或局地反射比)和漫透射比 *t***

(1)反射比：定义为大气顶处反射通量密度与入射通量密度之比。写为

$$r(-\mu_0)=\frac{F_{\mathrm{dif}}^{\uparrow}(0)}{\mu_0F_0}=\frac{1}{\pi}\int_0^{2\pi}\int_0^1 R(\mu,\phi;\mu_0,\phi_0)\mu\mathrm{d}\mu d\phi \tag{2.114}$$

式中$F_{\mathrm{dif}}^{\uparrow}(0)$为大气顶的向上漫辐射，$\mu_0F_0$是入射辐射通量密度。当反射函数与方位无关时，反射比为

$$r(-\mu_0)=2\int_0^1 R(\mu,\mu_0)\mu\mathrm{d}\mu \tag{2.115}$$

(2)漫透射比：定义为大气层底处透过的漫辐射与入射通量密度之比，写为

$$t(-\mu_0)=\frac{F_{\mathrm{dif}}^{\downarrow}(\tau_1)}{\mu_0F_0}=\frac{1}{\pi}\int_0^{2\pi}\int_0^1 T(\mu,\phi;\mu_0,\phi_0)\mu\mathrm{d}\mu\mathrm{d}\phi \tag{2.116}$$

式中$F_{\mathrm{dif}}^{\uparrow}(\tau_1)$是大气层底部的漫透射辐射。当透射与方位无关时，透射比可以写为

$$t(-\mu_0)=2\int_0^1 T(\mu,\mu_0)\mu\mathrm{d}\mu\mathrm{d}\phi \tag{2.117}$$

(3)直接透射比：定义为大气层底处透过的直接辐射与入射辐射之比，写为

$$t_{\mathrm{dir}}(-\mu_0)=\exp(-\tau_1/\mu_0) \tag{2.118}$$

**3. 球面(球)反照率 $\bar{r}$ 和球漫透射比 $\bar{t}_{\mathrm{dif}}$**

对于整个行星而言，太阳光相对于行星上各点的天顶角是不同的，因而在考虑整个行星的反照率、漫透射比等时需计太阳天顶角的作用。

(1)球面(全球)反照率：定义为整个行星反射的能量与入射至行星上的能量之比。

首先,对于半径为 $a$ 的行星截得的太阳辐射能量为(行星截面积)×(入射至行星处的太阳能量密度)。其次,如图 2.10 中,现考察半径为 $a'$、厚度为 $da'$ 的圆环,又若行星的局地反射率为 $r(\mu_0)$,则此圆环反射的能量通量为 $r(\mu_0)F_0 2\pi a' da'$;由于 $a'=\sin\theta_0$,$da'=a\cos\theta_0 d\theta$,则通量又写为 $2\pi a^2 F_0 r(\mu_0)d\mu_0$。最后,整个行星反射的能量通量为

$$f^{\uparrow}(0)=2\pi a^2 F_0\int_0^1 r(\mu_0)\mu_0 d\mu_0 \tag{2.119}$$

因而球面反照率写为

$$\bar{r}=\frac{f_{\text{dif}}^{\uparrow}(0)}{\pi a^2 F_0}=2\int_0^1 r(\mu_0)\mu_0 d\mu_0 \tag{2.120}$$

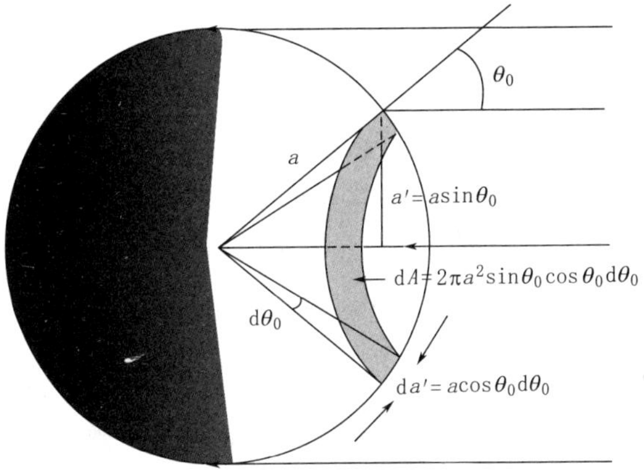


图 2.10　球反照率

(2)球漫透射比 $\bar{t}_{\text{dif}}$:定义为透射至行星表面与入射行星上的辐射能量比。与上类似可以得

$$\bar{t}_{\text{dif}}=\frac{f_{\text{dif}}^{\downarrow}(\tau_1)}{\pi a^2 F_0}=2\int_0^1 t(\mu_0)\mu_0 d\mu_0 \tag{2.121}$$

(3)直接透射比:定义为透射至行星表面的直接辐射能量与入射行星上的辐射能比。写为

$$\bar{t}_{\text{dir}}=2\int_0^1 e^{-\tau_1/\mu_0}\mu_0 d\mu_0 \tag{2.122}$$

(4)球吸收比:定义为被行星吸收的辐射与入射至行星辐射能的比值,写为

$$\bar{a}=1-\bar{r} \tag{2.123}$$

**4. 散射函数和漫透射函数**

为描述散射和透射场,Chandrasekhar(1950)定义了散射函数和漫透射函数。

(1)散射函数:对于光学厚度为 $\tau_1$ 的有限大气的漫射辐射写为

$$L_r(0,\mu,\phi)=\frac{1}{4\pi\mu}\int_0^{2\pi}\int_0^1 S(\mu,\phi;\mu',\phi')I_0(-\mu',\phi')\mu'\mathrm{d}\mu'\mathrm{d}\phi' \tag{2.124}$$

将(2.124)式代入到(2.112)式中，散射函数表示为

$$S(\mu,\phi;\mu_0,\phi_0)=(4\mu/S_0)L_r(0,\mu,\phi) \tag{2.125}$$

(2)漫透射函数：与上相似，对于光学厚度为 $\tau_1$ 的有限大气透射辐射写为

$$L_t(0,\mu,\phi)=\frac{1}{4\pi\mu}\int_0^{2\pi}\int_0^1 T_c(\mu,\phi;\mu',\phi')I_0(-\mu',\phi')\mu'\mathrm{d}\mu'\mathrm{d}\phi' \tag{2.126}$$

将(2.126)式代入到(2.112)式中，透射函数为

$$T_c=(4\mu/F_0)L_t(\tau_1,-\mu,\phi) \tag{2.127}$$

## 2.5 累加法

**1. 两个气层的反射和透射**

所谓累加法是利用直观的几何方法，如果相邻两个气层的反射和透射特性已知，则通过计算射线在两气层间的多次反射，就可以求得两个气层合为一个气层的反射和透射性质。当这两个气层具有同样的光学厚度时，将累加法称之为倍加法。

如图 2.11 所示，入射至 $a$ 层顶的大气辐射为 $F_0$，$R_a$ 和 $\widetilde{T}_a$ 为 $a$ 层的反射函数和透射(直接＋漫透射)函数，$R_b$ 和 $\widetilde{T}_b$ 为 $b$ 层的反射函数和总透射(直接＋漫透射)函数；$U$ 和 $\widetilde{D}$ 分别为 $a$ 层与 $b$ 层之间的反射函数和总透射函数。由图可以看出，将两个气层合为一个气层后的联合反射和透射函数为

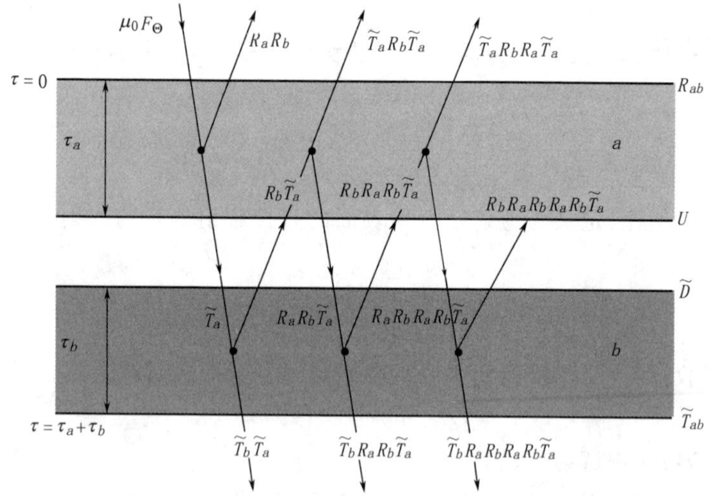


图 2.11 累加法示意图

$$R_{ab}=R_a+\widetilde{T}_a^{\downarrow}R_b\widetilde{T}_a^{\uparrow}+\widetilde{T}_a^{\downarrow}R_bR_aR_b\widetilde{T}_a^{\uparrow}+\widetilde{T}_a^{\downarrow}R_bR_aR_bR_aR_b\widetilde{T}_a^{\uparrow}$$
$$+\widetilde{T}_a^{\downarrow}R_bR_aR_bR_aR_bR_aR_b\widetilde{T}_a^{\uparrow}+\cdots$$
$$=R_a+\widetilde{T}_a^{\downarrow}R_b\widetilde{T}_a^{\uparrow}[1+R_aR_b+(R_aR_b)^2+(R_aR_b)^3+\cdots]$$
$$=R_a+\widetilde{T}_a^{\downarrow}R_b\widetilde{T}_a^{\uparrow}[1-R_aR_b]^{-1} \tag{2.128}$$

$$\widetilde{T}_{ab}=\widetilde{T}_a^{\downarrow}\widetilde{T}_b^{\downarrow}+\widetilde{T}_a^{\downarrow}R_bR_a\widetilde{T}_b^{\downarrow}+\widetilde{T}_a^{\downarrow}R_bR_aR_bR_a\widetilde{T}_b^{\downarrow}+\widetilde{T}_a^{\downarrow}R_bR_aR_bR_aR_bR_a\widetilde{T}_b^{\downarrow}+\cdots$$
$$=\widetilde{T}_a^{\downarrow}\widetilde{T}_b^{\downarrow}[1+R_aR_b+(R_aR_b)^2+(R_aR_b)^3+\cdots]$$
$$=\widetilde{T}_a^{\downarrow}\widetilde{T}_b^{\downarrow}[1-R_aR_b]^{-1} \tag{2.129}$$

同样由图 2.11,可以求出 $U$ 和 $\widetilde{D}$ 的表达式为

$$U=\widetilde{T}_a^{\downarrow}R_b+\widetilde{T}_a^{\downarrow}R_bR_aR_b+\widetilde{T}_a^{\downarrow}R_bR_aR_bR_aR_b+\widetilde{T}_a^{\downarrow}R_bR_aR_bR_aR_bR_aR_b+\cdots$$
$$=\widetilde{T}_a^{\downarrow}R_b[1-R_aR_b]^{-1} \tag{2.130}$$

$$\widetilde{D}=\widetilde{T}_a^{\downarrow}+\widetilde{T}_a^{\downarrow}R_bR_a+\widetilde{T}_a^{\downarrow}R_bR_aR_bR_a+\widetilde{T}_a^{\downarrow}R_bR_aR_bR_aR_bR_a+\cdots$$
$$=\widetilde{T}_a^{\downarrow}[1-R_aR_b]^{-1} \tag{2.131}$$

由上面(2.128)、(2.129)和(2.130)、(2.131)式可以得

$$R_{ab}=R_a+\widetilde{T}_aU,\quad \widetilde{T}_{ab}=\widetilde{T}_b\widetilde{D},\quad U=R_b\widetilde{D} \tag{2.132}$$

其中对于总的透射函数为

$$\widetilde{T}^{\downarrow}=T+\exp(-\tau/\mu) \tag{2.133}$$

式中 $T$ 为漫透射函数,$\exp(-\tau/\mu)$为直接透射。对于太阳光的直接透射,有 $\mu'=\mu_0$;而对于任意方向 $\mu$ 的直接透射,有 $\mu'=\mu$。

为进一步表示 $\widetilde{D}$ 和 $\widetilde{T}_{ab}$,如果令

$$S=R_aR_b[1-R_aR_b]^{-1} \tag{2.134}$$

则由(2.130)、(2.132)式可以得

$$\widetilde{D}=D+\exp(-\tau_a/\mu_0)=[T_a+\exp(-\tau_a/\mu_0)](1+S)$$
$$=(1+S)T_a+S\exp(-\tau_a/\mu_0)+\exp(-\tau_a/\mu_0) \tag{2.135a}$$

和

$$\widetilde{T}_{ab}=[T_b+\exp(-\tau_b/\mu)][D+\exp(-\tau_a/\mu_0)]$$
$$=\exp(-\tau_b/\mu)D+T_b\exp(-\tau_a/\mu_0)+T_bD+\exp[-(\tau_a/\mu_0+\tau_b/\mu)]\delta(\mu-\mu_0) \tag{2.135b}$$

式中无波纹符号(～)的参数仅表示对漫射成分而言,在(2.135b)式中的指数项加上 $\delta$,仅是为了表示结合层的直接透射。

**2. 考虑到地表反射时的辐射场**

若大气顶包括地面在内的总的通量反射率写为 $\rho_{\text{tot}}(-\boldsymbol{\Omega},2\pi,\rho_L)$，大气通量反射率为 $\rho_a(-\boldsymbol{\Omega},2\pi)$，$\rho_L$ 为地面通量反照率，$-\boldsymbol{\Omega}$ 为向下辐射立体角，$2\pi$ 为上半平面反射辐射立体角，$\widetilde{T}_a$ 是大气透射函数，$\widetilde{T}_a(-\boldsymbol{\Omega},-2\pi)$ 是阳光向下通量透射率，$\bar{\rho}$ 是大气平均通量反照率，类似于(2.128)式，则得到包括地面在内的总的反射率

$$\rho_{\text{tot}}(-\boldsymbol{\Omega},2\pi,\rho_L)=\rho_a(-\boldsymbol{\Omega},2\pi)+\frac{\widetilde{T}_a(-\boldsymbol{\Omega},-2\pi)\rho_L\overline{\widetilde{T}}_a}{1-\bar{\tilde{\rho}}\rho_L} \tag{2.136}$$

式中第一项是对阳光的一次通量反射率，第二项是对光的多次通量反射率。类似地，总的透射率为

$$\widetilde{T}_{\text{tot}}(-\boldsymbol{\Omega},2\pi,\rho_L)=\widetilde{T}_a(-\boldsymbol{\Omega},-2\pi)+\frac{\widetilde{T}_a(-\boldsymbol{\Omega},-2\pi)\rho_L\bar{\tilde{\rho}}_a}{1-\bar{\tilde{\rho}}\rho_L} \tag{2.137}$$

## 本章要点

1. 要求掌握基本辐射传输方程，方程推导过程中引入的参数，如吸收系数、散射系数、衰减系数、光学厚度、单次反照率、相函数等及各参数的物理意义。

2. 辐射传输方程式的形式解的推导及各项物理意义。

3. 理解辐射的散射和反射参数及球反照率等参数的意义。

4. 累加法的推导过程，掌握方法结果。

## 问题和习题

1. 由表 2.1 的折射指数，求取各物质在波长为 0.50 μm、10.0 μm 的衰减系数和散射系数。

2. 一束平行辐射与铅直方向成 60°入射，并通过 100 m 厚的气层，吸收气体的平均密度为 0.1 $\text{kg}\cdot\text{m}^{-3}$，该气层对波长 $\lambda_1$、$\lambda_2$、$\lambda_3$ 的辐射的质量吸收系数分别为 $10^{-3}$、$10^{-1}$、1 $\text{m}^2\cdot\text{kg}^{-1}\cdot\mu\text{m}$，试求该气层对这三波长的光学厚度 $\tau$、透过率和吸收率。

3. 计算

(a) 100 hPa 均匀厚度、混合比为 $r$ 的水汽的光学路径；

(b) 如果体积混合比是 330 ppm*，总的大气中 $CO_2$ 光学路径。

4. 在 8～13 μm 大气窗区的吸收系数为 $k_2e$，这里 $e$ 是水汽压(kPa)，$k_2\cong10^{-1}(\text{g}\cdot\text{cm}^{-2})^{-1}$，如果近表面水汽压是 1 kPa，计算：

(a) 沿近地表 1 km 水平路径的透过率；

* 1 ppm$=10^{-6}$，余同

(b)假定水汽压分布与压力的四次方成正比，计算大气垂直路径的透过率。

5.(a)当 $2\pi r/\lambda>1$，在波长 $\lambda$ 处，半径为 $r$ 的水滴衰减截面是 $2\pi r^2$，求取含有 150 个/$cm^3$ 水滴、半径 $r=5\ \mu m$、厚度为 0.5 km 云的光学厚度？

(b)重复(a)，对于 $r=10\ \mu m$ 同样水滴含量的光学厚度？

(c)对于水，在 19 GHz 处，$m=(5.46,-2.94)$，求在这一频率处，与(a)所确定云的光学厚度？

(d)重复(c)，但是球形冰粒，相应的折射指数是 $m=(1.79,-0.003)$，光学厚度是多少？

6. 考虑温度为 $T$ 的等温无散射大气，地表温度为 $T_S$，试求光学厚度为 $\tau$ 的大气顶处射出的通量密度表达式？

7. 若假定地表为黑体，大气散射可以略去，又如果大气温度 $T$ 和地面相同，试求大气顶发出的辐射，且问大气是否为黑体？

8. 若有一块云层为黑体，其云顶和云底温度分别为 $T_t$ 和 $T_b$，试写出地对空和空对地的遥感方程。

9. 平面平行散射大气的辐射传输方程式为

$$u\frac{\mathrm{d}I(\tau,u,\phi)}{\mathrm{d}\tau}=I(\tau,u,\phi)-\frac{\varpi_0}{4\pi}\int_0^{2\pi}\int_{-1}^{1}p(\mu',\phi';\mu,\phi)I(\tau,\mu',\phi')\mathrm{d}\mu'\mathrm{d}\phi'$$

如果单次反照率为 $\varpi_0=1$，$S$ 是太阳常数，定义

$$K(\tau)=\frac{1}{4\pi}\int_0^{2\pi}\int_{-1}^{1}I(\tau,\mu,\phi)\mu^2\mathrm{d}\mu\mathrm{d}\phi$$

则证明

$$K(\tau)=\frac{1}{4\pi}S[(1-\frac{1}{3}\omega_1)\tau+Q]$$

式中 $Q$ 是常数，$\omega_1$ 是勒让德多项式展开系数。

提示：

$$\frac{\mathrm{d}}{\mathrm{d}\tau}\int_0^{2\pi}\int_{-1}^{1}I(\tau,\mu,\phi)\mu^2\mathrm{d}\mu\mathrm{d}\phi=S-\frac{1}{4\pi}\int_0^{2\pi}\int_{-1}^{1}I(\tau,\mu',\phi')\mathrm{d}\mu'\mathrm{d}\phi'\times$$
$$\int_0^{2\pi}\int_{-1}^{1}p(\mu',\phi';\mu,\phi)\mu\mathrm{d}\mu\mathrm{d}\phi$$

$$\frac{1}{4\pi}\int_0^{2\pi}\int_{-1}^{1}p(\mu',\phi';\mu,\phi)\mu\mathrm{d}\mu\mathrm{d}\phi=\frac{1}{2}\omega_1\mu'\int_{-1}^{1}\mu^2\mathrm{d}\mu=\frac{1}{3}\omega_1\mu'$$

10. 证明守恒情形下，平面平行大气辐射传输方程的解有形式为

$$I(\tau,\mu)=C[\tau+\mu(1-\frac{1}{3}\omega_1)^{-1}]$$

11. 如果有

$$\frac{\mathrm{d}I^+}{\mathrm{d}\tau}+I^+=S^+$$

和

$$\frac{dI^-}{d\tau}+I^-=S^-$$

证明

$$I^+(\tau)=I_1\exp(-\tau)+\int_0^\tau \exp[-(\tau-t)]S^+(t)dt$$

$$I^-(\tau)=I_2\exp[-(\tau_1-\tau)]+\int_\tau^T \exp[-(t-\tau)]S^-(t)dt$$

式中，$I_1=I^+(0)$，$I_2=I^-(\tau)$，$\tau_1$ 是总的光学厚度。

12. 考虑在高度 $z$ 处的仪器于天顶观测，证明这仪器观测到的一次散射是

$$I(z,\mu=1)=\frac{\varpi_0 F_0}{4\pi m}P(\Omega_0,\Omega)\{\exp[-\sigma_{\text{ext}}(z_t-z)/\mu_0]-\exp[-\sigma_{\text{ext}}(z_t-z)]\}$$

式中 $m=(1/\mu_0)-1$。

13. 气溶胶的混浊度

(a)Ångstöm 混浊度因子(与系数对比)是气溶胶的光学厚度。假定气溶胶的散射截面是它的几何截面积的两倍，试问要求得到混浊度因子为 1、标准大气压下最短距离、直径为 1 μm 气溶胶粒子密度是多少？

(b)通常假定 Ångstöm 混浊度因子随波长的指数 1.3 变化，考虑到 $\tau_a=\beta\lambda^{-\alpha}$ 式，对于波长 0.5 μm、气溶胶光学厚度 0.3 的大气，在波长 0.30 μm 和 0.70 μm 处混浊度因子分别是多少？假定 $\theta_0=30°$？

(c)对于波长 0.5 μm，导得关于(b)的左侧混浊度参数？

14. 如图 2.11 中，考虑两个相互重叠的散射层，每一层是均匀的，这样上层和底层的反射和透射函数分别由 $R_1$、$T_1$ 和 $R_2$、$T_2$ 表示，则

(a)导出发射强度 $I^+(a)$、$I^-(c)$ 与入射辐射 $I^-(a)$(假定没有来自下面的入射光)的函数关系式和散射层的反射和透射特性？

(b)用入射辐射 $I^-(a)$(假定没有来自下面的入射光)推导两散射层界面处的 $I^\pm(b)$ 和散射层的反射和透射特性？

(c)假定底层是不透明的，如对于陆地，就是 $\widetilde{T}_2=0$。将这结果与(2.127)式作比较？

15. (a)假定 $\varpi=0$，$g=0.997$(与 10 μm 尺度典型的层状云滴)，估算波长为 10 μm 的 $R_\infty$ 值？

(b)当 $\tau^*=20$ 时，这层状云的反照率、吸收率和透过率是多少？

(c)若要得到与(b)同样光学特性的各向同性散射云的光学厚度应是多少？

16. $CO_2$ 激光器波长处在 10 μm，对于雾滴有 $\varpi=0.36$，$b=0.1$，求 100 m 的厚雾在此波长处的 $R_\infty$ 和漫辐射的透过率？

17. 在光谱的可见光区，金星的反照率是0.9。假定金星上的云是深厚的，散射是各向同性的，则云粒的最小值是多少？

18. 目标物强度随路径的改变可近似为

$$\frac{\mathrm{d}I}{\mathrm{d}s}=\sigma_b I_B-\sigma_{\mathrm{ext}} I$$

式中 $I_B$ 是背景强度，沿路径是常数，$\sigma_b I_B$ 是沿路径上所有进入到视线的散射背景光，$\sigma_{\mathrm{ext}}$ 是沿路径的总的衰减系数，如果背景强度随距离的变化为

$$\frac{\mathrm{d}I_B}{\mathrm{d}s}=\sigma_b I_B-\sigma_{\mathrm{ext}} I_B=0$$

由于背景强度随路径没有改变，所以，$\sigma_b=\sigma_{\mathrm{ext}}$，代入

$$\frac{\mathrm{d}I}{I_B-I}=\sigma_{\mathrm{ext}}\mathrm{d}s$$

对比度（目标物与背景之间相对强比值）为

$$C=\frac{I_B-I}{I_B}=\mathrm{e}^{-\sigma_{\mathrm{ext}}}$$

当 $\lambda=0.5\ \mu\mathrm{m}$，$C=0.02$，气象能见距离为

$$s=\frac{3.912}{\sigma_{\mathrm{ext}}}$$

利用以上结果，进行以下计算：

(1)利用表2.1，计算波长为 0.5 μm 光通过直径为 0.5 μm 硫酸铵（$(NH_4)_2SO_4$(aq)）粒子的透射率？

(2)当具有体积混合比 $x=0.05$ ppmv*，$T=288$ K，$p_d=980$ hPa，$NO_2$ 在波长 $\lambda=0.55\ \mu\mathrm{m}$，求相距 1 km 处大气的衰减系数、气象距离和光学厚度？

(3)求在下面条件下在波长 $\lambda=0.53\ \mu\mathrm{m}$ 的气象距离：

(a)在阵雨中具有 1 mm 雨滴和荷载质量 1 g·m$^{-1}$；

(b)在雾中，具有直径 10 μm 的水滴和荷载质量 1 g·m$^{-1}$；

(c)在霾中，具有直径为 0.5 μm 粒子，体积中硫酸铵占有40%，液态水占有60%，和总质量为 50 μg·m$^{-3}$；

(d)柴油机后面的排出粒子直径为 50 μm、质量 50 μg·m$^{-3}$ 的气体。

在上面假定粒子是球形的，略去瑞利散射和气体吸收。在雾霾烟尘和雨滴情形中，假定只有粒子的散射和吸收发生；在有霾情形中，由相应的散射效率按每一分量的体积部分加权散射效率，使用图2.12确定散射效率，假定硫酸铵的散射效率与水是相同的。假定烟霾、硫酸铵和液态水的质量密度分别是1.25、1.77和1.0 g·cm$^{-2}$。

---

* 1 ppmv=$10^{-6}$，余同。

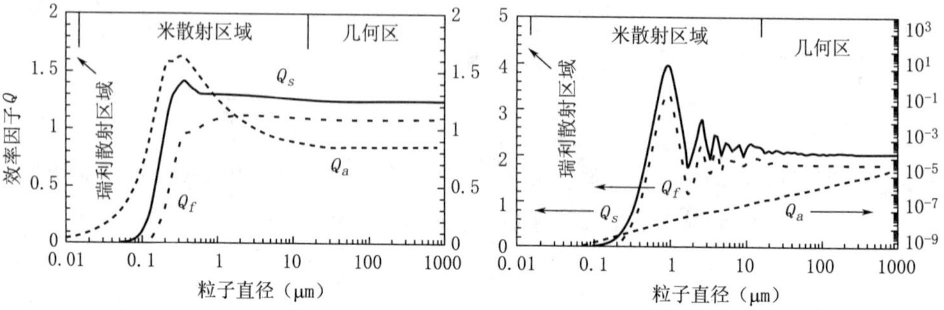


(a) (b)

图 2.12 (a)单个粒子 0.5 $\mu$m 处，折射指数为 $n_\lambda = 1.34$；(b)单个粒子 0.5 $\mu$m 处折射指数为 $n_\lambda = 1.94, \kappa_\lambda = 0$ 的吸收、总散射和前向散射效率。$\kappa_\lambda = 0.66$ 的吸收、总散射和前向散射效率

19. 若假定地表为黑体，大气散射可以略去，又如果大气温度 $T$ 和地面相同，试求大气顶发出的辐射，且问大气是否为黑体？

20. 若有一块云层为黑体，其云顶和云底温度分别为 $T_t$ 和 $T_b$，试写出地对空和空对地的遥感方程。

21. 证明发射率为 $\varepsilon_1(2\pi)$ 和 $\varepsilon_2(2\pi)$ 及通量反射率 $\rho_1(2\pi)$ 和 $\rho_2(2\pi)$，具有温度为 $T_1$ 和 $T_2$ 的两灰体表面 1 和 2，两灰体表面为平板，中间为透明介质，表面 2 位于表面 1 之上，则

(a)证明

$$F^+ = (\varepsilon_1\sigma_B T_1{}^4 + \varepsilon_2\rho_1\sigma_B T_2{}^4)/(1-\rho_1\rho_2), \quad F^- = (\varepsilon_1\rho_2\sigma_B T_1{}^4 + \varepsilon_2\sigma_B T_2{}^4)/(1-\rho_1\rho_2)$$

(b)证明

$$F^+ - F^- = \sigma_B(T_2^4 - T_1^4)/(\varepsilon_2^{-1} + \varepsilon_1^{-1} - 1)$$

22. 球面反照率为一均匀守恒散射的介质位于反射率为朗伯的表面上，证明(a)使用(2.135)和(2.136)式，介质总的球面反照率和总通量透过率由下式给出

$$\bar{\rho}_{\text{tot}} + \tilde{T}_{\text{tot}} = \frac{1-\rho_L - 2\rho_L\bar{\rho}_a}{1-\rho_L\bar{\rho}_a}$$

(b)证明，对于极限 $\rho_L = 1$，$\bar{\rho}_{\text{tot}} + \tilde{T}_{\text{tot}} = 2$；

(c)说明一表面理想的反射率和透射率是多少？

23. 由(2.121)式，定义给出的球透射率为

$$\tilde{\tilde{T}} = 2\int_0^1 \mathrm{d}\mu\mu[\tilde{T}_d(+\mu,+2\pi) + \mathrm{e}^{-\tau^*/\mu}] = \tilde{\tilde{T}}_d + 2\int_0^1 \mathrm{d}\mu\mu\mathrm{e}^{-\tau^*/\mu}$$

式中 $\tilde{T}_d$ 是漫通量透射率，而 $\tilde{\tilde{T}}_d$ 是球漫射透射率，证明如果对上面反射率和透射率在半球范围积分，得到通量反射率和通量透射率，得到(2.135)式和(2.136)式。

# 第3章　太阳短波辐射

本章介绍的内容有:(1)太阳的基本知识;(2)地球截获太阳辐射的计算方法;(3)太阳辐射与高层大气的相互作用;(4)太阳光谱和大气对太阳辐射的吸收计算。

## 3.1　太阳基本知识

### 3.1.1　太阳的生命史

太阳是我们所在银河系(直径为十万光年,一个银心和四个旋臂的巨型棒旋星系)中约一千亿($10^{11}$)颗恒星系的一个,太阳已有45亿多年历史,与最近的恒星约有4光年,银河系中的太阳处于银河的支臂-猎户臂外边缘,离银河中心约3万光年。太阳绕银河系中心轨道周期约2.2亿年,这个时间量称为太阳年。迄今为止,太阳已经绕银河系转了22圈多,像一个22岁的人一样,处在它生命的黄金时期。

**1. 原恒星**

根据现有理论估算,如图3.1,约于50亿年之前,宇宙中有一个巨大的暗星尘和水汽组成的星云(包括早期由于爆炸留下的星体),在重力的作用下,星云开始凝聚压缩和旋转。近中心的压缩率最大,并逐渐形成一个稠密的中心核。当旋转率增大,由于角动量守恒,外部边缘开始变平。这近圆盘外部边缘的星尘和水汽的某些部分构成较小的凝聚压缩,每一个都围绕着它自己的中心且与母云同方向旋转,这些就成为太阳系的地球和其他行星。在很多行星演变的中期阶段,分裂成两个或三个部分,形成双子星系或多重星系。现观测到至少三分之二的恒星是双星或多星系统,但是仍不知道为什么形成目前我们的行星。由于黑暗的、远距离的小行星观测的困难性,还没有观测到其他行星系统,估计有大量行星存在,在这些行星上发现有生命存在的条件。木星的卫星系统和其他巨行星类似于微型太阳系,因此证明行星系统会更容易形成。收缩的星云开始加热、发光和压力增大抵消向内收缩的重力,这一灼热的核就是现在的原恒星,由星尘和水汽包围,就是现在看到的情况。原恒星会很暗,只从它的核发射少量的红外辐射。太阳处于这状态约一千万年直至实际恒星诞生。当原恒星缓慢辐射发射它的能量,热核的压力减小,使核连续坍缩。温度升高直至这样的热点燃第一次核反应。图3.1是Hertzprung-Rus星图,横坐标是温度(光谱等级),纵坐标是绝对光度,"×"是星在图中位置,给出了超新星、红巨星、白矮星和主序星对应的温度和绝对光度。图 3.1b 中的虚线显示了太阳的生命史轨迹,图中的"现在"是太阳目前状况。

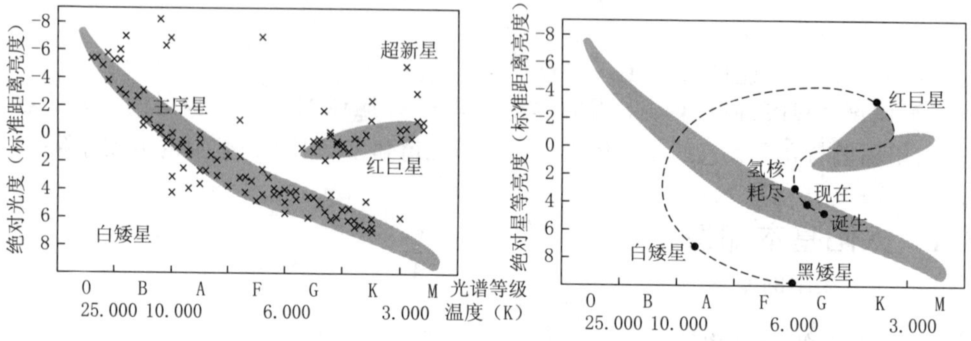


图 3.1 太阳生命过程(Hertzprung-Rus 星图)

**2. 太阳形成——氢燃烧阶段**

随原恒星核的核反应开始,太阳开始了它的生命,它的加热不是来自重力引起的坍缩的微弱能量,而是包含在它的巨大的内部通过近于无穷无尽的核燃料提供加热,这个核反应堆维持近平衡状态的太阳,产生足够的热和压力抵消由重力向内的压缩力,停止收缩。太阳保持这一稳定状态至少有 45 亿年。但它的未来是怎样呢?当太阳缓慢地旋转时,早期的太阳的亮度只有现在的 70%,而且它的赤道旋转周期约是 9 天,而不是现在的 27 天,如此高的转速可能是由于表面活跃喷发引起的。总的说来,太阳正减慢它的扰动和喷发的活跃性;同一时间它的温度、亮度和大小在增加。可预测在未来 15 亿年,即太阳年龄 60 亿年时,它的亮度比现在亮 15%。直至太阳年龄为 100 亿年,它的亮度是现在的两倍,且半径只有现在 40%那么大。

**3. 太阳的老年阶段——红巨星**

在恒星生命的第一阶段,在核心的氢核聚变反应堆变成氦核。在约 100 亿年以后,核心的氢燃料将耗掉,核将重新收缩,这将引起温度升高,氢聚变将开始在核周围减弱,在下一个 15 亿年,表面层将扩大,直到为现在太阳的 3 倍大。在地球上看到的太阳是一个红的圆盘,整个圆面大小是满月的 3 倍。不管出现这样的观测是否确定,那时的亮度是现在 3 倍大,地球温度比现在高 100 K。太阳的尺度和发光度持续扩展,成为一颗红巨星。它的半径是现在的 100 倍,因此,水星将被吞没和蒸发。它的亮度是现在的 500 倍,导致地球表面在约 1700 K 的温度下变成熔岩的海洋。红巨星阶段的太阳将持续约一太阳年(2.5 亿年),这时核收缩加热,温度升高。当核的温度达到 1 亿 K 时,由核聚变早期阶段留下的氦灰可以熔化为碳,这将释放巨大的能量,核的温度将升高到约 3 亿度,氦聚变的点燃将突然爆发,称之为氦闪。当太阳质量的三分之一释放进入空间，形成行星状星云，则核冷却到 1 亿度，氦开始稳定燃烧，那时将为现在直径的 10 倍和现在亮度的 20 倍。

## 3.1.2　太阳的结构

### 1. 太阳的基本参量

太阳是地球上能量的主要来源，入射地球大气的太阳辐射，加热地球-大气系统，驱动地球大气环流，形成地球上各种复杂天气。同时进入大气的太阳辐射与大气发生光化反应，形成地球生命的保护层——臭氧层，入射至地面的太阳辐射与植被等进行生化反应——光合作用，构造地球上的生命物质，没有太阳也就没有地球上的生命。太阳从它形成之日起至今有 45 亿年之多，它离我们的地球最近，日地平均距离为 $1.5\times10^{8}$ km。太阳的基本参数如表 3.1 所示。

**表 3.1　太阳基本参数**

| | | | |
|---|---|---|---|
| 太阳年龄 | 至少 45 亿年 | | |
| 光球层的化学成分<br>氢<br>氦<br>氧<br>碳<br>铁<br>氖 | 质量(%)：<br>73.46<br>24.85<br>0.77<br>0.29<br>0.16<br>0.12 | 光球层的化学成分<br><br>氮<br>硅<br>镁<br>硫<br>其他 | 质量(%)：<br><br>0.09<br>0.07<br>0.05<br>0.04<br>0.10 |
| 密度(水 = 1000 kg/m³)：<br>太阳平均密度<br>太阳中心内部<br>光球表面 | <br>1410 kg·m$^{-3}$<br>160000 kg·m$^{-3}$<br>$10^{-6}$ kg·m$^{-3}$ | <br>色球层<br>低日冕<br>地球大气海平面(比较) | <br>$10^{-9}$ kg·m$^{-3}$<br>$10^{-13}$ kg·m$^{-3}$<br>1.2 kg·m$^{-3}$ |
| 直径(光球层处测量) | $1.39\times10^{6}$ km(或地球直径的 $10^{9}$ 倍和木星(最大行星)直径的 9.75 倍 | | |
| 太阳的质量 | $1.99\times10^{30}$ kg | 太阳平均视半径 | 15′59.63″ |
| 自转轴与赤道的倾角 | 7.25$^{0}$ | 太阳中心压强 | $4.0\times10^{17}$ dyn·cm$^{-2}$ |
| 自转轴(北极) | 赤经 $18^{h}44^{m}$<br>赤纬 +64$^{0}$ | 太阳表面的重力 | $2.74\times10^{4}$ cm·s$^{-2}$ |
| 日地平均距离<br>近日点(1 月 3 日) | $1.495\times10^{8}$ km<br>$1.470\times10^{8}$ km | 日地距离的平均变化<br>远日点(6 月 5 日) | 4%～1.5%<br>$1.520\times10^{8}$ km |
| 磁场强度典型值：<br>太阳黑子<br>极地<br>色球网 | (磁通量单位)<br>0.3 T<br>$10^{-4}$ T<br>0.0025 T | 星历(单极)<br>活动区<br>色球层谱斑<br>日珥<br>地球(比较) | 0.0020 T<br>0.02 T<br>$10^{-3}\sim10^{-2}$ T<br>$7\sim10^{-5}$ T(极地) |

续表

| | | | |
|---|---|---|---|
| 旋转(从地球观测):<br>太阳赤道<br>太阳纬度 30° | 26.8 天<br>28.2 天 | 太阳纬度 60°<br>太阳纬度 75° | 30.8 天<br>31.8 天 |
| 太阳奔赴点的方向 | 赤经 $18^h36^m$<br>赤纬+29° | 太阳奔赴点方向速度 | 19.7 km |
| 整个太阳的辐射: | $3.83\times10^{23}$ kW | 单位太阳表面<br>地球大气顶 | $6.29\times10^4$ kW·m$^{-2}$<br>1370 W·m$^{-2}$ |
| 太阳表面亮度(光球层):<br>与满月比较<br>与内日冕比较<br>与外日冕比较 | 398000 倍<br>300000 倍<br>101~倍 | 与 Pikes 峰白天天空比较<br>与 Orange,N. J. 白天天空比较 | 100000 倍<br>1000 倍 |
| 温度:<br>内部(中心)<br>表面(光球层)<br>太阳黑子暗影区(典型) | 15000000 K<br>6050 K<br>4240 K | 半影(黑子四周)(典型)<br>色球层<br>日冕 | 5680 K<br>4300 到 50000 K<br>800000 到 3000000 K |
| 体积 | $1.41\times10^{27}$ m$^3$(或地球体积的 $1.3\times10^6$ 倍) | | |

**2. 太阳内部**

如图 3.2 中,太阳内部主要包括核、辐射层和对流层。其核进行热核聚变反应,是太阳能量的主要源泉,温度约为 $1.5\times10^7$ K,已知的物质称之为等离子体:以质子为主的原子核和高速运动的电子。在这种情况下,两个质子相互碰撞,克服相互间的电排斥力,由强核力作用紧密粘合在一起,这一过程称为核聚变,它引起重元素的形成和以 $\gamma$ 射线光子的能量释放。太阳核输出能量十分巨大,如果能看到它,闪现的光的亮度是太阳表面的 $10^{13}$ 倍。在核中产生的巨大能量被辐射层包围,这一层具有绝缘作用,以维持核心的高温。在辐射层吸收由核心内的聚变产生的 $\gamma$ 光子,并由原子核重复再发射,相继再发射的光子具有低的能量和较长的波长。此时离开太阳的光子,它们的波长多数处于可见光波段,核内产生的能量需要长达 5 千万年才能穿过太阳辐射层!如果太阳核内的这个过程突然停止,表面仍会连续发光数百万年。辐射层上面是温度较低的对流层,辐射不很重要。能量主要通过对流向外输送。热的区域处在对流层底部成为有浮力和上升区,同时,来自上部的冷的物质,形成巨大的对流细胞。除温度太高的核和辐射层,对流层伸展到整个太阳区域。对流层顶部的单元是颗粒状的光球层,等离子(荷电粒子)的对流环流产生大的磁场,对于黑子和耀斑的形成起重要作用。

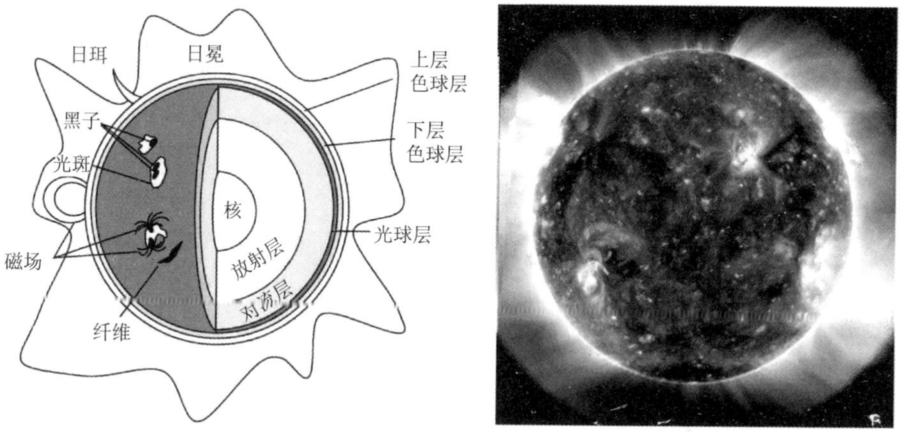


图 3.2　太阳的剖面结构图

**3. 热核反应**

现发生于太阳核内的核聚变，由氢核转为氦核。事实上，有多少元素较氢重。在恒星内部的热核聚变可以产生第 26 号元素铁。由于太阳相对小的质量，将进行第一是氢-氦和第二是氦-碳两个阶段的核聚变，氢-氦聚变可以有更多的方式。

但是在任何情况下，温度必须为 $1.5\times10^7$ K，两个正电荷粒子才能快速运动克服在它们相互碰撞时产生的电场排斥力，密度必须很大，在太阳中心处，巨大的太阳重力将气体压缩为 10 倍金的密度。如果两个粒子可以足够近地在一起，很强的核力将它们融合在一起。图 3.3 给出了太阳中最常见的核聚变反应。如果对进入这三步聚变反应的总质量与最终总质量比较，可以看到有小的质量已消失了。对于此种反应，质量的 0.7%消失，并转换为能量：$E=mc^2$（$E$＝能量、$m$＝质量和 $c$＝光速）。这种反应产生的实际能量（对于 4 个氢原子）可以这样计算

$$E=(0.007)(4\text{H 的质量})c^2$$

为了产生太阳的输出能量，每秒需要熔化 $7\times10^8$ 吨氢转变为 695 百万吨氦，可以惊奇地认为太阳以每秒 $5\times10^6$ 吨的速率失去质量，但是太阳的质量如此大，这一损失速率可以长时期延续。

**4. 太阳表面大气**

太阳表面大气由光球层和色球层组成，光球层是人眼看到太阳的可见光部分。由太阳内部上涌的热对流泡，在光球层表面表现成亮的和淡的对流泡，在几分钟内，便由下一个向上涌的对流泡替代。光球层是太阳最冷的一层，它的温度约在 6000 K。图 3.4 给出了太阳大气的温度（虚线）和密度（实线）垂直廓线分布。光球层顶上，温度随高度增加而增加，密度随高度增加而减少。

| | |
|---|---|
| 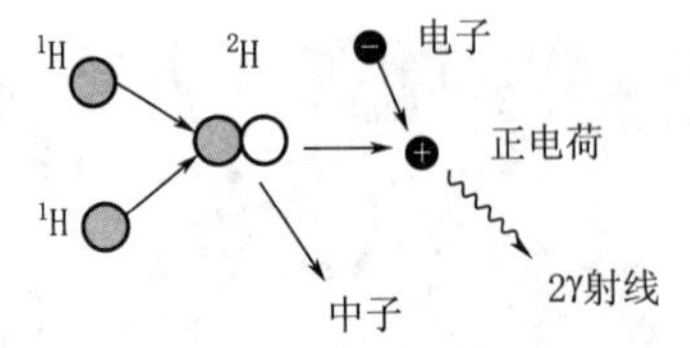  | 两个氢核（质子）碰撞和融合。一个质子发出正电荷转变为中子，正粒子直接与相反粒子电子碰撞，然后成对正负电粒子湮灭，释放2γ个射线光子，这质子融合结果是重氢核，表示为$^2H$。 |
| 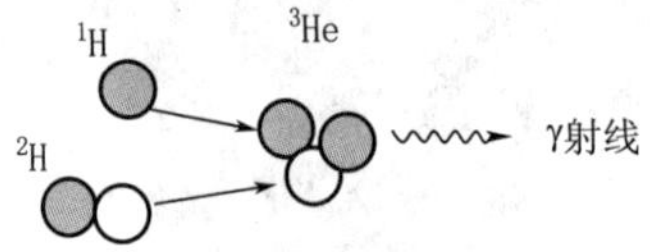  | 重氢（氘）核与质子碰撞，形成光氦$^3He$。以另一个γ个射线光子释放能量。 |
| 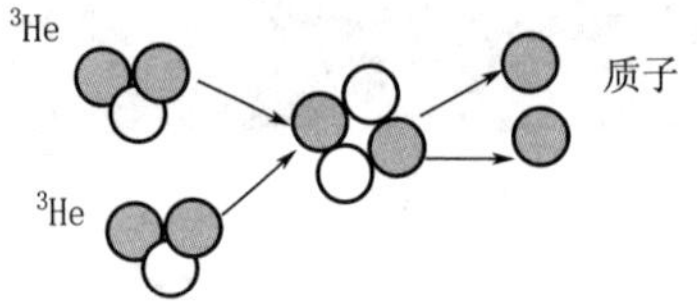  | 最后，两个$^3He$核碰撞和融合为一个氦核$^4He$，并释放两个质子。 |

图 3.3　发生在温度约为 $1.5\times10^7$ K 太阳核中出现的质子-质子聚变反应。这一反应使总质量的 0.7%消失，且作为能量释放

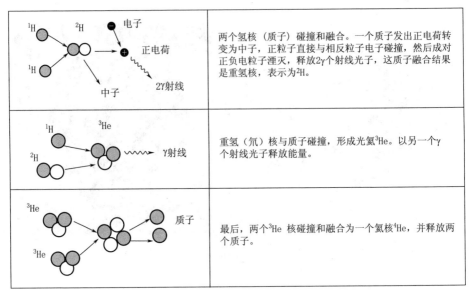

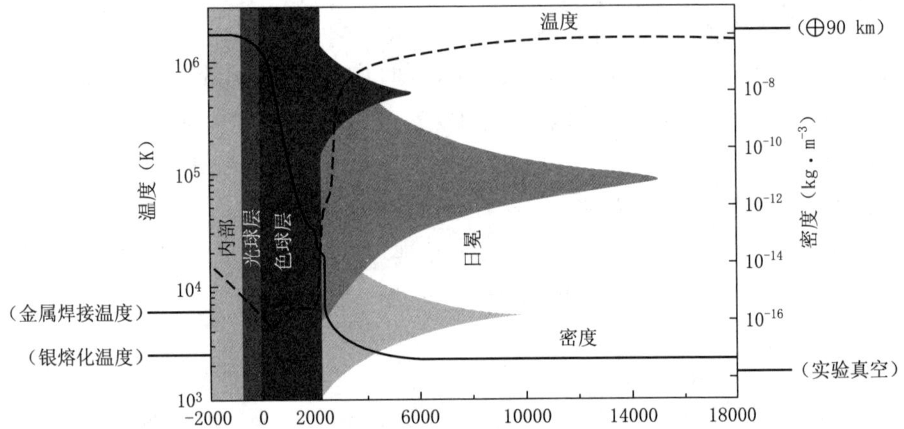


图 3.4　太阳大气的温度(虚线)和密度(实线)垂直廓线，请注意，这里的最高密度仍然只有 90 km 以上地球大气层的密度。银的熔化温度接近此处所示的温度标度的底部

有时，巨大的磁场束会冲破光球层，在光球层产生更冷、更暗的区域，我们将这种区域称之为太阳黑子。太阳黑子在 11 年周期内出现和消失。当太阳旋转时，它们在

太阳圆面上移动。太阳的旋转速度随纬度而异;从地球上看,赤道地区自转周期约 27 天,而靠两极地区的自转周期约为 32 天。

这个周期很容易通过监视黑子确定。但是现在知道,这些周期相应光球层黑子的位置,光球层之上不同层转动周期是否同步。旋转周期随纬度和深度的复杂变化导致了剪切和扭转,从而导致了太阳活动。

色球层就在光球层上面,在它的底部稍冷一些,它被称为色球就是因为颜色,只有当来自光球的更亮的光被消除时,才能看到它。当日蚀发生时,红色球在日全蚀前后被短暂看到。当在白光观察时,色球层对光球层发出的强光是透明的。而且只有当 $H_\alpha$ 产生红光时,才能清楚地看到色球层的许多独特的特征,包括长的黑丝和黑子周围的亮区。

色球层也具有细胞对流模式的特征,但这些细胞比光球层的颗粒大得多。在这些细胞的边界附近是集中的磁场,产生垂直喷射的物质称为针状体。虽然针状体被认为是安静太阳的小特征,但实际上与地球差不多大。

色球层上太阳耀斑比针状体要大得多,也更具有爆炸性。与太阳黑子相关的活动区产生强大的磁场,这些磁场通过色球层拱起,在耀斑爆发时成为物质的管道,现在对这些耀斑的起因和时间还不是很了解。

太阳活动在色球层上最明显,时间尺度从几秒钟开始到到几分钟或几小时结束,活跃区可以持续数周,在消失之前可能会数次爆发。太阳黑子和活跃区域在 11 年周期内起落。所有这些现象和时间的长短都与磁场有关。它们的能量来自于太阳旋转和对流运动的相互作用。磁场的变化表现为 22 年的磁场循环过程。从光球层和色球层上观察到的活动是太阳内部活动的表现,但太阳内部的详细物理情况仍然是个谜。

**5. 太阳内日冕**

内日冕是纤细的光晕,延伸到太空一百多万千米,在日全食期间,当光亮的太阳圆盘被月亮阻挡时,可以看到太阳的内日冕。日冕的温度达 $2\times10^6$ K,其原因还没有弄清楚。日冕是 X 射线的重要源头,它不能进入地球大气层。卫星上的仪器使用 X 射线波长的电晕,并看到许多细节没有出现在可见光中。在卫星上可清楚见到日冕的磁弓形为主的结构。大和小的磁活动区在 X 波长处发出灼热的光,此时开口的磁场结构,表现为张口状的日冕洞。日冕物质一般通过两端闭合的磁场结构限制,但是开口的日冕洞磁场结构可以形成快速、低密度的太阳风。这物质向外穿行,并干扰地球的磁场。由于它作用于地球,就能预测日冕洞形成的时间和地方,但仍不清楚它形成的原因。

**6. 太阳外部日冕**

外日冕伸展到地球和地球之外。由于不能直接看到,它的存在不是明显的,直到 1950 年天体物理学家才注意到它的存在。在 20 世纪 50 年代初,Ludwig Biermann 监视彗星时认识到太阳日冕应当向外扩展。直到1958年，Eugene Parker从理论模式得出从离开太阳的粒子流需要维持日冕的动态平衡。他的数学预测以每秒几百千米速度来自太阳的粒子流，在20世纪60年代初卫星观测证实了日冕外流粒子流。这一外流的粒子流称太阳风。在1962年由飞往金星的宇宙飞船2号精确测量太阳风的速度，如Parker预测的一样，平均速度为400 km/s。在发现太阳风的30年里，我们对太阳风以及它对地球的影响了解得更多了。太阳风从太阳向外辐射。太阳的自转使辐射粒子旋转，使太阳粒子流按阿基米德螺旋向外运动。太阳风速和密度随太阳的状况变化，20世纪70年代初天空实验室发现日冕洞出现太阳风的强度的变化更大。使用X-射线望远镜，天空实验室宇宙飞行员获取了更多太阳照片，显示日冕洞是大的暗区域，具有日冕向外流出的打开的磁力线。这些区域发生收缩，环绕太阳运动。当日冕洞面向地球时，到达地球的太阳风更加强烈。太阳风的这些特性也由太阳上的耀斑和突出的活动性确定。在高活动期间，受日冕内的湍流磁场激励，等离子以巨大的速度喷出离开太阳。如果喷射的质量向外通过和攻击地球时，可以有更多的作用。在非常活动期间，在内部日冕中的湍流磁场激励等离子体以巨大的火山喷发离开太阳。如果喷发的质量向外穿行并攻击地球，则会发生很多效应。

### 3.1.3 太阳内部活动

通常认为，在太阳内部深处进行着由四个氢原子转换为一个氦原子的聚变反应，那里温度高达数百万度。核聚变反应中释放的能量引起太阳质量的减少。根据爱因斯坦定律 $E=mc^2$，释放的能量转换为太阳辐射，据此可求出太阳以电磁辐射形式发射辐射能，从而使太阳每秒减少五百万吨质量。以此速率，十亿年太阳将向太空射出质量 $10^{29}$ g，这是个不小的量，但对于太阳而言，比它总质量的万分之一还小，对于太阳而言是微不足道的，至今也只有5%的太阳总质量由氢转变为氦。

图3.5给出了太阳内部的结构。来自太阳内部的挥发性气体控制着大气主要成分环境条件。

太阳内部深处的温度极高，原子间的碰撞异常剧烈，许多电子脱离它们的轨道，只有那些重原子的内层电子保持在轨道上。核聚变产生的光子可以穿过太阳内部而不被电子所吸收。然而当光子接近太阳表面时，温度降低，一些诸如铁之类的重原子的外层电子开始俘获它们，但这些外层电子被较小的力束缚在核上，所以很容易吸收光子而与核分开。因此来自太阳内部的光子流由于重原子的外层电子的吸收而受阻挡，这种阻挡引起太阳表面以下某些深度处的温度剧降，所以太阳外层是由位于较热内层顶上的较冷气体层构成。对此，位于较冷外层底部的气体将受到内层热气体的加热，并热膨胀向表面上升，一旦它升到太阳表面，热气体将向太空发射热量而冷却，然后下沉到内层。于是整个外层破裂为许多上升热气柱和下沉冷气柱，这种大尺度上升、下

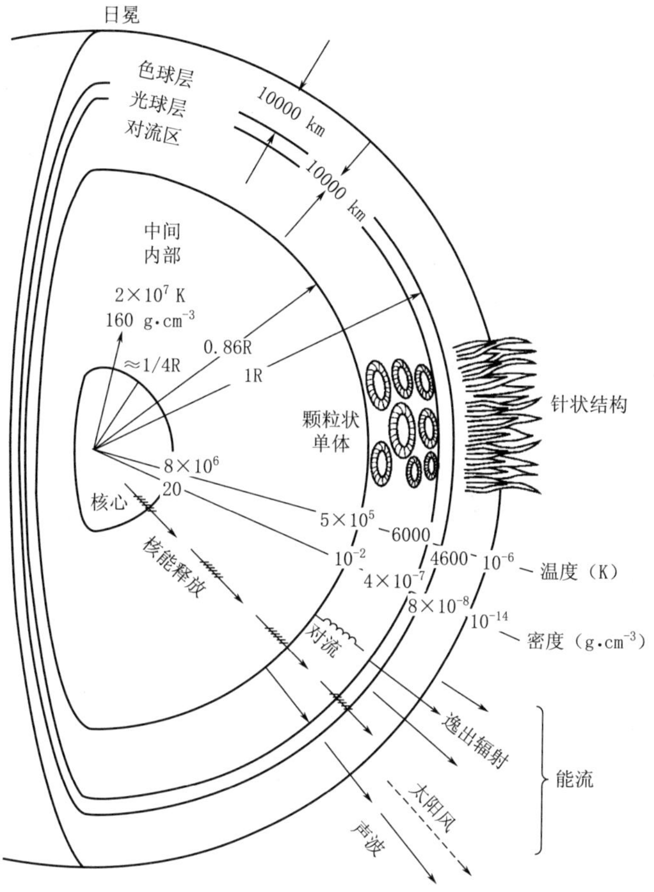


图 3.5　太阳内部结构

沉运动区称为对流层，它从表面延伸到深度 150000 km 左右处。在此深度以下的太阳内部能量以电磁辐射形式（光子流）输送。然而在太阳表面附近，由于较重元素吸收光子造成对辐射的阻挡，使能量的一部分由对流输送，另一部分由电磁辐射输送；在太阳表面以上，能量又以电磁辐射方式输送。

### 3.1.4　太阳表层结构

太阳表层可以分为光球层和太阳大气，而太阳大气又分为色球层与日冕。光球层的厚度仅约为 500 km，它构成了太阳可见光辐射的源地，其温度由低层的 8000 K 变化到高层的 4000 K，平均温度为 6000 K，有效温度为 5800 K，光球层发射的辐射基本是连续的。在光球层上表现有直径为 1500 km 的十分光亮的颗粒组织的光斑，其间被光斑的暗区和黑子所隔开，均匀地分布于日面上。

光球层之上约5000 km高度内是色球层，它的温度由4000 K的极小值向上增加，到2000 km达到4000～6000 K之间；在此高度以上，温度显著增高，到5000 km高度附近，温度高达$10^6$ K。对于温度为4000 K的极小值层延伸数千米，为处在较热气体层之上的较冷气体构成，在太阳中各种原子的特征波长上，这些较冷气体吸收光球层发射的连续辐射，形成太阳吸收光谱。这时原子吸收辐射后激发到新的高能级上，于是受激发的原子要向低能态跃迁，发射出辐射，形成色球层的发射光谱。发射光谱线与吸收光谱线具有同样的频率。

色球层以上的大气区称为日冕。日冕层由日盘边缘向外延伸数百千米，在全日食期间可看到它像一个微弱发白色的晕圈。日冕没有外边界，它不断向太阳系发射一股股由等离子体组成的气流，这种气流称之为太阳风。

**1. 光球层发出的白光**

地球接收太阳光，主要是可见光，它是来自于厚约100 km（太阳半径的0.1%）薄而相对冷的光球层，光球层由等离子、电子和从原子核内分离出的荷电粒子组成，这些粒子的温度约为6000 K，虽然温度不高，但具有高的能态。这些粒子从高能态向低能态跃迁，产生光量子（白光），从白光中检测到每一条谱线的光谱特征，推断出太阳大气中最丰富的元素是氢（92%）和氦（7.8%），以及一些的微量元素氧、碳、氮和镁等。光球层表现为暗斑和亮点混合的颗粒外貌，这些区域是对流细胞顶，亮区是由热的向上的等离子泡形成的，暗区是由较冷的等离子下沉到内部形成的。

**2. 光球层上的黑子——太阳黑子**

太阳黑子是光球层上较暗的区域，平均大小约1000 km，但肉眼见到的日面上的黑子变化范围达15000 km以上，黑子通常成对出现或以复杂的黑子群出现，它们在太阳自转方向上跟随一个先导黑子，小黑子可以持续几天或一周，最大的黑子可以持续数周，长的可以在太阳自转27天一周以后再次出现，太阳黑子的平均温度为4000 K，是一个比具有平均温度6000 K的光球层要低的冷区域，由于它的温度低，所以表现为黑色。

太阳黑子几乎完全限制在太阳赤道的南北纬40°的范围以内，而不会在两极出现，黑子具有暗的中央区域称为本影，环绕黑子四周较亮的区域称为半影。黑子在赤道地区的移动比高纬度地区要快，也观测到黑子在某几天几周以群集增长，然后逐步减弱。通过200年的黑子数据发现黑子每隔10年到12年达到最大值，也发现11年黑子周期是太阳22年磁周期的一部分。

## 3.2 太阳的辐射输出和大气顶的太阳辐射计算

### 3.2.1 太阳表面处发出的辐射

太阳发出的辐射强度由日盘中心的最大到边缘处最小，这是由于太阳外层温度向

外递减的结果。太阳在波长 $\lambda$ 处发出的辐射强度为

$$J_\lambda = J_{0\lambda}(1-0.237\, r_{sun}^{2.4}) \tag{3.1}$$

式中 $r_{sun}$ 是离日盘的中心距离(以太阳半径为单位)。$J_{0\lambda}$ 是太阳日盘中心处的光谱强度。$J_\lambda$ 是 $r_{sun}$ 处的光谱强度。按(3.1)式,在半径 $r_{sun}=0.736$ 处太阳强度的光谱分布与总的太阳辐射光谱十分相似。另外,由 Smithson 站的观测资料,将(3.1)式对所有波长积分,总的强度变化为

$$J = J_0(1-0.342 r_{sun}^{2.4}) \tag{3.2}$$

可以求得平均太阳辐射强度是日盘中心强度的 0.845。

太阳辐射随时间的变化不十分清楚,太阳黑子的 11 年周期与太阳表面辐射输出并没有明确的关系。但太阳光谱的短波一端(紫外)谱辐射随太阳黑子数有很大的变化,其能影响平流层里臭氧的光化反应,并由此间接影响大气环流。

### 3.2.2　日地平均距离处地球截获的太阳辐射

在日地平均距离处的太阳辐射称之为太阳常数 $S$,它定义为:在日地平均距离处通过与太阳光束垂直的单元位面积上的太阳能通量。它表征了到达地球表面总的太阳辐射能。其值 1366 $W \cdot m^{-2} \pm 3\ W \cdot m^{-2}$(Lean 和 Rind 1998)。如果太阳的半径为 $r_{sun}$,则太阳表面处太阳发出的辐射能量为 $F_{sun}4\pi r_{sun}^2$,其中 $F_{sun}$ 表示太阳的出射度;而在离太阳的日地平均距离 $\overline{d}$ 处,太阳发出的辐射能量为 $S \cdot 4\pi\overline{d}^2$,它们两者之间必须相等,即

$$\overline{d}^2\, F_{sun}4\pi r_{sun}^2 = S \cdot 4\pi\,\overline{d}^2 \tag{3.3}$$

所以太阳常数 $S$ 表示为

$$S = F_{sun}(r_{sun}/\overline{d})^2 \tag{3.4}$$

如果地球的半径为 $r_e$,则地球截获的太阳辐射能为 $S\pi r_e{}^2$,若这一能量均匀地分布在整个地球表面上,则大气顶处单位时间内、单位面积上所接受的能量为

$$\overline{Q} = S\pi r_e^2/(4\pi r_e^2) = S/4 \tag{3.5}$$

如果太阳是一黑体,则由 $F_{sun}=\sigma T_{sun}^4$,得到

$$T_{sun}^4 = \left(\frac{\overline{d}}{r_{sun}}\right)^2 \frac{S}{\sigma} \tag{3.6}$$

将 $S$、$\sigma$、$r_{sun}$、$\overline{d}$ 代入(3.6)式,就可得太阳的有效温度(平衡温度)为 5800 K。

### 3.2.3　大气顶处的太阳辐射

入射到大气顶的太阳辐射决定于地球绕太阳的公转轨道及其变化。而到达地球上各点的太阳辐射还与地球的自转轨道有关。因此,地球绕太阳的公转轨道和自转轨道是决定太阳到达地球表面上某一点的太阳辐射的决定性因子,也是决定地球气候和

气候变化最重要的因子。

图 3.6 给出了在天球坐标系中的太阳运动轨道，其主要有以下几方面特征。

(1)黄道面的变化：地球与所有的行星一样都以同一方向环绕太阳运行，所有行星的轨道平面几乎在同一平面内。将地球轨道所在的平面称之为黄道面，它的法线方向与地球自转轴的夹角称为黄道的倾角(约为 23.5°)，是季节形成的基本原因，也是影响气候带的一个因子，大约 41000 年的时期内有平均幅度 1.5°的周期变化。

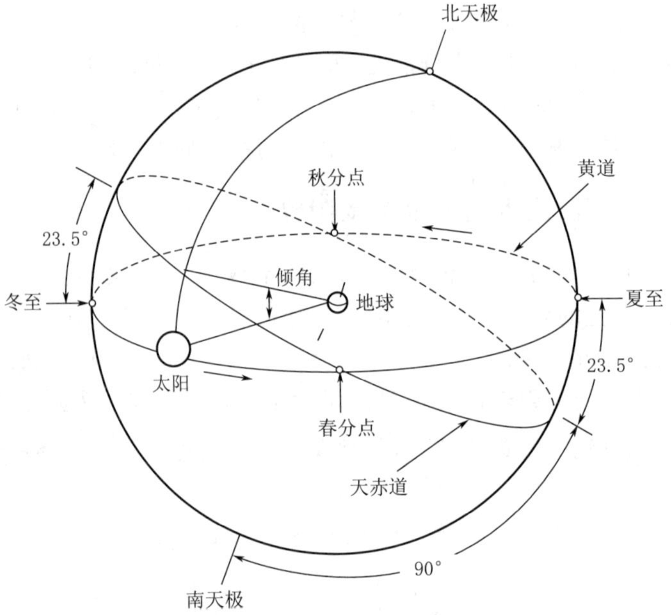


图 3.6 天球坐标和太阳运动

(2)日-地系统的另一个特点是二分点(春分和秋分)与二至点(夏至和冬至)沿地球轨道(向西缓慢移动)的进动，这种进动称之为岁差，它是由地球的扁率引起的。由于太阳对赤道地区比极地有更大的吸引力，从而使地轴趋向竖直方向。同时由于地球的自旋轴是倾斜的，其轴在锥面上进动，结果使轨道上的方位基点以 26000 年的周期移动。但是轨道作为一个整体沿着与进动相反方向缓慢摆动，因而方位基点移动(周期性的岁差指数)的完整周期平均来说只需要 21000 年，使得地球接近太阳的时间每年大约向前推移 25 分钟。轨道的偏心率、轨道的倾角以及二分点还受到除太阳以外的其他星体的吸引而发生长期变化，这些变化又影响到入射到给定纬度上的太阳辐射值。气候学家由南印度洋深海的沉积物岩芯中的浮游生物有孔虫类的氧同位素成分的测量结果及放射虫类群的统计分析得出岩石处的夏季海面温度估计值，它包含了 50 万年左右的连续气候记录，发现有以下事实：

① 10 万年气候变化成分的平均周期非常接近地球偏心率变化的平均周期；

② 4 万年气候变化成分与地轴倾角变化的周期相同；

③ 2.3 万年的气候变化与周期性的岁差指数有关。

地球绕太阳的轨道是一椭圆形轨道，地球轨道的偏心率不大，它的平均值为 0.017，大约在 10 万年的周期内有 0.05 的变化。但是日地平均距离的平方对其平均值的变化为 3.3%，偏心率的作用又是明显的。考虑到以上因素，到达大气顶的辐射可以写为

$$F=S(\overline{d}/d)^2\cos\theta_{\mathrm{sun}} \tag{3.7}$$

式中 $\overline{d}$ 为日地平均距离，$d$ 是日地距离，$\cos\theta_{\mathrm{sun}}$ 是太阳天顶角的余弦。对于 $(\overline{d}/d)^2$ 的计算可以使用下式近似进行，精度可以达到 $10^{-4}$ 以上。计算式写为

$$\begin{aligned}(\overline{d}/d)^2=&1.000110+0.034221\cos\theta_0+0.001280\sin\theta_0\\&+0.000719\cos2\theta_0+0.000077\sin2\theta_0\end{aligned} \tag{3.8}$$

式中 $\theta_0$ 是地球绕太阳转过的角度，它可以用每年的第几天确定，写为

$$\theta_0=(2\pi N-1)/365 \tag{3.9}$$

式中 $N$ 是一年中的第几天。

### 3.2.4 每日输入大气的太阳辐射

如果在大气顶每单位面积接收的太阳热量（日射）为 $Q$，则太阳的辐射通量密度为

$$F=\frac{\mathrm{d}Q}{\mathrm{d}t} \tag{3.10}$$

对于给定时间内的日射为

$$Q=\int_t F(t)\mathrm{d}t \tag{3.11}$$

每日的日射可以写为

$$Q=S\left(\frac{\overline{d}}{d}\right)^2\int_{t_1}^{t_2}\cos\theta_{\mathrm{sun}}(t)\mathrm{d}t$$

其中积分限 $t_1$、$t_2$ 为日落和日出的时间，由球面三角的几何关系可以求得太阳天顶角，表示为

$$\cos\theta_{\mathrm{sun}}=\sin\delta\sin\phi+\cos\phi\cos\delta\cos t_h \tag{3.12}$$

式中 $\delta$ 是太阳倾角，它等于太阳与赤道间的角距离。$\phi$ 是观测点的纬度，$t_h$ 是时角

$$\begin{aligned}Q&=S\left(\frac{\overline{d}}{d}\right)^2\int_{t_1}^{t_2}(\sin\delta\sin\phi+\cos\phi\cos\delta\cos t_h)\mathrm{d}t_h\\&=S\left(\frac{\overline{d}}{d}\right)^2\int_{-H}^{H}(\sin\delta\sin\phi+\cos\phi\cos\delta\cos h)\frac{\mathrm{d}h}{\omega}\end{aligned} \tag{3.13}$$

式中 $t_1$ 和 $t_2$ 是日落日出时间，$\mathrm{d}t=\frac{\mathrm{d}h}{\omega}$，即 $\frac{\mathrm{d}h}{\mathrm{d}t}=\omega$ 是地球角速度，$H$ 代表半天(以弧度为单位，180＝π rad)，就是日出到中午和中午到日落的时间。积分后得每日的日射

$$Q=S\left(\frac{\bar{d}}{d}\right)^2(\sin\delta\sin\phi\delta H+\cos\phi\cos\delta\cos H)$$

图 3.7 给出日射 $Q$ 随纬度和一年逐日分布图，图中取太阳常数 1.366 $\mathrm{W\cdot m^{-2}}$，图中虚线是太阳赤纬，阴影区为零日射区。可以看到日射与经度无关，1 月，南半球日射大于北半球，春分和秋分时节，日射在赤道最大，两极为 0。

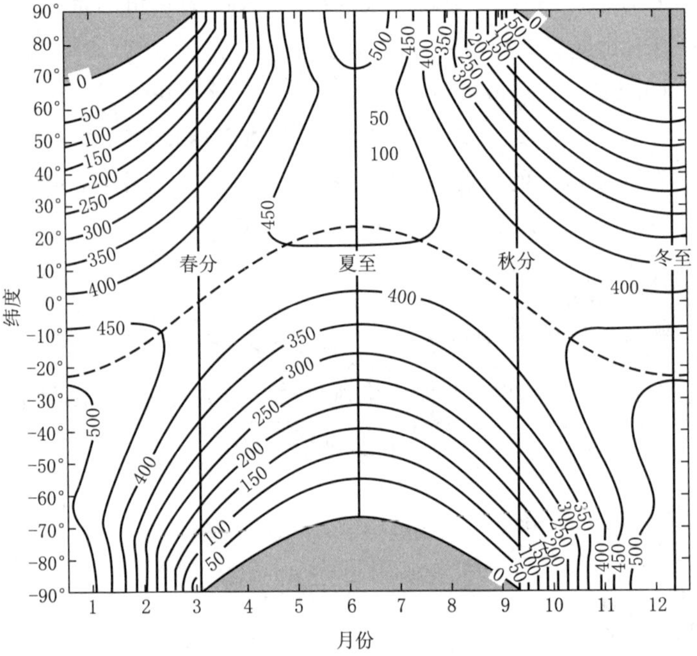


图 3.7　太阳日射的地球表面分布图

### 3.2.5　太阳天顶角、方位角的计算

如图 3.8，$P$ 是观测点，$OZ$ 是观测点天顶，太阳方向为 $OS$，$D$ 为太阳正下方的点，$OS$ 与 $PZ$ 所在平面与地表相交得大圆弧为 $PD$，$OS$ 与 $PZ$，$OS$ 与 $PZ$ 间夹角为太阳天顶角 $\theta_{\mathrm{sun}}$。为了确定给定地点、给定时间(一年中某一天某一时刻)的太阳辐射，从(3.12)式中知必须要确定太阳的天顶角和方位角。由球面三角余弦定理可以推导出太阳天顶角方位角的关系为

$$\cos\theta_{\mathrm{sun}}=\sin\delta\sin\phi+\cos\phi\cos\delta\cos t_h$$

$$\cos\alpha=(\sin\delta\cos\phi-\cos\delta\sin\phi\cos t_h)/\cos(90-\theta_{\text{sun}}) \tag{3.14}$$
$$\cos\alpha=-\cos\delta\sin t_h/\cos(90-\theta_{\text{sun}})$$

式中 $\delta$ 是表示太阳的天球坐标中的纬度，称之为天体的偏角，$\phi$ 是地理纬度，$t_h$ 是太阳时角或称局地时角或称局地表观时，它表示测点的子午面与天体所在的子午面之间的夹角，该角从测点所在子午面向西度量。也就是太阳的时角是从中午算起的，对于给定的地点，由(3.14)式算出的用太阳的时角表示的太阳位置对于太阳正午是对称的，局地表观时是根据太阳表观日来定的，而表观太阳日是由太阳接连两次通过任一给定的子午面所经历的时间来确定的。从(3.14)式可见，为确定 $\theta_{\text{sun}}$，必须确定偏角 $\delta$ 和时角 $t_h$。如果对于给定地理位置的局地表观时 $t_h$ 已知，则只要确定太阳在一年中的偏角 $\delta$。

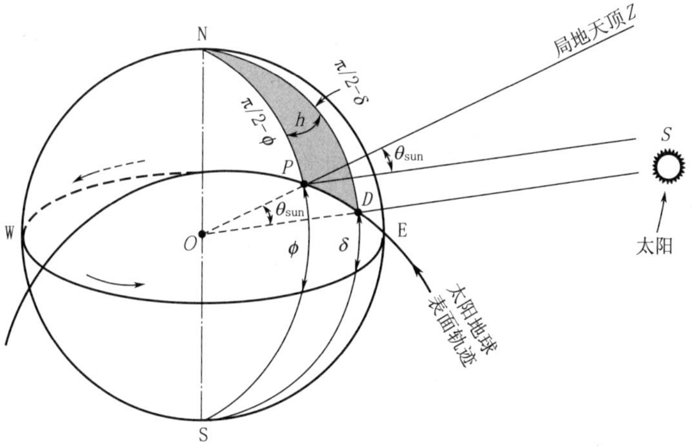


图 3.8　太阳天顶角 $\theta_{\text{sun}}$ 与纬度太阳赤纬 $\delta$ 及时角 $t_h$ 的几何关系

为此下面给出偏角 $\delta$ 和时角 $t_h$ 的近似计算方法：

(1)计算太阳赤纬(偏角)$\delta$ 近似公式

由于每天太阳偏角的最大变化(二分点处)小于 0.5°，若对太阳天顶角和方位角的计算仅精确到度，则每一天采用同一个 $\delta$ 值。Spencer 导出了用弧度表示的计算 $\delta$ 的近似公式为

$$\delta=0.006918-0.399912\cos\theta_0+0.070257\sin\theta_0-0.006758\cos2\theta_0$$
$$+0.000907\sin2\theta_0-0.002697\cos3\theta_0+0.001480\sin3\theta_0(180/\pi) \tag{3.15}$$

式中 $\theta_0$ 由(3.9)式确定。上式估算 $\delta$ 最大误差为 0.0006 弧度(<3′)；如果省略最后两项，最大误差为 0.0035 弧度(<12′)。

(2)时角(局地表观时)$t_h$ 的确定

由于地球在它的轨道上运行不是匀速的，所以为了确定局地表观时 $t_h$，可以假定

一个在天赤道上与真太阳时的平均速率相等的角速度运动的天体，由这样的天体导出的太阳时为平太阳时。平太阳时(时钟时＋经度订正)与局地表观时之间的差异称之时间方程，因此，时角 $t_h$ 由下式确定

$$
\begin{aligned}
\text{局地表观时}\ t_h &= \text{局地平时}+\text{时间方程} \\
&= \text{时钟时}+\text{经度订正}+\text{时间方程} \\
&= \text{时钟时}+4(L_s-L_e)+Eq
\end{aligned}
\tag{3.16}
$$

式中局地表观时也就是真太阳时，它是对于太阳正午对称的。式中 $L_s$、$L_e$ 分别是标准子午线与局地子午线经度值。

时钟时：为全球各个标准子午线所划分的时区；

经度订正：表示局地子午线与标准子午线的时间差(每度 $4'$)。其中，当局地子午线在标准子午线以东，经度订正为正，否则为负。

时间方程：Spencer(1971)导得一个以弧度表示的时间方程的级数表达式，写为

$$
\begin{aligned}
Eq = &\ 0.000075+0.001868\cos\theta_0-0.032077\sin\theta_0 \\
&-0.014615\cos2\theta_0-0.040849\sin2\theta_0
\end{aligned}
\tag{3.17}
$$

该式的最大误差为 0.0025 弧度，相当于时间的 35 s。

## 3.3 太阳辐射与地球大气上层的相互作用

太阳辐射首先是进入地球大气的上层，太阳发出的粒子流形成太阳风，这些高能粒子流对上层大气进行电离，形成电离层，粒子流通过极区形成极光；太阳发射的光子与大气产生光化反应，形成臭氧层；太阳电磁辐射通过大气与大气分子发生散射，称之分子散射，形成蓝色的天空。下面对此进行简单介绍。

### 3.3.1 地球的空间环境——来自太阳的辐射粒子和大气的作用

如图 3.9 所示，来自太阳的辐射高能粒子流称之为太阳风，如果没有以下两种特殊的防护机制，对地球上的人类是致命的。第一是地球上的大气，阻挡 X 射线和紫外辐射。当 X 射线或紫外光子遇到大气会受到大气分子碰撞和吸收，引起分子被电离；在更长的波长(较少生物破坏)处再发射光子；第二种防护机制是地球的磁场，它可以防止由于部分太阳风和来自太阳喷射到达地球的荷电粒子对有机生命的伤害。当荷电粒子遇到磁场时，通常将环绕磁力线运动。只有当粒子的路径与磁场平行时，才能不发生偏转。如果粒子以任一运动方向通过磁力线，则在 Lorentz 力下，它将发生偏转。如果粒子以任一运动方向通过磁力线，则在 Lorentz 力下，它将发生偏转，并以圆形或螺旋路径运动。在太阳风中的多数粒子在地球上约 10 倍于地球半径处称之为磁层顶的地球磁场偏转，地球磁场对粒子的运动起主要作用，而外侧则受太阳风的磁场

控制。直到 1960 年，将地球磁场想象为一简单偶极场，像条形磁铁。目前仍不知道地磁场的详细情形，除在地球内侧必须有电流回路外，可能与地核熔心有关。太阳风的发现，物理学家认识到来自太阳的太阳风推开了地球磁场，太阳风表现为对地球磁场产生一个压力，在面向太阳一侧压缩，在背离太阳一侧成为一个很长的尾，这一复杂的磁包围圈称之为磁大气顶层。在面对太阳一侧，太阳风压缩磁大气顶层大约 10 倍地球半径距离，而在下风一侧，磁尾伸长 1000 倍地球半径的距离。起源于太阳风和电离层的不同密度和温度的稀薄的等离子填满磁层。电离层是一个地球大气上层的高密度荷电层，它是由于太阳辐射对大气分子电离作用形成的。在 20 世纪 60 年代初，太阳物理学家意识到太阳风将磁场带到太阳系远端。太阳磁场的这一扩展称之为星际磁场。在地球极区与地球磁力线起源相接，太阳和地球磁场相接点称为地磁连接，当两个磁场是反向平行的，发生最大效率。通过连接将太阳和地球磁场耦合在一起。太阳风粒子接近地球时，由于连接粒子可以进入磁大气层顶，然后以螺旋形式路径沿地磁力线进入地球。正离子和电子按磁力线方向（相反方向）产生称为 field-aligned 电流，太阳风和磁大气层顶形成一个巨大的发电机，将太阳风的动能变换为电能。由这磁流体发电机可以产生超过 $10^{12}$ W 的功率，约等于现在美国消耗能量的平均速率。在磁大气层顶存在有不完全了解的非常复杂的等离子流和电流，太阳风的某些粒子以电流沿磁尾返回，其构造的尾像一个巨大的电池。某些粒子按磁力线收敛于地球的近极地区域和限于磁镜中来回运动。另外一些粒子拒绝进入电离层，如图 3.10，环绕地球的极区形成一个椭圆形光区，称为极光。极光是由电子与电离层中的分子碰撞引起的。这些碰撞由电离分子和激发态分子发射从红外到紫外的宽的光谱，绝大多数极光发射的是由原子氧产生的一波长 558 nm 的白一绿色的光，一美丽的粉红色的发射来自受激发的分子氮。分子激发所产生巨大的、移动的彩色幕帘出现在南北两极地区，两者表现为接近彼此镜像。北极的称为北极光，南极的称为南极光。自 1900 年科学家就怀疑两极极光和地球磁场的变化是通过高层大气的电流引起的。现在知道磁对流层顶的电流是由太阳风与地球磁场间复杂的相互作用引起的。虽然这些电流只是部分理解，研究最多的是与极光相连的伯克兰（Birkeland）电流。当太阳风在地球之上 $5\times10^4$ km 遭遇到地球磁场时，产生约 $10^6$ V 的电力（EMF）。这 EMF 分布于整个磁层顶和地球高层大气，如从电力发电机发的围绕电力网络分布的那么多的电压。也许是部分太阳风产生的 EMF。这 $10^6$ V 的电动势 EMF 作用于整个磁层圈和地球大气上层，如一个电力发电机发那么多电压分布在一个电力网周围。也许是部分太阳风产生的 EMF，可能只有 $10^4$ V，加速电子沿磁力线向下进入高度约 100 km 的电离层。这些电子先是水平穿行，然后返回高层大气形成一个闭合环路。虽然这个环路与线形变压器和一个电池组有很多相似的地方，但是由于它出现于三维空间和随太阳风强度的变化有很大的变化，这环路十分复杂。通常电流有 $10^6$ A 那么高，在这个巨大发电

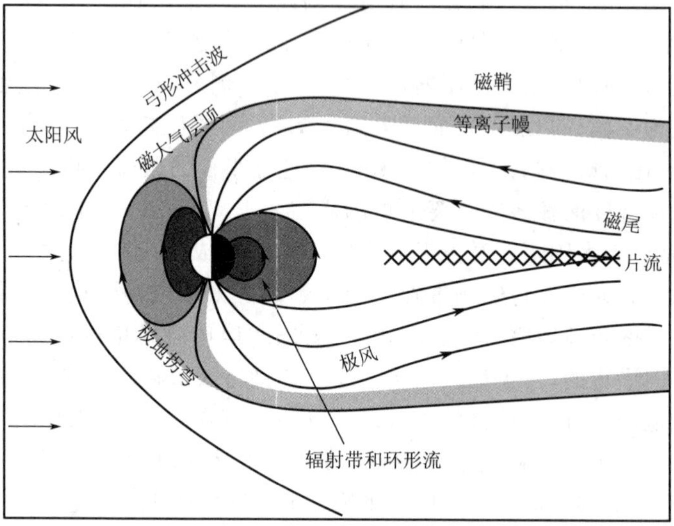


图 3.9 太阳风与地球磁场的相互作用

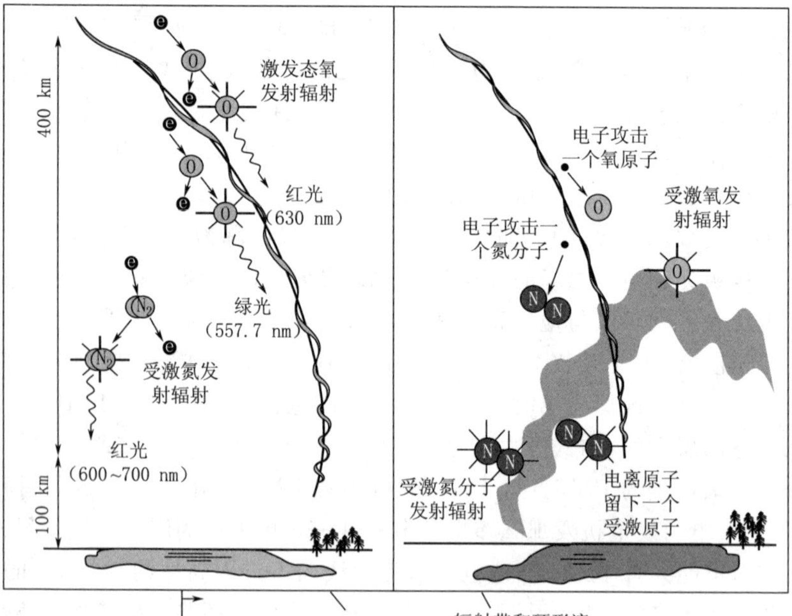


图 3.10 极光的形成

机产生的功率可以有 $3\times10^{12}$ W 那么大！高速运动的电子接近这电流环路底与大气分子和原子相互作用，并产生极光。最强的极光形成于约 100 km 高度。如同任何一个简单环路，当电子流环绕回路运动，使能量消散。这能量的部分表现为极光，而大部分则成为热能，加热高层大气。Birkeland 电流的另一个重要结果是，像任何电路一样产生磁场。这磁场向下到地球表面，加到地球磁场上，引起地球磁场波动(涨落)。则磁场中的这些波动可以感应地球表面或像输电线或管线的等导体中的电流。通过到达地球太阳风的反应确定这些，反过来用这些可以确定太阳发生的事件。当极光十分明显时，通常是来自太阳风的粒子通量很大。这意味着地球上的很多电力系统会中断或损毁。

### 3.3.2　太阳风粒子流喷发

太阳风与地球磁场的复杂耦合在地球附近产生许多效应。地球嵌置于太阳外部大气中，因此，太阳表面层和日冕区发生的事件影响着地球。地球效应常是三种类型条件下的结果：面向地球的太阳喷发的耀斑、针状细丝消失和日冕洞。耀斑是持续几分钟或几小时的短期突然发出的强光(brightenings)，它经常发生在太阳活动区，该处发生磁场剧烈变化。与耀斑相关的一系列事件和整个状况的了解仍然十分不够，但是通常当耀斑开始时，等离子加速由太阳内向外运动，通常等离子在一个弓形中返回，且与色球层的稠密物质碰撞，发射韧致 X 射线。在耀斑频繁爆发期，等离子体完全与太阳脱离，如果它到达地球周围，这些辐射对地球可以有重要的作用。长期的爆发活动区，常伴随针状细丝消失。针状细丝是长的，太阳的 Hα 照片显示了一系列特征：它们像每天或数周悬挂在色球层下部的云，然后消散；多数情况下，它的消散更像地球上云雾的消散。在其他情况中，针状细丝通过上升消散，离开色球层形成一个巨大的弓形日珥。当日珥在太阳边缘出现时，可以从侧面看到壮观的日珥照片。在有些情况下，日珥离开太阳，且等离子猛烈地向空间大爆发。从太阳向外转移质量的第三个源是日冕洞，从太阳 X 射线照片容易看到它为一个暗区。磁力线从日冕洞向外伸出，相反在太阳的其他区域磁力线是弓形返回连接。日冕洞的开口式磁场结构，对于低密度等离子像一个导管，离子流稳定地向外。日冕洞基本处在太阳极地附近，从这些地方的太阳风向外流不能到达地球，但是在太阳转动的某些时期，日冕洞形成在低纬度，面向地球，这时高强度的荷电粒子将充分地集中喷射到地球。中纬度日冕洞(常发生在太阳活动最大的阶段(相))是高速太阳风流的源，随太阳 27 天转动周期同步地猛烈冲击地球。以前对这种循环磁暴原因并不清楚，这些难以理解的地区称为 M 区域。非周期性磁暴和大的地磁暴几乎始终与日冕的质量喷发(CMEs)相随，并且有与 CMEs 相连的冲击波。在几世纪前，太阳的破坏性效应并没有引起人类的注意。但随着技术的发展，利用电流、导体和电磁波，太阳的破坏作用得以证明。在公元 1800 年早期的电报系统曾出现难以理解的神秘电流，好像是自发产生的，直到第二次世界大战，当大量使用无线电通信时，才认识到太阳辐射是个严重问题。从那时起，电力工业快速增长，太阳也成为了潜在的破坏因素。在 1989 年，受到太阳的扰动，加拿大魁北克水电站供电系统受到巨大的损坏，损失了 9450 百万 W 的电功率。

## 3.3.3　地球磁场感应电流

当一个强的巨大的太阳风到达地球时，在磁大气层顶发生许多变化。磁大气层顶白天一侧向地球表面侧压缩和地球磁场剧烈地涨落(振荡)，出现了通常称之的磁暴事件。在磁暴期间，响应太阳风的变化，在电离层中高纬度地区发生电流迅速变化。这些电流产生它们自己的磁场，与地球磁场相结合。在地面，改变地磁的结果在任何导体中出现感应电流，这称之地磁感应电流，它常不经意间通过人体到达大地。但是当出现一个良导体时，像管线和电源传输线，电流同样很好地通过这些物体。这些电流是磁暴期间感应电压的结果，已经测到此感应电压达到 10 V/英里*。这似乎很小，但导致在 1000 英里长的管道或输电线中有 1 万 V 电势差。1957 年，在纽芬兰与爱尔兰之间横跨大西洋的长距离电缆记录有 3000 V 电位差。感应电流在高纬度极光椭圆区大的沉积岩上方更加大，这是因为沉积岩具有低的电导率，感应电流趋向于导体流动。在输电线中，这些电流引起电流计的腐蚀(衰减)和故障的增加。在磁暴期间，Alaska 输电线荷载电流为 1000 A 之多。

## 3.3.4　电离层

大多数人会惊奇，电离层为什么出现在 100 km 以上小于大气质量 1%的地方。虽然电离层包含有大气物质的很小部分，但由于它影响到无线波的传播，所以是十分重要的。电离层的大部分是不带电的，但是当太阳辐射入射撞击到大气成分时，电子从分子中的原子中移出，从而产生电离层等离子。这发生在地球的太阳光一侧，仅在太阳辐射短波波长(光谱的紫外和 X 射线部分)，足以产生电离的能量。这些带电粒子的出现使高层大气成为导体，维持电流和影响无线电波。

**1. 电离层特征**

电离层历史上分为三个区域(D、E 和 F)，这里的层是指一个电离区域。最低是 D 区域，相应高度在 50～90 km 之间，E 区域是在 90～150 km 之间，F 区域是在 E 区域之上的电离区域。在 E 区域内由太阳辐射产生的是正常 E 层和散射层，称为 $E_S$。在 F 区域内是 F1 和 F2 层。电离层顶约在 1000 km 高度，但是在电离层内的等离子体

---

* 1 英里=1609.344 m，余同。

到达地球磁场外部，等离子层与磁层之间没有明确的实际边界，图 3.11 为电离层各层与构成每一区域的主要离子。对于导航和通讯的重要电离层是 F2 层，这里的电子浓度达到最大值。在高纬度处，还有一种称为极光的电离源，极光是高速运动的电子和质子撞击大气引起的光现象。来自地球磁层的粒子沿地球磁力线螺旋方式向下运动。这些粒子产生一列壮观的光，当粒子撞击大气也产生电离。由于它的形状，被称为椭圆形的极光，出现于北半球约 60°地磁纬度上。在低纬度处，在磁赤道两侧的等值中发现最大电子密度。这一特征称为近赤道异常。由于太阳辐射最大值处于赤道，期望电离层浓度峰值出现在赤道，但实际显示在赤道两侧位移，这一特性是由于磁场的几何分布。传输等离子体的电场是通过热层的极化效应引起的。

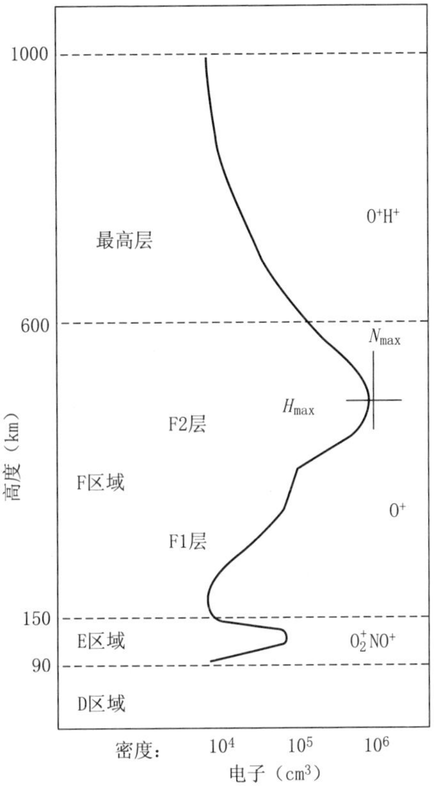


图 3.11　电离层 D、E 和 F 区域分布

**2. 电离层的可变性**

因为两个电离源的变化和它对镶嵌高层大气中性部分的热层有响应，电离层有很大的变化。由于它对太阳的远紫外 EUV 有响应，电离层随白天和夜间期间 24 小时及太阳活动的 11 年周期变化而变化。表 3.2 给出了这种可变性，列出了 F 区域白天和太阳活动周期最大电子密度 $N_{max}$ 的改变。在较短的时间尺度，当太阳耀斑发生时，太阳 X 射线辐射显著增加，D 和 E 区域的电离增加。在地磁风暴期间，极光的电离源变得更强和更易变，并向低纬度扩展。在极端情况下，极光可以伸至很远的南方如墨西哥。

电离层中另一个变化主要源自响应于热层的中性大气的电粒子。电离层响应于热层的电粒子风，它们可以沿倾斜磁力线把电离层前推向不同的高度；电离层也响应于影响离子和电子复合的速率；在地磁暴期间，能量输入到高纬度，产生波在热层中的风和成分的改变。这就产生电子浓度的增加（正相）和减少（负相）。表 3.2 给出了电离层白天和太阳周期变化三个重要的参数：最大数值、MUF（最大可用频率）和 TEC（总的电子容量），对于高频（HF）通信，无线电波从一地到另一地传播受到电离层的反射，其重要参数是电离层可支持的最高和最低可用频率（MUF 和 LUF）。MUF 取决于在F区的峰值电子密度和无线电波入射的角度，一天中白天的变化，太阳周期和地磁扰动。LUF是由在D和E区吸收无线波的量控制，并且受太阳耀斑的影响，总电子含量(TEC)是导航用户重要的电离层参数，所有音频GPS接收器(超过一百万用户)都必须校正GPS信号在电离层(22000千米高度)传播的延迟，TEC是这种延迟的量度，如果GPS接收器要提供准的位置，就需要测量TEC。

**表3.2 电离层的可变性**

| 电离层参数 | 白天(中纬度) | 太阳周期(白天) |
|---|---|---|
| $N_{max}$ | $1\times10^5\sim1\times10^6$ 电子·$cm^{-2}$<br>10倍 | $4\times10^5\sim2\times10^6$ 电子·$cm^{-2}$<br>5倍 |
| 最大可用频率 | 12～36 MHz<br>3倍 | 21～42 MHz<br>2倍 |
| 总的电子容量 | $(5\sim50)\times10^{16}$ 电子·$cm^{-2}$<br>10倍 | $(10\sim50)\times10^{16}$ 电子·$cm^{-2}$<br>5倍 |

### 3.3.5 地球大气上层太阳辐射与大气间的光化反应

从外空向下入射到地球大气层的太阳辐射，对大气上层的气体分子进行光化反应，包括分子电离和复合，它有下面几种过程。

(1)首先是氧分子 $O_2$ 在波长小于242.4 nm的紫外辐射照射下产生原子氧O

$$(J_2)\qquad O_2+h\nu\xrightarrow{J_2}O+O \tag{3.18}$$

式中 $J_2$ 是电离系数，其取决于入射辐射和分子的吸收，分子A在波长 $\lambda$ 处的电离率 $J_A$ 表示为

$$J_A=\int_\lambda^\lambda \varepsilon_A(\lambda)\sigma_A(\lambda)q_A(\lambda)\mathrm{d}\lambda \tag{3.19}$$

式中 $\varepsilon_A(\lambda)$ 是量子效率，$\sigma_A(\lambda)$ 是吸收截面，$q_A(\lambda)\mathrm{d}\lambda$ 是入射通量粒子数。

$$q_A(\lambda)=\frac{\Phi_\lambda}{h\nu} \tag{3.20}$$

(2)原子氧在三体碰撞下再重新组合成氧分子

$$(k_1)\qquad O+O+M\xrightarrow{k_1}O_2+M \tag{3.21}$$

(3)或者这些原子氧与分子氧的重新组合成臭氧分子

$$(k_2)\qquad O+O_2+M\xrightarrow{k_2}O_3+M \tag{3.22}$$

(4)原子氧与臭氧的重新组合成氧分子

$$(k_3)\qquad O+O_3\xrightarrow{k_3}2O_2 \tag{3.23}$$

(5)臭氧被光子电离为氧分子和氧原子

$$(J_3) \qquad O_3 + h\nu(\lambda \geqslant 320\ \text{nm}) \xrightarrow{J_3} O_2(^3\Sigma_g^-) + O(^3P) \qquad (3.24)$$

或臭氧分子在 $\lambda \leqslant 320$ nm 的光子作用下电离成氧分子和氧原子

$$(J_3^*) \qquad O_3 + h\nu(\lambda \leqslant 320\ \text{nm}) \xrightarrow{J_3^*} O_2(^1\Delta_g) + O(^1D) \qquad (3.25)$$

此外，还有以下过程：

氧分子在 $\lambda < 175.9$ nm 的光子作用下电离成氧原子

$$(J_3^*) \qquad O_2 + h\nu(\lambda < 175.9\ \text{nm}) \xrightarrow{J_3^*} O(^1D) + O(^3P) \qquad (3.26)$$

当氧分子处于激发态 $^1\Delta_g$，它可以与基态 $^3\Sigma_g^-$ 氧分子碰撞回到基态，即是

$$(k_6) \qquad O_2(^1\Delta_g) + O_2(^3\Sigma_g^-) \xrightarrow{k_6} 2O_2(^3\Sigma_g^-) \qquad (3.27)$$

或是激发态 $^1\Delta_g$ 氧分子发射 1.27μm 光子 $h\nu$ 回到基态

$$(A_{1.27}) \qquad O_2(^1\Delta_g) \xrightarrow{A_{1.27}} O_2(^3\Sigma_g^-) + h\nu \qquad (3.28)$$

$O(^1D)$ 与氮或氧分子碰撞而迅速熄灭，回到基态

$$(k_{4a}) \qquad O(^1D) + N_2 \xrightarrow{k_{4a}} O(^3P) + N_2 \qquad (3.29)$$

$$(k_{4b}) \qquad O(^1D) + O_2 \xrightarrow{k_{4b}} O(^3P) + O_2(^1\Sigma_g^+) \qquad (3.30)$$

在热层，也可以与基态原子碰撞，生成氧分子

$$(k_{4c}) \qquad O(^1D) + O(^3P) \xrightarrow{k_{4c}} 2O_2 \qquad (3.31)$$

也可以与臭氧碰撞，生成氧分子

$$(k_5) \qquad O(^1D) + O_3 \xrightarrow{k_5} 2O_2 \qquad (3.32)$$

根据以上光辐射与粒子、粒子之间的离解与复合关系，不考虑其他因素，可以得到 $O_3$、$O$、$O(^1D)$、$O_2(^1\Delta_g)$ 随时间变化率的方程式

$$\frac{d(O_3)}{dt} + (J_3 + J_3^*)(O_3) + k_3(O)(O_3) + k_5(O(^1D))(O_3) = k_2(O_2)(O) \qquad (3.33a)$$

$$\frac{d(O)}{dt} + 2k_1(M)(O)^2 + k_2(M)(O_2)(O) + k_3(O_3)(O)$$
$$= 2J_2(O_2) + J_2^*(O_2) + J_3(O_3) + k_{4a}(N_2)(O^1D) + k_{4b}(O_2)(O^1D) \qquad (3.33b)$$

$$\frac{d(O^1D)}{dt} + [k_{4a}(N_2) + k_{4b}(O_2) + k_5(O_3)] + (O^1D)$$
$$= J_3^*(O_3) + J_2^*(O_2) \qquad (3.33c)$$

$$\frac{d(O_2{}^1\Delta_g)}{dt} + A_{1.27}(O_2{}^1\Delta_g) + k_6(O_2)(O_2{}^1\Delta_g) = J_3^*(O_3) \qquad (3.33d)$$

由(3.33a)式看到，$O_3$ 随时间变化是光子离解 $O_3$，$O_3$ 与 O 复合减小，O 与 $O_2$ 复合

增加。

在光化反应达到平衡情况时,有

$$\frac{3\mathrm{d}(O_3)}{\mathrm{d}t}+\frac{2\mathrm{d}(O_2)}{\mathrm{d}t}+\frac{2\mathrm{d}(O_2{}^1\Delta_g)}{\mathrm{d}t}+\frac{\mathrm{d}(O)}{\mathrm{d}t}+\frac{\mathrm{d}(O^1D)}{\mathrm{d}t}=0 \tag{3.34}$$

由以上过程确定这些粒子在高空 30 km 处的生命期分别为

$$\tau_{O_3}=\frac{1}{J_3+J_3^*+k_3(O)+k_5(O^1D)}\approx 2000(s) \tag{3.35a}$$

$$\tau_O=\frac{1}{k_2(O_2)(M)+k_3(O_3)+2k_1(M)(O)}\approx 0.4(s) \tag{3.35b}$$

$$\tau_{O(^1D)}=\frac{1}{k_{4a}(N_2)+k_{4b}(O_2)+k_5(O_3)}\approx 10^{-8}(s) \tag{3.35c}$$

$$\tau_{O_2(^1\Delta_g)}+=\frac{1}{k_6(O_2)+A_{1.27}}\approx 1(s) \tag{3.35d}$$

$O_2(^1\Delta_g)$化学损耗产生一个基态氧分子 $O_2(^3\Sigma_g^-)$,在中层大气中,$O_2$ 是一个混合比为常数的气体,光化过程不是重要的,另外,$O_2(^1\Delta_g)$的寿命从来没有超过 1h 的辐射寿命,因此,这类气体可以假定的光化稳定状态,由(3.33d)式有

$$(O_2{}^1\Delta_g)\approx\frac{J_3^*(O_3)}{A_{1.27}+k_6(O_2)} \tag{3.36}$$

在平流层上部和中层下部,奇氧和臭氧的生命是很短的,当光化反应平衡时,这样对于只是氧化学,可得到

$$(O_3)_{eq}=\left(\frac{k_3}{k_2}(M)(O_2)^2\,\frac{J_{O_2}}{J_{O_3}}\right)^{1/2} \tag{3.37}$$

在 25 km 以下,奇(原子)氧的光化寿命与时间输送尺度比较或更长,因此,化学和动力影响到它的浓度。

## 3.4 分子的散射辐射

### 3.4.1 分子在电场作用下极化

1871 年瑞利发现和应用光散射理论,解释了天空是蓝色的现象是由分子散射引起的,因此,分子散射又称瑞利散射。

现考虑到一束均匀的电磁波 $\boldsymbol{E}_0$ 入射至远小于电磁波波长为 $\lambda$、分子尺度为 $a$ 的粒子,则分子在电磁场 $\boldsymbol{E}_0$ 作用下,分子内的正、负电荷粒子受电场力作用,正电荷沿电场方向偏离,负电荷向逆电场方向偏离,由此形成电偶极子,也就是形成极化。产生的偶极矩 $\boldsymbol{p}_0$ 与入射电场 $\boldsymbol{E}_0$ 成正比,也就是

$$\boldsymbol{p}_0=\alpha\boldsymbol{E}_0 \tag{3.38}$$

式中 $\alpha$ 是比例系数，称为极化率。由于入射的电磁场 $\boldsymbol{E}_0$ 是一个振荡电磁场，由此对分子的作用力也是个振荡力，产生的一个振荡偶极子 $\boldsymbol{p}$，振荡偶极子产生一个振荡的平面电磁波 $\boldsymbol{E}$，这就是散射波。如果 $\boldsymbol{r}$ 为偶极子与观测点间的距离，$\gamma$ 表示散射偶极矩与观测散射方向夹角，$c$ 是光速。由经典电磁理论，散射电场与散射偶极矩的加速度 $\partial^2 \boldsymbol{p}/\partial t^2$ 和 $\sin\gamma$ 成正比，与距离 $r$ 成反比。

$$\boldsymbol{E}=\frac{1}{c^2}\frac{1}{r}\frac{\partial^2 \boldsymbol{p}}{\partial t^2}\sin\gamma \tag{3.39}$$

### 3.4.2　分子偶极子振荡产生的散射电磁场偏振

入射电磁波 $\boldsymbol{E}_i$ 表示为

$$\boldsymbol{E}_i=\boldsymbol{E}_0\exp[-\mathrm{i}k(\mathrm{r}-ct)] \tag{3.40}$$

式中 $k$ 是波数，$k=2\pi/\lambda=\omega/c$，$\omega$ 是圆频率，散射偶极矩是在 $\boldsymbol{E}_i$ 作用下，写为

$$\boldsymbol{p}=\boldsymbol{p}_0\exp[-\mathrm{i}k(r-ct)] \tag{3.41}$$

(3.41)式代入(3.39)式得

$$\boldsymbol{E}=-\boldsymbol{E}_0\frac{1}{r}\exp[-\mathrm{i}k(r-ct)]k^2\alpha\sin\gamma \tag{3.42}$$

如果按照图 3.12 中可以将电场分解为两个分量：一是处于入射方向与散射方向成的散射平面的 $E_l$，称平行(水平)偏振；另一是垂直于入射方向与散射方向成的垂直平面的 $E_r$，称垂直偏振，写为

$$E_r=-E_{0r}\frac{1}{r}\exp[-\mathrm{i}k(\mathrm{r}-ct)]k^2\alpha\sin\gamma_1 \tag{3.43a}$$

$$E_l=-E_{0l}\frac{1}{r}\exp[-\mathrm{i}k(r-ct)]k^2\alpha\sin\gamma_2 \tag{3.43b}$$

图 3.12 中看出：$\gamma_1=\pi/2$，$\gamma_2=\pi/2-\Theta$；$\Theta$ 是散射角。把(3.43a)(3.43b)式写成矩阵形式为

$$\begin{bmatrix}E_r\\E_l\end{bmatrix}=-\frac{1}{r}\exp[-\mathrm{i}k(r-ct)]k^2\alpha\begin{bmatrix}1&0\\0&\cos\Theta\end{bmatrix}\begin{bmatrix}E_{0r}\\E_{0l}\end{bmatrix} \tag{3.44}$$

或写成

$$\begin{bmatrix}E_r\\E_l\end{bmatrix}=-\frac{1}{rk}\exp[-\mathrm{i}k(r-ct)]S(\Theta)\begin{bmatrix}E_{0r}\\E_{0l}\end{bmatrix} \tag{3.45}$$

其中为

$$S(\Theta)=k^3\alpha\begin{bmatrix}1&0\\0&\cos\Theta\end{bmatrix} \tag{3.46}$$

称 $S(\Theta)$ 为散射振幅函数。或者为

$$E_{sca}=S(\Theta)\frac{1}{rk}\exp[-ik(r-ct)]E_{inc} \tag{3.47}$$

$$I_{sca}=|S(\Theta)|^2\frac{1}{r^2k^2}I_0 \tag{3.48}$$

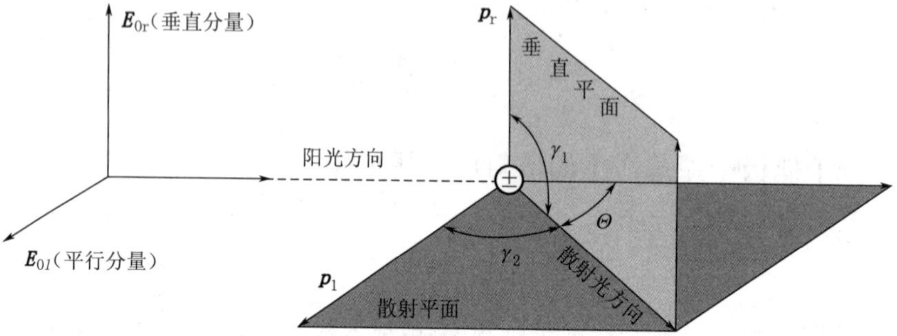

图 3.12 分子散射光分量表示

## 3.4.3 相函数、散射截面和极化率

**1. 相函数**

根据散射相函数的归一化

$$\frac{1}{4\pi}\int_0^{2\pi}\int_0^{\pi}P(\cos\Theta)\sin\Theta\mathrm{d}\Theta\mathrm{d}\phi=1 \tag{3.49}$$

可以导得分子散射的相函数表示为

$$P(\cos\Theta)=\frac{3}{4}(1+\cos^2\Theta) \tag{3.50}$$

按分子散射相函数(3.49),式(3.50)式可以写为

$$I_{sca}(\Theta)=\frac{I_0}{r^2}\alpha^2\frac{128\pi^5}{3\lambda^4}P(\cos\Theta)/4\pi \tag{3.51}$$

(3.51)式表示散射辐射强度 $I_{sca}(\Theta)$ 与相函数 $P(\cos\Theta)$ 成正比,与波长四次方成反比,波长越短,散射越强,蓝光处于可见光的短波部分,该处散射辐射强度比可见光的其他部分强,这就说明了天空为什么是蓝色的这个大气光学现象。

**2. 散射通量**

散射通量由对散射通量密度($I\Delta\boldsymbol{\Omega}$)对距离处的面积 $r^2\mathrm{d}\boldsymbol{\Omega}$ 积分求取,为

$$f=\int_{\Omega}(I\Delta\boldsymbol{\Omega})r^2\mathrm{d}\boldsymbol{\Omega} \tag{3.52}$$

将上式对整个立体角积分,得总的散射各向同性散射通量

$$f=\frac{F_0\alpha^2 128\pi^5}{3\lambda^4} \tag{3.53}$$

**3. 散射截面积**

散射截面 $\sigma_{sca}$ 是散射通量 $f$ 与入射通量密度 $F_0 = I_0 \Delta\boldsymbol{\Omega}$ 之比值，为

$$\sigma_{sca} = f/F_0 = \frac{\alpha^2 128\pi^5}{3\lambda^4} \tag{3.54}$$

用散射截面表示散射辐射强度为

$$I_{sca}(\Theta) = \frac{\sigma_{sca}}{r^2} I_0 P(\cos\Theta)/4\pi \tag{3.55}$$

$$r^2 \int_{\Xi} I_{sca} \mathrm{d}\boldsymbol{\Omega} = \frac{1}{k^2} \int_{\Xi} I_0 \left| S(\Theta) \right|^2 \mathrm{d}\boldsymbol{\Omega} \tag{3.56}$$

式中 Ξ 表示整个球方向，总的散射通量也可以用散射截面表示为

$$I_0 \sigma_{sca} = r^2 \int_{\Xi} I_{sca}{}^2 \mathrm{d}\boldsymbol{\Omega} \tag{3.57}$$

$$\sigma_{sca} = \frac{1}{k^2} \int_{\Xi} \left| S(\Theta) \right|^2 \mathrm{d}\boldsymbol{\Omega} \tag{3.58}$$

**4. 极化率**

由电磁波频散原理求得极化率表示为

$$\alpha = \frac{3}{4\pi N_s} \frac{m^2 - 1}{m^2 + 2} \tag{3.59}$$

式中 $N_s$ 是单位体积内的分子数，$m$ 是分子无量纲折射率，写为 $m = m_r + \mathrm{i}m_i$，$m_r$ 是折射率实部，与散射有关，$m_i$ 是折射率虚部，与介质吸收有关。根据理论可以导得关系

$$(m_r - 1) \times 10^8 = 6432.8 + \frac{2949810}{146 - \lambda^{-2}} + \frac{25540}{41 - \lambda^{-2}} \tag{3.60}$$

实际应用中(3.59)式近似为

$$\alpha \approx \frac{3}{4\pi N_s} (m_r{}^2 - 1) \tag{3.61}$$

因此，散射截面 $\sigma_{sca}$ 写为

$$\sigma_{sca} = \frac{8\pi^3 (m_r^2 - 1)^2}{3\lambda^4 N_s^2} f(\delta) \tag{3.62}$$

式中 $f(\delta) = (6 + 3\delta)/(6 - 7\delta)$ 是一个订正因子，$\delta$ 是各向异性因子 $\delta = 0.035$。

对于给定波长上整个大气分子的光学厚度为

$$\tau(\lambda) = \sigma_{sca}(\lambda) \int_0^{z_\infty} N(z) \mathrm{d}z \tag{3.63}$$

式中 $N(z)$ 是分子数密度随高度的变化。$z_\infty$ 表示大气顶。

### 3.4.4　散射辐射强度

入射辐射和散射辐射强度分别为：$I_0 = C \left| E_0 \right|^2$ 和 $I = C \left| E \right|^2$，$C$ 是比例因子，

$C/\boldsymbol{r}^2$ 为立体角，则(3.43a)、(3.43b)式的强度形式为

$$I_r = I_{0r}\frac{k^4\alpha^2}{r^2} \tag{3.64}$$

$$I_l = I_{0l}\frac{k^4\alpha^2\cos^2\Theta}{r^2}$$

式中 $I_r$ 和 $I_l$ 分别是垂直和平行强度偏振分量，则总的太阳光强度为

$$I = I_r + I_l = (I_{0r} + I_{0l}\cos^2\Theta)\frac{k^4\alpha^2}{r^2} \tag{3.65}$$

对非偏振太阳光有 $I_{0r} = I_{0l} = I_0/2$ 以及 $k = 2\pi/\lambda$，则有

$$I = \frac{I_0}{r^2}\alpha^2\left(\frac{2\pi}{\lambda}\right)^4(1+\cos^2\Theta)/2 \tag{3.66}$$

这就是瑞利导得的散射公式。它描述了由于大气中瑞利粒子对非偏振光辐射的散射强度。图 3.13 显示了入射电磁辐射的垂直 $E_{0r}$、平行 $E_{0l}$ 和非偏振光时三种入射电磁辐射偏振强度。对于垂直 $E_{0r}$，入射电磁辐射和散射辐射分布是对称的，对于平行 $E_{0l}$，散射辐射 $I(\Theta)$分布随$(1+\cos^2\Theta)$而变化。图 3.13a 是对于非偏振入射光分子的散射分布图，图中虚线是平行和垂直分量；由小球形粒子散射入射辐射构成两个分量，是不同等级的，最大不同处是发生在 90°处，其散射的平行分量完全消失。在这种情形下，非偏振光散射成偏振光。当 $\Theta=90°$处，在沿着垂直于散射平面的散射光是完全偏振的，而 $\Theta=0°$处，光是非偏振的和在其他散射角处为平行偏振和垂直偏振的混合。这个偏振的量常用如下的比表示

$$LP(\Theta) = \frac{I_r - I_l}{I_r + I_l} \tag{3.67}$$

并称之为线偏振度，将(3.64)式代入(3.67)式有

$$LP(\Theta) = \frac{\sin^2\Theta}{1+\cos^2\Theta} \tag{3.68}$$

图 3.13b 是对于非偏振入射光散射辐射偏振的角分布图。由于在 $\Theta=90°$处，散射辐射是完全偏振的，则辐射方向 $LP=1$；对于 $LP=0$，在 $\Theta=0°$和 $\Theta=180°$处散射平面上的点，称为中性点。图 3.13b 显示由分子大气引起的瑞利散射是可见光散射，这个散射在与太阳成 90°处偏振度最大，当朝向太阳和背离太阳光方向的偏振度最小。在实际中性点的位置和偏振度最大位置与上面理论得出的有偏差，其原因是存在多次散射，多次散射光是若干不同时间的散射光波的混合。每次散射的发生，辐射得到依赖于散射方向的不同的偏振度。混合的多次散射波导致偏振度的减小。

图 3.14 给出了有多次散射减小纯瑞利散射大气的最大偏振度。另一个因子是非瑞利散射粒子的散射和这些粒子内部的散射特性和这些粒子间的多次散射，也减小了

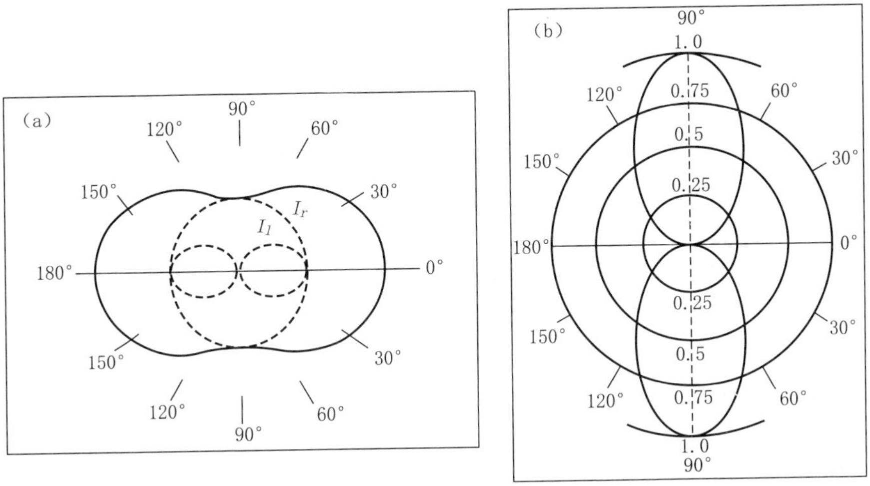


图 3.13　(a)分子尺度粒子对非偏振入射辐射的产生的瑞利散射的平行和垂直分量分布型式；(b)对非偏振入射辐射的产生的瑞利散射极偏振的角分布

偏振度。图中给出了对于波长 $\lambda=365\ \mu m$，晴天和烟雾条件下测量太阳高度角为 30°，天空光偏振度为天顶角的函数。

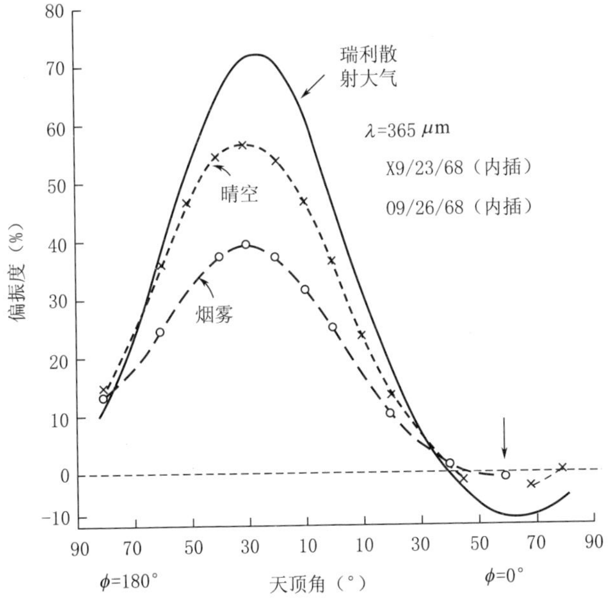


图 3.14　晴天和烟雾条件下测量太阳高度角为 30°，天空光偏振度为天顶角的函数

多次散射也改变了天空光的偏振型式，如图 3.15 中产生三个中性点，而不是两个。这三个点分别是 Babinet 点、Brewster 点和 Arago 点，在天空中这些点的位置可以用合适的多次散射模式预测，且是大气中散射物质量的函数。由于地球大气中的多次散射是由空气分子和气溶胶粒子引起的，则对于纯分子大气确定的对其法线方向的位置的中性点位置的变化指示大气中气溶胶的数量，如 Arago 点位移的测量，可以定量推算大气的混浊度。

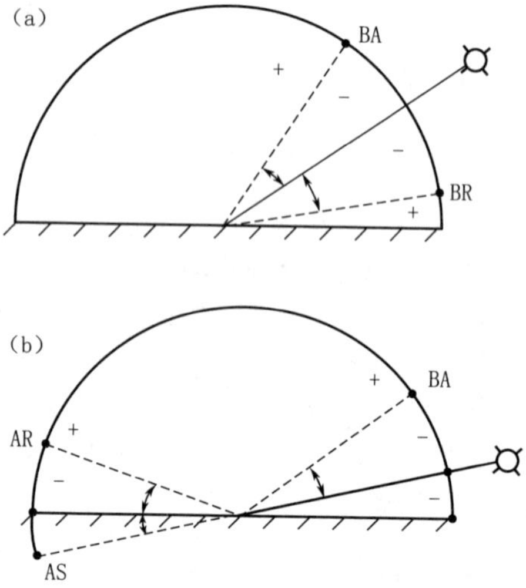


图 3.15 Babinet 点(BA)、Brewster 点(BR)和 Arago 点(AR)的位置

## 3.5 太阳辐射光谱和大气吸收

### 3.5.1 大气垂直分层结构

图 3.16 给出了标准大气温度廓线，根据大气温度的垂直分布对大气可分为对流层、平流层、中层、热层和外逸层。对流层从地面到约 12 km 高度，对流层大气温度随高度递减，从地表温度约 288 K 向上到对流层顶降为约 220 K，一般垂直递减率为 6.5 K·km$^{-1}$，对流层的温度分布是由于大气辐射的加热或冷却和能量的对流输送两

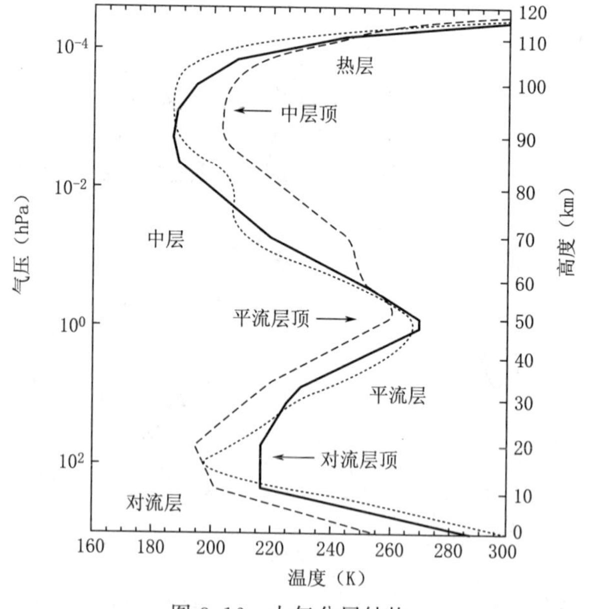


图 3.16 大气分层结构

者的结果。在大气中经常出现温度随高度增加的浅薄层称为逆温层，对流层是天气现象发生最频繁的区域，它集中了全部大气质量的五分之四。

平流层从对流层顶到 50 km 左右高度，其中 20 km 高度以下的平流层的温度变化很小，称为等温层，再向上由于臭氧吸收太阳辐射，大气温度随高度增加，到平流层顶温度升到 270 K 左右。

中层为从平流层顶到 85 km 左右高度，在这一层，温度随高度递减，到中层顶温度降为 170 K 左右。

热层为从中层顶再向上，大气温度显著增加，在 500 km 高度，温度达 500～2000 K，这层的温度与太阳活动有关，因此有明显的日变化，温度变化范围达 700～1000 K。热层以上为大气最外层，称为外逸层。

大气温度分布在辐射、动力学和大气化学过程中起重要作用。大气温度分布随时间和地点而变，是卫星遥感大气的重要参数之一。但是与其他参数相比，大气温度具有相对小的可变性，通常其变化范围为±20 K，或者是绝对值的±10%，这个相对小的可变性意味着对于通常测量精度的相应密切的约束。

### 3.5.2 大气吸收气体成分和温室气体

辐射与地球大气的相互作用表现为大气中各种吸收气体对辐射的吸收、反射、透射和它自身发射辐射。这种相互作用与大气中气体成分的含量和分布有密切的关系。表 3.3 给出了大气中各气体成分的含量。从表中可以看出，大气中的氧、氮和氩等恒定气体的含量在 99.99%以上，它们的体积比到 60 km 以上没有变化。

**表 3.3 大气各气体成分的含量**

| 恒定大气成分 | | 变化成分 | |
|---|---|---|---|
| 气体名称 | 体积百分比(%) | 气体名称 | 体积百分比(%) |
| 氮($N_2$) | 78.084 | 水汽($H_2O$) | 0～0.04 |
| 氧($O_2$) | 20.948 | 臭氧($O_3$) | $0\sim12\times10^{-4}$ |
| 氖($N_e$) | 0.934 | 二氧化硫($SO_2$) | $0.001\times10^{-4}$ |
| 氩($A_r$) | 0.033 | 二氧化氮($NO_2$) | $0.001\times10^{-4}$ |
| 二氧化碳($CO_2$) | $18.18\times10^{-4}$ | 氨($NH_3$) | $0.004\times10^{-4}$ |
| 氦($H_e$) | $5.24\times10^{-4}$ | 一氧化氮(NO) | $0.0005\times10^{-4}$ |
| 氪($K_r$) | $1.14\times10^{-4}$ | 硫化氢($H_2S$) | $0.00005\times10^{-4}$ |
| 氙($X_e$) | $0.089\times10^{-4}$ | 硝酸蒸气($HNO_3$) | 微量 |
| 氢($H_2$) | $0.5\times10^{-4}$ | | |
| 甲烷($CH_4$) | $1.5\times10^{-4}$ | | |
| 一氧化二氮($N_2O$) | $0.27\times10^{-4}$ | | |
| 一氧化碳(CO) | $0.19\times10^{-4}$ | | |

太阳向整个太阳系发射从 $\gamma$ 射线、X 射线、紫外线、可见光、红外到微波的宽广的电磁谱段。太阳光球是一个大体上保持理想辐射和吸收能力的黑体。它发射的电磁辐射遵守普朗克黑体辐射定律。根据测定和计算，太阳单色辐射的峰值波长位于 500 nm 附近处。在可见光和红外谱段，将测量到的太阳辐射光谱曲线与理论黑体辐射值拟合，发现其与 6000 K 的黑体辐射曲线相似最好。而在光谱的紫外区与 6000 K 的黑体辐射曲线有较大的偏差；在紫外区的 2100～2600 Å 区间，太阳的等效黑体温度为 5000 K 左右；在 1400 Å 附近，它逐渐降低到 4700 K。在 X 波段可以观测到伴随太阳耀斑的强辐射。太阳电磁辐射的能量分布见表 3.4，可以看出，大约 46% 的能量集中于 0.40～0.76 μm 的可见光区，46% 的能量位于大于 0.77 μm 的红外区，小于 0.4 μm 的紫外区的能量只占整个的 8%。

**表 3.4 太阳光谱能量分布**

| 颜色 | 波长 (μm) | 谱带照度 ($W \cdot m^{-2}$) | 占 $\overline{S}_c$ 的百分数 (%) | 谱区 | 波长 (μm) | 谱带照度 ($W \cdot m^{-2}$) | 占 $\overline{S}_c$ 的百分数 (%) |
|---|---|---|---|---|---|---|---|
| 紫色 | 0.390～0.455 | 108.85 | 7.96 | 紫外线 | <0.4 | 109.81 | 8.03 |
| 蓝色 | 0.455～0.492 | 73.63 | 5.39 | 可见光 | 0.390～0.770 | 634.4 | 46.41 |
| 绿色 | 0.492～0.577 | 160 | 11.7 | 红外 | >0.77 | 634.4 | 46.4 |
| 黄色 | 0.577～0.597 | 35.97 | 2.63 | | | | |
| 橙色 | 0.597～0.622 | 43.14 | 3.16 | | | | |
| 红色 | 0.622～0.770 | 212.82 | 15.57 | | | | |

### 3.5.3 地球表面处的太阳吸收光谱

由于太阳周围气体和地球大气的吸收和散射的结果，在地面观测到的太阳辐射光谱存有许多吸收暗线和带，与 6000 K 的黑体辐射曲线有明显差异。这些吸收线和带主要是由大气中的臭氧、氧、水汽、二氧化碳、氮等分子和氧、氮原子及大气中的尘埃等物质选择性吸收造成的。此外，含量很少的 NO、$N_2O$、CO 和 $CH_4$ 也有弱的吸收。图 3.17 给出了大气顶和地面处的太阳辐射辐照度的光谱分布。表 3.5 给出了大气中某些气体对太阳辐射吸收的范围。

**1. 紫外吸收**

图 3.18 给出了太阳紫外吸收光谱，而表 3.5 列出了对太阳紫外辐射吸收的主要气体。在紫外光谱段的吸收光谱主要是由于分子和原子的氧和氮的电子跃迁以及臭氧的电子跃迁造成的。因此，太阳的大部分紫外辐射在大气的高层就被氧和氮所吸收。其中可见光吸收很小。大多数紫外辐射在高层大气被氧和氮所吸收，氧分子的紫

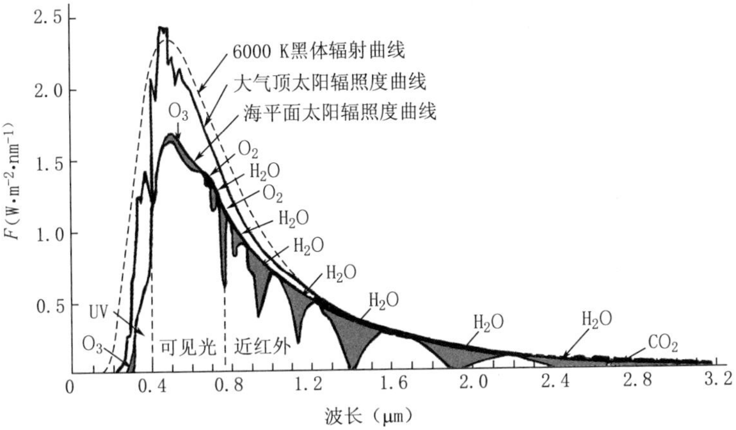


图 3.17　太阳辐射光谱和地球大气辐射光谱中一些重要吸收气体的位置和范围

外吸收光谱始于 2600 Å 左右，一直延伸到很短的波长。在 2600 Å 到 2000 Å 之间是一很弱谱带叫作赫茨堡带，它与强的臭氧吸收带重叠在一起，对臭氧的形成也十分重要。与赫茨堡带相邻的是强的舒曼-容格带系和连续吸收带，它从 2000 Å 开始延伸至 1250 Å 左右。在 1250 Å 到 1000 Å 间也存在几个吸收带，其中在 1216 Å 是强的赖曼 α 线，处在 $O_2$ 吸收窗区中。小于 1000 Å 的是叫作霍普菲强的 $O_2$ 吸收带。

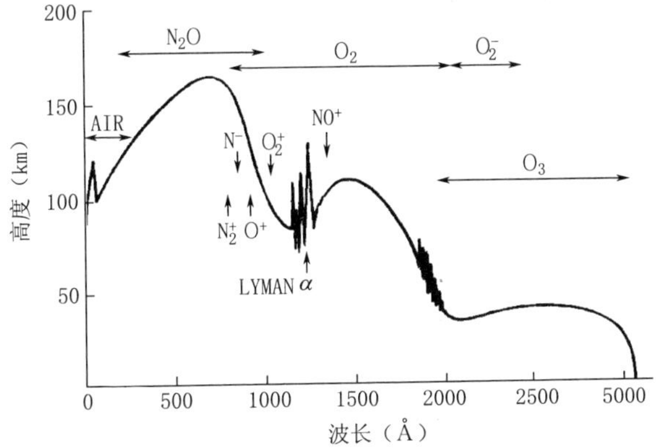


图 3.18　太阳辐射紫外光谱(Herzberg，1945)

氮分子的吸收光谱始于波长 1450 Å 到 1000 Å，称之赖曼-伯格-霍普菲带。它由一些窄锐谱线所构成。由 1000 Å 至 800 Å 是名为塔纳卡-沃莱 $N_2$ 的吸收带，其复杂且吸收系数变化大。短于 800 Å 的 $N_2$ 吸收带是由电离连续吸收所构成。在电离过程中，原子或分子吸收的能量比移去电子所需的最小能量要大得多，这种增加的能量不是量子化的，所以吸收是连续吸收。

表 3.5 大气对太阳紫外辐射的吸收气体

| 气体 | 吸收波长(μm) | 气体 | 吸收波长(μm) |
|---|---|---|---|
| $N_2$ | <0.1 | $N_2O_5$ | <0.38 |
| $O_2$ | <0.245 | $HNO_3$ | <0.33 |
| $O_3$ | 0.17～0.35,0.45～0.75 | $HO_2NO_2$ | <0.33 |
| $CO_2$ | <0.21 | HCHO | 0.25～0.36 |
| $H_2O$ | <0.21 | $CH_3CHO$ | <0.345 |
| $H_2O_2$ | <0.35 | $CH_3CO_3NO_2$ | <0.3 |
| $NO_2$ | <0.71 | HC1 | <0.22 |
| $N_2O$ | <0.24 | $CFCl_3$ | <0.23 |
| $NO_3$ | 0.41～0.67 | $CF_2Cl_2$ | <0.23 |
| HONO | <0.4 | $CH_3C1$ | <0.22 |

高层大气的氧和氮分子吸收了太阳紫外辐射，离解为氧和氮原子，氮原子从 10 Å 左右到 1000 Å 左右有吸收光谱，虽然氮原子的含量不多，但它是高层大气重要吸收气体。氧原子在 10 Å 到 1000 Å 的区间也为连续吸收。

在 2000 Å 和 3000 Å 谱段有氧分子的弱吸收区，其主要是由平流层和中层的臭氧所吸收。由臭氧构成的强吸收带是哈特莱带。在 3000 Å 至 3600 Å 之间的吸收带称为赫金斯带，它没有哈特莱带强。

**2. 可见光区和红外区的吸收**

在可见光的红区有两个弱的吸收带，0.7 μm 是 $O_2$ 吸收带，同时由此还可发现有氧的同位素带$^{18}O$和$^{17}O$。

在近红外区，最重要的吸收是水汽吸收，它是由振动和转动跃迁造成的。其吸收中心在 0.94、1.1、1.38 和 1.87 μm，通常用($\rho$、$\sigma$、$\tau$)、$\phi$、$\Psi$ 和 $\Omega$ 表示。这些带是由基态跃迁引起的，称为泛频带和组合带。

$CO_2$ 在太阳光谱也有许多弱吸收带：2.0、1.6 和 1.4 μm，这些带太弱，可以略去不计。$CO_2$ 的 2.7 μm 带略强一些，但它与水汽的 2.7 μm 带重叠一起。

太阳入射至地球的辐射通量平均约为 342 W・m$^{-2}$，其中地球大气系统将入射到地气系统的太阳辐射的 31%反射回宇宙，而吸收余下的部分，其中大部分为地表所吸收(235 W・m$^{-2}$)。在大气、陆地和海洋混合层，辐射能转变为化学、热能(增加自身的温度)、动能，作为驱动天气和气候的能量。同时又以自身的温度向宇宙发射红外辐射。地气系统的平均温度为 250 K 左右，发射的辐射光谱位于红外谱段。

图 3.19 为太阳和地球黑体发射光谱和整层大气气体的吸收光谱，主要是 $CO_2$、$H_2O$ 和 $O_3$；其次是一些微量气体，如 CO、$N_2O$、$CH_4$ 和 NO 等。$CO_2$ 在大约 600～800 cm$^{-1}$ 的 15 μm 谱带，有很强的吸收。此外，在较短波长的 4.3 μm 带有吸收。水

汽在 12000 $cm^{-1}$ 左右至 2000 $cm^{-1}$ 的 6.3 μm 谱带及转动带吸收地气红外辐射。臭氧在 9.6 μm 带有吸收。

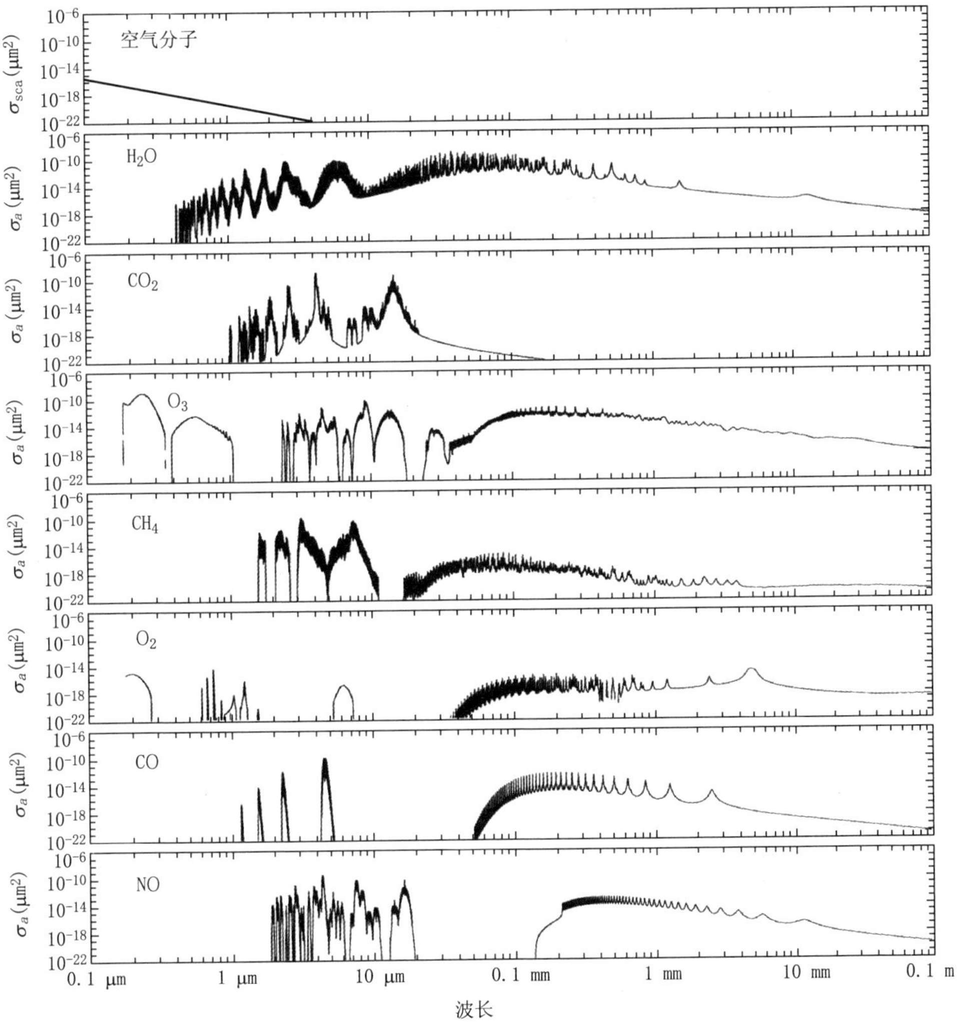


图 3.19　大气成分吸收光谱

大气窗区：太阳辐射和地球辐射通过大气时要被大气中的 $O_2$、$N_2$、NO、$H_2O$、$CO_2$、$O_3$ 和 $CH_4$ 等气体吸收。这些吸收表现为一系列分立离散的谱带和谱线，在谱带间或谱线之间存在吸收相对弱的谱段。在这些谱段，入射或发射的太阳辐射和地球表面发射的辐射可以像通过窗户那样透过大气，将这些谱段称之为大气窗区。大气窗对辐射的衰减最小，选择这些谱段观测云和地表，受大气的影响最小。

**3. 红外大气窗区吸收气体的概述**

所谓大气窗区是指大气气体吸收最弱的谱段区，在大气窗区的弱吸收，主要有以下几种因素确定：①大气窗两侧某些气体吸收带内的强线远翼连续吸收；②大气中水汽和其缔合分子的连续吸收；③大气中某些微量气体的选择性吸收和弱选择性吸收；④某些压力诱导带的连续吸收。图 3.19 给出大气成分光谱。

在红外谱段的大气窗区主要有：

(1)2.0～2.4 μm 大气窗区

这个窗区短波端是 $H_2O$ 吸收带中心位于 1.87 μm 处，长波端是 $H_2O$ 和 $CO_2$ 在 2.7 μm 的联合强吸收带，这些强吸收带的远翼对窗区光谱有贡献。在这一窗区内，有选择吸收贡献的气体有：$H_2O$、$CO_2$ 及其同位素、$CH_4$ 和 $N_2O$。但是在窗区内的这些吸收带之间可以忽略大气分子的选择吸收。

(2)3.4～4.1 μm 大气窗区

这一窗区的一端是 2.7 μm 附近 $H_2O$ 和 $CO_2$ 联合吸收带，另一端是中心位于 4.3 μm 的 $CO_2$ 强吸收带。在这一窗区对选择吸收有贡献的气体是：$H_2O$(2.7 μm 带内强线的远翼吸收，3.2 μm 弱带)，$CO_2$(2.7 μm 和 4.3 μm 带的远翼吸收)，$CH_4$(3.3 μm 吸收带和 3.8 μm 弱吸收带)，$N_2O$(3.57 μm、3.9 μm 和 4.05 μm 处的弱带吸收)和 HDO(水的同位素)(中心在 3.7 μm 吸收带)。此外，还有 $N_2$ 在 4.3 μm 附近的压力诱导连续吸收以及水汽连续吸收的贡献。这是一个比较透明的窗区，其中从 360～385 μm 范围内基本上没有大气吸收。

(3)8～13 μm 大气窗区

这一窗区位于 $H_2O$ 6.3 μm 和 15 μm 之间，主要是这两吸收带内强线远翼贡献，还有 $CO_2$ 在 10.4 μm 和 9.4 μm 及 $O_3$ 在 9.1 μm 和 9.65 μm 选择性吸收以及水汽缔合分子的连续吸收。

## 3.6 入射大气的太阳辐射计算

### 3.6.1 大气中的太阳直接辐射

如果入射至大气顶的太阳辐照度为 $E_\lambda(\infty)$，则到达高度 $z$ 处的分谱太阳直接辐照度为

$$\begin{aligned} E_\lambda^-(z) &= E_\lambda(\infty)\mu_0\exp\left(-\frac{\tau_{1\lambda}}{\mu_0}\right) \\ &= E_\lambda(\infty)\mu_0\widetilde{T}_\lambda[\tau_\lambda(z),\mu_0] \end{aligned} \tag{3.69}$$

式中 $\mu_0$ 是太阳天顶角的余弦，$\widetilde{T}_\lambda[\tau_\lambda(z),\mu_0]$ 是 $\mu_0$ 方向大气顶到 $z$ 高度的透过率。

透过率为散射透过率 $\widetilde{T}_{\lambda,\mathrm{scat}}[\tau_\lambda(z),\mu_0]$ 和吸收透过率 $\widetilde{T}_{\lambda,\mathrm{abs}}[\tau_\lambda(z),\mu_0]$ 的乘积。即为

$$\begin{aligned}E_\lambda^-(z)&=E_\lambda(\infty)\mu_0\widetilde{T}_{\lambda,\mathrm{scat}}[\tau_\lambda(z),\mu_0]\widetilde{T}_{\lambda,\mathrm{abs}}[\tau_\lambda(z),\mu_0]\\&=E_\lambda(\infty)\mu_0\widetilde{T}_{\lambda,w}\widetilde{T}_{\lambda,R}\widetilde{T}_{\lambda,\mathrm{o}_3}\widetilde{T}_{\lambda,mg}\widetilde{T}_{\lambda,d}\end{aligned}\tag{3.70}$$

式中 $\widetilde{T}_{\lambda,w}$、$\widetilde{T}_{\lambda,R}$、$\widetilde{T}_{\lambda,\mathrm{o}_3}$、$\widetilde{T}_{\lambda,mg}$ 和 $\widetilde{T}_{\lambda,d}$ 分别是水汽、分子(瑞利)散射、臭氧、混合气体和气溶胶的透过率。对太阳直接辐射的吸收量为

$$\begin{aligned}E_{\lambda,\mathrm{abs}}(z)&=E_\lambda(\infty)\mu_0-E_\lambda(\infty)\mu_0\widetilde{T}_{\lambda,\mathrm{abs}}[\tau_\lambda(z),\mu_0]\\&=E_\lambda(\infty)\mu_0\{1-\widetilde{T}_{\lambda,\mathrm{abs}}[\tau_\lambda(z),\mu_0]\}\end{aligned}\tag{3.71}$$

对太阳辐射的散射量为

$$\begin{aligned}E_{\lambda,\mathrm{scat}}(z)&=E_\lambda(\infty)\mu_0-E_\lambda(\infty)\mu_0\widetilde{T}_{\lambda,\mathrm{abs}}[\tau_\lambda(z),\mu_0]\ E_\lambda(\infty)\mu_0\\&\quad-E_\lambda(\infty)\mu_0\widetilde{T}_{\lambda,\mathrm{scat}}[\tau_\lambda(z),\mu_0]\widetilde{T}_{\lambda,\mathrm{abs}}[\tau_\lambda(z),\mu_0]\\&=E_\lambda(\infty)\mu_0\widetilde{T}_{\lambda,\mathrm{abs}}[\tau_\lambda(z),\mu_0]\{1-\widetilde{T}_{\lambda,\mathrm{scat}}[\tau_\lambda(z),\mu_0]\}\end{aligned}\tag{3.72}$$

对波长从 $0\to\infty$ 积分,就得整个太阳光谱的太阳辐照度,为

$$E^-(z,\mu_0)=\mu_0\int_0^\infty E_\lambda(\infty)\widetilde{T}_\lambda(z,\infty,\mu_0)\mathrm{d}\lambda\tag{3.73}$$

式中

$$\widetilde{T}_\lambda(z,\infty,\mu_0)=\exp\left(-\frac{1}{\mu_0}\int_z^\infty k_\lambda\rho\mathrm{d}z\right)\tag{3.74}$$

为大气顶与高度 $z$ 处之间气层的透过率。或者以辐射率表示,将太阳直接辐射写为

$$I^-(z,\mu_0)=\mu_0\int_0^\infty I_\lambda(\infty)\exp(-\tau_\lambda/\mu_0)\mathrm{d}\lambda\tag{3.75}$$

式中

$$\tau=\tau_\lambda(R)+\tau_\lambda(O)+\tau_\lambda(WV)+\tau_\lambda(D)\tag{3.76}$$

是大气层中各成分的光学厚度,它分别为分子散射、臭氧、水汽和气溶胶光学厚度之和。

大气的平均透过率为

$$\overline{\widetilde{T}}_\lambda(z,\infty,\mu_0)=\frac{1}{\Delta\lambda}\int_{\Delta\lambda}\exp\left[-m_r(\mu_0)\int_0^\infty k_\nu\mathrm{d}\mu\right]\mathrm{d}\lambda\tag{3.77}$$

式中 $m_r$ 是相对大气质量因子,考虑地球大气曲率和大气折射的作用后,写成

$$m_r=\frac{35}{(1224\mu_0^2+1)^{1/2}}\tag{3.78}$$

而对于无折射的平面平行大气时,则采用

$$m_r=\frac{1}{\mu_0}\tag{3.79}$$

定义整个太阳光谱区的平均透过函数为

$$\overline{\widetilde{T}}(z,\infty,\mu_0)=\frac{1}{F(\infty)}\int_0^{\infty}F_\lambda(\infty)\widetilde{T}_\lambda(z,\infty,\mu_0)\mathrm{d}\lambda \tag{3.80}$$

则向下的辐射率写为

$$I^-(z,\mu_0)=\mu_0\int_0^{\infty}L_\lambda(\infty)\widetilde{T}_\lambda(R)\widetilde{T}_\lambda(O_3)\widetilde{T}_\lambda(WV)\widetilde{T}_\lambda(D)\mathrm{d}\lambda \tag{3.81}$$

如果用求和代替积分,则有

$$F^-(z,\mu_0)=\mu_0\sum_{i=1}^{N}F_i(\infty)\widetilde{T}_{\Delta\lambda_i}(\overline{u}) \tag{3.82}$$

## 3.6.2 短波太阳辐射吸收参数

### 1. 臭氧吸收

(1)Lacis 和 Hansen 方法

臭氧在大气中是一种微量气体,按照体积比,仅为大气平均浓度的百万分之三左右,它的含量随季节和纬度而变。由于它主要集中在大气高层,密度低,臭氧的密度在 20～25 km 处最大

$$u(h)=\frac{a+a\exp(-b/c)}{1+\exp[(h-b)/c]} \tag{3.83}$$

式中 $u(h)$ 是在 15 km 高度以上气柱的臭氧含量(cm,$NPT$),$a$ 是臭氧总量,$b$ 是($-\mathrm{d}u/\mathrm{d}h$)为极大值所处的臭氧浓度高度,$c$ 是一个控制臭氧密度随高度变化的参量。

臭氧对太阳辐射主要是吸收,散射通常不考虑。在不同的谱段,臭氧的吸收不同,在可见光 Chappuis 谱带,是弱吸收带,吸收随臭氧含量成正比地增加;而在紫外吸收带,是强吸收带,吸收很快趋向饱和。

据 Lacis 和 Hansen(1974)的工作,将吸收率与臭氧程长进行拟合,分别得到可见光和紫外谱段的吸收率的拟合公式,为

$$A_{O_3}^{\mathrm{vis}}=0.02118x/(1+0.042x+0.000323x^2) \tag{3.84}$$

和

$$A_{O_3}^{\mathrm{uv}}=\frac{1.028x}{(1+138.6x)^{0.805}}+\frac{0.0658}{1+(103.6x)^3} \tag{3.85}$$

上两式的误差主要发生在第二项中,当 $x$ 取值为 $10^{-4}$～1 cm 范围内,误差不超过 0.5%。从紫外到可见光谱段总的臭氧吸收为

$$A_{O_3}=A_{O_3}^{\mathrm{vis}}+A_{O_3}^{\mathrm{uv}} \tag{3.86}$$

如果在太阳直接辐射路径上第 $i$ 层臭氧的含量为

$$x_i=u_i m_r \tag{3.87}$$

式中 $u_i$ 是第 $i$ 层之上垂直气柱内臭氧的含量,$m_r$ 是相对大气质量。

根据(3.83)式，对于8 km高度上，$m_r$ 为

$$m_r = \frac{35\mu_0}{(1224\mu_0^2 + 1)^{1/2}} \tag{3.88}$$

而其光学厚度为

$$\tau_\lambda(O_3) = k_\lambda(O_3) O_3 M_0 \tag{3.89}$$

式中 $k_\lambda(O_3)$ 为臭氧吸收系数，$O_3$ 是垂直气柱内总的臭氧含量(以cm为单位)，$M_0$ 是臭氧质量，表示为

$$M_0 = \frac{1 + h_0/6370}{\sqrt{\mu_0^2 + 2h_0/6370}} \tag{3.90}$$

式中 $h_0$ 为臭氧最大浓度高度。对不同高度臭氧的光学厚度写为

$$\tau_\lambda(O_3, z) = H(O_3) \times 0.03\exp[-277(\lambda - 0.6)^2] \tag{3.91}$$

式中 $z$ 为高度，$H(O_3)$ 写为

$$H(O_3) = 1 - \frac{1.0183}{1 + 0.0813\exp(z/5)} \tag{3.92}$$

如若向上的漫辐射到达第 $i$ 层的臭氧光程为

$$x_i^* = u_i m_r + \overline{m}_r(u_t - u_i) \tag{3.93}$$

式中 $u_t$ 是反射层以上垂直气柱内的臭氧含量，$\overline{m}_r$ 是向上漫辐射的一个适当的和近似的平均放大因子。据 Lacis 和 Hansen(1974)计算，$\overline{m}_r = 1.9$。

第 $i$ 层臭氧吸收表达式为

$$A_{O_3,i} = \mu_0\{A_{O_3}(x_{i+1}) - A_{O_3}(x_i) + \overline{r}(\mu_0)[A_{O_3}(x_{i+1}^*) - A_{O_3}(x_i^*)]\} \tag{3.94}$$

则由上式逐层向下计算，就得臭氧对辐射吸收的垂直廓线。

在考虑臭氧层以下大气和下垫面的贡献后，反照率写为

$$\overline{r}(\mu_0) = r_R(\mu_0) + [1 - r_R(\mu_0)](1 - r_R^*) r_g / (1 - r_R^* r_g) \tag{3.95}$$

式中 $r_R(\mu_0)$ 是臭氧层以下大气分子散射所产生的反照率，它与天顶角无关。$r_R^*$ 是分子散射受地面反射所对应的反照率。为方便起见，可认为 $r_R^*$ 与天顶角无关，且令它等于 $r_R(\mu_0)$ 的平均值

$$r_R^* = 2\int_0^1 r_R(\mu_0)\mu_0 \mathrm{d}\mu_0 \tag{3.96}$$

对于晴空大气，据 Lacis 和 Hansen(1974)的工作，$r_R(\mu_0)$ 表示为 $\mu_0$ 的函数，写为

$$r_R(\mu_0) = 0.219/(1 + 0.816\mu_0) \tag{3.97}$$

(2)臭氧对高层大气的加热率

紫外辐射在赫金斯和哈特莱带被臭氧吸收构成了平流层和中间层的主要热源。在平流层附近加热率高达12 K·d$^{-1}$，而在极地夏季最大值大约为18 K·d$^{-1}$。可见光区的赫金斯带在平流层下部变得重要，其加热率差不多是1 K·d$^{-1}$。臭氧密度的增加会导致平流层和中间层温度的增加以及平流层和中间层顶位置的明显变化。

**2. 水汽吸收**

(1)晴天大气下水汽的吸收

Roach 及 Yamamoto 根据 Howard 等的观测资料推导了总吸收 $A_{wv}$ 与水汽总程长 $y$ 的关系，其中 Yamamoto 提出的最有权威的关系式可以近似地表示为

$$A_{wv}=2.9y/[(1+141.5y)^{0.635}+5.925y] \tag{3.98}$$

其中水汽的吸收率是对整个太阳光谱而言的。对于单色吸收率或透过率是温度和气压的函数，其吸收形式取决于个别吸收线是弱线或强线。例如，在均匀介质中，在弱线情况下与气压的关系为零；而在强线情况下，则为平方根关系。温度影响线强和线宽，通常它与有效光程呈平方根关系。

由实际的一条大气廓线计算所有波长的积分吸收率是困难的，考虑到大气的不均匀性，常采用有效程长 $\Delta y_e$ 代替实际水汽的程长 $\Delta y$，即为

$$\Delta y_e=\Delta y(p/p_s)^n(T_s/T)^{1/2} \tag{3.99}$$

式中 $p_s$ 和 $T_s$ 分别是标准状况下的气压和温度，$n$ 是介于 0.5～1 之间的常数。

在晴空条件下，第 $i$ 层对太阳辐射的吸收率为

$$A_{wv,i}=\mu_0\{A_{wv}(y_{i+1})-A_{wv}(y_i)+r_g[A_{wv}(y_i^*)-A_{O_3}(y_{i+1}^*)]\} \tag{3.100}$$

式中 $y_i$ 和 $y_i^*$ 分别用水汽垂直程长 $u$、气压 $p$、温度 $T$ 和比湿 $q$ 表示为

$$y_i=m_ru_i=\frac{m_r}{g}\int_0^{p_i}q\left(\frac{p}{p_g}\right)^n\left(\frac{T_g}{T}\right)^{1/2}\mathrm{d}p \tag{3.101}$$

和

$$y_i^*=\frac{m_r}{g}\int_0^{p_g}q\left(\frac{p}{p_g}\right)^n\left(\frac{T_g}{T}\right)^{1/2}\mathrm{d}p+\frac{\overline{m}_r}{g}\int_{p_{i+1}}^{p_g}q\left(\frac{p}{p_g}\right)^n\left(\frac{T_g}{T}\right)^{1/2}\mathrm{d}p \tag{3.102}$$

式中 $p_i$ 是第 $i$ 层顶的气压，$p_{i+1}$ 是第 $i$ 层底的气压，$p_g$ 是地面气压。

Leckner 采用 McClatchey 等的工作，提出一个简单又十分精确的计算太阳直接光谱辐射的方法，其中对于水汽与波长有关的水汽光学厚度为

$$\tau_w(\lambda)=\frac{0.2385k(\lambda)y}{[1+20.07k_w(\lambda)]^{0.45}} \tag{3.103}$$

式中 $y$ 为可降水量，与露点温度的关系为

$$y=\exp(0.29+0.061T_d) \tag{3.104}$$

而各个高度上水汽的光学厚度为

$$\tau_w(\lambda,z)=H_w(z)\tau_w(\lambda) \tag{3.105}$$

式中

$$H_w(z)=\exp(0.639z) \tag{3.106}$$

(2)有云情况下水汽吸收的计算

水汽在波长 0.7～0.40 μm 谱段区间存在着不同的吸收带，Lacis 和 Hansen (1974)提出以水汽的吸收系数的概率分布考虑多次散射，把水汽吸收系数的概率分布

分为 8 个间距，若某一气层的可降水量为 $y$(cm)，则水汽的吸收系数为

$$A(y) \cong 1 - \sum_{n=1}^{8} p(k_n)\exp(-k_n y') \tag{3.107}$$

式中 $k_n$ 为离散吸收系数，$p(k_n)$ 为离散吸收系数概率分布。$y'$ 为有效水汽光程，由气层的可降水量 $y$ 确定，即为

$$y' = y\left(\frac{p}{p_0}\right)\left(\frac{T_0}{T}\right)^{0.5} \tag{3.108}$$

式中 $p_0$、$T_0$ 和 $p$、$T$ 分别为标准状况下和地面的气压、温度。表 3.6 为当 $n=8$ 时的水汽吸收系数的离散概率分布

**表 3.6　当 $n=8$ 时的水汽吸收系数的离散概率分布**

| $n$ | 1 | 2 | 3 | 4 | 5 | 6 | 7 | 8 |
|---|---|---|---|---|---|---|---|---|
| $k_n$ | 410 | 0.002 | 0.035 | 0.377 | 1.95 | 9.40 | 44.6 | 190 |
| $p(k_n)$ | 0.6470 | 0.0698 | 0.1443 | 0.0584 | 0.0335 | 0.0225 | 0.0158 | 0.0087 |

**3. 气溶胶光学特性参数化**

气溶胶对太阳光的散射起重要作用，据 Angstrom，气溶胶的光学厚度

$$\tau_A(\lambda) = \alpha\lambda^{-\beta} \tag{3.109}$$

式中 $\alpha$ 和 $\beta$ 决定于粒子浓度和谱分布，总的气溶胶光学厚度 $\tau_A(\lambda)$ 为散射光学厚度 $\tau_{As}(\lambda)$ 与吸收光学厚度 $\tau_{Aa}(\lambda)$ 之和，即

$$\tau_A(\lambda) = \tau_{As}(\lambda) + \tau_{Aa}(\lambda) \tag{3.110}$$

而气溶胶的单次反照率为

$$\omega_A(\lambda) = \tau_{As}(\lambda)/\tau_A(\lambda) \tag{3.111}$$

故有

$$\tau_{Aa}(\lambda) = [1 - \omega_A(\lambda)]\tau_A(\lambda) \tag{3.112}$$

式中单次反照率 $\omega_A(\lambda)$ 随波长的变化较小，从可见光到近红外谱段，其值由 0.6 到 1.0。

对大气高度处的光学厚度为

$$\tau_A(\lambda, z) = H_A(z)\alpha\lambda^{\beta} \tag{3.113}$$

其中

$$H_A(z) = 1 - \exp(-z/H_P) \tag{3.114}$$

上式中 $H_P$ 为标高，取由 Penndorf 给出的地面到 5 km 高度为 0.97/1.4。

地面观测的能见度直接反映地表面处气溶胶的浓度 $N$，能见视距 $R_v$ 与吸收系数 $k_{aero}$ 和粒子平均半径 $\bar{r}$ 的关系为

$$R_v = 3.912/k_{aero} = 3.912/2\pi N\bar{r}^2 = 2.61\bar{r}/W \tag{3.115}$$

在有雾的情况下，如果 $W$、$N$ 分别是雾的含水量、浓度，则近似有

$$R_v = 1.62N^{-1/3}W^{-2/3} \tag{3.116}$$

鉴于大气中气溶胶的浓度、成分和谱分布随时空而变，一些地区的变化相当复杂，缺少详细的观测资料，要充分占有它是件十分困难的事。

**4. 分子散射的光学厚度**

分子散射随波长的增加而急剧减小，总的垂直光学厚度从紫外处接近于 1 后随波长增大而迅速减小，根据 Marggraf 和 Griggs 给出的表示式为

$$\tau_R(\lambda) = 0.0088\lambda^{-4.15+0.2\lambda} \tag{3.117}$$

分子散射光学厚度随高度 $z$ 的分布

$$\tau_R(\lambda, z) = H_R(z)\tau_R(\lambda) \tag{3.118}$$

式中

$$H_R(z) = \exp(-0.1188 - 0.00116z^2)$$

**5. 混合气体的光学厚度**

混合气体主要是 $O_2$ 和 $CO_2$ 在 $\lambda > 0.7\ \mu m$ 存在吸收。据 Leckners 提出的光学厚度写为

$$\tau_{mg}(\lambda) = 141k_{g\lambda}m'/(1 + 1183k_{g\lambda}m')^{0.45} \tag{3.119}$$

式中 $m' = mp/p_0$

$$m = [\mu_0 + 0.15(93.885 - \theta_0)^{-1.25}]^{-1}$$

式中 $p$ 是气压，$\theta_0$ 为太阳天顶角，$p_0$ 为标准气压，$k_{g\lambda}$ 是混合气体吸收系数。

## 本章要点

1. 简述太阳的基本特点。
2. 了解太阳表面处发出的辐射是多少。
3. 理解地球截获的太阳辐射，什么是太阳常数，如何求取太阳常数。
4. 掌握大气顶处单位时间内、单位面积上所接收的能量为多少，每日输入大气的太阳辐射。
5. 掌握太阳天顶角、方位角的计算。
6. 理解太阳辐射光谱和地球表面处的太阳吸收光谱。
7. 掌握地球大气对太阳辐射吸收的计算。

## 问题和习题

1. 如果太阳的温度为 6000 K，它发出的最大辐射波长是多少？
2. 在春分那天正午，纬度为 20°、30°、40°、50°处的太阳天顶角是多少？
3. 夏至中午，纬度处的太阳天顶角是多少？

4. 已知太阳常数为 1366 W・$m^{-2}$，日地平均距离为 $150\times10^6$ km，太阳半径为 $0.70\times10^6$ km，试计算太阳的平衡温度？

5. 如果太阳平均输出为 $6.2\times10^7$ W・$m^{-2}$，地球半径为 $6.37\times10^3$ km，试求一天内地球拦截的太阳辐射能是多少？

6. 如果 $\alpha$ 是行星的平均反照率，行星系统处于平衡中，证明行星的平衡温度为

$$T_e=[(1-\alpha)S/4\sigma]^{1/4}$$

如果各行星的反照率如表 3.7，求取各行星的平衡温度。

**表 3.7　各行星的反照率**

| | 地球 | 木星 | 火星 | 金星 | 水星 |
|---|---|---|---|---|---|
| 行星与太阳距离 | 1.00 | 5.20 | 1.52 | 0.72 | 0.39 |
| 反照率(%) | 30 | 45 | 17 | 0.78 | 6 |

7. 证明行星的平衡温度 $T_e$ 随日地距离 $r$ 的变化为

$$\frac{\delta T_e}{T_e}=\frac{\delta r}{2r}$$

如果日地距离变化约为 3.3%，最大距离在 1 月 3 日，最小距离在 7 月 5 日，试问地球的平衡温度是多少？

8. 地球轨道的偏心率 $e$ 是 0.0167，偏心率 $e$ 定义为

$$\frac{r_{\min}}{r_{\max}}=\frac{1-e}{1+e}$$

式中 $r_{\min}$、$r_{\max}$ 是地球与太阳间的最小和最大距离，证明对于太阳常数为 1366 W・$cm^{-2}$，地球轨道的偏心率 $e$ 引起太阳辐照度的变化在 1321 W・$cm^{-2}$ 和 1412 W・$cm^{-2}$ 之间。

9. 证明，峰值波长附近发射的总的黑体辐射部分可以近似为

$$f=0.66\Delta\lambda/\lambda_m$$

式中 $\Delta\lambda$ 是选择波长的宽度，由此证明约 40% 的太阳辐射输出在可见光谱区域。

10. 在平流层中的辐射平衡，对于单层平板黑体辐射模式，现在这模式的顶放置具有短波发射率 $\varepsilon_s$ 和长波发射率的另一平板 $\varepsilon_l$，证明平流层的平衡温度为

$$\varepsilon_l(2-\varepsilon_l)\sigma T_s^4=\frac{S_0}{4}[1-\alpha(1-\varepsilon_s)^2-(1-\alpha)(1-\varepsilon_l)(1-\varepsilon_s)]$$

由此证明，与对流层相反，对于小的 $\varepsilon_l$ 值，平流层的温度随 $\varepsilon_l$ 的增加而减小，这种减小的物理图像是什么？证明对于小的 $\varepsilon_l$，平流层的温度高于对流层温度。

11. 根据表 3.8 中，$H_2O$、$CO_2$、$O_3$ 在波长 6、10、13 $\mu$m 的质量吸收系数，问相应这些气体的体积吸收系数、吸收截面是多少？

表 3.8 在美国标准大气,2、5、10 km 高度处 $O_3$、$H_2O$、$CO_2$、$NO_2$ 的数密度($cm^{-3}$)

| $z$(km) | $p$(hPa) | $T$(K) | $O_3$($cm^{-3}$) | $H_2O$($cm^{-3}$) | $O_3$($cm^{-3}$) | $H_2O$($cm^{-3}$) |
|---|---|---|---|---|---|---|
| 10.000 | 281.0000 | 223.300 | $1.129443\times10^{12}$ | $6.017959\times10^{14}$ | 9.0E−5 | 1.8E−2 |
| 5.000 | 540.5000 | 255.700 | $5.772576\times10^{11}$ | $2.140204\times10^{16}$ | 4.5E−5 | 6.4E−1 |
| 2.000 | 795.0000 | 275.200 | $6.778279\times10^{11}$ | $9.697315\times10^{16}$ | 5.4E−5 | 2.9E+0 |
| 0.000 | 1013.0000 | 288.2 | $6.777680\times10^{11}$ | $1.973426\times10^{17}$ | 5.4E−5 | 5.9E+0 |

12. 如果太阳的天顶角为 60°,卫星的天顶角为 30°,计算高度为 2、4、6、8 km 处大气分子将入射太阳辐射散射到卫星方向的散射角?

13. 如果入射到分子上的太阳辐射为 $S(z)$,太阳的天顶角为 $\theta_s$,试问散射到天顶角 $\theta_p$ 方向的散射辐射是多少?

14. 根据瑞利散射相函数,计算当入射太阳辐射为 1370 W·$m^{-2}$,散射到方向 20°、30°、50°的散射辐射强度是多少?

15. 将大气从地面 $z=0$ 到大气顶 $z=10$ km 划分成 100 层,假定地表温度为 $T=288$ K,气压 $p_d=1013$ hPa,温度递减率 6.5 K·$km^{-1}$,使用式

$$\frac{\partial p_a}{\partial z}\approx\frac{p_{a,1}-p_{a,0}}{z_1-z_0}=-\rho_{a,0}g$$

估计每一层的气压,计算由于瑞利散射,在 $\lambda=0.4$ μm 处的衰减系数和光学厚度,估计地面的光学厚度?

# 第 4 章　地球长波辐射和大气吸收计算

地球大气辐射的计算就是对实际大气情况下求解辐射传输方程。首要的是要掌握大气分子吸收的基本知识和理论，如何计算大气吸收的计算方法。下面先介绍：(1)地球大气的辐射光谱和长波辐射；(2)光谱线的基本知识；(3)大气分子吸收概况；(4)谱线的加宽；(5)大气吸收的计算方法。

## 4.1　地球大气的辐射光谱和长波辐射

### 4.1.1　地球大气辐射光谱

根据辐射能守恒原理，地球接收到的太阳辐射能 $S\pi r_e^2(1-\overline{a})$ 与地球本身发射的红外辐射 $\sigma T_e^4 4\pi r_e^2$ 相等，便有

$$S\pi r_e^2(1-\overline{a})=\sigma T_e^4\cdot 4\pi r_e^2 \tag{4.1}$$

式中 $S$ 是太阳常数，$r_e$ 是地球半径，$\overline{a}$ 是地球反照率，$T_e$ 是地球平衡温度。由此得

$$T_e=[S(1-\overline{a})/4\sigma]^{1/4} \tag{4.2}$$

将太阳常数值 $S=1357\ \mathrm{W\cdot m^{-2}}$ 和地球平均反照率 $\overline{a}=0.24$ 代入上式，可得 $T_e=250\ \mathrm{K}$。图 4.1 显示了相应地球大气不同黑体温度的发射辐射光谱分布，辐射的波长范围(8～30 μm)、最大辐射区(10 μm)、大气窗和吸收气体，影响地球大气光谱的主要气体为 $H_2O$、$CO_2$ 和 $O_3$ 等。

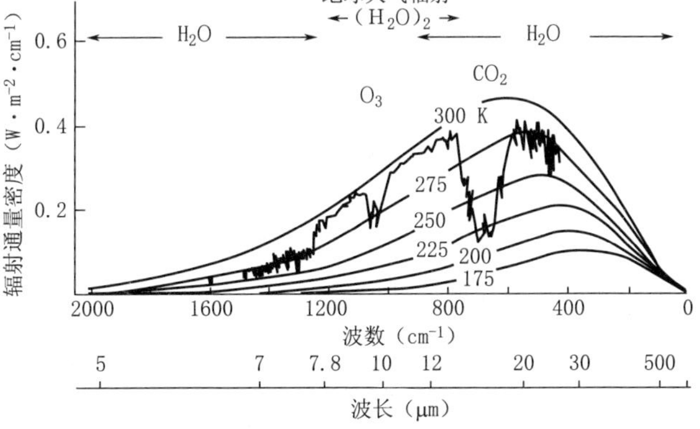


图 4.1　地球大气的黑体红外辐射光谱

### 4.1.2 大气辐射传输方程式

大气的辐射传输方程为

$$\frac{\mathrm{d}I_\lambda(s;\mu,\phi)}{k_\lambda\rho\mathrm{d}s}=-I_\lambda(s;\mu,\phi)+J_\lambda(s;\mu,\phi) \tag{4.3}$$

假定大气局地热力平衡,有

$$J_\lambda(s;\mu,\phi)=B_\lambda(T) \tag{4.4}$$

把(4.4)式代入到(4.3)式,则传输方程式写为

$$-\mu\frac{\mathrm{d}I_\lambda(z;\mu,\phi)}{k_\lambda\rho\mathrm{d}z}=I_\lambda(z,\mu,\phi)-B_\lambda[T(z)] \tag{4.5}$$

将垂直光学厚度由坐标 $z$ 变换到气压坐标 $p$(图 4.2),则光学厚度写为

$$\tau_\lambda(z,z_\infty)=\int_z^{z_\infty}k_\lambda(z')\rho(z')\mathrm{d}z'=\int_0^p k_\lambda(p')\rho(p')\mathrm{d}p'/g \tag{4.6}$$

微分光学厚度为

$$\mathrm{d}\tau_\lambda(z)=-k_\lambda(z)\rho_a(z)\mathrm{d}z=k_\lambda(p)q(p)\mathrm{d}p/g \tag{4.7}$$

在传输方程式(4.5)中引入垂直光学厚度,则传输方程式表示为

$$\mu\frac{\mathrm{d}I_\lambda(\tau:\mu,\phi)}{\mathrm{d}\tau}=I_\lambda(\tau,\mu,\phi)-B_\lambda(\tau,\mu,\phi) \tag{4.8}$$

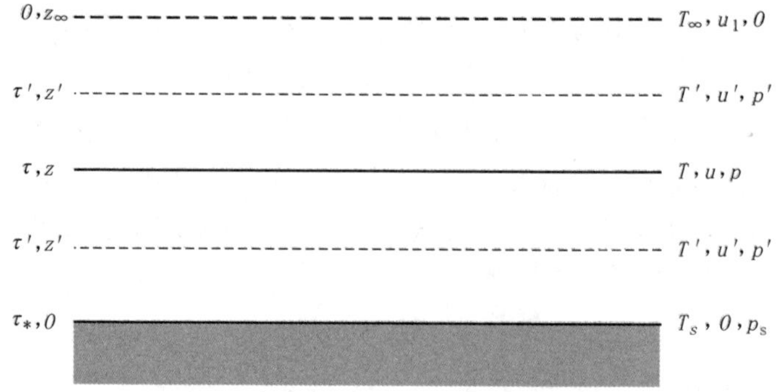


图 4.2 地球大气分层($z$ 到 $p$ 坐标)

### 4.1.3 传输方程式的解

求解(4.8)式,得

$$I^+(\tau;\mu)=B(\tau_s)\mathrm{e}^{-(\tau_s-\tau)/\mu}+\int_\tau^{\tau_1}B(\tau')\mathrm{e}^{-(\tau'-\tau)/\mu}\frac{\mathrm{d}\tau'}{\mu} \tag{4.9a}$$

$$I^-(\tau;-\mu)=\int_0^\tau B(\tau')\mathrm{e}^{-(\tau-\tau')/\mu}\frac{\mathrm{d}\tau'}{\mu} \tag{4.9b}$$

式中 $\tau'$ 是 $\tau$ 的积分参数;引入透过率表示式

$$\widetilde{T}_\lambda(\tau/\mu)=e^{-\tau/\mu} \tag{4.10}$$

$$d\widetilde{T}_\lambda(\tau/\mu)/d\tau=-\frac{1}{\mu}e^{-\tau/\mu}$$

则(4.9)式又写成

$$I_\lambda^+(\tau;\mu)=B_\lambda(\tau_s)\widetilde{T}_\lambda[(\tau_s-\tau)/\mu]-\int_\tau^{\tau_s}B_\lambda(\tau')\frac{d}{d\tau'}\widetilde{T}_\lambda[(\tau'-\tau)/\mu]d\tau' \tag{4.11a}$$

$$I_\lambda^-(\tau;-\mu)=\int_\tau^{\tau_s}B_\lambda(\tau')\frac{d}{d\tau'}\widetilde{T}_\lambda[(\tau-\tau')/\mu]d\tau' \tag{4.11b}$$

### 4.1.4 辐射通量密度表示式

假定大气水平均匀分布,向上和向下辐射通量密度为

$$F_\lambda^\pm(\tau)=2\pi\int_0^1 I_\lambda^\pm(\tau;\pm\mu)\mu d\mu \tag{4.12}$$

也就是

$$F_\lambda^+(\tau)=\pi B_\lambda(\tau_s)\widetilde{T}_\lambda^f(\tau_s-\tau')-\int_\tau^{\tau_s}\pi B_\lambda(\tau')\frac{d}{d\tau'}\widetilde{T}_\lambda^f(\tau'-\tau)d\tau'$$

$$F_\lambda^-(\tau)=\int_\tau^{\tau_s}\pi B_\lambda(\tau')\frac{d}{d\tau'}\widetilde{T}_\lambda^f(\tau-\tau')d\tau' \tag{4.13}$$

其中

$$\widetilde{T}_\lambda^f(\tau)=2\int_0^1\widetilde{T}_\lambda(\tau/\mu)\mu d\mu$$

$$F^\pm(z)=\int_0^\infty F_\lambda^\pm(z)d\lambda$$

上面给出的是漫辐射通量密度,对于计算向下辐射,需要加上直接辐射成分。直接辐射可以写为

$$F_{\text{dir}}^-(z)=\mu_0F_0\exp(-\tau/\mu_0) \tag{4.14}$$

则对给定 $z$ 处的向下的总辐射通量密度分别为直接辐射加漫射辐射,即

$$F^-(z)=F_{\text{dir}}^-(z)+F_{\text{dif}}^-(z)=\mu_0F_0\exp(-\tau/\mu_0)+2\pi\int_0^1 I_\lambda^-(\tau;-\mu)\mu d\mu \tag{4.15}$$

### 4.1.5 净辐射通量密度

在 $z$ 处的净辐射通量密度为

$$F(z)=F^+(z)-F^-(z) \tag{4.16}$$

对于净辐射通量密度是由高层向低层逐渐减小,于是对 $\Delta z$ 气层内净辐射通量密度的辐散(损耗)为

$$\Delta F(z) = F(z) - F(z + \Delta z)$$

或为

$$\Delta F(z) = -F^{-}(z + \Delta z) A(\Delta z) \tag{4.17}$$

式中 $A(\Delta z)$ 为气层的吸收率。介质中辐射的散度可以写为

$$\nabla \cdot F_{\lambda} = \frac{\partial F_{\lambda}}{\partial x} + \frac{\partial F_{\lambda}}{\partial y} + \frac{\partial F_{\lambda}}{\partial z} \tag{4.18}$$

# 4.2 气体吸收光谱线特征

## 4.2.1 大气吸收气体成分和温室气体

辐射与地球大气的相互作用表现为大气中各种吸收气体对辐射的吸收、反射、透射和它自身发射辐射。这种相互作用与大气中气体成分的含量和分布有密切的关系。表 4.1 给出了大气中各气体成分的吸收谱带位置和谱带范围等。可以看出，大气中的吸收气体主要有 $H_2O$、$CO_2$、$O_3$、$CH_4$、$N_2O$。图 4.3 显示中纬度地区主要吸收气体体积混合比的垂直分布廓线，$O_2$ 和 $CO_2$ 体积混合比随高度变化很小，$H_2O$ 体积混合比大气低层较大，到对流层顶约 15 km 以上随高度变化很小，$O_3$ 的体积混合比从 15 km 开始增大，到 30 km 左右达到最大。

**表 4.1　地球大气中一些重要吸收气体的振转动带($u^*$)**

| 成分含量 | 带，μm ($cm^{-1}$) | 跃迁 | 谱带间隔 ($cm^{-1}$) | $p_I$ ($T$=290 K) | $\langle \varepsilon_f^j \rangle (u^*)$ | $P_i \langle \varepsilon_f^i \rangle (u^*)$ | $G_i$ |
|---|---|---|---|---|---|---|---|
| $CO_2$ 356ppmv | 15(667) | $\nu_2$；$P,Q,R$ | 540～800 | 0.268 | 0.761 | 0.204 | 32 |
| | 10.4(961) 9.4(1064) | 谐频 | 830～1250 | 0.258 | 0.0877 | $2.25\times10^{-2}$ | |
| $H_2O$ $10^{-5}$～0.02 (对流层) 2～7ppmv (平流层) | 57(175) | 转，$P,R$ | 0～350 | 0.133 | 1 | 0.133 | 75 |
| | 24(425) | 转，$p$—型 | 350～500 | 0.147 | 0.988 | 0.145 | |
| | 15(650) | 转，$e$—型 | 500～800 | 0.311 | 0.611 | 0.190 | |
| | 8.5(1180) | $e$—型，$p$—型 | 1110～1250 | 0.062 | 0.238 | $1.47\times10^{-2}$ | |
| | 7.4(1350) | $e$—型，$p$—型 | 1250～1450 | 0.0576 | 0.880 | $5.03\times10^{-2}$ | |
| | 6.2(1595) | $\nu_2$；$P,R$；$p$—型 | 1450～1880 | 0.051 | 1 | 0.0511 | |
| $O_3$ 0.2～10ppmv | 9.6(1110) | $\nu_1$；$P,R$； | 980～1100 | 0.058 | 0.441 | $2.37\times10^{-2}$ | 10 |
| $CH_4$ 1.714ppmv | 7.6(1306) | $\nu_4$ | 950～1650 | 0.250 | 0.166 | 0.0420 | 8 |
| $N_2O$ 311ppbv | 7.9(1286) | $\nu_1$ | 1200～1350 | 0.0522 | 0.319 | 0.0170 | |
| | 4.5(2224) | $\nu_3$ | 2120～2270 | 0.003 | | | |

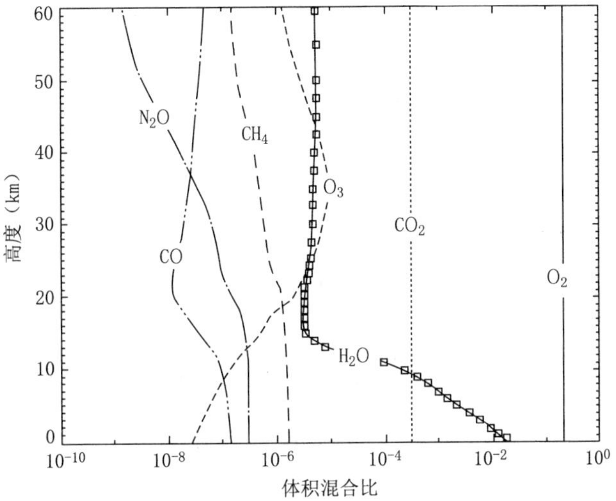


图 4.3　中纬度夏季主要气体混合比的垂直分布

### 4.2.2　地球大气的发射光谱和吸收光谱

图 4.4 是大气气体对地气辐射的吸收光谱，图中(a)为太阳和地球黑体发射光谱；太阳的黑体温度 6000 K 处最大。(b)为整层大气气体的吸收光谱。(c)和(d)主要是 $CO_2$、$H_2O$ 和 $O_3$；其次是一些微量气体，如 CO、$N_2O$、$CH_4$ 和 NO 等。$CO_2$ 在大约 600 至 800 $cm^{-1}$ 的 15 $\mu m$ 谱带有很强的吸收，此外在较短波长的 4.3 $\mu m$ 带有吸收。水汽在大约 12000 $cm^{-1}$ 左右至 2000 $cm^{-1}$ 的 6.3 $\mu m$ 谱带及转动带吸收地气红外辐射。臭氧在 9.6 $\mu m$ 带有吸收。

### 4.2.3　大气吸收谱线的一般表征

如图 4.5 所示，实际中的任何一条谱线不是单色的，它有一定的宽度 $\Delta\nu$、强度 $S$ 和形状。一般采用线强 $S$（谱线所包围的面积）、谱线半宽度 $\alpha$ 和谱型函数 $f(\nu,\nu_0,P,T)$ 等三个参数表示谱线的基本特征。将吸收系数 $k(\nu-\nu_0)$ 对整个频率 $\nu$ 范围的积分定义为谱线的强度，表示成

$$S=\int_{-\infty}^{+\infty}k(\nu-\nu_0)\mathrm{d}\nu \tag{4.19}$$

式中 $k(\nu)$ 是谱线的体积吸收系数，可以写为

$$k(\nu-\nu_0)=Sf(\nu-\nu_0) \tag{4.20}$$

其中 $f(\nu,\nu_0,P,T)$ 是谱线的谱型函数，它是频率、压力和温度的函数，并满足归一化条件

$$\int_{-\infty}^{+\infty}f(\nu-\nu_0)\mathrm{d}(\nu-\nu_0)=1 \tag{4.21}$$

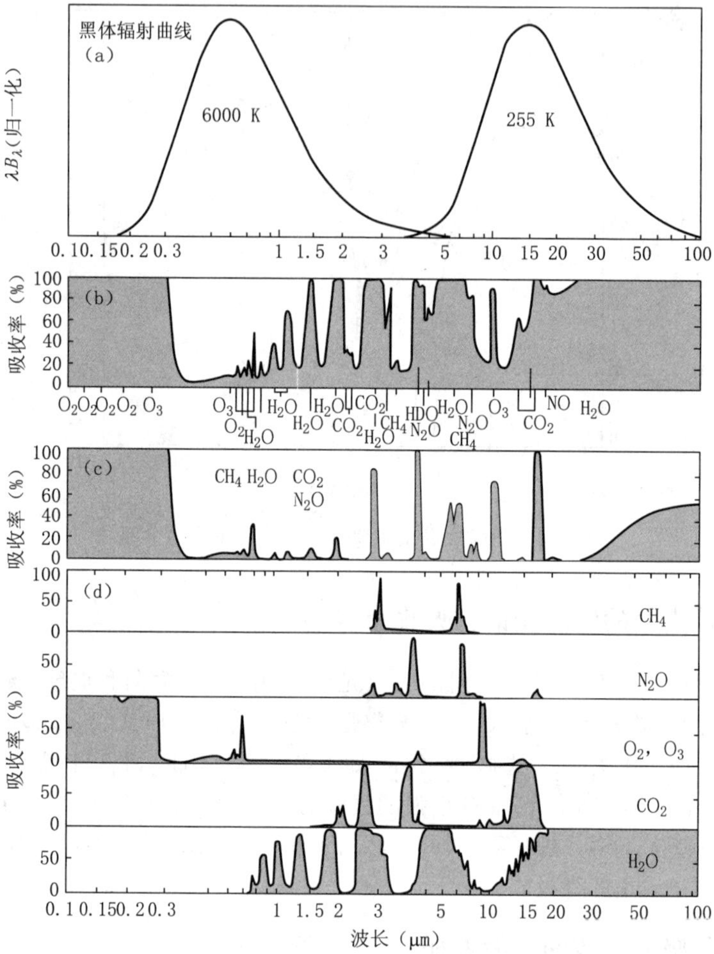


图 4.4 大气气体对地气辐射的吸收光谱

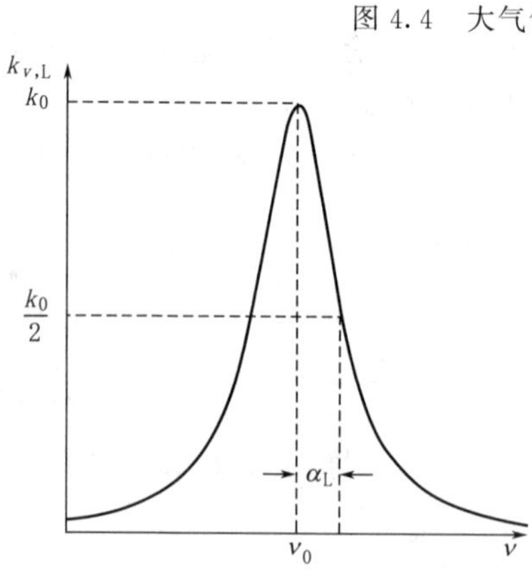


图 4.5 光谱线

定义谱线的全宽度 $\Delta\nu$：当频率 $\nu_1$、$\nu_2$ 处的吸收系数 $k(\nu_1)$、$k(\nu_2)$ 为谱线中心频率 $\nu_0$ 处吸收系数的 1/2 时，所对应的频率宽度

$$k(\nu_1)=k(\nu_0+\alpha)=\frac{1}{2}k(\nu_0) \quad (4.22a)$$

$$k(\nu_2)=k(\nu_0-\alpha)=\frac{1}{2}k(\nu_0) \quad (4.22b)$$

则 $\Delta\nu=\nu_1-\nu_2=2\alpha$ 称为谱线的全宽度，$\alpha$ 为谱线的半宽度，$\nu_1$、$\nu_2$ 分别是谱线的上下限。在谱线半宽度 $\alpha$ 内的频率范围称为线芯，其外的

频率范围称线翼。

### 4.2.4 谱线的位置

在分子中的电子并不从属于某一特定的原子，而是在整个分子范围内运动，每个分子的运动状态在量子力学中用波函数 $\Psi$ 描述。为方便起见，借用经典力学中的轨道概念，把波函数 $\Psi$ 称为分子轨道，称$|\Psi^2|$为分子中的电子在空间各处出现的概率密度或称电子云，这个特殊空间区域叫作轨道。不同轨道上的电子具有不同能量，每一轨道上不能被多于两个电子占有，而这两个电子的自旋方向相反。

原子中的电子具有一定的能量，根据量子理论，这种能量以不连续的能级(能量状态)表示。当原子中的电子在它的不连续的能级中跃迁时，就产生线状光谱，这种线状光谱与原子所具有的能级有关，而原子的能级又与其结构和内部运动有关。而对于分子而言，由于分子运动比原子要复杂得多，分子除了它的平动运动之外，还有分子的转动、振动和电子的运动。因此，分子的总能量是这四种运动能量之和，即

$$E(\text{总}) = E_e + E_v + E_r + E_t \tag{4.23}$$

式中 $E_e$、$E_v$、$E_r$ 和 $E_t$ 分别是电子能、振动能、转动能和平动能。在这些能量中，除平动能外，其余三项都是量子化的。量子化能级的改变引起分子的发射和吸收，当分子由低能级跃迁到高能级时，则伴随分子对辐射的吸收；反之，当分子由高能级向低能级跃迁时，则伴随着分子的发射。分子发射或吸收辐射的频率可以由玻尔频率准则确定，写为

$$\nu = \frac{\Delta E}{h} = \frac{\Delta E_e + \Delta E_v + \Delta E_r}{h} = \nu_e + \nu_v + \nu_r \tag{4.24}$$

式中 $\nu_e$、$\nu_v$、$\nu_r$ 分别是分子电子、振动和转动能级的改变所发射或吸收辐射的频率。$E_e$、$E_v$ 和 $E_r$ 分别是两个电子、振动和转动能级的能量之差。由于电子能级的能量差一般在 1～20 eV，振动能级的能量差在 0.05～1 eV，转动能级的能量差小于 0.05 eV，所以有

$$\Delta E_e > \Delta E_v > \Delta E_r \tag{4.25}$$

根据玻尔频率准则可以求出，对于电子能级间能量的改变而发射或吸收的辐射频率处在紫外到可见光谱段；振动能级的能量改变所发射或吸收的频率处在红外光谱段；转动能级的能量改变所发射或吸收的频率处在微波谱段。图 4.6 给出了分子的电子、振动能级 $v$ 和转动能级 $J$ 图。

### 4.2.5 谱线的强度分布

#### 1. 谱线强度概率分布的几种表达

上面定义了一条光谱线的强度，对于某一条谱线出现的强度的概率，随着谱线强度而分布，根据观测资料，已经得到以下几种线强分布。

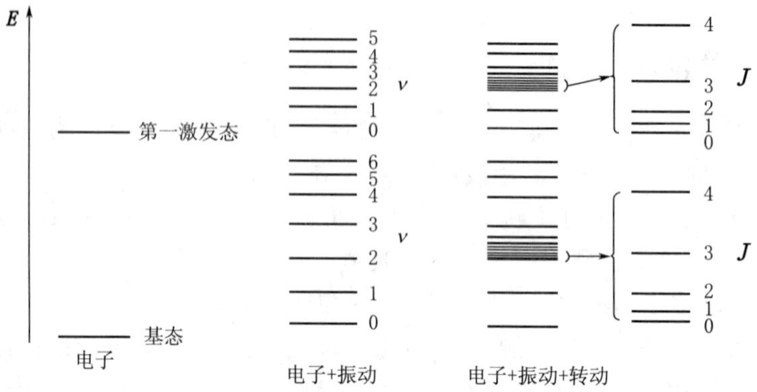


图 4.6 分子的电子、振动和转动能级

(1)指数分布(泊松分布)

$$p(S)=(1/\overline{S})\exp(-S/\overline{S}) \tag{4.26}$$

式中 $\overline{S}$ 是平均线强,$S$ 是线强,$p$ 是概率,写为

$$\overline{S}=\int_0^{\infty} Sp(S)\mathrm{d}S \tag{4.27}$$

(2)Godson 分布

$$p(S)=\begin{cases}\dfrac{\overline{S}}{SS_m} & (S<S_m)\\ 0 & (S>S_m)\end{cases} \tag{4.28}$$

(3)Malkmus 分布

$$p(S)=\frac{1}{S}\exp(-S/\overline{S}) \tag{4.29}$$

(4)$\delta$ 函数分布

$$p(S)=\delta(S-\overline{S}) \tag{4.30}$$

其中

$$\int_0^{\infty}\delta(S-\overline{S})\mathrm{d}S=1 \tag{4.31}$$

**2. 谱线强度与温度的关系**

在地球大气中,压力的变化比温度的变化大得多,所以温度的作用显得不太重要,但是线强也与温度有关,其表示为

$$S(T)=S(T_0)\frac{N_i(T)}{N_j(T)}=S_0(T)\left(\frac{T_0}{T}\right)^{\alpha x}\exp\left[-\frac{E_i(T_0-T)}{kTT_0}\right]\left[\frac{1-\exp(-h\nu/kT)}{1-\exp(h\nu/kT_0)}\right] \tag{4.32}$$

式中对于 $CO_2$、$H_2O$,其 $\alpha x$ 的取值分别为 1 和 1.5,$\alpha$ 是一常数,$x$ 是线型因子。

**3. 谱带的强度**

对于振转谱带的带强为谱带内所有线强之和，写为

$$S_{带}(T)=\sum_{i}S_i(T) \tag{4.33}$$

式中 $i$ 是谱线序号。

## 4.2.6 谱线的加宽谱型函数

谱线的宽度随气压、分子的运动速度而改变，而谱线的加宽按其性质可以分为均匀加宽和非均匀加宽，所谓均匀加宽是指每一个分子对加宽谱线内的任一频率都有贡献，而非均匀加宽则只是对某一特定频率有贡献。按谱线加宽的物理原因，分为自然加宽、压力加宽、多普勒加宽和混合加宽等，其中多普勒加宽属非均匀加宽，其余则为均匀加宽。

**1. 洛伦兹谱线型和其半宽度**

现考虑一圆频率为 $\omega$ 的电磁波入射到大气吸收气体分子上，这分子吸收电磁波的时间间隔为 $-t_0/2\leqslant t\leqslant t_0/2$，则此讯号的时间变化表示为

$$f(t)=\begin{cases}\exp(-\mathrm{i}\omega_0 t) & (-t_0/2\leqslant t\leqslant t_0/2)\\ 0 & (其他)\end{cases} \tag{4.34}$$

使用傅里叶变换，可以将以时间表示的讯号 $f(t)$ 用频率表示为 $g(\omega)$，如果 $g(\omega)$ 表示 $f(t)$ 的傅里叶变换，则 $g(\omega)$ 和 $f(t)$ 关系为

$$g(\omega)=\frac{1}{2\pi}\int_{-\infty}^{\infty}f(t)\exp(\mathrm{i}\omega t)\mathrm{d}t,\quad f(t)=\frac{1}{2\pi}\int_{-\infty}^{\infty}g(\omega)\exp(-\mathrm{i}\omega t)\mathrm{d}\omega \tag{4.35}$$

将(4.34)式代入到(4.35)式，得到

$$g(\omega)=\frac{1}{2\pi}\int_{-t_0/2}^{t_0/2}\exp[\mathrm{i}(\omega-\omega_0)t]\mathrm{d}t=\frac{\sin\left[\dfrac{(\omega-\omega_0)t_0}{2}\right]}{\pi(\omega-\omega_0)} \tag{4.36}$$

由于 $\omega=2\pi\nu$，也可以用频率替代 $\omega$，因此有

$$g(\nu)=\frac{\sin[\pi(\nu-\nu_0)t_0]}{2\pi^2(\nu-\nu_0)} \tag{4.37}$$

式中 $g(\nu)$ 的模或绝对值称作振幅谱。由于一个波的振幅的平方与振荡能量成正比，量 $G(\nu)=|g(\nu)|^2$ 称为功率谱，图 4.7 表示一有限波 $f(t)$ 实部的时间讯号、傅里叶变换和它的功率谱。

现简要讨论与另外一个分子碰撞对谱线形状的影响，设 $p_c$ 是单位时间碰撞的次数，则 $p_c\Delta t$ 是在时间间隔内碰撞的次数，因此 $q=(1-p_c\Delta t)$ 是时间间隔 $\Delta t$ 内没有发生碰撞的概率。设波持续时间为 $t_0=n\Delta t$，每次时间 $\Delta t$ 碰撞是相互独立的，在时间 $t_0$ 内无碰撞的概率为

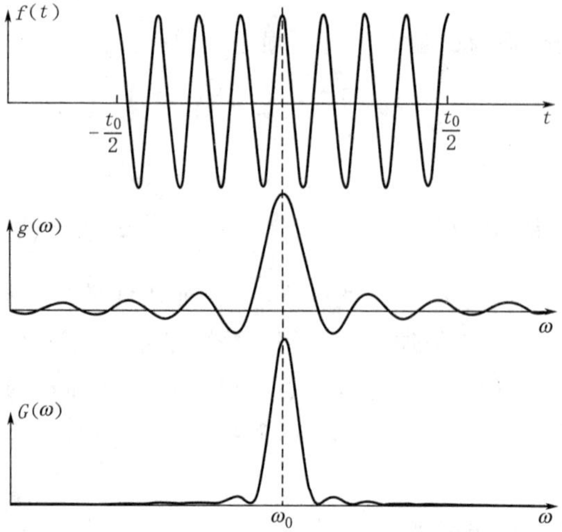


图 4.7 以时间 $t$ 有限波列 $f(t)$，它的傅里叶变换 $g(\omega)$ 和功率谱 $G(\omega)$

$$\begin{aligned} q^n &= (1-p_c\Delta t)^n = (1-p_c\Delta t)^{t_0/\Delta t} \\ &= \left[(1-p_c\Delta t)^{-1/(p_c\Delta t)}\right]^{-p_c t_0} \end{aligned} \tag{4.38}$$

对于 $\Delta t \to 0$，$\lim\limits_{\Delta t\to 0}(1-x)^{-1/x}=e$，由(4.38)式得到

$$\lim_{\Delta t\to 0} q^n = \exp(-p_c t_0)\exp\left(-\frac{t_0}{\bar{\tau}}\right) \tag{4.39}$$

这里 $\bar{\tau}=1/p_c$ 是两次碰撞的平均时间，$t_0/\bar{\tau}$ 是在时间 $t_0$ 内总的碰撞次数。洛伦兹谱线的吸收系数与在碰撞之间的时间概率 $\exp(-p_c t_0)$ 和描述光谱能量分布的功率谱成正比，因而为了得到总的吸收，需要对分子吸收辐射期间内整个时间 $t_0$ 积分，则 $k_{\nu,L}$ 的积分形式为

$$k_{\nu,L} = A\int_0^{\infty} |g(\nu)|^2 \exp(-p_c t_0)\mathrm{d}t_0 \tag{4.40}$$

式中 $A$ 是常数，将(4.37)式代入(4.40)式，可以积分得到

$$\begin{aligned} k_{\nu,L} &= \frac{A}{4\pi^4(\nu-\nu_0)^2}\int_0^{\infty}\sin^2[\pi(\nu-\nu_0)t_0]\exp(-p_c t_0)\mathrm{d}t_0 \\ &= \frac{A}{2\pi^2 p_c[p_c^2+4\pi^2(\nu-\nu_0)^2]} \end{aligned} \tag{4.41}$$

由(4.41)式看到，吸收系数在 $\nu=\nu_0$ 处达到最大，由(4.41)式求得 $A=k_0 2\pi^2 p_c^3$，将这表达式代入到(4.41)式得到

$$k_{\nu,L} = \frac{p_c^2 k_0}{p_c^2+4\pi^2(\nu-\nu_0)^2} \tag{4.42}$$

现引入洛伦兹谱线半宽度 $\alpha_L$。这里可以写为 $\alpha_L^2=(\nu_{1,2}-\nu_0)^2$，在 $\nu=\nu_{1,2}$ 处求取(4.42)式，得到

$$\alpha_L=\frac{p_c}{2\pi}=\frac{1}{2\pi\bar{\tau}} \tag{4.43}$$

表明洛伦兹半宽度与碰撞的平均时间成反比，用(4.43)式消去(4.42)式中的 $p_c^2$，即得到

$$k_{\nu,L}=\frac{\alpha_L^2k_0}{\alpha_L^2+(\nu-\nu_0)^2} \tag{4.44}$$

最后引入谱线强度 $S$，由定义得到线强

$$S=\int_{-\infty}^{+\infty}k(\nu)\mathrm{d}\nu \tag{4.45}$$

将(4.44)式代入到上式，洛伦兹谱线强度为

$$S=\pi\alpha_Lk_0 \tag{4.46}$$

所以洛伦兹吸收系数写为

$$k_{\nu,L}=\frac{S}{\pi}\frac{\alpha_L}{\alpha_L^2+(\nu-\nu_0)^2} \tag{4.47}$$

这是通常用于辐射传输方程计算中使用的形式。对于任意谱线的吸收系数公式如(4.20)式。

由(4.47)式看到，洛伦兹谱线形状因子 $f_L(\nu-\nu_0)$ 写为

$$f_L(\nu-\nu_0)=\frac{1}{\pi}\frac{\alpha_L}{\alpha_L^2+(\nu-\nu_0)^2} \tag{4.48}$$

按(4.21)式对频率积分(4.48)式，洛伦兹谱线因子是归一化的。

由于分子的碰撞次数取决于分子密度和它的速度，所以洛伦兹谱线半宽度应当是压力和温度的函数。现介绍一个简单的碰撞模式。假定有理想的弹性球，考虑具有相同半径的分子，其中一个固定，另一个沿曲折路径以平均速度 $\bar{v}$ 运动，在碰撞瞬间，两碰撞分子的中心距离为 $2r$，因此分子的碰撞散射截面 $\sigma_c$ 为

$$\sigma_c=\pi(r+r)^2=4\pi r^2 \tag{4.49}$$

在 $t$ 时间内分子移动 $\bar{v}t$，如果 $n$ 是单位体积静止时的分子数，在 $t$ 时间内，一个分子碰撞的总数 $N_c$ 为

$$N_c=n\bar{v}t \tag{4.50}$$

碰撞频率 $p_c$ 就是每单位时间碰撞的次数，其表达式为

$$p_c=\frac{1}{\tau}=\sigma_cn\bar{v} \tag{4.51}$$

式中 $\bar{\tau}$ 是两次碰撞的平均时间，由气体动能定理，速度 $\bar{v}$ 取决于温度 $T$ 和分子的质量 $m$，表示为

$$\overline{v}=\sqrt{\frac{8kT}{\pi m}} \tag{4.52}$$

式中 $k$ 是玻尔兹曼常数，理想气体的压力 $p$ 为

$$p=nkT \tag{4.53}$$

(4.53)式和(4.52)式代入(4.51)式，得到相互作用平均碰撞时间为

$$\frac{1}{\tau}=\sigma_c\frac{p}{kT}\sqrt{\frac{8kT}{\pi m}}=C\frac{p}{\sqrt{T}} \tag{4.54}$$

常数 $C$ 取决于气体。现给出一个对于洛伦兹谱型半宽度与压力和温度依赖关系，由于 $\alpha_L=1/2\pi\overline{\tau}$，求得

$$\alpha_L(p,T)=\frac{C}{2\pi}\frac{p}{\sqrt{T}} \tag{4.55}$$

将标准状况下的气压和温度($p_0,T_0$)作为参照值，表示的谱线半宽度为

$$\alpha_{L,0}=\alpha_L(p_0,T_0)=\frac{C}{2\pi}\frac{p_0}{\sqrt{T_0}} \tag{4.56}$$

利用(4.55)式，就得到

$$\alpha_L(p,T)=\alpha_{L,0}\frac{p}{p_0}\sqrt{\frac{T_0}{T}} \tag{4.57}$$

由此洛伦兹谱线半宽度 $\alpha_L$ 与压力呈线性关系，因而随高度增加，半宽度 $\alpha_L$ 减小；而 $\alpha_L$ 与温度的依赖关系相对于压力要小，有时可以完全忽略，标准大气状况下的半宽度 $\alpha_{L,0}$ 可以由实验室确定，或由量子力学理论求出。

**2. 大气低层压力加宽的谱型函数与半宽度**

愈往大气低层，大气压力加大，使得分子密度加大，从而分子间发生碰撞的次数增多。分子间的碰撞缩短了激发态的寿命，使能级进一步加宽，即谱线宽度加大。这种由于分子碰撞引起的谱线加宽称碰撞加宽，也称压力加宽。压力加宽的谱型函数可以用洛伦兹(Lorentz)谱型表示，可以有：

(1)Michelson-Lorentz 谱型函数和其半宽度

对于第 $i$ 成分第 $k$ 条谱线的 Michelson-Lorentz 谱型函数可以表示为

$$f_k^i=\frac{1}{\pi}\frac{\alpha_k^i}{(\nu-\nu_k)^2+(\alpha_k^i)^2} \tag{4.58}$$

式中 $\alpha_k^i$ 是碰撞加宽的半宽度，它与平均碰撞的衰变寿命 $\tau$ 成反比，为

$$\alpha_k^i=\frac{1}{4\pi\tau} \tag{4.59}$$

对于同类分子碰撞引起的加宽，称自加宽；而对于不同类型分子引起的加宽称外加宽。由于这两种加宽具有不同的效率，为此引入“等效压力 $P_e$”的概念，则这种情形下谱

线的半宽度为

$$\alpha_L(P,T)=\alpha_{Le0}\left(\frac{P_e}{P_{e0}}\right)^m\left(\frac{T}{T_0}\right)^N \tag{4.60}$$

式中

$$P_e=P+(1-B)P_i \tag{4.61}$$

式中 $P_i$ 是第 $i$ 类吸收气体的分压，$B$ 称为自加宽系数。例如，对于 $CO_2$ 的 660 $cm^{-1}$ 处，其自加宽为 $\alpha_{k,0}^{CO_2}=0.1\ cm^{-1}$，而外加宽($N_2$)为 $\alpha_{k,0}^{CO_2}=0.064\ cm^{-1}$。图 4.8 表示三个不同气压下的洛伦兹谱型，图 4.9 表示三个同高度上的洛伦兹谱线的形状。

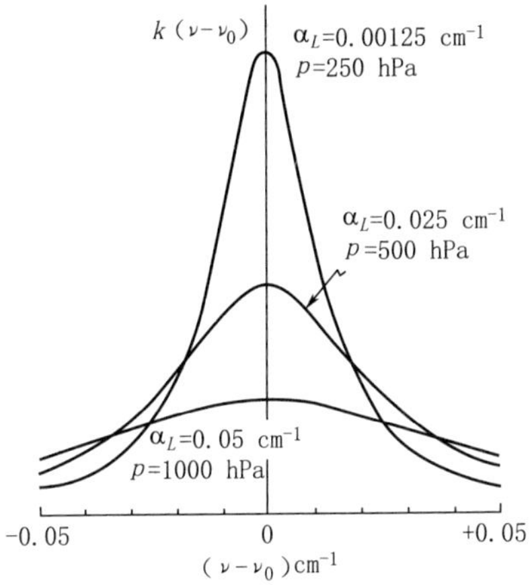


图 4.8　对于三个不同气压下的洛伦兹廓线

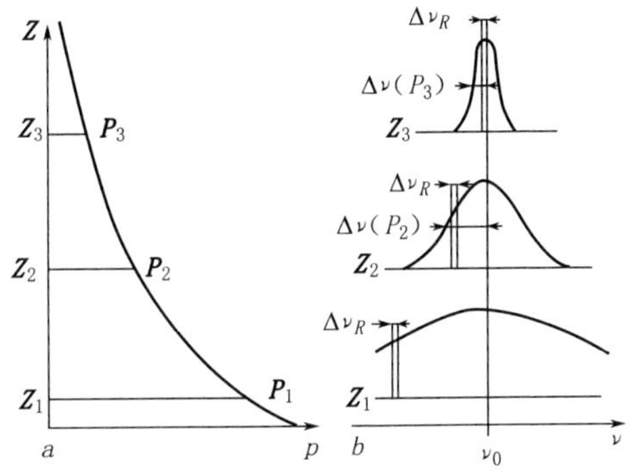


图 4.9　洛伦兹谱线线型随高度的改变

图 4.10 表示中心在 22 GHz 水汽吸收谱线的实验测量和由 VVW 模式计算结果的比较，可以看到谱型对于中心频率呈不对称。不同的模式与观测有一定的偏差。

(2)在压力加宽谱线的远翼区

在谱线翼区的吸收具有较为简单的表示方法，在翼区吸收系数相对于谱线中心随频率缓慢变化，所以只要作较少的频率测量就能确定它。

在谱线远翼区比起洛伦兹谱线远翼区的变化更缓慢。因此，在谱线远翼区，需对洛伦兹谱型进行订正，对此可以写成

$$f_k^i=L_k^iF_k^i(\Delta\nu_k) \tag{4.62}$$

式中 $F_k^i(\Delta\nu_k)$ 为翼区订正函数。对于 $CO_2$ 的订正函数一般采用

当 $\Delta\nu_k\geqslant 3.5\ cm^{-1}$

$$F_k^{CO_2}=\exp[-1.4(\Delta\nu_k-3.5)^{0.25}] \tag{4.63}$$

当 $\Delta\nu_k<3.5\ cm^{-1}$

$$F_k^{CO_2}=1 \tag{4.64}$$

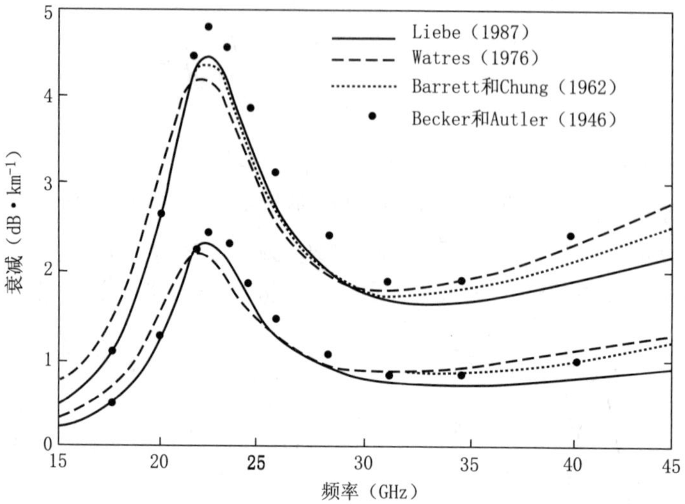


图 4.10 水汽 22 GHz 谱线的吸收系数和谱线形状(Walter,1992a)

对于 $CO_2$ 的另一个订正函数

$$F_k^{CO_2}=\begin{cases}1 & \Delta\nu_k<0.5\ \text{cm}^{-1}\\ 1.069\exp(-0.133\Delta\nu_k) & 0.5\leqslant\Delta\nu_k<23\ \text{cm}^{-1}\\ 0.05 & 23\leqslant\Delta\nu_k<50\ \text{cm}^{-1}\\ 0.133\exp(-0.0196\Delta\nu_k) & 50\leqslant\Delta\nu_k<250\ \text{cm}^{-1}\\ 0 & \Delta\nu_k\geqslant 250\ \text{cm}^{-1}\end{cases} \tag{4.65}$$

**3. 谱线的多普勒加宽**

当相对于测量仪器有一个运动着的,并发射电磁辐射的物体朝着仪器或背着仪器运动时,则这仪器就会测量到物体发射的电磁辐射的频率会随物体的运动速度而发生改变,这就是多普勒(Doppler)效应。在大气中,吸收气体既是一个吸收体,同时又是一个发射体,由于气体分子不停地作无规则(在速度和方向上)运动,同时不停地发射电磁辐射,根据多普勒效应原理,它必然会引起谱线的加宽。特别是高层大气,气体稀薄,分子运动路程加长,多普勒加宽是谱线加宽的主要作用。如果一个分子的运动速度为 $v$,它在仪器观测(视线)方向上的速度投影为 $V=nv$,则仪器测量到大气分子发射或吸收辐射的频率为

$$\nu_0'=\nu_0\left(1\pm\frac{nv}{c}\right) \tag{4.66}$$

式中 $\nu_0$ 是分子相对仪器静止时测量到的频率,"+"是分子朝仪器运动,"−"是分子反着仪器方向运动。多普勒频移为

$$\Delta\nu_0' = \nu_0' - \nu_0 = \nu_0 \frac{v}{c} \tag{4.67}$$

在实际大气中，存有大量分子而不是单个分子，对此可以根据麦克斯韦-玻尔兹曼(Maxwell-Boltzman)速度分布定理来讨论。若单位体积中的粒子总数为 $N$。其速度为$v \to v + dv$ 的分子数为

$$\begin{aligned} dN(v) &= N\sqrt{\frac{m}{2\pi kT}}\exp\left(-\frac{mv}{2kT}\right)dv \\ &= \frac{N}{\sqrt{\pi}v_0}\exp\left[-\left(\frac{v}{v_0}\right)^2\right]dv \end{aligned} \tag{4.68}$$

和

$$v_0 = \sqrt{\frac{2kT}{m}} \tag{4.69}$$

由于速度分量 $v$ 的指数速度平方可以是正的，也可以是负的，为了考虑到任意速度 $v$ 的多普勒效应，对分子的麦克斯韦速度分布积分，则速度的平方平均为

$$\overline{v^2} = \frac{1}{N}\int_{-\infty}^{\infty} v^2 dn = \frac{1}{\sqrt{\pi}v_0}\int_{-\infty}^{\infty} v^2 \exp\left[-\left(\frac{v}{v_0}\right)^2\right]dv = \frac{v_0^2}{2} \tag{4.70}$$

首先只考虑多普勒加宽，略去自然加宽和压力加宽的情形，如果分子是静止的，则吸收系数与 $\delta$ 函数成正比，即

$$k_\nu = S\delta(\nu - \nu_0) \tag{4.71}$$

因此按照(4.20)式，单色发射的线形因子由 $\delta(\nu - \nu_0)$给出，如果考虑到由于某一速度 $v$ 的多普勒效应，得到

$$k_\nu = S\delta(\nu - \nu_0') \tag{4.72}$$

注意到这一方程式是相应于非加宽的具有频率 $\nu_0'$的单色谱线的发射或吸收，由(4.66)式可以看到，对所有可能的速度 $v$ 积分，其等效于对所有相应的频率 $\nu_0'$积分，(4.72)式右边相应于只是单频移发生的情形，因此，对于所有可能的频率频移可以有

$$k_\nu = S\int_{-\infty}^{\infty} P(\nu_0')\delta(\nu - \nu_0')d\nu_0' \tag{4.73}$$

式中概率分布 $P(\nu_0')$直接由分子的麦克斯韦速度分布给出

$$P(\nu_0')d\nu_0' = \frac{dN}{N} = \frac{1}{\sqrt{\pi}v_0}\exp\left[-\left(\frac{v}{v_0}\right)^2\right]dv \tag{4.74}$$

由(4.66)式，有 $d\nu_0' = (\nu_0/c)dv$，这样

$$P(\nu_0') = \frac{c}{\sqrt{\pi}\nu_0 v_0}\exp\left[-\left(\frac{v}{v_0}\right)^2\right] \tag{4.75}$$

代入到(4.73)式，并积分求得多普勒谱线的吸收系数，为

$$k_{\nu,D} = \frac{Sc}{\sqrt{\pi}\nu_0 v_0}\exp\left\{-\left[\frac{(\nu - \nu_0)c}{\nu_0 v_0}\right]^2\right\} \tag{4.76}$$

吸收系数最大值处于谱线中心 $\nu=\nu_0$，给出

$$k_0=\frac{Sc}{\sqrt{\pi}\nu_0 v_0} \tag{4.77}$$

当 $\nu=\nu_0$ 时则有 $f_{D\max}$

$$f_{D\max}(\nu_0)=\frac{c}{\nu_0}\sqrt{\frac{m}{2\pi kT}} \tag{4.78}$$

又当 $\nu=\nu_1=\nu_0-\alpha_D$ 和 $\nu=\nu_2=\nu_0+\alpha_D$

$$f_D(\nu_1)=f_D(\nu_2)=\frac{1}{2}f_{D\max}(\nu_0)=\frac{c}{2\nu_0}\sqrt{\frac{m}{2\pi kT}} \tag{4.79}$$

则有

$$f_D(\nu_1)/f_{D\max}(\nu_0)=\frac{1}{2}=\exp\left[-\frac{mc^2\alpha_D^2}{2kT\nu_0^2}\right] \tag{4.80}$$

最后求出 $\nu=\nu_0\pm\alpha_D$，$k_{\nu,D}=k_0/2$，这就导得多普勒谱线的半宽度为

$$\alpha_D=\sqrt{\ln 2}\ \frac{\nu_0 v_0}{c}=\frac{\nu_0}{c}\sqrt{\frac{2kT\ln 2}{m}} \tag{4.81}$$

可以看出多普勒谱线的半宽度只与温度有关，而与压力无关。因而多普勒（Doppler）谱型函数可以写为

$$f_D(\nu-\nu_0)=\frac{\sqrt{\ln 2}}{\sqrt{\pi}\alpha_D}\exp\left\{-\left[\frac{(\nu-\nu_0)\sqrt{\ln 2}}{\alpha_D}\right]^2\right\} \tag{4.82}$$

图 4.11 显示了多普勒谱线与洛伦兹谱线的比较，从图 4.11a 可看出谱型有很大差别；从图 4.11b 可看出谱线随大气高度谱宽的改变。

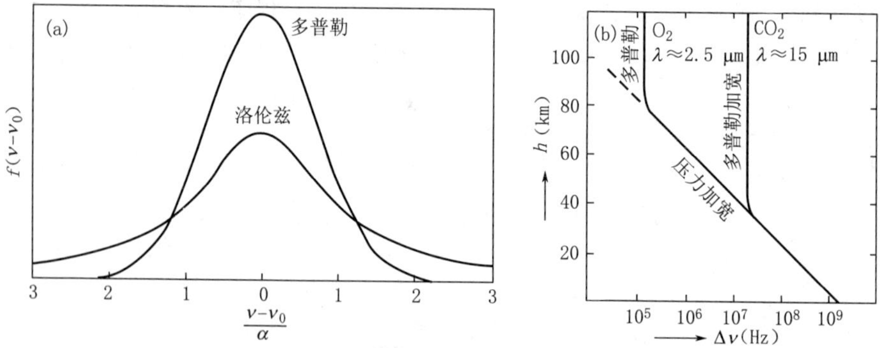


图 4.11　(a)多普勒线型与洛伦兹线型的比较；
(b)$O_2$ 微波和 $CO_2$ 红外线宽与大气高度间关系

表 4.2 给出了大气中主要红外吸收气体的洛伦兹半宽度和多普勒半宽度的值，以

及当 $\alpha_D=\alpha_L$ 时的压力和高度。

**表 4.2　大气中主要红外吸收气体 $\alpha_D$ 和 $\alpha_L$**

| 气体 | 谱带中心(μm) | $\alpha_D$ (300 K) ($10^{-3}$ cm$^{-1}$) | $\alpha_L$ (NPT) (cm$^{-1}$) | $p$(Pa) | $h$(km) |
|---|---|---|---|---|---|
| $H_2O$ | 2.7<br>6.3<br>20<br>40 | 6.4<br>2.8<br>0.88<br>0.44 | 0.11 | 5866<br>2533<br>800<br>400 | 17<br>23<br>32<br>37 |
| $CO_2$ | 4.3<br>15 | 2.6<br>0.75 | 0.15 | 1733<br>533 | 26<br>34 |
| $N_2O$ | 7.8 | 1.5 | 0.16 | 933 | 30 |
| $O_3$ | 4.7<br>9.6<br>14.1 | 2.3<br>1.1<br>0.76 | 0.16 | 1467 | 27<br>33<br>34 |
| $CH_4$ | 3.3<br>7.7 | 3.3<br>2.4 | 0.18 | 3200<br>1333 | 22<br>27 |

**4. 谱线的混合加宽(Voigt)和谱型函数**

在实际大气中，当气压大于 50 hPa 时，谱线的加宽以压力加宽为主，而当气压小于 1 hPa 时，分子碰撞很少，这时谱线的加宽以多普勒加宽为主。当气压大于 1 hPa、小于 50 hPa 时压力加宽与多普勒加宽具有同等重要的作用，这时谱线的加宽是这两种加宽共同作用的结果，并称之为混合加宽或 Voigt 型加宽，其谱型函数(Voigt)写为

$$f_\nu(\nu-\nu_0)=\int_{-\infty}^{+\infty} f_D(\nu_0'-\nu)f_L(\nu-\nu_0{}')\,\mathrm{d}\nu_0' \tag{4.83}$$

即是

$$\begin{aligned} f_v(\nu) &=\int_{-\infty}^{+\infty} f_L(\nu)f_D(\nu)\,\mathrm{d}\nu \\ &=\frac{1}{\pi}\int_{-\infty}^{+\infty}\frac{\alpha_L}{[\nu-\nu_0(1+v/c)]^2+\alpha_L^2}\sqrt{\frac{m}{2\pi kT}}\exp\left(-\frac{mv^2}{2kT}\right)\mathrm{d}\nu \end{aligned} \tag{4.84}$$

若令

$$t^2=\frac{mv^2}{2kT},\quad \mathrm{d}v=\sqrt{\frac{2kT}{m}}\mathrm{d}t,\quad y=\frac{\alpha_L}{\beta_D}\sqrt{\ln 2},\quad x=\frac{\nu-\nu_0}{c}\sqrt{\ln 2} \tag{4.85}$$

则谱型函数为

$$f(\nu)=\frac{y\sqrt{\ln 2}}{\pi^{3/2}\alpha_D}\int_{-\infty}^{+\infty}\frac{\mathrm{e}^{-t^2}}{y^2+(x-t)^2}\mathrm{d}t \tag{4.86}$$

及其半宽度为

$$\alpha_v = y = \frac{\alpha_L}{\beta_D}\sqrt{\ln 2} \tag{4.87}$$

$$\alpha_v = 0.5(\alpha_L + \sqrt{\alpha_L^2 + 4\alpha_D^2}) + 0.05\alpha_L\left(1 - \frac{2\alpha_L}{\alpha_L + \sqrt{\alpha_L^2 + 4\alpha_D^2}}\right) \tag{4.88}$$

由于多普勒(Doppler)线型的线翼区(谱线半宽度以外)的衰减比洛伦兹(Lorentz)型的衰减要快得多,因此在混合线型中,Doppler 线型加宽的作用主要集中在谱线的中心,在谱线的翼区则可用 Lorentz 线型,但是在离谱线中心几个波数之外的远翼,其加宽由于气体性质、含量等因素,实际的线型与 Lorentz 线型有较大的差异,需要加以订正。

如果对于有多种气体存在时,第 $j$ 吸收带的第 $k$ 条谱线、第 $i$ 类分子的谱形函数为 $f_k^{i,j} = f_k^i$,由于分子间的碰撞和多普勒效应,$f_k^i$ 是压力、温度和波数的函数。在考虑碰撞和多普勒效应两种作用下,合适的 Voigt 谱型函数为 $f_k^i = V_k^i$,则有

$$V_k^i = \frac{\alpha_k^i}{\pi^{3/2}}\int_{-\infty}^{\infty} \frac{\exp(-t^2)}{(\alpha_k^i)^2 + (\nu - \nu_k - t\beta_k^i/\sqrt{\ln 2})^2}\mathrm{d}t \tag{4.89}$$

其中

$$\alpha_k^i = \alpha_{k,0}^i \frac{P}{P_0}\left(\frac{T_0}{T}\right)^{\Gamma_k^i} \tag{4.90}$$

$$\beta_k^i = \frac{\nu_k}{c}\sqrt{\frac{2\kappa T\ln 2}{m^i}} \tag{4.91}$$

为碰撞加宽和多普勒加宽的半宽度。$\alpha_{k,0}^i = \alpha_k^i(P_0, T_0)$,$\Gamma_k^i$ 是一个表达温度与碰撞半宽度有关的常数,$c$ 是光速,$\kappa$ 是玻尔兹曼常数,$m^i$ 是第 $i$ 种气体的分子质量。多普勒半宽度写为 $\beta_k^i = c_3\nu_k\sqrt{T/M^i}$,这里 $c_3 = 3.5811\times10^{-7}$,$M^i$ 是分子重量。

## 4.3 大气吸收气体光谱

在大气中,太阳辐射主要被 $O_2$、$O_3$、$N_2$、$CO_2$、$H_2O$、O 和 N 所吸收,含量很少的 NO、$N_2O$、CO 和 $CH_4$ 也有吸收。而大气中的主要吸收气体 $CO_2$、$H_2O$、$O_3$ 是三原子分子,它们的吸收光谱主要位于红外区,在太阳光谱中只有很少吸收。由于 $CO_2$ 的混合比随高度不变,同时在平流层水汽混合比极小,因此,$CO_2$ 对平流层的冷却起主要作用。$H_2O$ 吸收在对流层下部起主要作用。$O_3$ 吸收主要在平流层。下面将各吸收气体的光谱分别进行说明。

### 4.3.1 氮分子($N_2$)的吸收光谱

氮分子的吸收光谱始于 1450 Å,由 1450 Å 到 1000 Å 的区域称为赖曼-伯格-霍普

非带，它由一些锐谱线构成。由 1000 Å 至 800 Å 为吸收系数变化大、十分复杂的 $N_2$ 的塔纳卡一沃莱带，小于 800 Å 的 $N_2$ 吸收谱由电离连续吸收构成，在电离过程中，原子和分子吸收的能量远比移去电子的能量多，所以吸收是连续的。

对称的氮分子（$N_2$）没有振动转动光谱，但是由于其在大气中的含量大，在 $N_2$ 分子碰撞过程中可以诱发偶极矩，形成 2400～2500 $cm^{-1}$ 的振动带和从 300 $cm^{-1}$ 开始，中心在 100 $cm^{-1}$ 的转动带。在大气路径很长时，这些吸收都能观测到，如在 29 $cm^{-1}$ 处，$N_2$ 的吸收占海平面以上整层大气总吸收的 20%。图 4.12 显示了对于氮一氮碰撞的转动带，由于转动谱线的宽度比谱线之间的间距还宽，谱线相互重叠。通常，在某一频率上谱线的吸收系数反映了谱线的强度，并随温度而变。谱线宽度可达 50 $cm^{-1}$，对于＞200 $cm^{-1}$，谱线远翼的贡献超过线中心处。在 300 K，转动谱线的强度写为

$$S_n^{N''_2 N_2} = \int k_n^{N_2 N_2} \mathrm{d}\nu = 6.5 \times 10^{-43}\ \mathrm{cm}^4 \tag{4.92}$$

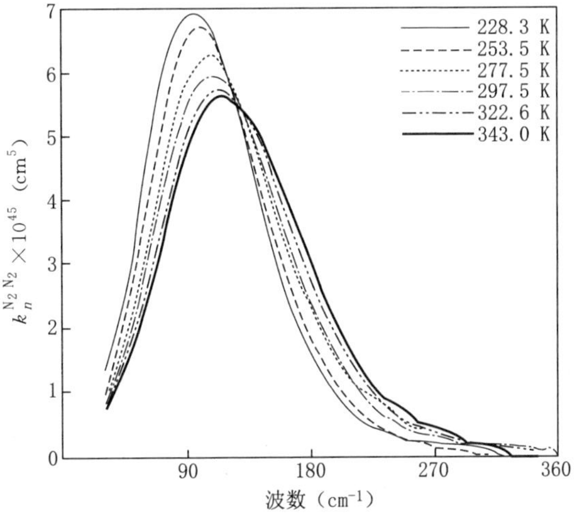


图 4.12　纯氮的碰撞感应转动谱带

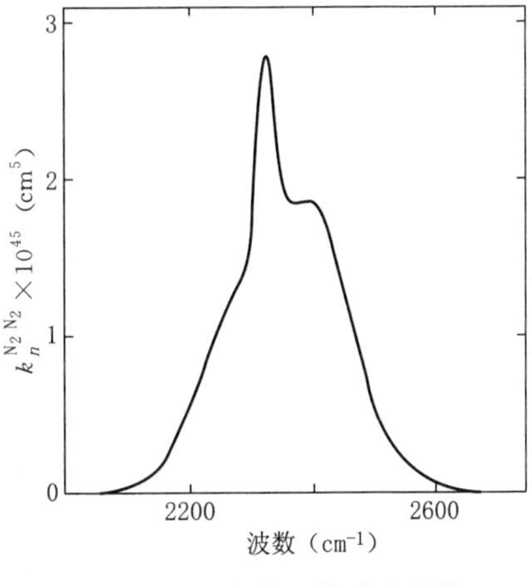


图 4.13　纯氮的碰撞感应基带

对于温度为 220 K 的从 12 km 到空间的平流层估算转动带最大的大气吸收为：天顶角 25°时计算得出吸收为 8%；天顶角为 80°时吸收为 38%，这与水汽吸收的转动带的吸收相当。在实验室已测量到氮的压力感生基带和第一谐频带，图 4.13 给出了基带的数据。其带强为

$$S_n^{N_2 N_2} = 4.8 \times 10^{-43}(\mathrm{cm}^4) \qquad \text{压力感生基带}$$

$$= 2.6 \times 10^{-45}(\mathrm{cm}^4) \qquad \text{谐和频带}$$

### 4.3.2 氧分子($O_2$)的吸收光谱

如图 3.18,氧分子($O_2$)是一个线性双原子分子,大气中氧的第二种同位素变态是$^{16}O^{18}O$,其吸收带不仅相对于$^{16}O^{16}O$ 分子的谱带有位移,而且由于这种对称性下降,有更多的谱线。

**1. 氧分子($O_2$)的紫外、分子吸收谱带**

氧分子的紫外吸收光谱始于 2600 Å 左右,一直延伸到更短的波长。氧分子的紫外吸收带是电子跃迁形成的,从 2600 Å 到 2000 Å 处是 Herzberg 带;在 2420 Å 以下,电子跃迁成为离解,最终生成$^{16}O(^3P)+^{16}O(^3P)$和一个弱的 Herzberg 连续吸收带。这带的分子吸收系数是很小的,仅为 $10^{-23}\sim10^{-24}$ $cm^2$,这对于能量吸收是不重要的,但是对于臭氧的形成是重要的。

在 1950～1750Å(图 4.14)是 Schuma-Runge 带,从 1750～1300Å 处合并成一个较强的连续带,生成$^{16}O(^3P)+^{16}O(^1D)$谱带,是分子氧吸收光谱的最重要的特征。在 1295Å、1332Å 和 1352Å 的特征表明有更强的离解。

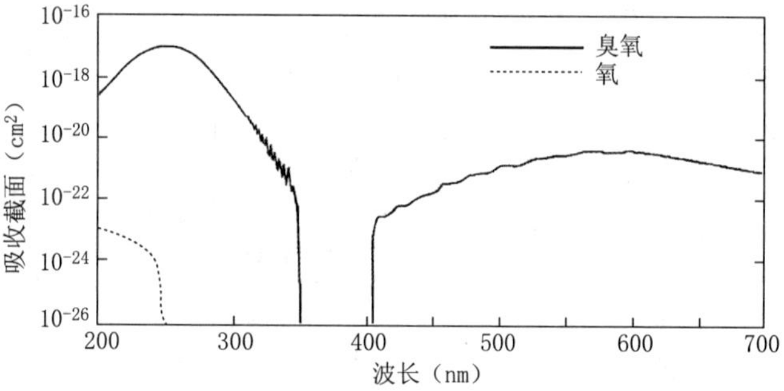


图 4.14 给出氧和臭氧不同谱带的吸收截面

在 1060 Å 和 1280 Å 间的还没有确认,但特别要注意的是太阳光谱中的 Lyman-α 线(1215.7 Å),它出现于吸收系数最小的地方,在压力较低、具有自加宽系数为 $1.47\times10^{-23}$ $cm^2\cdot hPa^{-1}$ 时,其吸收系数为 $1.00\times10^{-20}$ $cm^2$,这个压力作用是不清楚的,但对我们的目的是不重要的。

在 850 Å 与此同时 1100 Å 的区域是一系列 Rydberg 带,如所知的 Hopfield 吸收带,于近 950 Å 具有峰值截面 $5\times10^{-17}$ $cm^{-1}$,在 1026.5 Å(12.08 eV),吸收部分是由束缚跃迁引起的。

在 850 Å 以下,主要是电离吸收。在 300 Å 以下,吸收如同二个原子氧一样。

**2. 振转光谱带中的禁止带**

氧是一个具有很大磁偶极矩的超磁气体,在转动带的禁磁偶极跃迁的微波低 J 谱线已作了广泛的研究，其选择规则与电偶极跃迁相同。由已知的磁偶极矩计算带强度。转动带的谱带强度为 $7.23\times10^{-24}$ cm。电子基态的平衡转动常数为 1.4457 $cm^{-1}$，相应 O—O 键长为 $1.21\times10^{-10}$ cm。在大气光谱中的振动基频带中的电子四偶极跃迁很难观测到。其基频为 1556.379 $cm^{-1}$，带强度为 $6.15\times10^{-27}$ cm。

**3. 大气红外吸收谱带**

分子氧的电子基态有一个基态 X 和两个激发态 a、b。$X_a$ 和 $X_b$ 跃迁的能量改变分别为 7882 和 13120 $cm^{-1}$。这些电子跃迁伴随振转跃迁，从而形成近红外和红谱段两个带。表 4.3 给出了大气中分子氧在近红外和红谱段的八个强吸收带的电子跃迁和振转跃迁、谱带强度。图 4.15 是实验室得到的氧的振转光谱带，程长是 40 m，密度为：纯氧 9.59 Anaa。图 4.16 给出了近红外光谱中的一个合成谱。

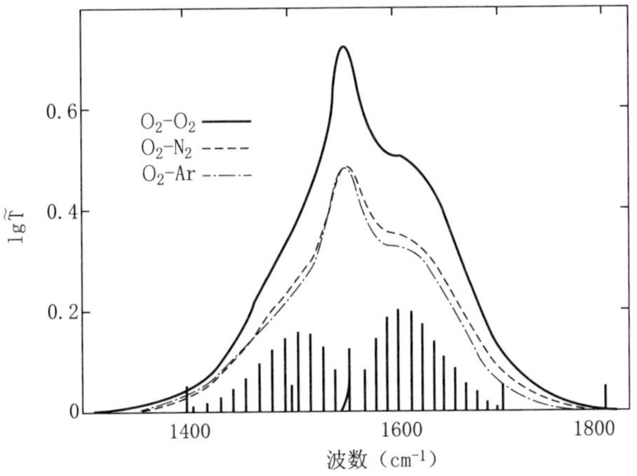


图 4.15　氧的振转基带

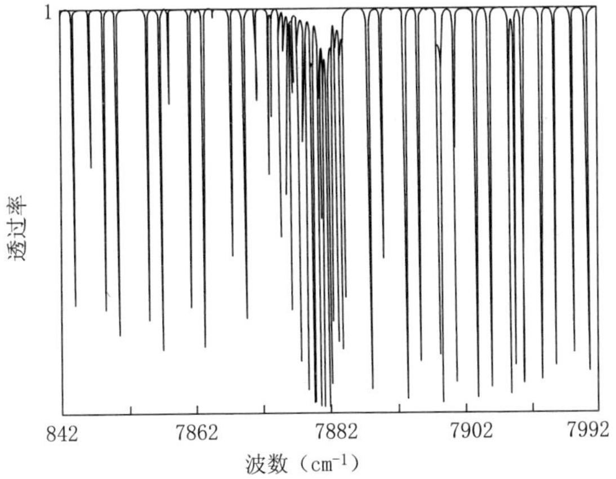


图 4.16　氧分子 7882 $cm^{-1}$ 近红外大气谱带

**4. 碰撞感生谱带**

已经在文献中报道了六个碰撞感生或二聚谱带。可见光谱带中的三个是液态氧的蓝色。在红外谱带,已观测到氧的基频、第一谐频和转动带。大气中,只有转动带和可见光带中的一个观测到。

**表 4.3 分子氧的大气强吸收带**

| 谱带 | 带中心($cm^{-1}$) | 电子跃迁 | 振动跃迁 | 带强 | 备注 |
|---|---|---|---|---|---|
| 近红外 | 6326.033 | a←X | 0←1 | $1.13\times10^{-28}$ | 见图 4.15 |
| | 7882.425 | a←X | 0←0 | $1.82\times10^{-24}$ | |
| | 9365.877 | a←X | 1←0 | $8.63\times10^{-27}$ | |
| 红谱带 | 11564.516 | b←X | 0←1 | $7.80\times10^{-27}$ | |
| | 12969.269 | b←X | 1←1 | $9.42\times10^{-26}$ | A 带 |
| | 13120.909 | b←X | 0←0 | $1.95\times10^{-22}$ | A 带 |
| | 14525.661 | b←X | 1←0 | $1.22\times10^{-23}$ | B 带 |
| | 15902.418 | b←X | 2←0 | $3.78\times10^{-25}$ | γ 带 |

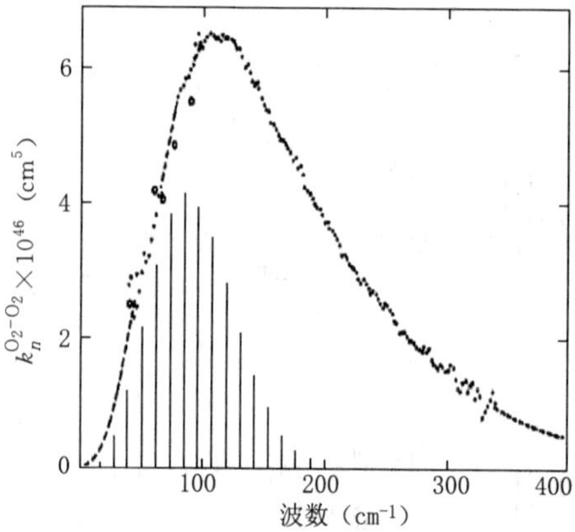


图 4.17 氧分子碰撞感生转动光谱

三个可见光带中的二个是很弱的,并相应于大气系统的红光的振动跃迁(2,0)和(3,0)。第三个带位于 21000 $cm^{-1}$,在太阳天顶光谱中只有很小的吸收。纯氧的碰撞感生谱带如图 4.17 所示。

**5. 氧原子(O)光谱**

氧原子的吸收在远紫外光谱,但是也在原子氧的电子基态的精细结构跃迁引起的近红外谱带中出现。

氧原子的基态是三重的,具有分量 $^3P_0$、$^3P_1$ 和 $^3P_2$。磁偶极跃迁发生于 $^3P_0$ 与 $^3P_2$、$^3P_1$ 与 $^3P_2$ 之间,爱因斯坦吸收系数和能级间隔,对于前者为 $1.7\times10^{-5}$ $s^{-1}$ 和 226 $cm^{-1}$,对于后者为 $8.8\times10^{-5}$ $s^{-1}$ 和 161 $cm^{-1}$。

## 4.3.3 水汽分子($H_2O$)的吸收光谱

水汽是大气中最重要的吸收成分。如图 4.18 中,它是由三个原子组成一个不对称的三角形陀螺分子,钝角为 104.45°,氧与氢原子之间的距离为 0.0958 nm,振动模式如图 4.18 所示。水汽有 $H^{16}OH$、$H^{18}OH$、$H^{17}OH$、$H^{16}OD$ 等四种同位素,它们在大气中的百分比为 99.73%、0.2039%、0.0373%、0.0298%。这些同位素具有强的永久电偶极矩，对于 $H_2O$ 的电偶极矩为：$M_B=1.94$ deb；对于 $D_2O$：$M_B=1.87$ deb；对于 HDO：$M_A=0.64$ deb，$M_B=1.70$ deb。由于水汽在大气中的含量很大，加上水汽分子的复杂结构，从电磁波谱的远紫外区到微波谱区，都存在有水汽吸收。

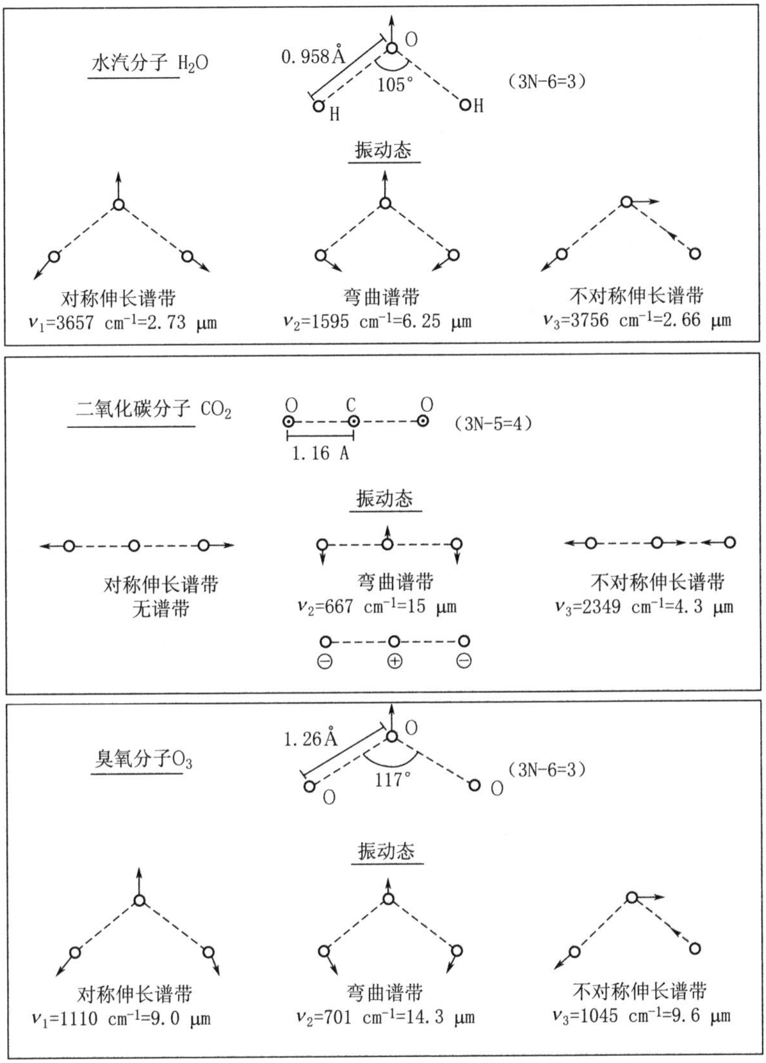


图 4.18　水汽分子、二氧化碳和臭氧的结构和振动方式

### 1. 水汽的电子谱带

水汽的电子吸收光谱位于波长小于 186 nm，在 186～145 nm 水汽的连续吸收区，最大吸收在 165 nm 附近；在 145～98 nm 之间存在有明显的吸收带，低于 93.6 nm 出现连续吸收区。

### 2. 水汽的振转光谱带

水汽的振动转动光谱带是十分复杂的，用高分辨率观测仪可观测到每个光谱带内包含有几百条甚至数千条谱线。在这一谱段内，水汽有三个基频带，其位置见表 4.4。从表 4.4 中看出，$\nu_2$(6.3 μm)是水汽最强和最宽的一条振转谱带，范围从 900～2400 cm$^{-1}$，它吸收了 5.5～7.5 μm 光谱段的地球辐射；$\nu_1$(2.66 μm)、$\nu_3$(2.74 μm)较弱，$\nu_1$ 又比 $\nu_3$ 弱。由于 $\nu_1$、$\nu_3$ 和 $2\nu_3$ 相互重叠，构成了 2.7 μm 谱带群，范围从 2800 cm$^{-1}$ 到 4400 cm$^{-1}$；表 4.5 给出了水汽分子的强红外吸收光谱带。在近红外谱带(4500～11000 cm$^{-1}$)，存在有六个可区分的谱线群($\Omega$、$\psi$、$\phi$、$\tau^c$、$\sigma^c$ 和 $\rho^c$)，其位置见表 4.6 所示，这些带对于水汽含量高的低层大气有重要意义。在可见光区有一些弱吸收带。图 4.19 给出水汽分子、氧气分子、二氧化碳分子的能级跃迁产生的谱带。

**表 4.4 水汽振转光谱的三个基带的位置**

| 频段 | 跃迁 | 带中心(cm$^{-1}$) | |
|---|---|---|---|
| | | $H^{16}OH$ | $H^{16}OD$ |
| $\nu_1$ | 000→100 | 3657.05 | 2723.68 |
| $\nu_2$ | 000→010 | 1594.78 | 1403.49 |
| $\nu_3$ | 000→001 | 3755.93 | 3707.47 |

**表 4.5 水汽的强红外吸收光谱带**

| 谱段 | 带中心(cm$^{-1}$) | 同位素 | 高能态 $\upsilon_1\upsilon_2^l\upsilon_3$ | 线强(296 K) $S_n$(cm×10$^{20}$) | 线数 |
|---|---|---|---|---|---|
| 转动 | 0.00 | $H^{16}OH$ | 000 | 52,700.0 | 1728 |
| | 0.00 | $H^{17}OH$ | 000 | 19.4 | 622 |
| | 0.00 | $H^{18}OH$ | 000 | 107.0 | 766 |
| 6.3 μm | 1588.28 | $H^{18}OH$ | 010 | 21.0 | 852 |
| | 1591.33 | $H^{17}OH$ | 010 | 3.84 | 668 |
| | 1594.75 | $H^{16}OH$ | 010 | 10,400.0 | 1807 |
| 2.7 μm | 3151.63 | $H^{16}OH$ | 020 | 75.4 | 1146 |
| | 3657.05 | $H^{16}OH$ | 100 | 486.0 | 1381 |
| | 3707.47 | $H^{16}OH$ | 001 | 1.42 | 1651 |
| | 3741.57 | $H^{18}OH$ | 001 | 13.9 | 711 |
| | 3748.52 | $H^{17}OH$ | 001 | 2.52 | 529 |
| | 3755.93 | $H^{16}OH$ | 001 | 6930.0 | 1750 |

**表 4.6 水汽的近红外谱带的谱段位置、能级和线强**

| 谱段 | 带中心(cm$^{-1}$) | 同位素 | 高能态 ($\upsilon_1\upsilon_2^l\upsilon_3$) | 线强(296 K) $S_n$(cm×10$^{20}$) | 线数 |
|---|---|---|---|---|---|
| $\Omega$ | 5234.98 | $H^{16}OH$ | 110 | 37.2 | 991 |
| | 5331.27 | | 011 | 804.0 | 1306 |

续表

| 谱段 | 带中心 ($cm^{-1}$) | 同位素 | 高能态 ($\upsilon_1\upsilon_2^l\upsilon_3$) | 线强(296 K) $S_n$ ($cm\times10^{20}$) | 线数 |
|---|---|---|---|---|---|
| $\psi$ | 6871.51 | $H^{16}OH$ | 021 | 56.4 | — |
| | 7201.48 | $H^{16}OH$ | 200 | 52.9 | — |
| | 7249.93 | $H^{16}OH$ | 101 | 747.0 | — |
| $\phi$ | 8807 | | 111 | 49.8 | — |
| $\rho^c$ | 10239 | $H^{16}OH$ | 121 | 2.0 | — |
| $\sigma^c$ | 10613 | $H^{16}OH$ | 201 | 10.0 | — |
| $\tau^c$ | 11032 | $H^{16}OH$ | 003 | 2.0 | — |
| 可见光 | 13653 | $H^{16}OH$ | 221 | — | 216 |
| | 13828 | $H^{16}OH$ | 202 | — | 169 |
| | 13831 | $H^{16}OH$ | 301 | — | 330 |
| | 17458 | $H^{16}OH$ | 500 | — | 108 |
| | 17496 | $H^{16}OH$ | 203 | — | 182 |

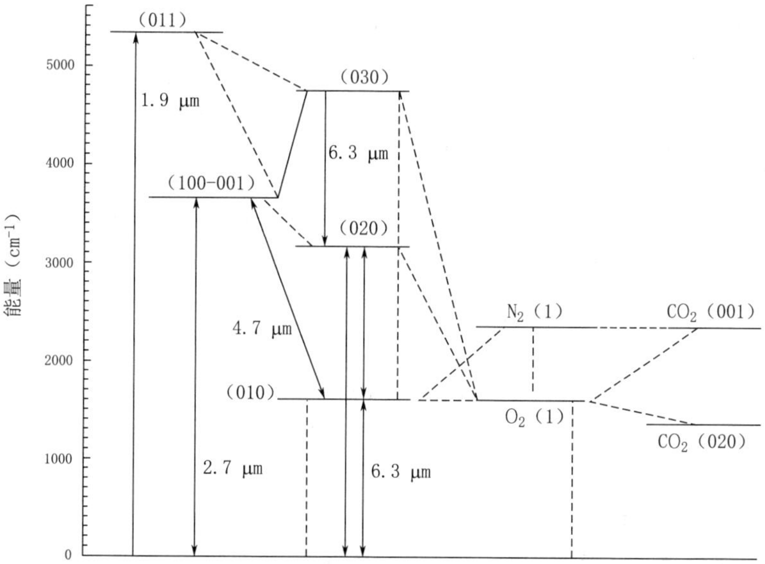


图 4.19　水汽、氧气分子、二氧化碳分子的能级

### 3. 水汽的连续吸收

在水汽 6.3 μm 吸收带和振转谱带之间大气窗区发生于接近大气温度普朗克函数峰值处并且通过这窗区的热辐射对大气研究是十分重要的。如图 4.20 它的弱吸收和强线远翼吸收在大气窗区形成水汽的连续吸收。在红外窗区，水汽的连续吸收系数可以表示为

$$k_{H_2O}=\gamma_s[p_{H_2O}+\gamma_F(p-p_{H_2O})]w \tag{4.93}$$

式中 $\gamma_s$ 和 $\gamma_F$ 分别是水汽的自加宽系数和外加宽系数，$w$ 是水汽含量，$p$ 和 $p_{H_2O}$ 是总压和水汽分压，对于不同的窗区，其系数不同。

Mccoy 对 10.6 μm CO 激光实验测量，得如下关系

$$k_{H_2O}=43.32\times10^{-6}p_{H_2O}(p+193p_{H_2O}) \tag{4.94}$$

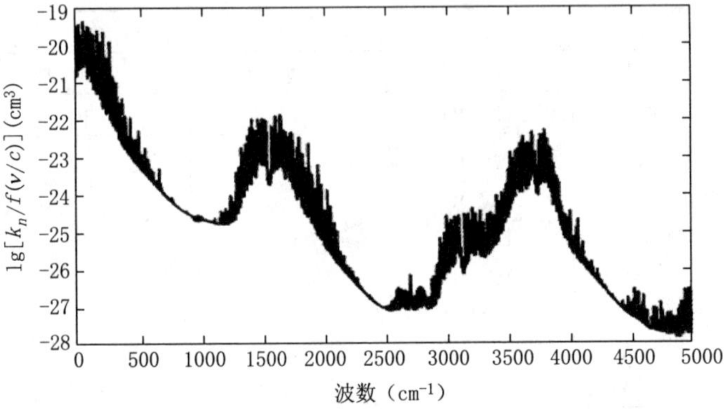


图 4.20 在 1 bar 和 296 K 时纯水汽的理论吸收系数

## 4.3.4 二氧化碳($CO_2$)分子的吸收光谱

二氧化碳($CO_2$)分子在太阳光谱中有许多弱吸收带，主要有 2.0、1.6 和 1.4 μm，但这些吸收带是如此之弱，在太阳辐射计算中可以忽略不计。2.7 μm 略强一些，它与水汽的吸收带相重合。

如图 4.18 所示，二氧化碳($CO_2$)分子是一个线型对的三原子(O—C—O)分子，它处于基振动态时的键长为 115.98 pm，相应的转动常数为 0.3906 $cm^{-1}$。大气中 $CO_2$ 的同位素有 $^{16}O^{12}C^{16}O$、$^{16}O^{12}C^{18}O$、和 $^{16}O^{13}C^{16}O$，没有永久的电偶极矩，因此它没有纯转动光谱。

**1. $CO_2$ 的电子谱带**

$CO_2$ 电子谱带位于远紫外区，在 132.5 nm 和 147.5 nm 附近处有两个最大的吸收，相应吸收系数为 $6\times10^{-19}$ $cm^2$ 和 $8\times10^{-19}$ $cm^2$；在波长低于 117.5 nm，吸收系数迅速增加；至 112.5 nm，吸收系数达 $10^{-16}$ $cm^2$。对于 $CO_2$ 的远紫外光谱至今知之甚少。

**2. $CO_2$ 的振转光谱带**

如图 4.21 中，$CO_2$ 有三个基频 $\nu_1$、$\nu_2$ 和 $\nu_3$。其中对于 $CO_2$ 的 $\nu_1$ 是对称振动，偶极矩保持不变，不存在光谱；$CO_2$ 的 $\nu_2$(15 μm)带是双重简并振动，是 $CO_2$ 主要吸收

带，其次是 4.3 μm，其他还有谐频带、复合频带和热力频带。表 4.7 给出了二氧化碳的振转红外主要谱带。

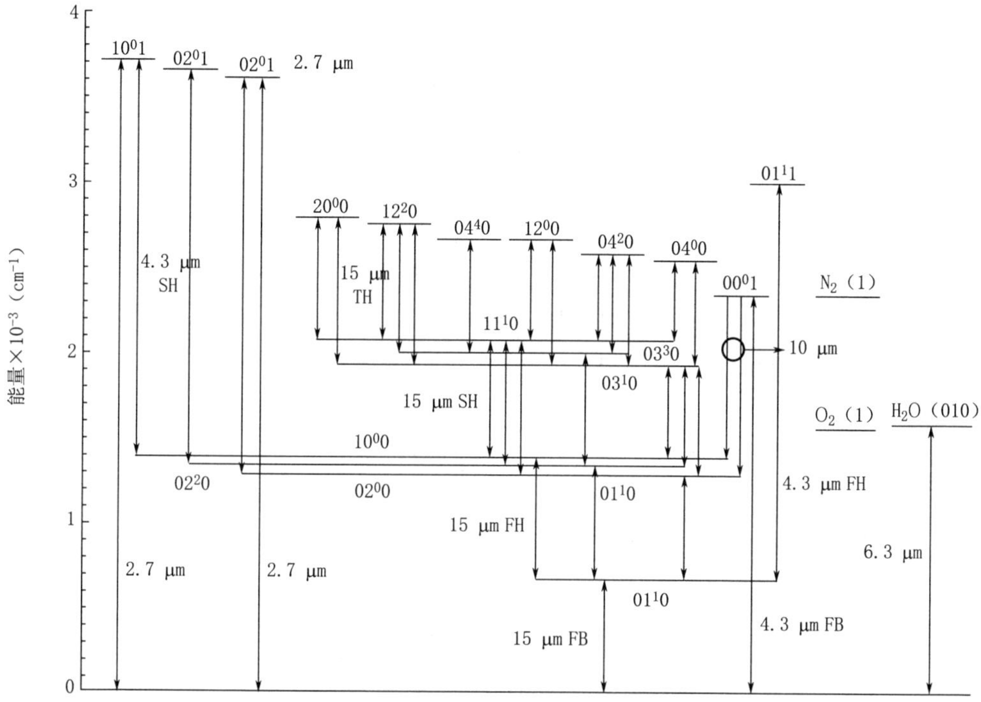


图 4.21　对于 $CO_2$ 重要同位素的振动能级(具有低于 27 μm 能量)和跃迁及对于 $N_2$、$O_2$ 和 $H_2O$ 基本振动能级

**表 4.7　$CO_2$ 的强吸收光谱**

| 谱段 | 带中心 (cm$^{-1}$) | 同位素 | 高能态 ($\nu_1\nu_2^l\nu_3$) | 低能态 ($\nu_1\nu_2^l\nu_3$) | 线强(296 K) $S_n$(cm×10$^{20}$) |
|---|---|---|---|---|---|
| 15 μm | 618.03 | $^{16}O^{12}C^{16}O$ | 10$^0$0 | 01$^1$0 | 14.4 |
| | 647.06 | $^{16}O^{12}C^{16}O$ | 11$^1$0 | 10$^0$0 | 2.22 |
| | 648.48 | $^{16}O^{12}C^{16}O$ | 01$^1$0 | 00$^0$0 | 8.60 |
| | 662.37 | $^{16}O^{12}C^{16}O$ | 01$^1$0 | 00$^0$0 | 3.30 |
| | 667.38 | $^{16}O^{12}C^{16}O$ | 01$^1$0 | 00$^0$0 | 826.0 |
| | 667.75 | $^{16}O^{12}C^{16}O$ | 02$^2$0 | 01$^1$0 | 64.9 |
| | 668.11 | $^{16}O^{12}C^{16}O$ | 03$^3$0 | 02$^2$0 | 3.82 |
| | 688.68 | $^{16}O^{12}C^{16}O$ | 11$^1$0 | 10$^0$0 | 1.49 |
| | 720.81 | $^{16}O^{12}C^{16}O$ | 10$^0$0 | 01$^1$0 | 18.5 |

续表

| 谱段 | 带中心 (cm$^{-1}$) | 同位素 | 高能态 ($\nu_1\nu_2^l\nu_3$) | 低能态 ($\nu_1\nu_2^l\nu_3$) | 线强(296 K) $S_n$(cm×10$^{20}$) |
|---|---|---|---|---|---|
| 4.3 μm | 2271.76 | $^{16}O^{13}C^{16}O$ | $01^11$ | $01^10$ | 8.18 |
| | 2283.49 | $^{16}O^{13}C^{16}O$ | $00^01$ | $00^00$ | 96.0 |
| | 2311.68 | $^{16}O^{12}C^{18}O$ | $03^31$ | $03^30$ | 1.23 |
| | 2319.74 | $^{16}O^{12}C^{16}O$ | $01^11$ | $01^10$ | 2.85 |
| | 2324.15 | $^{16}O^{12}C^{16}O$ | $02^21$ | $02^20$ | 30.8 |
| | 2326.59 | $^{16}O^{12}C^{16}O$ | $10^01$ | $10^00$ | 11.8 |
| | 2327.43 | $^{16}O^{12}C^{16}O$ | $10^01$ | $10^00$ | 19.3 |
| | 2332.11 | $^{16}O^{12}C^{18}O$ | $00^01$ | $00^00$ | 33.3 |
| | 2336.64 | $^{16}O^{12}C^{16}O$ | $01^11$ | $01^10$ | 766.0 |
| | 2349.15 | $^{16}O^{12}C^{16}O$ | $00^01$ | $00^00$ | 9600.0 |
| 2.7 μm | 3580.33 | $^{16}O^{12}C^{16}O$ | $11^11$ | $01^10$ | 8.04 |
| | 3612.84 | $^{16}O^{12}C^{16}O$ | $10^01$ | $00^00$ | 104.0 |
| | 3632.92 | $^{16}O^{13}C^{16}O$ | $10^01$ | $00^00$ | 1.60 |
| | 3714.78 | $^{16}O^{12}C^{16}O$ | $10^01$ | $00^00$ | 150.0 |
| | 3723.25 | $^{16}O^{12}C^{16}O$ | $11^11$ | $01^10$ | 11.4 |
| 2.0 μm | 4977.8 | $^{16}O^{12}C^{16}O$ | $20^01$ | $00^00$ | 3.50 |
| | 5099.66 | $^{16}O^{12}C^{16}O$ | $20^01$ | $00^00$ | 1.12 |

(1)$CO_2$ 的 $\nu_2$(15 μm)范围为 12～18 μm，是一个十分宽的光谱区域，中心区域为 13.5～16.5 μm，对大气辐射交换有重要作用。

(2)$CO_2$ 的 4.3 μm 吸收带有很强的吸收和复杂的结构，它由$^{16}O^{12}C^{16}O$(2349.16 cm$^{-1}$)、$^{16}O^{13}C^{16}O$(2283.48 cm$^{-1}$)两个基频和$^{16}O^{12}C^{16}O$(2429.37 cm$^{-1}$)的 $\nu_1+\nu_3-2\nu_2$ 的联合带组成，其中 $\nu_3$ 振动带是一个十分窄的强吸收带。这些带都为平行带，没有 Q 支。

(3)$CO_2$ 还有谐频带、复合频带和热频带。其中心为 10.4 μm、9.4 μm、5.2 μm、4.8 μm、2.7 μm、2.0 μm、1.6 μm 和 1.4 μm，以及一系列弱带。

表 4.8 给出了的弱吸收谱带，由于某些弱吸收带出现于地球大气的两强吸收光谱带之间，对大气的影响也是十分重要的，如 10 μm($\nu_3-\nu_1$)出现于水汽窗的中间，且接近大气温度的普朗克函数的最大值处，$CO_2$ 与温度的依赖关系导致对大气温度的重要反馈。

**表 4.8　$CO_2$ 的弱吸收带**

| 谱段 | 带中心 ($cm^{-1}$) | 同位素 | 高能态 ($\nu_1\nu_2^l\nu_3$) | 低能态 ($\nu_1\nu_2^l\nu_3$) | 线强(296 K) $S_n$(cm×$10^{20}$) |
|---|---|---|---|---|---|
| 10 μm | 960.96 | $^{16}O^{12}C^{16}O$ | $00^01$ | $10^00$ | 4.9 |
| | 1063.73 | $^{16}O^{12}C^{16}O$ | $00^01$ | $10^00$ | 6.3 |
| 5 μm | 1932.47 | $^{16}O^{12}C^{16}O$ | $11^10$ | $00^00$ | 4.1 |
| | 2076.87 | $^{16}O^{12}C^{16}O$ | $11^10$ | $00^00$ | 22.0 |
| | 2093.36 | $^{16}O^{12}C^{16}O$ | $12^21$ | $01^10$ | 4.0 |
| | 2129.78 | $^{16}O^{12}C^{16}O$ | $20^00$ | $01^10$ | 1.3 |
| 1.6 μm | 6227.92 | $^{16}O^{12}C^{16}O$ | $30^01$ | $00^00$ | 4.3 |
| | 6347.85 | $^{16}O^{12}C^{16}O$ | $30^01$ | $00^00$ | 4.3 |
| 1.4 μm | 6935.15 | $^{16}O^{12}C^{16}O$ | $01^13$ | $01^10$ | 1.1 |
| | 6972.58 | $^{16}O^{12}C^{16}O$ | $00^03$ | $00^00$ | 15.0 |

## 4.3.5　臭氧分子($O_3$)的吸收光谱

臭氧($O_3$)是一个三原子非对称陀螺分子，顶角为 116.45°，键长 0.126 nm，在大气中有三种同位素：$^{16}O^{16}O^{16}O$、$^{16}O^{18}O^{16}O$、$^{16}O^{16}O^{18}O$。

**1. 臭氧($O_3$)的电子谱带**

臭氧($O_3$)分子的电子跃迁形成了位于紫外光谱区的哈特莱带(Hartley)和哈金斯带(Huggins)(λ<340 nm)，以及夏皮尤带(Chappuis)(450～470 nm)。图 4.22、图 4.23 和图 4.24 分别给出了这三个带的吸收系数。

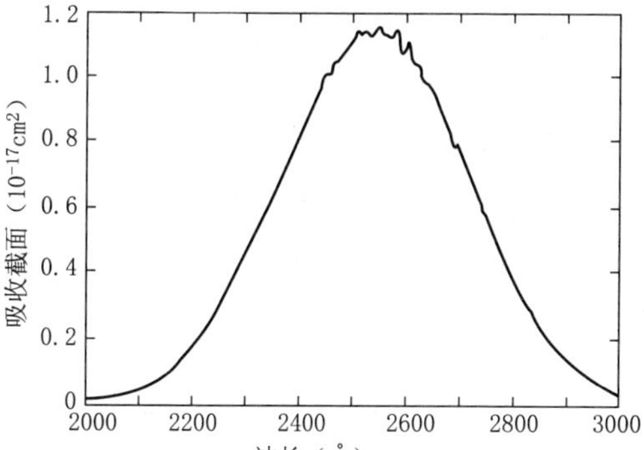


图 4.22　臭氧的 Hartley 带吸收截面

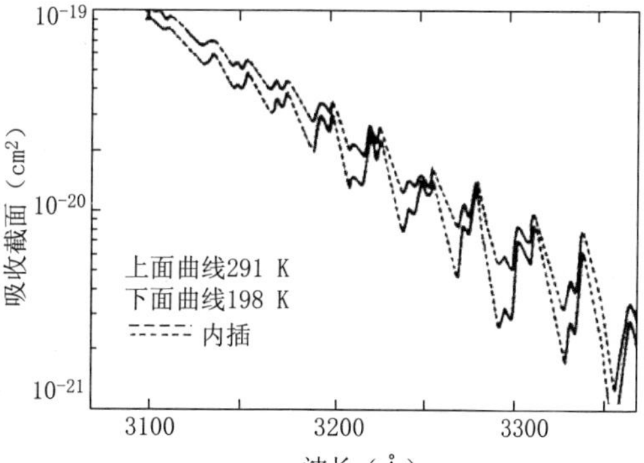


图 4.23　臭氧的 Huggins 带吸收截面

对于中心 255.3 nm 在的哈特莱带是 $O_3$ 的主要吸收光谱带，吸收截面 1.08×

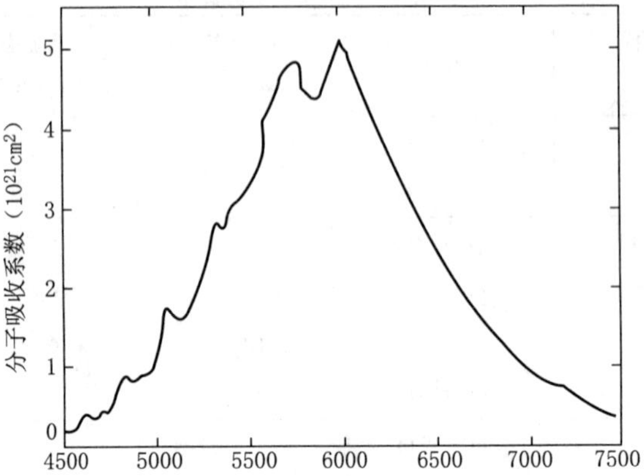


图 4.24 温度为 291 K 时臭氧夏皮尤带

$10^{-17}$ cm$^2$，因此于 255.3 nm 处整层大气的透过率仅为 $10^{-66}$。哈特莱带是由许多弱线组成，其线距为 1 nm 左右，这些弱线构成了一个强的连续吸收带。哈特莱带的吸收与温度有密切的关系，如果与温度为 291 K 相比较，对于波长为 310 nm 和 250 nm，温度为 227～201 K 时，吸收系数比率 $k(T)/k(291\ \mathrm{K})$ 分别为 0.88 和 0.97；而温度为 243 K 时，其吸收系数比率为 0.92 和 0.98。

在哈特莱的长波翼区 310～340 nm，具有明显的带结构，这些弱带也称为哈金斯带，这个带对温度很敏感，并且不同的波长随温度而不同。$O_3$ 在 340～450 nm 区域较为透明；位于 450～740 nm 的夏皮尤带最大分子吸收系数为 $5\times10^{-21}$ cm$^2$，这说明吸收很小。它的温度效应可以忽略，但对太阳的直接加热和曙暮光的研究有作用。

**2. 臭氧的振转光谱带**

臭氧的三个基本振动频率都是活性的，它构成了三个基本振转带，其中心频率为：$\nu_1=1103.14$ cm$^{-1}$(9.0 μm)，$\nu_2=700.93$ cm$^{-1}$(14.1 μm)，$\nu_3=1043$ cm$^{-1}$(9.6 μm)。其中 $\nu_1$、$\nu_2$ 相对 $\nu_3$ 是很弱。$\nu_3$ 在三个基频中吸收最强的带，它正好处在 8～13 μm 的红外大气窗区，这个带的中心部分宽度约为 1.0 μm。在垂直气柱中大约有一半的太阳辐射被 $O_3$ 分子吸收。表 4.9 给出了臭氧最强的振转光谱带。在 2110.79 cm$^{-1}$ 处的复合带 $\nu_1+\nu_3$ 较弱。另外 $\nu_1$ 与 $\nu_3$ 十分接近，并有强的共振。

**表 4.9 臭氧的红外谱带**

| 谱段 | 带中心 (cm$^{-1}$) | 电子跃迁 ($\nu_1\nu_2^l\nu_3$) | 振动跃迁 ($\nu_1\nu_2^l\nu_3$) | 带强(296 K) $S_n$(cm×$10^{20}$) |
|---|---|---|---|---|
| 转动 | 0.00 | 000 | 000 | 41.3 |
| 14 μm | 700.93 | 010 | 000 | 62.8 |

续表

| 谱段 | 带中心 (cm$^{-1}$) | 电子跃迁 ($\nu_1\nu_2^l\nu_3$) | 振动跃迁 ($\nu_1\nu_2^l\nu_3$) | 带强(296 K) $S_n$(cm×10$^{20}$) |
|---|---|---|---|---|
| 9.6 μm | 1015.81 | 002 | 001 | 17.4 |
| | 1025.60 | 011 | 010 | 45.0 |
| | 1042.08 | 001 | 000 | 1394.0 |
| | 1103.14 | 100 | 000 | 67.1 |
| 泛频和复合频 | 2057.89 | 002 | 000 | 11.1 |
| | 2110.79 | 101 | 000 | 113.4 |
| | 3041.20 | 003 | 000 | 11.0 |

但确定它的位置和线强的计算较为困难。

$O_3$ 的谐频和复合频有：5.75 μm、4.75 μm、3.59 μm、3.27 μm、2.7 μm 吸收带。

### 4.3.6　一氧化二氮分子($N_2O$)的吸收光谱

$N_2O$ 是线性非对称分子，其强电子吸收带位于远紫外区，在 182 nm、145 nm、127.5 nm 和 108 nm 处吸收最大，在红外区的三个主要振动频率：$\nu_1=1285.6$ cm$^{-1}$ (7.8 μm)，$\nu_2=588.8$ cm$^{-1}$(17.0 μm)，$\nu_3=2223.5$ cm$^{-1}$(4.6 μm)，表 4.10 给出了 $N_2O$ 的强吸收带。在红外光谱区都是活性的。$N_2O$ 分子有几种稳定的同位素，它们由 $^{14}N$、$^{15}N$、$^{16}O$、$^{17}O$、$^{18}O$ 等原子复合而成。$N_2O$ 有许多强度较弱的谐波频带、复合频带和热频带。如图 4.25 是在近 7.78 μm $N_2O$ 的合成光谱，范围：1245～1325 cm$^{-1}$。

**表 4.10　一氧化二氮的强吸收带**

| 谱段 | 带中心 (cm$^{-1}$) | 高能态 ($\nu_1\nu_2^l\nu_3$) | 线强(296 K) $S_n$(cm×10$^{20}$) |
|---|---|---|---|
| 转动 | 0.00 | $00^00$ | |
| 17 μm | 588.77 | $01^10$ | 118 |
| 7.8 μm | 1168.13 | $02^00$ | 39 |
| | 1284.19 | $10^00$ | 996 |
| 4.5 μm | 2223.76 | $00^01$ | 5710 |
| 复合频 | 2462.00 | $12^00$ | 33 |
| | 2563.34 | $20^00$ | 135 |
| | 3363.97 | $02^00$ | 11 |
| | 3480.82 | $10^01$ | 197 |

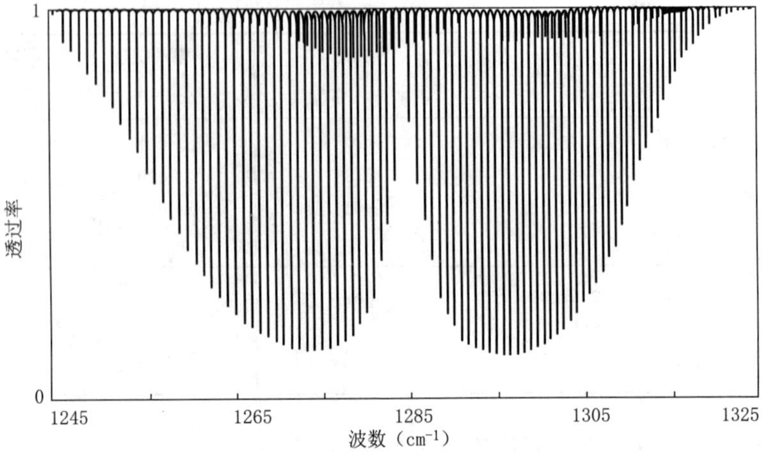


图 4.25 在近 7.78 $\mu m N_2O$ 的合成光谱,范围:1245～1325 $cm^{-1}$

## 4.3.7 其他吸收气体的吸收光谱

### 1. 甲烷($CH_4$)吸收光谱

如图 4.26 中,甲烷分子是个具有 C—H 键长为 109.3 pm 的球形对称陀螺分子。由于分子的能度对称性,各振动能级是高度简并的,9 个基本振动频率中,一个属于二重简并,两个属于三重简并,因此甲烷分子只有四个基本振动频率。图中给出了甲烷分子的四个振动方式,所以在九个基频中只有四个是独立的($\nu_1$、$\nu_2$、$\nu_3$、$\nu_4$),其 $\nu_1 = 2914.2\ cm^{-1}$, $\nu_2 = 1526\ cm^{-1}$, $\nu_3 = 3020.3\ cm^{-1}$ (3.3 $\mu m$), $\nu_4 = 1306.2\ cm^{-1}$ (7.7 $\mu m$),而且在红外谱段只有二个($\nu_3$、$\nu_4$)是活跃的。$CH_4$ 没有永久的电偶极矩,所以没有纯转动光谱。

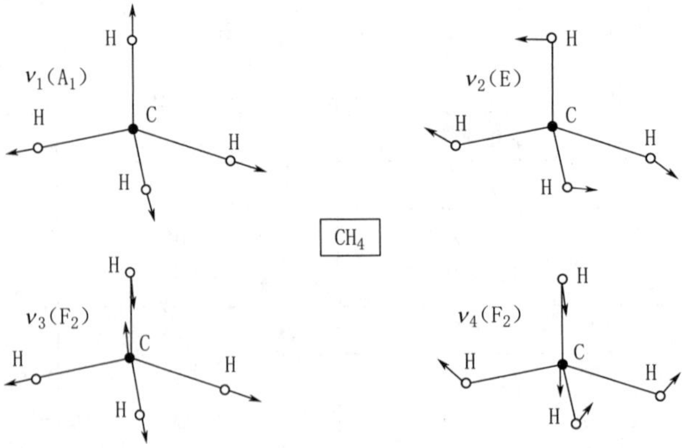


图 4.26 甲烷分子的振动方式

如表 4.11 中,甲烷分子有许多谐频带和复合频带,并在太阳光谱中观测到。在标准状况下，1.67 $\mu$m 带（$2\nu_2$）线宽大约是 0.08 $cm^{-1}$。图 4.27 是近 3.44 $\mu$m 处的甲烷光谱。

**表 4.11　甲烷分子光谱**

| 谱段 | 带中心（$cm^{-1}$） | 同位素 | 高能态（$\nu_1\nu_2\nu_3\nu_4$） | 线强（296 K）$S_n$（cm×$10^{20}$） |
|---|---|---|---|---|
| 基带 | 1302.77 | $^{13}CH_4$ | 0001 | 5.7 |
| | 1310.76 | $^{12}CH_4$ | 0001 | 504.1 |
| | 1533.37 | $^{12}CH_4$ | 0100 | 5.5 |
| | 3009.53 | $^{13}CH_4$ | 0010 | 29.3 |
| | 3018.92 | $^{12}CH_4$ | 0010 | 11022.0 |
| 谐频和复合带 | 2612 | $^{12}CH_4$ | 0002 | 5.4 |
| | 2822 | $^{13}CH_4$ | 0101 | 4.3 |
| | 2830 | $^{12}CH_4$ | 0101 | 38.0 |
| | 3062 | $^{12}CH_4$ | 0201 | 16.4 |
| | 4223 | $^{12}CH_4$ | 1001 | 24.0 |
| | 4340 | $^{12}CH_4$ | 0011 | 40.8 |
| | 4540 | $^{12}CH_4$ | 00110 | 6.2 |

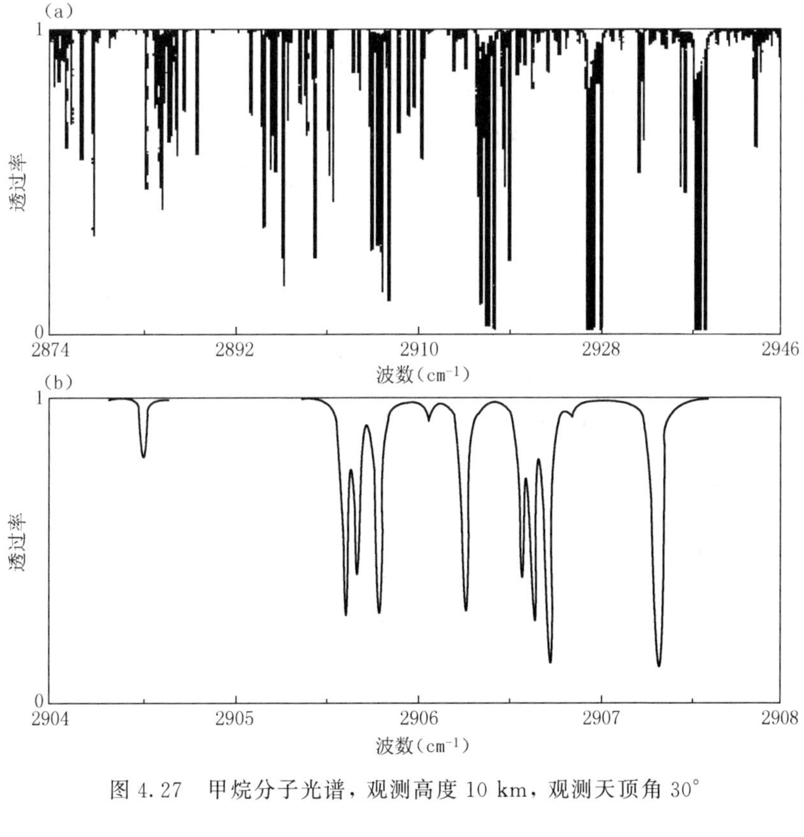


图 4.27　甲烷分子光谱，观测高度 10 km，观测天顶角 30°

**2. 一氧化碳(CO)吸收光谱**

一氧化碳 CO 是一个线性异核双原子分子，键长 123 pm，平衡转动常数 1.9313 $cm^{-1}$，以及具有 $0.34\times10^{-34}$ C-m(0.1 deb)的电偶极矩，因而有弱的 CO 的纯转动光谱，处在 100～600 μm 的远红外区。CO 有两种同位素变态：$^{13}C^{16}O$、$^{12}C^{16}O$。唯一的基带处在 2143.27 $cm^{-1}$(4.6 μm)，带强为 $9.81\times10^{-28}$ cm。

**3. 一氧化氮(NO)吸收光谱**

NO 是顺磁性双原子分子，由于不存在成对的电子，因此 NO 的电子基态为$^2\Pi$态，当 Σ(电子自旋对内核轴的投影)对Λ轨道角动量对内核轴投影，分别取反平行或平行排列时，电子角动量有两个值构成 $\Pi^{1/2}$ 和 $\Pi^{3/2}$ 双重态。因此，NO 5.3 μm 基带的振转光谱是由两个亚带组成，每个亚带都有具有 P、R 和较弱的支 Q，由于这两个亚带的振动和有效转动常数接近相同，故光谱成双线系列。其近带中心双线之间频率相差仅千分之几波数。

## 4.4 大气吸收光谱的计算方法

这部分的主要内容是引入计算辐射通过吸收气体层透过率的一般方法，前面已经描述了关于大气吸收气体透过率函数的数学公式，但是实际大气吸收气体的透过率计算是要计算某一谱段内许多谱线(谱带)的透过率。现在已有很多有关这方面的计算方法，图 4.28 表示不同透过率函数形式之间的相互关系。透过率函数有强度透过率

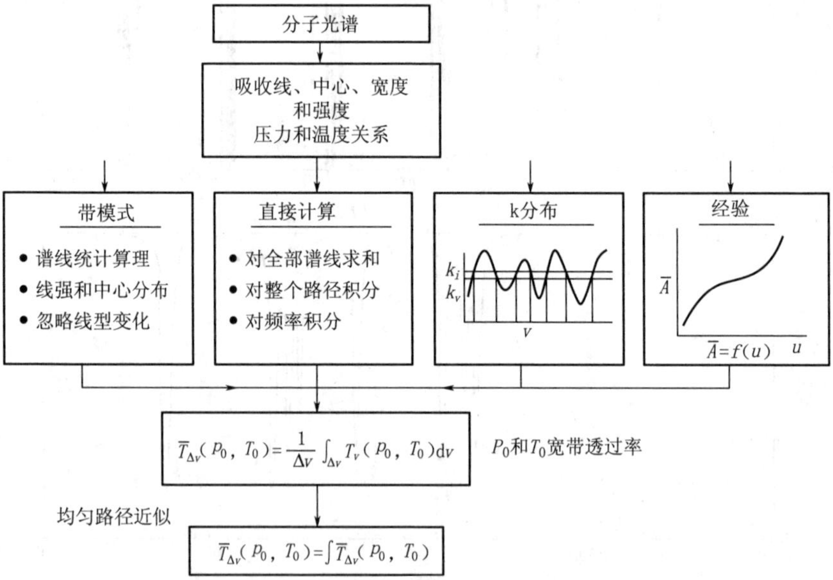


图 4.28 透过率计算的几种方法间的关系

和通量透过率。无论单色或宽带透过率(若干谱线组成的谱带平均)的透过率计算是这一部分的内容。这些函数可用于均匀路径或温度 $T$ 和气压 $p$ 变化的不均匀路径。可以看到从强度到通量透过率变换是很简单的,这里的主要内容是讨论宽带透过率模式和温度 $T$ 及气压 $p$ 变化的不均匀路径问题的处理。

沿倾斜光路 $s_1 \to s_2$ 的透过率表示为

$$\widetilde{T}(s_1, s_2) = e^{\int k_m \mathrm{d}z/\mu} = \widetilde{T}(z_1, z_2, \mu) \tag{4.95}$$

式 $\widetilde{T}(z_1, z_2, \mu)$ 中称之为对于由 $(z_1, z_2, \mu)$ 确定路径的射束透过率函数。通常表示为

$$\widetilde{T}_f(z_1, z_2, \mu) = \int_0^1 \mu \widetilde{T}(z_1, z_2, \mu)\mathrm{d}\mu \Big/ \int_0^1 \mu \mathrm{d}\mu \tag{4.96}$$

这是一个 $\mu$ 加权透过率函数,表征通过气层 $z_1 \to z_2$ 的照度透过率。

$$\widetilde{T}_f(z_1, z_2) = 2E_3[\tau(z_1, z_2)] \tag{4.97}$$

$$2E_n(x) = \int_1^{\infty} e^{-\eta x} \mathrm{d}\eta / \eta^n \tag{4.98}$$

式中 $E_n(x)$ 是第 $n$ 阶指数积分,其中 $\eta = 1/\mu, x = \tau$。

$$2E_3(x) = e^{-\beta x} \tag{4.99}$$

式中 $\beta = 1.66$,因此

$$\widetilde{T}_f(z_1, z_2) = e^{-\beta \int k \mathrm{d}u} \tag{4.100}$$

其重要性在于通量透过率可以通过使用对于强度透过率仅随漫射因子 $\beta$ 路径增加模拟,因此发展一个宽带通量函数理论,考虑强度透射率,并注意用引入漫射函数的这个透射率给出宽带通量透过率。

### 4.4.1　单谱线吸收的频率积分

大多数问题是要求取从谱线半宽度到宽的光谱区域 10～100 $\mathrm{cm}^{-1}$ 宽度范围内各光谱量的光谱变化的透射率(或等效吸收)函数总的光谱积分,对此在掌握如何求出为复杂积分之前,先研究单谱线累积吸收特性。

定义等效宽度为吸收对频率的积分,即

$$W(u) = \int A(\nu)\mathrm{d}\nu = \int \mathrm{d}\nu (1 - e^{-k_\nu u}) = \int \mathrm{d}\nu [1 - e^{-Sf(\nu - \nu_0)k_\nu u}] \tag{4.101}$$

式中物质量 $u$ 替代 $s$ 作为路径的测量,吸收 $W(u)$ 称为等效宽度。这里假定吸收线为矩形、以频率 $\nu$ 为单位的宽度给出的等效积分吸收,吸收参数(半宽度和强度)为常数与路径无关。如图 4.29 所示吸收线为矩形以频率 $\nu$ 为单位的等效宽度。

式中(4.101)平均吸收率为

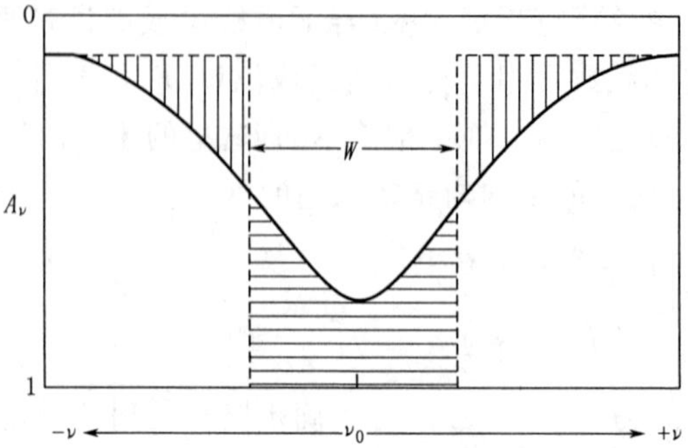


图 4.29 等效宽度解释

$$A(u)=\frac{W(u)}{\Delta\nu}=\frac{1}{\Delta\nu}\int_{-\infty}^{\infty}A_\nu(u)\mathrm{d}\nu=\frac{1}{\Delta\nu}\int_{-\infty}^{\infty}(1-\mathrm{e}^{-k_\nu u})\mathrm{d}\nu \tag{4.102}$$

对于洛伦兹谱型

$$W(u)=A(u)\Delta\nu=\int_{-\infty}^{\infty}\{1-\exp[-\frac{1}{\pi}\frac{S\alpha_L u}{(\nu-\nu_0)^2+\alpha_L^2}]\}\mathrm{d}\nu \tag{4.103}$$

引入参数 $x=\frac{Su}{2\pi\alpha_L}$, $\tan\frac{\theta}{2}=\frac{\nu-\nu_0}{\alpha_L}$, 则有

$$\frac{1}{(\nu-\nu_0)^2+\alpha_L^2}=\frac{1}{\alpha_L^2}\frac{1}{\tan^2\frac{\theta}{2}+1}=\frac{1}{\alpha_L^2}\cos^2\frac{\theta}{2}=\frac{1}{2\alpha_L^2}(\cos\theta+1) \tag{4.104}$$

由此

$$k(\nu)u=\frac{S}{\pi}\frac{1}{2\alpha_L}(\cos\theta+1)\frac{2\pi\alpha_L x}{S}=x\cos\theta+x \tag{4.105}$$

又因

$$\mathrm{d}\nu=\alpha_L\frac{\mathrm{d}}{\mathrm{d}\theta}(\tan\frac{\theta}{2})\mathrm{d}\theta$$

故有

$$\begin{aligned}W(u)&=\int_{-\pi}^{+\pi}(1-\mathrm{e}^{-x\cos\theta-x})\frac{\mathrm{d}}{\mathrm{d}\theta}(\tan\frac{\theta}{2})\mathrm{d}\theta\\&=\frac{\alpha_L(1-\mathrm{e}^{-x\cos\theta-x})}{\cot\frac{\theta}{2}\Big|_{-\pi}^{+\pi}+\alpha_L\int_{-\pi}^{+\pi}x\sin\theta\,\mathrm{e}^{-x\cos\theta-x}\tan\frac{\theta}{2}\mathrm{d}\theta}\end{aligned} \tag{4.106}$$

对于分母第一项为$\frac{0}{0}$型,其分子与分母的微分比为

$$\frac{x\sin\theta\,\mathrm{e}^{-x\cos\theta-x}}{-c\sec^2\frac{\theta}{2}}\Bigg|_{-\pi}^{\pi}=0$$

因此

$$W(u)=\alpha_L x\mathrm{e}^{-x}\int_{-\pi}^{+\pi}\sin\theta\ \tan\frac{\theta}{2}\mathrm{e}^{-x\cos\theta}\mathrm{d}\theta$$
$$=\alpha_L x\mathrm{e}^{-x}\int_{-\pi}^{+\pi}\sin\theta\ \frac{1-\cos\theta}{\sin\theta}\mathrm{e}^{-x\cos\theta}\mathrm{d}\theta \tag{4.107}$$
$$=\alpha_L x\mathrm{e}^{-x}\int_{-\pi}^{+\pi}(1-\cos\theta\ )\mathrm{e}^{-x\cos\theta}\mathrm{d}\theta$$

注意到贝塞尔函数

$$(i)^n I_n(ix)=\frac{1}{2\pi}\int_{-\pi}^{+\pi}\cos n\theta\ \mathrm{e}^{iz\cos\theta}\mathrm{d}\theta \tag{4.108}$$

其中

$$I_0(ix)=\frac{1}{2\pi}\int_{-\pi}^{+\pi}\mathrm{e}^{-x\cos\theta}\mathrm{d}\theta$$
$$iI_1(ix)=\frac{1}{2\pi}\int_{-\pi}^{+\pi}\cos\theta\mathrm{e}^{-x\cos\theta}\mathrm{d}\theta \tag{4.109}$$

所以

$$W(u)=2\pi\alpha_L x\mathrm{e}^{-x}[I_0(ix)-iI_1(ix)]$$
$$=2\pi\alpha_L f(x) \tag{4.110}$$
$$f(x)=x\mathrm{e}^{-x}[I_0(ix)-iI_1(ix)] \tag{4.111}$$

(1)单线吸收积分的极限:下面有两种关于 $A(u)$有用的极限:

下面讨论对于小 $x\ll 1$ 和 $x\gg 1$ 两个重要的情形。对于小 $x$,$I_n$ 可以用有限级数表示为

$$I_n(x)=\sum_{k=0}^{\infty}\frac{1}{k!\ \Gamma(n+k+1)}\left(\frac{x}{2}\right)^{2k+n} \tag{4.112}$$

式中 $\Gamma(x)$是 Gamma 函数,其积分形式为

$$\Gamma(x)=\int_0^{\infty}\exp(-t)t^{x-1}\mathrm{d}t \tag{4.113}$$

对于正的求积 $n$,求得 $\Gamma(n+1)=n!$,导得 $I_0$ 和 $I_1$ 的平方级数项,则有

$$I_0(x)=1+\left(\frac{x}{2}\right)^2+\frac{1}{4}\left(\frac{x}{2}\right)^4+\cdots \tag{4.114}$$
$$I_1(x)=\frac{x}{2}+\frac{1}{2}\left(\frac{x}{2}\right)^3+\frac{1}{12}\left(\frac{x}{2}\right)^5+\cdots$$

① 对于 $x\ll 1$,为弱线极限,如果只保留级数的第一二项,是足够精确的,不过由于 $\exp(-x)\approx 1-x$,求得平均吸收系数的三阶展开,为

$$A(x)=\frac{2\pi\alpha_L}{\Delta\nu}(x-\frac{x^2}{2}-\frac{x^3}{4}) \tag{4.115}$$

这称为弱线性近似，为吸收规则(4.115)式的线性部分

$$A(x)=\frac{2\pi\alpha_L}{\Delta\nu}x\text{，或 }A(x)=\frac{Su}{\Delta\nu} \tag{4.116}$$

② 强线性近似或平方根极限：对于洛伦兹型

$$f(\nu-\nu_0)=\frac{1}{\pi}\frac{\alpha_L}{(\nu-\nu_0)^2+\alpha_L^2} \tag{4.117}$$

假定$|\nu-\nu_0|\gg\alpha_L$，因此，$\dfrac{1}{(\nu-\nu_0)^2+\alpha_L^2}\rightarrow\dfrac{1}{(\nu-\nu_0)^2}$，则有

$$\exp\left[-\frac{1}{\pi}\frac{Su\alpha_L}{(\nu-\nu_0)^2+\alpha_L^2}\right]\rightarrow e^{-\frac{Su\alpha_L}{\pi(\nu-\nu_0)^2}} \tag{4.118}$$

$$W(u)=\int d\nu[1-e^{-\frac{Su\alpha_L}{\pi(\nu-\nu_0)^2}}] \tag{4.119}$$

和

$$W(u)=2\sqrt{Su\alpha_L} \tag{4.120}$$

强线吸收的条件发生在存在大量的吸收物质 $u$ 或压力很大(大的 $\alpha_L$)的情况下。弱吸收对物质量很敏感。这些极限的物理解释如图 4.31 中，在线性 C 区域，吸收只出现在谱线中心处。如当 $u$ 增加时，谱线中心吸收到达的全部能量，通过谱线翼区 A 吸收增加(强区域)。

(2)单洛伦兹谱线宽带吸收：用 Ladenburg-Reiche 函数表示为

$$W_{L\text{-}R}(u)=\int_{-\infty}^{+\infty}[1-e^{-\frac{Su\alpha_L}{\pi(\nu-\nu_0)^2+\alpha_L^2}}]d\nu=2\pi\alpha_L\{ye^{-y}[I_0(y)+I_1(y)]\} \tag{4.121}$$

式中 $y=\dfrac{Su}{2\pi\alpha_L}$，因此这可近似为

$$W_{L-R}(u)\sim Su[1+\left(\frac{Su}{4\alpha_L}\right)^{5/4}]^{-2/5} \tag{4.122}$$

对于所有 $Su/\alpha_L$ 的值在1%之内，图 4.30 给出强吸收和弱吸收和 $L$-$R$ 函数，称之为增长曲线，对于热带大气辐射是很重要的。

### 4.4.2 非重叠谱线的带模式

最简单的谱带模式是把包含有平均间隔为 $\delta$ 的 $N$ 条非重叠谱线光谱的一个间隔 $\Delta\nu=N\delta$，因此全部谱线的平均等级效宽度 $W(u)$可以通过对个别谱线的等效宽度 $W_i$ 求和获得，就是

$$W(u)=\frac{1}{N}\sum_{i=1}^{N}W_i(u) \tag{4.123}$$

则平均谱带的吸收为

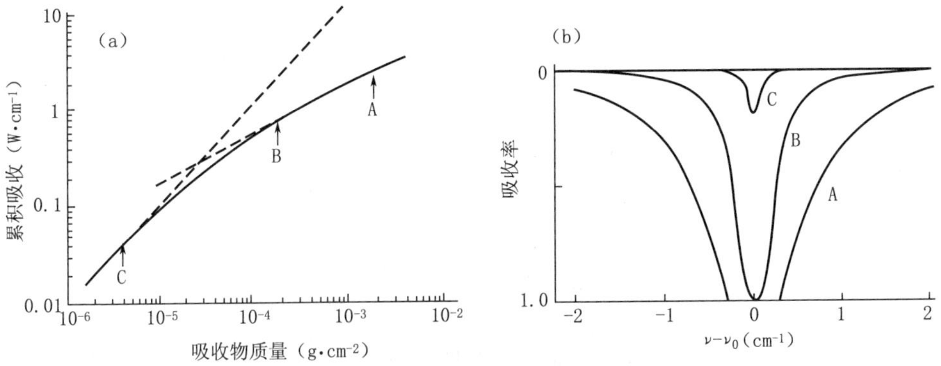


图 4.30　极限的物理解释

$$A(u)=\frac{1}{N\delta}\sum_{i=1}^{N}W_i(u)=\frac{1}{N}\sum_{i=1}^{N}A_i(u) \tag{4.124}$$

常考虑弱线和强线两个极限情况，在弱线极限情况下，单条谱线的平均吸收为 $A_{w,i}(u)=S_iu/\delta$，因此对于 $N$ 条非重叠谱线，得到弱线近似为

$$A_w(u)=\frac{1}{N\delta}\sum_{i=1}^{N}S_i(u) \tag{4.125}$$

在上面情形下，$A$ 是独立于谱线的形状。对于强引的情形，类似地，$N$ 条非重叠洛伦兹谱线的平均吸收为

$$A_S(u)=\frac{2}{N\delta}\sum_{i=1}^{N}\sqrt{S_i\alpha_{L,i}u} \tag{4.126}$$

通常情形下，对于非重叠谱线不能用于实际大气情形中，但在建立大气透过率函数需要这模式结果。

### 4.4.3　随线强分布的谱线吸收

这里只考虑对谱线间强度变化的吸收谱线的吸收平均，而不考虑谱线宽度和谱线的重叠。由于数千条谱线线强的变化，比线宽 $\alpha_L$ 的变化更重要，这是一个合理的近似。在有些情形中，可以把某些谱线重叠的谱带模式简化为简单的单线分布。

图 4.31 表示为函数 $P(S)$ 的线强分布，$P(S)\mathrm{d}S$ 是线强具有在 $S\rightarrow S+\mathrm{d}S$ 之间的谱线部分。根据假定的 $P(S)\mathrm{d}S$ 形式得到各种模式，并考虑两种特殊例子：

Goody(1952)给出

$$P(S)=\frac{1}{\sigma}\exp\left(-\frac{S}{\sigma}\right) \tag{4.127}$$

Malkmus(1967)给出

$$P(S)=\frac{1}{S}\exp\left(-\frac{S}{\sigma}\right) \tag{4.128}$$

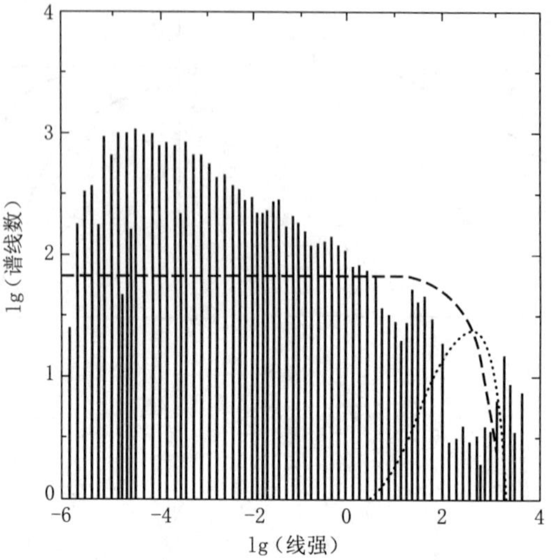


图 4.31 $CO_2$ 谱线在 450 和 900 $cm^{-1}$ 波数处强度的直方图分布（点线是 Goody 模式，长虚线是 Malkmus 模式），给定线组的每一杆表示谱线数目，一个给定线组的平均强度的 20%的谱线选入线组

式中 $\sigma$ 是平均线强，为

$$\sigma = \int_0^{+\infty} SP(S)\mathrm{d}S \tag{4.129}$$

如果 $k_\nu = f(\nu)S$，则由此得

$$\overline{W} = \int_0^{+\infty} P(S)W(S)\mathrm{d}S \tag{4.130a}$$

和

$$\overline{W} = \int_0^{+\infty} P(S)\mathrm{d}S \int_{-\infty}^{+\infty} \{1 - \exp[-Sf(\nu)u]\}\mathrm{d}\nu \tag{4.130b}$$

因此，对于 Goody：

$$W = \int_{-\infty}^{+\infty} \sigma f(\nu)u/[1 + Sf(\nu)u]\mathrm{d}\nu \tag{4.131a}$$

$$W = \sigma u\left(1 + \frac{Su}{\pi\alpha_L}\right)^{-1/2} \tag{4.131b}$$

对于 Malkmus：

$$W = \int_{-\infty}^{+\infty} \ln[1 + uSf(\nu)]\mathrm{d}\nu \tag{4.132a}$$

$$W_M = \frac{\pi\alpha_L}{2}\left[\left(1 + \frac{4Su}{\pi\alpha_L}\right)^{1/2} - 1\right] \tag{4.132b}$$

### 4.4.4　谱带模式

**1. Elsasser 周期模式**

对于线性分子 $CO_2$ 的 P+R 支谱带经常或多或少地显示为一列具有同样线型的间隔规则的重叠谱线，据此，Elsasser(1942)构建了一由无限均匀间隔相等的洛伦兹谱线的谱带模式，称为 Elsasser 周期模式，整个谱线重叠给出的吸收系数为

$$k_{\nu,E}=\sum_{n=-\infty}^{n=+\infty}\frac{S}{\pi}\frac{\alpha_L}{(\nu-n\delta)^2+\alpha_L^2} \tag{4.133}$$

式中 $\delta$ 为谱线间距。图 4.32 表示了 Elsasser 谱带模式的线型因子 $f_E(\nu)=k_{\nu,E}/S$。函数 $k_{\nu,E}$ 在 $\nu=j\delta+i\alpha_L$ 处具有一无限单极点，用 Mittag-Leffler 定理，无限求和可以采用周期和双曲线函数表示为

$$k(s)=\frac{S}{\delta}\frac{\sinh\beta}{\cosh\beta-\cos s} \tag{4.134}$$

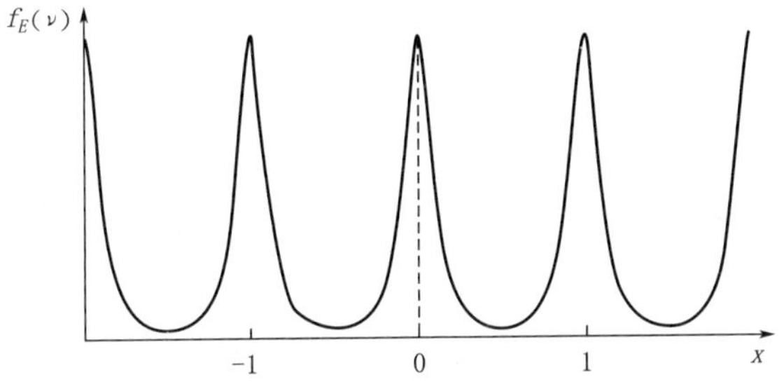


图 4.32　Elsasser 周期模式谱线因子，$x=\nu/\delta$

式中 $s=2\pi\nu/\delta$ 和 $\beta=2\pi\alpha/\delta$。图 4.32 中吸收系数 $k_\nu$ 在 $k_{\min}\leqslant k_\nu\leqslant k_{\max}$ 范围内周期性变化。由(4.134)式直接求得

$$k_{\min}=\frac{S}{\delta}\frac{\sinh\beta}{\cosh\beta+1};\quad k_{\max}=\frac{S}{\delta}\frac{\sinh\beta}{\cosh\beta-1} \tag{4.135}$$

下面将计算规则谱带的平均透过率。由于谱线的周期性特征，只要在间隔$[-\delta/2,\delta/2]$求平均就足够了，就是

$$\widetilde{T}(u)=\frac{1}{\delta}\int_{-\delta/2}^{\delta/2}\exp(-k_\nu u)\mathrm{d}\nu=\frac{1}{2\pi}\int_{-\pi}^{\pi}\exp[-k(s)u]\mathrm{d}s \tag{4.136}$$

很方便地求 $\widetilde{T}$ 对于 $u$ 的一阶导数，即有

$$\frac{\mathrm{d}\widetilde{T}}{\mathrm{d}u}=-\frac{1}{2\pi}\int_{-\pi}^{\pi}k(s)\exp[-k(s)u]\mathrm{d}s \tag{4.137}$$

定义

$$\cos\phi = \frac{1 - \cosh\beta\cos s}{\cosh\beta - \cos s} \tag{4.138}$$

通过三角运算给出

$$\mathrm{d}\phi = -\frac{\cosh\beta - \cos\phi}{\sinh\beta}\mathrm{d}s = -k(\phi)\frac{\delta}{S}\mathrm{d}s \tag{4.139}$$

可以证明有等式

$$\frac{\cosh\beta - \cos\phi}{\sinh\beta} = \frac{\sinh\beta}{\cosh\beta - \cos s} \tag{4.140}$$

使用上面关系式，(4.137)式可以有

$$\frac{\mathrm{d}\widetilde{T}}{\mathrm{d}u} = \frac{S}{2\pi\delta}\int_0^{2\pi}\exp\left(-\frac{Su}{\delta}\frac{\cosh\beta - \cos\phi}{\sinh\beta}\right)\mathrm{d}\phi \tag{4.141}$$

如果在式中指数函数表示式内设自变量

$$y = \frac{Su}{\delta\sinh\beta} \tag{4.142}$$

得到

$$\frac{\mathrm{d}\widetilde{T}}{\mathrm{d}y} = \frac{\sinh\beta}{2\pi}\exp(-y\cosh\beta)\int_0^{2\pi}\exp(y\cos\phi)\mathrm{d}\phi \tag{4.143}$$

第一类贝塞尔函数(Watson，1980)可以通过如下积分表示为

$$J_n(x) = \frac{(-i)^n}{2\pi}\int_{-\pi}^{\pi}\cos(nw)\exp(ix\cos w)\mathrm{d}w \tag{4.144}$$

将 $\phi=\pi-w$ 代入(4.144)式，得到

$$J_n(x) = \frac{(-i)^n}{2\pi}\int_0^{2\pi}\cos(n\pi - n\phi)\exp[ix\cos(\pi - \phi)]\mathrm{d}\phi \tag{4.145}$$

对于 $n=0$ 和 $y=ix$，零阶贝塞尔函数 $J_0(iy)$ 为

$$J_0(iy) = \frac{1}{2\pi}\int_0^{2\pi}\exp(y\cos\phi)\mathrm{d}\phi \tag{4.146}$$

由此(4.143)式可以表示为

$$\frac{\mathrm{d}\widetilde{T}}{\mathrm{d}y} = \sinh\beta\exp(-y\cosh\beta)J_0(iy) \tag{4.147}$$

最后，以 $Y=y\sinh\beta=Su/\delta$ 代入，则导得 Elsasser 周期模式平均透过率公式为

$$\widetilde{T}(Y) = \int_Y^{\infty}\exp(-Y'\cosh\beta)J_0\left(\frac{iY'}{\sinh\beta}\right)\mathrm{d}Y' \tag{4.148}$$

对于这一积分没有解析解，但是结果可以通过数值求积方法求出。

从图 4.31 中可得出，对于吸收系数 $k_\nu$ 存在一个平均值 $\bar{k}$。对于实际迅速变化的光谱吸收系数，通常它不能给出可靠的 $\bar{k}$。形式上有

$$\bar{k}=\frac{1}{\delta}\int_{-\delta/2}^{\delta/2}\frac{S}{\delta}\frac{\sinh\beta}{\cosh\beta-\cos(2\pi\nu/\delta)}\mathrm{d}\nu \tag{4.149}$$

对于 $b^2>c^2$，使用积分等式

$$\int\frac{\mathrm{d}x}{b+c\cos ax}=\frac{2}{a\sqrt{b^2-c^2}}\arctan\left[\frac{(b-c)\tan(ax/2)}{\sqrt{b^2-c^2}}\right] \tag{4.150}$$

可以得到所期望的结果

$$\bar{k}=\frac{S}{\delta} \tag{4.151}$$

由于在洛伦兹谱线的范围内每条线强为 $S$，这一结果从图 4.31 中也能估猜出。虽然，在间隔$[-\delta/2,\delta/2]$内中心谱线对这面积的贡献小于 $S$，为 $S-\Delta S$，这失去部分是由无限相邻的谱线翼区的作用，给出 $\Delta S$ 贡献。

(1)大的 $\beta$ 值

由于 $\beta=2\pi\alpha_L/\delta$，大的 $\beta$ 值意味着在光谱线之间的小距离。在这种情况下，$\beta$ 成为很大的值，$\coth\beta$ 接近于 1。对于某一 $\beta$ 值，在(4.148)式积分符号内的函数的乘积的贡献，为积分值随 $Y'$ 的增大而迅速减小。就是说，这有点不同的是由于随 $Y'$ 的增大，指数函数的迅速减小，函数乘积对积分的贡献是由较小的 $Y'$ 值确定。因此对于大的 $\beta$ 值和不太大的 $Y'$ 值，分数 $Y'/\sinh\beta$ 是小数，由此变量 $J_0(iY'/\sinh\beta)=I_0(Y'/\sinh\beta)$是小数，且可以用 $I_0\approx1$ 近似。对于这种情况，透过函数 $\widetilde{T}(Y)$，原先的(4.148)式可以近似为

$$\widetilde{T}(Y)=\int_Y^{\infty}\exp(-Y')\mathrm{d}Y'=\exp\left(-\frac{Su}{\delta}\right) \tag{4.152}$$

这是对于等效于 $\delta=\pi\alpha_L$ 时 $\beta=2$ 的合理近似。分数 $S/\delta$ 可以当作为连续光谱的吸收系数，光谱线相互重叠，观测不到谱线结构。弱线近似的情形下，参看(4.116)式，在(4.152)式中设 $\delta=\Delta\nu$ 和 $Su/\delta\ll1$。

(2)小的 $\beta$ 值

对于小的 $\beta$ 值($\delta\gg\alpha_L$)，谱线间距远大于谱线的半宽度。这意味着对于弱谱线的重叠效应可以忽略，但是对于强线有明显重叠在谱线翼区仍然发生。在 $\beta\approx1$ 和 $\sin\beta\approx\beta$ 的情形下，因此(4.134)式可以简化为

$$k(s)=\frac{S\beta}{\delta}\frac{1}{1-\cos s}=\frac{S\beta}{2\delta}\frac{1}{\sin^2(s/2)} \tag{4.153}$$

设 $m=Su\beta/2\delta$，和 $\sin^2(s/2)=1/y$，透过函数(4.136)式可以写为

$$\widetilde{T}=\frac{1}{\pi}\int_0^{\pi}\exp[-k(s)u]\mathrm{d}s=\frac{1}{\pi}\int_1^{\infty}\frac{\exp(-my)}{y\sqrt{y-1}}\mathrm{d}y \tag{4.154}$$

为把这表示式用列表形式表示，将(4.154)式对 $m$ 求微分，得到

$$\frac{d\widetilde{T}}{dm} = -\frac{1}{\pi}\int_1^{\infty} \frac{\exp(-my)}{\sqrt{y-1}}dy = \frac{\exp(-m)}{\pi}\int_0^{\infty} \frac{\exp(-m\xi)}{\sqrt{\xi}}d\xi = \frac{\exp(-m)}{\sqrt{\pi m}}$$

(4.155)

由下面

$$\widetilde{T} = \frac{1}{\sqrt{\pi}}\int_m^{m_1} \frac{\exp(-m')}{\sqrt{m'}}dm' = \frac{2}{\sqrt{\pi}}\int_{\sqrt{m}}^{\sqrt{m_1}} \exp(-x^2)dx \tag{4.156}$$

第二个积分的上限$\sqrt{m_1}$，可以从当 $m=0$($m$ 与 $u$ 成正比)，$\widetilde{T}=1$ 条件，求取观测等式

$$\int_0^{\infty} \exp(-x^2)dx = \frac{\sqrt{\pi}}{2} \tag{4.157}$$

由此得$\sqrt{m_1}=\infty$。为了求取 $\widetilde{T}(u)$，引入列表误差函数 $\phi(x)$，其定义为

$$\phi(x) = \frac{2}{\sqrt{\pi}}\int_0^x \exp(-s^2)ds \tag{4.158}$$

以 $m$ 代替(4.148)式，求得

$$\widetilde{T}(u) = 1-\phi(\sqrt{m}) = 1-\phi(\frac{1}{\delta}\sqrt{\pi S\alpha_L u}) = 1-\phi(\frac{\sqrt{\pi}}{2}\frac{W_s}{\delta}) \tag{4.159}$$

这里也使用强线近似的等效宽度，参见(4.116)式，$W_s=A_s(u)\Delta\nu=2\sqrt{S\alpha_L u}$，作为一个符号，Elsasser 也引入推广的吸收系数 $l=2\pi S\alpha_L/\delta^2$，因此透过率函数写为

$$\widetilde{T}(u) = 1-\phi(\sqrt{lu/2}) \tag{4.160}$$

最后考虑误差函数的级数展开式

$$\phi(x) = \frac{2}{\sqrt{\pi}}(x-\frac{x^3}{3}+\cdots) \tag{4.161}$$

由此，对于小的自变量，由(4.159)式得到

$$\widetilde{T}(u) = 1-\frac{W_s}{\delta} \tag{4.162}$$

这是对于非重叠加谱线透过率函数的公式。

**2. Schnaidt 模式**

另一个吸收函数的变换公式是 1937 年 Schnaidt 提出的。他假定谱线的重叠加效应处理为每条谱线离中心距离为 $\delta/2$，因此代替(4.102)式的平均吸收为

$$A(u) = \frac{1}{\Delta\nu}\int_{-\delta/2}^{\delta/2}[1-\exp(-k_\nu u)]d\nu \tag{4.163}$$

由于在(4.136)式中积分间隔不是$[-\infty,\infty]$，对于 $u\to\theta$，弱线近似不适用于(4.120)式，可以看到积分区间$[\delta/2,-\delta/2]$排除了该范围之外任何谱线的影响。

### 4.4.5 透过率函数的拟合

采用透过率函数的指数求和拟合法，假定对于给定间隔 $\Delta\nu$ 的透过率函数通过一

个指数形式近似表示为

$$\widetilde{T}_{\Delta\nu}(u) \approx E_{\Delta\nu}(u) = \sum_{i=1}^{m} a_i \exp(-b_i u) \tag{4.164}$$

式中 $u$ 是吸收气体含量，$a_i$ 和 $b_i$ 是拟合系数，方法通过确定一对系数 $a_i$ 和 $b_i(i=1,2,\cdots,m)$求取。系数 $a_i$ 是一无量纲权重，而 $b_i$ 是与灰体吸收相应的系数。因此在间隔 $\Delta\nu$ 的平均透过率可以考虑为分透过率的求和。每一子带 $i$ 用无量纲宽度 $a_i$ 和灰体吸收系数 $b_i$ 表示。显然，如果 $u=0$，则透过率等于1，在求和中，对于全部 $i$，透过率函数的指数表示有下面约束

$$\sum_{i=1}^{m} a_i = 1 \quad (a_i > 0,\ b_i \geqslant 0) \tag{4.165}$$

现简要描述求取$(a_i, b_i)$的可靠值的高阶逐步最小拟合方法公式。对于吸收质量增量的均匀格点 $\Delta u$ 有

$$u_n = n\Delta u \tag{4.166}$$

式中使用格点总数为 $N+1$，对于 $u_n$ 的指数拟合(4.164)式，得到

$$E_{\Delta\nu}(u_n) = \sum_{i=1}^{m} a_i \exp(-b_i n\Delta u) = \sum_{i=1}^{m} a_i \theta_i^n,\quad \theta_i = \exp(-b_i \Delta u) \tag{4.167}$$

对于整个路径的透过率 $\widetilde{T}_{\Delta\nu}(u_n)$的精确值或以采用高分辨率的逐线积分或很精确的带模式求得。

使用一组相同的空间变量，在 $\widetilde{T}_{\Delta\nu}(u_n)$和 $E_{\Delta\nu}(u_n)$之间的距离可以用最小二乘残差表示

$$R_0 = \sum_{n=1}^{N} w_n [\widetilde{T}_{\Delta\nu}(u_n) - E_{\Delta\nu}(u_n)]^2 \tag{4.168}$$

式中 $w_n \geqslant 0$ 是最小二乘加权，$E_{\Delta\nu}(u_n)$是当 $b_i \geqslant 0$ 时具有 $0 \leqslant \theta_i \leqslant 1$ 在(4.167)式中表示的幂的总和。最佳拟合是对于全部可能的 $a_i$、$b_i$、$m$ 值，$R_0$ 极小。考虑到(4.167)式中的 $\theta_i$ 是已知的，对于 $a_1, a_2, \cdots, a_m$，标准的线性二乘的正态方程式为

$$P(\theta_i) = \frac{\partial R_0}{\partial a_i} = 0 \quad (i=1,2,\cdots,m) \tag{4.169}$$

及残差多项式为

$$P(\theta) = 2\sum_{n=1}^{N} p_n \theta^n \tag{4.170}$$

是已知的，系数

$$p_n = w_n [E_{\Delta\nu}(u_n) - \widetilde{T}_{\Delta\nu}(u_n)] \quad (n=1,2,\cdots,N) \tag{4.171}$$

是指数拟合与精确数据间逐点差的加权。对一定的 $\theta_i$，有一组 $a_i$ 满足(4.171)式使 $R_0$ 极小。由 $\widetilde{T}_{\Delta\nu}(u_n)$ 达到对于原始数一个最佳拟合$(a_i > 0, b_i \geqslant 0)$，仅且只有当残差

满足条件

$$\begin{cases}(\mathrm{a}) \quad P(\theta_i)=0 \quad (i=1,2,\cdots,m) \\ (\mathrm{b}) \quad P(\theta)\geqslant 0 \quad (0\leqslant\theta\leqslant 1)\end{cases} \tag{4.172}$$

应注意的(4.172)式是精确方程式(4.169)的条件，对于系数 $a_i$ 求解(4.172)式条件下之间向前和向后迭代方法和通过增加一个新的指数因子 $\theta_i$ 改进向前条件(4.172)式。

现用一个简单的例子说明指数求和拟合方法。假定函数形式近似为

$$\widetilde{T}(u)=0.6\exp(-0.1u)+0.3\exp(-0.1u)+0.1\exp(-0.001u) \tag{4.173}$$

指数求和拟合一个具有未知系数$(a_i,b_i)$，$i=1,2,3$ 的同样的解析形式，就是

$$E(u)=a_1\exp(-b_1u)+a_2\exp(-b_2u)+a_3\exp(-b_3u) \tag{4.174}$$

Wiscombe 和 Evans(1977)使用 20 个格点值：

$$u_n=\{0,1,2,3,4,5,10,30,60,150,300,400,500,1000,$$
$$1500,2000,3000,4000,5000,6000\}$$

$$w_n=\frac{1}{\widetilde{T}(u_n)} \quad (n=0,\cdots,19) \tag{4.175}$$

注意到涉及线性和非线性的极小值问题，可以通过迭代过程。对于这个简单例子结果下面列出

$$\begin{aligned} &a_1=0.59955 \quad && b_1=0.098566 \\ &a_2=0.29980 \quad && b_2=0.0099970 \\ &a_3=0.099916 \quad && b_3=0.00099870 \end{aligned} \tag{4.176}$$

### 4.4.6 随机模式

规则带模式一般限于大气中的 $CO_2$ 分子吸收，多数情况下使用随机模式且与观测更一致。随机模式是取无限列谱线，然后将若干列谱线通过相乘组合，现考虑一列线形相同，由吸收系数 $k_\nu$ 描述的谱线，则

$$k_\nu=\sum_{i=1}^{N}k_\nu^{(i)} \tag{4.177}$$

若在 $-N\delta/2$ 和 $N\delta/2$ 之间随机分布有 $N$ 条谱线则总的透过率为

$$\widetilde{T}_{\nu=0}(u)=\exp\left(-u\sum_{i=1}^{N}k_\nu^{(i)}\right)=\prod_{i=1}^{N}\exp(-uk_\nu^{(i)}) \tag{4.178}$$

如果谱线位于间隔 $\mathrm{d}\nu_i$ 的概率是 $\mathrm{d}\nu_i/\delta$，则谱线处于 $\nu_1$ 和 $\nu_1+\mathrm{d}\nu_1$，$\nu_2$ 和 $\nu_2+\mathrm{d}\nu_2$，…，之间的联合概率为

$$\prod_{i=1}^{N}\frac{\mathrm{d}\nu_i}{\delta} \tag{4.179}$$

对于在间隔 $-N\delta/2$ 到 $N\delta/2$ 内所有可能谱线的排列

$$\widetilde{T}(u)=\frac{\prod_{i=1}^{N}\int_{-N\delta/2}^{N\delta/2}\frac{\mathrm{d}\nu_i}{\delta}\exp[-uk_\nu^{(i)}]}{\prod_{i=1}^{N}\int_{-N\delta/2}^{N\delta/2}\mathrm{d}\nu_i/\delta} \tag{4.180}$$

(4.180)式中分子和分母积分是等同的，故

$$\widetilde{T}(u)=\left[\frac{1}{N\delta}\int_{-N\delta/2}^{N\delta/2}\exp(-k_\nu u)\mathrm{d}\nu\right]^N=\left\{1-\frac{1}{N\delta}\int_{-N\delta/2}^{N\delta/2}[1-\exp(-k_\nu u)]\mathrm{d}\nu\right\}^N$$

当 $n\to\infty$ 时有近似式

$$\widetilde{T}(u)=\exp\left\{-\frac{1}{\delta}\int_{-\infty}^{+\infty}[1-\exp(-uk_\nu)]\mathrm{d}\nu\right\}=\exp[-W(u)/\delta] \tag{4.181}$$

这表明随机排列的谱线的透过率等于平均吸收 $W/\delta$ 的指数。

考虑在光谱间隔 $N\delta$ 内有 $N$ 条随机排列的谱线，则第 $i$ 条谱线平均透过率为

$$\widetilde{T}_i(u)=\exp[-W_i(u)/N\delta] \tag{4.182}$$

式中 $W_i$ 是第 $i$ 条谱线的等效宽度，$M$ 条谱线的平均透过率为

$$\widetilde{T}(u)=\prod_{i=1}^{M}\widetilde{T}_i(u)=\exp[-\frac{1}{N\delta}\sum_{i}^{N}W_i(u)]=\exp[-\overline{W}(u)/\delta] \tag{4.183}$$

式中 $\overline{W}$ 由(4.127)和(4.128)式 Goody 和 Malkmus 线强分布导得。

### 4.4.7 Goody 指数模式

Goody 提出线强分布

$$P(S)=\frac{1}{\sigma}\exp\left(-\frac{S}{\sigma}\right) \tag{4.184a}$$

$$\int_0^{\infty}P(S)\mathrm{d}S=1 \tag{4.184b}$$

式中 $\sigma$ 是给定光谱间隔谱线的平均强度，则 $P(S)\mathrm{d}S$ 是线强间隔 $(S,S+\mathrm{d}S)$ 光谱间隔内谱线的百分数。所以吸收 $A(u)$ 的期望值为

$$A(u)=\int_0^{\infty}P(S)A(S,u)\mathrm{d}S \tag{4.185}$$

及

$$A(S,u)=\frac{1}{\delta}\int_{-\infty}^{+\infty}[1-\exp(-f_\nu Su)]\mathrm{d}\nu \tag{4.186}$$

将(4.184a)和(4.186)式代入(4.185)式得到

$$A(u)=\int_0^{\infty}\frac{1}{\sigma}\exp\left(-\frac{S}{\sigma}\right)\frac{1}{\delta}\int_{-\infty}^{+\infty}[1-\exp(-f_\nu Su)]\mathrm{d}\nu\mathrm{d}S=\frac{1}{\delta}\int_{-\infty}^{+\infty}\frac{f_\nu u\sigma}{1+f_\nu u\sigma}\mathrm{d}\nu \tag{4.187}$$

下面将用洛伦兹谱型代入上式，为运算方便起见，采用符号

$$\bar{u}=\frac{\sigma u}{2\pi\alpha_L},\quad y=\frac{\alpha_L}{\delta} \tag{4.188}$$

则对于 Goody 指数模式的洛伦兹线型的平均吸收为

$$A(u)=\int_{-\infty}^{+\infty}\frac{2\bar{u}\alpha_L y}{\nu^2+\alpha_L^2(1+2\bar{u})}\mathrm{d}\nu=\frac{2\bar{u}y}{\sqrt{1+2\bar{u}}} \tag{4.189}$$

式中参数 $\sigma$ 和 $\alpha_L$ 或等效 $\bar{u}$ 和 $y$,还没有确定。它们可以通过称之匹配原理确定,也就是使随机模式服从非重叠谱线模式的弱线和强线近似(4.125)和(4.126)。因此,匹配原理也可以作为随机模式的闭合假设。

对弱线和强线近似求得

$$\begin{cases}\bar{u}\ll 1: & 2\pi y\bar{u}=\dfrac{1}{N\delta}\displaystyle\sum_{i=1}^{N}S_i(u)\\ \bar{u}\gg 1: & \pi y\sqrt{2\bar{u}}=\dfrac{2}{N\delta}\displaystyle\sum_{i=1}^{N}\sqrt{S_i\alpha_{L,i}u}\end{cases} \tag{4.190}$$

这两个方程式可以用于确定未知参数 $\bar{u}$ 和 $y$,即

$$\bar{u}=\frac{u}{8}\frac{C^2}{D^2},\quad y=\frac{4}{\pi N\delta}\frac{D^2}{C} \tag{4.191}$$

及

$$C=\sum_{i=1}^{N}S_i,\quad D=\sum_{i=1}^{N}\sqrt{S_i\alpha_{L,i}}$$

对于 $S$ 的指数分布假定为 Goody 模式包括线强的范围。显然,对于短程情形下,强线是重要的,而对于很长路程量,弱线是主要的。因此,为了描述任意路径的平均透过率,对于线强 $S$ 的分布函数要小心选择。当用指数分布表示的简单表达式,有些情形下,如在 50 和 100 $\mu$m 之间弱的水汽谱线会很不精确。

### 4.4.8 Godson 幂次方模式

Godson 提出了线强的幂次方模式,为

$$P(S)=\begin{cases}\dfrac{\kappa}{S} & (S_0<S\leqslant S_1)\\ 0 & (S>S_1)\end{cases} \tag{4.192}$$

常数 $\kappa$ 是模式参数,用于描述(4.184b)式的归一化概率分布,此时幂次方模式吸收系数的期望值为

$$A(u)=\lim_{S_0\to 0}\frac{1}{\delta}\int_{S_0}^{S_1}\frac{\kappa}{S}\int_{-\infty}^{+\infty}[1-\exp(-f_\nu Su)]\mathrm{d}\nu\mathrm{d}S \tag{4.193}$$

由于当 $S_0\to 0$ 时,$P(S)$ 接近无限大,必须考虑积分的极限值,使用下面替换

$$\bar{u}=\frac{Su}{2\pi\alpha},\quad x=\frac{\kappa\nu}{\delta},\quad y=\frac{\kappa\alpha}{\delta} \tag{4.194}$$

对于洛伦兹线型，得到中间结果

$$A(\bar{u}_1)=\lim_{\bar{u}_0\to 0}\int_{\bar{u}_0}^{\bar{u}_1}\frac{1}{\bar{u}}\int_{-\infty}^{+\infty}[1-\exp(-\frac{2\bar{u}y^2}{x^2+y^2})]\mathrm{d}x\,\mathrm{d}\bar{u} \tag{4.195}$$

式中上边界 $\bar{u}_1$ 依赖于 $u$ 和 $S$，可以对 $x$ 方便地进行积分，由下式

$$\int_{-\infty}^{+\infty}[1-\exp(-\frac{2\bar{u}y^2}{x^2+y^2})]\mathrm{d}x=2\pi y\bar{u}\exp(-\bar{u})[I_0(\bar{u})+I_1(\bar{u})] \tag{4.196}$$

把(4.196)式代入到(4.195)式，得到

$$A(\bar{u}_1)=2\pi y\lim_{\bar{u}_0\to 0}\int_{\bar{u}_0}^{\bar{u}_1}\exp(-\bar{u})[I_0(\bar{u})+I_1(\bar{u})]\mathrm{d}\bar{u} \tag{4.197}$$

修正的 Bessel 函数满足下面关系式

$$\frac{\mathrm{d}}{\mathrm{d}x}[x^{-\nu}I_\nu(x)]=x^{-\nu}I_{\nu+1}(x) \tag{4.198a}$$

$$\frac{\mathrm{d}}{\mathrm{d}x}[x\exp(-x)(I_0(x)+I_1(x))]=\exp(-x)I_0(x) \tag{4.198b}$$

式中 $\nu$ 是一固定的实数，进行分部积分得到

$$\int_{\bar{u}_0}^{\bar{u}_1}\exp(-\bar{u})I_1(\bar{u})\mathrm{d}\bar{u}=\int_{\bar{u}_0}^{\bar{u}_1}\exp(-\bar{u})I_0(\bar{u})\mathrm{d}\bar{u}+\exp(-\bar{u})I_0(\bar{u})\Big|_{\bar{u}_0}^{\bar{u}_1} \tag{4.199}$$

式中使用 $\nu=0$，(4.198a)式，把这式代入到(4.197)式，得到

$$A(\bar{u}_1)=2\pi y\lim_{\bar{u}_0\to 0}\left[\int_{\bar{u}_0}^{\bar{u}_1}2\exp(-\bar{u})I_0(\bar{u})\mathrm{d}\bar{u}+2\pi y\exp(-\bar{u})I_0(\bar{u})\Big|_{\bar{u}_0}^{\bar{u}_1}\right] \tag{4.200}$$

利用(4.198b)式，这方程式右侧积分，得到

$$\begin{aligned}A(\bar{u}_1)=&2\pi y\{2\bar{u}_1\exp(-\bar{u}_1)[I_0(\bar{u}_1)+I_1(\bar{u}_1)]+\exp(-\bar{u}_1)I_0(\bar{u}_1)\}\\&-2\pi y\lim_{\bar{u}_0\to 0}\{2\bar{u}_0\exp(-\bar{u}_0)[I_0(\bar{u}_0)+I_1(\bar{u}_0)]+\exp(-\bar{u}_0)I_0(\bar{u}_0)\}\end{aligned} \tag{4.201}$$

和由此得到

$$A(\bar{u}_1)=2\pi y\{2\bar{u}_1\exp(-\bar{u}_1)[I_0(\bar{u}_1)+I_1(\bar{u}_1)]+\exp(-\bar{u}_1)I_0(\bar{u}_1)\}-2\pi y \tag{4.202}$$

这里，按(4.114)式，作 $I_0(0)=1$ 和 $I_1(0)=0$，得到 Godson 模式平均吸收系数的最后形式。

未知参数 $\bar{u}$ 和 $y$，再通过在模式和对于非重叠谱线带模式之间的弱线和强线近似确定，为

$$\begin{cases}\bar{u}_1\ll 1, & 2\pi y\bar{u}_1=\dfrac{1}{N\delta}\displaystyle\sum_{i=1}^{N}S_i(u)\\ \bar{u}_1\gg 1, & 4y\sqrt{2\pi\bar{u}_1}=\dfrac{2}{N\delta}\displaystyle\sum_{i=1}^{N}\sqrt{S_i\alpha_i u}\end{cases} \tag{4.203}$$

解方程式给出

$$\bar{u}_1=\frac{2u}{\pi}\frac{C^2}{D^2},\quad y=\frac{1}{4N\delta}\frac{D^2}{C} \tag{4.204}$$

式中 $C$ 和 $D$ 由(4.191)式给出。

### 4.4.9 马尔科姆斯模式(Malkmus model)

至今最成功的模式是马尔科姆斯(Malkmus,1967)将 Godson 与 Goody 结合在一起的统计模式,Malkmus 观测到指数分布(4.184a)式低估了弱线的数目。如果线强公式只考虑到玻尔兹曼分布因子,则 $S\sim\exp(-E/kT)$,$E$ 表示分子跃迁的低能级,从这关系式得到 $\mathrm{d}E/\mathrm{d}S\sim S^{-1}$。在很多情况中,谱线密度数 $n$ 相对于 $E$ 的变化近似为等间隔的,就是 $\mathrm{d}n/\mathrm{d}E\sim$常数。出现具有强度 $S$ 的谱线概率 $P(S)\mathrm{d}S$ 正比于 $n$ 相对于 $S$ 的变化。因此得到关系式

$$P(S)\sim\frac{\mathrm{d}n}{\mathrm{d}S}\sim\frac{\mathrm{d}n}{\mathrm{d}E}\frac{\mathrm{d}E}{\mathrm{d}S}\sim\frac{\mathrm{d}E}{\mathrm{d}S}\sim\frac{1}{S} \tag{4.205}$$

这证明 $P(S)$随 $S^{-1}$ 变化,事实,这主要影响平均谱带吸收精度的确定。由于这原因,Malkmus 提出 Godson 与 Goody 结合在一起的统计模式,就是

$$P(S)=\frac{1}{S}\exp(-\frac{S}{\sigma}) \tag{4.206}$$

式中 $\sigma$ 是线强的平均值,对于 $S=0$,无法确定 Godson 与 Malkmus 模式的函数$P(S)$,然而,通过使用极限方法应用于两模式。

对于 Malkmus 模式的平均吸收为

$$A(u)=\lim_{\varepsilon\to 0}\int_{\varepsilon}^{\infty}\frac{1}{S}\exp(-\frac{S}{\sigma})\frac{1}{\delta}\int_{-\infty}^{+\infty}[1-\exp(-f_{\nu}Su)]\mathrm{d}\nu\mathrm{d}S \tag{4.207}$$

下面求取对 $S$ 的积分:

$$\begin{aligned}&\lim_{\varepsilon\to 0}\int_{\varepsilon}^{\infty}\frac{1}{S}\exp(-\frac{S}{\sigma})[1-\exp(-f_{\nu}Su)]\mathrm{d}S\\&=\lim_{\varepsilon\to 0}\int_{\varepsilon}^{\infty}\frac{1}{S}\exp(-\frac{S}{\sigma})\mathrm{d}S-\lim_{\varepsilon'\to 0}\int_{\varepsilon'}^{\infty}\frac{1}{S'}\exp(-\frac{S'}{\sigma})\mathrm{d}S'\\&=-\lim_{\varepsilon\to 0}[\ln\varepsilon-\frac{\varepsilon}{\sigma}+\frac{1}{4}\left(\frac{\varepsilon}{\sigma}\right)^2-\frac{1}{18}\left(\frac{\varepsilon}{\sigma}\right)^3\pm\cdots]\\&\quad+\lim_{\varepsilon'\to 0}[\ln\varepsilon'-\frac{\varepsilon'}{\sigma}+\frac{1}{4}\left(\frac{\varepsilon'}{\sigma}\right)^2-\frac{1}{18}\left(\frac{\varepsilon'}{\sigma}\right)^3\pm\cdots]\\&=\ln(1+\sigma f_{\nu}u)\end{aligned} \tag{4.208}$$

式中引入了 $S'=S(1+\sigma f_{\nu}u)$和 $\varepsilon'=\varepsilon(1+\sigma f_{\nu}u)$,然而,应注意的是积分的上限 $S$ 和 $S'$ 抵消,因此仅保留积分下限的差。

把这结果代入(4.207)式,应用洛伦兹谱线型,给出 Malkmus 模式平均吸收系数

$$A(u)=\frac{1}{\delta}\int_{-\infty}^{+\infty}\ln(1+\sigma f_{\nu}u)\mathrm{d}\nu=2\pi y(\sqrt{1+2\overline{u}}-1) \tag{4.209}$$

且有 $\overline{u}=\sigma u/(2\pi\alpha_L)$，$y=\alpha_L/\delta$，最后利用匹配方法，得到

$$\begin{cases}\overline{u}\ll 1, & 2\pi y\overline{u}=\dfrac{1}{\Delta\nu}\displaystyle\sum_{i=1}^{N}S_i(u)\\ \overline{u}\gg 1, & 2\pi y\sqrt{2\pi\overline{u}}=\dfrac{2}{\Delta\nu}\displaystyle\sum_{i=1}^{N}\sqrt{S_i\alpha_i u}\end{cases} \tag{4.210}$$

因此未知参数给出为

$$\overline{u}=\frac{u}{2}\frac{C^2}{D^2},\quad y=\frac{1}{\pi\Delta\nu}\frac{D^2}{C^2} \tag{4.211}$$

因此，也有

$$\widetilde{T}_{\mathrm{Goody}}=\exp\left[\frac{-\overline{S}u/\delta}{(1+\sigma u/\pi\alpha_L)^{1/2}}\right] \tag{4.212a}$$

$$\widetilde{T}_{\mathrm{Malkmus}}=\exp\left\{\frac{-\pi\alpha_L}{2\delta}\left[\left(1+\frac{4\overline{S}u}{\pi\alpha_L}\right)^{1/2}-1\right]\right\} \tag{4.212b}$$

显然谱线不是随机分布的，它是由量子力学预测的，这样对于实际重叠谱线的随机模式是一个近似，但是模式的可行性与实验数据检验是很一致的，如图 4.33 所示。

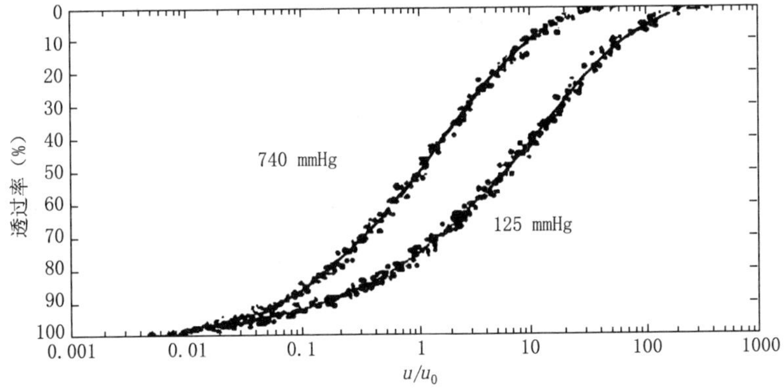


图 4.33　随机模式（对于 6.3 μm、2.7 μm、1.87 μm、1.38 μm、1.1 μm 水汽谱带的观测和全线）之间的比较

使用(4.212)式与实际光谱资料拟合得到谱带参数 $\alpha_L$、$\sigma$、$\delta$，对于 Goody 和 Malkmus 两种线强模式的透过率为

$$\widetilde{T}_{\mathrm{Goody}}=\exp[-(w^{-2}+s^{-2})^{1/2}] \tag{4.213a}$$

$$\widetilde{T}_{\text{Malkmus}} = \exp\left\{\frac{-s^2}{2w}\left[\left(1+\frac{4w^2}{s^2}\right)^{1/2}-1\right]\right\} \tag{4.213b}$$

这里定义弱($w$)和强($s$)参数为

$$w = \frac{1}{\Delta\nu}\sum_i S_i u \tag{4.214}$$

$$s = \frac{1}{\Delta\nu}\sum_i \sqrt{S_i \alpha_i} \tag{4.215}$$

如在 15 $\mu$m 区域 $CO_2$-$H_2O$ 重叠谱带的透过率，两重叠吸收谱带的透过率的形式为

$$\widetilde{T}_{H_2O+CO_2} = \widetilde{T}_{H_2O} \times \widetilde{T}_{CO_2} \tag{4.216}$$

根据表 4.12 列出的参数，$CO_2$：$s/\delta = 718.7$，$\pi\alpha/\delta = 0.448$；$H_2O$：$s/\delta = 2.919$，$\pi\alpha/\delta = 0.06$；由(4.205)式，则得到

$$\widetilde{T}_{H_2O} = \exp\left[\frac{-2.919 \times \beta u_{H_2O}}{\left(1+\frac{2.919}{0.06}\times\beta u_{H_2O}\right)^{1/2}}\right] \tag{4.217}$$

$$\widetilde{T}_{CO_2} = \exp\left[\frac{-718.7 \times \beta u_{H_2O}}{\left(1+\frac{718.7}{0.448}\times\beta u_{H_2O}\right)^{1/2}}\right] \tag{4.218}$$

式中 $u_{H_2O}$ 和 $u_{CO_2}$ 分别是水汽和二氧化碳的光学路程，一般情况下，水汽的 $u_{H_2O} = 2.8\ \text{cm}^{-2}$，$u_{CO_2} = 44 \times 330 \times 101300/(980 \times 29)0.5\ \text{cm}^{-2}$。这些值与 $\beta = 1.66$ 一起导得

$$\widetilde{T}_{H_2O+CO_2} = 0.406 \times 3 \times 10^{-6} = 1.22 \times 10^{-6}$$

**表 4.12 谱带参数**

| 谱带 | 间隔(cm$^{-1}$) | $\overline{S}/\delta$(cm$^2$ · g$^{-1}$) | $\pi\alpha/\delta$ |
|---|---|---|---|
| $H_2O$ 转动 | 40～160 | 7210.30 | 0.182 |
| | 160～280 | 6024.80 | 0.094 |
| | 280～380 | 1614.10 | 0.081 |
| | 380～500 | 139.03 | 0.08 |
| | 500～600 | 21.64 | 0.068 |
| | 600～720 | 2.919 | 0.060 |
| | 720～800 | 0.386 | 0.059 |
| | 800～900 | 0.0715 | 0.067 |
| $CO_2$ 15 $\mu$m | 582～752 | 718.7 | 0.448 |

续表

| 谱带 | 间隔($cm^{-1}$) | $\overline{S}/\delta(cm^2\cdot g^{-1})$ | $\pi\alpha/\delta$ |
|---|---|---|---|
| $O_3$ 9.6 μm | 1000.0～1006.5 | $6.99\times10^2$ | 5.0 |
| | 1006.5～1013.0 | $1.40\times10^2$ | 5.0 |
| | 1013.0～1019.5 | $2.79\times10^2$ | 5.0 |
| | 1019.5～1026.0 | $4.66\times10^2$ | 5.5 |
| | 1026.0～1032.5 | $5.11\times10^2$ | 5.8 |
| | 1032.5～1039.0 | $3.72\times10^2$ | 8.0 |
| | 1039.0～1045.5 | 2.57×103 | 6.1 |
| | 1045.5～1052.0 | $6.05\times10^2$ | 8.4 |
| | 1052.0～1058.5 | $7.69\times10^2$ | 8.3 |
| | 1058.5～1065.0 | $2.79\times10^2$ | 6.7 |
| $H_2O$ 6.3 μm | 1200～1350 | 12.65 | 0.089 |
| | 1350～1450 | 134.4 | 0.230 |
| | 1450～1550 | 632.9 | 0.320 |
| | 1550～1650 | 331.2 | 0.296 |
| | 1650～1750 | 434.1 | 0.452 |
| | 1750～1850 | 136.0 | 0.359 |
| | 1850～1950 | 35.65 | 0.165 |
| | 1950～2050 | 9.015 | 0.104 |
| | 2050～2200 | 1.529 | 0.116 |

和对于双倍的 $CO_2$ 量，有

$$\widetilde{T}_{H_2O+CO_2}=0.406\times1.6\times10^{-8}=6\times10^{-9}$$

可得出谱带中 $CO_2$ 部分是十分不透明和这吸收体的增加一定程度上降低原来的透过率。图4.34给出了在4400～2800 $cm^{-1}$ 光谱区中 $CO_2$ 和 $H_2O$ 重叠谱线吸收率。

## 4.4.10　*k* 分布方法

### 1. *k* 分布

透过率的 $k$ 分布方法是基于光谱间隔内一系列独立的吸收系数 $k_\nu$ 出现的频数。在给定光谱间隔，对于 $k_\nu$ 归一化概率分布函数由 $f(k)$ 给出。它的最大和最小值分别为 $k_{max}$、$k_{min}$，则光谱透过率表示为

$$\widetilde{T}_{\Delta\nu}(u)=\frac{1}{\Delta\nu}\int_{\Delta\nu}e^{-k_\nu u}d\nu=\int_{k_{min}}^{k_{max}}e^{-k_\nu u}f(k)dk \tag{4.219}$$

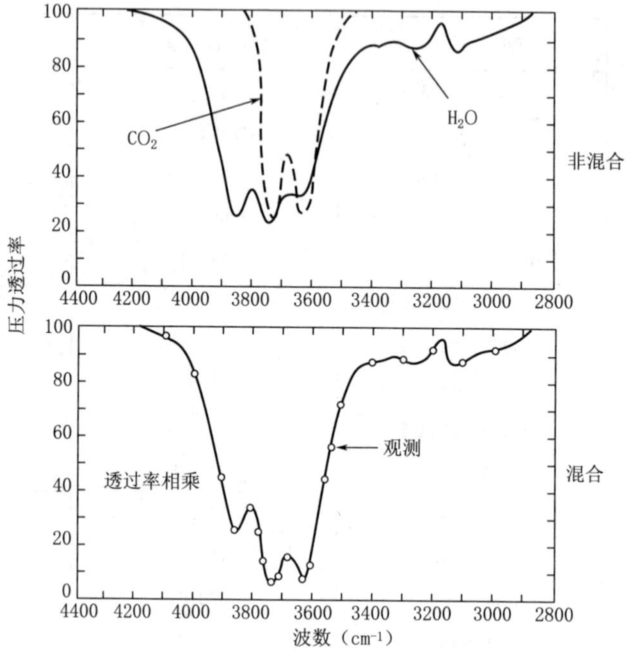


图 4.34 在 4400～2800 $cm^{-1}$ 光谱区中 $CO_2$ 和 $H_2O$ 重叠谱线吸收率

这里当 $k_{min} \to 0$ 和 $k_{max} \to \infty$，有 $f(k)$ 的归一化表示式为

$$\int_0^\infty f(k)\mathrm{d}k = 1 \tag{4.220}$$

图 4.35 表示 $k$ 分布的概念模式，将图中水平划分为 $n$ 个带，中心值位于 $k_1, k_2, \cdots, k_m$。$F_i$ 表示点位于 $k_i - \frac{\Delta k}{2} \leqslant k_\nu \leqslant k_i + \frac{\Delta k}{2}$ 覆盖 $\nu$ 轴的面积。

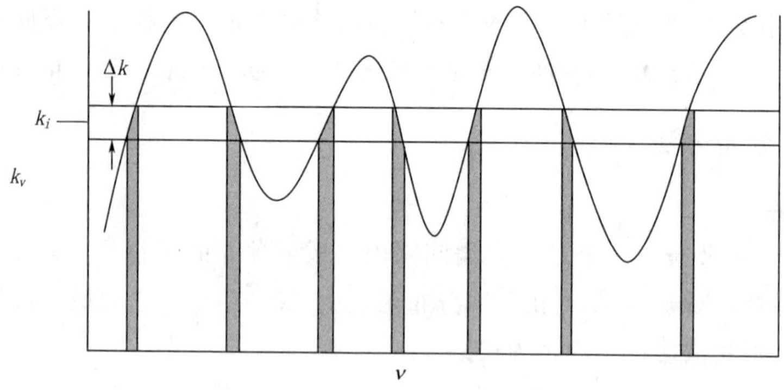


图 4.35 $k$ 分布方法

**2. $k$ 分布的计算方法**

计算概率密度分布函数 $f(k)$由下面几步组成。

(1)将光谱间隔 $\Delta\nu$ 划分为一定数量的子间隔 $\Delta\nu_i$，如图 4.35，显示了在谱段的左右边界选择确定的吸收系数的逆函数 $\nu=\nu(k)$是唯一的。而在 $\Delta\nu_i$ 内，不存在吸收系数的极小和极大值，就是：$k_{\min}\leqslant k_\nu\leqslant k_{\max}$。

(2)注意由 $\mathrm{d}\nu$ 变换到 $k$ 空间的映射变换

$$\frac{\mathrm{d}\nu}{\Delta\nu}\rightarrow\frac{\mathrm{d}k}{\Delta\nu}\left|\frac{\mathrm{d}\nu}{\mathrm{d}k_\nu}\right|_{\Delta\nu_i}\quad(i=1,2,\cdots,N)\tag{4.221}$$

这里$|\mathrm{d}\nu/\mathrm{d}k_\nu|_{\Delta\nu_i}$ 表示对于在 $\Delta\nu_i$ 间隔内导数。

(3)如果 $\Psi=\Psi(k_\nu,u)$，与(4.219)式类似，是一个光谱吸收系数的任意函数，定义为

$$\overline{\Psi}(u)=\frac{1}{\Delta\nu}\int_{\Delta\nu}\Psi(k_\nu,u)\mathrm{d}\nu=\int_0^\infty f(k)\Psi(k_\nu,u)\mathrm{d}k\tag{4.222}$$

式中 $f(k)$写为

$$f(k)=\sum_{i=1}^{N}\frac{1}{\Delta\nu}\left|\frac{\mathrm{d}\nu}{\mathrm{d}k_\nu}\right|_{\Delta\nu_i}[U(k-k_{i,\min})-U(k-k_{i,\max})]\tag{4.223}$$

$U$ 是海维赛德(Heaviside)步跃函数，

$$U(x-a)=\begin{cases}1 & (x>a)\\0 & (x<a)\end{cases}\tag{4.224}$$

注意到(4.223)式中的海维赛德步跃函数的不同，选择了所需的 $k$ 值范围，其必须应用逆关系 $U=\nu(k)$的一阶导数。

应用(4.224)式可以有两种不同方式。

① 利用对于某一气体的吸收系数的列表光谱数据，如使用美国空军地球物理实验室(AFGC)CD-ROM 光谱线数据库 HITRAN 汇集，这数据库包括了对于所有主要大气气体的逐条谱线的所需要的信息。现使用(4.224)式计算处于在子光谱间隔 $\Delta\nu_i$ 出现的所有谱线的吸收系数$(k_j,k_j+\Delta k_j)$的某些范围。为了试着在更大范围对于分割宽度 $\Delta k_j$ 的各种选取。不过一个太粗的步跃 $\Delta k_j$，可引起不希望的频率分布的某个点出现不良效应。某些试验则得到最佳结果。在所考虑的谱带的子带内重复这些步骤，可以导得概率密度分布函数 $f(k)$。

② 对于确定的解析带模式，$k_\nu$ 的显式表示为波数的函数是存在的，在一定的条件下，导数$|\mathrm{d}\nu/\mathrm{d}k_\nu|^{-1}$ 可以显式计算。

下面给出一个例子说明，计算对于规则的 Elsasser 谱带模式的 $f(k)$，由于吸收系数是对称的，可以用于讨论光谱范围$[0,\delta/2]$，根据概率密度函数，则有

$$f(k)=\frac{2}{\delta}\frac{\mathrm{d}\nu}{\mathrm{d}k_\nu}\qquad(0\leqslant\nu\leqslant\delta/2)\tag{4.225}$$

按照(4.134)式,对于规则的 Elsasser 谱带模式的吸收系数可以表示为近于解析的形式,$k_\nu$ 的极大和极小值由(4.135)式给出,显然,$k_\nu$ 在给定的间隔内是单调递增的,因此

$$k_{\min} \leqslant k_\nu \leqslant k_{\max} \quad (0 \leqslant \nu \leqslant \delta/2)$$

将(4.134)式对 $\nu$ 求导,得到

$$\frac{dk_\nu}{\Delta\nu} = -\frac{2\pi}{S}\frac{k_\nu^2 \sin s}{\sinh\beta} \Rightarrow \left|\frac{d\nu}{dk_\nu}\right| = \frac{S}{2\pi}\frac{\sinh\beta}{k_\nu^2 \sin s}$$

因此,对于 $k$ 和 $f(k)$ 的乘积,得到

$$kf(k) = \frac{S}{\pi\delta}\frac{\sinh\beta}{k\sin s} \tag{4.226}$$

由(4.134)式导得的 $\sin s$ 的表示式为

$$\sin^2 s = 1 - \cos^2 s = \sinh^2\beta\left[\frac{2\bar{k}}{k}\coth\beta - 1 - \left(\frac{\bar{k}}{k}\right)^2\right] \tag{4.227}$$

式中 $\bar{k} = S/\delta$(参见(4.151)式)。使用上面表示式,按简单的步骤,求得 Elsasser 谱带规则模式 $k$ 分布的解析形式 $\bar{k}$ 为

$$kf(k) = \frac{1}{\pi}\left[2\frac{k}{\bar{k}}\coth\beta - 1 - \left(\frac{k}{\bar{k}}\right)^2\right]^{-1/2} \tag{4.228}$$

最后,从(4.135)式,可以看到求出 $k/\bar{k}$

$$\frac{\sinh\beta}{\cosh\beta + 1} \leqslant \frac{k}{\bar{k}} \leqslant \frac{\sinh\beta}{\cosh\beta - 1} \tag{4.229}$$

**3. 累积 $k$ 分布**

$k$ 分布方法是通过对波数积分的方法替代对 $k$ 空间积分,为方便先设置吸收系数的最大和最小值 $k_{\max}$、$k_{\min}$,为 $k_{\min}\to 0$ 和 $k_{\max}\to\infty$,则在谱带间隔 $\Delta\nu$ 的平均透过率为

$$\widetilde{T}_{\Delta\nu}(u) = \int_{\Delta\nu} e^{-k_\nu u}\frac{d\nu}{\Delta\nu} = \int_0^\infty e^{-ku} f(k)dk \tag{4.230}$$

因而,为求 $k$ 分布,定义累积概率密度函数为

$$g(k) = \int_0^k f(k')dk' \tag{4.231a}$$

式中

$$g(0) = 0, g(k\to\infty) = 1 \text{ 和 } dg(k) = f(k)dk \tag{4.231b}$$

在 $k$ 空间中,$g(k)$ 是单调递增和光滑函数。通过 $g$ 函数,光谱透过率可以写为

$$\widetilde{T}_{\Delta\nu}(u) = \int_{\Delta\nu}\exp(-k_\nu u)\frac{d\nu}{\Delta\nu} = \int_0^1 \exp[-k(g)u]dg$$

或

$$\widetilde{T}_{\Delta\nu}(u) = \int_0^1 \exp[-k(g)u]dg \approx \sum_{j=1}^{J} w_j \exp[-k(g_j)u] \tag{4.232}$$

式中 $J$ 是正交横坐标总数。

由于 $g(k)$是在 $k$ 空间中的光滑函数，它的逆也是存在的，在 $g$ 空间中，$k(g)$也是光滑函数，因而在 $g$ 空间积分代替冗长的波数积分，通过有限的和相对少的指数项求取。

图 4.36 中，(a)图中在 $O_3$ 9.6 μm 谱带，$p=30$ hPa；$T=220$ K 下，分辨率 0.05 $cm^{-1}$，吸收系数 $k$ 以 $cm^{-1}\cdot atm^{-1}$ 为单位的波数 $\nu$ 的函数；(b)图中吸收系数的概率分布函数 $f(k)$；(c)图中由(4.232a)式求得相对于(b) $f(k)$ 的累积概率函数；(d)图中吸收系数表示为 $g$ 的函数，$g$ 是 $\log k$ 的一个单调平滑函数。

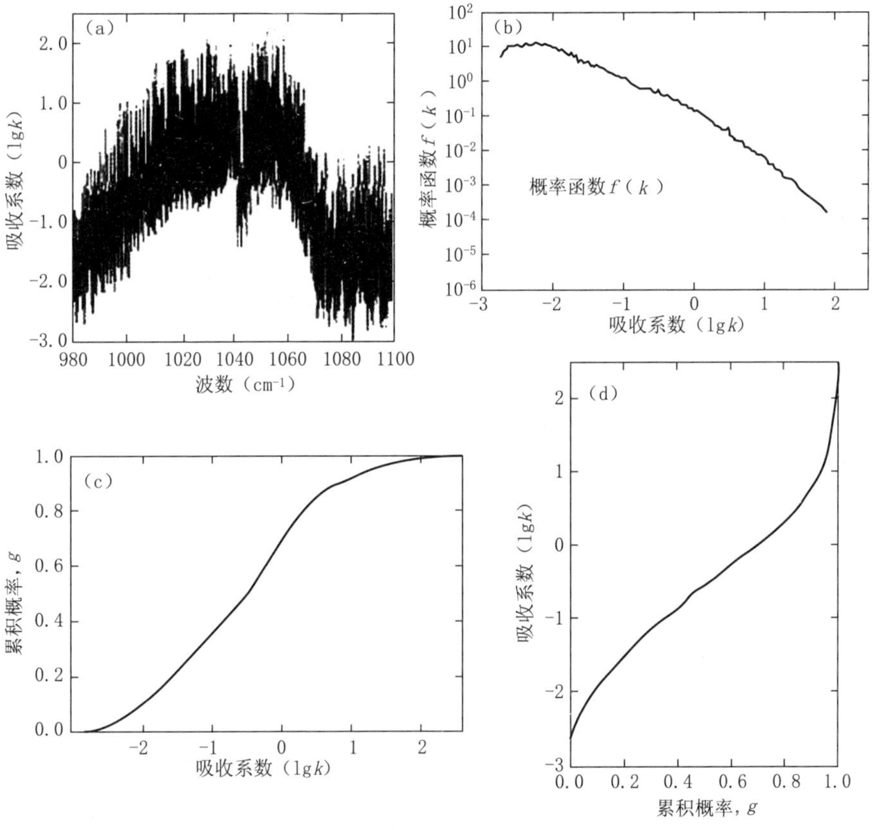


图 4.36　从吸收系数的分布函数 $f(k)$到累积分布函数 $g(\lg k)$

$k$ 分布的物理基础是很简单的，在计算宽带透过率中有明显的优点。

$k$ 分布的第二种方法由(4.219)式看出，透过率定义为

$$\widetilde{T}(u)=\mathscr{L}[f(k)] \tag{4.233}$$

式中 $\mathscr{L}$ 是拉普拉斯变换。因此透过率是 $f(k)$拉普拉斯变换，而这分布由逆变换得到

$$f(k)=\mathscr{L}^{-1}[\widetilde{T}(u)] \tag{4.234}$$

对于某些函数，可以方便地给出谱函数 $f(k)$，如 Malkmus 模式的拉普拉斯变换的逆，

解析地给出

$$kf(k)=\frac{1}{2}\left(\frac{\overline{k}y}{k}\right)^{1/2}\exp\left[\frac{\pi y}{4}\left(2-\frac{k}{\overline{k}}-\frac{\overline{k}}{k}\right)\right] \tag{4.235}$$

式中 $\overline{k}=\sigma/\delta$ 和 $\nu=\alpha_L/\delta$。

对于 Elsasser 模式给出

$$kf(k)=\frac{1}{\pi}\left[2\frac{k}{\overline{k}}\coth(2\pi y)-1-\frac{k^2}{\overline{k}^2}\right]^{-1/2} \tag{4.236}$$

且 $\frac{k}{\overline{k}}$ 满足

$$\frac{\sinh 2\pi y}{\cosh 2\pi y+1}\leqslant\frac{k}{\overline{k}}\leqslant\frac{\sinh 2\pi y}{\cosh 2\pi y-1} \tag{4.237}$$

**4. 相关 $k$ 分布(CKD)**

上面讨论了对于均匀大气中 $k$ 分布的方法，而对于非均匀的大气则采用由 Fu 和 Liou 的相关 $k$ 分布方法，首先是消去 $k_\nu$ 与压力和温度的依赖关系，即写成

$$k_\nu=\sum_i S_i(T)f_i(\nu,p,T) \tag{4.238}$$

式中求和是某波数 $\nu$ 对吸收系数有贡献的若干条谱线，而 $S_i$ 和 $f_i$ 分别是谱线的线强和线型因子。

为将 $k$ 分布应用于不均匀大气，考虑高度为 $z_1$ 和 $z_2>z_1$ 的大气层，则对于这一层的平均透过率为

$$\widetilde{T}_{\Delta\nu}(u)=\frac{1}{\Delta\nu}\int_{\Delta\nu}\exp\left[-\int_{z_1}^{z_2}k_\nu(p,T)\rho_{\mathrm{abs}}\mathrm{d}z\right]\mathrm{d}\nu \tag{4.239}$$

式中 $\rho_{\mathrm{abs}}$ 是吸收气体的密度。

对于(4.239)式，按数学和物理要求，可以由类似于(4.234)式替代，就是

$$\widetilde{T}_{\Delta\nu}(u)=\int_0^1\exp\left[-\int_{z_1}^{z_2}k_\nu(g,p,T)\rho_{\mathrm{abs}}\mathrm{d}z\right]\mathrm{d}g \tag{4.240}$$

如果按照(4.240)计算平均透过率，则称 $k$ 分布为相关 $k$ 分布方法(CKD)。

由于压力和温度在气层 $(z_2,z_1)$ 内是变化的，对于大气中不同高度应当对不同波数有不同的 $g=g(k)$ 关系。事实上，这一普遍特征在 CKD 方法假设是没有的。虽然有压力和温度的变化，这里作假定在不均匀大气所有高度上只有一个 $g$ 值，为此，首先假定对于任一气压和温度，两波长上的吸收系数 $\nu_1$、$\nu_2$ 是相同的，如果它们在参照状态 $(p_r,T_r)$ 是相同的，就是

$$k(\nu_1,p_r,T_r)=k(\nu_2,p_r,T_r)\Rightarrow k(\nu_1,p,T)=k(\nu_2,p,T) \tag{4.241}$$

这是对于 CKD 方法的第一个要求。

如果(4.241)式假定对于任意波数是成立的，则对于任何 $\nu$、$p$ 和 $T$ 可以化成函

数形式，

$$k(\nu,p,T)=\chi[k_r(\nu),p,T] \text{ 和 } k_r(\nu)=k(\nu,p_r,T_r) \tag{4.242}$$

式中函数 $\chi$ 由一个与 $\nu$ 依赖的部分和与其相分离的一个包含有 $p$ 和 $T$ 的构成，由于在(4.242)式中仅出现参考函数 $k_r(\nu)$，就可以计算相应的概率密度函数 $f(k_r)$，把(4.242)式代入到(4.239)式中，变换到 $k$-空间，就得到

$$\widetilde{T}_{\Delta\nu}(u)=\int_0^{\infty}\exp\left\{-\int_{z_1}^{z_2}\chi[g_r(\nu),p,T]\rho_{\text{abs}}\mathrm{d}z\right\}f(k_r)\mathrm{d}k_r \tag{4.243}$$

假定对于参考条件 $g_r(k_r)$ 是一个 $k_r$ 调谐函数，也可以计算关系 $k_r=k_r(g_r)$，因此，在 $g_r$-空间，函数可以与另一个函数 $\beta$ 等同，它与 $g_r$ 的关系为

$$\chi[k_r(g_r),p,T]=\beta(g_r,p,T) \tag{4.244}$$

使用上面定义和(4.231b)式，对于气层 $(z_2,z_1)$ 的平均透过率可以用下式计算

$$\widetilde{T}_{\Delta\nu}(u)=\int_0^1\exp\left[-\int_{z_1}^{z_2}\beta(g_r,p,T)\rho_{\text{abs}}\mathrm{d}z\right]\mathrm{d}g_r \tag{4.245}$$

按 CKD 方法第二个要求，假定

$$k(\nu_i,p_r,T_r)>k(\nu_j,p_r,T_r)\Rightarrow k(\nu_i,p,T)>k(\nu_j,p,T) \tag{4.246}$$

这个假定有重要结果，指定一光谱吸收系数，作为要计算累积概率密度分布，与实际的温度和气压无关。换言之，在不同大气高度，对于给定的波数 $\nu$ 只有唯一的，就是

$$g_r[k_r(\nu)]=g[k(\nu,p,T),p,T] \tag{4.247}$$

这一关系，通过平均的单个 $g$ 函数，可用于计算气层 $(z_2,z_1)$ 的平均透过率

$$\widetilde{T}_{\Delta\nu}(u)=\int_0^1\exp\left[-\int_{z_1}^{z_2}\beta(g_r,p,T)\rho_{\text{abs}}\mathrm{d}z\right]\mathrm{d}g \tag{4.248}$$

通过用方程式(4.242)、(4.244)和(4.247)可以得到 CKD 方法二个要求，导得关系式为

$$k=\beta[g(k)] \tag{4.249}$$

如果 $k$ 是关于 $g$-空间的调谐函数，则 $\beta(k)=k(g)$，(4.250)式相对于不同 $k$，这最后等式使(4.248)式等效于(4.240)式。

使用 CKD 方法要求：①要有参考状态 $(p_r,T_r)$；②需有对任何 $p,T$ 值的累积概率密度分布函数。

**5. 特殊情况下的 $k$ 分布**

(1)两重叠气体

对于有些气体，在辐射传输的计算中，需要处理气体的重叠作用。

对于两种不同气体 1 和 2，在波数间隔宽度 $\Delta\nu$ 内的平均透过率确定为

$$\widetilde{T}_{\Delta\nu}(1,2)=\frac{1}{\Delta\nu}\int_{\Delta\nu}\widetilde{T}_{\Delta\nu}(1)\widetilde{T}_{\Delta\nu}(2)\mathrm{d}\nu \tag{4.250}$$

为简化表达式，假定气体的光谱透过率是不相关的，这意味着两种气体单个谱段 $\Delta\nu$ 气体透过率的乘积的平均等于平均透过率的积，就是

$$\widetilde{T}_{\Delta\nu}(1,2)=\widetilde{T}_{\Delta\nu}(1)\widetilde{T}_{\Delta\nu}(2) \tag{4.251}$$

对于$(z_2, z_1)$气层，在 $g$ 空间单个谱段的透过率

$$\widetilde{T}_{\Delta\nu}(i)=\int_0^1 \exp(-\int_{z_1}^{z_2} k_i \rho_{\text{abs},i} \mathrm{d}z)\mathrm{d}g_i \tag{4.252}$$

两重叠气体谱线的透过率为

$$\begin{aligned}\widetilde{T}_{\Delta\nu}(1,2)&=\int_0^1\int_0^1 \exp\left[-\int_{z_1}^{z_2}(k_1\rho_{\text{abs},1}+k_2\rho_{\text{abs},2})\mathrm{d}z\right]\mathrm{d}g_1\mathrm{d}g_2 \\ &\approx \sum_{m=1}^{M}\sum_{n=1}^{N}\exp(-\tau_{mn})\Delta g_{2m}\Delta g_{2n}\end{aligned} \tag{4.253}$$

式中 $\rho_{\text{abs},1}$、$\rho_{\text{abs},2}$ 和 $k_1$、$k_2$ 分别是两气体 1、2 的密度和吸收系数，气层中的两气体的光学厚度为

$$\tau_{mn}=\int_{z_1}^{z_2}(k_1\rho_{\text{abs},1}+k_2\rho_{\text{abs},2})\mathrm{d}z \tag{4.254}$$

总之，得到对于某一波数间隔的重叠的两气体吸收作用，必须对每一大气柱进行 M×N 辐射传输的准光谱计算，作为一个计算例子，在 5400～800 $\text{cm}^{-1}$ 光谱区域，$CO_2$ 和 $H_2O$ 是重叠气体。

(2)灰体吸收系数

考虑波数间隔 $\Delta\nu$，吸收系数取常数值 $k_\nu=\bar{k}$，按(4.220)式，则分布给出

$$f(k)=\delta(k-\bar{k}) \tag{4.255}$$

式中 $\delta(k-\bar{k})$是 Dirac-$\delta$ 函数。

(3)非重叠矩形谱线的规则谱带

这是一无限条非重叠矩形光谱线的规则谱带，设 $b$ 是矩形谱线的半宽度，定义 $\alpha=b/\delta$，则吸收系数 $k_\nu$ 写为

$$k_\nu=\begin{cases}k_1 & (\alpha\leqslant\nu/\delta\leqslant 1/2)\\ k_2 & (0\leqslant\nu/\delta\leqslant\alpha)\end{cases} \tag{4.256}$$

对于这谱线排列，从图中有

$$f(k)=(1-2\alpha)\delta(k-k_1)+2\alpha\delta(k-k_2) \tag{4.257}$$

通过图 4.37 观察，平均吸收系数 $\bar{k}$ 为

$$\bar{k}=k_1+2\alpha(k_2-k_1) \tag{4.258}$$

另外，由 $k$ 分布可以计算平均吸收系数 $\bar{k}$ 为

$$\begin{aligned}\bar{k}&=\int_0^\infty kf(k)\mathrm{d}k=\int_0^\infty k(1-2\alpha)\delta(k-k_1)\mathrm{d}k+\int_0^\infty 2\alpha k\delta(k-k_2)\mathrm{d}k\\ &=(1-2\alpha)k_1+2\alpha(k_2-k_1)\end{aligned} \tag{4.259}$$

(4)三角形谱线的规则谱带

由图 4.38 看到，这种情形下的吸收系数为

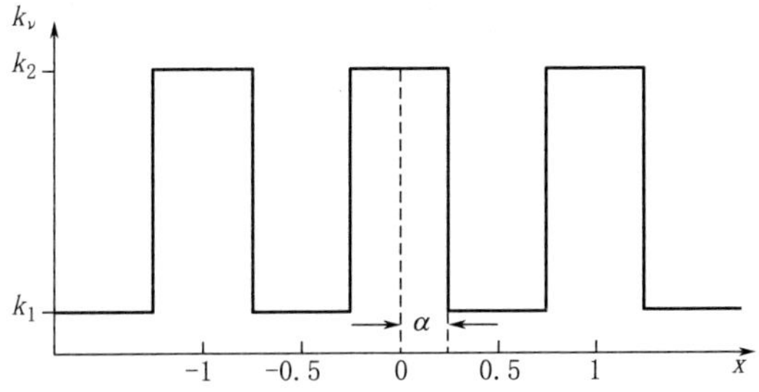


图 4.37 具有 $x=\nu/\delta$ 非重叠规则矩形谱线构成的谱带

$$k_\nu=\begin{cases}k_1 & (\alpha\leqslant\nu/\delta\leqslant 1/2)\\ k_2-\dfrac{\nu}{\alpha}(k_2-k_1) & (0\leqslant\nu/\delta\leqslant\alpha)\end{cases}\tag{4.260}$$

通过简单的代数运算，得到

$$f(k)=(1-2\alpha)\delta(k-k_1)+\begin{cases}\dfrac{2\alpha}{k_2-k_1} & (k_1\leqslant k\leqslant k_2)\\ 0 & (k<k_1\text{ 或 }k>k_2)\end{cases}\tag{4.261}$$

对于平均吸收系数为

$$\bar{k}=\int_0^\infty kf(k)\mathrm{d}k=k_1(1-2\alpha)+\frac{2\alpha}{k_2-k_1}\frac{k^2}{2}\bigg|_{k_1}^{k_2}=k_1+2\alpha(k_2-k_1)\tag{4.262}$$

这一结果直接由图 4.38 中看出。

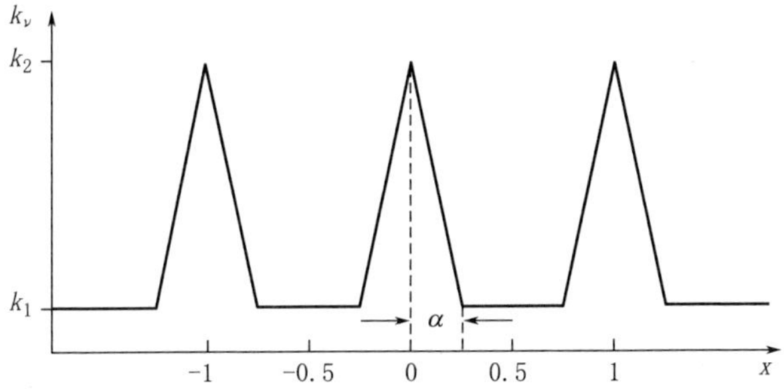


图 4.38 具有 $x=\nu/\delta$ 非重叠规则三角形谱线构成的谱带

(5)非重叠洛伦兹规则谱带

最后的例子是类似于 Elsasser 谱带规则模式，不过这里有种情形除外，就是如图 4.39 中，在相同单条的洛伦兹谱线，离谱线中心处的 $\delta/2$ 的谱线中止，在这种情形中得到

$$k_\nu=\frac{S\alpha_L}{\pi(\nu^2+\alpha_L^2)}\qquad(0\leqslant\nu\leqslant\delta/2)\tag{4.263}$$

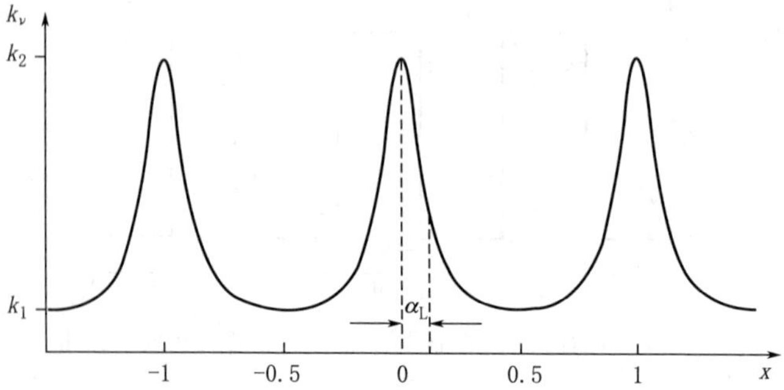


图 4.39 具有 $x=\nu/\delta$ 非重叠规则 Lorentz 谱线构成的谱带

利用此关系，用(4.225)式，通过求微分求取 $f(k)$ 为

$$f(k)=\frac{1}{\delta}\left(\left|\frac{d\nu}{dk}\right|_{\Delta\nu_1}+\left|\frac{d\nu}{dk}\right|_{\Delta\nu_2}\right)=\frac{2}{\delta}\left|\frac{d\nu}{dk}\right|_{\Delta\nu_2} \tag{4.264}$$

式中 $\Delta\nu_1=(-\delta/2,0)$ 和 $\Delta\nu_2=(0,\delta/2)$，最后依据对称性，可以由直接光谱吸收系数的表示式解得

$$\nu=\sqrt{\frac{S\alpha_L}{\pi k}-\alpha_L^2} \tag{4.265}$$

计算相对于 $\nu$ 的一阶导数为

$$\frac{d\nu}{dk}=\frac{1}{2\sqrt{S\alpha_L/(\pi k)-\alpha_L^2}}\frac{S\alpha_L}{\pi k^2} \tag{4.266}$$

将最大吸收系数 $k_2=S/\pi\alpha_L$ 代入，得到

$$\left|\frac{d\nu}{dk}\right|=\frac{1}{2}\frac{k_2\alpha_L}{k^{3/2}\sqrt{k_2-k}} \tag{4.267}$$

因此，可以求得洛伦兹中止(切断)形式的 $k$ 分布

$$f(k)=\frac{k_2\alpha_L}{\delta k^{3/2}\sqrt{k_2-k}} \tag{4.268}$$

从 $\bar{k}=\int kf(k)dk$，可以得到平均吸收系数

$$\bar{k}=\frac{2k_2\alpha_L}{\delta}\arctan\left(\frac{\delta}{2\alpha_L}\right) \tag{4.269}$$

## 4.5 大气辐射的高度积分——不均匀垂直路径的透过率计算

上面讨论了温度和压力为常数的均匀路径情况下，也就是 $k(\nu)$ 是常数情况，这些只能在实验室中出现。对于实际大气 $k(\nu)$ 随高度是变化的，必须进行订正。①在实

际大气中透过率使用的 $p$、$T$ 是变化的；②对于一定 $p$、$T$ 下在实验室得到的数据，不能用于实际大气，必须作调整。

图 4.40 给出谱线路径上对压力变化的结果，图中显示路径上气压变化由单条谱线构成的实际谱线廓线，大气谱线廓线不再是洛伦兹型。在低压作用下，表现更尖的峰；而高压下具有宽的翼区。

在处理不均匀路径中，假定温度 $T$ 和气压 $p$ 变化的不均匀路径可以用某种方式的定标参数对一个均匀路径近似，使用两个基本形式。在讨论之前先考虑一个精确解析的情况。

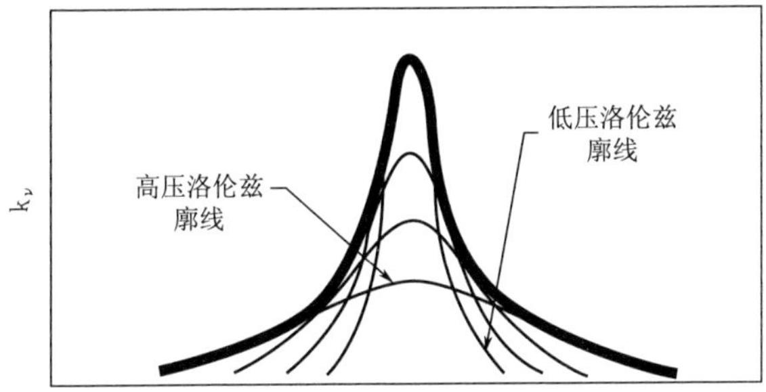


图 4.40　谱线随气压的变化

(1)混合比为常数、等温大气的一个精确解：考虑谱线中心频率 $\nu_0=0$ 的情况，则

$$\tau(\nu)=\int_{u_1}^{u_2}\frac{S(T)\alpha_0(p/p_0)}{\pi[\nu^2+\alpha_0(p/p_0)^2]}\mathrm{d}u \tag{4.270}$$

式中 $\mathrm{d}u=\frac{r}{g}\mathrm{d}p=m\,\mathrm{d}p$（$m$＝吸收气体质量）。

假定特性

$$rS=\text{常数} \tag{4.271}$$

这样对于等温均匀混合吸收气体（$r$＝常数），则

$$\tau(\nu)=\frac{Srp_s}{\pi\alpha_0 g}\int_{u_1}^{u_2}\frac{\widetilde{p}}{(\nu/\alpha_0)^2+\widetilde{p}^2}\mathrm{d}\widetilde{p} \tag{4.272}$$

式中 $\widetilde{p}=p/p_0$ 和对于 $\alpha_i=\alpha_0\widetilde{p}_i$。

$$\tau_\nu=\eta\left\{\ln\left[\left(\frac{\nu}{\alpha_0}\right)^2+p^{-2}\right]\right\}_{p_1}^{p_1},\quad \eta=Su/2\pi\alpha_0 \tag{4.273}$$

和

$$\widetilde{T}_\nu=\mathrm{e}^{-\tau(\nu)}=\left(\frac{\nu^2+\alpha_1^2}{\nu+\alpha_2^2}\right)^{-\eta} \tag{4.274}$$

假定在均匀路径的平均气压为 $\widetilde{p}=(p_1p_2)^{1/2}$ 有计算公式

$$\tau_\nu = \frac{S}{\pi} \frac{\alpha_0(\tilde{p}/p_0)u}{\nu^2 + [\alpha_0(\tilde{p}/p_0)]^2} \tag{4.275}$$

(2)定标近似:对于非均匀路径的最简单和最一般的方法是定标或参数近似,假定压力和温度对吸收的作用可分离为

$$ku(p,T) = \Psi(\nu)\Phi(p)\chi(T) \tag{4.276}$$

例如:$\nu - \nu_0 > \alpha_L$,在谱线的翼处,便有

$$\begin{gathered} k_\nu = \frac{S\alpha_L/\pi}{(\nu-\nu_0)^2} \\ \Rightarrow \Psi(\nu) \sim \left(\frac{1}{\nu-\nu_0}\right)^2, \quad \Phi(p) \sim \frac{p}{p_0} \\ \chi \to \left(\frac{T}{T_0}\right)^{1/2} \end{gathered} \tag{4.277}$$

则

$$\tau_\nu = \int_{u_1(p_1,T_1)}^{u_2(p_2,T_2)} k_\nu(p,T)\mathrm{d}u(p,T) \tag{4.278}$$

近似为

$$\tau_\nu = \Psi(\nu)\Phi(p_0)\chi(T_0)\int_{u_1}^{u_2} \frac{\Phi(p)\chi(T)\mathrm{d}u}{\Phi(p_0)\chi(T_0)} \approx k_\nu(p_0,T_0)\tilde{u} \tag{4.279}$$

式中

$$\tilde{u} = \int \frac{\Phi(p)\chi(T)}{\Phi(p_0)\chi(T_0)}\mathrm{d}u \tag{4.280}$$

它一般假定为

$$\begin{cases} \Phi(p) \sim p^n \\ \chi(T) \sim T^{-m} \end{cases} \tag{4.281}$$

因此

$$\tilde{u} = \int \left(\frac{p}{p_0}\right)^n \left(\frac{T_0}{T}\right)^m \mathrm{d}u \tag{4.282}$$

表 4.13 给出对于不同吸收气体的 $n$ 和 $m$。可以看到对于强吸收极限的吸收系数,$n=1$。

**表 4.13 不同吸收体的 $n$ 和 $m$ 值**

| 气体 | 光谱区 | $n$ | $m$ |
|---|---|---|---|
| 水汽 | 短波 | 0.9～1 | 0.45 |
| 二氧化碳 | | 1.75 | 11.8 |
| 臭氧 | | 0 | 0 |

续表

| 气体 | 光谱区 | $n$ | $m$ |
| --- | --- | --- | --- |
| 水汽 | | 0.5～0.9 | 0.45 |
| 二氧化碳 | 长波 | 1.75 | 11.8 |
| 臭氧 | | 0.4 | 0.2 |

(3)单参数近似

最简便的定标方法称之为单参数定标，由这方法可以足够精确地处理各种传输问题。对于不均匀垂直大气层的透过率函数可以表示为

$$\begin{aligned}\widetilde{T} &= \frac{1}{\Delta\nu}\int_{\Delta\nu}\exp\left[-\int k_{\nu,L}(p,T)\,\mathrm{d}u\right]\mathrm{d}\nu \\ &= \frac{1}{\Delta\nu}\int_{\Delta\nu}\exp\left[-\int\sum_i \frac{S_i}{\pi}\frac{\alpha_{L,i}}{(\nu-\nu_{0,i})^2+\alpha_{L,i}^2}\mathrm{d}u\right]\mathrm{d}\nu\end{aligned} \tag{4.283}$$

其应用于包括有很多条谱线的光谱间隔，这里假定这些谱线具有洛伦兹谱型，为方便略去下标“L”。为简化，下面考虑的方法是单光谱线，公式扩展到包括有邻近的谱线，在(4.284)式中表明，洛伦兹半宽度与压力的线性关系降为 $p/p_0$，而与温度的依赖关系为 $\sqrt{T_0/T}$，而某些理论证明，对于处理温度的平方根关系不总是满足的。由此可以用更加一般的关系式表达与温度的依赖性，写为

$$\alpha = \alpha_0\frac{p}{p_0}\left(\frac{T_0}{T}\right)^n \tag{4.284}$$

式中指数“$n$”是个不确定的值。由于($p_0$，$T_0$)表示标准状况下的气压和温度，所以吸收系数比值 $k_\nu(p,T)/k_\nu(p_0,T_0)$，写为

$$\frac{k_\nu(p,T)}{k_\nu(p_0,T_0)} = \frac{\dfrac{S(T)}{\pi}\dfrac{\alpha}{(\nu-\nu_0)^2+\alpha^2}}{\dfrac{S(T_0)}{\pi}\dfrac{\alpha_0}{(\nu-\nu_0)^2+\alpha_0^2}} \approx \frac{S(T)}{S(T_0)}\frac{p}{p_0}\left(\frac{T_0}{T}\right)^n \approx \frac{p}{p_0}\left(\frac{T_0}{T}\right)^n \tag{4.285}$$

这里已经假定强线近似对于单参数定标方法是很精确的，因此在谱线的分母中略去半宽度平方部分，可以剔除吸收系数的波数依赖，或消去。而且假定比值 $S(T)/S(T_0)$ 近似为 1，由此得到

$$\int k_\nu(p,T)\,\mathrm{d}u = k_\nu(p_0,T_0)\int\frac{p}{p_0}\left(\frac{T_0}{T}\right)^n\mathrm{d}u = k_\nu(p_0,T_0)\widetilde{u} \tag{4.286}$$

式中量为

$$\widetilde{u} = \int\frac{p}{p_0}\left(\frac{T_0}{T}\right)^n\mathrm{d}u \tag{4.287}$$

是已知的定标参数，或路径定标参数。在光谱间隔的有很多谱线的情形下，在(4.286)式中用近似必须由下式代替

$$\frac{k_\nu(p,T)}{k_\nu(p_0,T_0)} \approx \frac{\sum_i \frac{S(T)\alpha_{0,i}}{(\nu-\nu_{0,i})^2}\frac{p}{p_0}\left(\frac{T_0}{T}\right)^n}{\sum_i \frac{S_i(T_0)\alpha_{0,i}}{(\nu-\nu_{0,i})^2}} \approx \frac{p}{p_0}\left(\frac{T_0}{T}\right)^n \tag{4.288}$$

但是，不论是单线定标吸收系数还是谱线群吸收系数，都用相同的定标参数 $\tilde{u}$。

(4)两参数近似：Van de Hulst-Curtis-Godson(VCG)：对于不均匀路径，前面的方法是根据吸收气体的数量进行订正。通常，$n$ 随吸收体的状态(强吸收 $n=1$，弱吸收 $n=0$)而变化，这样做的结果是很差的。显然最好的方法是采用二参数近似的方法是由 Curtis 和 Godson 分别独立提出的两参数方法，其是对平均气压定义确定一个定标吸收气体量。比这方法还早 Van de Hulst 提出同样的方法，因此称为 Van de Hulst-Curtis-Godson(VCG)方法，即 VCG 近似。该方法采用一定数量的等效均匀层，代替不均匀层介质，这可以调整吸收系数来实现。其假定吸收层吸收系数具有洛伦兹谱型函数，平均透过率的形式为(4.283)式。为简单起见，考虑单条谱线，这样略去对光谱的求和符号，半宽度可以略去，而 $\alpha^2$ 也完全略去，而用与大气路径无关的合适的平均值 $\tilde{\alpha}^2$ 代替，强线 $\widetilde{T}_s(u)$ 的极限近似为

$$\widetilde{T}_s(u) = \frac{1}{\Delta\nu}\int_{\Delta\nu}\exp\left[-\int\frac{S}{\pi}\frac{\alpha(p,T)}{(\nu-\nu_0)^2+\tilde{\alpha}^2}\mathrm{d}u\right]\mathrm{d}\nu \tag{4.289}$$

通过对指数项展开和第二项后的离散展开，得到透过率的弱线极限近似 $\widetilde{T}_w(u)$，由于到假定光谱间隔比谱线的半宽度大很多，可以展开对波数进行无穷积分，得到

$$\widetilde{T}_w(u) = 1-\frac{1}{\Delta\nu}\int\frac{S(T)\alpha(p,T)}{\pi\tilde{\alpha}}\mathrm{d}u\int_{-\infty}^{\infty}\frac{1}{x^2+1}\mathrm{d}x = 1-\frac{1}{\Delta\nu}\int\frac{S(T)\alpha(p,T)}{\tilde{\alpha}}\mathrm{d}u \tag{4.290}$$

式中使用简单变换，$x=(\nu-\nu_0)/\tilde{\alpha}$，为了求取 $\tilde{\alpha}$，也可以对(4.284)式的指数展开，得到近似式

$$\widetilde{T}_w = 1-\frac{1}{\Delta\nu}\int S(T)\mathrm{d}u \tag{4.291}$$

显然这与由(4.116)式得到的结果是相同的，可以使(4.289)和(4.290)式相等，得到定标半宽度

$$\tilde{\alpha} = \frac{\int S(T)\alpha(p,T)\mathrm{d}u}{\int S(T)\mathrm{d}u} \tag{4.292}$$

这是 Curtis-Godsonr 近似的第一个定标参数，通过忽略半宽度与温度的依赖关系，就是

$$\frac{\alpha}{\tilde{\alpha}} \approx \frac{p}{\tilde{p}} \tag{4.293}$$

得到称之为压力定标因子 $\tilde{p}$

$$\tilde{p} = \frac{\int S(T) p \, \mathrm{d}u}{\int S(T) \mathrm{d}u} \tag{4.294}$$

为由等效均匀介质层模拟不均匀大气的透过率，使用 Goody(1964a,b)的符号，采用调整参数 $\tilde{\alpha}$、$\tilde{u}$、$\tilde{S}$，由此替代(4.283)式(略去求和号)，得到

$$\tilde{T} = \frac{1}{\Delta\nu}\int_{\Delta\nu} \exp\left\{-\int \frac{\tilde{S}\tilde{\alpha}\tilde{u}}{\pi[(\nu-\nu_0)^2+\tilde{\alpha}^2]}\right\} \mathrm{d}\nu \tag{4.295}$$

现希望得到 $\tilde{\alpha}$、$\tilde{u}$、$\tilde{S}$ 的显式，利用(4.295)式给出

$$\tilde{S}\tilde{\alpha}\tilde{u} = \int S\alpha \, \mathrm{d}u, \quad \tilde{S}\tilde{u} = \int S \, \mathrm{d}u, \quad \tilde{u} = \frac{\int S \, \mathrm{d}u}{\tilde{S}} \tag{4.296}$$

此时，是否想得到三参数近似，不过只需要的是参数 $\tilde{\alpha}$ 和 $\tilde{u}$，当温度变化是由(4.296)式模拟，不均匀大气中的压力变化包括在(4.291)或(4.294)式中。由于这一温度的影响消去，平均线强 $\tilde{S}$ 可以在任一给定温度下求取。因此两定标参数为 $\tilde{\alpha}$(或压力)和 $\tilde{u}$。

对于有很多条谱线系统，Curtis-Godsonr 近似，与单谱线是同样的，重写(4.283)式，根据(4.48)式的罗仑兹单谱线形状因子

$$\tilde{T}_w(u) = \frac{1}{\Delta\nu}\int_{\Delta\nu} \exp\left[-\int S_i f(\nu-\nu_{0,i}, \alpha_i)\right] \mathrm{d}\nu \, \mathrm{d}u$$

在弱线近似的情形下，这方程假定有形式

$$\tilde{T}_w(u) = 1 - \frac{1}{\Delta\nu}\int \sum_i S_i \int_{\Delta\nu} \exp - f(\nu-\nu_{0,i}, \alpha_i) \mathrm{d}\nu \, \mathrm{d}u = 1 - \frac{1}{\Delta\nu}\int \sum_i S_i \, \mathrm{d}\nu \tag{4.297}$$

式中假定了谱线形状因子的归一化条件(4.21)式，在频率间隔 $\Delta\nu$ 内是有效的。为引入强线近似，如前面，在(4.283)式的分母中，用常数 $\tilde{\alpha}$ 代替半宽度，得到

$$\tilde{T}_s(u) = \frac{1}{\Delta\nu}\int_{\Delta\nu} \exp\left[-\int \sum_i \frac{S_i}{\pi} \frac{\alpha_i}{(\nu-\nu_{0,i})^2+\tilde{\alpha}_i^2} \mathrm{d}u\right] \mathrm{d}\nu \tag{4.298}$$

对得到合适的 $\tilde{\alpha}$ 值，拟合强线和弱线，展开指数项得到

$$\tilde{T}_w(u) = 1 - \frac{1}{\Delta\nu}\int \sum_i \frac{S_i\alpha_i}{\tilde{\alpha}_i}\int_{\Delta\nu} f(\nu-\nu_{0,i}, \tilde{\alpha}_i) \mathrm{d}\nu \, \mathrm{d}u = 1 - \frac{1}{\Delta\nu}\int \sum_i \frac{S_i\alpha_i}{\tilde{\alpha}_i} \mathrm{d}u \tag{4.299}$$

与单谱线类似处理，通过比较(4.297)和(4.299)式，给出

$$\int \sum_i S_i \, \mathrm{d}u = \int \sum_i \frac{S_i p}{\tilde{p}} \mathrm{d}u \tag{4.300}$$

由于压力与每条谱线的依赖关系是相同的，得到第一个定标参数

$$\tilde{p} = \frac{\int \sigma p \, du}{\int \sigma du} \tag{4.301}$$

式中 $\sigma = 1/N \sum_i S_i$ 是平均线强，在单谱线情形下，这方程式简化为(4.294)式。

现需要求第二个定标参数，再考虑(4.283)式，其完全与均匀路径类似，写为

$$\tilde{T}(u) = \frac{1}{\Delta\nu}\int_{\Delta\nu} \exp\left\{-\int \sum_i \frac{\tilde{S}_i \tilde{\alpha}_i \tilde{u}}{\pi[(\nu - \nu_{0,i})^2 + \tilde{\alpha}_i^2]}\right\} d\nu \tag{4.302}$$

比较(4.298)和(4.302)式，给出第二个定标参数

$$\tilde{u} = \frac{\int \sum_i \frac{S_i \alpha_i}{(\nu - \nu_{0,i})^2 + \tilde{\alpha}_i^2} du}{\sum_i \frac{\tilde{S}_i \tilde{\alpha}_i}{(\nu - \nu_{0,i})^2 + \tilde{\alpha}_i^2}} \tag{4.303}$$

回到(4.291)式，把它应用到谱线 $i$，引入(4.51)式谱线形状因子后，得到

$$\tilde{u} = \frac{\sum_i f(\nu - \nu_{0,i}, \tilde{\alpha}_i) \int S_i \, du}{\sum_i f(\nu - \nu_{0,i}, \tilde{\alpha}_i) \tilde{S}_i} \tag{4.304}$$

其是定标吸收质量。线强 $\tilde{S}_i$ 如前所说的那样，可以在任意确定的温度下求取。

平均吸收率 $\overline{A}$ 写为

$$\overline{A} = \frac{W}{\Delta\nu} = \frac{1}{\Delta\nu}\int_{\Delta\nu}\left[1 - \exp\left(-\int k_\nu du\right) d\nu\right] = \frac{1}{\Delta\nu}\int_{\Delta\nu}\left\{1 - \exp\left[-\int S f(\nu) du\right] d\nu\right\} \tag{4.305}$$

弱线极限近似：当(4.302)式中的指数→0 时，由于 $\int f(\nu) d\nu = 1$，可近似为

$$\tilde{T} = \int e^{-\int S f(\nu) du} d\nu = \frac{1}{\Delta\nu}\int\left[1 - \int S f(\nu) du\right] d\nu \approx 1 - \int S du \tag{4.306}$$

对于规则谱带的光谱间隔 $S_i$ 和 $\alpha_i$ 是常数，而在 VCG 近似为

$$S\tilde{u} = \int S du \tag{4.307}$$

或

$$\tilde{u} = \int du$$

强线极限近似：对于均匀路径强线极限的推导与强极限的推导类似。对于不均匀路径，强线极限中，$|\nu - \nu_0| \gg \alpha_L$，则对单谱线有

$$\widetilde{T}=\frac{1}{\Delta\nu}\int_{\Delta\nu}\exp\left[-\int\frac{S\alpha_L/\pi}{(\tilde{\nu})^2}\mathrm{d}u\right]\mathrm{d}\tilde{\nu} \tag{4.308}$$

式中 $\tilde{\nu}=\nu-\nu_0$，如果

$$x=\tilde{\nu}\left[\int\frac{S\alpha_L\,\mathrm{d}u}{\pi}\right]^{-1/2} \tag{4.309}$$

则

$$\widetilde{T}=\frac{1}{\Delta\nu}\left[\int_u S\alpha_L/\pi\mathrm{d}u\right]^{1/2}\int_{\Delta x}\exp\left(-\frac{1}{x^2}\right)\mathrm{d}x \tag{4.310}$$

由于 $\Delta\nu\gg\alpha_L$，积分范围事实上是无穷的，因此有

$$\widetilde{T}\approx 1-2\left[\int S\alpha_L\,\mathrm{d}u\right]^{1/2} \tag{4.311}$$

通过引入等效均匀极限，则有

$$\tilde{\alpha}\tilde{u}=\int\alpha\,\mathrm{d}u \tag{4.312}$$

$$\tilde{p}\tilde{u}=\int\tilde{p}\,\mathrm{d}\tilde{u}$$

例如：根据谱带模式，假定吸收物质的垂直分布具有形式 $r(p)=r_s\bar{p}^3$，其中 $\bar{p}=p/p_s$。则 VCG 近似为

$$\tilde{u}=\int\mathrm{d}u=\frac{r_sp_s}{g}\int_0^1\bar{p}^3\,\mathrm{d}\bar{p}=\frac{r_sp_s}{4g} \tag{4.313}$$

和

$$\tilde{p}\tilde{u}=\int p\,\mathrm{d}u=p_s\int_0^1\bar{p}\,\mathrm{d}u$$

由于　$\mathrm{d}u=r\mathrm{d}p/g$，有

$$\tilde{p}\tilde{u}=\frac{p_s^2r_s}{g}\int_0^1\bar{p}^4\,\mathrm{d}\bar{p}=\frac{r_sp_s^2}{5g} \tag{4.314}$$

因此 $\tilde{p}=0.8P_s$。现可以应用于 Goody 和 Malkmus 带模式，考虑不均匀路径的 Goody 带模式：对于均匀路径时

$$\widetilde{T}_{\mathrm{Goody}}(u)=\exp\left[\frac{(-\sigma/\delta)u}{(1+\sigma u/\pi\alpha_L)^{1/2}}\right] \tag{4.315}$$

而对于不均匀路径时

$$\widetilde{T}_{\mathrm{Goody}}(\tilde{u})=\exp\left[\frac{(-\sigma/\delta)\tilde{u}}{(1+\sigma\tilde{u}/\pi\alpha_{L,s}\tilde{p})^{1/2}}\right] \tag{4.316}$$

式中 $\alpha_{L,s}$ 是压力为 $p$ 时的谱线半宽度，使用参数 $\tilde{u}=2.8\ \mathrm{g\cdot cm^{-2}}$，则有

$$\widetilde{T}_{\mathrm{Goody}}(\tilde{u}=2.8)=\exp\left[\frac{-2.919\times 2.8}{(1+2.919\times 2.8/0.06\times 0.8)^{1/2}}\right]=0.536$$

又如，VCG 检验，这方法的精度可以对上面的假设进行检验，考虑大气层气压在 $p_1 \rightarrow p_2$，设

$$p_2 = f p_1 \tag{4.317}$$

根据方程式

$$\tau_\nu^{\text{exact}}(1,2) = \eta \ln \left[ \frac{\nu^2 + \alpha_L(1)^2}{\nu^2 + \alpha_L(2)^2} \right] \tag{4.318}$$

其可以写成形式

$$\tau_\nu^{\text{exact}}(1,2) = \eta \ln \left[ \frac{(\nu/\bar{\alpha}_L)^2 + 1/f}{(\nu/\bar{\alpha}_L)^2 + f} \right] \tag{4.319}$$

式中 $\bar{\alpha}_L$ 是平均谱线半宽度，定义为 $\bar{\alpha}_L[\alpha_L(1)\alpha_L(2)]^{1/2}$。在这例子中，VCG 光学厚度近似表示为

$$\tau_\nu^{\text{VCG}}(1,2) = \frac{S\tilde{u}}{2\pi\tilde{\alpha}_L} \frac{2}{(\nu/\tilde{\alpha}_L)^2 + 1} \tag{4.320}$$

式中

$$\tilde{u} = \frac{r_s p_1}{g}(1-f)$$

$$\tilde{\alpha}_L = \left(\frac{1+f}{2}\right)\alpha_L(1) \tag{4.321}$$

因此大气层用 $\bar{\alpha}_L$ 和 $f$ 的 VCG 近似，光学厚度表示为

$$\tau_\nu^{\text{VCG}}(1,2) = 2\eta \frac{(1-f)}{(1+f)} \frac{2}{(\nu/\tilde{\alpha}_L)^2 + 1} \tag{4.322}$$

## 4.6 大气辐射的角度积分

对于(2.97)式，求取辐射通量密度时要对角度积分，由于考虑到大气是水平均匀的，因此只要对仰角进行积分，由辐射强度与通量密度的关系式，向上和向下的辐射通量密度写为

$$F_\nu^+(z)/\pi = 2\int_0^1 I_\nu(z;\mu)\mu \mathrm{d}\mu \tag{4.323a}$$

$$F_\nu^-(z)/\pi = 2\int_0^{-1} I_\nu(z;\mu)\mu \mathrm{d}\mu \tag{4.323b}$$

对(4.323)式，可以用高斯求积方法，其计算的时间与采用的高斯求积点成正比，经验表明，用单个求积就可以达到足够高的精度，由一阶高斯求积，可导得向上和向下的辐射通量密度

$$F_\nu^+(z)/\pi = \frac{2}{3^{1/2}} I_\nu(z;3^{-1/2}) \tag{4.324a}$$

$$F_\nu^-(z)/\pi=\frac{2}{3^{1/2}}I_\nu(z;-3^{-1/2}) \tag{4.324b}$$

基于历史原因，一般不用上式，而是以下面引入漫射因子 $r$ 最优值的近似形式

$$F_\nu^+(z)/\pi=I_\nu(z;\mu=r^{-1}) \tag{4.325a}$$

$$F_\nu^-(z)/\pi=I_\nu(z;\mu=-r^{-1}) \tag{4.325b}$$

式中对于任何 $\mu$ 和 $z$ 值，可以选择 $r$ 值，使上式最精确，问题是对于平均光谱间隔和所有 $z$ 值，使(4.324a)、(4.324b)式近似成立的这值是否存在。在计算加热率的许多研究得出，如果取 $r=1.66$，误差不会超过 2%。1942 年 Elsasser 首先提出这一值。(4.323a)、(4.323b)式表明，对于一确定的天顶角，通量的计算可以简化为强度的计算。由于在光学厚度的计算中，$\mu$ 是作为一除数出现的，因此对于通过大气的垂直路径计算的强度，其是吸收体的密度通过因子 $r$ 而增大。

对于分层大气，通量和强度的关系式也可以由严格的方程式得出。引入通量透射率

$$\widetilde{T}_\nu^f(z',z)=2E_3[\tau_\nu(z',z)] \tag{4.326}$$

与垂直透过率比较

$$\widetilde{T}_\nu(z',z;\mu)=\exp[-\tau_\nu(z',z)/\mu] \tag{4.327}$$

如果将(4.327)式代入(2.71)式和(2.72)式，且改变独立变量为 $z$ 和 $z'$，有

$$\begin{cases} I_\nu(z;\mu)=B_\nu(T)\widetilde{T}_\nu(z_s,z,\mu)+\int_0^z J_\nu(z')\dfrac{\mathrm{d}}{\mathrm{d}z'}\widetilde{T}_\nu(z',z;\mu)\mathrm{d}z' & (1\geqslant\mu>0) \\ I_\nu(z;-\mu)=-\int_0^z J_\nu(z')\dfrac{\mathrm{d}}{\mathrm{d}z'}\widetilde{T}_\nu(z',z;\mu)\mathrm{d}z' & (-1\leqslant\mu<0) \end{cases} \tag{4.328}$$

如将(4.328)式代入(4.325a)式和(4.325b)式得到

$$\begin{cases} F_\nu^+(z)/\pi=B_\nu(T)\widetilde{T}_\nu(0,z)+\int_0^z J_\nu(z')\dfrac{\mathrm{d}}{\mathrm{d}z'}\widetilde{T}_\nu^f(z',z)\mathrm{d}z' \\ F_\nu^-(z)/\pi=-\int_0^z J_\nu(z')\dfrac{\mathrm{d}}{\mathrm{d}z'}\widetilde{T}_\nu^f(z',z)\mathrm{d}z' \end{cases} \tag{4.329}$$

## 4.7　大气辐射的频率积分

大气辐射随波长或波数而改变，计算某一光谱段的大气辐射需要对频率进行积分，根据(4.329)式，在坐标中总的向上和向下辐射通量写为

$$\begin{cases} F^+(z)=\int_0^\infty \pi B_\nu(T_s)\widetilde{T}_\nu^f\mathrm{d}v+\int_0^\infty\int_0^u \pi B_\nu(z')\dfrac{\mathrm{d}\widetilde{T}_\nu^f(z-z')}{\mathrm{d}z'}\mathrm{d}z'\,\mathrm{d}\nu \\ F^-(z)=\int_0^\infty\int_{u_1}^u \pi B_\nu(z')\dfrac{\mathrm{d}\widetilde{T}_\nu^f(z'-z)_f}{\mathrm{d}z'}\mathrm{d}z'\,\mathrm{d}\nu \end{cases} \tag{4.330}$$

为进行谱段的大气辐射的频率积分，引入宽带发射率，宽带发射率方法是在辐射图的基础上发展而来，现定义等温宽带能量发射率

$$\varepsilon^{f}(z,T)=\int_{0}^{\infty}\pi B_{\nu}(T)[1-\widetilde{T}_{\nu}^{f}(z)]\frac{\mathrm{d}\nu}{\sigma T^{4}} \tag{4.331}$$

## 本章要点

1. 掌握地球大气的辐射光谱和长波辐射。
2. 熟悉光谱线的基本知识，描述谱线的参数。
3. 熟悉几种主要大气气体吸收特征。
4. 理解谱线的加宽。
5. 熟悉大气吸收的计算方法。
6. 熟悉大气辐射的高度积分、角度积分和频率积分。
7. 主要术语

地球平衡温度、净辐射通量密度、谱线强度、谱线半宽度和谱型函数、谱线的位置、洛伦兹谱型函数、多普勒谱型函数、谱线的自加宽和外加宽、谱线的混合加宽。

## 问题和习题

1. 通过直接积分证明洛伦兹线因子 $f_L(\nu-\nu_0)$ 是归一化的。

2. 估计多普勒谱线半宽度与洛伦兹谱线半宽度相等的压力高度

(a) $CO_2$ 谱线中心位于 667 $cm^{-1}$ 处；

(b) $H_2O$ 谱线中心位于 1600 $cm^{-1}$ 处，假定略去温度与洛伦兹谱线半宽度的关系，使用下面表 4.14 模式大气，地球表面：$z=0$ km，$p_0=1013.25$ hPa，$T=288.15$ K。

**表 4.14 大气高度及其递减率**

| 高度(km) | 递减率($K\cdot km^{-1}$) |
|---|---|
| 0～11 | 6.5 |
| 11～25 | 0.0 |
| 25～47 | −3.0 |
| 47～53 | 0.0 |
| 53～80 | 4.4 |
| 80～90 | 0.0 |

3. 两条相同的洛伦兹谱线之间相距为 8 半宽度，计算离线中心为 3 个半宽度波数处谱线的透过率。$S=\pi$ $cm^{-2}$，$\alpha_L=0.1$ $cm^{-1}$，$u=1$ cm。

提示：对式进行积分。

4. 考虑一等温大气层，此谱线强度是常数，也假定在这一层内比湿是常数，证明

Elsasser 谱带的单色透过率由下式表示

$$\widetilde{T}=\left(\frac{\cosh\beta_2-\cos s}{\cosh\beta_1-\cos s}\right)^n,\quad \eta=\frac{qSp_1\sec\theta}{2\pi g\alpha_{L,1}}$$

式中 $\theta$ 是辐射的天顶角，$s=2\pi\nu/\delta$ 和 $\beta_i=2\pi\alpha_i/\delta$，$i=1,2$ 是分别取气层的上下边界，对应的边界是 $p_1$ 和 $p_2$。

5. 确定在地球表面洛伦兹谱线起始光谱区间的垂直辐射透过率，地面气压为 $p_0=1000$ hPa，略去线强和谱线半宽度 $\alpha_L$ 与温度的依赖关系，比湿按照 $q(p)=q(p_0)(p/p_0)^{2.5}$ 分布，假定 $S=\pi\ \text{cm}^{-2}$，$\alpha_{L,0}=0.08\ \text{cm}^{-1}$，$\delta=20\alpha_{L,0}$ 和 $q(p_0)=5\ \text{g}\cdot\text{kg}^{-1}$。

提示：用近似。

6. 考虑在气压高度 $p_1$ 和 $p_2<p_1$ 之间一垂直透过率，气体密度为 $\rho_{\text{gas}}$ 的吸收系数为 $c_{\text{gas}}$ 是均匀分布的：

(a)假定线强与高度无关，通过 curtis-godson 近似，证明：$\widetilde{p}=(p_2+p_1)/2$；

(b)对于洛伦兹谱线，强线和弱线的等效宽度近似为

$$强线\ W=\sqrt{\frac{2S\alpha_{L,0}c}{gp_0}(p_1^2-p_2^2)}$$

$$弱线\ W=\frac{Sc}{g}(p_2-p_1)$$

7. 对于均匀分布的吸收气体，吸收系数的高度依赖关系假定为 $k_\nu=k_{\nu0}\sqrt{p/p_0}$，这里 $p_0$ 是地面气压，在大气顶处天顶角为 $\theta_0$ 处入射的太阳辐射是 $S_{\nu0}(\text{W}\cdot\text{m}^{-2})$，如果太阳的位置保持固定，求取在 1 小时内地球表面处单位平方米平行太阳能密度 $E_\nu$，地面反照率为 0.31。

8. 证明多普勒谱线吸收系数可以表示为

$$A_D=\frac{Su}{\delta}\sum_{n=0}^{\infty}\frac{(-1)^n b^n}{(n+1)!\ \sqrt{n+1}},\quad b=Su\sqrt{\frac{\ln 2}{\pi\alpha_D^2}}\ 为方便使用波数。$$

9. 一个注有吸收气体的柱状吸收池，池内压力是可变化的，由一束平行于柱轴的红外光照射此池，证明洛伦兹谱线中心的吸收是与压力无关的。

10. 假定在一光谱间隔内包含有 100 条相同半宽度 $\alpha_L$ 的谱线，线中心位置是统计分布的，如表 4.15 每 10 条线用一平均线强 $S_0$ 表示。

**表 4.15　谱线数与线强**

| 线数 | $S_0(\text{cm}^{-1})$ |
|---|---|
| 1～10 | 0.05 |
| 11～20 | 0.10 |
| 21～30 | 0.15 |
| 31～40 | 0.20 |

续表

| 线数 | $S_0(\text{cm}^{-1})$ |
|---|---|
| 41～50 | 0.25 |
| 51～60 | 0.30 |
| 61～70 | 0.35 |
| 71～80 | 0.40 |
| 81～90 | 0.45 |
| 91～100 | 0.50 |

对于 $\alpha_L=0.1\ \text{cm}^{-1}$，$\delta=10\alpha_L$，$u=1$ cm，根据指数模式求取透过率。

11. Schnaidt 表示平均透过率为

$$A=\frac{1}{\delta}\int_{-\delta/2}^{\delta/2}[1-\exp(-k_\nu u)]\mathrm{d}\nu$$

这表达式略去了谱线区域外相邻谱线的贡献，按这模式计算分布函数。

12. 按下表 4.16 给出的热带模式，计算对于水汽 8～12 μm 窗区，在 0、1 和 3 km 高度辐射温度的改变。$k$ 可追溯到双水汽分子灰体吸收系数，$k$ 是温度和压力的关系为

$$k(z)=k_0[1+\alpha_2(T(z)-T_0)]\frac{p^1(z)}{p_0}$$

式中 $k_0=12\ \text{cm}^{-2}\cdot\text{g}^{-1}$，$\alpha_2=-0.02\ \text{K}^{-1}$，$T_0=278$ K，$p_0=1013.25$ hPa，$p_1$ 是水汽分压。为计算普朗克辐射，用 $B=\frac{\kappa\sigma T^4}{\pi}$ 式，参数 $\kappa=0.25$，$\sigma=5.6697\times10^{-8}\ \text{W}\cdot\text{m}^{-2}\cdot\text{K}^{-4}$。

**表 4.16　热带大气模式**

| 高度(km) | 气压(hPa) | 温度(℃) | 相对湿度(%) | 比湿($\text{g}\cdot\text{kg}^{-1}$) |
|---|---|---|---|---|
| 0 | 1011 | 27.7 | 82 | 18.76 |
| 1.0 | 902 | 22.8 | 68 | 13.03 |
| 1.5 | 858 | 20.6 | 63 | 11.09 |
| 1.8 | 830 | 19.2 | 60 | 10.00 |
| 2.0 | 808 | 18.2 | 59 | 9.50 |
| 2.3 | 780 | 16.9 | 57 | 8.75 |
| 3.0 | 710 | 13.3 | 52 | 6.96 |
| 4.0 | 636 | 7.8 | 48 | 4.96 |
| 4.4 | 604 | 5.5 | 46 | 4.28 |
| 5.0 | 562 | 2.0 | 44 | 3.43 |
| 6.0 | 495 | 3.5 | 41 | 2.36 |
| 7.0 | 435 | 10.0 | 39 | 1.46 |
| 8.0 | 385 | 16.6 | 38 | 0.885 |
| 9.0 | 340 | 23.2 | 37 | 0.518 |

续表

| 高度(km) | 气压(hPa) | 温度(℃) | 相对湿度(%) | 比湿($g\cdot kg^{-1}$) |
|---|---|---|---|---|
| 9.8 | 302 | 28.5 | 38 | 0.351 |
| 10.0 | 291 | 30.0 | 38 | 0.312 |
| 11.0 | 253 | 38.6 | 40 | 0.148 |
| 12.0 | 217 | 47.2 | 43 | 0.0679 |
| 13.0 | 187 | 55.7 | 49 | 0.0309 |
| 14.0 | 156 | 62.3 | 58 | 0.0180 |
| 15.0 | 131 | 69.0 | 70 | 0.0100 |
| 16.0 | 112 | 75.5 | 90 | 0.0054 |

13. 考虑两理想的三角形谱线，谱线中心位于 $\nu_1$ 和 $\nu_2$，线间距离远大于半宽度，这里的半宽度是通常定义的两倍大，求光谱吸收系数、每条线的等效宽度 $W_1$、$W_2$ 和这两谱线等效宽度 $W$ 的解析表示式，而且考虑极限情形 $u\rightarrow 0$ 和 $u\rightarrow\infty$。

14. 在等温大气层中，吸收气体是均匀分布的，即浓度是常数，计算对弱线近似区域，一垂直路径光谱线的等效宽度，假定是洛伦兹线型。

15. 根据表 4.17 给出 1.38 $\mu m$ 的 $H_2O$ 带中 10 $cm^{-1}$ 谱区的逐线资料作如下各项。

(a)按洛伦兹型线形绘出这谱区内吸收系数 $k_\nu$ 随波数的变化；

(b)将对数标尺的 $k_\nu$ 分成 50 个相等的间隔，计算以步进间隔的 $k_\nu$ 的总的累积数 $n(0,k)$；

(c)累积概率函数定义为 $g(k)=n(0,k)/N$，这里 $N$ 是总数，以至于 $g(0)=0$，$g(50\lg k)=1$。在 $g$ 域中绘出 $k(g)$；

(d)用逐线法按隔 0.01 $cm^{-1}$ 及用 $k$ 分布方法由表 4.18 的求积点和权重，计算光谱透射比，路径长度 $u$ 从 $10^{-3}\ g\cdot cm^{-2}$ 至 $10\ g\cdot cm^{-2}$。比较两种结果，注 1 $g\cdot cm^{-2}$ 为 $2.24\times10^4/M_{atm-cm}$，$M$ 是气体分子量。

**表 4.17　谱线强度和半宽度**

| $\nu_0$($cm^{-1}$) | $S$($cm^{-1}\cdot atm\cdot cm^{-1}$) | $\alpha$($cm^{-1}$) |
|---|---|---|
| 7280.31512 | $4.194\times10^{-3}$ | 0.0704 |
| 7280.47400 | $8.872\times10^{-4}$ | 0.0846 |
| 7281.08200 | $3.764\times10^{-2}$ | 0.0994 |
| 7281.72912 | $4.033\times10^{-3}$ | 0.0602 |
| 7282.70531 | $5.673\times10^{-4}$ | 0.0752 |
| 7283.01859 | $1.132\times10^{-2}$ | 0.0680 |
| 7283.73107 | $1.710\times10^{-2}$ | 0.0710 |
| 7284.71668 | $2.401\times10^{-3}$ | 0.0702 |
| 7285.04497 | $4.725\times10^{-4}$ | 0.0866 |

续表

| $\nu_0(cm^{-1})$ | $S(cm^{-1}\cdot atm\cdot cm^{-1})$ | $\alpha(cm^{-1})$ |
|---|---|---|
| 7286.05083 | $4.732\times10^{-3}$ | 0.0683 |
| 7287.00300 | $6.990\times10^{-3}$ | 0.0886 |
| 7287.28900 | $2.285\times10^{-2}$ | 0.1020 |
| 7287.50218 | $2.877\times10^{-4}$ | 0.0685 |
| 7288.09091 | $6.882\times10^{-2}$ | 0.1002 |
| 7290.10832 | $3.226\times10^{-2}$ | 0.0872 |

**表 4.18 求积点和权重**

| 求积点 | 求积权重 |
|---|---|
| $3.20770\times10^{-2}$ | $8.13791\times10^{-2}$ |
| $1.60926\times10^{-1}$ | $1.71362\times10^{-1}$ |
| $3.61656\times10^{-1}$ | $2.22259\times10^{-1}$ |
| $5.88344\times10^{-1}$ | $2.22259\times10^{-1}$ |
| $7.89074\times10^{-1}$ | $1.71362\times10^{-1}$ |
| $9.17923\times10^{-1}$ | $8.13791\times10^{-2}$ |
| $9.53472\times10^{-1}$ | $8.89637\times10^{-3}$ |
| $9.66501\times10^{-1}$ | $1.63036\times10^{-2}$ |
| $9.83500\times10^{-1}$ | $1.63036\times10^{-3}$ |
| $9.96528\times10^{-1}$ | $8.69637\times10^{-3}$ |

16. (a)证明单条洛伦兹谱线的等效宽度 $W=2\pi\alpha L(x)$，这里 $L(x)$ 是拉登堡-瑞奇函数，且 $x=Su/(2\pi\alpha)$；

(b)据贝塞尔函数的性质，证明等效宽度在弱线和强线近似极限下分别与 $u$ 和 $\sqrt{u}$ 成正比。

17. 已知艾尔萨沙规则带模式表示的吸收系数，导出此时的概率函数 $f(k)$。

18. (a)根据定义的马尔克姆斯模式，求证概率分布函数可由拉普拉斯逆变换求得，形如

$$f(k)=\frac{1}{2\sqrt{\pi}}c_{\tilde{\nu}}d_{\tilde{\nu}}^{1/2}k^{-3/2}c_{\tilde{\nu}}\exp\left(-\frac{k}{d_{\tilde{\nu}}}-\frac{c_{\tilde{\nu}}^{2}d_{\tilde{\nu}}}{4k}\right)$$

(b)证明累积概率函数为

$$g(k)=\frac{1}{2}\exp(2c_{\tilde{\nu}})\mathrm{erfc}\left[\left(\frac{c_{\tilde{\nu}}}{2}\right)^{1/2}\left(\frac{1}{y}+y\right)\right]+\frac{1}{2}\mathrm{erfc}\left[\left(\frac{c_{\tilde{\nu}}}{2}\right)^{1/2}\left(\frac{1}{y}-y\right)\right]$$

式中 $y=[2k/(c_{\tilde{\nu}}d_{\tilde{\nu}})]^{1/2}$，符号 erfc 是误差补函数，有关系式 $\mathrm{erfc}x=1-\mathrm{erf}x$，而误差函数定义为

$$\mathrm{erf}x = \frac{2}{\sqrt{\pi}}\int_0^x \exp(-x^2)\mathrm{d}x$$

(c)由(b)证明 $\mathrm{d}g(k)/\mathrm{d}k = f(k)$；

(d)在方程式的弱线近似和强线近似的极限下，推导光谱透过比的拉普拉斯逆变换。

19. 考虑一个由矩形多普勒线型号为核心和洛伦兹线型为翼区而构成的简化的沃伊特廓线

$$f(\nu) = \begin{cases} C & (|\nu| \leqslant \nu_0) \\ \dfrac{a}{\pi\nu^2} & (|\nu| > \nu_0) \end{cases}$$

求导出谷第 Goody 随机模式的等效线宽。

20. 洛伦兹谱线半宽度与气压成正比，可表示为 $\alpha \approx \alpha_r(p/p_r)$，这里 $\alpha_r$ 是参考气压 $p_r$ 时的半宽度，证明透过率按光学厚度表示为

$$\widetilde{T}_\nu = \exp(-\tau) = \left(\frac{\nu^2 + \alpha_1^2}{\nu^2 + \alpha_2^2}\right)^\lambda$$

式中 $\alpha_1$ 和 $\alpha_2$ 是两个积分极限，$\lambda$ 是混合比，$g$ 是重力加速度。

21. (a)用强线近似的极限 $\overline{S}u/\alpha \gg 1$，证明

$$\widetilde{T}_{\tilde{\nu}}(u) = \exp\left(-\frac{\sqrt{\pi\overline{S}\alpha u}}{\delta}\right)$$

上式称为随机模式的平方根近似。

(b)根据这一近似，证明有云大气的可降水成分可以写为

$$PW = \frac{c}{m}\left[\ln\left(\frac{F_{\tilde{\nu}}}{F_{0,\tilde{\nu}}}\right)\right]^2$$

式中 $c$ 是与谱带和已知大气参数有关的常数；$m$ 表示空气质量，与气压有关；$F_{\tilde{\nu}}$ 和 $F_{0,\tilde{\nu}}$ 分别代表在地面和大气顶观测到带的太阳通量。这是用太阳光度计测量可降水的原理。

22. 使用概率函数

$$P(S) = \frac{C}{S}\exp\left(-\frac{S}{\overline{S}}\right)$$

式中 $C$ 是归一化系数，求证等效线宽为

$$\overline{W} = c_{\tilde{\nu}}[(1 + d_{\tilde{\nu}}u)^{1/2} - 1]$$

式中 $c_{\tilde{\nu}} = \pi\alpha/(2\delta)$，$d_{\tilde{\nu}} = 4\overline{S}/(\pi\alpha)$。提示，利用下面积分公式

$$\int_0^\infty \exp(-ax)\,\frac{1 - \exp(-x)}{x}\mathrm{d}x = \ln\left(1 + \frac{1}{a}\right)$$

$$\int \ln(x^2 + b)\mathrm{d}x = x\ln(x^2 + b) - 2x + 2\sqrt{b}\arctan\left(\frac{x}{\sqrt{b}}\right)$$

# 第 5 章　球形粒子的光散射

由于散射是建立在电磁辐射基础上，所以本章内容有：(1)平面电磁波；(2)电介质的极化；(3)大气折射指数和大气中射线的折射；(4)Mie 散射基础理论；(5)球形粒子的 Mie 散射波的解；(6)粒子的远场散射波；(7)远场单个球形粒子的消光参数；(8)多球形粒子群的衰减系数。

大气对太阳辐射吸收同时，由于大气气体和大气中的悬浮粒子的介电参数和折射率参数的差异，使太阳辐射偏离原来的传播方向，这就发生了光散射。大气中的散射按粒子尺度分成分子散射和大粒子散射两种，图 5.1 显示了可见光 500 nm(0.5 μm)不同尺度粒子发生的散射，图 5.1a 为粒子 $10^{-4}$ μm 分子尺度的散射分布图，前向和后向散射分布对称；图 5.1b 为粒子 0.1 μm 较大粒子尺度的散射分布图，前向散射增大和后向部分减小分布；图 5.1c 为粒子 1 μm 气溶胶粒子尺度的散射分布图，散射集中在前向部分、后向部分很小，这说明粒子的尺度对于散射影响表现为前向部分增大。由于大粒子散射理论较复杂，这里先介绍与此相关的电磁辐射的基本知识，前面第三章已经对分子尺度粒子散射作了说明，这里着重描述大粒子 Mie 散射理论。

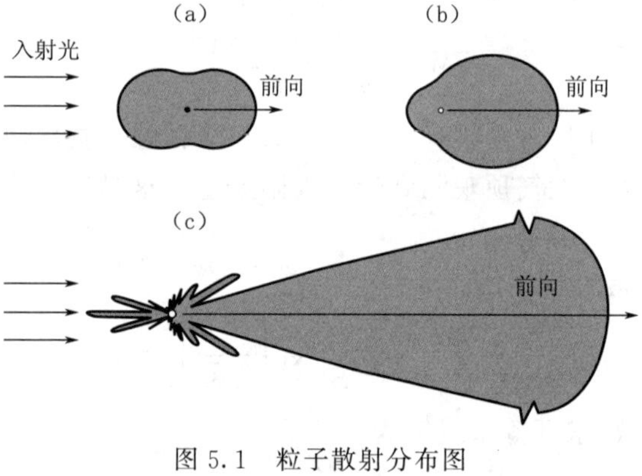


图 5.1　粒子散射分布图

(a)分子尺度散射；(b)0.1 μm 粒子尺度散射；(c)气溶胶粒子散射

## 5.1　平面电磁波

散射辐射是电磁辐射与物质相互作用的结果。为说明散射辐射，首先对电磁波的表述和简单的平面电磁波介绍如下。

如图 5.2,在无源均匀介质中的平面电磁波表示为

$$\boldsymbol{E}(\boldsymbol{r},t)=\boldsymbol{E}_0\exp(\mathrm{i}\boldsymbol{k}\cdot\boldsymbol{r}-\mathrm{i}\omega t),$$
$$\boldsymbol{H}(\boldsymbol{r},t)=\boldsymbol{H}_0\exp(\mathrm{i}\boldsymbol{k}\cdot\boldsymbol{r}-\mathrm{i}\omega t) \qquad (5.1)$$

式中假定矢量 $\boldsymbol{E}_0$、$\boldsymbol{H}_0$ 和 $\boldsymbol{k}$ 是恒定的矢量,一般波矢量 $\boldsymbol{k}$ 是复数:$\boldsymbol{k}=\boldsymbol{k}_R+\mathrm{i}\boldsymbol{k}_I$,由此

$$\boldsymbol{E}(\boldsymbol{r},t)=\boldsymbol{E}_0\exp(-\boldsymbol{k}_I\cdot\boldsymbol{r})\exp(\mathrm{i}\boldsymbol{k}_R\cdot\boldsymbol{r}-\mathrm{i}\omega t)$$
$$\boldsymbol{H}(\boldsymbol{r},t)=\boldsymbol{H}_0\exp(-\boldsymbol{k}_I\cdot\boldsymbol{r})\exp(\mathrm{i}\boldsymbol{k}_R\cdot\boldsymbol{r}-\mathrm{i}\omega t) \qquad (5.2)$$

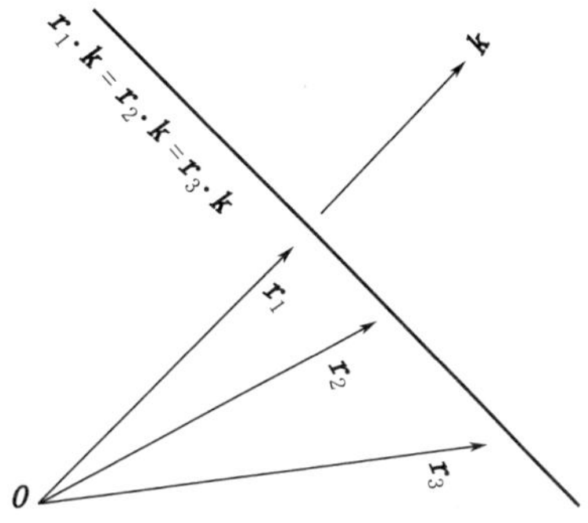


图 5.2　波矢 $\boldsymbol{k}$ 和位置 $\boldsymbol{r}$ 方向

这里 $\boldsymbol{E}_0\exp(-\boldsymbol{k}_I\cdot\boldsymbol{r})$和 $\boldsymbol{H}_0\exp(-\boldsymbol{k}_I\cdot\boldsymbol{r})$分别是电磁波的电场和磁场振幅,而 $\boldsymbol{k}_R\cdot\boldsymbol{r}-\mathrm{i}\omega t$ 是其相位。$\boldsymbol{k}_R$ 是等相位面的法向,这里 $\boldsymbol{k}_I$ 是等振幅面的法向,当 $\boldsymbol{k}_R$ 和 $\boldsymbol{k}_I$ 相平行时,称电磁波是均匀的,否则为不均匀的。在 $\boldsymbol{k}_R$ 方向等相位面传播的相速度 $v=\omega/|\boldsymbol{k}_R|$。

对于平面电磁波麦克斯韦方程取如下形式

$$\boldsymbol{k}\cdot\boldsymbol{E}_0=0 \qquad (5.3a)$$
$$\boldsymbol{k}\cdot\boldsymbol{H}_0=0 \qquad (5.3b)$$
$$\boldsymbol{k}\times\boldsymbol{E}_0=\omega\mu\boldsymbol{H}_0 \qquad (5.3c)$$
$$\boldsymbol{k}\times\boldsymbol{H}_0=-\omega\varepsilon\boldsymbol{E}_0 \qquad (5.3d)$$

式中 $\varepsilon=\varepsilon_0(1+\chi)+\mathrm{i}\sigma/\omega$ 是复介电常数,第一、二个方程表示平面电磁波是横波:$\boldsymbol{E}_0$ 和 $\boldsymbol{H}_0$ 与 $\boldsymbol{k}$ 垂直。而且 $\boldsymbol{E}_0$ 和 $\boldsymbol{H}_0$ 彼此垂直。方程式(5.2)和(5.3)得到 $\boldsymbol{H}_0(\boldsymbol{r},t)=(\omega\mu)^{-1}\boldsymbol{k}\times\boldsymbol{E}_0(\boldsymbol{r},t)$。因此,电磁波仅只要考虑电场。

用 $\boldsymbol{k}$ 点乘(5.3c)式两边,使用(5.3d)式和 $a\times(b\times c)=b(a\cdot c)-c(a\cdot b)$,便有 $\boldsymbol{k}\cdot\boldsymbol{k}=\omega^2\varepsilon\mu$。在实际中引入均匀平面波,复合波矢量可以写为 $\boldsymbol{k}=(\boldsymbol{k}_R+\mathrm{i}\boldsymbol{k}_I)\boldsymbol{n}$,其中 $\boldsymbol{n}$ 是传播方向的实单位矢量,且 $\boldsymbol{k}_R$ 和 $\boldsymbol{k}_I$ 两者是非负值。则得到

$$\boldsymbol{k}=\boldsymbol{k}_R+\mathrm{i}\boldsymbol{k}_I=\omega\sqrt{\varepsilon\mu}=\omega m/c \qquad (5.4)$$

式中 $\boldsymbol{k}$ 是波数,$c=1/\sqrt{\varepsilon_0\mu_0}$ 是真空中的光速,而

$$m=m_R+\mathrm{i}m_I=\sqrt{\varepsilon\mu/\varepsilon_0\mu_0}=c\sqrt{\varepsilon\mu} \qquad (5.5)$$

是非负的复折射指数,$m_R$ 是实部,$m_I$ 是虚部。因此平面均匀电磁波具有形式

$$\boldsymbol{E}(\boldsymbol{r},t)=\boldsymbol{E}(\boldsymbol{r})\exp(-\mathrm{i}\omega t)=\boldsymbol{E}_0\exp(-\omega c^{-1}m_I\boldsymbol{n}\cdot\boldsymbol{r})\exp(-\mathrm{i}\omega c^{-1}m_R\boldsymbol{n}\cdot\boldsymbol{r}-\mathrm{i}\omega t) \qquad (5.6)$$

如果复折射指数的虚部是非 0,则它取决于电磁波通过介质时振幅的衰减。在这种情况下,介质是吸收的。复折射指数的实部取决于电磁波的相速:$v=c/m_R$。对于真空,$m=m_R=1$ 和 $v=c$。均匀电磁波的玻印亭矢量的时间平均值为

$$\langle \boldsymbol{S}(\boldsymbol{r})\rangle = \frac{1}{2}\mathrm{Re}[\boldsymbol{E}(\boldsymbol{r})\times \boldsymbol{H}^*(\boldsymbol{r})]$$
$$= \frac{1}{2}\mathrm{Re}(\sqrt{\varepsilon/\mu})|\boldsymbol{E}_0|^2\exp(-2\omega c^{-1}m_I\boldsymbol{n}\cdot\boldsymbol{r})\boldsymbol{n} \tag{5.7}$$

因此，$\langle \boldsymbol{S}(\boldsymbol{r})\rangle$是在传播方向和它的绝对值 $I(\boldsymbol{r})=|\langle \boldsymbol{S}(\boldsymbol{r})\rangle|$，称为强度，如果介质是吸收的，它指数衰减：

$$I(\boldsymbol{r}) = I(0)\exp(-\alpha\boldsymbol{n}\cdot\boldsymbol{r}) \tag{5.8}$$

体积吸收系数是

$$\alpha = 4\pi m_I/\lambda$$

式中 $\lambda=2\pi c/\omega$ 是电磁波在自由空间波长。辐射强度具有单色能量通量的量纲：能量/面积×时间。

## 5.2 电介质的极化

电磁辐射与原子或分子间的相互作用，使分子从低能态向高能态间的跃迁，称之物质对电磁辐射的吸收，相反，当分子从高能态向低能态间的跃迁，物质发出电磁辐射。每一次跃迁只能在一个确定频率上进行，也就是电磁辐射与分子在某一频率上发生“共振”。电磁辐射与原子或分子间的作用不能在所有的频率上发生“共振”，称之为非共振；这种非共振作用不能从量子跃迁理论来说明。非共振作用对于固体粒子和大气粒子是重要的。

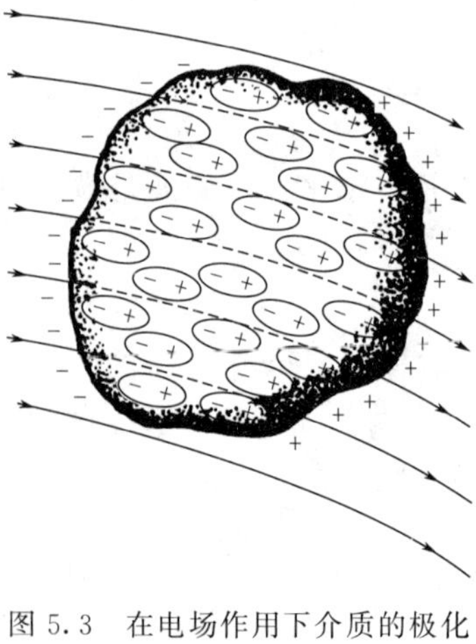

图 5.3 在电场作用下介质的极化

### 5.2.1 电介质的极化

电介质的极化是在偏振电磁辐射的作用下，表示物质形成电偶极矩的能力。如图 5.3 中，在某些物质中，原子或分子的位置及其中的正电荷在电场的作用下沿电场方向偏离，负电荷反着电场方向偏离，形成与电场方向平行的电偶极矩。介质在电场作用下的电场（电位移矢量）为

$$\boldsymbol{D} = \varepsilon\boldsymbol{E} = \boldsymbol{E} + \boldsymbol{P}$$

式中 $\varepsilon$ 是介质的介电常数，介质的极化可以用单位体积的极化矢量 $\boldsymbol{P}$ 表示，定义为

$$\boldsymbol{P} = (\varepsilon_r - 1)\varepsilon_0\boldsymbol{E} \tag{5.9}$$

式中 $\varepsilon_0$ 是真空中的介电常数，$\varepsilon_r$ 相对介电常数 $\varepsilon_r=\varepsilon_s/\varepsilon_0$，$\varepsilon_s$ 是介质静电介电常数，$\boldsymbol{E}$ 是作用于介质的外部电场强度。

在物质中的电荷受力不同，位移也不同，由此对极化作用不同。在电磁波不同谱段频率电场的作用下，物质按不同的时间尺度振荡，图 5.4 显示了三种尺度的极化机制，图 5.4a 表示电子与原子核间的极化，发生振荡频率高，处于紫外谱段，出现电子极化；图 5.4b 表示原子间引起的极化，由于原子质量大于电子，振荡频率低于电子；图 5.4c 表示分子之间引起极化，无电场下取向是无规则的，振荡频率出现于较长的红外到微波。

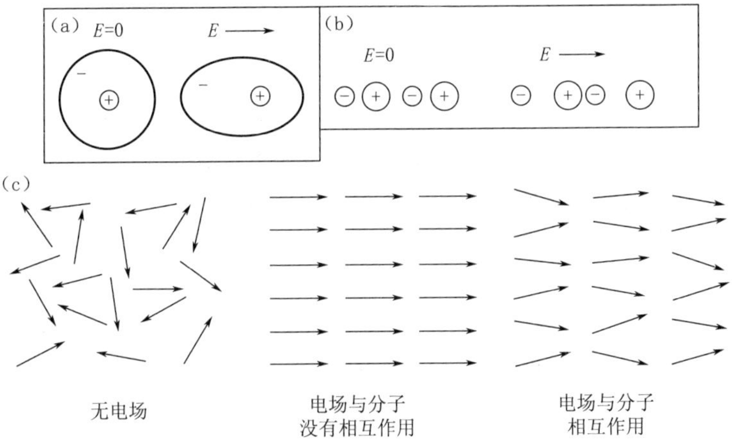


图 5.4　三种极化机制

(a)电子；(b)原子；(c)无趋向

当电磁场作用于单个原子或分子时，单个原子或分子的偶极矩 $\boldsymbol{p}$ 与介质内施加于单个原子或分子的电场 $\boldsymbol{E}'$ 的关系为

$$\boldsymbol{p}=\alpha\boldsymbol{E}' \tag{5.10}$$

式中 $\alpha$ 是物质的极化率。如果单位体积中的原子或分子数为 $N$，则介质的单位体积的极化矢量

$$\boldsymbol{P}=N\boldsymbol{p} \tag{5.11}$$

介质内的对单个分子作用的电场 $\boldsymbol{E}'$ 是无法测量的，为从理论上说明，假定介质内有一空穴，则可以证明在空穴中由于邻近偶极子产生的电场使某一点电场 $\boldsymbol{E}$ 增加 $P/3\varepsilon_0$，因此有

$$\boldsymbol{E}'=\boldsymbol{E}+\frac{P}{3\varepsilon_0}=\frac{\boldsymbol{E}}{3}(\varepsilon_r+2) \tag{5.12}$$

由(5.9)、(5.10)、(5.12)式得到

$$N\alpha=3\varepsilon_0\frac{\varepsilon_r-1}{\varepsilon_r+2} \tag{5.13}$$

这就是 Clausius-Mosotti 方程。

### 5.2.2 经典理论

**1. 洛伦兹(Lorentz)模式**

通常原子模型用一个电子环绕原子核在模糊轨道上运动表示。到目前为止,涉及到有关于电磁辐射的非共振相互作用的问题,这些电子的行为如弹簧一样,产生一个相对于振荡电磁场的电荷的变化,电子与电磁辐射的相互作用形成一个如像经典谐振子的振动。Lorentz 根据谐振子的原理引入了电子和原子极化模型。

偶极谐振子的振荡运动方程式

$$m\frac{\mathrm{d}^2x}{\mathrm{d}t^2}+\gamma\frac{\mathrm{d}x}{\mathrm{d}t}+kx=qE' \tag{5.14}$$

式中 $m$ 是振荡粒子质量,$\gamma\mathrm{d}x/\mathrm{d}t$ 是邻近偶极子的期望阻尼,$k$ 是弹簧系数,$qE'$ 是介质内部某点电场 $\boldsymbol{E}'$ 产生的力,$x$ 是粒子质量离开平衡位置位移,这虽然不是原子的合适模式,但它等效于量子力学给出的简单模式。在一般情况下,通过振子的合理选择考虑到量子理论的效应。

如果电磁场作用于具有频率为 $\omega$ 的偶极振动,此时在同一频率处振荡电荷的位移为 $x$,假定 $x=x_0e^{\mathrm{i}\omega t}$,则可得关于 $\boldsymbol{E}'$ 的解为

$$x=\frac{(q/m)\boldsymbol{E}'}{\omega_0^2-\omega^2-\mathrm{i}\gamma\omega} \tag{5.15}$$

式中 $\omega_0=(k/m)^{1/2}$,是谐振子的共振频率,位移 $x$ 是复数形式,且它常用形式为 $A\mathrm{e}^{\mathrm{i}\Phi}A(q/m)\boldsymbol{E}'$,这里 $A(q/m)\boldsymbol{E}'$ 是振荡振幅,$\Phi$ 是相对于施加力振荡相位。由(5.14)式,通过简单的代数运算得到

$$A=\frac{1}{[(\omega_0^2-\omega^2)^2+\gamma^2\omega^2]^{1/2}} \tag{5.16}$$

$$\Phi=\arctan\frac{\gamma\omega}{\omega_0^2-\omega^2}$$

由图 5.5 说明,$A$ 和 $\Phi$ 作为 $\omega$ 的函数,谐振子的特性取决于相对于谐振子共振频率 $\omega_0$ 变化,对于 $\omega\gg\omega_0$,非共振振荡是很弱的,而且不具有光驱动的力;对于这振荡的频率范围、振荡的振幅,随 $1/\omega^2$ 比例速率减小;对于 $\omega\ll\omega_0$ 的低频谱范围,非共振振荡又减小,在这种情况下,与施加力同相。在这光谱区,当远离共振频率,$\omega$ 减小,振幅趋向于一常数。只有当相应于从一个量子态到另一个量子态跃迁的共振($\omega=\omega_0$,$\Phi=\Phi_0$)情况下。

给定对于时间-谐振电场的单个振荡响应,相对介电常数由对于单个振子的偶极矩 $p=qx$ 的定义和由 $\boldsymbol{p}=\alpha\boldsymbol{E}'$ 导得,则

$$\alpha=\frac{q^2/m}{\omega_0^2-\omega^2-\mathrm{i}\gamma\omega} \tag{5.17}$$

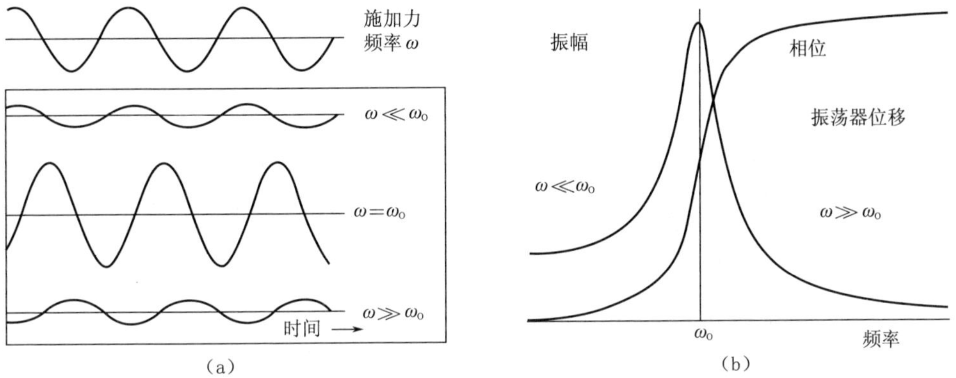


图 5.5　(a)表示作为对于电磁场施加力对于物质中荷电模式的反应，一个谐振子对于一周期性施加力的响应，谐振子的响应取决于施加力频率 $\omega$ 相对于谐振子共振频率 $\omega_0$。(b)谐振子振幅和相位为作用的电磁场频率的函数，当施加力的频率 $\omega$ 远小于共振频率 $\omega_0$ 时，如 $N_2$ 和 $O_2$ 分子处于可见光的情形，振幅接近于常数

对于单位体积中有 $N$ 个振子，单位体积极化强度

$$\boldsymbol{P}=\frac{\omega_P^2}{\omega_0^2-\omega^2-\mathrm{i}\gamma\omega}\varepsilon_0\boldsymbol{E}' \tag{5.18}$$

式中 $\omega_p^2=Nq^2/\varepsilon_0 m$ 是等离子体频率。由于这里处理复杂物质的局部电场时，忽略局部电场与外部电场间差异，没有产生更多问题，按这假定，由(5.9)、(5.18)式得到

$$\varepsilon_r=1+\frac{\omega_P^2}{\omega_0^2-\omega^2-\mathrm{i}\gamma\omega} \tag{5.19}$$

上式分别具有如下实部和虚部

$$\varepsilon_r'=1+\frac{\omega_P^2(\omega_0^2-\omega^2)}{(\omega_0^2-\omega^2)^2+\gamma^2\omega^2} \tag{5.20}$$

$$\varepsilon_r''=\frac{\omega_P^2\gamma\omega}{(\omega_0^2-\omega^2)^2+\gamma^2\omega^2}$$

这里每个分量频率依赖性如图 5.6 所示，复分量给出了振子阻尼和阻尼最大值与随频率的相对介电常数实部的迅速变化相一致。

量子力学解给出类似结果，但是用下面介绍的方法修改。原子和分子具有几个自然频率和每个有它自己的损耗常数，每个模的有效强度也不同，现用强度因子 $f$ 表示，对所有模求和导得(5.19)式的修改形式：

$$\varepsilon_r-1=\frac{Nq^2}{\varepsilon_0 m}\sum_i\frac{f_i}{\omega_0^2-\omega^2-\mathrm{i}\gamma\omega} \tag{5.21}$$

**2. 极化取向——Debye 张弛**

洛伦兹经典模式描述在非极化分子中电荷出现变形的极化，在极化分子构成的固

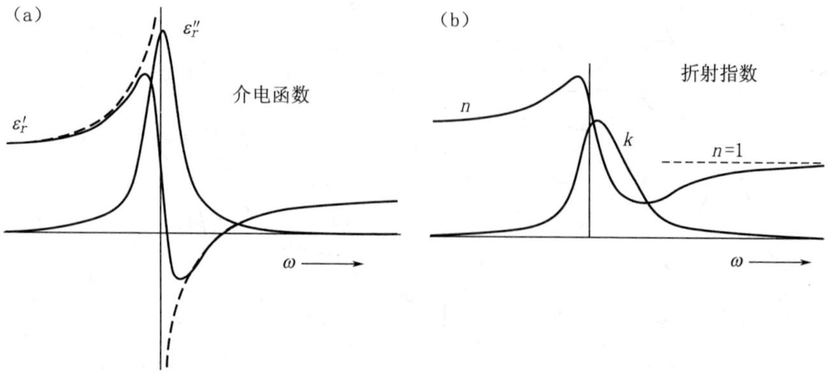


图 5.6 (a)显示了相对介电常数的实部和虚部与频率的关系，当阻尼项忽略时，$\gamma=0$，$\varepsilon_r''=0$，且在共振频率处出现非物理的结果(虚线)，阻力尼不是黏性振荡运动的结果，而是表示由一种状态到另一种状态的跃迁，由此表示吸收过程。(b)显示折射指数的实部和虚部与频率的依赖关系

态和液态中，对于电场的偶极矩的取向产生一个附加低频作用于极化，对偶极矩取向的作用取决于分子的形状和它与环境的相互作用。在改变的电场中，接近球和低的偶极矩，分子更容易和更快地调整它自身的取向。一个像 $H_2O$ 一样不对称分子具有几个稳定取向，从一个稳定取向到另一个取向的方向变化相对缓慢，这些改变之间的平均时间是张弛时间。

通过偶极矩取向的极化结果可以通过统计力学的方法计算。现考虑一个简单的方法，若分子具有永久的电偶极矩 $p_0$，它沿相对于电场的方向为 $\theta$，偶极矩的位势能为

$$U=-p_0\boldsymbol{E}'\cos\theta_0 \tag{5.22}$$

统计力学得到在平衡态中，极化分子具有的势能为

$$e^{-U/k_BT} \tag{5.23}$$

以 $\theta$ 角的分子取向数为

$$n(\theta)=n_0 e^{p_0E'\cos\theta_0/k_BT} \tag{5.24}$$

式中 $k_B$ 是玻尔兹曼常数，$T$ 是温度，对于标准温度和电场 $\boldsymbol{E}$，上式近似为

$$n(\theta)=n_0[1+(p_0\boldsymbol{E}\cos\theta_0/k_BT)] \tag{5.25}$$

式中 $n_0$ 为 $N/4\pi$，这可以将 $n(\theta)$ 对 $\theta$ 积分，它正好等于总分子数 $N$，单位体积净的偶极矩是由 $p_0\cos\theta_0$ 立体角 $\mathrm{d}\Omega=2\pi\sin\theta\mathrm{d}\theta$ 积分，得到

$$\overline{P}=2\pi\int_0^\pi n(\theta)p_0\cos\theta\sin\theta\mathrm{d}\theta \tag{5.26}$$

得到平均偶极矩为

$$\overline{P}=\frac{Np_0^2}{3k_BT}\boldsymbol{E}' \tag{5.27}$$

由(5.13)、(5.27)式得到

$$\alpha_0=\frac{p_0^2}{3k_BT} \tag{5.28}$$

Debye 讨论了在液态中极化分子的电介质张弛。他提出，偶极子本身按电场方向排列，在它们取向张弛回到由相对于静电场的平均偶极矩确定的平衡状态，用 $\tau$ 表示张弛的时间尺度。Debye 理论的要点是依赖于频率 $\omega$ 的极化取向部分是

$$\alpha=\frac{p_0^2}{3k_BT}\frac{1}{1+\mathrm{i}\omega\tau} \tag{5.29}$$

使用 Mosotti 电场 $\boldsymbol{E}'$，则

$$\frac{N\alpha}{3\varepsilon_0}=\frac{N}{3\varepsilon_0}\left(\frac{p_0^2}{3k_BT}\frac{1}{1+\mathrm{i}\omega\tau}\right)=\frac{\varepsilon_r-1}{\varepsilon_r+2} \tag{5.30}$$

从这表达式，复介电常用数可以用当 $\omega\to0$（$\varepsilon_{rs}$ 静介电常数）和 $\omega\to\infty$（$\varepsilon_{rh}$ 高频介电常数）时确定的介电常数给出有效张弛时间常数

$$\tau_e=\tau\,\frac{\varepsilon_{rs}+2}{\varepsilon_{rh}+2} \tag{5.31}$$

由此有

$$\varepsilon_r=\varepsilon_{rh}+\frac{\varepsilon_{rs}-\varepsilon_{rh}}{1+\mathrm{i}\omega\tau_e} \tag{5.32}$$

该表达式是对于摩擦控制介质的介电常数的德拜(Debyed)张弛公式，其中假设内部电场是克劳修斯-莫索蒂场。由于内部电场和作用于介质电场之间的差异，张弛时间从 $\tau$ 延长 $\tau_e$。

由(5.32)式，$\varepsilon_r$ 的实部和虚部为

$$\varepsilon_r'=\varepsilon_{rh}+\frac{\Delta}{1+\omega^2\tau_e^2} \tag{5.33a}$$

$$\varepsilon_r''=\frac{\Delta\omega\tau_e}{1+\omega^2\tau_e^2} \tag{5.33b}$$

式中 $\Delta=\varepsilon_{rs}-\varepsilon_{rh}$，按(5.33)式，介电函数的虚部在 $\omega=1/\tau_e$ 处最大，它的特点与频率加宽的 Lorentz 振荡器预测的 $\varepsilon_r'$类似。介电函数的实部特征与虚部完全不同，它没有极大和极小值，但是它随由低频的 $\varepsilon_{rs}$ 值到高频的 $\varepsilon_{rh}$ 值频率的增加值而单调地减小。在低频处，永久电偶极矩以足够的时间作用于更慢的振荡电场，使它们排列成一列，产生显著的极化和大的 $\varepsilon_r''$值。在高频处，物质的这部分不能很快地响应形成极化。

图 5.7 给出了由 Debye 张弛模式成功地确定微波区介电函数值，显示了微波区测量水的 $\varepsilon_r$ 实部和虚部与 Debye 理论的比较，选用参数 $\varepsilon_r'$、$\varepsilon_r''$和 $\tau$ 给出与数据的最佳拟合。一个与遥感相关的 $H_2O$ 张弛光谱在于 $\varepsilon_r$ 光谱随水的相变（由液态相变为固态）而发生变化。为理解这种作为相变发生的 $\varepsilon_r$ 的差异，考虑经典 Debye 理论导得对于半径为 $a$ 的球形粒子在流体黏滞系数为 $\eta$ 的 $\tau$ 的表示式

$$\tau=\frac{4\pi\eta a^3}{KT} \tag{5.34}$$

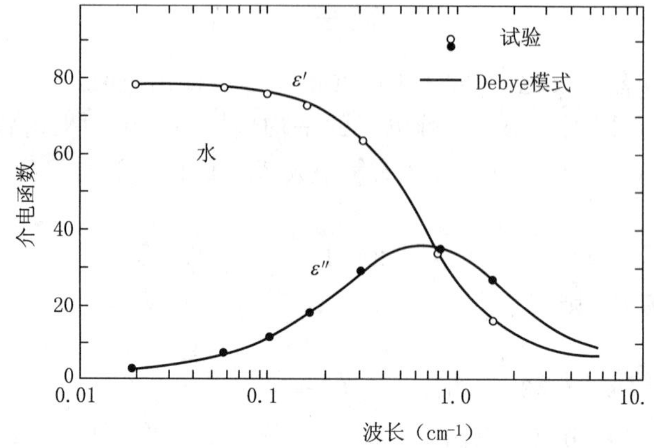


图 5.7　由 Debye 模式在室温计算的介电函数，$\tau=0.8\times10^{-11}$，$\varepsilon_{rs}=77.5$，$\varepsilon_{rh}=5.27$(Bohrren 和 Huffman,1983)

这时间常数是作用于球体的黏性恢复扭矩与保持偶极子热力排列的比率，该热力用于破坏该排列。数值代入(5.34)式时，导出的弛豫时间大致与测量接近。从液态水到冰的相变的初步解释是考虑到当水冻结时的黏度发生显著不连续增加。导致在液体中自由旋转的永久电偶极子被固定。冰的张弛时间明显地大于液态水，导得小的 $\varepsilon_r''$值，特别是 $\varepsilon_r'$ 的最大值向较低频率移动。当冰融化时 $\varepsilon_r'$的很大改变的结果是由雷达观测到的微波辐射是由融化冰粒后向散射在雷达反射率垂直廓线中产生的称为零度层“亮带”。

当一个正弦电场作用于电介质时，有一个与电场强度成比例的感应电偶极矩，比例常数 $\varepsilon_r-1$ 取决于电场的振荡频率并且是一个复数，这意味着极化不是电场，而是相移引起的。图 5.8 显示了理想非导体 $\varepsilon_r'$和 $\varepsilon_r''$的频率依赖关系，在低频端，$\varepsilon_r'$是由来自偶极矩取向过程最大引起的三种机制的贡献构成，当频率增加时，偶极子不能对这些机制很快响应，而且这些机制停止对 $\varepsilon_r'$产生贡献。取而代之的是原子极化，产生振荡运动的贡献，对于水分子，在红外波段发现共振与这些过程相联系，即使在较高频率，原子间振荡不能很快对作用电场响应。在这些频率处，由电场引起的电子振荡对贡献 $\varepsilon_r'$，且与这些振荡相联共振频率在紫外波段发现，最后，当在这点下的频率增加时，所有的电子模式不再适用，此时的 $\varepsilon_r'\to1$。

这里的 $\varepsilon_r'$随频率变化是与表征物质吸收辐射的 $\varepsilon_r''$峰值相联系，吸收发生在与物质分子和原子振动的共振相联。在稠密物质中，分子彼此紧密排列，它们间存在有明显的相互作用，因此改进原子振幅的内部模式和由分子相互作用产生吸收线加宽，扩展振荡的自然频率，如像发生在气体中的压力加宽一样。其精确位置用单个分子振动和转动状态相联表征的能级是连续能级组成的能带。因此振动和转动状态能级，如在图中显示了加宽吸收谱引起的水分子形成吸收谱带。在图 5.9 中，给出两个不同物质的电子能带。

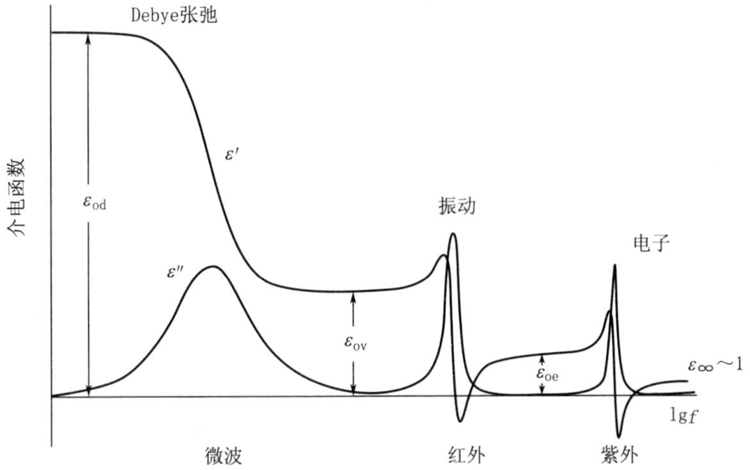


图5.8 理想非导体中的介电函数的频率变化(Bohrren和Huffman,1983)

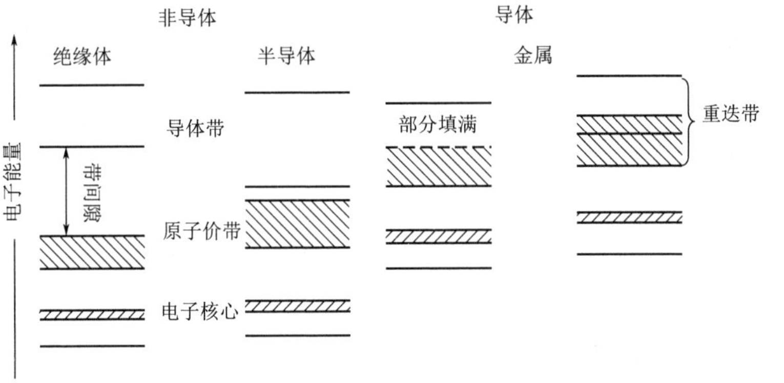


图5.9 非导体和导体中的能带(Bohrren和Huffman,1983)

由于固体或液态的能带是由单个分子的能级重叠构成,更连续吸收带的光谱位置基本重叠单个分子的吸收光谱。因此如固态冰和液态水的红外吸收光谱出现在水汽谱线的吸收带的同一波长上。

电磁辐射与凝聚物质相互作用具有能带的特征,对理解粒子散射十分重要,在图5.9中,某些物质能带的重叠,在这样的物质的重叠带中电子有连续的能量分布,如果重叠带的一个部分是间断的,则作用电场很容易激发电子进入邻近的空穴状态和引起电流,也就是说物质是良导体,且它的电特征由能带结构和有多少电子填充两者决定。对于金属的情况下,在任何波长上吸收辐射,当金属吸收一个光子,电子跃迁到激发态。同样能量的光子再直接发射辐射,又回到原来的状态。由于这迅速和有效的再辐射,金属表面表现为反射而不是吸收。另一种物质类型是非导体,能带具有分立间隔,称之为禁带，因此这种物质辐射吸收光子具有的能量较这能量间隔大。

## 5.3 大气折射指数和大气中射线的折射

### 5.3.1 大气折射指数

描述物质的光学特性有相对介电常数和折射指数两种量：

$$\varepsilon_r' = m_R^2 - m_I^2 \qquad (5.35)$$
$$\varepsilon_r'' = 2m_R m_I$$
$$m = m_R + \mathrm{i}m_I$$

式中 $m_R$、$m_I$ 分别是折射指数的实部和虚部。图 5.10 给出了从近红外到微波光谱区的 $m_R$、$m_I$ 变化，图中显示了 $\varepsilon_r'$ 和 $\varepsilon_r''$ 的某些特征，与图 5.8 折射指数等同。从中可以看到，弛豫谱从毫米波到厘米波范围，对于水和冰，当波长大于 1 μm 时，云中的吸收显著增大，对于冰粒约在大于 100 μm 时，$m_I$ 又减小。在微波频率处，大气中的冰粒对辐射的散射比吸收更大，这里与实际水滴相反。在近红外区，特别是在 1.6 μm 和 3.7 μm 处，水和冰之间的 $m_I$ 值也明显不同，对于太阳辐射通过云时三个波长上不同的 $m_I$ 值能用于区分冰云和水云。

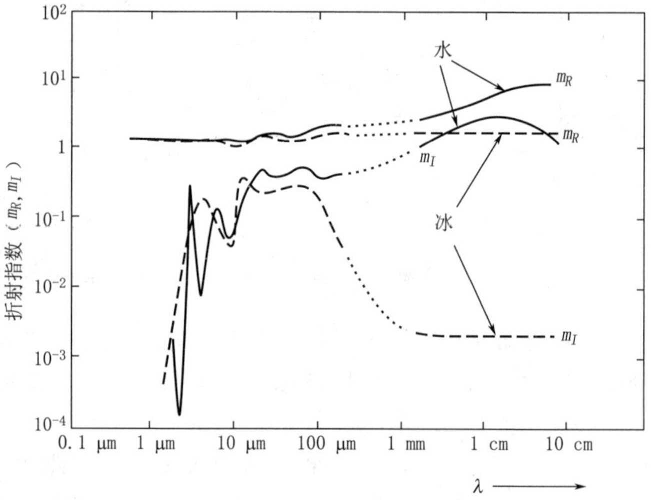


图 5.10 水和冰的折射指数的代表值

确定大气气溶胶折射指数是一个十分复杂的问题和一个研究的课题。在图 5.11 中，给出存在于大气中水、硫酸、硫酸铵、氯化钠和赤铁矿粒子不同物质折射指数虚部光谱分布。如前所述，在红外和紫外光谱区域，$m_I$ 值较大，而在可见光谱区域，除碳和赤铁矿粒子之外所有物质的 $m_I$ 很小，碳和赤铁矿粒子两种物质在可见光有明显的吸收。图 5.11 中虚线是所有物质在可见光区域相应物质厚度为 1 cm 的透射率的 1%，只有碳，具有金属重叠的电子能带，在多数光谱区域有高的 $m_I$ 值。虽然无机赤铁矿是大气气溶胶很次要的成分，是很少已知的物质，但是它在可见光谱区域有很高的吸收率。在图 5.11 的影线区域，是根据粒子散射理论反演方法由遥感测量得到的 $m_I$ 值。这些导得的 $m_I$ 值显然与任意纯物质组成的粒子的不一致，某些混合物常可能包含有少量的高吸收物质，意味着这样的平均值直接用于粒子散射理论需要小心处理。在一个纯均匀平板物质的折射指数的测量是相当困难的，当这样的物质分成许多由不同物质成分组成的小粒子时，估计折射指数是很复杂的。

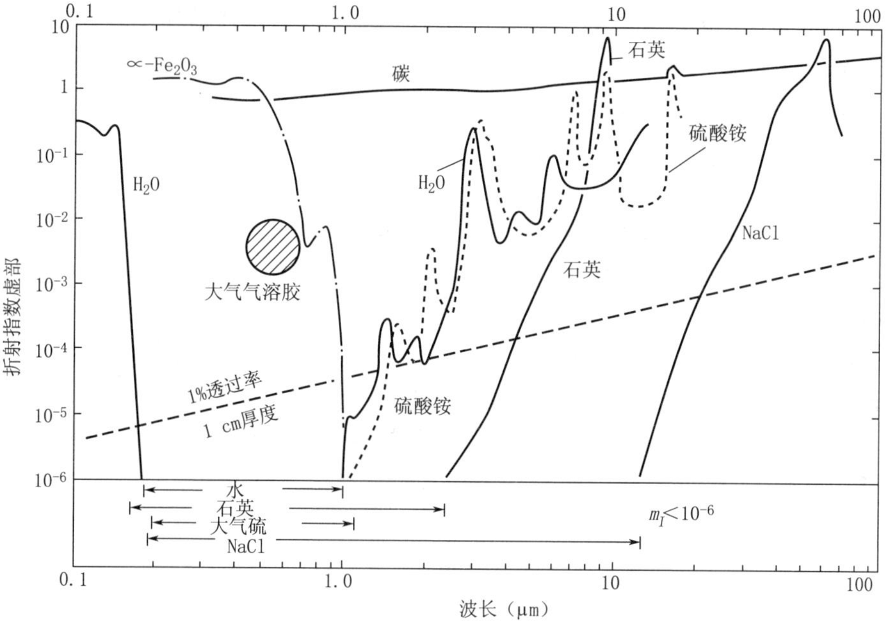


图 5.11　几种大气中的固态和液态粒子的折射指数的虚部(Bohrren 和 Huffman,1983)

书中使用两组光学常数($\varepsilon_r'$、$\varepsilon_r''$)和($m_R$、$m_I$)，其中 $\varepsilon_r'$、$\varepsilon_r''$用于辐射影响下物质微观相互作用，而 $m=m_R+\mathrm{i}m_I$ 折射指数用于辐射传播过程中。

## 5.3.2　空气折射指数与大气气体的浓度

在稠密介质中产生极化与气体原子和分子极化相同。事实上气体的折射指数的描述比稠密介质简单，它表现在两方面：一是由于在气体中的原子和分子之间相互作用可以忽略，对于气体不需要在位置与作用电场间区分；二是由于分子间相互作用很弱，通常可忽略不计。如果假定(5.21)式中的 $\gamma=0$，则有

$$m^2=1+N\alpha \tag{5.36}$$

式中

$$\alpha=\frac{q^2}{\varepsilon_0 m}\frac{1}{\omega_0^2-\omega^2}$$

如果是气体，$N$ 足够小，则 $m$ 接近为 1，且可以写为

$$m=1+\frac{1}{2}N\alpha \tag{5.37}$$

在这种状态下，气体的折射指数接近于体积浓度，对于混合气体，写为

$$m-1=\frac{1}{2}N\sum_i y_i(m_i-1) \tag{5.38}$$

式中 $y_i$ 是 $i$ 类气体的摩尔数（$i$ 气体的摩尔数与总的混合气体的摩尔数比值），$m_i$ 是气体在密度 $N$ 的折射指数，$(m_i-1)$ 是作为折射率已知量。

对于空气，(5.38)式可以写为

$$m-1=k_1\frac{p}{T}z_a^{-1}+k_2\frac{e}{T}z_w^{-1}+k_3\frac{e}{T^2}z_w^{-1} \tag{5.39}$$

式中 $e$ 是水汽压，$p$ 是干空气分压，$T$ 是绝对温度，参数 $k_i$ 在给定波长上是常数，$z_{a,w}$ 表示与理想气体的偏差。该式表示折射指数取决于空气湿度和温度，脉动传播也与湿度有关，这种关系对于遥感有重要意义。

(5.37)式 Keeling 提出了对于测量空气中氧的部分微小变化折射指数与浓度间的关系的应用价值，这一测量是很困难的，但是对于测量大气中 $CO_2$ 的收支是重要的。Keeling 方法是测量两个波长上的干空气折射指数的小变化，确定两波长上的折射参数比值：

$$r=\frac{m(\lambda_1)-1}{m(\lambda_2)-1} \tag{5.40}$$

由(5.38)式，这比值是随着大气中各气体含量（丰度）而变化，写为

$$\delta r=s_i\delta y_i \tag{5.41}$$

这里

$$s_i=\frac{m(\lambda_1)-1}{m(\lambda_2)-1}\frac{r_i-r_{\mathrm{air}}}{1-y_i} \tag{5.42}$$

在(5.41)式的推导中，Keeling 假定 $i$ 种气体的相对于其他恒定气体含量摩尔数变化 $\delta y_i$（就是比值 $y_i/y_k$，$j$、$k\neq 1$）。在干空气中对 $r$ 的变化测量，为了 $CO_2$ 和其他气体变化的修正，导得 $O_2$ 摩尔数的变化。对于折射率比变化 $\delta r$ 的测量，

## 5.3.3 球形粒子的折射指数

由(5.18)式，对于吸收球粒的折射指数 $m_\lambda$ 定义为真空光速与介质光速之比，可写为

$$m_\lambda=\frac{c_0}{c}\approx\sqrt{\varepsilon}=\sqrt{1+\frac{4\pi\boldsymbol{P}\cdot\boldsymbol{E}}{E^2}}\tag{5.43}$$

令 $n_\lambda$ 和 $\kappa_\lambda$ 分别为球粒的实部和虚部，则

$$m_\lambda=n_\lambda-\mathrm{i}\kappa_\lambda\tag{5.44}$$

由电磁场理论可以求得

$$n_\lambda^2-\kappa_\lambda^2=1+\frac{4\pi Ne^2}{m_e}\frac{\nu_0^2\nu^2}{4\pi^2\nu\nu_0^2+\gamma^2\nu^2}\tag{5.45}$$

$$2n_\lambda\kappa_\lambda=\frac{2Ne^2}{m_e}\frac{\gamma\nu^2}{4\pi^2\nu\nu_0^2+\gamma^2\nu^2}\tag{5.46}$$

表 5.1 给出了空气和水的折射指数。从中可见，空气的折射指数近似为 1，水的折射指数大约为 1.3 左右。表 5.2 给出当波长 $\lambda=0.5\ \mu m$ 时某些物质的折射指数的实部和虚部。

**表 5.1　空气和液态水折射指数的实部**

| 波长(μm) | $n_{air}$ | $n_{water}$ | 波长(μm) | $n_{air}$ | $n_{water}$ |
|---|---|---|---|---|---|
| 0.2 | 1.000324 | 1.296 | 1.0 | 1.000274 | 1.327 |
| 0.3 | 1.000292 | 1.349 | 4.0 | 1.000273 | 1.351 |
| 0.4 | 1.000283 | 1.339 | 7.0 | 1.000273 | 1.317 |
| 0.5 | 1.000279 | 1.335 | 10.0 | 1.000273 | 1.218 |
| 0.6 | 1.000277 | 1.332 | 20.0 | 1.000273 | 1.480 |
| 0.7 | 1.000276 | 1.331 | | | |

**表 5.2　当波长 $\lambda=0.5\ \mu m$ 时某些物质的折射指数的实部和虚部**

| 物质 | 0.5 μm | | 10 μm | |
|---|---|---|---|---|
| | $n_\lambda$ 实部 | $\kappa_\lambda$ 虚部 | $n_\lambda$ 实部 | $\kappa_\lambda$ 虚部 |
| HO | 1.34 | $1.0\times10^{-9}$ | 1.22 | $5.0\times10^{-2}$ |
| 元素 C(s)[b] | 1.82 | $7.4\times10^{-1}$ | 2.40 | $1.0\times10^{0}$ |
| 有机 C(s)[b] | 1.45 | $1.0\times10^{-3}$ | 1.77 | $1.2\times10^{-1}$ |
| $H_2SO_4$(aq)[b] | 1.43 | $1.0\times10^{-8}$ | 1.89 | $4.6\times10^{-1}$ |
| $(NH_4)SO_4$(s)[b] | 1.52 | $5.0\times10^{-4}$ | 2.15 | $2.0\times10^{-2}$ |
| NaCl(s)[b] | 1.45 | $1.5\times10^{-4}$ | 1.53 | $5.3\times10^{-2}$ |

### 5.3.4 平面介质处的反射和透射

与气体相反，如像在固体和液体稠密介质中，波包(Packing)振荡是以辐射形式与这类物质相互作用，为说明空气中分子偶极子的排列是如何影响这些相互作用，常用电磁辐射与有序排列的大量振荡器的再作用。这里考虑平面界面的反射和透射，这种均匀平板物质的反射和透射特性广泛地应用于陆地和海洋表面特性遥感中。

均匀平板界面处的电磁辐射传播，被入射辐射影响的每一个振子发射电磁辐射。由于这些振子紧密于一平板内，这些发射的波(称为二次波)以相互有序方式随入射波相互干涉，如辐射入射至水的平面上，通过与这些二次波干涉完全抵消，而沿被一个与原来入射方向不同的波替代传播。由电偶极子建立向前的方向(进入物质内)发射的波称为折射波，而离开物质方向的波称为反射波。

折射波通过物质具有的速度 $v$，与原来的入射波光速度 $c$ 不同。图 5.12 中，折射的一种概念是波峰缓慢地向下进入物质，最终改变传播方向，水中波峰之间的距离比空气中短，距离与折射指数成正比，一个粒子的波相实际改变，提高了干涉效应。在图 5.12a 中表示折射，在从大气进入到玻璃内，波长减小，波速减小；在图 5.12b 中，入射波与反射波波速相同。

对于平表面的折射由 Snells 定理近似地表述，可以简单地写为

$$\frac{\sin\theta_i}{\sin\theta_r}=\frac{v_1}{v_2}=m_{21} \tag{5.47}$$

式中 $\theta_i$ 和 $\theta_r$ 分别是入射角和折射角，$v_1$ 和 $v_2$ 分别是波在介质 1、2 的速度，波速度比值 $m_{21}$ 是相对折射指数，它是介质 1、2 的速度比值。在真空中，$v_1$ 是光速，$m_1=1$，$m_{21}=m_2$。

在描述反射波特性时，考虑近表面约深度为波长二分之一的薄层介质的振荡器。在此薄层内，后向散射辐射没有完全被干涉抵消，散射波叠加产生与折射指数相关的反射波。如图 5.13 显示了考虑的电磁波入射到一平面，每一场分为平行和垂直两个分量，麦克斯韦方程式可得出界面两侧的平行和垂直分量，从界面处的这些关系式可以导得反射系数 $r_l$、$r_r$ 和透射系数 $t_l$、$t_r$

$$r_l=\frac{m_1\cos\theta_r-m_2\cos\theta_i}{m_1\cos\theta_r+m_2\cos\theta_i} \tag{5.48}$$

$$r_r=\frac{m_1\cos\theta_i-m_2\cos\theta_r}{m_1\cos\theta_i+m_2\cos\theta_r}$$

$$t_l=\frac{2m_1\cos\theta_i}{m_1\cos\theta_r+m_2\cos\theta_i} \tag{5.49}$$

$$t_r=\frac{2m_1\cos\theta_i}{m_1\cos\theta_i+m_2\cos\theta_r}$$

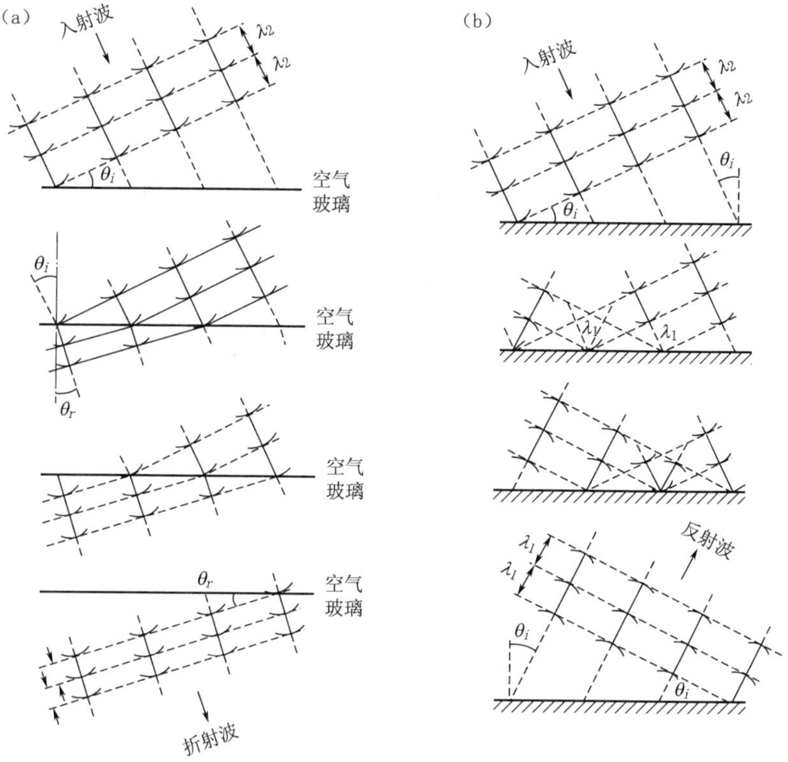


图 5.12　在一界面上的折射(a)和反射(b)

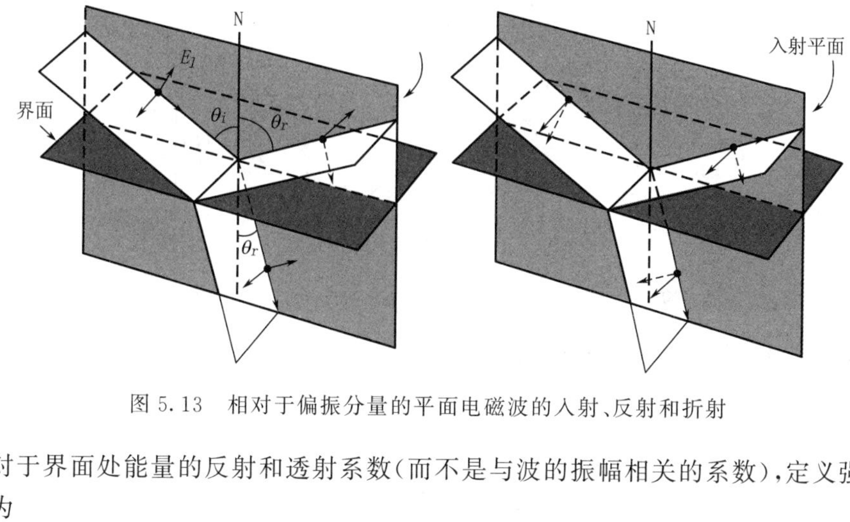


图 5.13　相对于偏振分量的平面电磁波的入射、反射和折射

对于界面处能量的反射和透射系数(而不是与波的振幅相关的系数)，定义强度反射率为

$$R_r = |r_r|^2 \tag{5.50a}$$

$$R_l = |r_l|^2 \tag{5.50b}$$

对于不透明的平板,发射率为

$$\varepsilon_r = 1 - R_r \tag{5.51a}$$

$$\varepsilon_l = 1 - R_l \tag{5.51b}$$

(5.48)和(5.49)式是十分重要的结果,非偏振的辐射入射到一均匀物质平板可以成为部分或全偏振的反射辐射。以微波辐射为例,来自大气的非偏振辐射部分由(5.46)式海洋表面反射,另一部分大气辐射被海洋吸收,然后再发射到大气。这些海洋微波辐射分量可以由(5.51)式给出。因此,当倾斜观测时,对于平面水面处于垂直偏振状态发射的辐射与平行分量发射的是不同的。这特性可以说明到表面水的降水类型。图 5.14 给出了对于水的反射系数幅度是入射角的函数,这里是使用水面和冰面两类在 19 GHz 处的值计算(5.48)和(5.49)式。按照这些公式,有一种相应于 $r_l=0$ 特殊情形,就是反射波没有平行于入射平面的分量;这发生在平行分量平行于入射辐射方向,由于在此入射方向没有振荡,反射分量也没有振荡。按(5.49)式,当 $m_2\cos\theta_i = m_1\cos\theta_r$,出现这一情形,使用 Snells 定理得到全偏振条件:$\theta_i+\theta_r=\pi/2$,称为 Brewster 角或偏振角。

另一个结果是利用反射的辐射偏振,设计激光光学系统,当圆偏振光入射到平板,在相反方向反射光也部分圆偏振,来自仪器的是透射右偏振光,由大气粒子反射后光

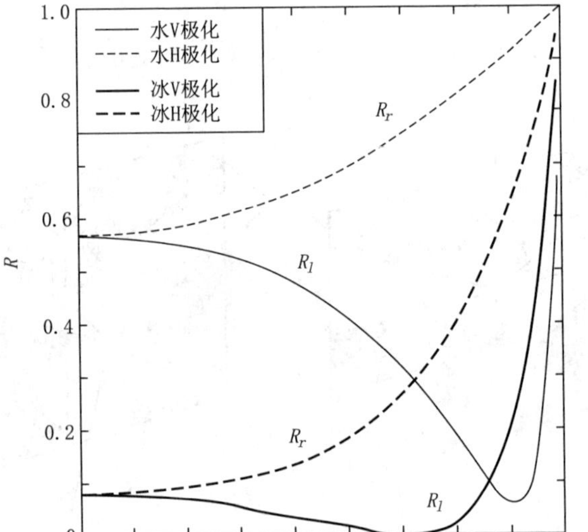


图 5.14 在 19 GHz 冰和水的反射系数,相应零平行分量的角是 Brewster 角

以左旋圆偏振。在如图 5.15 激光雷达系统中,来自激光的平行偏振光,直接通过发射/接收(T/R)开关传输,该发射/接收开关是相对于布儒斯特角的光束定向板(假定板是无损耗的)。光束通过四分之一波片进行圆偏振,然后发送到大气;从大气返回的圆偏振具有方向相反的旋转,这种光通过相同的四分之一的波片时转换为垂直偏振光,接着通过 T/R 开关反射到仪器进行检测和分析。

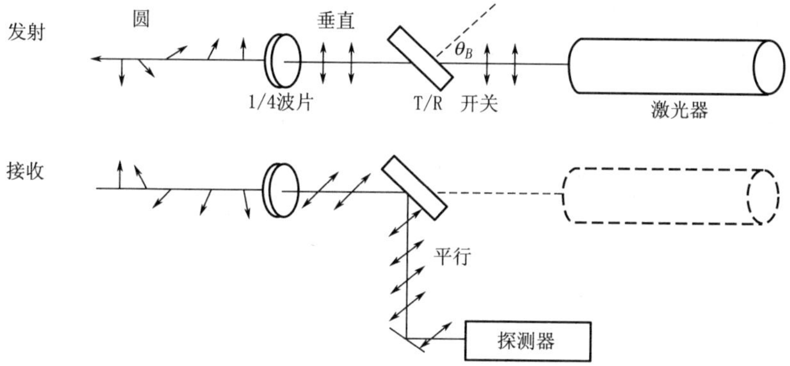


图 5.15　收发开关的简单光组件

## 5.4　电磁波动方程及其解

Mie 理论是由许多人的工作逐渐发展起来的。1908 年,G. Mie 在研究胶体金属粒子的散射时建立 Mie 理论。从 Mie 理论问世以来,已经推导出了适应各领域不同应用要求的许多 Mie 理论表达形式。它在大气光学上的应用发展较慢。在 20 世纪 30 年代,航空中遇到了越来越多的能见度问题,这促使人们去研究云和雾的总散射问题。在 Mie 理论的完整公式中,严密地给出了不同尺度,不同折射率的粒子的散射特性。当粒子尺度达到分子尺度时,Mie 理论退化到 Rayleigh 理论。Mie 散射具有以下特征。

(1)散射光强度随角度的分布变得十分复杂。粒子相对于波长的尺度越大,分布越复杂;

(2)当粒子尺度加大时,前向散射与后向散射之比随之增加,结果使前向散射的波瓣增大;

(3)当粒子尺度比波长大时,散射和波长的依赖关系就不密切了。

为求取散射辐射电磁辐射矢量,Mie 理论采用麦克斯韦方程组的建立包括以下几个内容。

(1)麦克斯韦方程组;

(2)由麦克斯韦方程组建立波动方程；

(3)建立矢量和标量之间关系；

(4)在球坐标体系内，采用分离变量法求取标量波动方程的解；

(5)求取当存在有球形粒子时的入射波、透射波和散射波的表达式，根据粒子表面处电磁场的边界条件，确定入射波、透射波和散射波的表达式的系数；

(6)确定在远场情况下的散射波。

### 5.4.1 麦克斯韦方程组

麦克斯韦方程组是利用矢量分析描述粒子光散射的基础。由空间电荷建立的激发态形成的电磁场分别用电场强度 $\boldsymbol{E}$ 和磁感应强度 $\boldsymbol{B}$ 表征。描述电磁场对物体的作用以电流密度 $\boldsymbol{j}$，电位移 $\boldsymbol{D}$ 和磁场强度 $\boldsymbol{H}$ 表示。在介质附近其物理特性连续的各点上，上述 5 个矢量的导数可由麦克斯韦方程组相联系。

如果一点的体积电荷密度为 $\rho$；体积电偶极矩密度，称电极化矢量为 $\boldsymbol{P}$；体积磁偶极矩密度，称磁极化强度为 $\boldsymbol{M}$；通过单位面积电流，电流密度 $\boldsymbol{J}$，宏观平均电磁场 $\boldsymbol{E}$、$\boldsymbol{H}$ 的关系由麦克斯韦方程组表示为

$$\nabla \times \boldsymbol{E} = -\mu_0 \frac{\partial \boldsymbol{H}}{\partial t} - \mu_0 \frac{\partial \boldsymbol{M}}{\partial t} \tag{5.52a}$$

$$\nabla \times \boldsymbol{H} = \frac{\partial \boldsymbol{E}}{\partial t} + \frac{\partial \boldsymbol{P}}{\partial t} + \boldsymbol{J} \tag{5.52b}$$

$$\nabla \cdot \boldsymbol{E} = -\frac{1}{\varepsilon_0}(\nabla \cdot \boldsymbol{P} - \rho) \tag{5.52c}$$

$$\nabla \cdot \boldsymbol{H} = -\nabla \cdot \boldsymbol{M} \tag{5.52d}$$

式中 $\varepsilon_0$ 为真空的介电常数，$\mu_0$ 为导磁系数，引入电位移 $\boldsymbol{D}$ 和磁感应矢量 $\boldsymbol{B}$

$$\boldsymbol{D} = \varepsilon_0 \boldsymbol{E} + \boldsymbol{P}, \quad \boldsymbol{B} = \mu_0 (\boldsymbol{H} - \boldsymbol{M}) \tag{5.53}$$

代入到麦克斯韦方程组得到

$$\nabla \times \boldsymbol{E} = -\frac{\partial \boldsymbol{B}}{\partial t} \tag{5.54a}$$

$$\nabla \times \boldsymbol{H} = \frac{\partial \boldsymbol{D}}{\partial t} + \boldsymbol{J} \tag{5.54b}$$

$$\nabla \cdot \boldsymbol{D} = \rho \tag{5.54c}$$

$$\nabla \cdot \boldsymbol{B} = 0 \tag{5.54d}$$

由于 $\nabla \cdot \nabla \times \boldsymbol{H} = 0$，对(5.54b)式作点积运算

$$\nabla \cdot \boldsymbol{J} = -\nabla \cdot \frac{\partial \boldsymbol{D}}{\partial t} \tag{5.55}$$

将(5.54c)式对 $t$ 微分后可得

$$\frac{\partial \rho}{\partial t}+\nabla \cdot \boldsymbol{J}=0 \tag{5.56}$$

为了由已经给定的电流和电荷分布唯一地确定电磁场矢量，还需要有电磁场下的物态关系，电流强度与电场强度间的关系为

$$\boldsymbol{J}=\sigma \boldsymbol{E} \tag{5.57}$$

式中 $\sigma$ 是电导率，电位移 $\boldsymbol{D}$ 与电场 $\boldsymbol{N}$ 和磁感应矢量 $\boldsymbol{B}$ 与磁场强度 $\boldsymbol{H}$ 关系为

$$\boldsymbol{D}=\varepsilon \boldsymbol{E}, \quad \boldsymbol{B}=\mu \boldsymbol{H} \tag{5.58}$$

式中 $\mu$ 是磁导率。电极化强度 $\boldsymbol{P}$ 与电场强度 $\boldsymbol{E}$ 关系为

$$\boldsymbol{P}=\varepsilon_0 \chi \boldsymbol{E}=(\varepsilon-\varepsilon_0)\boldsymbol{E} \tag{5.59}$$

式中 $\chi$ 是磁化系数。$\varepsilon$ 是介电常数，则有

$$\chi=\varepsilon/\varepsilon_0-1 \tag{5.60}$$

对于各向同性介质磁化系数是一常数。为方便引入相对介电常数 $\varepsilon_r$ 和相对磁导系数 $\mu_r$，定义为

$$\varepsilon_r=\varepsilon/\varepsilon_0; \quad \mu_r=\mu/\mu_0 \tag{5.61}$$

对于非磁化介质，磁导系数等于 1。

## 5.4.2　电磁波波动方程式

由麦克斯韦方程式的涡度方程式(5.54a)，先取(5.54a)式涡度，(5.54b)式相对于时间的偏导数，在体电荷密度为 0 的区域，经简单运算后，电场 $\boldsymbol{E}$ 波动方程式为

$$\nabla^2 \boldsymbol{E}-\varepsilon\mu \frac{\partial^2 \boldsymbol{E}}{\partial t^2}-\mu\sigma \frac{\partial \boldsymbol{E}}{\partial t}=0 \tag{5.62}$$

类似地，可以得到对于磁场 $\boldsymbol{H}$ 波动方程式

$$\nabla^2 \boldsymbol{H}-\varepsilon\mu \frac{\partial^2 \boldsymbol{H}}{\partial t^2}-\mu\sigma \frac{\partial \boldsymbol{H}}{\partial t}=0 \tag{5.63}$$

为通过波矢量 $\boldsymbol{k}$ 和角频率 $\omega$ 建立与调谐波相连接的两个常用的运算等式，可进行如下运算

$$\frac{\partial}{\partial t}\exp[\mathrm{i}(\boldsymbol{k} \cdot \boldsymbol{r}-\omega t)]=-\mathrm{i}\,\omega\exp[\mathrm{i}(\boldsymbol{k} \cdot \boldsymbol{r}-\omega t)] \tag{5.64}$$

$$\nabla \exp[\mathrm{i}(\boldsymbol{k} \cdot \boldsymbol{r}-\omega t)]=\mathrm{i}\boldsymbol{k}\exp[\mathrm{i}(\boldsymbol{k} \cdot \boldsymbol{r}-\omega t)]$$

或者

$$\frac{\partial}{\partial t}\to -\mathrm{i}\omega; \quad \nabla \to \mathrm{i}\boldsymbol{k} \tag{5.65}$$

对于空间，通常为 $\rho=0$，$|\boldsymbol{j}|=0$，以及 $\varepsilon$、$\mu$ 均为常数，这时麦克斯韦方程组(5.54)简化为

$$\nabla \times \boldsymbol{H}=\varepsilon \frac{\partial \boldsymbol{E}}{\partial t} \tag{5.66a}$$

$$\nabla \times \boldsymbol{E} = -\mu \frac{\partial \boldsymbol{H}}{\partial t} \tag{5.66b}$$

$$\nabla \cdot \boldsymbol{E} = 0 \tag{5.66c}$$

$$\nabla \cdot \boldsymbol{H} = 0 \tag{5.66d}$$

由(5.64)和(5.65)式可以得到

$$\boldsymbol{k} \cdot \boldsymbol{E}_{\circ} = 0 \tag{5.67a}$$

$$\boldsymbol{k} \cdot \boldsymbol{H}_{\circ} = 0 \tag{5.67b}$$

$$\boldsymbol{k} \times \boldsymbol{E}_{\circ} = \omega\mu \boldsymbol{H}_{\circ} \tag{5.67c}$$

$$\boldsymbol{k} \times \boldsymbol{H}_{\circ} = -\omega\varepsilon \boldsymbol{E} \tag{5.67d}$$

对于波动方程(5.62)，很容易证明

$$\boldsymbol{E} = \boldsymbol{E}_0 \exp[\mathrm{i}(kz - \omega t)] \tag{5.68}$$

是(5.62)式的解，且可以证明有下面关系

$$k^2 = \omega^2 \mu(\varepsilon + \mathrm{i}\sigma/\omega), \quad k_0 = \omega/c \tag{5.69}$$

由前述，复折射指数可以写为

$$m = m_R + \mathrm{i}m_I = ck/\omega \quad (c = 1/\sqrt{\varepsilon_0 \mu_0}) \tag{5.70}$$

有关系

$$m = c\sqrt{\varepsilon\mu + \frac{\mathrm{i}\mu\sigma}{\omega}} \tag{5.71}$$

以及有关系

$$m_R^2 - m_I^2 = \varepsilon_r \mu_r; \quad 2m_R m_I = \frac{\sigma\mu_r}{\varepsilon_0 \omega} \tag{5.72}$$

由(5.69)式和(5.70)式很容易得到波数 $k$ 与真空波数 $k_0$ 间关系

$$k = k_0 m \tag{5.73}$$

将复折射指数和波数的关系代入到(5.68)式中得到

$$E = E_0 \exp\left(-\frac{\omega m_I z}{c}\right) \exp\left[\mathrm{i}\omega\left(\frac{m_R z}{c} - t\right)\right] \tag{5.74}$$

第一指数项表示沿 $z$ 轴方向的衰减，第二项表示波的形状。通过在(5.74)式，式中引入沿 $z$ 轴方向的衰减，求得

$$I = \frac{1}{2\mu c} E_0^2 \exp\left(-\frac{2\omega m_I z}{c}\right) \tag{5.75}$$

如果用表示原点 $z=0$ 处的值 $I_0$ 表示，则得到

$$I = I_0 \exp\left(-\frac{2\omega m_I z}{c}\right) = I_0 \exp(-\alpha z) \tag{5.76}$$

假定电磁场的两个矢量的时间依赖关系为调谐函数，可以把 $\boldsymbol{E}$ 和 $\boldsymbol{H}$ 写为

$$\boldsymbol{E} = \boldsymbol{E}_0 \exp(-\mathrm{i}\,\omega t), \quad \boldsymbol{H} = \boldsymbol{H}_0 \exp(-\mathrm{i}\omega t) \tag{5.77}$$

上式代入到(5.66)式得到

$$\nabla \times \boldsymbol{E} = -\frac{\mathrm{i}\omega}{c}\boldsymbol{H},\quad \nabla \times \boldsymbol{H} = \frac{\mathrm{i}\varepsilon\omega}{c}\boldsymbol{E} \tag{5.78}$$

或

$$\nabla^2 \boldsymbol{E} + k^2 \boldsymbol{E} = 0,\quad \nabla^2 \boldsymbol{H} + k^2 \boldsymbol{H} = 0 \tag{5.79}$$

由(5.73)式，上式又写成

$$\nabla^2 \boldsymbol{E} + k_0^2 m^2 \boldsymbol{E} = 0,\quad \nabla^2 \boldsymbol{H} + k_0^2 m^2 \boldsymbol{H} = 0 \tag{5.80}$$

对上两个微分方程，设定两个试验解

$$\boldsymbol{E} = \boldsymbol{E}_0 \exp[\mathrm{i}(\boldsymbol{k} \cdot \boldsymbol{r} - \omega t)],\quad \boldsymbol{H} = \boldsymbol{H}_0 \exp[\mathrm{i}(\boldsymbol{k} \cdot \boldsymbol{r} - \omega t)] \tag{5.81}$$

### 5.4.3　边界条件

对于在空间中的电磁场是电矢量连续分布，但是通常在界面两侧的分立介质电场参数有明显的变化，图 5.16 是电磁场边界条件示意图。

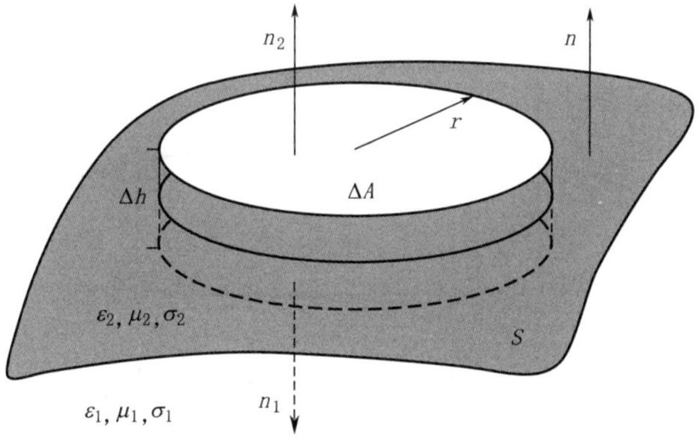


图 5.16　电磁场边界条件

将(5.54d)式和(5.54c)式散度对圆柱体 $\Delta V = \Delta h \Delta A$ 体积积分，利用高斯定理得

$$\int_{\Delta V} \nabla \cdot \boldsymbol{B} \mathrm{d}V = \oint \boldsymbol{B} \cdot \mathrm{d}A = 0$$

$$\int_{\Delta V} \nabla \cdot \boldsymbol{D} \mathrm{d}V = \oint \boldsymbol{D} \mathrm{d}\boldsymbol{A} = q = \int_{\Delta V} \rho \mathrm{d}V \tag{5.82}$$

式中对 $\mathrm{d}A$ 积分取圆柱体表面积，为对圆柱体表面积分，可以假定 $\Delta h \to 0$，略去柱侧表面的贡献，因此有

$$\oint_{\Delta A} \boldsymbol{B} \cdot \mathrm{d}A = \oint_{\Delta A} \boldsymbol{B}_1 \cdot \boldsymbol{n}_1 \mathrm{d}A + \oint_{\Delta A} \boldsymbol{B}_2 \cdot \boldsymbol{n}_2 \mathrm{d}A = 0 \tag{5.83a}$$

$$\oint \boldsymbol{D} \cdot \mathrm{d}A = \oint_{\Delta A} \boldsymbol{D}_1 \cdot \boldsymbol{n}_1 \mathrm{d}A + \oint_{\Delta A} \boldsymbol{D}_2 \cdot \boldsymbol{n}_2 \mathrm{d}A = \overline{q} \Delta A \tag{5.83b}$$

这里引入面电荷密度 $\bar{q}$,是单位面积的荷电量,总的荷电量是常数,当 $\Delta h \to 0$,体积电荷成为无限大。由于 $\boldsymbol{n}_2 = -\boldsymbol{n}_1 = \boldsymbol{n}$,则有

$$\oint_{\Delta A} (\boldsymbol{B}_2 - \boldsymbol{B}_1) \cdot \boldsymbol{n} \, \mathrm{d}A = 0 \tag{5.84a}$$

$$\oint_{\Delta A} (\boldsymbol{D}_2 - \boldsymbol{D}_1) \cdot \boldsymbol{n} \, \mathrm{d}A = \bar{q} \Delta A \tag{5.84b}$$

假定在一小的面积单元 $\mathrm{d}A$ 内是常数,最终可得 $\boldsymbol{B}$ 和 $\boldsymbol{D}$ 法向分量的边界条件为

$$(\boldsymbol{B}_2 - \boldsymbol{B}_1) \cdot \boldsymbol{n} = 0, \quad (\boldsymbol{D}_2 - \boldsymbol{D}_1) \cdot \boldsymbol{n} = \bar{q} \tag{5.85}$$

上面式子表明,$\boldsymbol{B}$ 的法向分量通过不连续面时是连续的。而 $\boldsymbol{D}$ 分量则发生数量为 $\bar{q}$ 突变。为了表示在不连续面 S 处的 $\boldsymbol{B}$ 和 $\boldsymbol{D}$ 切向分量,如图 5.17 中,考虑到具有法向分量 $\boldsymbol{n}_A$ 的闭合表面 $A$,沿 $A$ 表面上下边界的切向单位矢量由 $\boldsymbol{t}_1$ 和 $\boldsymbol{t}_2$ 表示。对这表面积分(5.54a)式和结合(5.54b)式得

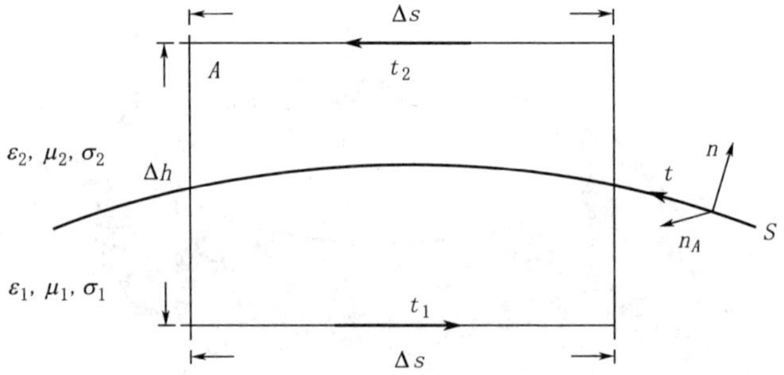


图 5.17 对于 $\boldsymbol{B}$ 和 $\boldsymbol{D}$ 的法向边界条件

$$\int_A \nabla \times \boldsymbol{E} \cdot \boldsymbol{n}_A \, \mathrm{d}A = \oint \boldsymbol{E} \cdot \mathrm{d}s = -\int_A \frac{\partial \boldsymbol{B}}{\partial t} \cdot \boldsymbol{n}_A \, \mathrm{d}A$$

$$\int_A \nabla \times \boldsymbol{H} \cdot \boldsymbol{n}_A \, \mathrm{d}A = \oint \boldsymbol{H} \cdot \mathrm{d}s = \int_A \left( \frac{\partial \boldsymbol{D}}{\partial t} + \boldsymbol{J} \right) \cdot \boldsymbol{n}_A \, \mathrm{d}A \tag{5.86}$$

这里对每一方程式使用斯托克斯定理,面积分写为线积分。

线积分分为四部分,假定极限 $\Delta h \to 0$,则侧面积分为 0,由此得到

$$\int_{\Delta s} \boldsymbol{E}_1 \cdot \boldsymbol{t}_1 \mathrm{d}s + \int_{\Delta s} \boldsymbol{E}_2 \cdot \boldsymbol{t}_2 \mathrm{d}s = -\int_A \frac{\partial \boldsymbol{B}}{\partial t} \cdot \boldsymbol{n}_A \, \mathrm{d}A \tag{5.87a}$$

$$\int_{\Delta s} \boldsymbol{H}_1 \cdot \boldsymbol{t}_1 \mathrm{d}s + \int_{\Delta s} \boldsymbol{H}_2 \cdot \boldsymbol{t}_2 \mathrm{d}s = \int_A \left( \frac{\partial \boldsymbol{D}}{\partial t} + \boldsymbol{J} \right) \cdot \boldsymbol{n}_A \, \mathrm{d}A \tag{5.87b}$$

对小的 $A$ 面元,有 $\boldsymbol{t}_2 = -\boldsymbol{t}_1 = \boldsymbol{t} = \boldsymbol{n}_A \times \boldsymbol{n}$,因此,

$$\int_{\Delta s}(\boldsymbol{E}_2-\boldsymbol{E}_1)\cdot\boldsymbol{n}_A\times\boldsymbol{n}\,\mathrm{d}s=-\int_A\frac{\partial\boldsymbol{B}}{\partial t}\cdot\boldsymbol{n}_A\,\mathrm{d}A \tag{5.88a}$$

$$\int_{\Delta s}(\boldsymbol{H}_2-\boldsymbol{H}_1)\cdot\boldsymbol{n}_A\times\boldsymbol{n}\,\mathrm{d}s=\int_A\left(\frac{\partial\boldsymbol{D}}{\partial t}+\boldsymbol{J}\right)\cdot\boldsymbol{n}_A\,\mathrm{d}A \tag{5.88b}$$

假定对于小的 $A$ 值，所有的积分是常数，由(5.54)式得到

$$(\boldsymbol{E}_2-\boldsymbol{E}_1)\cdot\boldsymbol{n}_A\times\boldsymbol{n}=-\frac{\partial\boldsymbol{B}}{\partial t}\cdot\boldsymbol{n}_A\Delta h \tag{5.89a}$$

$$(\boldsymbol{H}_2-\boldsymbol{H}_1)\cdot\boldsymbol{n}_A\times\boldsymbol{n}=\left(\frac{\partial\boldsymbol{D}}{\partial t}+\boldsymbol{J}\right)\cdot\boldsymbol{n}_A\Delta h \tag{5.89b}$$

对于有限的电流 $\boldsymbol{J}$ 值，在极限 $\Delta h\to0$，方程式右侧为 0，由于电磁场矢量 $\boldsymbol{B}$ 和 $\boldsymbol{D}$ 及其对时间的导数保持不变，由此最后可得不连续界面处切向电磁场分矢量有

$$\boldsymbol{n}\times(\boldsymbol{E}_2-\boldsymbol{E}_1)=0 \tag{5.90a}$$

$$\boldsymbol{n}\times(\boldsymbol{H}_2-\boldsymbol{H}_1)=0 \tag{5.90b}$$

(5.89)、(5.90)式给出了求解波动方程式(5.80)的边界条件，应用这些方程式求解球形粒子的散射辐射。两介质间的边界是散射球面，因此它在球坐标中表述很方便。

### 5.4.4　电磁场矢量及其标量间关系

对于矢量波动方程式(5.79)，仅当按直角分量分解为对于矢量的每一个分量为三个独立标量波方程式，标量波动方程式写为

$$\nabla^2\psi+k^2m^2\psi=0 \tag{5.91}$$

式中 $\psi$ 是标量波函数，为了在球坐标求解波动方程式(5.79)，使用下面定理

定理 1：如果满足标量波动方程式(5.91)，则由下面式可以定义矢量 $\boldsymbol{M}_\psi$ 和 $\boldsymbol{N}_\psi$

$$\boldsymbol{M}_\psi=\nabla\times(\boldsymbol{r}\psi),\quad \boldsymbol{N}_\psi=\frac{1}{k}\nabla\times\boldsymbol{M}_\psi \tag{5.92}$$

满足矢量波动方程式

$$\nabla^2\boldsymbol{M}_\psi+k^2\boldsymbol{M}_\psi=0,\quad \nabla^2\boldsymbol{N}_\psi+k^2\boldsymbol{N}_\psi=0 \tag{5.93}$$

而下面关系成立

$$\boldsymbol{M}_\psi=\frac{1}{k}\nabla\times\boldsymbol{N}_\psi \tag{5.94}$$

把矢量 $\boldsymbol{M}$ 和 $\boldsymbol{N}$ 称为矢量波动方程函数，可以看出这是一个无散射矢量，即是

$$\nabla\cdot\boldsymbol{M}_\psi=0,\quad \nabla\cdot\boldsymbol{N}_\psi=0 \tag{5.95}$$

定理 2：如果 $u$ 和 $v$ 是标量波动方程式的解，则矢量 $\boldsymbol{M}_u$，$\boldsymbol{M}_v$，$\boldsymbol{N}_u$ 和 $\boldsymbol{N}_v$ 表示导得满足矢量波方程式的矢量场，两矢量 $\boldsymbol{A}$ 和 $\boldsymbol{B}$ 定义为

$$\boldsymbol{A}=\boldsymbol{M}_v-\mathrm{i}\boldsymbol{N}_u,\quad \boldsymbol{B}=-m(\boldsymbol{M}_u+\mathrm{i}\boldsymbol{N}_v) \tag{5.96}$$

且满足

$$\nabla\times\boldsymbol{A}=\mathrm{i}k_0\boldsymbol{B},\quad \nabla\times\boldsymbol{B}=-\mathrm{i}k_0m^2\boldsymbol{A} \tag{5.97}$$

为求取边界条件，必须知道函数 $\boldsymbol{M}$，$\boldsymbol{N}$ 的分量，现考虑任意矢量 $\boldsymbol{A}$ 的涡度：

$$\nabla\times\boldsymbol{A}=\frac{1}{r^2\sin\theta}\begin{vmatrix} r\boldsymbol{e}_\theta & r\sin\theta\boldsymbol{e}_\phi & \boldsymbol{e}_r \\ \dfrac{\partial}{\partial\theta} & \dfrac{\partial}{\partial\phi} & \dfrac{\partial}{\partial r} \\ rA_\theta & r\sin\theta A_\phi & A_r \end{vmatrix} \tag{5.98}$$

按(5.92)式，用 $\psi\boldsymbol{r}=\psi r\boldsymbol{e}_r$ 等同于矢量 $\boldsymbol{A}$，$\boldsymbol{e}_r$ 是 $\boldsymbol{r}$ 方向的单位矢量，因此可以得到的 $\boldsymbol{M}$，$\boldsymbol{N}$ 分量

$$M_{\psi,\theta}=\frac{1}{\sin\theta}\frac{\partial\psi}{\partial\phi},\quad M_{\psi,\phi}=-\frac{\partial\psi}{\partial\theta},\quad M_{\psi,r}=0 \tag{5.99a}$$

$$N_{\psi,\theta}=\frac{1}{kr}\frac{\partial^2 r\psi}{\partial r\partial\theta},\quad N_{\psi,\phi}=\frac{1}{kr\sin\theta}\frac{\partial^2 r\psi}{\partial r\partial\phi} \tag{5.99b}$$

$$N_{\psi,r}=-\frac{1}{kr\sin\theta}\left[\frac{\partial}{\partial\theta}\left(\sin\theta\frac{\partial\psi}{\partial\theta}\right)+\frac{1}{\sin\theta}\frac{\partial^2\psi}{\partial\phi^2}\right] \tag{5.99c}$$

(5.99)式的最后表示式可以通过球坐标中的标量波方程(5.91)式以简单形式给出，因此直接导得

$$N_{\psi,r}=kr\psi+\frac{r}{k}\frac{\partial^2\psi}{\partial r^2}+\frac{2}{k}\frac{\partial\psi}{\partial r}=\frac{n(n+1)\psi}{kr} \tag{5.100}$$

则由方程(5.94)，在球坐标系中定义 $M_\psi$ 和 $N_\psi$

$$\begin{aligned} M_\psi &=\nabla\times[\boldsymbol{a}_r(r\psi)]=\left(\boldsymbol{a}_r\frac{\partial}{\partial r}+\boldsymbol{a}_\theta\frac{1}{r}\frac{\partial}{\partial\theta}+\boldsymbol{a}_\phi\frac{1}{r\sin\theta}\frac{\partial}{\partial\phi}\right)\times[\boldsymbol{a}_r(r\psi)] \\ &=\boldsymbol{a}_\theta\frac{1}{r\sin\theta}\frac{\partial(r\psi)}{\partial\phi}-\boldsymbol{a}_\phi\frac{1}{r}\frac{\partial(r\psi)}{\partial\theta} \end{aligned} \tag{5.101}$$

$$\begin{aligned} mkN_\psi &=\nabla\times M_\psi \\ &=\boldsymbol{a}_r\left[\frac{\partial^2(r\psi)}{\partial r^2}+m^2k^2(r\psi)\right]+\boldsymbol{a}_\theta\frac{1}{r}\frac{\partial^2(r\psi)}{\partial r\partial\theta}+\boldsymbol{a}_\phi\frac{1}{r\sin\theta}\frac{\partial^2(r\psi)}{\partial r\partial\phi} \end{aligned} \tag{5.102}$$

将满足方程(5.79)所定义的矢量波动方程，矢量 $\boldsymbol{a}_r$、$\boldsymbol{a}_\theta$、$\boldsymbol{a}_\phi$ 是球坐标系的单位矢量。这里为得到 $N_\psi$ 的方程(5.102)，利用了下面的方程(5.106)。

假设 $u$ 和 $v$ 是由方程(5.91)所确定的标量波动方程的两个独立解，则其组合成的电场和磁场矢量

$$\boldsymbol{E}=M_v+\mathrm{i}N_u \tag{5.103a}$$

$$\boldsymbol{H}=m(-M_u+\mathrm{i}N_v) \tag{5.103b}$$

也可满足方程(5.78)。利用(5.101)和(5.102)式，$\boldsymbol{E}$ 和 $\boldsymbol{H}$ 显式写为

$$\boldsymbol{E}=\boldsymbol{a}_rE_r+\boldsymbol{a}_\theta E_\theta+\boldsymbol{a}_\phi E_\phi;\quad \boldsymbol{H}=\boldsymbol{a}_rH_r+\boldsymbol{a}_\theta H_\theta+\boldsymbol{a}_\phi H_\phi \tag{5.104}$$

## 5.4.5 波动方程的解

**1. 标量波动方程**

上面引入了矢量 $\boldsymbol{M}_\psi$ 和 $\boldsymbol{N}_\psi$，并建立了它与标量间的关系方程式，这样求取电磁场矢量，只要先通过标量波动方程式求取标量波函数，对此根据(5.80)式，类似标量波动方程式写为

$$\nabla^2\psi+k^2m^2\psi=0 \tag{5.105}$$

式中 $\psi$ 是标量波函数，对于球形粒子的散射问题，采用以球形粒子为中心的球坐标系比较方便。在球坐标系中的标量波动方程可以写为

$$\frac{1}{r^2}\frac{\partial}{\partial r}\left(r^2\frac{\partial\psi}{\partial r}\right)+\frac{1}{r^2\sin\theta}\frac{\partial}{\partial\theta}\left(\sin\theta\frac{\partial\psi}{\partial\theta}\right)+\frac{1}{r^2\sin\theta}\frac{\partial^2\psi}{\partial\phi^2}+k^2m^2\psi=0 \tag{5.106}$$

**2. 波动方程的解**

为求解方程(5.106)，采用分离变量法，令

$$\psi(r,\theta,\phi)=\boldsymbol{R}(r)\Theta(\theta)\Phi(\phi) \tag{5.107}$$

则把方程(5.107)代入(5.106)式中并以 $\psi(r,\theta,\phi)$ 除整个方程就可得到

$$\frac{1}{r^2}\frac{1}{R}\frac{\partial}{\partial r}\left(r^2\frac{\partial R}{\partial r}\right)+\frac{1}{r^2\sin\theta}\frac{1}{\Theta}\frac{\partial}{\partial\theta}\left(\sin\theta\frac{\partial\Theta}{\partial\theta}\right)+\frac{1}{r^2\sin^2\theta}\frac{1}{\Phi}\frac{\partial^2\Phi}{\partial\phi^2}+k^2m^2=0 \tag{5.108}$$

如果方程(5.108)乘上 $r^2\sin^2\theta$，则有

$$\left[\sin^2\theta\,\frac{1}{R}\frac{\partial}{\partial r}\left(r^2\frac{\partial R}{\partial r}\right)+\sin\theta\,\frac{1}{\Theta}\frac{\partial}{\partial\theta}\left(\sin\theta\frac{\partial\Theta}{\partial\theta}\right)+k^2m^2r^2\sin^2\theta\right]+\frac{1}{\Phi}\frac{\partial^2\Phi}{\partial\phi^2}=0 \tag{5.109}$$

由于上式中的前三项中只含有变量 $r$、$\theta$，而不含有 $\phi$，只有第四项含有 $\phi$，故先将含有 $\phi$ 的第四项分离开来，并使其为常数，写为

$$\frac{1}{\Phi}\frac{\partial^2\Phi}{\partial\phi^2}=-l^2=\text{常数} \tag{5.110}$$

式中常数为 $-l^2$ 仅是为了数学上的方便。由方程(5.109)和(5.110)式有

$$\sin^2\theta\,\frac{1}{R}\frac{\partial}{\partial r}\left(r^2\frac{\partial R}{\partial r}\right)+\sin\theta\,\frac{1}{\Theta}\frac{\partial}{\partial\theta}\left(\sin\theta\frac{\partial\Theta}{\partial\theta}\right)+k^2m^2r^2\sin^2\theta-l^2=0 \tag{5.111}$$

用 $\sin^2\theta$ 除上式(5.111)，则有

$$\frac{1}{R}\frac{\partial}{\partial r}\left(r^2\frac{\partial R}{\partial r}\right)+k^2m^2r^2+\frac{1}{\sin\theta}\frac{1}{\Theta}\frac{\partial}{\partial\theta}\left(\sin\theta\frac{\partial\Theta}{\partial\theta}\right)-\frac{l^2}{\sin^2\theta}=0 \tag{5.112}$$

由此，为满足方程(5.112)，必须有

$$\frac{1}{R}\frac{\mathrm{d}}{\mathrm{d}r}\left(r^2\frac{\mathrm{d}R}{\mathrm{d}r}\right)+k^2m^2r^2=\text{常数}=n(n+1) \tag{5.113a}$$

$$\frac{1}{\sin\theta}\frac{1}{\Theta}\frac{\mathrm{d}}{\mathrm{d}\theta}\left(\sin\theta\frac{\mathrm{d}\Theta}{\mathrm{d}\theta}\right)-\frac{l^2}{\sin^2\theta}=\text{常数}=-n(n+1) \tag{5.113b}$$

式中 $n$ 为整数。其常数的表示也是为了数学的方便。重新排列方程(5.110)、(5.113a)和(5.113b),则有

$$\frac{d^2(rR)}{dr^2}+\left[k^2m^2-\frac{n(n+1)}{r^2}\right](rR)=0 \tag{5.114a}$$

$$\frac{1}{\sin\theta}\frac{\partial}{\partial\theta}\left(\sin\theta\frac{\partial\Theta}{\partial\theta}\right)+\left[n(n+1)-\frac{l^2}{\sin^2\theta}\right]\Theta=0 \tag{5.114b}$$

$$\frac{\partial^2\Phi}{\partial\phi^2}+l^2\Phi=0 \tag{5.114c}$$

方程(5.114c)的单值解,表示为

$$\Phi=a_l\cos l\phi+b_l\sin l\phi \tag{5.115}$$

式中 $a_l$ 和 $b_l$ 为任意常数。

对于方程(5.113b)是球面调和函数方程,若引入新变量 $\mu=\cos\theta$,就得

$$\frac{d}{d\mu}\left[(1-\mu^2)\frac{d\Theta}{d\mu}\right]+\left[n(n+1)-\frac{l^2}{1-\mu^2}\right]\Theta=0 \tag{5.116}$$

其解可以用连带勒让德多项式(第一类球面调谐函数)表示,写为

$$\Theta=P_n^l(\cos\theta)=P_n^l(\mu) \tag{5.117}$$

最后是求解方程(5.114a),设

$$kmr=\rho,\quad R=(1/\sqrt{\rho})Z(\rho) \tag{5.118}$$

则得

$$\frac{d^2Z}{d\rho^2}+\frac{1}{\rho}\frac{dZ}{d\rho}+\left[1-\frac{(n+1/2)^2}{\rho^2}\right]Z=0 \tag{5.119}$$

方程(5.119)的解可以由 $(n+1/2)$ 阶的柱函数表示为

$$Z=Z_{n+½}(\rho) \tag{5.120}$$

这样方程(5.118)的解写为

$$R=\frac{1}{\sqrt{kmr}}Z_{n+½}(kmr) \tag{5.121}$$

综合方程(5.115)、(5.117)和(5.121),从而得到球面上任一点的基本波函数为

$$\psi(r,\theta,\phi)=\frac{1}{\sqrt{kmr}}Z_{n+½}(kmr)P_n^l(\cos\theta)(a_l\cos l\phi+b_l\sin l\phi) \tag{5.122}$$

对于由方程(5.122)表示的每个柱函数还可以表示为两个标准柱函数的线性组合,即贝塞尔函数 $J_{n+1/2}(\rho)$ 和诺伊曼函数 $N_{n+1/2}(\rho)$ 的线性组合。故定义

$$\psi_n(\rho)=\sqrt{\pi\rho/2}\,J_{n+1/2}(\rho),\quad \chi_n(\rho)=-\sqrt{\pi\rho/2}\,N_{n+1/2}(\rho) \tag{5.123}$$

其中函数 $\psi_n$ 在包含原点在内的 $\rho$ 平面每个定域是正则的,而函数 $\chi_n$ 在原点 $\rho=0$ 为奇异点,为无穷大。因而在表示球内波时,采用 $\psi_n$,而不能用 $\chi_n$。由(5.123)式可以将方程(5.121)在形式上重新写为

$$rR = c_n \psi_n(kmr) + d_n \chi_n(kmr) \tag{5.124}$$

式中 $c_n$、$d_n$ 是任意常数。则(5.124)式为方程(5.114a)的通解。

因而标量波动方程(5.106)的通解为

$$r\psi(r,\theta,\phi) = \sum_{n=0}^{\infty}\sum_{l=-n}^{n} P_n^l(\cos\theta)[c_n\psi_n(kmr) + d_n\chi_n(kmr)](a_l\cos l\phi + b_l\sin l\phi) \tag{5.125}$$

这时电磁波的电磁场矢量就能从(5.104)式和表 5.3 求出。

此外，当 $c_n = 1$ 和 $d_n = \mathrm{i}$ 时，有

$$\psi_n(\rho) + \mathrm{i}\chi_n(\rho) = \sqrt{\pi\rho/2}\, H_{n+1/2}^{(2)}(\rho) = \xi_n(\rho) \tag{5.126}$$

式中 $H_{n+1/2}^{(2)}$ 是第二类半整数阶汉凯尔函数。它具有在复平面上无穷远处为零的性质，对于远场散射波的表示是合适的。

**表 5.3　电场和磁场的各分量($\overline{m}$ 和 $m$ 是介质外部和内部的折射指数)**

| 分量 | 外部场 | 内部场 |
|---|---|---|
| $\boldsymbol{E}_r$ | $\frac{\mathrm{i}}{\overline{m}k}\left[\frac{\partial^2(ru)}{\partial r^2} + \overline{m}^2k^2(ru)\right]$ | $\frac{\mathrm{i}}{mk}\left[\frac{\partial^2(ru)}{\partial r^2} + m^2k^2(ru)\right]$ |
| $\boldsymbol{E}_\theta$ | $\frac{1}{r\sin\theta}\frac{\partial(rv)}{\partial\phi} + \frac{\mathrm{i}}{\overline{m}kr\sin\theta}\frac{\partial^2(ru)}{\partial r\partial\theta}$ | $\left[\frac{1}{r\sin\theta}\frac{\partial(rv)}{\partial\phi} + \frac{\mathrm{i}}{mkr\sin\theta}\frac{\partial^2(ru)}{\partial r\partial\theta}\right]$ |
| $\boldsymbol{E}_\phi$ | $-\frac{1}{r}\frac{\partial(rv)}{\partial\theta} + \frac{\mathrm{i}}{\overline{m}kr\sin\theta}\frac{\partial^2(ru)}{\partial r\partial\phi}$ | $\left[-\frac{1}{r}\frac{\partial(rv)}{\partial\theta} + \frac{\mathrm{i}}{mkr\sin\theta}\frac{\partial^2(ru)}{\partial r\partial\phi}\right]$ |
| $\boldsymbol{H}_r$ | $\frac{\mathrm{i}}{k}\left[\frac{\partial^2(rv)}{\partial r^2} + \overline{m}^2k^2(rv)\right]$ | $\frac{\mathrm{i}}{k}\left[\frac{\partial^2(rv)}{\partial r^2} + m^2k^2(rv)\right]$ |
| $\boldsymbol{H}_\theta$ | $-\frac{\overline{m}}{r\sin\theta}\frac{\partial(ru)}{\partial\phi} + \frac{\mathrm{i}}{kr}\frac{\partial^2(rv)}{\partial r\partial\theta}$ | $\left[-\frac{m}{r\sin\theta}\frac{\partial(ru)}{\partial\phi} + \frac{\mathrm{i}}{kr}\frac{\partial^2(rv)}{\partial r\partial\theta}\right]$ |
| $\boldsymbol{H}_\phi$ | $\frac{\partial(ru)}{\partial\theta} + \frac{\mathrm{i}}{kr\sin\theta}\frac{\partial^2(rv)}{\partial r\partial\phi}$ | $\left[\frac{m}{r}\frac{\partial(ru)}{\partial\theta} + \frac{\mathrm{i}}{kr\sin\theta}\frac{\partial^2(rv)}{\partial r\partial\phi}\right]$ |

## 5.5　球形粒子的 Mie 散射波的解

### 5.5.1　入射到球形粒子的电磁波

这里所讨论的电磁波的散射是在下面假定的条件下进行的：

(1)介质是均匀的球体；

(2)在球外是真空($m=1$)，球体内的折射指数为 $m$；

(3)入射波为线偏振均匀平面波电磁波。

**1. 入射波在 $x$-$y$ 和 $r$-$\theta$-$\phi$ 坐标系的表示**

(1)入射到球形粒子的平面电磁波

$$\boldsymbol{E}(\boldsymbol{r},t)=\boldsymbol{E}_{\mathrm{o}}\exp(\mathrm{i}\boldsymbol{k}\cdot\boldsymbol{r}-\mathrm{i}\omega t) \tag{5.127a}$$

$$\boldsymbol{H}(\boldsymbol{r},t)=\boldsymbol{H}_{\mathrm{o}}\exp(\mathrm{i}\boldsymbol{k}\cdot\boldsymbol{r}-\mathrm{i}\omega t) \tag{5.127b}$$

在直角坐标系中,取球形粒子体中心为原点,沿 $z$ 轴方向为入射波方向,且将入射波的振幅实行归一化为 1,由入射波的电场和磁场强度表示为

$$\boldsymbol{E}^{i}=\boldsymbol{a}_{x}\mathrm{e}^{-\mathrm{i}kz-\omega t},\quad \boldsymbol{H}^{i}=\boldsymbol{a}_{y}\mathrm{e}^{-\mathrm{i}kz} \tag{5.128}$$

与时间无关的入射平面电磁波可以表示为

$$\boldsymbol{E}^{i}=\boldsymbol{a}_{x}\mathrm{e}^{-\mathrm{i}kz},\quad \boldsymbol{H}^{i}=\boldsymbol{a}_{y}\mathrm{e}^{-\mathrm{i}kz} \tag{5.129}$$

式中 $\boldsymbol{a}_x$、$\boldsymbol{a}_y$ 分别是沿 $x$ 和 $y$ 轴的单位矢量。

(2)直角坐标 $x$-$y$ 和球坐标 $r$-$\theta$-$\phi$ 的转换

图 5.18 中,笛卡儿坐标系中的任何矢量($\boldsymbol{a}$)都可以变换到球坐标系($r$-$\theta$-$\phi$)中,其变换关系为

$$x=r\sin\theta\cos\phi,\quad y=r\sin\theta\sin\phi,\quad z=r\cos\theta \tag{5.130}$$

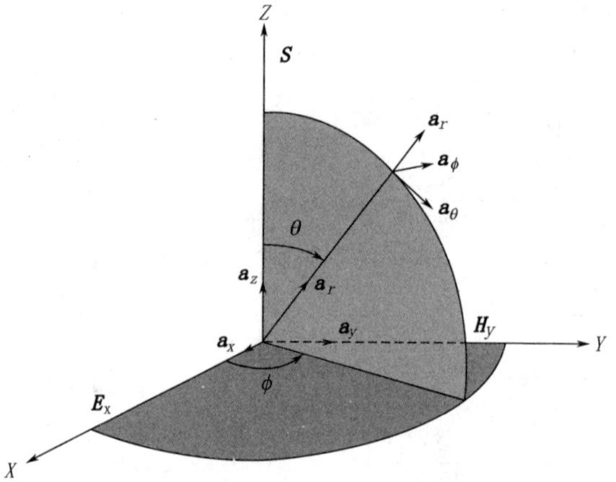


图 5.18 球、直角坐标之间的变换($\boldsymbol{s}$ 玻印亭矢量,$\boldsymbol{a}$ 任一单位矢量)

则由图 5.18 看出,矢量 $\boldsymbol{a}_r$ 在 $x$、$y$、$z$ 方向的三个分量分别为 $\sin\theta\cos\phi$、$\sin\theta\sin\phi$、$\cos\theta$,$\boldsymbol{a}_\theta$ 与 $\boldsymbol{a}_r$ 垂直,因此变换为

$$\begin{cases}\boldsymbol{a}_r=\boldsymbol{a}_x\sin\theta\cos\phi+\boldsymbol{a}_y\sin\theta\sin\phi+\boldsymbol{a}_z\cos\theta\\ \boldsymbol{a}_\theta=\boldsymbol{a}_x\cos\theta\cos\phi+\boldsymbol{a}_y\cos\theta\sin\phi-\boldsymbol{a}_z\sin\theta\\ \boldsymbol{a}_\phi=-\boldsymbol{a}_x\sin\phi+\boldsymbol{a}_y\cos\phi\end{cases} \tag{5.131}$$

式中 $\boldsymbol{a}_x$、$\boldsymbol{a}_y$、$\boldsymbol{a}_z$ 分别为沿 $x$、$y$、$z$ 方向的单位矢量。而 $\boldsymbol{a}_r$、$\boldsymbol{a}_\theta$、$\boldsymbol{a}_\phi$ 分别是球坐标系中的单位矢量。

$$\begin{cases} \boldsymbol{a}_x = \boldsymbol{a}_r \sin\theta\cos\phi + \boldsymbol{a}_\theta \cos\theta\cos\phi - \boldsymbol{a}_\phi \sin\theta \\ \boldsymbol{a}_y = \boldsymbol{a}_r \sin\theta\sin\phi + \boldsymbol{a}_\theta \cos\theta\sin\phi + \boldsymbol{a}_\phi \cos\theta \\ \boldsymbol{a}_z = \boldsymbol{a}_r \cos\theta - \boldsymbol{a}_\theta \sin\theta \end{cases} \tag{5.132}$$

(3)$r$-$\theta$-$\phi$ 坐标系中的入射电磁波表示

由上面的关系，在球坐标系内，由于 $z = r\cos\theta$，因此入射波的电、磁场矢量的分量表示为

$$\begin{cases} E_r^i = \mathrm{e}^{-\mathrm{i}kr\cos\theta} \sin\theta\cos\phi \\ E_\theta^i = \mathrm{e}^{-\mathrm{i}kr\cos\theta} \cos\theta\cos\phi \\ E_\phi^i = \mathrm{e}^{-\mathrm{i}kr\cos\theta} \sin\phi \end{cases} \tag{5.133}$$

$$\begin{cases} H_r^i = \mathrm{e}^{-\mathrm{i}kr\cos\theta} \sin\theta\sin\phi \\ H_\theta^i = \mathrm{e}^{-\mathrm{i}kr\cos\theta} \cos\theta\sin\phi \\ H_\phi^i = \mathrm{e}^{-\mathrm{i}kr\cos\theta} \cos\phi \end{cases} \tag{5.134}$$

由表 5.3 可知，入射波也可以写成

$$E_r^i = \frac{\mathrm{i}}{mk}\left[\frac{\partial^2(ru)}{\partial r^2} + m^2k^2(ru)\right] \tag{5.135a}$$

$$E_\theta^i = \left[\frac{1}{r\sin\theta}\frac{\partial^2(rv)}{\partial\phi} + \frac{\mathrm{i}}{mkr\sin\theta}\frac{\partial^2(ru)}{\partial r\partial\theta}\right] \tag{5.135b}$$

$$E_\phi^i = \left[-\frac{1}{r}\frac{\partial^2(rv)}{\partial\theta} + \frac{\mathrm{i}}{mkr\sin\theta}\frac{\partial^2(ru)}{\partial r\partial\phi}\right] \tag{5.135c}$$

**2. $u$、$v$ 的求取**

由(5.133)和(5.135)式得到

$$E_r^i = \frac{\mathrm{i}}{mk}\left[\frac{\partial^2(ru)}{\partial r^2} + m^2k^2(ru)\right] = \mathrm{e}^{-\mathrm{i}kr\cos\theta}\sin\theta\cos\phi \tag{5.136}$$

根据 Bauer 公式，方程(5.133)和(5.135)右边第一个因子可以由下面可微的勒让德多项式表示为

$$\mathrm{e}^{-\mathrm{i}kr\cos\theta} = \sum_{n=1}^{\infty}(-\mathrm{i})^n(2n+1)\frac{\psi_n(kr)}{kr}P_n(\cos\theta) \tag{5.137}$$

式中 $\psi_n$ 由方程(5.123)确定。此外还利用如下数学恒等式

$$\mathrm{e}^{-\mathrm{i}kr\cos\theta}\sin\theta = \frac{1}{\mathrm{i}kr}\frac{\partial}{\partial\theta}(\mathrm{e}^{-\mathrm{i}kr\cos\theta}) \tag{5.138a}$$

$$\frac{\partial}{\partial\theta}P_n(\cos\theta) = -P_n^1(\cos\theta),\quad P_0^1(\cos\theta) = 0 \tag{5.138b}$$

其中(5.138)式把勒让德多项式 $P_n$ 与连带勒让德多项式 $P_n^1$ 联系起来。

为了确定 $u$ 和 $v$，只需要方程(5.136)中的一个分量。当 $m=1$ 时，其中第一个分量为

$$E_r^i = e^{-ikr\cos\theta}\sin\theta\cos\phi = \frac{i}{k}\left[\frac{\partial^2(ru^i)}{\partial r^2} + k^2(ru^i)\right] \tag{5.139}$$

考虑到方程(5.137)—(5.138)，则有

$$E_r^i = e^{-ikr\cos\theta}\sin\theta\cos\phi = \frac{1}{(kr)^2}\sum_{n=1}^{\infty}(-i)^n(2n+1)\psi_n(kr)P_n^1(\cos\theta)\cos\phi \tag{5.140}$$

由此，根据方程(5.140)中的因子 $\psi_n(kr)P_n^1(\cos\theta)\cos\phi$，取如下级数形式为方程(5.139)的试探解

$$ru^i = \frac{1}{k}\sum_{n=1}^{\infty}\alpha_n\psi_n(kr)P_n^1(\cos\theta)\cos\phi \tag{5.141}$$

将(5.140)和(5.141)式代入(5.139)式，并比较其系数得到

$$\alpha_n\left[k^2\psi_n(kr) + \frac{\partial^2\psi_n(kr)}{\partial r^2}\right] = (-i)^n(2n+1)\frac{\psi_n(kr)}{r^2} \tag{5.142}$$

在方程(5.124)中，由于当入射波在通过原点处时，$\chi_n(kr)$必定为无穷大，这是不合理的，为此，令 $c_n=1$ 和 $d_n=0$。对于(5.124)式，只要 $\alpha=n(n+1)$，有

$$\psi_n(kr) = rR \tag{5.143}$$

便是它的解，这时(5.114a)式写为

$$\frac{\partial^2\psi_n}{\partial r^2} + \left(k^2 - \frac{\alpha}{r^2}\right)\psi_n = 0 \tag{5.144}$$

将(5.142)式与(5.144)式相比较则有

$$\alpha_n = (-1)^n\frac{2n+1}{n(n+1)} \tag{5.145}$$

**3. 入射波**

将关于 $\alpha_n$ 的(5.145)式代入(5.139)式则得 $ru^i$；用同样类似的方法，由(5.28)式可以导出 $rv^i$。这样球外入射波表示为

$$ru^i = \frac{1}{k}\sum_{n=1}^{\infty}(-1)^n\frac{2n+1}{n(n+1)}\psi_n(kr)P_n^1(\cos\theta)\cos\phi \tag{5.146a}$$

$$rv^i = \frac{1}{k}\sum_{n=1}^{\infty}(-1)^n\frac{2n+1}{n(n+1)}\psi_n(kr)P_n^1(\cos\theta)\sin\phi \tag{5.146b}$$

### 5.5.2 粒子对入射电磁波的散射波和球形粒子内波

**1. 球内波(透射波)**

对于透射球体内部的波，一方面，要考虑折射指数 $m$；另一方面，它必定是与入射波在形式上相同，而具有任意系数的级数。同时在球体内部，由于函数 $\chi_n(kmr)$在原点处无穷大，只有 $\psi_n(kmr)$可使用，因此球内波可以用入射波的形式乘以不定系数 $c_n$ 和 $d_n$ 表示，写为

$$ru^t = \frac{1}{mk}\sum_{n=1}^{\infty}(-1)^n\frac{2n+1}{n(n+1)}c_n\psi_n(kr)P_n^1(\cos\theta)\cos\phi \tag{5.147a}$$

$$rv^t = \frac{1}{mk}\sum_{n=1}^{\infty}(-1)^n\frac{2n+1}{n(n+1)}d_n\psi_n(kr)P_n^1(\cos\theta)\sin\phi \tag{5.147b}$$

对球体内波，在实际情况中无法测量到，人们只对球外波进行测量。

**2. 球外散射波**

对于球外散射波，它必定是要满足在无穷远处等于零，这用(5.126)式表示的汉凯尔函数正好满足这一特性。因此与透射波相类似，将球外散射波写为（球外 $m=1$，$m$ 可以略去）

$$ru^s = -\frac{1}{k}\sum_{n=1}^{\infty}(-1)^n\frac{2n+1}{n(n+1)}a_n\xi_n(kr)P_n^1(\cos\theta)\cos\phi \tag{5.148a}$$

$$rv^s = -\frac{1}{k}\sum_{n=1}^{\infty}(-1)^n\frac{2n+1}{n(n+1)}b_n\xi_n(kr)P_n^1(\cos\theta)\sin\phi \tag{5.148b}$$

式中 $a_n$、$b_n$、$c_n$、$d_n$ 为待定系数。

**3. $a_n$、$b_n$、$c_n$、$d_n$ 的确定**

对于 $a_n$、$b_n$、$c_n$、$d_n$ 等待定系数，它可以由球体表面上电磁场确定，即边界条件确定。在球体表面上，即 $a=r$ 处，$E$ 和 $H$ 的切向分量必须保持连续，即是球外波（入射波＋散射波）电磁场的切向分量等于球内波的电磁场切向分量，写为

$$E_\theta^i + E_\theta^s = E_\theta^t,\quad H_\theta^i + H_\theta^s = H_\theta^t \tag{5.149a}$$

$$E_\phi^i + E_\phi^s = E_\phi^t,\quad H_\phi^i + H_\phi^s = H_\phi^t \tag{5.149b}$$

由(5.147a)、(5.147b)和(5.148)式看出，除对球内波和球外波都有相同的公因子和对 $\theta$、$\phi$ 的微分外，两个电磁场分量 $E_\theta$ 和 $E_\phi$ 都包含有 $v$ 和 $\partial(ru)/m\partial r$。同样，$H_\theta$ 和 $H_\phi$ 也都包含 $mu$ 和 $\partial(rv)/\partial r$，则根据边界条件(5.89)、(5.90)式和由(5.147)、(5.148)式经数学运算后得

$$\frac{\partial}{\partial r}[r(u^i+u^s)] = \frac{1}{m}\frac{\partial}{\partial r}(ru^t),\quad u^i+u^s = mu^t \tag{5.150a}$$

$$\frac{\partial}{\partial r}[r(v^i+v^s)] = \frac{\partial}{\partial r}(rv^t),\quad v^i+v^s = v^t \tag{5.150b}$$

将(5.147)—(5.148)式代入到(5.150)式中得

$$\begin{aligned} m[\psi_n'(ka)-a_n\xi_n'(ka)] &= c_n\psi_n'(kma)\\ [\psi_n'(ka)-b_n\xi_n'(ka)] &= d_n\psi_n'(kma)\\ [\psi_n(ka)-a_n\xi_n(ka)] &= c_n\psi_n(kma)\\ m[\psi_n(ka)-b_n\xi_n(ka)] &= d_n\psi_n(kma)\end{aligned} \tag{5.151}$$

式中符号上带撇是对自变量的微分。消去 $c_n$ 和 $d_n$ 得

$$a_n = \frac{\psi_n'(y)\psi_n(x)-m\psi_n(y)\psi_n'(x)}{\psi_n'(y)\xi_n(x)-m\psi_n(y)\xi_n'(x)} \tag{5.152a}$$

$$b_n=\frac{m\psi_n'(y)\psi_n(x)-\psi_n(y)\psi_n'(x)}{m\psi_n'(y)\xi_n(x)-\psi_n(y)\xi_n'(x)} \tag{5.152b}$$

式中 $x=ka$，$y=mx$。同样有

$$c_n=\frac{m[\psi_n'(x)\xi_n(x)-\psi_n(x)\xi_n'(x)]}{\psi_n'(y)\xi_n(x)-m\psi_n(y)\xi_n'(x)} \tag{5.153a}$$

$$d_n=\frac{m[\psi_n'(x)\xi_n(x)-\psi_n(x)\xi_n'(x)]}{m\psi_n'(y)\xi_n(x)-\psi_n(y)\xi_n'(x)} \tag{5.153b}$$

式中

$$\psi_n(z)=zj_n(z)=\sqrt{\frac{\pi z}{2}}J_{n+1/2}(z)$$

$$\xi_n(z)=zh_n^{(2)}(z)=\sqrt{\frac{\pi z}{2}}H_{n+1/2}^{(2)}(z)$$

$J_{n+1/2}(z)$是第一类贝塞尔函数，$j_n(z)$是第一类贝塞尔球谐函数，$H_{n+1/2}^{(2)}(z)$是第三类贝塞尔函数，$h_n^{(2)}(z)$是第三类贝塞尔球谐函数，$\psi_n(z)$和 $\xi_n(z)$是贝塞尔函数。

上面讨论了球体悬浮在真空中的情形。如果球体悬浮在某种介质中，则令球外介质和球体的折射指数分别为 $m_2$(实数)和 $m_1$(可能是复数)，这时可用 $m_1/m_2$ 替代上面的 $m$，而用 $m_2k$ 代替波数 $k$(真空)，这样(5.153)式就可以推广到球体在悬浮介质的情况中。

## 5.6 粒子的远场散射波

### 5.6.1 远场散射波和电磁场

由于通常所考虑的散射场是远离散射粒子的，也就是在远场进行各种散射光的观测，所以在这种情况下，由方程(5.126)表示的汉凯尔函数可以化为

$$\xi_n(kr)\approx \mathrm{i}^{n+1}\mathrm{e}^{-\mathrm{i}kr} \quad (kr\gg 1) \tag{5.154}$$

将其代入方程(5.148)，就得

$$ru^s\approx-\frac{\mathrm{i}\mathrm{e}^{-\mathrm{i}kr}\cos\phi}{k}\sum_{n=1}^{\infty}\frac{2n+1}{n(n+1)}a_nP_n^1(\cos\theta) \tag{5.155a}$$

$$rv^s\approx-\frac{\mathrm{i}\mathrm{e}^{-\mathrm{i}kr}\sin\phi}{k}\sum_{n=1}^{\infty}\frac{2n+1}{n(n+1)}b_nP_n^1(\cos\theta) \tag{5.155b}$$

则将上式代入到方程(5.104)中，可得电磁场矢量的三个分量为

$$E_r^s=H_r^s\approx 0 \tag{5.156a}$$

$$E_\theta^s=H_\phi^s\approx-\frac{\mathrm{i}}{kr}\mathrm{e}^{-\mathrm{i}kr}\cos\phi\sum_{n=1}^{\infty}{}^{n}\frac{2n+1}{n(n+1)}\left[a_n\frac{\mathrm{d}P_n^1(\cos\theta)}{\mathrm{d}\theta}+b_n\frac{P_n^1(\cos\theta)}{\sin\theta}\right] \tag{5.156b}$$

$$-E_\phi^s=H_\theta^s\approx\frac{\mathrm{i}}{kr}\mathrm{e}^{-\mathrm{i}kr}\sin\phi\sum_{n=1}^{\infty}{}^{n}\frac{2n+1}{n(n+1)}\left[a_n\frac{P_n^1(\cos\theta)}{\sin\theta}+b_n\frac{\mathrm{d}P_n^1(\cos\theta)}{\mathrm{d}\theta}\right] \tag{5.156c}$$

显然，由(5.156)式看出，在远场的情况下，电磁场的径向分量 $E_r^s$、$H_r^s$ 可以忽略不计。

### 5.6.2　引入散射函数表示散射场

为方便起见，定义二个散射函数 $S(\theta)$：

$$S_1(\theta)=\sum_{n=1}^{\infty}\frac{2n+1}{n(n+1)}[a_n\pi_n(\cos\theta)+b_n\tau_n(\cos\theta)] \tag{5.157a}$$

$$S_2(\theta)=\sum_{n=1}^{\infty}\frac{2n+1}{n(n+1)}[b_n\pi_n(\cos\theta)+a_n\tau_n(\cos\theta)] \tag{5.157b}$$

式中

$$\pi_n(\cos\theta)=\frac{1}{\sin\theta}P_n^1(\cos\theta) \tag{5.158a}$$

$$\tau_n(\cos\theta)=\frac{\mathrm{d}}{\mathrm{d}\theta}P_n^1(\cos\theta) \tag{5.158b}$$

注意到 $\theta=0$ 时，$\pi_n(1)=\tau_n(1)=n(n+1)/2$，可得到

$$S(0)=S_1(0)=S_2(0)=\sum_{n=1}^{\infty}\left(n+\frac{1}{2}\right)(a_n+b_n) \tag{5.159}$$

于是，可以写出

$$E_\theta^s=\frac{\mathrm{i}}{kr}\mathrm{e}^{-\mathrm{i}kr}\cos\phi S_2(\theta) \tag{5.160a}$$

$$-E_\phi^s=\frac{\mathrm{i}}{kr}\mathrm{e}^{-\mathrm{i}kr}\sin\phi S_1(\theta) \tag{5.160b}$$

可见(5.160)式表示的球面波的振幅和偏振是散射角 $\theta$ 的函数。表 5.4 给出球形粒子外部和内部电场的解。

**表 5.4　球形粒子远场和入射电磁场**

| 电场分量 | 远场解和入射分量 |
|---|---|
| $E_\theta^s=H_\phi^s$ | $\frac{1}{\mathrm{i}kr}\mathrm{e}^{-\mathrm{i}kr}\cos\phi\sum_{n=1}^{\infty}\frac{2n+1}{n(n+1)}(a_n+b_n\pi_n\tau_n)$ |
| $-E_\phi^s=H_\theta^s$ | $-\frac{1}{\mathrm{i}kr}\mathrm{e}^{-\mathrm{i}k}\sin\phi\sum_{n=1}^{\infty}\frac{2n+1}{n(n+1)}(a_n\pi_n+b_n\tau_n)$ |
| $E_\theta^i=H_\theta^i\cot\phi$ | $\frac{1}{kr}\cos\phi\sum_{n=1}^{\infty}\frac{2n+1}{n(n+1)}(-\mathrm{i})^n(\psi_n\tau_n+\mathrm{i}\psi'_n\pi_n)$ |
| $E_\phi^i=-H_\phi^i\tan\phi$ | $-\frac{1}{kr}\sin\phi\sum_{n=1}^{\infty}\frac{2n+1}{n(n+1)}(-\mathrm{i})^n(\psi_n\tau_n+\mathrm{i}\psi'_n\pi_n)$ |

### 5.6.3　散射波的垂直分量和平行分量

在图 5.19 中可以看出，散射电场 $E_\phi^s$ 与电磁波传播方向(观测方向)平面相垂直，

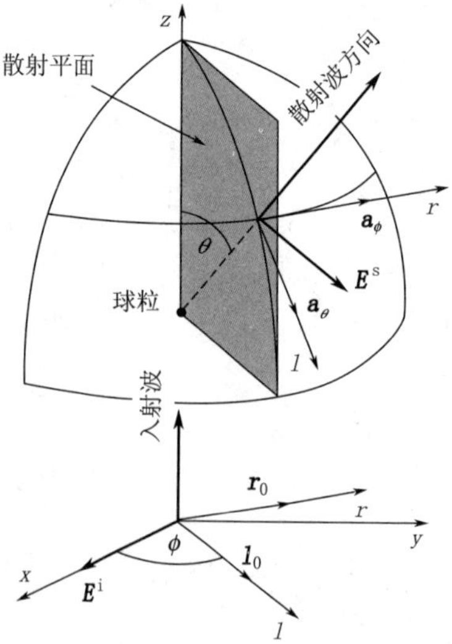


图 5.19 入射和散射电场强度矢量的垂直分量和平行分量

而 $E_\theta^s$ 处在电磁波传播方向的平面内。这时若将 $E_r^s$ 表示散射电场的垂直分量,$E_l^s$ 表示散射电场的平行分量,则有

$$E_r^s=-E_\phi^s,\quad E_l^s=E_\phi^s \tag{5.161}$$

又若将入射波的电矢量分解为垂直分量和平行分量,即

$$E_r^s=\mathrm{e}^{-\mathrm{i}kz}\sin\phi,\quad E_l^s=\mathrm{e}^{-\mathrm{i}kz}\cos\phi \tag{5.162}$$

则由(5.160)式,将散射和入射电场的垂直($r$)与平行($l$)分量间的关系表示为

$$\begin{bmatrix}E_l^s\\E_r^s\end{bmatrix}=\frac{\mathrm{e}^{-\mathrm{i}kr+\mathrm{i}kz}}{\mathrm{i}kr}\begin{bmatrix}S_2(\theta)&0\\0&S_1(\theta)\end{bmatrix}\begin{bmatrix}E_l^i\\E_r^i\end{bmatrix} \tag{5.163}$$

(5.163)式是研究球体散射辐射和偏振的基本方程。这样入射电场 $\boldsymbol{E}_0$ 与散射场 $\boldsymbol{E}_{\mathrm{sca}}$ 关系为

$$\boldsymbol{E}_{\mathrm{sca}}=\frac{\mathrm{e}^{-\mathrm{i}kr+\mathrm{i}kz}}{kr}\boldsymbol{S}(\Theta)\boldsymbol{E}_0$$

则散射和入射辐射强度间关系为

$$I_{\mathrm{sca}}=\frac{|S(\Theta)|^2 I_0}{k^2r^2} \tag{5.164}$$

### 5.6.4 电磁场能量通量

由电磁场理论,对于电磁场中任一点的能量流的强度由坡印亭矢量的绝对值表示为

$$\boldsymbol{P}=[\boldsymbol{E}\times\boldsymbol{H}] \tag{5.165}$$

若用 $\boldsymbol{H}\times$(5.54a)式,$\boldsymbol{E}\times$(5.54b)式,然后相减,得到

$$\boldsymbol{H}\,\nabla\times\boldsymbol{E}-\boldsymbol{E}\,\nabla\times\boldsymbol{H}=-\frac{1}{c}\left[\boldsymbol{H}\,\frac{\partial\boldsymbol{B}}{\partial t}+\boldsymbol{E}\,\frac{\partial\boldsymbol{D}}{\partial t}+\boldsymbol{E}j\right] \tag{5.166}$$

或根据矢量等式

$$\boldsymbol{H}\,\nabla\times\boldsymbol{E}-\boldsymbol{E}\,\nabla\times\boldsymbol{H}=\nabla[\boldsymbol{E}\times\boldsymbol{H}] \tag{5.167}$$

便有

$$\nabla[\boldsymbol{E}\times\boldsymbol{H}]+\frac{4\pi}{c}\boldsymbol{E}j=-\frac{\partial\omega}{\partial t} \tag{5.168}$$

这里引入导数

$$\frac{\partial\omega}{\partial t}=\frac{1}{c}\left[\boldsymbol{H}\,\frac{\partial\boldsymbol{B}}{\partial t}+\boldsymbol{E}\,\frac{\partial\boldsymbol{D}}{\partial t}\right] \tag{5.169}$$

这导数可以解释为贮藏在体积 $V$ 内电磁场能量的减小速率。

将(5.168)式对由面积 S 包围的体积 $V$ 积分，则有

$$\int_S \boldsymbol{P} \cdot \boldsymbol{n} \mathrm{d}s + \frac{4\pi}{c}\int_S \boldsymbol{Ej}\,\mathrm{d}V = -\frac{\partial \boldsymbol{W}}{\partial t} \tag{5.170}$$

式中 $\boldsymbol{W} = \int_V w \mathrm{d}V$ 。

使用(5.165)式和斯托克斯定理

$$\int_V \nabla \times \boldsymbol{P} \mathrm{d}V = \int_S \boldsymbol{P} \mathrm{d}\boldsymbol{S} \tag{5.171}$$

式中 $\mathrm{d}\boldsymbol{S} = \boldsymbol{n}\mathrm{d}s$ 是闭合表面 $S$ 向外的法向矢量。(5.170)式指出，体积 $V$ 内能量的减小是由两个过程引起的，第一个是通过表面的矢量 $\boldsymbol{P}$ 的散射通量 $\Phi_{\text{sca}}$，为

$$\Phi_{\text{sca}} = \int_S \boldsymbol{P} \cdot \boldsymbol{n}\mathrm{d}s \tag{5.172}$$

第二个是在(5.170)式中表示的由 $S$ 面包围介质的吸收电磁场功率 $\Phi_{\text{abs}}$，这样就有

$$\frac{\partial \mathrm{W}}{\partial t} = -\Phi_{\text{sca}} - \Phi_{\text{abs}} \tag{5.173}$$

若光探测器的时间常数为 $\tau$，它与电磁波的振荡周期 $T \sim 10^{-15} c$ 相比较大很多，则时间平均值 $\langle \Phi_{\text{sca}} \rangle$ 和 $\langle \Phi_{\text{abs}} \rangle$ 是可以测量的。表示为

$$\langle \Phi_{\text{sca}} \rangle = \int_S \langle \boldsymbol{P} \rangle \cdot \boldsymbol{n}\mathrm{d}s \tag{5.174a}$$

$$\langle \Phi_{\text{abs}} \rangle = \frac{4\pi}{c}\int_V \langle \boldsymbol{Ej} \rangle \mathrm{d}V \tag{5.174b}$$

式中

$$\langle \boldsymbol{P} \rangle = \frac{1}{\tau}\int_0^\tau \boldsymbol{P}(t)\mathrm{d}t \tag{5.175a}$$

$$\langle \boldsymbol{Ej} \rangle = \frac{1}{\tau}\int_0^\tau \boldsymbol{E}(t)\boldsymbol{j}(t)\mathrm{d}t \tag{5.175b}$$

现用表示式 $\boldsymbol{E} = \boldsymbol{E}\mathrm{e}^{\mathrm{i}\omega t}$ 和 $\boldsymbol{H} = \boldsymbol{H}\mathrm{e}^{\mathrm{i}\omega t}$ 表示，则有

$$\boldsymbol{P}(t) = \{\mathrm{Re}[\boldsymbol{E}] \times \mathrm{Re}[\boldsymbol{H}]\} = \frac{1}{4}[\boldsymbol{E}\mathrm{e}^{-\mathrm{i}\omega t} + \boldsymbol{E}^*\mathrm{e}^{\mathrm{i}\omega t}][\boldsymbol{H}\mathrm{e}^{-\mathrm{i}\omega t} + \boldsymbol{H}^*\mathrm{e}^{\mathrm{i}\omega t}] \tag{5.176}$$

或

$$\boldsymbol{P}(t) = \frac{1}{4}\{[\boldsymbol{E} \times \boldsymbol{H}^*] + [\boldsymbol{E}^* \times \boldsymbol{H}] + [\boldsymbol{E}^* \times \boldsymbol{H}^*]\mathrm{e}^{2\mathrm{i}\omega t} + [\boldsymbol{E} \times \boldsymbol{H}]\mathrm{e}^{-2\mathrm{i}\omega t}\} \tag{5.177}$$

式中

$$\langle \Phi_{\text{sca}} \rangle = \frac{1}{2}\int_S \mathrm{Re}[\boldsymbol{E} \times \boldsymbol{H}^*] \cdot \boldsymbol{n}\mathrm{d}s \tag{5.178}$$

其中

$$\mathrm{Re}[\boldsymbol{E}\times\boldsymbol{H}^{*}]=\frac{1}{2}\{[\boldsymbol{E}\times\boldsymbol{H}^{*}]+[\boldsymbol{E}^{*}\times\boldsymbol{H}]\} \tag{5.179}$$

### 5.6.5 远场散射强度

根据辐射强度定义:在单位时间、单位立体角通过单位面积的能量。这样有

$$I=\frac{1}{2}\mathrm{Re}[\boldsymbol{E}\times\boldsymbol{H}^{*}]\cdot\boldsymbol{n} \tag{5.180}$$

这里对于频率很高的不能测量。使用(5.163)式,将电磁场的散射部分写为

$$\boldsymbol{E}=E_l^s\boldsymbol{a}_l+E_r^s\boldsymbol{a}_r \tag{5.181a}$$

$$\boldsymbol{H}=-E_r^s\boldsymbol{a}_l-E_l^s\boldsymbol{a}_r \tag{5.181b}$$

式中 $\boldsymbol{a}_l$ 是平行于散射平面的矢量,$\boldsymbol{a}_r$ 是垂直于散射平面的矢量。由(5.162)、(5.163)、(5.180)、(5.181)式导得散射辐射强度为

$$I_s=\frac{i_1\sin^2\phi+i_2\cos^2\phi}{k^2r^2}I_0 \tag{5.182}$$

其中 $I_0$ 是入射光的强度。平行和垂直分量表示为

$$I_l^s=I_l^i\,\frac{i_2}{k^2r^2},\quad I_r^s=I_r^i\,\frac{i_1}{k^2r^2} \tag{5.183}$$

其中

$$i_1(\theta)=|S_2|^2=|S_{11}(\theta)|^2,\quad i_2(\theta)=|S_1|^2=|S_{22}(\theta)|^2 \tag{5.184}$$

这里的 $i_1$ 和 $i_2$ 称为强度函数,用 $\langle\cos^2\phi\rangle=\langle\sin^2\phi\rangle=1/2$ 代入 $I_0=I_{l0}=I_{r0}$,有

$$I=\frac{i_1+i_2}{2k^2r^2}I_0 \tag{5.185}$$

这是一个可以测量的量,即给定方向的散射光强度。总的散射通量由(5.178)式给出。在球面三角中,考虑到 $\mathrm{d}s=r^2\sin\theta\mathrm{d}\theta\mathrm{d}\phi$,得到分别称为垂直分量和平行分量的强度函数。由此可以看出,散射光的分量由其相同方向上的偏振分量所产生。米(Mie)散射的计算问题就是要计算 $i_1$ 和 $i_2$,而其又是散射角、折射指数 $m$ 和粒子尺度参数 $x=2\pi a/\lambda$ 的函数。

$$\langle\Phi_{\mathrm{sca}}\rangle=\frac{I_0}{k^2}\int_0^{2\pi}\mathrm{d}\phi\int_0^{\pi}\mathrm{d}\theta(i_1+i_2) \tag{5.186}$$

这里使用了(5.178)、(5.180)、(5.185)式,函数取决于球粒的散射角,因此有

$$\langle\Phi_{\mathrm{sca}}\rangle=\frac{\pi I_0\cdot\langle i\rangle}{k^2} \tag{5.187}$$

式中

$$\langle i\rangle=\int_0^{\pi}[i_1(\theta)+i_2(\theta)]\sin\theta\mathrm{d}\theta \tag{5.188}$$

图 5.20 是对于给定粒子尺度,强度函数 $i_{1,2}=|S_{1,2}|^2$ 的计算例子。

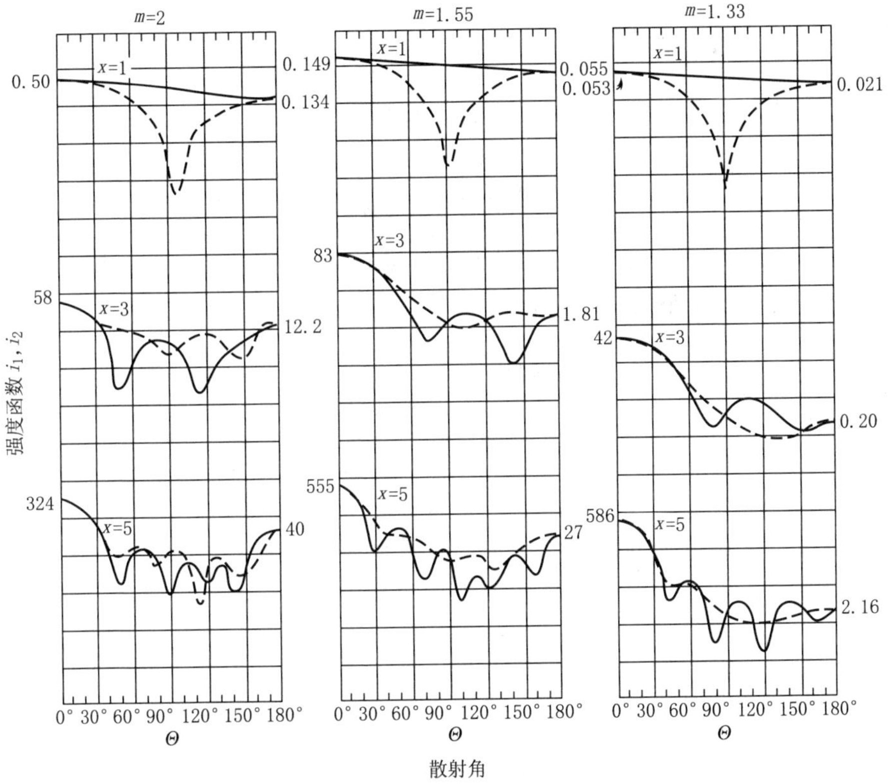


图 5.20　由 Mie 理论得到对单个粒的散射图,实线对于 $i_1$,虚线对于 $i_2$、$i_1$ 和 $i_2$ 的数值是 $\Theta=0°$、$180°$的数值。(van de Hulst,1957)

## 5.7　远场单个球形粒子的消光参数

### 5.7.1　单个球形粒子的散射截面

由(5.187)式,对于参数

$$\sigma_{sca}=\frac{\pi\langle i\rangle}{k^2} \tag{5.189}$$

式中$\langle i\rangle=\langle i_1\rangle+\langle i_2\rangle$,$\sigma_{sca}$ 具有面积的量纲,称作散射截面。它表示散射过程的面积,对于给定的 $F_0$,由 $\sigma_{sca}$ 确定$\langle \Phi_{sca}\rangle$,它可以定义为

$$\sigma_{sca}=\frac{\langle \Phi_{sca}\rangle}{F_0} \tag{5.190}$$

对于任意形状的粒子,引入微分散射截面

$$\sigma_{sca}(\theta)=\frac{r^2 I_s(\theta)}{I_0} \tag{5.191}$$

或为

$$\sigma_{sca}(\theta)=\frac{i_1+i_2}{2k^2} \tag{5.192}$$

因此

$$\sigma_{sca}=\int_0^{2\pi}\mathrm{d}\phi\int_0^{\pi}\sin\theta\mathrm{d}\theta\sigma_{sca}(\theta) \tag{5.193}$$

粒子散射形式以 $\sigma_{sca}(\theta)$图的形状表示，则常数因子 $r^2/I_0$ 可以消去。如在第 2 章已提出的，在辐射传输场中采用归一化微分截面积，为

$$p(\theta)=\frac{4\pi\sigma_{sca}(\theta)}{\sigma_{sca}} \tag{5.194}$$

或由(5.164)式

$$p(\theta)=\frac{4\pi|S(\theta)|^2}{k^2\sigma_{sca}}$$

显然 $p(\theta)$给出了在给定方向光子散射的条件概率，使用(5.192)、(5.193)式，归一化为

$$\int_{4\pi}p(\theta)\frac{\mathrm{d}\Omega}{4\pi}=1 \tag{5.195}$$

在所有方向具有相同概率的情况下，$p(\theta)=1$，对于 Mie 理论，由(5.193)—(5.195)式得为

$$p(\theta)=\frac{2\pi(i_1+i_2)}{k^2\sigma_{sca}} \tag{5.196}$$

相函数常用下面展式

$$p(\theta)=\sum_{n=1}^{\infty}x_n P_n(\cos\theta) \tag{5.197}$$

式中

$$x_n=\frac{2n+1}{2}\int_0^{\pi}p(\theta)P_n(\cos\theta)\sin\theta\mathrm{d}\theta \tag{5.198}$$

$P_n(\cos\theta)$是勒让德多项式，由(5.198)式给出的系数 $x_n$ 表示的相函数的离散表达式(5.197)基本等效于(5.196)式给出连续表达式，及在多次散射中使用(5.197)式是很方便的。系数 $x_1=3g$，就有

$$g=\frac{1}{2}\int_0^{\pi}p(\theta)\cos\theta\sin\theta\mathrm{d}\theta \tag{5.199}$$

这在辐射传输中是一个重要的量。对于球形粒子可以解析计算积分$\langle i\rangle=\langle i_1\rangle+\langle i_2\rangle$和 $g$。因此有

$$\langle i_1\rangle=\int_0^{\pi}|S_1|^2\sin\theta d\theta=\sum_{n,m=1}^{\infty}\frac{(2m+1)(2n+1)}{(m+1)n(n+1)}[a_na_m^*\langle\pi_n\pi_m\rangle+b_nb_m^*\langle\tau_n\tau_m\rangle$$
$$+a_nb_m^*\langle\pi_n\tau_m\rangle+b_na_m^*\langle\tau_n\pi_m\rangle] \tag{5.200}$$

式中〈〉表示积分算子,对于任意函数 $f(\theta)$ 具有特性

$$\langle f(\theta)\rangle=\int_0^{\pi}f(\theta)\sin\theta d\theta \tag{5.201}$$

类似地有

$$\langle i_2\rangle=\int_0^{\pi}|S_2|^2\sin\theta d\theta=\sum_{n,m=1}^{\infty}\frac{(2m+1)(2n+1)}{(m+1)n(n+1)}[b_nb_m^*\langle\pi_n\pi_m\rangle+a_na_m^*\langle\tau_n\tau_m\rangle$$
$$+b_na_m^*\langle\pi_n\tau_m\rangle+a_nb_m^*\langle\tau_n\pi_m\rangle] \tag{5.202}$$

因此,得到

$$\langle i\rangle=\sum_{n,m=1}^{\infty}\frac{(2m+1)(2n+1)}{(m+1)n(n+1)}[(a_na_m^*+b_nb_m^*)\mu_{nm}+(a_nb_m^*+b_na_m^*)\nu_{nm}] \tag{5.203}$$

这里积分

$$\mu_{nm}=\langle\pi_n\pi_m\rangle+\langle\tau_n\tau_m\rangle \tag{5.204a}$$

和

$$\nu_{nm}=\langle\pi_n\tau_m\rangle+\langle\tau_n\pi_m\rangle \tag{5.204b}$$

可以由解析方法求取。即有

$$\mu_{nm}=\frac{2n^2(n+1)^2}{2n+1}\delta_{nm},\quad \nu_{nm}=0 \tag{5.205}$$

式中,当 $n=m$,有 $\delta_{nm}=1$;而当 $n\neq m$,有 $\delta_{nm}=0$;因此,可以导得如下重要关系式

$$\langle i\rangle=2\sum_{n=1}^{\infty}(2n+1)(|a_n|^2+|b_n|^2) \tag{5.206a}$$

$$\sigma_{\text{sca}}=\frac{2\pi}{k^2}\sum_{n=1}^{\infty}(2n+1)(|a_n|^2+|b_n|^2) \tag{5.206b}$$

### 5.7.2 单个球形粒子的散射效率

定义为

$$Q_{\text{sca}}=\sigma_{\text{sca}}/\pi a^2 \tag{5.207}$$

表示单位面积的散射截面积,由(5.206)式,它可以写为

$$Q_{\text{sca}}=\frac{2}{x^2}\sum_{n=1}^{\infty}(2n+1)(|a_n|^2+|b_n|^2) \tag{5.208}$$

对于给定的折射指数,只取决于尺度参数 $x=ka$。

### 5.7.3 单个球形粒子的不对称因子表示

现求取一个关于 $g$ 的解析表示式,将(5.196)式代入到(5.199)式得到

$$g=\frac{2\pi\langle j\rangle}{k^2\sigma_{\text{sca}}} \tag{5.209}$$

式中

$$\langle j\rangle=\int_0^\pi(i_1+i_2)\cos\theta\sin\theta\mathrm{d}\theta \tag{5.210}$$

(5.210)与(5.200)式类似，取(5.203)式导数同样的步骤，有

$$\langle j\rangle=\sum_{n,m=1}^{\infty}\frac{(2m+1)(2n+1)}{m(m+1)n(n+1)}\left[(a_na_m^*+b_nb_m^*)\overline{\mu}_{nm}+(a_nb_m^*+b_na_m^*)\overline{\nu}_{nm}\right] \tag{5.211}$$

式中

$$\overline{\mu}_{nm}=\overline{\pi_n\pi_m}+\overline{\tau_n\tau_m} \tag{5.212a}$$

$$\overline{\nu}_{nm}=\overline{\pi_n\tau_m}+\overline{\tau_n\pi_m} \tag{5.212b}$$

和上横线表示下面对于任一函数 $f(\theta)$的积分运算特性：

$$\overline{f}(\theta)=\int_0^\pi f(\theta)\cos\theta\sin\theta\mathrm{d}\theta \tag{5.213}$$

积分 $\overline{\mu}_{nm}$ 和 $\overline{\nu}_{nm}$ 可以解析求取，得到

$$\overline{\mu}_{nm}=2\frac{(n-1)^2(n+1)^2}{(2n-1)(2n+1)}\delta_{m,n-1}+2\frac{n^2(n+1)^2(n+2)^2}{(2n+1)(2n+3)}\delta_{m,n+1} \tag{5.214a}$$

$$\overline{\nu}_{nm}=2\frac{n(n+1)(n+2)^2}{2n+1}\delta_{mn} \tag{5.214b}$$

因此由(5.211)式得到

$$j=2\sum_{n,m=1}^{\infty}\frac{(2n+1)(2m+1)}{mn(m+1)(n+1)}\langle(a_na_m^*+b_nb_m^*)\left[\frac{(n-1)^2(n+1)^2}{(2n-1)(2n+1)}\delta_{m,n-1}\right.$$
$$\left.+\frac{n^2(n+1)(n+2)^2}{(2n+1)(2n+3)}\delta_{m,n+1}\right]+\frac{n(n+1)}{2n+1}(a_nb_m^*+b_na_m^*)\delta_{m,n}\rangle \tag{5.215}$$

或

$$j=2\sum_{n,m=1}^{\infty}\left[\frac{2n+1}{n(n+1)}(a_nb_m^*+b_na_m^*)+\frac{n^2-1}{n}(a_na_{n-1}^*+b_nb_{n-1}^*)\right.$$
$$\left.+\frac{n(n+2)}{n+1}(a_na_{n+1}^*+b_nb_{n+1}^*)\right] \tag{5.216}$$

其和

$$\Phi=2\sum_{n,m=1}^{\infty}\frac{n^2-1}{n}(a_na_{n-1}^*+b_nb_{n-1}^*) \tag{5.217}$$

上式(5.217)可以简化为

$$\Phi=2\sum_{n,m=1}^{\infty}\frac{l(l+2)}{l+1}(a_{l+1}a_l^*+b_{l+1}b_l^*) \tag{5.218}$$

使用指数 $l=n-1$，这样得到

$$j=4\mathrm{Re}\sum_{n=1}^{\infty}\left[\frac{2n+1}{n(n+1)}a_n b_n^{*}+\frac{n(n+2)}{n+1}(a_n a_{n+1}^{*}+b_n b_{n+1}^{*})\right] \tag{5.219}$$

因此有

$$g=\frac{4\pi}{k^2\sigma_{\mathrm{sca}}}\mathrm{Re}\sum_{n=1}^{\infty}\left[\frac{2n+1}{n(n+1)}a_n b_n^{*}+\frac{n(n+2)}{n+1}(a_n a_{n+1}^{*}+b_n b_{n+1}^{*})\right] \tag{5.220}$$

上面利用关系式：$xy^{*}+x^{*}y=2\mathrm{Re}(xy^{*})$。有时(5.220)式可以写为

$$g=\frac{4\pi}{x^2 Q_{\mathrm{sca}}}\mathrm{Re}\sum_{n=1}^{\infty}\left[\frac{2n+1}{n(n+1)}a_n b_n^{*}+\frac{n(n+2)}{n+1}(a_n a_{n+1}^{*}+b_n b_{n+1}^{*})\right] \tag{5.221}$$

### 5.7.4　单个球形粒子的吸收截面 $\sigma_{\mathrm{abs}}$

与(5.190)式类似，定义吸收截面为

$$\sigma_{\mathrm{abs}}=\frac{\langle\Phi_{\mathrm{abs}}\rangle}{F_0} \tag{5.222}$$

式中 $\Phi_{\mathrm{abs}}$ 是吸收通量，$F_0$ 是入射辐射通量密度。或者写为

$$\sigma_{\mathrm{abs}}=\frac{2\pi}{cI_0}\int_1 \sigma\,|\boldsymbol{E}|^2\mathrm{d}V \tag{5.223}$$

式中考虑到关系

$$\boldsymbol{j}=\sigma\boldsymbol{E} \tag{5.224}$$

由(5.177)式应用于吸收项，根据(5.223)式有

$$\sigma_{\mathrm{abs}}=|\boldsymbol{E}_0|^{-2}\int_1 \varepsilon''\,|\boldsymbol{E}|^2\mathrm{d}V \tag{5.225}$$

式中

$$\sigma_{\mathrm{abs}}+\sigma_{\mathrm{sca}}=\sigma_{\mathrm{ext}} \tag{5.226}$$

### 5.7.5　单个球形粒子的衰减截面 $\sigma_{\mathrm{ext}}$

一个粒子外部总的电场和磁场可以写为

$$\boldsymbol{E}=\boldsymbol{E}_i+\boldsymbol{E}_s,\qquad \boldsymbol{H}=\boldsymbol{H}_i+\boldsymbol{H}_s \tag{5.227}$$

式中使用叠加原理，把(5.227)式代入(5.180)式得到

$$I=\frac{1}{2}\mathrm{Re}[\boldsymbol{E}_i\boldsymbol{H}_i^{*}+\boldsymbol{E}_s\boldsymbol{H}_s^{*}+\boldsymbol{E}_s\boldsymbol{H}_i^{*}+\boldsymbol{E}_i\boldsymbol{H}_s^{*}]\boldsymbol{n}=I_i+I_s+I_e \tag{5.228}$$

式中

$$I_i=\frac{1}{2}\mathrm{Re}[\boldsymbol{E}_i\boldsymbol{H}_i^{*}]\boldsymbol{n}$$

$$I_s=\frac{1}{2}\mathrm{Re}[\boldsymbol{E}_s\boldsymbol{H}_s^{*}]\boldsymbol{n} \tag{5.229}$$

$$I_e = \frac{1}{2}\mathrm{Re}[\boldsymbol{E}_s \boldsymbol{H}_i^* + \boldsymbol{E}_i \boldsymbol{H}_s^*]\boldsymbol{n}$$

式中 $I_i$ 是入射光强度，$I_s$ 是散射光强度。衰减截面

$$\sigma_{\text{ext}} = \sigma_{\text{abs}} + \sigma_{\text{sca}} \tag{5.230}$$

$$\sigma_{\text{ext}} = \frac{1}{2I_0}\int_0^{2\pi} \mathrm{d}\phi \int_0^{\pi} r\sin\theta \mathrm{d}\theta \mathrm{Re}\{[\boldsymbol{E}_s \boldsymbol{H}_i^*]_p + [\boldsymbol{E}_i \boldsymbol{H}_s^*]_p\} \tag{5.231}$$

式中使用(5.229)式和 $p_n$ 表示在矢量 $n$ 方向上的投影，考虑到

$$[\boldsymbol{E}_s \times \boldsymbol{H}_i^*]_p = E_\theta^s H_\phi^{i*} - E_\phi^s H_\theta^{i*} \tag{5.232}$$

和

$$[\boldsymbol{E}_i \times \boldsymbol{H}_s^*]_p = E_\theta^i H_\phi^{s*} - E_\phi{}^i H_\theta^{s*} \tag{5.233}$$

得到

$$\sigma_{\text{ext}} = \frac{1}{2I_0}\int_0^{2\pi} \mathrm{d}\phi \int_0^{\pi} F(\theta,\phi)\sin\theta \mathrm{d}\theta \tag{5.234}$$

其中

$$F(\theta,\phi) = r^2(E_\theta^s H_\phi^{i*} - E_\phi^s H_\theta^{i*} + E_\theta^i H_\phi^{s*} - E_\phi^i H_\theta^{s*}) \tag{5.235}$$

函数 $E_\theta^s$、$E_\phi^s$、$H_\phi^s$、$H_\theta^s$ 由表 5.3 给出，对于(5.234)式，当 $r\to\infty$ 时，进行积分得到 $C_{\text{ext}}$ 的解析表示式，对此，可把电磁场分量写成

$$\begin{aligned}
E_\theta^s &= H_\phi^s = -\mathrm{i}p_n \mathrm{e}^{-\mathrm{i}kr}(a_n\tau_n + b_n\pi_n)\cos\phi \\
E_\phi^s &= -H_\theta^s = \mathrm{i}p_n \mathrm{e}^{-\mathrm{i}kr}(a_n\pi_n + b_n\tau_n)\sin\phi \\
E_\theta^i &= H_\theta^i \cot\phi = (-\mathrm{i})^n p_n(\psi_n\pi_n + i\psi_n'\tau_n)\cos\phi \\
E_\phi^i &= -H_\phi^i \tan\phi = -(-\mathrm{i})^n p_n(\psi_n\tau_n + \mathrm{i}\psi_n'\pi_n)\sin\phi
\end{aligned} \tag{5.236}$$

式中省去了参数和求和指数 $n$。系数 $p_n$ 为

$$p_n = \frac{E_0}{kr}\frac{2n+1}{n(n+1)} \tag{5.237}$$

当 $kr\to\infty$，$\psi_n = \sin(kr - \pi n/2)$，$\psi_n' = \cos(kr - \pi n/2)$。最后，注意到出现在(5.236)式中以组合 $\sin^2\phi$、$\cos^2\phi$ 中的角 $\phi$，这直接可以对 $\phi$ 进行积分

$$\int_0^{2\pi} \sin^2\phi \mathrm{d}\phi = \int_0^{2\pi} \cos^2\phi \mathrm{d}\phi = \pi \tag{5.238}$$

现引入光场方位角平均，表示光的特征，为

$$D_1 = \frac{r^2}{2\pi}\int_0^{2\pi} (E_\phi^s H_\theta^{i*} - E_\theta^s H_\phi^{i*})\mathrm{d}\phi \tag{5.239a}$$

和

$$D_2 = \frac{r^2}{2\pi}\int_0^{2\pi} (E_\phi^i H_\theta^{s*} - E_\theta^i H_\phi^{s*})\mathrm{d}\phi \tag{5.239b}$$

则衰减截面写为

$$\sigma_{\text{ext}}=\frac{\pi}{\Phi_0}\text{Re}\int_0^{\pi}(D_1+D_2)\sin\theta\text{d}\theta \tag{5.240}$$

具有

$$D_1=2^{-1}\text{i}^{m+1}r^2p_np_m\text{e}^{-\text{i}kr}[(a_n\tau_n+b_n\pi_n)(\psi_m\tau_m-\text{i}\psi_m'\pi_m)+(a_n\pi_n+b_n\tau_n)(\psi_m\pi_m-\text{i}\psi_m'\tau_m)] \tag{5.241a}$$

$$D_2=2^{-1}(-\text{i})^{m+1}r^2p_np_m\text{e}^{-\text{i}kr}[(a_n^*\tau_n+b_n^*\pi_n)(\psi_m\pi_m+\text{i}\psi_m'\tau_m)+(a_n^*\pi_n+b_n^*\tau_n)(\psi_m\tau_m+\text{i}\psi_m'\pi_m)] \tag{5.241b}$$

式中对于指数重复求和，在(5.241)式括号中得到相乘相减结果，得到

$$\sigma_{\text{ext}}=\frac{\pi}{E_0^2}\text{Re}[\text{i}^{n+1}r^2p_n^2\mu_{nn}\text{e}^{-\text{i}kr}(a_n\psi_n-\text{i}b_n\psi_n')+(-\text{i})^{n+1}r^2p_n^2\mu_{nn}\text{e}^{\text{i}kr}(b_n^*\psi_n+\text{i}a_n^*\psi_n')] \tag{5.242}$$

式中使用积分和等式 $I_0=E_0^2/2$。这可以写成

$$\sigma_{\text{ext}}=\frac{\pi(2n+1)}{k^2}\text{Re}(Q_1+Q_2) \tag{5.243}$$

式中

$$Q_1=2\text{i}^{n+1}\text{e}^{-\text{i}kr}(a_n\psi_n-\text{i}b_n\psi_n') \tag{5.244a}$$

$$Q_2=2(-\text{i})^{n+1}\text{e}^{\text{i}kr}(b_n^*\psi_n+\text{i}a_n^*\psi_n') \tag{5.244b}$$

使用相减

$$\frac{p_n^2\mu_{nn}}{E_0^2}=\frac{2(2n+1)}{k^2r^2} \tag{5.245}$$

根据取决于粒子距离 $r$ 的函数 $Q_1$、$Q_2$，这一依赖性对于组合 $\text{Re}[Q_1+Q_2]$是不成立的，事实上当 $kr\to\infty$，对处于体积内的单个粒子散射光强度和衰减光通量是与 $kr$ 无关的。现证明这种情形，考虑

$$\psi_n=\frac{\text{e}^{\text{i}(y-\alpha)}-\text{e}^{-(y-\alpha)}}{2\text{i}} \tag{5.246a}$$

和

$$\psi_n'=\frac{\text{e}^{\text{i}(y-\alpha)}+\text{e}^{-(y-\alpha)}}{2\text{i}} \tag{5.246b}$$

其中在渐近情况下 $y=kr$，$\alpha=\pi n/2$，则有

$$Q_1=\text{i}^{n+1}\text{e}^{-\text{i}kr}\{-\sqrt{\text{i}a_n}[(-\text{i})^n\text{e}^{\text{i}y}]-\text{i}b_n[(-\text{i})^n\text{e}^{\text{i}y}+\text{e}^{-\text{i}y}]\}$$

和　$$Q_2=(-\text{i})^{n+1}\text{e}^{\text{i}y}\{-\text{i}b_n^*[(-\text{i})^n\text{e}^{\text{i}y}+\text{i}^n\text{e}^{-\text{i}y}]-\text{i}a_n^*[(-\text{i})^n\text{e}^{\text{i}y}+\text{i}^n\text{e}^{-\text{i}y}]\} \tag{5.247}$$

这里考虑到等式 $\exp(\pm\text{i}\alpha)=(\pm\text{i})^n$，及 $\alpha=\pi n/2$。得到

$$Q_1=a_n[1-(-\text{i})^n\text{e}^{-2\text{i}y}]+b_n[1+(-\text{i})^n(-1)^n\text{e}^{-2\text{i}y}] \tag{5.248a}$$

$$Q_2=a_n^*[1+(-\text{i})^n\text{e}^{2\text{i}y}]+b_n^*[1-(-\text{i})^n\text{e}^{2\text{i}y}] \tag{5.248b}$$

因此有

$$Q_1+Q_2=2\mathrm{Re}(a_n+b_n)+2\mathrm{iIm}(f_n) \tag{5.249}$$

式中

$$f_n=(-\mathrm{i})^n(b_n-a_n)\mathrm{e}^{-2\mathrm{i}y} \tag{5.250}$$

这样,衰减截面为

$$\sigma_{\mathrm{ext}}=\frac{2\pi}{k^2}\sum_{n=1}^{\infty}(2n+1)(a_n+b_n) \tag{5.251}$$

这里前面(5.243)式中省去的求和号现在写上。这一简单的结果是由 Mie 得出的,它广泛应用于各个领域。考虑到(5.159)式,就有

$$\sigma_{\mathrm{ext}}=\frac{4\pi}{k^2}\mathrm{Re}[S(0)] \tag{5.252}$$

这是一个重要的光学定理。

吸收截面为

$$\sigma_{\mathrm{abs}}=\sigma_{\mathrm{ext}}-\sigma_{\mathrm{sca}} \tag{5.253}$$

或者

$$\sigma_{\mathrm{abs}}=\frac{2\pi}{k^2}\sum_{n=1}^{\infty}(2n+1)(a_n-|a_n|^2+b_n-|b_n|^2) \tag{5.254}$$

对于非吸收粒子,应有 $\sigma_{\mathrm{abs}}=0$,这意味

$$a_n=|a_n|^2,\quad b_n=|b_n|^2 \tag{5.255}$$

在此情况下,引入实相角 $\alpha_n$ 和 $\beta_n$,有

$$a_n=\frac{1}{2}(1-\mathrm{e}^{-2\mathrm{i}\alpha_n}),\quad b_n=\frac{1}{2}(1-\mathrm{e}^{-2\mathrm{i}\beta_n}) \tag{5.256}$$

满足(5.255)式。则也有

$$\sigma_{\mathrm{ext}}=\frac{2\pi}{k^2}\sum_{n=1}^{\infty}(2n+1)(\sin^2\alpha_n+\cos^2\beta_n) \tag{5.257}$$

式中实相角 $\alpha_n$ 和 $\beta_n$ 为

$$\alpha_n=-\frac{1}{2\mathrm{i}}\ln(1-2a_n),\quad \beta_n=-\frac{1}{2\mathrm{i}}\ln(1-2b_n) \tag{5.258}$$

使用式 $\sin^2 z=\frac{1}{2}(1-\cos z)$,得到

$$\sigma_{\mathrm{ext}}=\frac{2\pi}{k^2}\sum_{n=1}^{\infty}(2n+1)(1-s) \tag{5.259}$$

其中

$$s=\frac{1}{2}(\cos2\beta_n+\cos2\alpha_n) \tag{5.260}$$

对 $\sigma_{\mathrm{ext}}$ 级数的分析表明,这些振荡的结果,对 $\sigma_{\mathrm{ext}}$ 贡献主要来自 $n\leqslant ka$。对于大 $x$ 的

值，$s$ 是高振荡函数。当尺度参数 $x\to\infty$，对 $\sigma_{\text{ext}}$ 没有贡献，这样可以近似地写成

$$\sigma_{\text{ext}}=\frac{2\pi}{k^2}\sum_{n=1}^{x}(2n+1)\approx\frac{2\pi}{k^2}\int_0^x(2n+1)\mathrm{d}n\approx 2\pi a^2 \tag{5.261}$$

式中考虑到对于 $x=ka\gg 1$，然后求和可以由积分替代。

## 5.7.6　单个球形粒子的吸收效率、散射效率和衰减效率

### 1. 吸收效率、散射效率和衰减效率

定义：取截面积除以粒子截面积就得

$$Q_{\text{abs}}=\sigma_{\text{abs}}/\pi a^2,\quad Q_{\text{sca}}=\sigma_{\text{sca}}/\pi a^2,\quad Q_{\text{ext}}=\sigma_{\text{ext}}/\pi a^2 \tag{5.262}$$

吸收效率、散射效率和衰减效率表示粒子单位几何截面积的吸收、散射和衰减截面。

图 5.21 显示了对于 $Q_{\text{ext}}=\sigma_{\text{ext}}/\pi a^2$ 的计算结果。这也可以推广到一个粒子的吸收。相角为复数。当 $x\to\infty$，$Q_{\text{ext}}=2$，和粒子的折射指数无关。这个简单关系在云参数研究中特别有用。特别是说明云的色调（或由于白光照条件下云的亮度）。应强调的是当 $x\to\infty$，$Q_{\text{sca}}$ 和 $Q_{\text{abs}}$ 也趋向于一个常数。图 5.22 给出了对于吸收粒子的 $Q_{\text{ext}}$、$Q_{\text{sca}}$ 和 $Q_{\text{abs}}$ 随 $x$ 的变化。显然，当 $x\to\infty$，有 $Q_{\text{abs}}\doteq 1-\omega_0$，$Q_{\text{sca}}=1+\omega_0$，这样 $Q_{\text{ext}}=Q_{\text{abs}}+Q_{\text{sca}}=2$。$\omega_0$ 仅取决于折射指数。

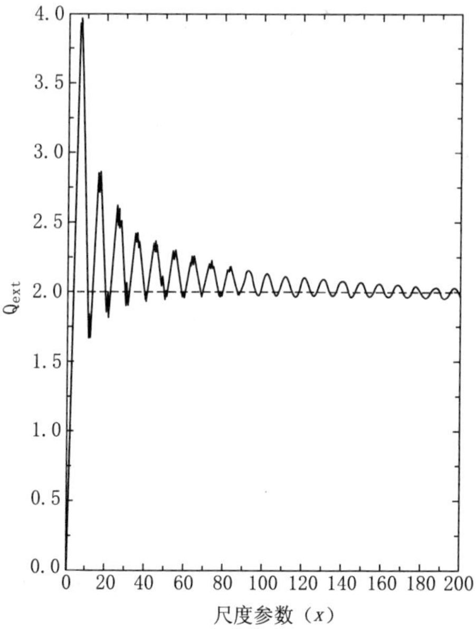


图 5.21　尺度参数与效率因子间的关系（$m=1.34$）（Kokhanovsk，2006）

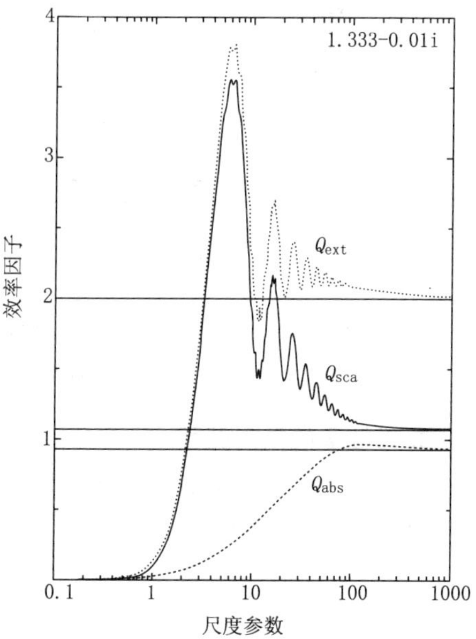


图 5.22　$Q_{\text{ext}}$、$Q_{\text{sca}}$ 和 $Q_{\text{abs}}$ 对于尺度参数间的关系（$m=1.333-0.01\text{i}$）（Kokhanovsk，2006）

图 5.23 表示对于三种尺度参数时非偏振辐射散射相函数 $P=1/2(P_1+P_2)$（上图）和线偏振度（下图）相对于散射角 $\Theta$ 函数。折射指数取 $m=1.33$、1.5。图 5.23 与图 3.19 比较，在 $\Theta=90°$ 处相对于瑞利散射 100% 的值，最大偏振度有相当大的减小。

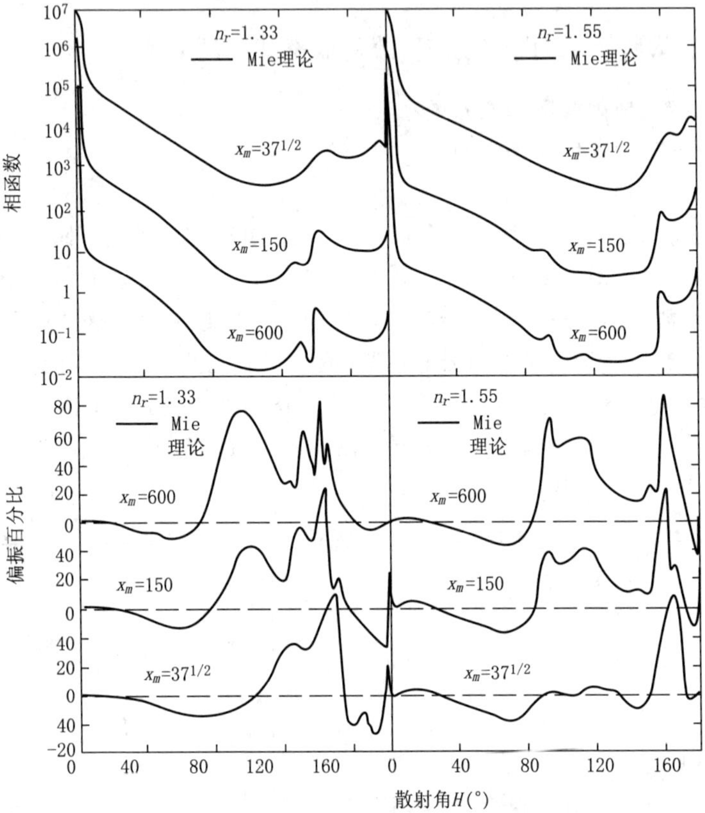


图 5.23 由 Mie 理论计算的散射相函数和偏振度为 $\Theta$ 函数
（Hansen 和 Travis，1974）

**2. 球粒子的散射截面**

粒子对入射辐射的各个方向散射可以分成：

（1）微分散射截面

$$\sigma_d(\Theta)=\frac{\sigma_{sca}}{4\pi}P(\Theta) \tag{5.263}$$

这是指粒子将入射辐射散射到 $\Theta$ 方向的每单位立体角辐射量，式中 $4\pi$ 是整个空间立体角，$P(\Theta)$ 是相函数，$\sigma_{sca}$ 是散射截面。

（2）双基（雷达）散射截面

$$\sigma_{bi}=4\pi\sigma_d(\Theta) \tag{5.264}$$

这是由各向同性散射截面 $\sigma_d(\Theta)$ 表示的粒子总的散射截面 $\sigma_{bi}$。

(3)后向散射截面

$$\sigma_b = 4\pi\sigma_d(\Theta = 180°) \tag{5.265}$$

此式与前式的解类似,散射方向与入射方向相反。

通常由于粒子的散射是通过相函数矩阵表示的,因此散射截面也定义由矩阵表示的一个量。但是对于球形粒子的非极化后向散射光可以更多地简化处理。假定 $\Theta = 180°$,根据(5.265)式,Lorenz-Mie 理论给出了对于球形粒子半径 $r$ 的后向散射 $\sigma_b$ 的表示式,

$$\sigma_b = \frac{\pi a^2}{x^2}\left|\sum_{n=1}^{\infty}(-1)^n(2n+1)(a_n - b_n)\right|^2 \tag{5.266}$$

当(5.266)式应用到雷达的后向散射问题时,它常用于在极限 $x \rightarrow 0$ 时 $\sigma_b$ 的特征,在这种情形下,可以进行小变量的贝塞尔函数的展开,确定这些系数,然后按 $x$ 展开它们,如果略去全部大于 $x^5$ 的高阶项,则有

$$b_1 \approx -\frac{\mathrm{i}}{45}(m^2-1)x^5 + O(x^7) \tag{5.267}$$

$$a_1 \approx -\frac{2\mathrm{i}}{3}\left(\frac{m^2-1}{m^2+2}\right)x^3\left[1+\frac{3}{5}\left(\frac{m^2-2}{m^2+2}\right)x^2\right] + O(x^6) \tag{5.268}$$

$$a_2 \approx -\frac{\mathrm{i}}{15}\left(\frac{m^2-1}{2m^2+3}\right)x^5 + O(x^7) \tag{5.269}$$

这里其他系数可以略去。保留 $x^3$ 项,只留下电偶极项,第一项系数,则得到替代式的表示式

$$\sigma_b = \frac{\lambda^2}{\pi}x^6\left|\frac{m^2-1}{m^2+2}\right|^2 = \frac{\pi^5}{\lambda^4}|K|^2D^6 \tag{5.270}$$

式中 $K$ 用$(\mathrm{m}^2-1)/(\mathrm{m}^2+2)$表示,$D$ 是粒子直径,这个从米氏(Mie)理论到瑞利散射极限理论只是米氏理论的一种特别情形。

图 5.24 给出了使用(5.266)式计算粒子的后向散射为尺度参数的函数,显示了假定通常雷达用 10 cm 波长的水滴和冰球粒子以后向散射效率因子表示的后向散射,也显示了由(5.270)式导得瑞利散射的效率因子的比较。可以看到,当 $x<2$ 范围内球形水滴的后向散射较同样大小的冰球粒子大很多。当 $x$ 增加时,冰球的后向散射反而超过球形水滴。大水滴显著吸收 10 cm 的辐射,后向散射相对于大的冰粒是小的,图 5.24b 也显示了大约超过 $x=1$,由 Mie 理论的后向散射相对于瑞利后向散射近似随 $x$ 增加有明显的偏差。图中也显示比值 $\sigma_{b,L\text{-}M}/\sigma_{b,\mathrm{Ray}}$ 是的函数的变化,可以得出对于由降水滴引起的 3 cm 波长的散射辐射比由瑞利散射近似小,相对于 Loreng-Mie 理论散射的 25%以内。也许除了冰雹,所有降水在 10 cm 波长处的散射可以考虑为瑞利散射。

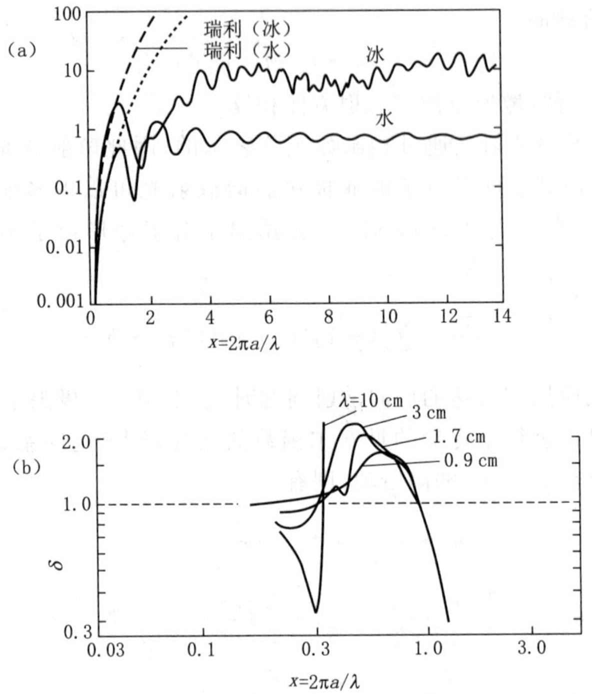


图 5.24 (a)0°时水和冰的后向散射系数为尺度参数的函数；在两相态中 Rayleigh(瑞利)散射是很接近的；(b)水的 Mie 后向散射与 Rayleigh 后向散射之比为 $x$ 的函数(Gunn 和 East,1954)

## 5.8 多球形粒子群的衰减系数

### 5.8.1 多球形粒子群的衰减系数

大气和云中粒子的尺度不同，对于多个粒子，通常取云的平均特征才有意义，特别是，对于给定的粒子谱 $f(a)$，平均衰减截面积为

$$\overline{C}_{\text{ext}}=\int_0^{\infty} C_{\text{ext}}(a)f(a)\mathrm{d}a \approx \sum_{i=1}^{x} w_i f(a_i)C_{\text{ext}}(a_i) \tag{5.271}$$

类似地，平均散射和吸收截面为

$$\overline{C}_{\text{sca}}=\int_0^{\infty} C_{\text{sca}}(a)f(a)\mathrm{d}a \approx \sum_{i=1}^{x} w_i f(a_i)C_{\text{sca}}(a_i) \tag{5.272}$$

$$\overline{C}_{\text{abs}}=\int_0^{\infty} C_{\text{abs}}(a)f(a)\mathrm{d}a \approx \sum_{i=1}^{x} w_i f(a_i)C_{\text{abs}}(a_i) \tag{5.273}$$

平均相函数为

$$p(\theta)=\frac{4\pi\bar{i}(\theta)}{k^2\bar{C}_{\text{sca}}} \tag{5.274}$$

式中

$$\bar{i}(\theta)=\frac{1}{2}\int_0^{\infty}[i_1(a)+i_2(a)]f(a)\mathrm{d}a \tag{5.275}$$

平均不对称因子为

$$\bar{g}=\frac{1}{2}\int_0^{\infty}\bar{p}(\theta)\sin\theta\cos\theta\mathrm{d}\theta \tag{5.276}$$

或是

$$\bar{g}=\left[\int_0^{\infty}g(a)C_{\text{sca}}(a)f(a)\mathrm{d}a\right]\Big/\left[\int_0^{\infty}C_{sca}(a)f(a)\mathrm{d}a\right] \tag{5.277}$$

### 5.8.2　粒子谱分布

确定粒子群的光学参数需要获取粒子尺度的谱分布,为数值理论和模拟计算现提出下面几种描述粒子谱分布的模式。

(1)修正的 Γ 分布

$$f(a)=常数\times a^{\alpha}\exp(-\alpha r^{\gamma}/\gamma a_c{}^{\gamma}) \tag{5.278}$$

(2)对数正态分布

$$f(a)=常数\times a^{-1}\exp[-(\ln a-\ln a_g)^2/2\ln^2\sigma_g] \tag{5.279}$$

(3)幂次方分布

$$f(a)=\begin{cases}常数\times a^{-3} & (a_1\leqslant a<a_2)\\ 0 & (a_2\leqslant a)\end{cases} \tag{5.280}$$

(4)Γ 分布

$$f(a)=常数\times a^{-(1-3b)/b}\exp(-a/bc) \tag{5.281}$$

(5)修正的幂次方分布

$$f(a)=\begin{cases}常数 & (0\leqslant a<a_1)\\ 常数\times(a/a_1)^{\alpha} & (a_1\leqslant a\leqslant a_2)\\ 0 & (a_2\leqslant a)\end{cases} \tag{5.282}$$

(6)修正的双模对数正态分布

$$f(a)=常数\times a^{-4}\left\{\exp\left[-\frac{(\ln a-\ln a_{g1})^2}{2\ln^2\sigma_{g1}}\right]+\gamma\exp\left[-\frac{(\ln a-\ln a_{g1})^2}{2\ln^2\sigma_{g1}}\right]\right\} \tag{5.283}$$

式中常数的选取要使上面各式的粒子尺度谱分布满足归一化条件

$$\int_0^\infty f(a)\mathrm{d}a = 1 \tag{5.284}$$

从物理意义上讲,入射光束的衰减包括绕过粒子的衍射部分加上粒子内部反射和折射所散射的光。小脉动和极大、极小三者均随粒子内部吸收的增加而减小。

### 5.8.3 粒子群的消光参数

实际大气中的云不是由单个粒子组成的,而是由大量粒子组成的粒子群体。对于大气中的云和气溶胶粒子群,可以假设粒子之间的距离足够远,以至于粒子的间距比入射波长大很多,这样可以不考虑其他粒子的影响,作为单个粒子进行处理,而各个粒子的散射强度可以相加,不必考虑散射波的相位。这种散射现象称之为独立散射。

为了考虑某一体积内不同大小粒子的散射作用,需要粒子的尺度谱 $\mathrm{d}n(r)/\mathrm{d}r$,如果粒子的尺度范围从 $r_1 \to r_2$,则总的粒子数为

$$N = \int_{r_1}^{r_2} \frac{\mathrm{d}n(r)}{\mathrm{d}r}\mathrm{d}r \tag{5.285}$$

**1. 消光系数和散射系数**

对于一定的谱分布,定义消光系数和散射系数分别为

$$\beta_e = \int_{r_1}^{r_2} \sigma_e \frac{\mathrm{d}n(r)}{\mathrm{d}r}\mathrm{d}r \tag{5.286}$$

和

$$\beta_s = \int_{r_1}^{r_2} \sigma_s \frac{\mathrm{d}n(r)}{\mathrm{d}r}\mathrm{d}r \tag{5.287}$$

**2. 多粒子单次散射反照率**

定义粒子群的单次散射反照率为

$$\varpi_o = \beta_s/\beta_e = \frac{\int_0^\infty r^2 Q_{sc}\left(\frac{2\pi r_e}{\lambda}\right) n(r)\mathrm{d}r}{\int_0^\infty r^2 Q_{ec}\left(\frac{2\pi r_e}{\lambda}\right) n(r)\mathrm{d}r} \tag{5.288}$$

**3. 粒子群的不对称因子**

定义粒子群的不对称因子,可以写为

$$g = \frac{\int_0^\infty r Q_{sc}(r) g(r) n(r)\mathrm{d}r}{\int_0^\infty r^2 Q_{sc}(r) n(r)\mathrm{d}r} \tag{5.289}$$

**4. 粒子群的光学厚度**

对于多粒子群系统,光学厚度写为

$$\tau_\lambda=\int_0^z\int_0^\infty n(r)Q_e(x,m_\lambda)\pi r^2\mathrm{d}r\mathrm{d}z \tag{5.290}$$

上式中第一个积分是沿云的厚度 $z$，第二个积分是沿云滴半径 $r$。由图 5.21，当 $x$ 为较大值时，$Q_e$ 趋向于一个恒定值 2，则上式写为

$$\tau_\lambda=\int_0^z\int_0^\infty n(r)r^2\mathrm{d}r\mathrm{d}z \tag{5.291}$$

如果水滴的浓度为 $N_c$、$\bar{r}$ 是水滴的平均半径，$h$ 是云的几何厚度，则

$$\tau=2\pi N_c\overline{r^2}h \tag{5.292}$$

**5. 粒子群的有效半径**

定义粒子群的有效半径为

$$r_e=\int_0^\infty n(r)r^3\mathrm{d}r\Big/\int_0^\infty n(r)r^2\mathrm{d}r \tag{5.293}$$

则光学厚度近似为

$$\tau=\frac{3}{2}W/r_e \tag{5.294}$$

式中 $W=\int_0^h\rho_0 r_e\mathrm{d}z$ ，$h$ 是云厚度。

## 本章要点

1. 熟悉平面电磁波的表示。
2. 熟悉电介质的极化。
3. 熟悉大气折射指数和大气中射线的折射。
4. 理解 Mie 散射基础理论。
5. 理解球形粒子的 Mie 散射波的解。
6. 理解粒子的远场散射波。
7. 掌握远场单个球形粒子的消光参数。
8. 多球形粒子群的衰减系数。

## 思考题和习题

1. 在 20 ℃处液态苯($C_6H_6$)的密度和折射指数分别是 0.88 g·cm$^{-3}$ 和 1.5($\lambda=0.589$)，使用 Clausius-Mosotti(5.13)方程式计算在 20 ℃时气态苯(C6H6)的折射指数，这里在 80 ℃时，苯气压是 0.1 大气压，也即它的沸点。

2. 证明，对于极化取向有

$$\varepsilon_r'+\mathrm{i}\varepsilon_r''=1+\frac{4\pi\alpha_0 N}{1+\omega^2\tau^2}+\mathrm{i}\frac{4\pi\alpha_0\omega\tau N}{1+\omega^2\tau^2}$$

3. 请回答为什么有的金属有光泽，若金属具有折射指数 $m=-\mathrm{i}\kappa$，计算垂直入射

光的反射系数？

4. 通过(5.48)式重写反射系数振幅的表示式，将它表示为只是 $\theta_i$ 和 $\theta_r$ 的函数(也就是修改为含 $m$ 的显式)。

5. 处在空气中的一电介质的厚度为 $d$ 和相对介电常数为 $\varepsilon_r=4$，求取对于垂直入射到该介质的平面波的反射系数的量级的平方，画出这反射系数的量级的平方对于 $kd$ 的函数，$k$ 是关于电介质中的波数。

6. 在空气中黄色钠光的波长是 5890 Å，在玻璃(折射指数是 1.52)内它的波长和频率分别是多少？它的速度是多少？如果测量到此光在液体中的速度是 $1.92\times10^8\ \mathrm{m\cdot s^{-1}}$，则该液体相对于空气的折射指数是多少？

7. 空气的折射指数由下式表示

$$(m-1)\times10^6=k_1\frac{P}{T}z_a^{-1}+k_2\frac{e}{T}z_w^{-1}+k_3\frac{e}{T^2}z_w^{-1}$$

根据一个 36 GHz 与另一个 0.83 μm 的两脉冲波到达的时间差计算水汽压，对于 13.35 km 的路径上的气压为 $p=1013$ hPa、温度为 $T=293.16$ K，对于 36 GHz 常数为 $k_1=77.60\ \mathrm{K\cdot hPa^{-1}}$、$k_2=72\ \mathrm{K\cdot hPa^{-1}}$、$k_3=3.754\times10^5\ \mathrm{K^2\cdot hPa^{-1}}$；对于 0.83 μm，$k_1=79.43\ \mathrm{K\cdot hPa^{-1}}$、$k_2=67.4\ \mathrm{K\cdot hPa^{-1}}$、$k_3=0\ \mathrm{K^2\cdot hPa^{-1}}$。且可以假定因子 $z_a$、$z_w$ 为 1 单位。(提示：相应的脉冲速度是群速，可以假定相应于群速的折射指数是给定的)

8. 水和冰具有的折射指数有很强的频率依赖性，因此其穿透深度随波长有明显的改变。计算对于下表各波长对应折射指数的水和冰层穿透深度？

**表 5.5 AVHRR 通道相应冰、水的折射指数**

| 波长 | 仪器 | 折射指数 | |
|---|---|---|---|
| | | 水 | 冰 |
| 0.7 μm | AVHRR | 1.33,0 | 1.31,0 |
| 1.6 μm | AVHRR | $1.317,8\times10^{-5}$ | 1.31,0.0003 |
| 3.7 μm | AVHRR | 1.374,0.0036 | 1.40,0.0092 |
| 10.8 μm | AVHRR | 1.17,0.086 | 1.087,0.182 |
| 0.8 cm | k 带 | 8.18,1.96 | 1.789,0.0094 |
| 10 cm | s 带 | 5.55,2.85 | 1.788,0.00038 |

9. 在微波区域干和湿土壤的介电特性，已经用于遥感土壤湿度，利用与体积土壤湿度含量的关系，假定地表温度为 300 K，介电常用数为

干土壤：$\varepsilon_r'=3.2$，　$\varepsilon_r''=0.33$

潮湿土壤：$\varepsilon_r'=9.5$，　$\varepsilon_r''=1.8$

湿土壤：$\varepsilon_r'=20.8$，　$\varepsilon_r''=3.75$

计算干土壤($m_v=0$)、潮湿土壤($m_v=0.2$)、湿土壤($m_v=0.35$)天底亮度温度的改变？

10. 如表 5.6 对于 4 个微波频率的水的折射指数，计算这些辐射在水中的波长是多少？每一频率的 Brewster 角是多少？且与 SSMI 的 54°观测角比较？

**表 5.6　SSMI 4 个微波通道的折射指数**

| 频率(GHz) | 折射指数(0 ℃) |
|---|---|
| 10 | 7.08，−2.91 |
| 19 | 5.37，−2.96 |
| 37 | 3.93，−2.39 |
| 85 | 2.88，−1.47 |

11. 考虑一温度为 300 K、$\varepsilon_r=2$ 的电介质，画出亮度温度和以在 0°～90°间发射天顶角为函数图，对于极化亮度温度具有极大值，这是为什么？并且出现在 $\theta$ 角度处？

12. 一个处于地面的两通道微波辐射机垂直向上观测，仪器以 19 GHz 和 22 GHz 测量由大气发出的辐射，目的是由这些测量反演可降水，首先考虑到地面接收的辐射为

$$T_\nu=T_{\text{cosmic}}\widetilde{T}_\nu+(1-\widetilde{T}_\nu)T_{\text{sky}}$$

式中 $T_{\text{cosmic}}$ 是宇宙辐射亮度，$T_{\text{sky}}$ 是天空温度，而 $\widetilde{T}_\nu$ 是频率为 $\nu$ 的透过率，$\widetilde{T}_\nu$ 表示为 $\exp(-k_\nu u)$，为简便假定大气是等温的(大气低层水汽是合理的)，在以上假定下导出亮度温度差是水汽程长 $u$ 的函数，按 $u$ 的改变值 5、10、15、20、25、30、35 和 40 kg·m$^{-2}$ 计算亮度温度差式。在计算中取 $k_{19\,\text{GHz}}=3.75\times10^{-3}\,\text{kg}^{-1}\cdot\text{m}^2$、$k_{22\,\text{GHz}}=9.121\times10^{-3}\,\text{kg}^{-1}\cdot\text{m}^2$。

13. 解释下面问题

(a)由球形粒子散射的非极化辐射较入射辐射的波长小，成为极化辐射；

(b)有时，月亮会呈现蓝色，假定选择折射指数为 1.33 的球粒散射，确定粒子半径的上限(提示，利用图 5.5)；

(c)在出现稳定霾的条件下，早晨在山地向西观察比在下午同样山地观察表现清楚；

(d)来自汽车的烟雾相对于暗的背景呈现蓝色，而相对于亮的目标呈现黄色；

(e)为什么在 90°观测的太阳光有高的极化，为什么极化量不是 100%？

(f)在多数情形下，对于大粒子的单次反照率接近于 0.5，而在什么情形下，大粒子的反照率小于 0.5。

14. 由(5.97)和(5.194)式证明，对于 $\Theta$ 方向瑞利散射强度为

$$I(\Theta)=I_0\frac{C_{\text{sca}}}{R^2}\frac{P(\Theta)}{4\pi}$$

和每个分子的散射截面为

$$C_{sca}=\frac{|\alpha|^2 128\pi^5}{3\lambda^4}$$

15. 使用关系，计算在波长 0.3、0.5 和 0.7 mm 处的分子的瑞利散射截面，假定每立方厘米分子数 $N=2.55\times10^{19}$ 和空气的折射指数为(单位：mm)

$$(m-1)\times10^8=6.4326\times10^3+\frac{2.94981\times10^6}{146-\lambda^{-2}}+\frac{2.554\times10^4}{41-\lambda^{-2}}$$

16. 如果假定空气密度随高度的变化为 $p=p_0\exp(z/H)$，证明瑞利散射的光学厚度，从大气顶到高度 $z$，直接与高度 $z$ 的气压成正比，在高度处的光学厚度为

$$\tau_{Ray}(\lambda,z)=0.0088\lambda^{(-4.15+0.2\lambda)}e^{(-0.1188z-0.00116z^2)}$$

17. 平面电磁波表示为

$$E=E_0\exp[-i(kr-\omega t)]$$

(a)在根据图 5.25 中，来自两电偶极子的发射的等相位波表面到达位置 1 的时间与位置 2 的不同，把这时间差变换为相位差，请你用偶极子间距离 $d$ 与入射角 $\gamma$ 表示；

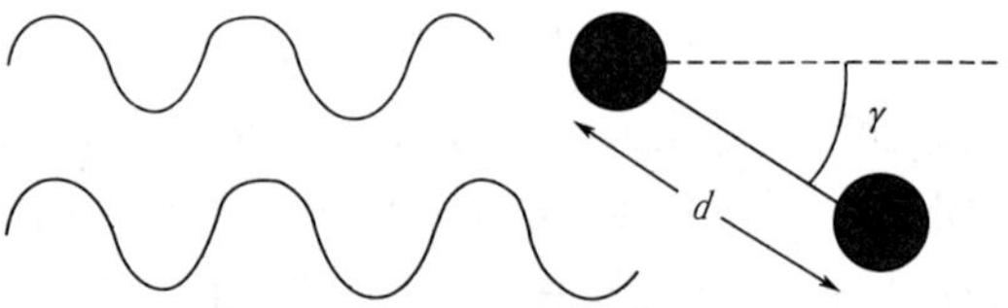


图 5.25 题 17 中几何图

(b)来自位置 1 和 2 的，到达与入射平面波间的角度 $\Theta$ 处的距离探测器，散射波之间的相位差的表示式。证明波峰是当 $\Theta=0°$时的相位(就是前向散射)。

18. 假定直径为 $d$ 的粒子以上题中简单方式近似，水滴间没有相互作用，对于入射到粒子的波沿着分立的偶极子连线的法向方向(就是 $\gamma=0$)，导得以散射角为函数的散射强度的表示式：

(a)为什么所希望的最小散射强度是最小散射角？

(b)假定仪器测量的辐射和观测围绕月亮环，如果离月球圆盘中心的第一个亮环的位置是 10 度，粒子的大小是多少？

(c)在实际的云况下你会希望看到什么样的散射特征？

19. 回答如下相函数问题：

(a)证明对于瑞利散射有

$$S(\Theta)=k^3\alpha\begin{pmatrix}\cos\Theta & 0\\ 0 & 1\end{pmatrix}$$

和对于非极化辐射的相函数是

$$P(\Theta)=\frac{3}{4}(1+\cos^2\Theta)$$

(b)计算相函数前三项展开系数。

20. 假定相函数表示为

$$P(\Theta)=f\delta^0_{\Theta-0}+b\delta^0_{\Theta-180}$$

式中当 $\Theta=\Theta'$，$\delta_{\Theta-\Theta'}=1$ 和当 $\Theta\neq\Theta'$，$\delta_{\Theta-\Theta'}=0$，证明

$$g=f-b$$

前向和后向部分分别为

$$f=\frac{1}{2}(1+g)$$

$$b=\frac{1}{2}(1-g)$$

21. (a)当 $2\pi r/\lambda>1$ 时，一个半径为 $r$ 水滴在波长 $\lambda$ 处的衰减截面近似为 $2\pi r^2$，求取包括有半径为 $r=5\ \mu m$ 的 150 $cm^{-3}$ 个水滴厚度为 0.5 km 云的衰减系数和光学厚度？

(b)重复(a)，假定对于半径为 $r=10\ \mu m$ 的水滴液态水含量为(a)，求取光学厚度？

(c)对于水，在 19 GHz 处，折射指数为 $m=(5.46,-2.94)$，在这频率处在(a)中定义云的衰减系数和光学厚度是多少？

(d)接上(c)，假定粒子是冰球粒，相应折射指数是 $m=(1.79,-0.003)$的值，云的衰减系数和光学厚度是多少？

22. 对于充满 $N_0$ 个相同云滴粒子的体积后向散射系数定义为

$$\beta=N_0C_b$$

(a)证明球形瑞利散射粒子的体积后向散射系数为

$$\beta=N_0\ \frac{64\pi^5}{\lambda^4}a^6|K|^2$$

(b)假定云滴的数密度和半径分别是 100 $cm^3$ 和 20 $\mu m$，计算如下表中的两波长的体积后向散射系数 $\beta$，对于粒子半径 1 mm 和浓度 $N_0=1/L$，重新计算体积后向散射系数 $\beta$？

| 波长(cm) | 10 | 3.21 |
|---|---|---|
| $m=(n,k)$ | (3.99,1.47) | (7.14,2.89) |

23. 由(5.101)和(5.102)式中 $\boldsymbol{M}_\psi$ 和 $\boldsymbol{N}_\psi$ 定义，证明

$$\nabla\times\boldsymbol{N}_\psi=mk\boldsymbol{M}_\psi$$

并证明

$$\nabla^2 \boldsymbol{N}_\psi + k^2 m^2 \boldsymbol{N}_\psi = 0$$

$$\nabla^2 \boldsymbol{M}_\psi + k^2 m^2 \boldsymbol{M}_\psi = 0$$

24. 在均匀介质中电场强度和磁场强度都满足以下矢量波动方程：

$$\nabla^2 \boldsymbol{A} + k_0^2 m^2 \boldsymbol{A} = 0$$

且满足标量波动方程式

$$\nabla^2 \psi + k^2 m^2 \psi = 0$$

(a)证明由

$$\boldsymbol{M}_\psi = \nabla \times (a_z \psi), \quad \nabla \times \boldsymbol{M}_\psi = mk\boldsymbol{N}_\psi$$

定义柱坐标($r,\phi,z$)里的矢量 $\boldsymbol{M}_\psi$ 和 $\boldsymbol{N}_\psi$ 满足矢量波动方程式，式中 $a_z$ 是 $z$ 方向上的单位矢量。

(b)试证明

$$\boldsymbol{E} = \boldsymbol{M}_v + \mathrm{i}\boldsymbol{N}_u, \quad \boldsymbol{H} = m(-\boldsymbol{M}_u + \mathrm{i}\boldsymbol{N}_v)$$

满足麦克斯韦方程组，式中 $u$ 和 $v$ 是标量波动方程的解。用 $u$ 和 $v$ 写出 $\boldsymbol{E}$ 和 $\boldsymbol{H}$ 的表达式。

# 第 6 章　电磁辐射的偏振

本章主要内容有：(1)电磁辐射椭圆、线、圆偏振；(2)斯托克斯参数；(3)修正的斯托克斯参数及相互转换；(4)斯托克参数的旋转变换；(5)辐射传输方程式的矢量形式。

## 6.1　电磁辐射椭圆、线、圆偏振

在大气、陆地表面和海洋遥感中，电磁辐射的偏振特征是探测和研究物体的重要手段。现考虑在直角坐标系中的平面时间调谐电磁波矢量的分量，写为

$$\Re\{a\exp[-\mathrm{i}(\omega t-\boldsymbol{k}\cdot\boldsymbol{r})+\delta]\}=a\cos[(\omega t-\boldsymbol{k}\cdot\boldsymbol{r})+\delta]=a\cos(\tau+\delta)$$

式中 $\tau=\omega t-\boldsymbol{k}\cdot\boldsymbol{r}$，$\tau$ 是位相因子可变部分，$a$ 和 $\delta$ 分别是振幅和相角，$\boldsymbol{k}$ 是电磁波的传播矢量，假定波是沿 z 轴方向传播，则电磁波可以写为

$$E=a_1\,\Re\{\exp[-\mathrm{i}(\tau+\delta_1)]\}\boldsymbol{i}+a_2\,\Re\{\exp[-\mathrm{i}(\tau+\delta_2)]\}\boldsymbol{j}=E_x\boldsymbol{i}+E_y\boldsymbol{j} \tag{6.1}$$

及

$$E_x=a_1\cos(\tau+\delta_1),\quad E_y=a_2\cos(\tau+\delta_2),\quad E_z=0$$

式中 $\delta_1$ 和 $\delta_2$ 是固定的相角。由于电磁波是横波，$E_z=0$，具有坐标的点描绘了空间中的一定曲线。下面讨论：为消去(6.1)式中的 $\tau$，按余弦函数展开，得到

$$\frac{E_x}{a_1}=\cos\tau\cos\delta_1-\sin\tau\sin\delta_1 \tag{6.2a}$$

$$\frac{E_y}{a_2}=\cos\tau\cos\delta_2-\sin\tau\sin\delta_2 \tag{6.2b}$$

(6.2a)和(6.2b)式分别乘 $\sin\delta_2$ 和 $\sin\delta_1$，相减就得到方程式

$$\frac{E_x}{a_1}\sin\delta_2-\frac{E_y}{a_2}\sin\delta_1=\cos\tau\sin(\delta_2-\delta_1) \tag{6.3}$$

然后(6.2a)和(6.2b)式分别乘 $\cos\delta_2$ 和 $\cos\delta_1$，接着彼此相减就得到方程式

$$\frac{E_x}{a_1}\cos\delta_2-\frac{E_y}{a_2}\cos\delta_1=\sin\tau\sin(\delta_2-\delta_1) \tag{6.4}$$

将(6.3)和(6.4)式平方后相加得到

$$\left(\frac{E_x}{a_1}\right)^2+\left(\frac{E_y}{a_2}\right)^2-\frac{2E_xE_y}{a_1a_2}\cos\delta=\sin^2\delta,\quad \delta=\delta_2-\delta_1=\text{常数} \tag{6.5}$$

这是个与 $\tau$ 无关，也与空间坐标 $z$ 和时间 $t$ 无关的方程式。

现考虑二次曲线方程式

$$Ax^2+Bxy+Cy^2+Dx+Ey+F=0 \tag{6.6}$$

表示椭圆、抛物线和双曲线方程式的条件为

$$B^2-4AC\begin{cases}<0 & \text{椭圆}\\ =0 & \text{抛物线}\\ >0 & \text{双曲线}\end{cases} \tag{6.7}$$

比较(6.5)和(6.6)式得到

$$\frac{4(\cos^2\delta-1)}{a_1^2a_2^2}\leqslant 0 \tag{6.8}$$

由(6.5)式看到,这是满足椭圆的条件,由此电矢量端点的轨迹是如图 6.1 的一个椭圆。因此光是椭圆偏振。椭圆内切于边与坐标轴平行的一矩形。矩形的边长为 $2a_1$ 和 $2a_2$,这椭圆与矩形的四个点相接触。从(6.5)式和图 6.1 容易看到,这四个点的值为

$$P_1:\ (E_x,E_y)=(-a_1\cos\delta,-a_2),\quad P_2:\ (E_x,E_y)=(a_1,a_2\cos\delta)$$
$$P_3:\ (E_x,E_y)=(a_1\cos\delta,a_2),\quad P_4:\ (E_x,E_y)=(-a_1,-a_2\cos\delta) \tag{6.9}$$

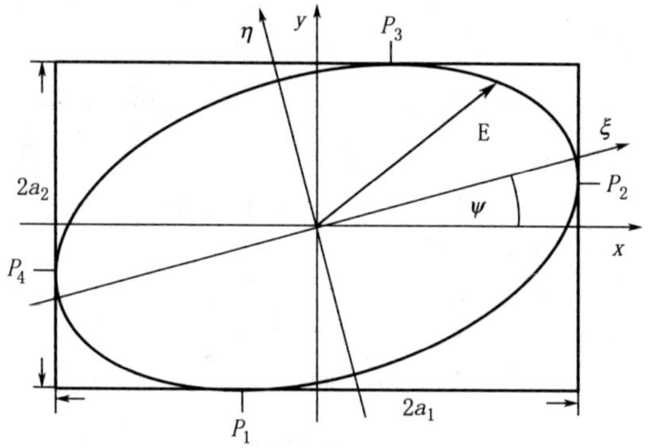


图 6.1 电矢量的振动椭圆轨迹

图 6.1 显示,椭圆的轴不在 $x$—和 $y$—方向上,因此坐标系按顺时针方向旋转 $\psi$ 角,使新坐标系 $\xi$ 和 $\eta$ 的轴沿椭圆的半长轴,分量$(E_\xi,E_\eta)$和$(E_x,E_y)$的关系由下转换

$$\begin{pmatrix}E_\xi\\E_\eta\end{pmatrix}=\begin{pmatrix}\cos\psi & \sin\psi\\ -\sin\psi & \cos\psi\end{pmatrix}\begin{pmatrix}E_x\\E_y\end{pmatrix} \tag{6.10}$$

用相对于椭圆系统方程式,假定标准形式

$$\frac{E_\xi^2}{a^2}+\frac{E_\eta^2}{b^2}=1 \tag{6.11}$$

式中 $a$ 和 $b$ 是半长轴长度($a>b$)，以参数形式表示为

$$\begin{cases} E_\xi = a\cos(\tau+\delta_0) \\ E_\eta = \pm b\sin(\tau+\delta_0) \end{cases} \tag{6.12}$$

及

$$\delta_0 = \text{const}(\text{常量})$$

选择第二个方程式的符号确定在电矢量端点的两种可能的一种方式描述椭圆。

现确定在(6.11)式中出现两个未知量 $a$ 和 $b$。把(6.1)和(6.12)式代入到(6.10)式中，得到

$$\begin{cases} a\cos(\tau+\delta_0) = a_1\cos(\tau+\delta_1)\cos\psi + a_2\cos(\tau+\delta_2)\sin\psi \\ \pm b\sin(\tau+\delta_0) = -a_1\cos(\tau+\delta_1)\sin\psi + a_2\cos(\tau+\delta_2)\cos\psi \end{cases} \tag{6.13}$$

利用三角函数的加法定理及 $\cos\tau$ 和 $\sin\tau$ 的系数方程式，展开(6.13)式，求得

$$\begin{cases} a\cos\delta_0 = a_1\cos\delta_1\cos\psi + a_2\cos\delta_2\sin\psi \\ a\sin\delta_0 = a_1\sin\delta_1\cos\psi + a_2\sin\delta_2\sin\psi \\ \pm b\cos\delta_0 = a_1\sin\delta_1\sin\psi - a_2\sin\delta_2\cos\psi \\ \pm b\sin\delta_0 = -a_1\cos\delta_1\sin\psi + a_2\cos\delta_2\cos\psi \end{cases} \tag{6.14}$$

略去详细的计算，由这些方程式容易得到如下关系式

$$\begin{cases} \text{(a)} \quad a^2+b^2 = a_1^2+a_2^2 \\ \text{(b)} \quad \pm ab = a_1a_2\sin\delta \\ \text{(c)} \quad (a_1^2-a_2^2)\sin(2\psi) = 2a_1a_2\cos\delta\cos(2\psi) \end{cases} \tag{6.15}$$

为方便讨论，在下面关系式，引入的辅助角 $\alpha$ 和 $\beta$

$$\begin{cases} \text{(a)} \quad \tan\alpha = \dfrac{a_2}{a_1} \qquad \left(0\leqslant\alpha\leqslant\dfrac{\pi}{2}\right) \\ \text{(b)} \quad \tan\beta = \pm\dfrac{b}{a} \qquad \left(-\dfrac{\pi}{4}\leqslant\beta\leqslant\dfrac{\pi}{4}\right) \end{cases} \tag{6.16}$$

因此，$\tan\beta$ 的数值表示椭圆轴之比，称为椭圆率。而 $\beta$ 的符号则区分可以描述的椭圆的意义。下面也可看到用 $\alpha$ 和 $\delta$ 表示角 $\beta$。

把(6.16)式代入到(6.15)式，给出

$$\tan(2\psi) = \frac{2a_1a_2\cos\delta}{a_1^2-a_2^2} = \frac{2\tan\alpha\cos\delta}{1-\tan^2\alpha} = \tan(2\alpha)\cos\delta \tag{6.17}$$

将三角等式 $\sin(2\beta)=2\tan\beta/(1+\tan^2\beta)$ 与(6.16)和(6.15)式结合一起，得到

$$\sin(2\beta) = \frac{2\tan\beta}{1+\tan^2\beta} = \pm\frac{2ab}{a^2+b^2} = \frac{2a_1a_2}{a_1^2+a_2^2}\sin\delta \tag{6.18}$$

类似地，由 $\sin(2\alpha)=2\tan\alpha/(1+\tan^2\alpha)$ 和(6.16a)式，便有

$$\sin(2\alpha)=\frac{2a_1a_2}{a_1^2+a_2^2} \tag{6.19}$$

因此最后得到

$$\sin(2\beta)=\sin(2\alpha)\sin\delta \tag{6.20}$$

现对结果讨论：如果用$(a_1,a_2,\delta)$表示的平面电磁波在正 $z$ 方向运动，它也可以用量$(a,b,\psi)$表示。反之，如果$(a,b,\psi)$给出，很容易求出波的振幅$(a_1,a_2)$和相位 $\delta$。

现在引入某些常用的术语和给予什么电场方向的作为偏振方向，对于(6.12)式中，±符号决定电场端点描述的两种可能，因此区别这两种偏振的类型，在图 6.2 中，如果向着波的传播方向观察（就是光源向后看或顺着传播方向观察），电场所表现为按角速度 $\omega$ 顺时针旋转，这种称为右旋圆偏振，否则称为左旋圆偏振。

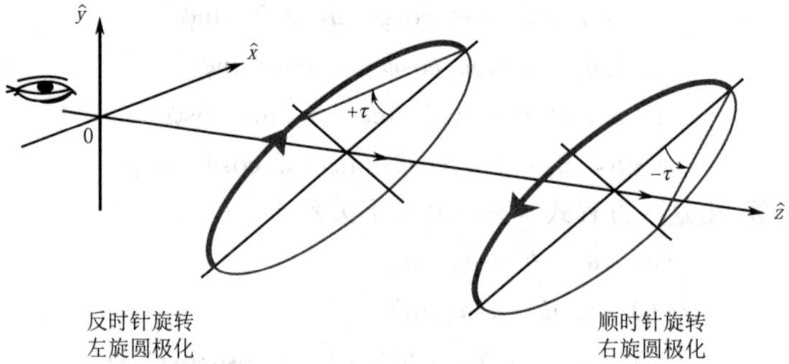


图 6.2　左旋圆偏振和右旋圆偏振

将位相差 $\delta=\delta_2-\delta_1$ 和 $\tau'=\tau+\delta_1$ 代入到(6.1)式，可以有

$$E_x=a_1\cos\tau',E_y=a_2\cos(\tau'+\delta)=a_2(\cos\tau'\cos\delta-\sin\tau'\sin\delta) \tag{6.21}$$

例如，对于一定 $z$ 值处，选择两个不同时间 $t_0$ 和 $t_1>t_0$，$\tau'(t_0)=0$，$\tau'(t_1)=\pi/2$，在 $t_0$ 和 $t_1$ 处，由(6.21)式求得

$$\begin{cases}E_x(t_0)=a_1, & E_y(t_0)=a_2\cos\delta\\ E_x(t_1)=0, & E_y(t_1)=-a_2\sin\delta\end{cases} \tag{6.22}$$

由方程式(6.22)很容易看到，如果 $0\leqslant\delta\leqslant\pi$，是右旋圆偏振；如果 $\pi\leqslant\delta\leqslant2\pi$，是左旋圆偏振。但是这些术语并没有普遍使用，有的作者用相反的习惯。下面将讨论两种特殊的偏振情况。

**1. 线偏振**

如果相差 $\delta=\delta_2-\delta_1=m\pi,m=0,\pm1,\pm2,\cdots$，由(6.21)式得到

$$\frac{E_y}{E_x}=\frac{a_2}{a_1}\frac{\cos(\tau'+m\pi)}{\cos\tau'}=\frac{a_2}{a_1}\cos m\pi=\frac{a_2}{a_1}(-1)^m \tag{6.23}$$

因此，椭圆退化为通过原点具有斜率$(a_2/a_1)(-1)^m$ 的直线。

**2. 圆偏振**

对于 $\delta=\pm\dfrac{\pi}{2}+2m\pi, m=0,\pm1,\pm2,\cdots$ 和 $a=a_1=a_2$，则由(6.21)式得到

$$\delta=\frac{\pi}{2}+2m\pi;\quad E_x=a\cos\tau',\quad E_y=a\cos(\tau'+\delta)=-a\sin(\tau') \tag{6.24a}$$

$$\delta=-\frac{\pi}{2}+2m\pi;\quad E_x=a\cos\tau',\quad E_y=a\cos(\tau'+\delta)=a\sin(\tau') \tag{6.24b}$$

因此 $\boldsymbol{E}$ 矢量轨迹是按半径 $a$ 的圆运动，按(6.24a)式是右旋圆偏振，(6.24b)式是左旋圆偏振。图 6.3 给出各种圆偏振和相应的相位差。

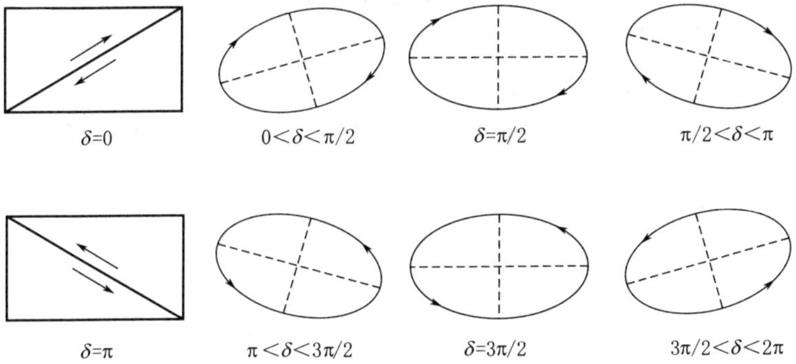


图 6.3　各种椭圆偏振(上面是右旋偏振，下面是左旋偏振)

## 6.2　斯托克斯参数

### 6.2.1　定义斯托克斯参数

现再考虑沿 $z$ 方向的单色平面电磁波，如前述，这波用参数$(a_1,a_2,\delta)$或$(a,b,\psi)$的等效函数完全确定。Stokes(1852)引入下面四个参数描述电磁波

$$\begin{aligned}
I&=E_lE_l^*+E_rE_r^*=a_l^2+a_r^2\\
Q&=E_lE_l^*-E_rE_r^*=a_l^2-a_r^2\\
U&=E_lE_r^*+E_rE_l^*=2a_ra_l\cos\delta\\
V&=-\mathrm{i}(E_lE_r^*+E_rE_l^*)=2a_la_r\sin\delta
\end{aligned} \tag{6.25}$$

式中电矢量分量为

$$E_r=a_r\exp(-\mathrm{i}\delta_i)\exp[\mathrm{i}(k_0z-\omega t)],\quad E_l=a_l\exp(-\mathrm{i}\delta_j)\exp[\mathrm{i}(k_0z-\omega t)] \tag{6.26}$$

如前所述，下标 $r$、$l$ 分别表示散射平面内的垂直和平行偏振。(6.25)式中斯托克斯参数 $I$、$Q$、$U$、$V$ 为实的 $4\times1$ 列元的矢量 $\boldsymbol{I}$，称为斯托克斯矢量，写成矩阵形式：

$$\boldsymbol{I}=\begin{bmatrix}I\\Q\\U\\V\end{bmatrix}=\frac{1}{2}\sqrt{\frac{\varepsilon}{\mu}}\begin{bmatrix}E_{0l}E_{0l}^{*}+E_{0r}E_{0r}^{*}\\E_{0l}E_{0l}^{*}-E_{0r}E_{0r}^{*}\\-E_{0l}E_{0r}^{*}-E_{0r}E_{0l}^{*}\\\mathrm{i}(E_{0r}E_{0l}^{*}-E_{0l}E_{0r}^{*})\end{bmatrix}\tag{6.27}$$

第一个斯托克斯参数 $\boldsymbol{I}$，等于强度[(6.25)式中 $m_I=0$ 和 $\varepsilon$、$\mu$ 实部]。斯托克斯参数 $Q$、$U$、$V$ 具有相同的单色能量通量的量纲和波的偏振状态。

由(6.26)式给出的单色平面电磁波意味着复振幅 $\boldsymbol{E}_0$ 是定常的。在实际中，这个量通常随时间是涨落的。虽然频率的涨落比角频率 $\omega$ 小得多，它仍然是如此之高，大多数光学装置不能检测它，而是相对长的时间内测量斯托克斯参数的平均值，因此对于准单色光束，斯托克斯参数修正为

$$I_r=CE_rE_r^*=Ca_r^2,\quad I_l=CE_lE_l^*=Ca_l^2$$

$$U=2Ca_ra_l\cos\delta=2C\,\Re(E_rE_l^*),\quad V=2Ca_ra_l\sin\delta=2C\,\Im(E_rE_l^*)\tag{6.28}$$

写成矩阵形式为

$$\begin{bmatrix}I\\Q\\U\\V\end{bmatrix}=\frac{1}{2}\sqrt{\frac{\varepsilon}{\mu}}\begin{bmatrix}\langle E_{0l}E_{0l}^{*}\rangle+\langle E_{0r}E_{0r}^{*}\rangle\\\langle E_{0l}E_{0l}^{*}\rangle-\langle E_{0r}E_{0r}^{*}\rangle\\-\langle E_{0l}E_{0r}^{*}\rangle-\langle E_{0r}E_{0l}^{*}\rangle\\\mathrm{i}\langle E_{0r}E_{0l}^{*}\rangle-\mathrm{i}\langle E_{0l}E_{0r}^{*}\rangle\end{bmatrix}\tag{6.29}$$

式中〈…〉表示相对于涨落时间要长的时间间隔的平均。当两个或更多准单色光束在同一方向以混合不相干方式传播(就是假定各光束间无固定相位关系)，混合的斯托克斯矢量等于各个光束的斯托克斯矢量之和

$$\boldsymbol{I}=\sum_n\boldsymbol{I}_n\tag{6.30}$$

则四个斯托克斯参数

$$I=\sum I_n,\quad Q=\sum Q_n,\quad U=\sum U_n,\quad V=\sum V_n\tag{6.31}$$

式中 $n$ 是光束数。

通常，由于

$$I^2-Q^2+U^2+V^2I^2=4[\langle a_l^2\rangle\langle a_r^2\rangle-\langle a_la_r\cos A\rangle^2-\langle a_la_r\sin A\rangle^2]$$

按

$$\langle f\rangle=\frac{1}{T}\int_t^{t+T}\mathrm{d}t'f(t')\tag{6.32}$$

$$\begin{aligned}I^2-Q^2+U^2+V^2=\frac{4}{T^2}\int_t^{t+T}\mathrm{d}t'\int_t^{t+T}\mathrm{d}t''[a_l(t')]^2[a_r(t'')]^2\\-a_l(t')a_r(t')\cos[\Delta(t')]a_l(t'')a_r(t'')\cos[\Delta(t'')]\\-a_l(t')a_r(t')\sin[\Delta(t')]a_l(t'')a_r(t'')\sin[\Delta(t'')]\end{aligned}$$

$$
\begin{aligned}
&= \frac{4}{T^2}\int_t^{t+T} \mathrm{d}t' \int_t^{t+T} \mathrm{d}t''[a_l(t')]^2[a_r(t'')]^2 \\
&\quad - a_l(t')a_r(t')a_l(t'')a_r(t'')\cos[\Delta(t')-\Delta(t'')] \\
&= \frac{2}{T^2}\int_t^{t+T} \mathrm{d}t' \int_t^{t+T} \mathrm{d}t''[a_l(t')^2][a_r(t'')^2]+[a_l(t'')^2][a_r(t')^2] \\
&\quad - 2a_l(t')a_r(t')a_l(t'')a_r(t'')\cos[\Delta(t')-\Delta(t'')] \\
&\geqslant \frac{2}{T^2}\int_t^{t+T} \mathrm{d}t' \int_t^{t+T} \mathrm{d}t''[a_l(t')]^2[a_r(t'')]^2+[a_l(t'')]^2[a_r(t')]^2 \\
&\quad - 2a_l(t')a_r(t')a_l(t'')a_r(t'') \\
&= \frac{2}{T^2}\int_t^{t+T} \mathrm{d}t' \int_t^{t+T} \mathrm{d}t''[a_l(t')a_r(t'')-a_l(t'')a_r(t')]^2 \geqslant 0
\end{aligned} \tag{6.33}
$$

由此得

$$I^2 \geqslant Q^2+U^2+V^2 \tag{6.34}$$

一个光束通常由泛椭圆偏振来表示。

而对于准单色光束，有

$$I^2 = Q^2+U^2+V^2 \tag{6.35}$$

这等式仅在如果 $\boldsymbol{E}_{0l}(t)$ 和 $\boldsymbol{E}_{0r}(t)$ 之间完全相关下成立。在这种情况下可以说光束是完全偏振的。这定义包括一个单色波，但是更普遍。如果 $\boldsymbol{E}_{0l}(t)$ 和 $\boldsymbol{E}_{0r}(t)$ 是完全不相关的，且 $\langle \boldsymbol{E}_{0l}\boldsymbol{E}_{0l}^*\rangle = \langle \boldsymbol{E}_{0r}\boldsymbol{E}_{0r}^*\rangle$，则 $Q=U=V=0$，就是说准单色光束是非偏振的（或是自然的）。从(6.34)式看出，数学上可将任何准单色光束分解为两部分：一是非偏振的斯托克斯矢量 $[I-\sqrt{Q^2+U^2+V^2},0,0,0]^{\mathrm{T}}$ 和完全极化的斯托克斯矢量 $[\sqrt{Q^2+U^2+V^2},Q,U,V]^{\mathrm{T}}$，这里 T 是转置。因此，完全偏振分量强度是 $\sqrt{Q^2+U^2+V^2}$，因此，准单色光束的偏振度是 $P=\sqrt{Q^2+U^2+V^2}/I$。对于非偏振光束没有极化度，而对于全偏振光束的 $P$ 等于 1；对于部分极化的光束（$0<P<1$）具有 $V\neq 0$，$V$ 的符号表示由电矢量的端点描述右旋振动椭圆，$V$ 是正的表示左旋偏振（当在传播方向观测，电矢量端点反时针方向旋转），负的 $V$ 表示右旋偏振。

在大气中，光通常是部分偏振的，即光分为非偏振（自然光）加上部分偏振（椭圆偏振）组成，就是

$$
\begin{bmatrix} I \\ Q \\ U \\ V \end{bmatrix} = \begin{bmatrix} I-(Q^2+U^2+V^2)^{1/2} \\ 0 \\ 0 \\ 0 \end{bmatrix} + \begin{bmatrix} (Q^2+U^2+V^2)^{1/2} \\ Q \\ U \\ V \end{bmatrix} \tag{6.36}
$$

因此，类似于参数$(a_1,a_2,\delta)$或$(a,b,\psi)$，只需三个斯托克斯参数是独立的。就是

说，如果(6.26)式成立，辐射是完全偏振的。

斯托克斯参数也可借助变量$(a,b,\psi)$表示为

$$\begin{cases}I=a^2+b^2=I_l+I_r\\Q=I\cos(2\beta)\cos(2\psi)=I_l-I_r\\U=I\cos(2\beta)\sin(2\psi)\\V=I\sin(2\beta)\end{cases}\tag{6.37}$$

显然可以证明(6.25)式转换为(6.37)式。

现借助斯托克斯参数描述偏振图形，观察(6.36)和(6.37)式，显示了斯托克斯参数$(Q、U、V)$与量$(2\psi、2\beta、I_0)$之间在笛卡儿坐标$(x、y、z)$与球坐标系统$(\theta、\phi、r)$相同的转换是有效的。由此，如果由$(Q、U、V)$坐标系替换$(x、y、z)$坐标系，在球面上的一个点$P(Q、U、V)$也可以用$P(2\psi、2\beta、I_0)$表示，这种类型的球称为 Poincare 球。

图 6.4 表示 Poincare 球，可以显示不同类型的偏振，从(6.20)式看到，对于$0<\alpha<\pi/2$，和$\sin\delta>0$表示右旋偏振，得到$\sin(2\beta)>0$，从(6.36)和(6.37)式，得到在$V>0$的情形下，也就是点$P$位于 Poincare 球的上部。如果光是左旋偏振，有$V<0$，因此，$P$处在赤道平面之下。线偏振由$\delta=m\pi, m=0,\pm1,\pm2,\cdots$表示，得到$\sin\delta=0$，$\sin(2\beta)=0$，因此$V=0$，也就是$P$处在赤道平面内。最后，从(6.36)式，看到圆偏振电磁波具有$\delta=\pm\pi/2+2m\pi, m=0、\pm1、\pm2, a_1=a_2=a$，参数$Q$和$U$为0，根据(6.37)式，$\cos(2\beta)=0$。这意味着，$P$是 Poincare 球的北极或南极，表示右旋或左旋圆偏振。

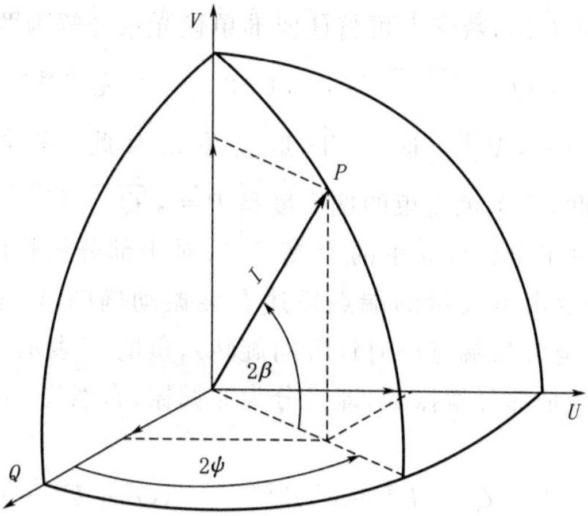


图 6.4 Poincare 球

部分光的偏振是一个自然和偏振光的混合，如果$E_p$和$E_u$表示偏振和非偏振光组成的通量密度，则偏振度定义为

$$D_p = \frac{E_p}{E_p + E_u} \tag{6.38}$$

可以看出部分偏振光的偏振度也可以用斯托克斯参数表示为

$$D_p = \frac{(Q^2 + U^2 + V^2)^{1/2}}{I} \tag{6.39}$$

如果不考虑椭率，当 $U=0$，比值 $P_Q = -Q/I$ 经常称为线偏振度，当电矢量在 $\phi$ 方向振动，$P_Q$ 是正的(就是垂直于散射平面)。可把线偏振度定义为

$$LP = -\frac{Q}{I} = -\frac{I_l - I_r}{I_l + I_r} \tag{6.40}$$

对于完全偏振光，用四个斯托克斯参数($I$、$Q$、$U$、$V$)表述偏振状态。为简要说明引入如下符号，线性也称平面偏振光，为 P 态，而右旋和左旋圆偏振为 R 态和 L 态。类似地椭圆偏振为 E 态。

通常斯托克斯参数用归一化表示，即所有的元素被 $I$ 除，对于完全偏振光，可以 Stokes 矢量的列表。可以证明对于线偏振光是如何完成的。如果 $a_1$ 和 $a_2$ 是电磁波的水平和垂直偏振的振幅，如果 $a_1>0$ 和 $a_2=0$ 为水平偏振波。利用(6.36)式，归一化 Stokes 矢量写为

$$\frac{1}{I}\begin{pmatrix} I' \\ Q' \\ U' \\ V' \end{pmatrix} = \begin{pmatrix} 1 \\ 1 \\ 0 \\ 0 \end{pmatrix} \tag{6.41}$$

就是说，这情况是水平 P 态。类似(6.41)式，其他偏振状态可以确定，下式给出对于(6.36)和(6.37)式，应用合适的($a_1$，$a_2$，$\delta$)或($a$，$b$，$\psi$)值某些偏振状态的概述。

水平偏振 垂直偏振 45°线偏振 −45°线偏振 右旋圆偏振 左旋圆偏振 自然光

$$\begin{pmatrix} 1 \\ 1 \\ 0 \\ 0 \end{pmatrix} \quad \begin{pmatrix} 1 \\ -1 \\ 0 \\ 0 \end{pmatrix} \quad \begin{pmatrix} 1 \\ 0 \\ 1 \\ 0 \end{pmatrix} \quad \begin{pmatrix} 1 \\ 0 \\ -1 \\ 0 \end{pmatrix} \quad \begin{pmatrix} 1 \\ 0 \\ 0 \\ 1 \end{pmatrix} \quad \begin{pmatrix} 1 \\ 0 \\ 0 \\ -1 \end{pmatrix} \quad \begin{pmatrix} 1 \\ 0 \\ 0 \\ 0 \end{pmatrix} \tag{6.42}$$

### 6.2.2 斯托克斯参数测量

下面进行两个实验。

第一个实验是在没有波片情况下工作，偏振与沿指定参考方向(就是垂直方向)指向的光轴对齐，偏振光学轴与这参考方向间夹角用 $\psi$ 表示。则这个角沿参考方向按顺时针方向(沿射线进入仪器方向观察)。

从 0 弧度到 $\pi$ 弧度对称地改变。如图 6.5 中，以这种方式仪器记录强度。如果是

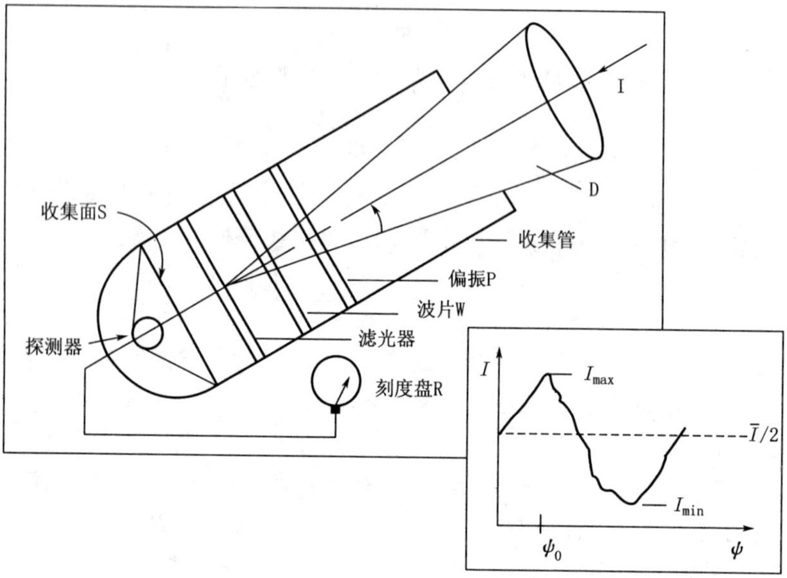


图 6.5 安装有偏振 P 和波片 W 辐射计图解，用于测量偏振辐射和四个斯托克斯参数

给定 $\psi$ 角度下测量的强度 $I(\psi)$，则得

$$I(\psi)=\frac{1}{2}\left[\bar{I}+\Delta I\cos 2(\psi-\psi_0)\right] \tag{6.43}$$

这里，简单地说就是

$$I=I_{max}+I_{min}$$
$$\Delta I=I_{max}-I_{min}$$

式中 $I_{max}$ 和 $I_{min}$ 分别是读得的最大值和最小值，$\psi_0$ 是相应于 $I_{max}$ 的角，引入

$$Q=\Delta I\cos 2\psi_0$$
$$U=\Delta I\sin 2\psi_0 \tag{6.44}$$

则方程式(6.43)成为

$$I(\psi)=\frac{1}{2}(\bar{I}+Q\cos 2\psi+U\sin 2\psi) \tag{6.45}$$

第二个实验，现在使用固定延迟的波片 $\varepsilon$，重复第一个实验的步骤。在这种情况下，强度为

$$I(\psi,\varepsilon)=\frac{1}{2}\left[\bar{I}+Q\cos 2\psi+(Q\cos\varepsilon-V\sin\varepsilon)\sin 2\psi\right] \tag{6.46}$$

式中 $I(\psi,\varepsilon)$ 是对于偏振角和使用延迟的波片 $\varepsilon$ 测量到的强度。只需要从我们的仪器中读取四个直接读数获得斯托克斯参数 $I$、$Q$、$U$、$V$。这四个强度测量是 $I(0,0)$、$I(\pi/2,0)$、$I(\pi/4,0)$、$I(\pi/4,\pi/2)$；前三个是第一次实验使用仪器配置获得的，第四个测量是

第二次实验用 W 的四分之一波片得出的。由(6.46)式很容易将四个测量与斯托克斯参数连接起来。在(6.46)式中代入合适的 $\psi$ 和 $\varepsilon$ 值。

$$\begin{cases} I(0,0)=\frac{1}{2}(I+Q) \\ I(\pi/2,0)=\frac{1}{2}(I-Q) \\ I(\pi/4,0)=\frac{1}{2}(I+U) \\ I(\pi/4,\pi/2)=\frac{1}{2}(I-V) \end{cases} \tag{6.47}$$

四个斯托克斯参数与四个强度量之间的关系可以写成下面数学形式

$$\boldsymbol{I}=\boldsymbol{P}\boldsymbol{L}_{\text{obs}} \tag{6.48}$$

式中

$$\boldsymbol{P}=\begin{bmatrix} 1 & 1 & 0 & 0 \\ 1 & -1 & 0 & 0 \\ -1 & -1 & 2 & 0 \\ 1 & 1 & 0 & -2 \end{bmatrix} \tag{6.49}$$

及得到的强度矢量和斯托克斯参数表示为

$$\boldsymbol{L}_{\text{obs}}=\begin{bmatrix} I(0,0) \\ I(\pi/2,0) \\ I(\pi/4,0) \\ I(\pi/4,\pi/2) \end{bmatrix} \quad 和 \quad \boldsymbol{I}=\begin{bmatrix} I \\ Q \\ U \\ V \end{bmatrix} \tag{6.50}$$

因此在这意义上 $\boldsymbol{L}_{\text{obs}}$ 和 $\boldsymbol{I}$ 等效于对于偏振光场的等效描述。在某种意义上允许对另一个进行推导。但是,差异是重要的。我们对极化的启发式讨论倾向于关注斯托克斯矢量,而 $\boldsymbol{I}_{\text{obs}}$ 更适合讨论实际测量和测量系统。

## 6.2.3　斯托克斯参数表示的散射矩阵

### 1. 散射平面内的电矢量表示

现考虑一波长为 $\lambda$ 的电磁波被球形粒子散射,为描述散射过程,引入如图 6.6 中的各种坐标系,空间中的基本笛卡儿坐标($x$、$y$、$z$)的原点固定在散射球的中心,由 $z$—轴到 $x$—和 $y$—轴画子午线,其构建一处在($x$、$y$)平面的赤道平面。在单位矢量为($\boldsymbol{i}^i$、$\boldsymbol{j}^i$、$\boldsymbol{k}^i$)笛卡儿坐标系($x^i$、$y^i$、$z^i$)的入射波的传播方向定为 $\boldsymbol{k}^i$。同样,单位矢量为($\boldsymbol{i}^s$、$\boldsymbol{j}^s$、$\boldsymbol{k}^s$)笛卡儿坐标系($x^s$、$y^s$、$z^s$)散射波的传播方向定为 $\boldsymbol{k}^s$。散射平面由在 $\boldsymbol{k}^i$ 和 $\boldsymbol{k}^s$ 方向的直线构成,散射平面与球相交构成的角定义为散射角 $\Theta$。在 $\boldsymbol{k}^i$ 和 $\boldsymbol{k}^s$ 方向的直线与轴方向形成两垂直平面,其与球相交确定两条子午线。当单位矢量垂直于相应的垂直平面，单位矢量是与子午线正切。两系统与单位矢量和是这样选择，与散射平面平行，而与这平面垂直。

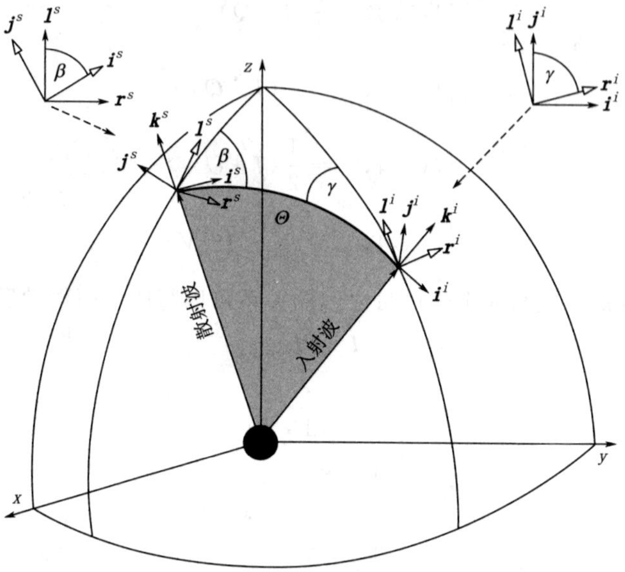


图 6.6 球面上各坐标的确定

现应用 Mie 理论结果，按下标是指沿单位矢量入射电矢量的分量，入射电矢量可以表示为

$$\begin{aligned}\boldsymbol{E}^i &= [a_i^i\exp(-\mathrm{i}\delta)\boldsymbol{i}^i + a_j^i\exp(-\mathrm{i}\delta)\boldsymbol{j}^i]\exp[-\boldsymbol{i}(k_0z-\omega t)] \\ &= (E_i^i\boldsymbol{i}^i + E_j^i\boldsymbol{j}^i)\exp[-\mathrm{i}(k_0z-\omega t)]\end{aligned} \tag{6.51}$$

式中 $a_i^i$ 和 $a_j^i$ 是实振幅，借助(5.163)式，得到

$$\begin{pmatrix}E_i^s\\E_j^s\end{pmatrix} = \frac{\exp[\mathrm{i}k_0(z^s-z^i)]}{\mathrm{i}k_0z^s}\begin{pmatrix}S_2(\cos\Theta) & 0\\ 0 & S_1(\cos\Theta)\end{pmatrix}\begin{pmatrix}E_i^i\\E_j^i\end{pmatrix} \tag{6.52}$$

式中 $S_1(\cos\Theta)$ 和 $S_2(\cos\Theta)$ 是(5.157a)和(5.157b)式定义的振幅函数。由此散射电矢量只取决于散射角 $\Theta$，这表示式优点在于散射光相对于散射平面的旋转对称性，缺点是散射平面在空间不固定，而是连续改变位置，这意味着相应于坐标系统描述入射光和散射光在空间也是不固定的。为避免此缺点，将采用只是相对于笛卡儿坐标系($x$、$y$、$z$)的变量表示方式转换(6.52)式，要变化的量是如图 6.7 中的($\theta^i$，$\theta^s$)和 $\Delta\phi = \phi^i - \phi^s$。

由图 6.6 中，容易找到变换式为

$$\begin{pmatrix}E_i^i\\E_j^i\end{pmatrix} = \begin{pmatrix}-\cos\gamma & \sin\gamma\\ \sin\gamma & \cos\gamma\end{pmatrix}\begin{pmatrix}E_l^i\\E_r^i\end{pmatrix} \tag{6.53}$$

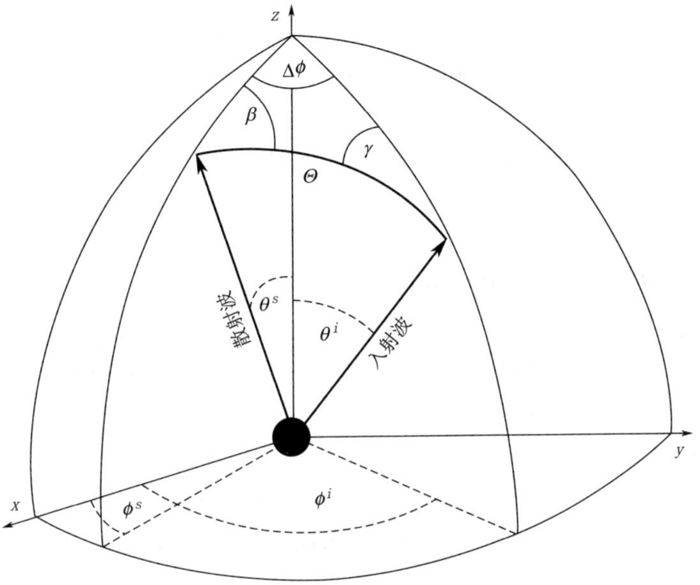


图 6.7　相对于固定坐标系 $x$、$y$、$z$ 散射矩阵公式的变量($\theta^i,\theta^s,\Delta\phi$)的确定

$$\begin{pmatrix} E_l^s \\ E_r^s \end{pmatrix} \begin{pmatrix} \cos\beta & \sin\beta \\ \sin\beta & -\cos\beta \end{pmatrix} = \begin{pmatrix} E_i^s \\ E_j^s \end{pmatrix} \tag{6.54}$$

把这关系式代入(6.33)式得到

$$\begin{pmatrix} E_l^s \\ E_r^s \end{pmatrix} = \frac{\exp[\mathrm{i}k_0(z^s - z^i)]}{\mathrm{i}k_0 z^s} \begin{pmatrix} \cos\beta & \sin\beta \\ \sin\beta & -\cos\beta \end{pmatrix} \begin{pmatrix} S_2(\cos\Theta) & 0 \\ 0 & S_1(\cos\Theta) \end{pmatrix}$$

$$\begin{pmatrix} -\cos\gamma & \sin\gamma \\ \sin\gamma & \cos\gamma \end{pmatrix} \begin{pmatrix} E_l^i \\ E_r^i \end{pmatrix} = \frac{\exp[\mathrm{i}k_0(z^s - z^i)]}{\mathrm{i}k_0 z^s} \begin{pmatrix} S_{11} & S_{12} \\ S_{21} & S_{22} \end{pmatrix} \begin{pmatrix} E_l^i \\ E_r^i \end{pmatrix} \tag{6.55}$$

式中各缩写符号的表示式

$$\begin{cases} S_{11} = -\cos\beta\cos\gamma\, S_2(\cos\Theta) + \sin\beta\sin\gamma S_1(\cos\Theta) \\ S_{12} = \cos\beta\sin\gamma\, S_2(\cos\Theta) + \sin\beta\cos\gamma S_1(\cos\Theta) \\ S_{21} = -\sin\beta\cos\gamma\, S_2(\cos\Theta) - \cos\beta\sin\gamma S_1(\cos\Theta) \\ S_{22} = \sin\beta\sin\gamma\, S_2(\cos\Theta) - \cos\beta\cos\gamma S_1(\cos\Theta) \end{cases} \tag{6.56}$$

现用球面三角($\Theta$、$\theta^i$、$\theta^s$)确定散射角 $\Theta$ 与角($\theta^i$、$\theta^s$、$\Delta\phi$)间的关系，如图 6.7 中，球面三角的几何关系的余弦定理得到

$$\begin{cases} \text{(a)}\ \cos\Theta = \cos\theta^i\cos\theta^s + \sin\theta^i\sin\theta^s\cos\Delta\phi \\ \text{(b)}\ \cos\theta^s = \cos\Theta\cos\theta^i + \sin\theta^i\sin\Theta\cos\gamma \\ \text{(c)}\ \cos\theta^i = \cos\Theta\cos\theta^s + \sin\theta^s\sin\Theta\cos\beta \end{cases} \tag{6.57}$$

正弦定理得到

$$\frac{\sin\Delta\phi}{\sin\Theta}=\frac{\sin\gamma}{\sin\theta^{s}}=\frac{\sin\beta}{\sin\theta^{i}} \tag{6.58}$$

及角的余弦定理

$$\begin{cases}\cos\Delta\phi=-\cos\beta\cos\gamma+\sin\beta\sin\gamma\sin\theta\\ \cos\beta=-\cos\gamma\cos\Delta\phi+\sin\gamma\sin\Delta\phi\cos\theta^{s}\\ \cos\gamma=-\cos\beta\cos\Delta\phi+\sin\beta\cos\theta^{s}\end{cases} \tag{6.59}$$

(6.57)式是对于 $\cos\Theta$ 的基本方程式，其在(2.43)式导得。(6.58)式代入(6.57)式得到

$$\begin{cases}\cos\theta^{i}\sin\Delta\phi=\cos\theta^{s}\sin\Delta\phi\cos\Theta+\cos\beta\sin\gamma\sin^{2}\Theta\\ \cos\theta^{s}\sin\Delta\phi=\cos\theta^{i}\sin\Delta\phi\cos\Theta+\sin\beta\cos\gamma\sin^{2}\Theta\end{cases} \tag{6.60}$$

其可以转换为

$$\begin{cases}\cos\theta^{i}\sin\Delta\phi=\cos\beta\sin\gamma+\sin\beta\cos\gamma\cos\Theta\\ \cos\theta^{s}\sin\Delta\phi=\cos\beta\sin\gamma\cos\Theta+\sin\beta\cos\gamma\end{cases} \tag{6.61}$$

引入缩写符号

$$\cos\chi=\cos\theta^{i}\cos\theta^{s}\cos\Delta\phi+\sin\theta^{i}\sin\theta^{s} \tag{6.62}$$

容易得到

$$\begin{cases}\cos\beta\cos\gamma=\dfrac{\cos\Theta\cos\chi-\cos\Delta\phi}{\sin^{2}\Theta}\\ \cos\beta\sin\gamma=\dfrac{(\cos\theta^{i}-\cos\theta^{s}\cos\Theta)\sin\Delta\phi}{\sin^{2}\Theta}\\ \sin\beta\sin\gamma=\dfrac{\cos\chi-\cos\Theta\cos\Delta\phi}{\sin^{2}\Theta}\\ \sin\beta\cos\gamma=\dfrac{(\cos\theta^{s}-\cos\theta^{i}\cos\Theta)\sin\Delta\phi}{\sin^{2}\Theta}\end{cases} \tag{6.63}$$

因此(6.56)式的矩阵系数假定形式为

$$\begin{cases}S_{11}=T_{1}\cos\Delta\phi+T_{2}\cos\chi, & S_{12}=(T_{1}\cos\theta^{i}+T_{2}\cos\theta^{s})\sin\Delta\phi\\ S_{21}=-(T_{1}\cos\theta^{s}+T_{2}\cos\theta^{i})\sin\Delta\phi, & S_{22}=T_{1}\cos\chi+T_{2}\cos\Delta\phi\end{cases} \tag{6.64}$$

式中使用如下缩写符号

$$\begin{cases}T_{1}(\theta^{i},\theta^{s},\Delta\phi)=\dfrac{S_{2}(\cos\Theta)-\cos\Theta S_{1}(\cos\Theta)}{\sin^{2}\Theta}\\ T_{2}(\theta^{i},\theta^{s},\Delta\phi)=\dfrac{S_{1}(\cos\Theta)-\cos\Theta S_{2}(\cos\Theta)}{\sin^{2}\Theta}\end{cases} \tag{6.65}$$

(6.64)式与(6.57)、(6.62)和(6.65)式一起表明矩阵元 $S_{ij}$ 仅是变量($\theta^{i}$、$\theta^{s}$、$\Delta\phi$)的函数，因此，散射过程可以用图中固定坐标系($x$、$y$、$z$)的已知量完全描述。

从(6.65)式看到,对于 $\Theta=0$ 或者 $\Theta=\pi$,消去 $T_1$ 和 $T_2$ 的分母。因此,必须看到,在这种情况下两个量的值是非奇异和完全确定的。从定义(5.157)和(5.158)式,看到

$$\begin{cases}\tau_n(\cos\Theta)|_{\Theta=0}=\pi_n(\cos\Theta)|_{\Theta=0}, & \tau_n(\cos\Theta)|_{\Theta=\pi}=-\pi_n(\cos\Theta)|_{\Theta=\pi} \\ S_1(\cos\Theta)|_{\Theta=0}=S_2(\cos\Theta)|_{\Theta=0}, & S_1(\cos\Theta)|_{\Theta=\pi}=-S_2(\cos\Theta)|_{\Theta=\pi}\end{cases} \tag{6.66}$$

因此,极限 $\Theta\to 0$ 和 $\Theta\to\pi$,容易由(6.65)式求得

$$T_1|_{\Theta=0}=T_2|_{\Theta=0}=\frac{1}{2}S_1|_{\Theta=0}, \quad T_1|_{\Theta=\pi}=-T_2|_{\Theta=\pi}=-\frac{1}{2}S_1|_{\Theta=\pi}$$

证明 $T_1$ 和 $T_2$ 是非奇异的。

### 6.2.4 斯托克斯矢量旋转变换

电磁辐射的斯托克斯参数始终是确定在一个包含辐射传播方向内的参考平面内,如果参考平面绕传播方向旋转,则斯托克斯参数应按旋转规则进行修正。如图 6.8 中,在沿传播方向观察,坐标轴 $\theta$ 和 $\phi$ 顺时针旋转 $\eta(0\leqslant\eta\leqslant 2\pi)$,则二维坐标系的变换规则得到

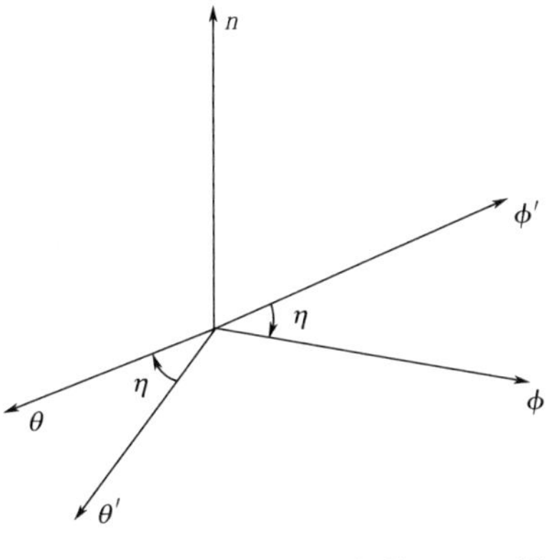


图 6.8　沿传播方向观察(向上)时,坐标轴 $\theta$ 和 $\phi$ 顺时针旋转变换

$$\begin{cases}E_{0\theta}=E_{0\theta}\cos\eta+E_{0\phi}\sin\eta \\ E_{0\phi}=-E_{0\theta}\sin\eta+E_{0\phi}\cos\eta\end{cases} \tag{6.67}$$

图中带撇是指相对于新参考坐标的电场分量。则根据(6.67)式,斯托克斯参数的旋转变换为

$$\boldsymbol{I}'=\begin{bmatrix}I'\\Q'\\U'\\V'\end{bmatrix}=\boldsymbol{L}(\eta)\boldsymbol{I}=\begin{bmatrix}1&0&0&0\\0&\cos 2\eta&-\sin 2\eta&0\\0&\sin 2\eta&\cos 2\eta&0\\0&0&0&1\end{bmatrix}\begin{bmatrix}I\\Q\\U\\V\end{bmatrix} \tag{6.68}$$

式中 $\boldsymbol{L}(\eta)$ 是对于 $\eta$ 的斯托克斯参数旋转矩阵。

## 6.2.5 修正的斯托克斯矢量和圆偏振矢量

由(6.50)式给出的矩阵和斯托克斯向量不是偏振的唯一表示,并不总是方便的。还有另外两个经常用的表示方法,称之修正的斯托克斯矢量,写为

$$\boldsymbol{I}^{\mathrm{MS}}=\begin{bmatrix} I_v \\ Q_h \\ U \\ V \end{bmatrix}=\boldsymbol{BI}=\begin{bmatrix} \frac{1}{2}(I+Q) \\ \frac{1}{1}(I-Q) \\ U \\ V \end{bmatrix} \tag{6.69}$$

和复圆偏振矢量,写为

$$\boldsymbol{I}^{\mathrm{CP}}=\begin{bmatrix} I_1 \\ I_0 \\ I_{-0} \\ I_{-2} \end{bmatrix}=\boldsymbol{AI}=\frac{1}{2}\begin{bmatrix} Q+iU \\ I+V \\ I-V \\ Q-\mathrm{i}V \end{bmatrix} \tag{6.70}$$

式中

$$\boldsymbol{B}=\begin{bmatrix} 1/2 & 1/2 & 0 & 0 \\ 1/2 & -1/2 & 0 & 0 \\ 0 & 0 & 1 & 0 \\ 0 & 0 & 0 & 1 \end{bmatrix} \tag{6.71}$$

和

$$\boldsymbol{A}=\frac{1}{2}\begin{bmatrix} 0 & 1 & \mathrm{i} & 0 \\ 1 & 0 & 0 & 1 \\ 1 & 0 & 0 & -1 \\ 0 & 1 & -1 & 0 \end{bmatrix} \tag{6.72}$$

很容易得到

$$\boldsymbol{I}=\boldsymbol{B}^{-1}\boldsymbol{I}^{\mathrm{MS}} \tag{6.73}$$

和

$$\boldsymbol{I}=\boldsymbol{A}^{-1}\boldsymbol{I}^{\mathrm{CP}} \tag{6.74}$$

式中

$$\boldsymbol{B}^{-1}=\begin{bmatrix} 1 & 1 & 0 & 0 \\ 1 & -1 & 0 & 0 \\ 0 & 0 & 1 & 0 \\ 0 & 0 & 0 & 1 \end{bmatrix} \tag{6.75}$$

和

$$
\boldsymbol{A}^{-1}=\begin{bmatrix} 0 & 1 & 1 & 0 \\ 1 & 0 & 0 & 1 \\ -1 & 0 & 0 & \mathrm{i} \\ 0 & 1 & -1 & 0 \end{bmatrix} \tag{6.76}
$$

### 6.2.6 修正的斯托克斯矢量的旋转变换

斯托克斯参数建立在固定的直角坐标系，现考虑在轴转动时这些参数的变换规则。在轴的转动中，总的强度 $I$ 和参数 $V$ 保持不变，而 $Q$ 和 $U$ 随轴转动发生改变。设 $Q'$ 和 $U'$ 是轴顺时针方向转动角度 $\eta$ 时 $Q$ 和 $U$ 的值，则有

$$
\begin{cases} Q'=I\cos 2\beta\cos 2(\chi-\eta) \quad \text{和} \quad U'=I\cos 2\beta\sin 2(\chi-\eta) \\ Q'=Q\cos 2\eta-U\sin 2\eta \quad \text{和} \quad U'=-Q\sin 2\eta+U\cos 2\eta \end{cases} \tag{6.77}
$$

在相互垂直的直角坐标系两方向中，使用强度（$I_l$ 和 $I_r$）、参数 $Q$ 和 $U$ 比一组斯托克斯参数 $I$、$Q$、$U$、$V$ 较为方便。现对于转动轴的 $I_l$、$I_r$、$Q$ 和 $U$ 变换规则，可以由强度 $I$ 和参数 $V$ 的不变性得到，因此有

$$
\begin{cases} I_\eta+I_{\eta+\pi/2}=I_l+I_r, \quad V'=V \\ I_\eta-I_{\eta+\pi/2}=(I_l-I_r)\cos 2\eta+U\sin 2\eta \\ U'=-(I_l-I_r)\sin 2\eta+U\cos 2\eta \end{cases} \tag{6.78}
$$

和

$$
\begin{cases} I_\eta=I_l\cos^2\eta+I_r\sin^2\eta+\dfrac{1}{2}U\sin 2\eta \\ I_{\eta+\pi/2}=I_l\sin^2\eta+I_r\cos^2\eta-\dfrac{1}{2}U\sin 2\eta \\ U'=-I_l\sin 2\eta+I_r\sin 2\eta+U\cos 2\eta \\ V'=V \end{cases} \tag{6.79}
$$

因此，如果

$$
\boldsymbol{I}^{\mathrm{MS}}=[I_l, I_r, U, V] \tag{6.80}
$$

是 $I_l$、$I_r$、$U$ 和 $V$ 的一个矢量分量，表示一个任意极化光。坐标轴按顺时针方向旋转角度 $\eta$，对于强度 $\boldsymbol{I}$ 的线性变换

$$
\boldsymbol{L}^{\mathrm{MS}}(\eta)=\boldsymbol{BL}(\eta)\boldsymbol{B}^{-1}=\begin{pmatrix} \cos^2\eta & \sin^2\eta & \dfrac{1}{2}\sin 2\eta & 0 \\ \sin^2\eta & \cos^2\eta & -\dfrac{1}{2}\sin 2\eta & 0 \\ -\sin 2\eta & \sin 2\eta & \cos 2\eta & 0 \\ 0 & 0 & 0 & 1 \end{pmatrix} \tag{6.81}
$$

显然满足关系

$$\boldsymbol{L}(\eta_1)\boldsymbol{L}(\eta_2)=\boldsymbol{L}(\eta_1+\eta_2)\text{和}\boldsymbol{L}^{-1}(\eta)=\boldsymbol{L}(-\eta) \tag{6.82}$$

因此，

$$(\boldsymbol{I}^{\mathrm{MS}})'=\boldsymbol{B}\boldsymbol{I}'=\boldsymbol{B}\boldsymbol{L}(\eta)\boldsymbol{I}=\boldsymbol{B}\boldsymbol{L}(\eta)\boldsymbol{B}^{-1}\boldsymbol{I}^{\mathrm{MS}} \tag{6.83}$$

类似地，圆极化表示为

$$(\boldsymbol{I}^{\mathrm{CP}})'=\boldsymbol{A}\boldsymbol{I}'=\boldsymbol{A}\boldsymbol{L}(\eta)\boldsymbol{I}=\boldsymbol{A}\boldsymbol{L}(\eta)\boldsymbol{A}^{-1}\boldsymbol{I}^{\mathrm{CP}} \tag{6.84}$$

相应的对角矩阵为

$$\boldsymbol{L}^{\mathrm{CP}}(\eta)=\boldsymbol{A}\boldsymbol{L}(\eta)\boldsymbol{A}^{-1}=\begin{bmatrix}\exp(\mathrm{i}2\eta) & 0 & 0 & 0\\ 0 & 1 & 0 & 0\\ 0 & 0 & 1 & 0\\ 0 & 0 & 0 & \exp(-\mathrm{i}2\eta)\end{bmatrix} \tag{6.85}$$

## 6.3 辐射传输方程式的矢量形式

对于水平均匀大气局地热力平衡下的标量辐射传输方程式为

$$\mu\frac{\mathrm{d}I(\tau,\mu,\phi)}{\mathrm{d}\tau}=I(\tau,\mu,\phi)-J(\tau,\mu,\phi) \tag{6.86}$$

式中源函数为

$$\begin{aligned}J(\tau,\mu,\phi)=&\frac{\varpi_0}{4\pi}\int_{4\pi}P(\mu,\phi;\mu',\phi')I(s;\mu,\phi')\mathrm{d}\mu'\mathrm{d}\phi'\\&+\frac{\varpi_0}{4\pi}S_0\,\mathrm{e}^{-\tau/\mu_0}\times P(\mu,\phi,-\mu_0,\phi_0)+(1-\varpi_0)B(\tau)\end{aligned} \tag{6.87}$$

(6.86)式中标量 $I$ 和 $J$ 由下面斯托克斯参数表示的矢量 $\boldsymbol{I}$ 和 $\boldsymbol{J}$ 代替

$$\boldsymbol{I}=\begin{bmatrix}I_l\\ I_r\\ U\\ V\end{bmatrix},\quad \boldsymbol{J}=\begin{bmatrix}J_l\\ J_r\\ J_U\\ J_V\end{bmatrix} \tag{6.88}$$

得到辐射传输方程的矢量形式为

$$\mu\frac{\mathrm{d}\boldsymbol{I}(\tau,\mu,\phi)}{\mathrm{d}\tau}=\boldsymbol{I}(\tau,\mu,\phi)-\boldsymbol{J}(\tau,\mu,\phi) \tag{6.89}$$

同时上式中包含有

$$\boldsymbol{B}=\frac{1}{2}B[(\tau)]\begin{bmatrix}1\\ 1\\ 0\\ 0\end{bmatrix},\quad \boldsymbol{S}_0=\frac{1}{2}S_0\begin{bmatrix}1\\ 1\\ 0\\ 0\end{bmatrix} \tag{6.90}$$

和

$$\boldsymbol{J}(\tau,\mu,\phi)=\frac{\varpi_0}{4\pi}\int_{4\pi}\boldsymbol{P}(\mu,\phi;\mu',\phi')\boldsymbol{I}(s;\mu',\phi')\mathrm{d}\mu'\mathrm{d}\phi' + \frac{\varpi_0}{4\pi}\boldsymbol{S}_0\mathrm{e}^{-\tau/\mu_0}\times\boldsymbol{P}(\mu,\phi,-\mu_0,\phi_0)+(1-\varpi_0)\boldsymbol{B}(\tau) \tag{6.91}$$

## 6.4 球形粒子的斯托克斯参数表示

入射电磁辐射强度(下标 $i$)与散射辐射场强度(下标 $s$)的斯托克斯参数表示为

$$\begin{bmatrix} I_s \\ Q_s \\ U_s \\ V_s \end{bmatrix} = \frac{\boldsymbol{F}}{k^2r^2}\begin{bmatrix} I_i \\ Q_i \\ U_i \\ V_i \end{bmatrix} \tag{6.92}$$

式中变换 $\boldsymbol{F}$ 矩阵为

$$\boldsymbol{F}=\begin{bmatrix} \frac{1}{2}(M_2+M_1) & \frac{1}{2}(M_2-M_1) & 0 & 0 \\ \frac{1}{2}(M_2-M_1) & \frac{1}{2}(M_2+M_1) & 0 & 0 \\ 0 & 0 & S_{21} & -D_{21} \\ 0 & 0 & D_{21} & S_{21} \end{bmatrix} \tag{6.93}$$

矩阵元分别为

$$\begin{cases} M_{1,2}=S_{1,2}(\theta)S^*_{1,2}(\theta) \\ S_{21}=\frac{1}{2}[S_1(\theta)S_2^*(\theta)+S_2(\theta)S_1^*(\theta)] \\ -D_{21}=\frac{\mathrm{i}}{2}[S_1(\theta)S_2^*(\theta)-S_2(\theta)S_1^*(\theta)] \end{cases} \tag{6.94}$$

通常称 $\boldsymbol{F}$ 为单个球散射粒子的变换矩阵。

定义散射相矩阵为

$$\frac{\boldsymbol{F}(\theta)}{k^2r^2}=C\boldsymbol{P}(\theta) \tag{6.95}$$

式中系数可以由矩阵元下面归一化

$$\int_0^{2\pi}\int_0^{\pi}\frac{P_{11}(\theta)}{4\pi}\sin\theta\mathrm{d}\theta\mathrm{d}\phi=1 \tag{6.96}$$

确定,就可以得到

$$C=\frac{1}{2k^2r^2}\int_0^{\pi}\frac{1}{2}[M_1(\theta)+M_2(\theta)]\sin\theta\mathrm{d}\theta$$

$$= \frac{1}{4k^2r^2}\int_0^{\pi} \frac{1}{2} [i_1(\theta)+i_2(\theta)]\sin\theta d\theta \tag{6.97}$$

根据散射截面定义，有

$$C = \frac{\sigma_s}{4\pi r^2} \tag{6.98}$$

由此

$$\begin{cases} \dfrac{P_{11}}{4\pi} = \dfrac{1}{2k^2\sigma_s}(i_1+i_2) = \dfrac{1}{2}\left(\dfrac{P_1}{4\pi}+\dfrac{P_2}{4\pi}\right) \\ \dfrac{P_{12}}{4\pi} = \dfrac{1}{2k^2\sigma_s}(i_2-i_1) = \dfrac{1}{2}\left(\dfrac{P_2}{4\pi}-\dfrac{P_1}{4\pi}\right) \\ \dfrac{P_{33}}{4\pi} = \dfrac{1}{2k^2\sigma_s}(i_3+i_4) \\ -\dfrac{P_{34}}{4\pi} = \dfrac{1}{2k^2\sigma_s}(i_4-i_3) \end{cases} \tag{6.99}$$

式中

$$\begin{cases} i_j = S_j S_j^* = |S_j|^2 \\ i_3 = S_2 S_1^* \\ i_4 = S_1 S_2^* \end{cases} \tag{6.100}$$

于是单个均质散射粒子的散射相矩阵写为

$$\boldsymbol{P} = \begin{bmatrix} P_{11} & P_{12} & 0 & 0 \\ P_{12} & P_{11} & 0 & 0 \\ 0 & 0 & P_{33} & -P_{34} \\ 0 & 0 & P_{34} & P_{33} \end{bmatrix} \tag{6.101}$$

## 6.5 粒子群的相函数矩阵元

相矩阵可以将入射辐射与散射辐射联系起来，所以为描述粒子群的散射辐射场，必须确定相矩阵。由于相矩阵表示的是粒子群在其尺度范围($a_1 \to a_2$)散射强度和偏振状况的无量纲物理参数，它与粒子的尺度谱 $dn(a)/da$ 无关，所以由(6.99)式对粒子的尺度积分得

$$\frac{P_{11}}{4\pi}\int_{a_1}^{a_2} \sigma_s n(a) da = \frac{1}{2k^2}\int_{a_1}^{a_2} [i_1(a)+i_2(a)]n(a) da \tag{6.102}$$

由(5.286)式进一步可得到

$$\frac{P_{11}}{4\pi} = \frac{1}{2k^2\beta_s}\int_{a_1}^{a_2} [i_1(a)+i_2(a)]n(a) da \tag{6.103}$$

类似地可以得到

$$\begin{cases}\dfrac{P_{22}}{4\pi}=\dfrac{1}{2k^2\beta_s}\displaystyle\int_{a_1}^{a_2}[i_2(a)-i_1(a)]n(a)\mathrm{d}a\\ \dfrac{P_{33}}{4\pi}=\dfrac{1}{2k^2\beta_s}\displaystyle\int_{a_1}^{a_2}[i_3(a)+i_4(a)]n(a)\mathrm{d}a\\ \dfrac{P_{34}}{4\pi}=\dfrac{1}{2k^2\beta_s}\displaystyle\int_{a_1}^{a_2}[i_4(a)i_3(a)]n(a)\mathrm{d}a\end{cases} \tag{6.104}$$

式中 $i_j(j=1,2,3,4)$ 是粒子半径 $a$ 、折射指数 $m$ 、入射波长 $\lambda$ 以及散射角的函数。

## 6.6 多次散射源函数的变换

在矢量辐射传输方程(6.89)式中，源函数是 4 个元素组成的矢量。如图 6.9 中，在 $OP_1Z$ 平面内多次散射辐射为 $\boldsymbol{I}(\tau,\mu',\phi')$，在 $\mathrm{d}\Omega'$ 方向上形成的微分源函数增量为 $\mathrm{d}\boldsymbol{J}(\tau,\mu,\phi;\mu',\phi')$。为得到合适的源函数，可进行两次变换：

(1) 先将 $\boldsymbol{I}(\tau,\mu',\phi')$ 由子午平面 $OP_1Z$ 变换到散射平面 $OP_1P_2$。对此应用变换矩阵 $\boldsymbol{L}(-i_1)$，这里 $i_1$ 是 $OP_1Z$ 与 $OP_1P_2$ 的夹角，负号表示逆时针旋转，由此得到微分源函数的表示式为

$$\frac{1}{4\pi}\varpi_0\boldsymbol{P}(\Theta)\boldsymbol{L}(-i_1)\boldsymbol{I}(\tau,\mu',\phi')\mathrm{d}\Omega' \tag{6.105}$$

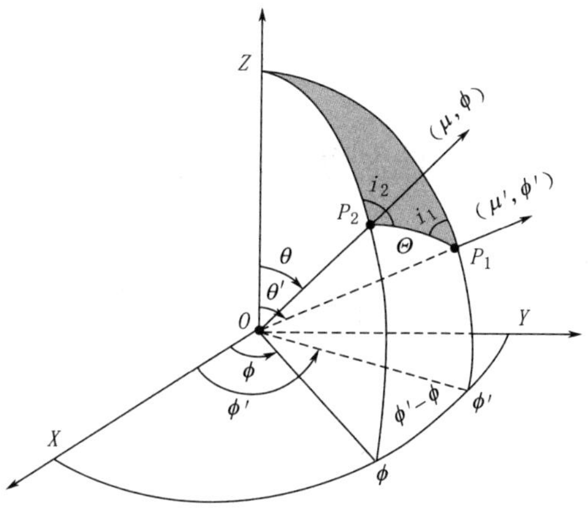


图 6.9　$\boldsymbol{I}(\tau,\mu',\phi')$ 从 $OP_1Z$ 到 $OP_2Z$ 平面

(2) 然后将微分源函数通过变换矩阵 $\boldsymbol{L}(\pi-i_2)$，由散射平面 $OP_1P_2$ 顺时针旋转 $(\pi-i_2)$ 度转换到子午平面 $OP_2Z$，$i_2$ 是散射平面 $OP_1P_2$ 与平面间夹角。由此得

$$\mathrm{d}\boldsymbol{J}(\tau,\mu,\phi;\mu',\phi')=\frac{1}{4\pi}\varpi_0\boldsymbol{L}(\pi-i_2)\boldsymbol{P}(\Theta)\boldsymbol{L}(-i_1)\boldsymbol{I}(\tau,\mu',\phi')\mathrm{d}\Omega'$$

这样对 $\mathrm{d}\Omega'$ 积分，多次散射产生的源函数为

$$\boldsymbol{J}(\tau,\mu,\phi;\mu',\phi')=\frac{\varpi_0}{4\pi}\int_0^{2\pi}\int_{-1}^{1}\boldsymbol{Z}(\mu,\phi;\mu',\phi')\boldsymbol{I}(\tau,\mu',\phi')\mathrm{d}\mu'\mathrm{d}\phi' \tag{6.106}$$

式中相矩阵写为

$$\boldsymbol{Z}(\mu,\phi;\mu',\phi')=\boldsymbol{L}(\pi-i_2)\boldsymbol{P}(\Theta)\boldsymbol{L}(-i_1) \tag{6.107}$$

根据球面三角公式，可以得

$$\cos i_1 = \frac{-\mu + \mu' \cos\Theta}{\pm(1-\cos^2\Theta)^{1/2}(1-\mu'^2)^{1/2}}$$

$$\cos i_2 = \frac{-\mu' + \mu \cos\Theta}{\pm(1-\cos^2\Theta)^{1/2}(1-\mu^2)^{1/2}} \tag{6.108}$$

式中当 $\pi<\phi-\phi'<2\pi$，取正号，当 $0<\phi-\phi'<\pi$ 时取负号。

对太阳光，$\boldsymbol{I}_0(\tau,-\mu,\phi)=\delta(\mu-\mu_0)\delta(\phi-\phi_0)\boldsymbol{F}_0$，直接分量为

$$\boldsymbol{J}(\tau,\mu,\phi)=\frac{\varpi}{4\pi}\boldsymbol{Z}(\mu,\phi;-\mu_0,\phi_0)\boldsymbol{I}(\tau,\mu',\phi')\boldsymbol{F}_0\exp\left(-\frac{\tau}{\mu_0}\right) \tag{6.109}$$

则在偏振情况下，太阳辐射传输方程式为

$$\begin{aligned}\mu\frac{\mathrm{d}\boldsymbol{I}(\tau,\mu,\phi)}{\mathrm{d}\tau} &= \boldsymbol{I}(\tau,\mu,\phi) \\ &\quad -\frac{\varpi}{4\pi}\int_0^{2\pi}\int_{-1}^{1}\boldsymbol{Z}(\mu,\phi;\mu',\phi')\boldsymbol{I}(\tau,\mu',\phi')\mathrm{d}\mu'\mathrm{d}\phi' \\ &\quad -\frac{\varpi}{4\pi}\boldsymbol{Z}(\mu,\phi;-\mu_0,\phi_0)\boldsymbol{I}(\tau,\mu',\phi')\boldsymbol{F}_0\exp\left(-\frac{\tau}{\mu_0}\right)\end{aligned} \tag{6.110}$$

## 6.7 对于瑞利散射的 $\boldsymbol{I}(\boldsymbol{\theta},\boldsymbol{\phi})$ 的变换方程

考虑一个含有如像原子、分子或电子粒子的大气辐射场，散射辐射场按瑞利散射分布，引入质量散射系数，为

$$k=\frac{\sigma}{\rho}N \tag{6.111}$$

式中 $N$ 是单位体积粒子数，$\rho$ 是密度，任意质量元 $\mathrm{d}M$ 的散射辐射表示为

$$\left(k\,\mathrm{d}M\frac{\mathrm{d}\omega'}{4\pi}\right)\boldsymbol{RI}\,\mathrm{d}\omega \tag{6.112}$$

式中 $\boldsymbol{I}$ 为平行和垂直于散射平面的直角坐标系的轴，$\boldsymbol{R}$ 是相矩阵。在电子的情形下，$k$ 是 Thompson 散射系数。对于分子散射，由(3.58)式瑞利公式，通过设

$$\alpha=\frac{m^2-1}{4\pi m} \tag{6.113}$$

式中 $m$ 是介质的折射指数。由此，得到

$$k=\frac{8\pi^3(m^2-1)^2}{2\lambda^4 N\rho} \tag{6.114}$$

下面就偏振光的辐射传输方程处理进行叙述。在介质中任一点通过强度 $I_l(\theta,\phi)$、$I_r(\theta,\phi)$、$U(\theta,\phi)$、$V(\theta,\phi)$ 表示辐射，式中 $\theta$、$\phi$ 是相应于通过点所选择坐标系统的极角。如果 $l$ 和 $r$ 分别表示子午平面内和相互正交的方向，辐射 $\boldsymbol{I}(\theta,\phi)$ 写为

$$\boldsymbol{I}(\theta,\phi)=[I_l(\theta,\phi),I_r(\theta,\phi),U(\theta,\phi),V(\theta,\phi)] \tag{6.115}$$

则矢量形式的辐射传输方程式写为

$$-\frac{\mathrm{d}\boldsymbol{I}(\theta,\phi)}{k\rho\mathrm{d}s}=\boldsymbol{I}(\theta,\phi)-\boldsymbol{S}(\theta,\phi) \tag{6.116}$$

式中 $\boldsymbol{S}(\theta,\phi)$是对于 $\boldsymbol{I}(\theta,\phi)$的矢量源函数，现在要求取源函数 $\boldsymbol{S}(0,\phi)$。考虑由于在方向$(\theta',\phi')$的一束立体角 $\mathrm{d}\omega'$的散射，$\mathrm{d}\boldsymbol{S}(\theta,\phi;\theta',\phi')$的贡献为

$$\boldsymbol{RI}\frac{\mathrm{d}\omega'}{4\pi} \tag{6.117}$$

如果辐射 $I(\theta',\phi')$的方向平行且垂直于散射平面，而 $I(\theta',\phi')$是沿子午线平面且它正交方向，根据(6.107)式，对于(6.117)式可以将 $I(\theta',\phi')$应用线性变换 $\boldsymbol{L}(-i_1)$变换到所需要的方向上，式中表示通过点的子午平面和散射平面间的夹角，因此，在$(\theta',\phi')$方向一束散射辐射对源函数的贡献为

$$\boldsymbol{R}(\cos\Theta)\boldsymbol{L}(-i_1)\boldsymbol{I}(\theta',\phi')\frac{\mathrm{d}\omega'}{4\pi} \tag{6.118}$$

这是指斯托克斯参数在 $P_2$ 点处平行和垂直于散射平面，现应用线性变换 $\boldsymbol{L}(\pi-i_2)$，式中 $i_2$ 是 $OP_2Z$ 平面和 $OP_1P_2$ 之间的夹角。

$$\mathrm{d}\boldsymbol{S}(\theta,\phi;\theta',\phi')=\boldsymbol{L}(\pi-i_2)\boldsymbol{R}(\cos\Theta)\boldsymbol{L}(-i_1)\boldsymbol{I}(\theta',\phi')\frac{\mathrm{d}\omega}{4\pi} \tag{6.119}$$

从方程式(6.119)，通过对所有方向$(\theta',\phi')$整个空间积分得到源函数为

$$\boldsymbol{S}(\theta,\phi)=\frac{1}{4\pi}\int_0^{\pi}\int_0^{2\pi}\boldsymbol{L}(\pi-i_2)\boldsymbol{R}(\cos\Theta)\boldsymbol{L}(-i_1)\boldsymbol{I}(\theta',\phi')\sin\theta'\mathrm{d}\theta'\mathrm{d}\phi' \tag{6.120}$$

现在可以把传输方程式写为

$$-\frac{\mathrm{d}\boldsymbol{I}(\theta,\phi)}{k\rho\mathrm{d}s}=\boldsymbol{I}(\theta,\phi)-\frac{1}{4\pi}\int_0^{\pi}\int_0^{2\pi}\boldsymbol{P}(\theta,\phi;\theta',\phi')\boldsymbol{I}(\theta',\phi')\sin\theta'\mathrm{d}\theta'\mathrm{d}\phi' \tag{6.121}$$

其中相矩阵可以写为

$$\boldsymbol{P}(\theta,\phi;\theta',\phi')=\boldsymbol{L}(\pi-i_2)\boldsymbol{R}(\cos\Theta)\boldsymbol{L}(-i_1) \tag{6.122}$$

或者为

$$\boldsymbol{P}(\theta,\phi;\theta',\phi')=\begin{pmatrix}(l,l)^2 & (r,l)^2 & (l,l)(r,l) & 0\\ (l,r)^2 & (r,r)^2 & (l,r)(r,r) & 0\\ 2(l,l)(l,r) & 2(r,r)(r,l) & (l,l)(r,r)+(r,l)(l,r) & 0\\ 0 & 0 & 0 & (l,r)(r,r)-(r,l)(l,r)\end{pmatrix} \tag{6.123}$$

由球面三角形可以得到

$$\begin{aligned}(l,l)&=\sin\theta\sin\theta'+\cos\theta\cos\theta'\cos(\phi'-\phi)\\ (r,l)&=\cos\theta\sin(\phi'-\phi)\end{aligned} \tag{6.124}$$

$$(l,r)=-\cos\theta'\sin(\phi'-\phi)$$
$$(r,r)=\cos(\phi'-\phi)$$

相矩阵元为

$$(l,l)^2=\frac{1}{2}[2(1-\mu^2)(1-\mu'^2)+\mu^2\mu'^2]+2\mu\mu'(1-\mu^2)^{\frac{1}{2}}(1-\mu'^2)^{\frac{1}{2}}$$
$$+\frac{1}{2}\mu^2\mu'^2\cos2(\phi'-\phi)$$

$$(r,l)^2=\frac{1}{2}\mu^2[1-\cos2(\phi'-\phi)]$$
$$(l,r)^2=\frac{1}{2}\mu'^2[1-\cos2(\phi'-\phi)] \tag{6.125}$$
$$(r,r)^2=\frac{1}{2}[1+\cos2(\phi'-\phi)]$$
$$(l,l)(r,l)=\mu(1-\mu^2)^{\frac{1}{2}}(1-\mu'^2)^{\frac{1}{2}}\sin(\phi'-\phi)+\frac{1}{2}\mu^2\mu'\sin2(\phi'-\phi)$$
$$(l,l)(l,r)=-\mu'(1-\mu^2)^{\frac{1}{2}}(1-\mu'^2)^{\frac{1}{2}}\sin(\phi'-\phi)+\frac{1}{2}\mu\mu'^2\sin2(\phi'-\phi)$$
$$(l,r)(r,r)=-\frac{1}{2}\mu'\sin2(\phi'-\phi)$$
$$(r,l)(r,r)=\frac{1}{2}\mu\sin2(\phi'-\phi)$$
$$(r,l)(r,r)+(r,l)(l,r)=(1-\mu^2)^{\frac{1}{2}}(1-\mu'^2)^{\frac{1}{2}}\cos(\phi'-\phi)+\mu\mu'\cos2(\phi'-\phi)$$
$$(l,l)(r,r)-(r,l)(l,r)=\mu\mu'+(1-\mu^2)^{\frac{1}{2}}(1-\mu'^2)^{\frac{1}{2}}\cos(\phi'-\phi)$$

式中 $\mu=\cos\theta,\mu'=\cos\theta'$。使用(6.125)式,相矩阵可写为

$$\boldsymbol{P}(\mu,\phi;\mu',\phi')=\boldsymbol{Q}[\boldsymbol{P}^{(0)}(\mu,\mu')+(1-\mu^2)^{\frac{1}{2}}(1-\mu'^2)^{\frac{1}{2}}\boldsymbol{P}^{(1)}(\mu,\phi;\mu',\phi')$$
$$+\boldsymbol{P}^{(2)}(\mu,\phi;\mu',\phi')]$$

式中

$$\boldsymbol{P}^{(0)}(\mu,\mu')=\frac{3}{4}\begin{pmatrix}2(1-\mu^2)(1-\mu'^2)+\mu^2\mu'^2 & \mu^2 & 0 & 0\\ \mu'^2 & 1 & 0 & 0\\ 0 & 0 & 0 & 0\\ 0 & 0 & 0 & \mu\mu'\end{pmatrix} \tag{6.126}$$

$$\boldsymbol{P}^{(1)}(\mu,\phi;\mu',\phi')=\frac{3}{4}\begin{pmatrix}4\mu\mu'\cos(\phi'-\phi) & 0 & 2\mu\sin(\phi'-\phi) & 0\\ 0 & 0 & 0 & 0\\ -2\mu\sin(\phi'-\phi) & 0 & \cos(\phi'-\phi) & 0\\ 0 & 0 & 0 & \cos(\phi'-\phi)\end{pmatrix}$$
$$\tag{6.127}$$

$$\boldsymbol{P}^{(2)}(\mu,\phi;\mu',\phi')=$$

$$\frac{3}{4}\begin{pmatrix}\mu^2\mu'^2\cos2(\phi'-\phi) & -\mu^2\cos2(\phi'-\phi) & \mu^2\mu'\sin2(\phi'-\phi) & 0\\ -\mu'^2\cos2(\phi'-\phi) & \cos2(\phi'-\phi) & \mu'\sin2(\phi'-\phi) & 0\\ -\mu\mu'^2\sin2(\phi'-\phi) & \mu\sin2(\phi'-\phi) & \mu\mu'\cos2(\phi'-\phi) & 0\\ 0 & 0 & 0 & 0\end{pmatrix}$$

(6.128)

和

$$\boldsymbol{Q}=\begin{pmatrix}1&0&0&0\\0&1&0&0\\0&0&2&0\\0&0&0&2\end{pmatrix} \tag{6.129}$$

可看到

$$\widetilde{\boldsymbol{P}}^{(i)}(\mu,\phi;\mu',\phi')=\boldsymbol{P}^{(i)}(\mu,\phi;\mu',\phi') \tag{6.130}$$

式中 $\widetilde{\boldsymbol{P}}^{(i)}$ 是对于矩阵 $\boldsymbol{P}^{(i)}$ 的行列交换和角变量$(\mu,\phi)$相互交换。这是由于限于散射光极化，则对于变换过程中相矩阵的对称性是对于单次散射数学互易特性。

现对于平面平行介质的辐射传输方程式写为

$$\mu\frac{\mathrm{d}\boldsymbol{I}(\tau,\mu,\phi)}{\mathrm{d}\tau}=\boldsymbol{I}(\tau,\mu,\phi)-\frac{1}{4\pi}\int_0^{\pi}\int_0^{2\pi}\boldsymbol{P}(\mu,\phi;\mu',\phi')\boldsymbol{I}(\mu',\phi')\mathrm{d}\mu'\mathrm{d}\phi' \tag{6.131}$$

式中 $\tau$ 是用散射系数测量的垂直光学厚度。

现考虑对于带电散射大气的辐射传输，瑞利散射属于守恒散射，因此，在对于具有净通量恒定的轴对称和半无限平面平行大气情况下，总强度$(I_l+I_r)$是十分重要的，早期恒星的电子散射大气，其温度超过 15000 K，自由电子的散射在偏振状态和角分布与瑞利散射相一致。

在没有入射辐射的平面平行大气中，辐射场的轴对称要求偏振平面是沿着子午平面（或与它正交），则有 $U=V=0$，用 $I_l(\tau,\mu)$和 $I_r(\tau,\mu)$足以描述辐射场，这情况下辐射传输方程为

$$\mu\frac{\mathrm{d}}{\mathrm{d}\tau}\begin{pmatrix}I_l(\tau,\mu)\\I_r(\tau,\mu)\end{pmatrix}=\begin{pmatrix}I_l(\tau,\mu)\\I_r(\tau,\mu)\end{pmatrix}-$$

$$\frac{3}{8}\int_{-1}^{+1}\begin{pmatrix}2(1-\mu^2)(1-\mu'^2)+\mu^2\mu'^2 & \mu^2\\ \mu'^2 & 1\end{pmatrix}\begin{pmatrix}I_l(\tau,\mu)\\I_r(\tau,\mu)\end{pmatrix}\mathrm{d}\mu' \tag{6.132}$$

则行星大气的边界条件是

$$I_l(0,-\mu)=I_r(0,-\mu)=0,\quad \tau=0 \text{ 和 } 0<\mu\leqslant1; \tag{6.133}$$

$$I_l(\tau,\mu)=a,\quad I_r(\tau,\mu)=b \text{ 和 } \tau\to\infty$$

## 本章要点

1. 首先要建立电磁波偏振的基本概念，掌握线偏振、椭圆偏振、左旋偏振、右旋偏振等。

2. 深入理解偏振的斯托克斯参数及参数的意义。

3. 熟悉斯托克斯参数的转换关系式。

4. 熟悉散射参数的斯托克斯参数的表示。

5. 熟悉辐射传输方程的斯托克斯参数表示。

## 思考题与习题

1. 声波在空气中是圆偏振的吗？

2. 非偏振光落在如此定向两个偏振片上，使得没有光传播。如果第三偏振片放置在它们之间并且布置成使得光透射，这种透射光是否可以被偏振？

3. 讨论电磁波矢量

$$\boldsymbol{E}=\boldsymbol{i}E_0\cos(\omega t-kz+\pi/2)+\boldsymbol{j}E_0\sin(\omega t-kz)$$

的偏振状态。

4. 写出考虑一线偏振调波振幅 $E_0$，假设波沿着 $x$，$y$ 平面的直线传播，振动平面对于 $x$ 轴倾斜 45°直线的电矢量。

5. 下面式子表示的是什么偏振状态？

(a) $E_x=E_0\sin(kx-\omega t)$，$E_y=E_0\cos(kx-\omega t)$

(b) $E_x=E_0\cos(kx-\omega t)$，$E_y=E_0\cos(kx-\omega t+\frac{\pi}{4})$

(c) $E_x=E_0\sin(kx-\omega t)$，$E_y=E_0\sin(kx-\omega t)$

6. 太阳电磁辐射以 $1.37\times10^{-3}$ W · m$^{-2}$ 速率入射地球大气顶，假定为平面波辐射，估计电磁场波振幅的大小是多少，电场单位是 m · kg · s$^{-2}$ · Co$^{-1}$ 和磁场单位是 kg · s$^{-2}$ · Co$^{-1}$（特斯拉）。

7. 对于一球形粒子的入射和散射电矢量用矩阵形式表示为

$$\begin{bmatrix} E_i^s \\ E_j^s \end{bmatrix}=\begin{bmatrix} A_2 & 0 \\ 0 & A_1 \end{bmatrix}\begin{bmatrix} E_i^i \\ E_j^i \end{bmatrix}$$

式中 $E_i$ 和 $E_j$ 由(5.161)、(5.162)式给出，求取对于斯托克斯矢量的变换矩阵 $\boldsymbol{F}$。就是

$$\begin{pmatrix} I_s \\ Q_s \\ U_s \\ V_s \end{pmatrix}=\boldsymbol{F}\begin{pmatrix} I_i \\ Q_i \\ U_i \\ V_i \end{pmatrix}$$

矩阵的每个元素，这里不要求变换到垂直平面。

8. 由夜光云的光中观测到圆极化波，对于这观测的一种解释是这些云是由排列整齐的非球形粒子组成，相矩阵由(6.101)式表示，如果入射至这些粒子的光具有下面形式

$$\begin{pmatrix} I \\ Q \\ U \\ V \end{pmatrix} = \begin{pmatrix} I_0 \\ 0 \\ 0 \\ 0 \end{pmatrix} + \begin{pmatrix} I_{ms} \\ Q_{ms} \\ U_{ms} \\ V_{ms} \end{pmatrix}$$

式中右侧第一项是非散射太阳光，第二项是阳光的多次散射贡献，导出由于这些粒子单次散射的阳光的圆偏振度？

# 第 7 章　辐射传输的离散纵标法

本章介绍由钱德拉塞卡尔(Chandrasekhar,1950)提出的离散纵标法(DOM)——一种精确求解辐射分布的方法。这种方法已经广泛应用于实际辐射计算。主要内容有:对各向异性散射大气,求解辐射传输的难点之一是散射相函数的处理。所以本章首先讲述散射相函数的勒让德多项式和其他表示;其次是辐射传输方程的相函数处理;然后叙述各向同性离散纵标法和各向异性散射大气的离散纵标法等。

## 7.1　散射相函数的勒让德多项式和其他表示

### 7.1.1　散射相函数展开

**1. 散射相函数的球谐函数展开——散射辐射空间分布的数学描述**

散射相函数表示的是散射辐射的空间分布的函数,为方便求解辐射传输方程,常将相函数在空间中进行展开,对此首先确定散射角 $\Theta$ 与球坐标系$(\theta,\phi)$的关系,可以表示为

$$\cos\Theta=(\boldsymbol{i}\cos\phi'\sin\theta'+\boldsymbol{j}\sin\phi'\sin\theta'+\boldsymbol{k}\cos\theta')\cdot(\boldsymbol{i}\cos\phi\sin\theta+\boldsymbol{j}\sin\phi\sin\theta+\boldsymbol{k}\cos\theta) \tag{7.1}$$

或为

$$\cos\Theta=\mu\mu'+(1-\mu^2)^{\frac{1}{2}}(1-\mu'^2)^{\frac{1}{2}}\cos(\phi-\phi') \tag{7.2}$$

在三维空间中,相函数以有限 $N$ 项的勒让德多项式进行数值展开表示

$$\begin{aligned}\boldsymbol{P}(\cos\Theta)&=\sum_{l=0}^{\infty}\omega_l P_l(\cos\Theta)\\&=\sum_{l=0}^{\infty}\omega_l P_l[\mu\mu'+(1-\mu^2)^{\frac{1}{2}}(1-\mu'^2)^{\frac{1}{2}}\cos(\phi-\phi')]\end{aligned} \tag{7.3}$$

对于实际使用中,勒让德多项式只需取有限项即可。

对于域为$-1\leqslant x\leqslant 1$变量 $x$ 的勒让德多项式表示为

$$P_l(x)=\frac{1}{2^l l!}\frac{\mathrm{d}^l}{\mathrm{d}x^l}(x^2-1)^l \tag{7.4}$$

很容易得到多项式的前第一、二、三项为

$$P_0(x)=1,\quad P_1(x)=x,\quad P_2(x)=\frac{3}{2}x^2-\frac{1}{2} \tag{7.5}$$

更加一般的连带勒让德多项式表示为

$$P_l^m(x)=\frac{(1-x^2)^{m/2}}{2^l l!}\frac{\mathrm{d}^{l+m}}{\mathrm{d}x^{l+m}}(x^2-1)^l=(1-x^2)^{m/2}\frac{\mathrm{d}^m}{\mathrm{d}x^m}P_l(x) \tag{7.6}$$

且有如下特性

$$P_l^m(x)=0,\ m>l,\quad P_l^{m=0}(x)=P_l(x),\quad P_l^m(-x)=(-1)^{l+m}P_l^m(x) \tag{7.7}$$

及

$$\int_{-1}^{1}P_n^m(x)P_l^m(x)\mathrm{d}x=\frac{2}{2l+1}\frac{(l+m)!}{(l-m)!}\delta_{nl} \tag{7.8}$$

(7.8)式表示了在间隔[−1,1]连带勒让德多项式的正交关系。

为得到相函数的解析形式,需要求取(7.3)式中出现的展开系数 $\omega_l$,在(7.3)式两侧乘 $P_n(\cos\Theta)$,然后将立体角 $\mathrm{d}\omega$ 对整个空间积分,有

$$\frac{1}{4\pi}\int_{4\pi}P(\cos\Theta)P_n(\cos\Theta)\mathrm{d}\omega=\frac{1}{4\pi}\int_{4\pi}\sum_{l=0}^{\infty}\omega_l P_l(\cos\Theta)P_n(\cos\Theta)\mathrm{d}\omega \tag{7.9}$$

在(7.9)式中积分 $\int_{4\pi}\cdots\mathrm{d}\omega$ 可以由 $\int_0^{2\pi}\mathrm{d}\phi\int_{-1}^{1}\cdots\mathrm{d}\cos\Theta$ 代替,应用(7.8)式给出 $P_l$ 的正交关系,如果 $m=0$,最后得

$$\omega_l=\frac{2l+1}{2}\int_{-1}^{1}P_l(\cos\Theta)P(\cos\Theta)\mathrm{d}\cos\Theta \tag{7.10}$$

另借助 Mie 理论确定 $P$,采用理论模式或实验数据确定相函数 $P$ 的值,由于相函数 $P$ 的归一化,即

$$\begin{aligned}\frac{1}{4\pi}\int_{4\pi}P(\cos\Theta)\mathrm{d}\omega&=\frac{1}{4\pi}\int_0^{2\pi}\int_{-1}^{1}P(\cos\Theta)\mathrm{d}\cos\Theta\mathrm{d}\phi\\&=\frac{1}{2}\int_{-1}^{1}P(\cos\Theta)\mathrm{d}\cos\Theta=1\end{aligned} \tag{7.11}$$

第一展开系数 $\omega_0$ 为

$$\omega_0=\frac{1}{2}\int_{-1}^{1}P(\cos\Theta)\mathrm{d}\cos\Theta=1 \tag{7.12}$$

因此在纯散射情况下,这表示能量守恒。图 7.1 显示了对于各向异性增加的 Henyey-Greenstein 相函数,图中表示了勒让德多项式与两种不对称因子 $g$ 构造成的 Henyey-Greenstein 相函数的拟合,较大的 $g$ 值具有更多的各向异性相函数,较小各向异性相函数要求较少项的勒让德多项式展开项得到合理的拟合。

连带勒让德多项式的偶数定理为

$$P_n(\cos\Theta)=P_n(\mu)P_n(\mu')+2\sum_{m=1}^{n}\frac{(n-m)!}{(n+m)!}P_n^m(\mu)P_n^m(\mu')\cos m(\phi-\phi') \tag{7.13}$$

利用这定理,下面把相函数的散射角 $\cos\Theta$ 分离,(7.13)式代入(7.3)式得到

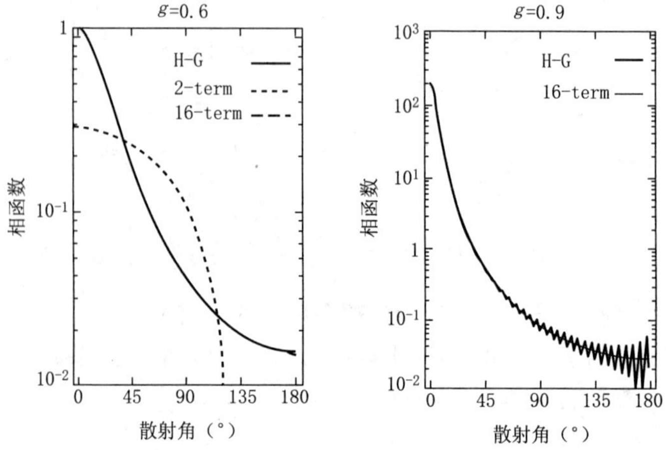


图 7.1　勒让德多项式与不同对称因子 $g$ 的相函数的拟合

$$
\begin{aligned}
P(\cos\Theta) &= \sum_{l=0}^{\infty} \omega_l^m \left[P_l(\mu)P_l(\mu') + 2\sum_{m=1}^{n} \frac{(l-m)!}{(l+m)!} P_l^m(\mu)P_l^m(\mu')\cos m(\phi-\phi')\right] \\
&= \sum_{l=0}^{\infty}\sum_{m=0}^{\infty} (2-\delta_{0m})\omega_l^m P_l^m(\mu)P_l^m(\mu')\cos m(\phi-\phi') \qquad (7.14)
\end{aligned}
$$

且有

$$
\omega_l^{mm} = \omega_l \frac{(l-m)!}{(l+m)!}
$$

由于对于 $m>l$，$P_l^m(x)=0$，相函数重新写为

$$
\begin{aligned}
P(\cos\Theta) &= \sum_{l=0}^{\infty}\sum_{m=0}^{\infty} (2-\delta_{0m})\omega_l^m P_l^m(\mu)P_l^m(\mu')\cos m(\phi-\phi') \\
&= \sum_{m=0}^{\infty}(2-\delta_{0m})\sum_{l=m}^{\infty} \omega_l^m P_l^m(\mu)P_l^m(\mu')\cos m(\phi-\phi') \\
&= P(\mu,\phi;\mu',\phi') \qquad (7.15)
\end{aligned}
$$

现在可看到已将相函数中的 $\mu$ 和 $\phi$ 分离开来，对问题的处理十分方便。

**2. 不对称因子**

上面介绍了相函数所表示空间的散射分布的数学描述。在实际应用中，对于散射辐射分布按散射向前和向后两种情况来说明。为了表达后向散射与前向散射的对称性，引入不对称因子，定义为散射角余弦的加权平均，写为

$$
g_\lambda = \frac{1}{4\pi}\int_0^{2\pi}\int_0^{\pi} P_\lambda(\cos\Theta)\cos\Theta \mathrm{d}\omega \qquad (7.16)
$$

式中 $\mathrm{d}\omega=\sin\Theta\mathrm{d}\Theta\mathrm{d}\phi$，在一般情况下有

$$
g_\lambda \begin{cases} >0 & \text{前向米氏散射} \\ =0 & \text{各向同性散射或瑞利散射} \\ <0 & \text{后向散射} \end{cases} \qquad (7.17)
$$

对于强的前向散射的不对称因子接近为＋1，而对于强的后向散射不对称因子为－1。不对称因子也可以写成

$$g_\lambda = \frac{1}{4\pi}\int_0^{2\pi}\int_0^{\pi} P_\lambda(\cos\Theta)\cos\Theta\sin\Theta \mathrm{d}\Theta \mathrm{d}\phi \tag{7.18}$$

对于各向同性况下，相函数为 $P_\lambda(\cos\Theta)=1$，则不对称因子为

$$g_\lambda = \frac{1}{4\pi}\int_0^{2\pi}\int_0^{\pi}\cos\Theta\sin\Theta \mathrm{d}\Theta \mathrm{d}\phi = -\frac{1}{2}\int_1^{-1}\mu \mathrm{d}\mu = 0$$

这里 $\mu=\cos\Theta$，由于各向同性散射辐射在所有方向的分布是相同的，因此，对于各向同性散射的不对称因子为 0。从上述可以看到，不对称因子用于描述前向和后向散射各占有的份额，对于实际大气中，通常认为大气在水平方向是均匀的，其不同之处表现在向上和向下辐射的不同，因而不对称因子用于表达向上和向下辐射流的近似，即二流近似。

### 7.1.2　相函数的其他表示方法

实际散射粒子对于入射辐射场的强度和极化状态可以由一个称为散射或相矩阵的线性算子表示。相矩阵取决于粒子的光学特性。

**1. 瑞利散射相函数**

如果光的频率不是共振频率，则由分子引起的光散射可看作一个感应偶极谐振子，如(3.49)式，瑞利散射相函数为

$$p_{\mathrm{Ray}}(\cos\Theta) = \frac{3}{4}(1+\cos^2\Theta) \tag{7.19}$$

按入射光和散射光的极角 $\theta$、方位角 $\phi$ 展开，得到

$$\begin{aligned} p_{\mathrm{Ray}}(u',\phi';u,\phi) = \frac{3}{4}[&1+u'^2u^2+(1-u'^2)(1-u^2)\cos^2(\phi'-\phi) \\ &+2u'u(1-u'^2)^{1/2}(1-u^2)^{1/2}\cos^2(\phi'-\phi)] \end{aligned} \tag{7.20}$$

方位平均相函数求得

$$p_{\mathrm{Ray}}(u',u) = \frac{1}{2\pi}\int_0^{2\pi}\mathrm{d}\phi' p_{\mathrm{Ray}}(u',\phi';u,\phi) = \frac{3}{4}\left[1+u'^2u^2+\frac{1}{2}(1-u'^2)(1-u^2)\right] \tag{7.21}$$

使用勒让德多项式表示，可以证明

$$p_{\mathrm{Ray}}(u',u) = 1+\frac{1}{2}P_2(u)P_2(u') \tag{7.22}$$

因此，瑞利散射相函数的不对称因子为

$$g=\chi_1=\frac{1}{2}\int_{-1}^{1}\mathrm{d}u' p_{\mathrm{Ray}}(u',u)P_1(u') = \frac{1}{2}\int_{-1}^{1}\mathrm{d}u' u' p_{\mathrm{Ray}}(u',u) = 0 \tag{7.23}$$

由于勒让德多项式的正交性，这结果可以证明，对于 $\cos\Theta$ 的任何偶函数，就是相

函数对于 $\Theta=90°$对称，显然应来自于对称变量。

**2. 米散射 Mie-Debye 相函数**

根据第 5.7 节，对于大粒子的太阳光散射由米散射理论表示

$$p(\cos\Theta)=\frac{1}{2}(|S_1|^2+|S_2|^2) \tag{7.24}$$

式中 $S_1$、$S_2$ 是散射函数

$$S_1=\sum_{n=1}^{\infty}\frac{2n+1}{n(n+1)}(a_n\pi_n+b_n\tau_n)$$

$$S_2=\sum_{n=1}^{\infty}\frac{2n+1}{n(n+1)}(b_n\pi_n+a_n\tau_n)$$

及

$$\pi_n=\frac{1}{\sin\theta}P_n^{\ 1}(\cos\theta)$$

$$\tau_n=\frac{\mathrm{d}}{\mathrm{d}\theta}P_n^{\ 1}(\cos\theta)$$

在前向方向上具有衍射锋的强前向散射表示的如图 7.2 中，给出气溶胶、水云滴、海水粒子和冰云粒子四类不同介质中的相函数。

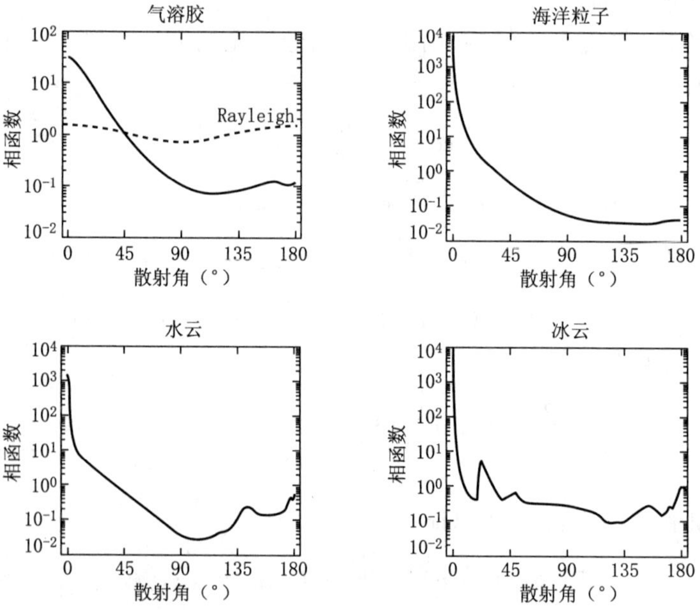


图 7.2　大气中四类粒子的散射相函数

**3. H-G(Henyey-Greenstein)相函数**

1941 年，L. Henyey 和 J. Greenstein 提出一个单参数相函数为

$$p_{\mathrm{HG}}(\cos\Theta)=\frac{1-g^2}{(1+g^2-2g\cos\Theta)^{3/2}} \tag{7.25}$$

这个 H-G 相函数是依据一个解析参数与实际相函数拟合求取的,没有实际物理根据。它只有当拟合符合很好时能用。但是在辐射传输中使用,由于多次散射过程趋向于均匀,对拟合的要求不是很严格。H-G 相函数的特点是勒让德多项式系数简单地为

$$\chi_l=(g)^l$$

由于这必须确定为相函数的一阶矩(就是不对称因子 $g$),这一般可以这样解释。因此 H-G 相函数的勒让德多项式展开简单地为

$$p_{\mathrm{HG}}(\cos\Theta)=1+3g\cos\Theta+5g^2P_2(\cos\Theta)+7g^3P_3(\cos\Theta)+\cdots$$

也就是 H-G 相函数具有如下特点:对于完全前向散射有 $g=1$,各向同性有 $g=0$,完全后向散射有 $g=-1$。有时使用线性组合

$$p_{\mathrm{HG}}(\cos\Theta)=bp_{\mathrm{HG}}(g,\cos\Theta)+(1-b)p_{\mathrm{HG}}(g',\cos\Theta)$$

模拟前向散射和后向散射分量($g>0$ 和 $g'<0$)的相函数。这里 $0<b<1$ 和 $g>0$ 和 $g'$常用是不同的。

## 7.2　辐射传输方程的相函数处理

### 7.2.1　使用相函数的勒让德多项式展开处理辐射传输方程式

按照相函数的展开表达形式,对于方位角 $\phi$ 偶函数把辐射强度按傅里叶展开为

$$I(\tau,\mu,\phi)=\sum_{m=0}^{\infty}(2-\delta_{0m})I^m(\tau,\mu)\cos m(\phi-\phi_0) \tag{7.26}$$

式中 $\phi_0$ 是太阳的方位角,习惯上在直角坐标中取 $\phi_0=0$,这样

$$I(\tau,\mu,\phi)=\sum_{m=0}^{\infty}(2-\delta_{0m})I^m(\tau,\mu)\cos m\phi \tag{7.27}$$

将(7.15)和(7.27)式代入到(2.84)式得到

$$\begin{aligned}\mu\sum_{m=0}^{\infty}(2-\delta_{0m})\frac{\mathrm{d}}{\mathrm{d}\tau}I^m(\tau,\mu)\cos m\phi &= \sum_{m=0}^{\infty}(2-\delta_{0m})I^m(\tau,\mu)\cos m\phi\\ &-\frac{\omega_0}{4\pi}F_{\circ}\exp\left(-\frac{\tau}{\mu_0}\right)\sum_{m=0}^{\infty}(2-\delta_{0m})\sum_{l=m}^{\infty}\omega_l^mP_l^m(\mu)P_l^m(-\mu_0)\cos m\phi\\ &-\frac{\omega_0}{4\pi}\int_0^{2\pi}\int_{-1}^{1}\Big[\sum_{m=0}^{\infty}(2-\delta_{0m})\sum_{l=m}^{\infty}\omega_l^mP_l^m(\mu)P_l^m(\mu')\cos m(\phi-\phi')\\ &\times\sum_{m=0}^{\infty}(2-\delta_{0i})I^i(\tau,\mu')\cos i\phi'\Big]\mathrm{d}\mu'\mathrm{d}\phi'-(1-\varpi_0)\sum_{m=0}^{\infty}\delta_{0m}B(\tau)\end{aligned} \tag{7.28}$$

上式可采用三角函数的如下正交关系简化

$$\int_0^{2\pi}\cos m(\phi-\phi')\cos l\phi\,\mathrm{d}\phi=(1+\delta_{0l})\delta_{lm}\pi\cos l\phi' \tag{7.29}$$

对于(7.28)式$I^m(\tau,\mu)$的表示,可用:①(7.28)式乘$\cos k\phi$;②进行$\int_0^{2\pi}\cdots\mathrm{d}\phi$运算。

因而需要用下面关系式

$$\begin{cases}\int_0^{2\pi}\cos m\phi\cos k\phi\,\mathrm{d}\phi=(1+\delta_{0k})\delta_{mk}\pi\\ \int_0^{2\pi}\cos k\phi\,\mathrm{d}\phi=(1+\delta_{0k})\delta_{0k}\pi\\ \int_0^{2\pi}\cos m(\phi-\phi')\cos k\phi\,\mathrm{d}\phi=(1+\delta_{0k})\delta_{mk}\pi\cos k\phi'\end{cases} \tag{7.30}$$

从(7.28)式看到,对于多次散射项,只对$\phi'$积分,得到

$$\int_0^{2\pi}\cos i\phi'\cos k\phi'\,\mathrm{d}\phi'=(1+\delta_{0i})\delta_{ik}\pi \tag{7.31}$$

由上面步骤,由(7.28)式求得

$$\begin{aligned}\mu\sum_{m=0}^{\infty}(2-\delta_{0m})\frac{\mathrm{d}}{\mathrm{d}\tau}I^m(\tau,\mu)(1+\delta_{0k})\delta_{mk}\pi=&\sum_{m=0}^{\infty}(2-\delta_{0m})(1+\delta_{0k})\delta_{mk}\pi I^m(\tau,\mu)\\ &-\frac{\varpi_0}{4\pi}F_0\exp\left(-\frac{\tau}{\mu_0}\right)\sum_{m=0}^{\infty}(2-\delta_{0m})\sum_{l=m}^{\infty}\omega_l^mP_l^m(\mu)P_l^m(-\mu_0)(1+\delta_{0k})\delta_{mk}\pi\\ &-\frac{\varpi_0}{4\pi}\int_{-1}^{1}\Big[\sum_{m=0}^{\infty}(2-\delta_{0m})\sum_{l=m}^{\infty}\omega_l^mP_l^m(\mu)P_l^m(\mu')(1+\delta_{0k})\delta_{mk}\pi\\ &\times\sum_{m=0}^{\infty}(2-\delta_{0i})I^i(\tau,\mu')(1+\delta_{0i})\delta_{ik}\pi\Big]\mathrm{d}\mu'-(1-\varpi_0)\sum_{m=0}^{\infty}\delta_{0m}B(\tau)(1+\delta_{0k})\delta_{0k}\pi\end{aligned} \tag{7.32}$$

可以看出,只有$m=k$除外,所有的项都可以消去。因此可以在将方位分离出去后,对于第$m$个变换的RTE辐射方程式为

$$\begin{aligned}\mu\frac{\mathrm{d}}{\mathrm{d}\tau}I^m(\tau,\mu)=&I^m(\tau,\mu)-\frac{\varpi_0}{2}\int_{-1}^{1}\sum_{l=m}^{\infty}\omega_l^mP_l^m(\mu)P_l^m(\mu')I^m(\tau,\mu')\mathrm{d}\mu'\\ &-\frac{\varpi_0}{4\pi}F_0\exp\left(-\frac{\tau}{\mu_0}\right)\sum_{l=m}^{\infty}\omega_l^mP_l^m(\mu)P_l^m(-\mu_0)-(1-\varpi_0)B(\tau)\delta_{0m}\end{aligned} \tag{7.33a}$$

$$\mu\frac{\mathrm{d}}{\mathrm{d}\tau}I^m(\tau,\mu)=I^m(\tau,\mu)-J(\tau,\mu) \tag{7.33b}$$

(7.33b)式是对于平行平面大气RTE的标准形式。源函数$J(\tau,\mu)$是太阳多次散射、一次散射和热发射之和。

对于$m=0$的情况,通过对(2.84)式方位平均得到同样的结果。考虑到对于单个项平均处理分别如下。

(1)对于(7.27)式辐射强度平均处理为

$$\frac{1}{2\pi}\int_0^{2\pi} I(\tau;\mu,\phi)\mathrm{d}\phi = \frac{1}{2\pi}\sum_{m=0}^{\infty}(2-\delta_{0m})\int_0^{2\pi} I^m(\tau,\mu)\cos m\phi\,\mathrm{d}\phi$$
$$= I^{m=0}(\tau,\mu) = I(\tau,\mu) \tag{7.34}$$

仅对 $m=0$ 由于对全部圆柱的余弦函数辐射场方位平均可以消去。

(2)由于普朗克辐射函数是各向同性的,热发射项保持它的形式。

(3)类似于(1),一次散射项可以按(7.15)式展开求平均

$$\frac{1}{2\pi}\int_0^{2\pi} P(\cos\Theta_0)\mathrm{d}\phi = \sum_{l=0}^{\infty}\omega_l P_l(\mu)P_l(-\mu_0) = P(\mu,-\mu_0) \tag{7.35}$$

(4)对于多次散射项可以按(7.34)、(7.35)式处理得到

$$\frac{\varpi_0}{8\pi^2}\int_0^{2\pi}\int_{-1}^{1} I(\tau;\mu',\phi')\int_0^{2\pi} P(\cos\Theta_0)\mathrm{d}\phi\,\mathrm{d}\mu'\mathrm{d}\phi'$$
$$= \frac{\varpi_0}{4\pi}\int_0^{2\pi}\int_{-1}^{1} I(\tau;\mu',\phi')P(\mu,\mu')\mathrm{d}\mu'\mathrm{d}\phi'$$
$$= \frac{\varpi_0}{2}\int_{-1}^{1} I(\tau;\mu')P(\mu,\mu')\mathrm{d}\mu' \tag{7.36}$$

相函数的方位积分形式 $P(\mu,\mu')$ 为

$$P(\mu,\mu') = \frac{1}{2\pi}\int_0^{2\pi} P(\cos\Theta_0)\mathrm{d}\phi = \frac{1}{2\pi}\int_0^{2\pi} P(\mu,\phi;\mu',\phi')\mathrm{d}\phi$$
$$= \sum_{l=0}^{\infty}\omega_l P_l(\mu)P_l(\mu') \tag{7.37}$$

使用(1)—(4)步,RTE 的方位积分形式为

$$\mu\frac{\mathrm{d}}{\mathrm{d}\tau}I(\tau,\mu) = I(\tau,\mu) - \frac{\varpi_0}{2}\int_{-1}^{1} I(\tau;\mu')P(\mu,\mu')\mathrm{d}\mu'$$
$$-\frac{\varpi_0}{4\pi}F_0\exp\left(-\frac{\tau}{\mu_0}\right)P(\mu,-\mu_0) - (1-\varpi_0)B(\tau) \tag{7.38}$$

比较(7.38)式和(7.33)式,对于 $m=0$,两方程式是等同的。

在对于傅里叶模的无限一阶常微分方程式中的辐射场方位依赖关系的分离。它方便地引入下面符号到(7.33)式中

(a) $$R^m(\mu,\mu') = \sum_{l=m}^{\infty}\omega_l^m P_l^m(\mu)P_l^m(\mu') \tag{7.39a}$$

(b) $$J^m(\tau,\mu) = \frac{\varpi_0}{2}\int_{-1}^{1} R^m(\mu,\mu')I^m(\tau,\mu')\mathrm{d}\mu'$$
$$+\frac{\varpi_0}{4\pi}F_0\exp\left(-\frac{\tau}{\mu_0}\right)R^m(\mu,-\mu_0) + (1-\varpi_0)B(\tau)\delta_{0m} \tag{7.39b}$$

则 RTE 可以简便地写成

$$\mu \frac{\mathrm{d}}{\mathrm{d}\tau} I^m(\tau,\mu) = I^m(\tau,\mu) - J^m(\tau,\mu) \quad (m=1,2,\cdots,N) \tag{7.40}$$

对于实际应用中无限级数必须截断。

## 7.3 各向同性离散纵标法

### 7.3.1 辐射传输方程式的 Chandrasekhar 解

根据(2.68)式,无源平行平面分层大气的辐射传输方程式写为

$$\mu \frac{\mathrm{d}I(\tau,\mu)}{\mathrm{d}\tau} = I(\tau,\mu) - \frac{1}{2}\int_{-1}^{+1} I(\tau,\mu')\mathrm{d}\mu' \tag{7.41}$$

如果将辐射流分成由向上(向外)$I_+$ 和向下(向内)$I_-$ 替换为

$$\frac{1}{2}\frac{\mathrm{d}I^+}{\mathrm{d}\tau} = I^+ - \frac{1}{2}(I^+ + I^-) \tag{7.42}$$

$$-\frac{1}{2}\frac{\mathrm{d}I^-}{\mathrm{d}\tau} = I^- - \frac{1}{2}(I^+ + I^-)$$

但是仅分成两流与实际是不相符的。对此可以增加辐射流改进计算辐射的精度。

在离散纵标法中,对于[-1,1]间隔的积分要用到高斯求积公式,将积分转换为求和形式

$$\int_{-1}^{1} f(\mu)\mathrm{d}\mu = \sum_{i=1}^{r} w_i f(\mu_i) + R_r \tag{7.43}$$

式中 $R_r$ 是误差项

$$R_r = \frac{2^{2r+1}(r!)^4}{(2r+1)[(2r+1)!]^3} f^{(2r)}(\xi) \quad (-1<\xi<1)$$

$w_i$ 是求积权重,$\mu_i$ 是 0 或是勒让德多项式的根。求积权重由下式给出

$$w_i = \frac{2}{(1-\mu_i^2)[P'_r(\mu_i)]^3} > 0, \quad \sum_{i=1}^{r} w_i = 2$$

式中 $P'_r$ 是 $P_r$ 的导数。高斯求积有如下关系式

(a) $w_i = w_{-i}$; $-\mu_i = \mu_{-i}$ $(i=1,\cdots,s)$

(b) $\int_{-1}^{1} f(\mu)\mathrm{d}\mu = \int_{-1}^{0} f(\mu)\mathrm{d}\mu + \int_{0}^{1} f(\mu)\mathrm{d}\mu = \int_{0}^{1} f(-\mu)\mathrm{d}\mu + \int_{0}^{1} f(\mu)\mathrm{d}\mu$

(c) $$\sum_{i=-1}^{s} w_i f(\mu_i) = \sum_{i=-s}^{-1} w_i f(\mu_i) + \sum_{i=1}^{s} w_i f(\mu_i) = \sum_{i=1}^{s} w_i f(-\mu_i) + \sum_{i=1}^{s} w_i f(\mu_i)$$

(d) $\int_{0}^{1} f(-\mu)\mathrm{d}\mu \approx \sum_{i=1}^{s} w_i f(-\mu_i)$, $\int_{0}^{1} f(\mu)\mathrm{d}\mu \approx \sum_{i=1}^{s} w_i f(\mu_i)$, $\sum_{i=1}^{s} w_i = 1$

如果将(7.41)式中右边的第二项由如下的高斯求积公式替代，则有

$$\int_{-1}^{+1} I(\tau,\mu)\mathrm{d}\mu \approx \sum_{j=-n}^{j=+n} a_j I(\tau,\mu_j) \tag{7.44}$$

式中 $\mu_j$ 是 $2n$ 阶勒让德多项式 $P_{2n}(\mu)$ 的 $2n$ 个根，表示为 $\mu_n,\mu_{n-1},\cdots,\mu_1,\mu_2,\cdots,\mu_{n-1},\mu_n,a_j$ 是加权因子。且有

$$-\mu_i=\mu_{-i}$$

$$a_j=a_{-j} \tag{7.45a}$$

对于给定若干间隔为(−1,+1)的子区域，高斯选择 $\mu_j$ 和 $a_j$ 的最优积分如

$$\sum_{j=1}^{n} a_j\mu_j^m = \int_0^1 \mu^m \mathrm{d}\mu = \frac{1}{m+1} \tag{7.45b}$$

Chandrasekhar(1944)使用高斯公式求解具有恒定通量的平面平行、半无限和各向同性散射大气的辐射传输方程

$$\mu \frac{\mathrm{d}I(\tau,\mu)}{\mathrm{d}\tau} = I(\tau,\mu) - \frac{1}{2}\int_{-1}^{+1} I(\tau,\mu')\mathrm{d}\mu' \tag{7.46}$$

使用(7.44)式将(7.46)式写为 $2n$ 线性方程式

$$\mu_i \frac{\mathrm{d}I_i}{\mathrm{d}\tau} = I_i - \frac{1}{2}\sum_j a_j I_j \qquad (i,j=\pm 1,\cdots,\pm n) \tag{7.47}$$

式中 $\mu_i$ 是勒让德多项式 $P_{2n}(\mu)$ 为 0 的根，$a_j$ 是相应高斯加权因子，$I_i=I(\tau,\mu_i)$。

### 7.3.2 通解

下面描述 Chandrasekhar 解的方法，若解的形式为

$$I_i = g_i \exp(-k\tau) \quad (i=\pm 1,\pm 2,\pm 3,\cdots,\pm n) \tag{7.48}$$

式中 $g_i$ 和 $k$ 是未确定的 $2n+2$ 个常数，将(7.48)式解的形式代入，就得

$$g_i(1+\mu_i k) = \frac{1}{2}\sum_j a_j g_j \tag{7.49}$$

或写为

$$g_i = \frac{\frac{1}{2}\sum a_j g_j}{1+\mu_i k} = \frac{C}{1+\mu_i k} \tag{7.50}$$

式中 $C$ 是与 $i$ 无关的常数，(7.50)式代入到(7.49)式，得到特征方程式

$$\sum_j \frac{a_j}{1+\mu_j k} = 2 \tag{7.51}$$

使用(7.45)式，上式可写为

$$\sum_{j=1}^{n} \frac{a_j}{1-\mu_j^2 k^2} = 1 \tag{7.52}$$

当有 $\sum_{j=1}^{n} a_j = 1$，这是一个具有 $k^2=0$ 为根的 $n$ 阶的代数方程式，因而特征方程式(7.52)允许有 $2n-2$ 个成对确定的非零根

$$\pm k_\alpha \quad (\alpha=1,\cdots,n-1) \tag{7.53}$$

这可以理解为(7.47)式有 $2n-2$ 独立解，(7.47)式可以有解的另一个形式

$$I_i = b(\tau + q_i) \quad (i=\pm 1,\cdots,\pm n) \tag{7.54}$$

式中 $b$ 是一个常数，将这代入到(7.47)式给出

$$\mu_i = q_i - \frac{1}{2}\sum_j a_j q_i \tag{7.55}$$

或为

$$q_i = Q + \mu_i \quad (i=\pm 1,\pm 2,\cdots,\pm n) \tag{7.56}$$

式中 $Q$ 是常数，方程式(7.56)满足式(7.55)，方程式(7.48)的通解可以写为

$$I_i = b\left[\sum_{\alpha=1}^{n-1}\frac{L_\alpha \exp(-k_\alpha \tau)}{1-\mu_i k_\alpha} + \sum_{\alpha=1}^{n-1}\frac{L_{-\alpha}\exp(k_\alpha \tau)}{1-\mu_i k_\alpha} + \tau + \mu_i + Q\right] \quad (i=\pm 1,\cdots,\pm n) \tag{7.57}$$

式中 $b$、$L_{\pm\alpha}(a=1,2,\cdots,n-1)$ 和 $Q$ 是 $2n$ 个积分常数，现应用边界条件 $I(0,-\mu)=0$ $(0<\mu\leqslant 1)$，而且当 $\tau\to\infty$ 时，所有出现在(2.71)—(2.74)式中的积分收敛，这些积分对要求的源函数收敛

$$\text{当 } \tau\to\infty, \quad J(\tau,\mu)\exp(-\tau)\to 0 \tag{7.58}$$

注意到当 $\tau\to\infty$ 时，$I_i$ 不应当比 $\exp(\tau)$ 更快速地增加，这就要求解方程(7.57)中略去所有包含 $\exp(+k_\alpha\tau)$ 项，由此给出

$$I_i = b\left[\sum_{\alpha=1}^{n-1}\frac{L_\alpha \exp(-k_\alpha \tau)}{1+\mu_i k_\alpha} + \tau + \mu_i + Q\right] \quad (i=\pm 1,\cdots,\pm n) \tag{7.59}$$

边界条件 $I(0,-\mu)=0(0<\mu\leqslant 1)$ 意味着 $\tau=0$ 处有

$$L_{-i} = 0 \quad (i=1,\cdots,n) \tag{7.60}$$

因此从(7.59)式有

$$\sum_{\alpha=1}^{n-1}\frac{L_\alpha}{1-\mu_j k_\alpha} - \mu_i + Q = 0 \quad (i=1,\cdots,n) \tag{7.61}$$

从上面方程式组，可以确定 $n$ 个积分常数，$L_\alpha(\alpha=1,2,\cdots,n-1)$ 和 $Q$。

现在可以计算辐射通量

$$F = 2\int_{-1}^{+1} I\mu\,\mathrm{d}\mu \tag{7.62}$$

使用 $I_i\mu_i$ 的求和代入积分，使用(7.59)式，通量可以写为

$$F = 2b\left[\sum_{\alpha=1}^{n-1} L_\alpha \exp(-k_\alpha\tau)\sum_i \frac{a_i\mu_i}{1+\mu_i k_\alpha} + \sum_i a_i\mu_i^2 + (Q+\tau)\sum_i a_i\mu_i\right] \tag{7.63}$$

通过使用(7.45a)和(7.45b)式得到

$$\sum a_i \mu_i^2 = \frac{2}{3} \quad 和 \quad \sum a_i \mu_i = 0 \tag{7.64}$$

由等式(7.51),便有

$$\sum \frac{a_i \mu_i}{1+\mu_i k_\alpha} = \frac{1}{k_\alpha} \sum_i a_i \left(1 - \frac{1}{1+\mu_i k_\alpha}\right) = \frac{1}{k_\alpha}\left(2 - \sum \frac{a_i}{1+\mu_i k_\alpha}\right) = 0 \tag{7.65}$$

将(7.64)、(7.65)式代入到(7.59)式,得到

$$F = \frac{4}{3} b = 常数 \tag{7.66}$$

利用(7.59)式,用 $F$ 把 $I_i$ 写成

$$I_i = \frac{3}{4} F \left[\sum_{\alpha=1}^{n-1} \frac{L_\alpha \exp(-k_\alpha \tau)}{1+\mu_i k_\alpha} + \tau + \mu_i + Q\right] \qquad (i = \pm 1, \cdots, \pm n) \tag{7.67}$$

给出角平均强度

$$\bar{I} = \frac{1}{2}\int_{-1}^{+1} I \, \mathrm{d}\mu = \frac{1}{2} \sum_i a_i I_i \tag{7.68}$$

使用(7.45b)、(7.52)、(7.59)、(7.64)和(7.65)式,得角平均强度

$$\bar{I} = \frac{3}{4} F \left[\tau + Q + \sum_{\alpha=1}^{n-1} L_\alpha \exp(-k_\alpha \tau)\right] \tag{7.69}$$

如果设

$$q(\tau) = Q + \sum_{\alpha=1}^{n-1} L_\alpha \exp(-k_\alpha \tau) \tag{7.70}$$

则

$$\bar{I} = \frac{3}{4} F[\tau + q(\tau)] \tag{7.71}$$

如果在 $\tau=0$ 处没有入射辐射,则由(2.75)、(2.76)式得到形式解为

$$I(\tau, +\mu) = \int_\tau^\infty \exp[-(t-\tau)/\mu] J(t,\mu) \frac{\mathrm{d}t}{\mu} \tag{7.72}$$

和

$$I(\tau, -\mu) = \int_0^\tau \exp[-(\tau-t)/\mu] J(t,\mu) \frac{\mathrm{d}t}{\mu} \tag{7.73}$$

由(7.69)、(7.72)和(7.73)式给出

$$I(\tau, +\mu) = \frac{3}{4} F \left[\sum_{\alpha=1}^{n-1} \frac{L_\alpha \exp(-k_\alpha \tau)}{1+\mu k_\alpha} + \tau + \mu + Q\right] \tag{7.74}$$

和

$$I(\tau, -\mu) = \frac{3}{4} F \left\{\sum_{\alpha=1}^{n-1} \frac{L_\alpha}{1-\mu k_\alpha}[\exp(-k_\alpha \tau) - \exp(-\tau/\mu)]\right.$$

$$+\tau+(Q-\mu)[1-\exp(-\tau/\mu)]\} \tag{7.75}$$

在(7.74)式中，设 $\tau=0$ 得到临边昏暗法则或发射辐射的角分布

$$I(0,+\mu)=\frac{3}{4}F\left(\sum_{\alpha=1}^{n-1}\frac{L_\alpha}{1+\mu k_\alpha}+\mu+Q\right) \tag{7.76}$$

现求取(2.98)式的 $K$ 积分，利用关系

$$\sum_{j=\pm1}^{\pm n}a_j\mu_j^l=\frac{2\delta_{l,e}}{l+1}\qquad(l<4n-1) \tag{7.77}$$

式中

$$\delta_{l,e}=\begin{cases}1 & (l\text{ 是偶数})\\ 0 & (l\text{ 是奇数})\end{cases} \tag{7.78}$$

我们有

$$\sum_i a_i\mu_i^3=0 \tag{7.79}$$

使用(7.66)式，(7.59)式可以写成

$$I_i=\frac{3}{4}F\left[\sum_{\alpha=1}^{n-1}\frac{L_\alpha\exp(-k_\alpha\tau)}{1+\mu_i k_\alpha}+\tau+\mu_i+Q\right]$$
$$(i=\pm1,\cdots,\pm n) \tag{7.80}$$

使用(7.80)式 $K$ 积分可以写为

$$K=\frac{3}{8}F\left[\sum_{\alpha=1}^{n-1}L_\alpha\exp(-k_\alpha\tau)\sum_i\frac{a_i\mu_i^2}{1+\mu_i k_\alpha}+(\tau+Q)\sum_i a_i\mu_i^2+\sum_i a_i\mu_i^3\right]$$
$$(i=\pm1,\cdots,\pm n) \tag{7.81}$$

通过(7.77)式，$K$ 积分成为

$$K=\frac{1}{4}F(\tau+Q) \tag{7.82}$$

### 7.3.3 *H* 函数

特征根和勒让德多项式的零由下面关系式相联

$$k_1,\cdots,k_{n-1},\mu_1,\cdots,\mu_n=\frac{1}{\sqrt{3}} \tag{7.83}$$

设

$$S(\mu)=\sum_{\alpha=1}^{n-1}\frac{L_\alpha}{1-k_\alpha\mu}-\mu+Q \tag{7.84}$$

要求边界条件

$$S(\mu_i)=0\qquad(i=1,\cdots,n) \tag{7.85}$$

因此由(7.76)式，发射辐射的角分布写为

$$I(0,\mu)=\frac{3}{4}FS(-\mu) \tag{7.86}$$

$S(\mu)$可以在没有求解常数 $L_a$ 和 $Q$ 的计算。现定义

$$R(\mu)=\prod_{\alpha-1}^{n-1}(1-k_{\alpha}\mu) \tag{7.87}$$

积 $S(\mu)R(\mu)$是关于 $\mu$ 的 $n$ 阶多项式，对于 $\mu=\mu_i$，$i=1,\cdots,n$，因此积 $S(\mu)R(\mu)$与多项式

$$P(\mu)=\prod_{\alpha=1}^{n}(\mu-\mu_i) \tag{7.88}$$

仅在常数因子不同，比例常数可以由比较对于 $P(\mu)$和 $S(\mu)R(\mu)$的 $\mu$(即 $\mu^n$)最高幂获取，并给出

$$(-1)^n k_1 k_2 \cdots k_{n-1} \tag{7.89}$$

因此 $S(\mu)$的表示式为

$$S(\mu)=(-1)^n k_1 k_2 \cdots k_{n-1}\frac{P(\mu)}{R(\mu)} \tag{7.90}$$

或为

$$S(-\mu)=k_1 k_2 \cdots k_{n-1}\frac{\prod_{i=1}^{n}(\mu+\mu_i)}{\prod_{\alpha=1}^{n-1}(1+k_{\alpha}\mu)} \tag{7.91}$$

使用关系式(7.83)，给出

$$S(-\mu)=3^{-1/2}H(\mu) \tag{7.92}$$

式中

$$H(\mu)=\frac{1}{\mu_1\cdots\mu_n}\frac{\prod_{i=1}^{n}(\mu+\mu_i)}{\prod_{\alpha=1}^{n-1}(1+k_{\alpha}\mu)} \tag{7.93}$$

用 $H$ 函数表示发射辐射的角分布(7.86)式表示为

$$I(0,\mu)=\frac{3^{1/2}}{4}FH(\mu) \tag{7.94}$$

由(7.69)、(7.76)和(7.94)式，可以写为

$$I(0,0)=\bar{I}(0)=\frac{3}{4}\left(\sum_{\alpha=1}^{n-1}L_{\alpha}+Q\right)=\frac{3^{1/2}}{4}FH(0) \tag{7.95}$$

从(7.93)式得

$$H(0)=1$$

因此

$$\overline{I}(0)=\frac{3^{1/2}}{4}F \tag{7.96}$$

这是由 Hopf(1934)导得的。

Chandrasekhar(1960)给出积分常数为

$$L_\alpha=(-1)^n k_1 k_2 \cdots k_{n-1}\frac{P(1/k_\alpha)}{R_\alpha(1/k_\alpha)} \quad (\alpha=1,\cdots,n-1) \tag{7.97}$$

式中

$$R_\alpha(x)=\prod_{\beta\neq\alpha}(1-k_\beta x) \tag{7.98}$$

和

$$Q=\sum_{i=1}^{n}\mu_i-\sum_{\alpha=1}^{n-1}\frac{1}{k_\alpha} \tag{7.99}$$

下面给出一次和二次近似解。

### 7.3.4 一次近似

对于 $n=1$，有

$$a_1=a_{-1}=1 \text{ 和 } \mu_1=-\mu_1=\frac{1}{\sqrt{3}} \tag{7.100}$$

由关系式(7.52)，即得

$$\sum_{j=1}^{n}\frac{a_j}{1-\mu_j^2k^2}=1 \tag{7.101}$$

给定 $k=0$，由(7.61)式得到

$$Q=\mu_1=\frac{1}{\sqrt{3}} \tag{7.102}$$

和由(7.70)式得到

$$q(\tau)=\frac{1}{\sqrt{3}} \tag{7.103}$$

则由(7.71)求得 $\overline{I}$ 为

$$\overline{I}=\frac{3}{4}F\left(\tau+\frac{1}{\sqrt{3}}\right) \tag{7.104}$$

和由(7.76)式给出发射辐射的角分布，临边昏暗辐射为

$$I(0,\mu)=\frac{3}{4}F\left(\mu+\frac{1}{\sqrt{3}}\right) \tag{7.105}$$

这一预测的边界值与 Hopf 值是完全一致的。

向上和向下辐射分别遵从方程式

$$\frac{1}{\sqrt{3}}\frac{\mathrm{d}I_1}{\mathrm{d}\tau}=I_1-\frac{1}{2}(I_1+I_{-1}) \tag{7.106}$$

$$-\frac{1}{\sqrt{3}}\frac{\mathrm{d}I_{-1}}{\mathrm{d}\tau}=I_{-1}-\frac{1}{2}(I_1+I_{-1}) \tag{7.107}$$

### 7.3.5　二次近似

在这近似中有

$$\begin{cases}a_1=a_{-1}=0.652145; & \mu_1=-\mu_{-1}=0.339981\\ a_2=a_{-2}=0.347855; & \mu_2=-\mu_{-2}=0.861136\end{cases} \tag{7.108}$$

使用(7.101)式给出

$$k=0,\quad \mu_1^2\mu_2^2k^2=a_1\mu_1^2+a_2\mu_2^2=\frac{1}{3}$$

或

$$k_1=\frac{1}{\sqrt{3}\mu_1\mu_2}=1.972027 \tag{7.109}$$

求解 $Q$ 和 $L_1$ 得

$$Q=0.694025,\quad L_1=-0.116675 \tag{7.110}$$

量 $q(\tau)$ 由下式给出

$$q(\tau)=0.694025-0.116675\exp(-1.972027\tau) \tag{7.111}$$

因此，二次近似为

$$I(0,\mu)=\frac{3}{4}F\left(\mu+0.694025-\frac{0.116675}{1+1.972027\mu}\right) \tag{7.112}$$

类似地，可以计算四次和高次近似解。

## 7.4　大气外部源(太阳等)的辐射平衡离散纵标法

如果光学厚度为 $\tau_1$ 平面平行大气接收来自外部辐射源，垂直于介质每单位面积的辐射通量为 $F$，Chandrasekhar(1960)将各向同性辐射传输方程式，写为

$$\mu\frac{\mathrm{d}I(\tau,\mu)}{\mathrm{d}\tau}=I(\tau,\mu)-\frac{1}{2}\varpi_0\int_{-1}^{+1}I(\tau,\mu')\mathrm{d}\mu'-\frac{1}{4\pi}\varpi_0F\exp(-\tau/\mu_0) \tag{7.113}$$

式中 $\mu_0=\cos\theta_0$，是单次反照率，辐射传输的基本问题在于漫辐射场的研究。这辐射场由物质的一次或更多次散射辐射产生，用导得的 $I(0,\mu)$ 和 $I(\tau_1,-\mu)$，得光学厚度为 $\tau_1$ 的边界条件 $I(0,-\mu)=0$，$I(\tau_1,\mu)=I_0$ 的平行平面介质的透过率和反射率。当入射至介质的净辐射通量为 $F$，则在 $\tau_1=0$ 和 $\tau=\tau_1$ 处的反射和透射辐射分别为 $I(0,$

$+\mu$)和 $I(\tau_1,-\mu)$，在 $\tau_1=0$ 和 $\tau=\tau_1$ 处的辐射称为入射辐射 $F$ 的漫反射和漫透射辐射。

求解方程式(7.113)，使用高斯求积公式，第 $n$ 项的传输方程式可写为

$$\mu_i \frac{\mathrm{d}I_i}{\mathrm{d}\tau}=I_i-\frac{1}{2}\varpi_0\sum_j a_j I_j-\frac{1}{4}\varpi_0 F\exp(-\tau/\mu_0) \qquad (i=\pm 1,\cdots,\pm n) \tag{7.114}$$

上面方程式右边最后一项需用一特殊积分，可以写成

$$I_i=\frac{1}{4}\varpi_0 F h_i\exp(-\tau/\mu_0) \qquad (i=\pm 1,\cdots,\pm n) \tag{7.115}$$

式中 $h_i$ 是一常用数，满足关系式

$$h_i\left(1+\frac{\mu_i}{\mu_0}\right)=\frac{1}{2}\varpi_0\sum_j a_j h_j+1 \tag{7.116}$$

因此特解积分可以写为

$$I_i=\frac{1}{4}\varpi_0 F\left(1+\frac{\mu_i}{\mu_0}\right)^{-1}\gamma\exp(-\tau/\mu_0) \qquad (i=\pm 1,\cdots,\pm n) \tag{7.117}$$

式中

$$\gamma=\left[1-\varpi_0\sum_{j=1}^{n}a_j\left(1-\frac{\mu_j^2}{\mu_0^2}\right)^{-1}\right]^{-1} \tag{7.118}$$

因此第 $n$ 项近似解写为

$$I_i=\frac{1}{4}\varpi_0 F\left[\sum_{\alpha=1}^{n}L_\alpha\exp(-k_\alpha\tau)(1+\mu_i k_\alpha)^{-1}+\gamma\exp(-\tau/\mu_0)\left(1+\frac{\mu_i}{\mu_0}\right)^{-1}\right]$$
$$(i=\pm 1,\cdots,\pm n) \tag{7.119}$$

式中常数 $L_\alpha(\alpha=1,2,\cdots,n)$ 可以用边界条件求取

$$\tau=0,\quad I_i=0 \qquad (i=1,2,\cdots,n) \tag{7.120}$$

由方程式

$$\sum_{\alpha=1}^{n}L_\alpha(1-\mu_i k_\alpha)^{-1}+\gamma\left(1-\frac{\mu_i}{\mu_0}\right)^{-1}=0 \qquad (i=1,2,\cdots,n) \tag{7.121}$$

源函数 $J(\tau)$ 可以写为

$$J(\tau)=\frac{1}{4}\varpi_0 F\left[\sum_{\alpha=1}^{n}L_\alpha\exp(-k_\alpha\tau)+\gamma\exp(-\tau/\mu_0)\right] \tag{7.122}$$

使用上面源函数方程式，在 $(\tau,\pm\mu)$ 的辐射场可以写为

$$I(\tau,+\mu)=\frac{1}{4}\varpi_0 F\left[\sum_{\alpha=1}^{n}L_\alpha\exp(-k_\alpha\tau)(1+\mu k_\alpha)^{-1}+\gamma\exp(-\tau/\mu_0)\left(1+\frac{\mu}{\mu_0}\right)^{-1}\right] \tag{7.123}$$

和

$$I(\tau,-\mu)=\frac{1}{4}\varpi_0 F\left\{\sum_{\alpha=1}^{n}L_\alpha\exp(-k_\alpha\tau)(1-\mu k_\alpha)^{-1}\times[\exp(-k_\alpha\tau)-\exp(-\tau/\mu)]\right.$$
$$\left.+\gamma\left(1-\frac{\mu}{\mu_0}\right)^{-1}[\exp(-\tau/\mu_0)-\exp(-\tau/\mu)]\right\} \tag{7.124}$$

反射辐射的角分布写为

$$I(0,\mu)=\frac{1}{4}\varpi_0 F\left[\sum_{\alpha=1}^{n}L_\alpha(1+\mu k_\alpha)^{-1}+\gamma\left(1+\frac{\mu}{\mu_0}\right)^{-1}\right] \tag{7.125}$$

现在可以用 $H$ 函数表示角分布 $I(0,\mu)$，考虑到(7.117)式并且写函数

$$N(p)=1-\frac{1}{2}\varpi_0 p\sum_{j}a_j(p+\mu_j)^{-1} \tag{7.126}$$

或

$$N(p)=1-\frac{1}{2}\varpi_0 p^2\sum_{j=1}^{n}a_j(p^2-\mu_j^2)^{-1} \tag{7.127}$$

将这与特征方程式(7.61)比较，给出

$$N(p)=0\quad p=\pm k_\alpha{}^{-1}\quad(\alpha=1,2,\cdots,n) \tag{7.128}$$

通过比较 $\prod_{j=1}^{n}(p^n-\mu_j{}^2)N(p)$ 和 $\prod_{\alpha=1}^{n}(1-k_\alpha{}^2p^2)$ 两个量，发现这两个量可以通过常数因子 $(-1)^n\mu_1{}^2\cdots\mu_n{}^2$ 相联系，因此可以写成

$$N(p)\prod_{j=1}^{n}(p^n-\mu_j^2)=(-1)^n\mu_1^2\cdots\mu_n^2\prod_{\alpha=1}^{\mathrm{n}}(1-k_\alpha^2p^2) \tag{7.129}$$

使用方程式(7.93)，利用 $H$ 函数可以将方程式(7.129)写为

$$1-\varpi_0 p^2\prod_{j=1}^{n}a_j(p^2-\mu_j^2)^{-1}=\frac{1}{H(p)H(-p)} \tag{7.130}$$

因此从方程式(7.117)，量 $\gamma$ 为

$$\gamma=\frac{1}{N(\mu_0)}=H(\mu_0)H(-\mu_0) \tag{7.131}$$

用 $H$ 函数漫反射辐射的角分布写为

$$I(0,\mu)=\frac{1}{4}\varpi_0 F\frac{\mu_0}{\mu+\mu_0}H(\mu_0)H(-\mu_0) \tag{7.132}$$

## 7.5　守恒漫反射辐射($\varpi_0=1$)

在 $\varpi_0=1$ 情况下，使用方程式(7.131)，将(7.122)式可以写成

$$J(\tau)=\frac{1}{4}F\left[\sum_{\alpha=1}^{n-1}L_\alpha\exp(-k_\alpha\tau)+L_n+H(\mu_0)H(-\mu_0)\exp(-\tau/\mu_0)\right] \tag{7.133}$$

发射辐射的角分布写为

$$I(0,\mu)=\frac{1}{4}F\left[\sum_{\alpha=1}^{n-1}L_\alpha\exp(1+k_\alpha\tau)^{-1}+L_n+H(\mu_0)H(-\mu_0)\left(1+\frac{\mu}{\mu_0}\right)^{-1}\right] \tag{7.134}$$

一旦消去常数，用 $H$ 函数漫反射辐射就可以写为

$$I(0,\mu)=\frac{1}{4}F\frac{\mu_0}{\mu+\mu_0}H(\mu_0)H(-\mu_0) \tag{7.135}$$

如果 $\tau\to\infty$，方程式(7.133)就可以写为

$$J(\infty)=\frac{1}{4}FL_n \tag{7.136}$$

而且在 $\tau=0$ 处，由(7.133)和(7.134)式给出

$$J(0)=I(0,0)=\frac{1}{4}FH(\mu_0) \tag{7.137}$$

用

$$\left(1+\frac{\mu}{\mu_0}\right)\prod_{\alpha=1}^{n-1}(1+k_\alpha\mu) \tag{7.138}$$

乘(7.134)式和比较两侧 $\mu^n$ 的系数，给出

$$k_1\cdots k_{n-1}L_n\mu_1\cdots\mu_n=\mu_0H(\mu_0) \tag{7.139}$$

因此

$$L_n=\frac{\mu_0H(\mu_0)}{k_1\cdots k_{n-1}\mu_1\cdots\mu_n} \tag{7.140}$$

由关系式(7.83)，给出

$$L_n=3^{1/2}\mu_0H(\mu_0) \tag{7.141}$$

从(7.136)、(7.137)和(7.141)式得出

$$\frac{J(\infty)}{J(0)}=3^{1/2}\mu_0 \tag{7.142}$$

这是一个与阶数无关的近似。

## 7.6 各向异性散射大气的离散纵标法

### 7.6.1 一般考虑

离散纵标法(DOM)是求解平面平行大气辐射传输方程式精确方法之一，它用于计算某些问题的标准解。为简化表示，先考虑使用(7.33)式方位平均辐射场($m=0$)情形。下面对于 $I^{m=0}(\tau,\mu_i)$ 简写为 $I(\tau,\mu_i)$，从(2.101)式看到，它可以用同样的方法。

$$\mu\frac{\mathrm{d}I^+(\tau,\mu)}{\mathrm{d}\tau}=I^+(\tau,\mu)-\frac{\varpi_0}{2}\int_0^1 I^+(\tau,\mu')P(\mu',\mu)\mathrm{d}\mu'$$

$$-\frac{\varpi_0}{2}\int_0^1 I^-(\tau,\mu')P(-\mu',\mu)\mathrm{d}\mu'-X_0^+\mathrm{e}^{-\tau/\mu_0} \tag{7.143a}$$

$$-\mu\frac{\mathrm{d}I^-(\tau,\mu)}{\mathrm{d}\tau}=I^-(\tau,\mu)-\frac{\varpi_0}{2}\int_0^1 I^+(\tau,\mu')P(\mu',-\mu)\mathrm{d}\mu'$$

$$-\frac{\varpi_0}{2}\int_0^1 I^-(\tau,\mu')P(-\mu',-\mu)\mathrm{d}\mu'-X_0^-\mathrm{e}^{-\tau/\mu_0} \tag{7.143b}$$

其中

$$P(\mu',\mu)=\sum_{i=0}^{2N-1}(2l+1)\chi_l P_l(\mu)P_l(\mu')$$

和

$$X_0^{\pm}=X_0(\pm\mu)=\frac{\varpi_0}{4\pi}F^s P(-\mu_0,\pm\mu)$$

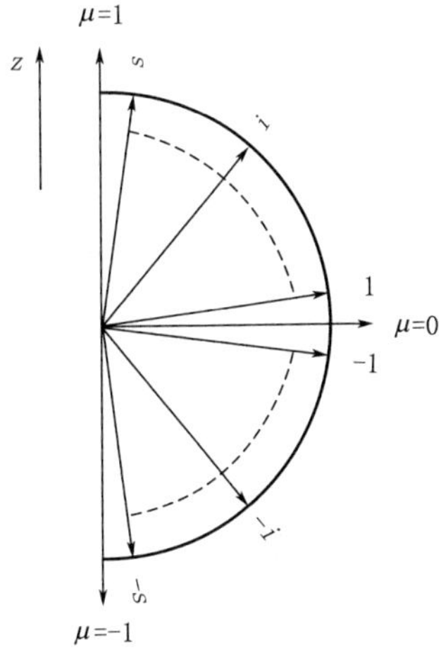

图 7.3　$I(\tau,\mu)$的离散流

## 7.6.2　离散纵标法求积法则

对于离散的辐射场，如图 7.3 中所示，考虑全部 $2N$ 个辐射流，即是$-1\leqslant\mu\leqslant 1, i=-N,\cdots,-1,1,\cdots,N$。得到要求解的均匀子层介质的成对的线性微分方程式，对于 $m=0$ 在离散方向和利用高斯求积的近似多次散射积分导得方程式

$$\mu\frac{\mathrm{d}I(\tau,\mu_i)}{\mathrm{d}\tau}=I(\tau,\mu_i)-\frac{\varpi_0}{2}\sum_{j=-s}^{s}w_j I(\tau,\mu_j)P(\mu_i,\mu_j)$$

$$-\frac{\varpi_0}{4\pi}S_0\exp\left(-\frac{\tau}{\mu_0}\right)P(\mu_i,-\mu_0)-(1-\varpi_0)B(\tau) \tag{7.144}$$

式中方位平均相函数采用(7.37)式，很容易在$[-1,1]$间隔，按勒让德多项式使用 $N$ 阶高斯求积公式精确为

$$\int_{-1}^1 P_m(\mu)\mathrm{d}\mu=\sum_{i=1}^N w_i P_m(\mu_i)=2\delta_{0m}\quad(m=0,1,\cdots,2N-1) \tag{7.145}$$

这一重要结果也满足对于(7.11)式的相函数的归一化条件，当这函数用在$l=2N-1$ 项截断的有限个勒让德多项式级数的表示，按(7.15)式，求得

$$\begin{aligned}P(\cos\Theta)&=\sum_{l=0}^{2N-1}\omega_l P_l(\cos\Theta)\\&=\sum_{l=0}^{2N-1}\omega_l P_l(\mu)P_l(\mu')+\sum_{m=l}^{2N-1}\sum_{l=m}^{2N-1}\omega_l^m P_l^m(\mu)P_l^m(\mu')\cos m(\phi-\phi')\\&=P(\mu,\mu')+2\sum_{m=l}^{2N-1}\sum_{l=m}^{2N-1}\omega_l^m P_l^m(\mu)P_l^m(\mu')\cos m(\phi-\phi')\end{aligned} \tag{7.146}$$

暂不用说在 DOM 的不需要对相函数归一化，考虑到归一化条件的求积公式应用到 $P$

$(\mu,\mu')$，有

$$\begin{aligned}\int_{-1}^{1} P(\mu,\mu')\mathrm{d}\mu' &= \frac{1}{2}\sum_{i=1}^{N} w_i P(\mu,\mu') \\ &= \frac{1}{2}\sum_{i=1}^{N} w_i \sum_{m=0}^{2N-1} \omega_m P_m(\mu) P_m(\mu_i) \\ &= \frac{1}{2}\sum_{m=0}^{2N-1} \omega_m P_m(\mu) \sum_{i=1}^{N} w_i P_m(\mu_i) \\ &= \frac{1}{2}\sum_{m=0}^{2N-1} \omega_m P_m(\mu) \int_{-1}^{1} P_m(\mu)\mathrm{d}\mu \\ &= \sum_{m=0}^{2N-1} \omega_m P_m(\mu)\delta_{0m} = 1\end{aligned} \tag{7.147}$$

通过下面定义 $\delta$—定标相函数 $P^*(\mu,\mu')$，上式也成立

$$P^*(\mu,\mu') = 2f\delta(\mu-\mu') + (1-f)\sum_{m=0}^{2N-1} \omega_m^* P_m(\mu) P_m(\mu') \tag{7.148}$$

如果在 $l=2N-1$ 项截断，$f$ 是散射到前向峰的部分辐射，也注意到 $P_m = P_m^*$，$\delta$ 定标相函数在下面讨论。

如果相函数的展开大于 $2N-1$ 项，则相函数不正好是归一化的，因此可以会出现虚假的吸收。实行相函数的归一化是重要的，它是对于能量守恒的数值算法的基础。

另一个是由于考虑到 $\int_{-1}^{1} I(\tau,\mu')P(\mu,\mu')\mathrm{d}\mu'$ 项的离散化，在使用高斯求积之前，注意

$$\int_{-1}^{1} I(\tau,\mu')P(\mu,\mu')\mathrm{d}\mu' \approx \sum_{i=-n}^{n} w_i I(\tau,\mu_i) P(\mu,\mu_i) \tag{7.149}$$

对于增加的求积阶数的节点 $\mu_i$，仍然是大多数节点接近 $\mu=1$ 和 $\mu=-1$，只有少数节点位于近水平的 $\mu=0$ 处，因此对于强的各向异性相函数，简单地增加节点数不是主要的。对此为了改进这一情况，可以采用积分区间[$-1$,1]分成[$-1$,0]和[0,1]两子间隔。对于间隔[$-1$,0]采用变换 $\overline{\mu}=2\mu+1$，对于间隔[0,1]采用变换 $\overline{\mu}=2\mu-1$，且用 $s$ 个点的高斯求积，由此积分写成

$$\begin{aligned}\int_{-1}^{1} f(\mu)\mathrm{d}\mu &= \frac{1}{2}\int_{-1}^{1} f\left(\frac{\overline{\mu}-1}{2}\right)\mathrm{d}\overline{\mu} + \frac{1}{2}\int_{-1}^{1} f\left(\frac{\overline{\mu}+1}{2}\right)\mathrm{d}\overline{\mu} \\ &\approx \frac{1}{2}\sum_{i=1}^{s} w_i \left[ f\left(\frac{\overline{\mu}_i-1}{2}\right) + f\left(\frac{\overline{\mu}_i+1}{2}\right) \right]\end{aligned} \tag{7.150}$$

图 7.4 表示了将变量 $\overline{\mu}$ 的 $s$ 个高斯求积点化为变量 $\mu$ 的[$-1$,0]和[0,1]两间隔。对于较后节点相对于 $\mu=-0.5$ 和 $\mu=0.5$，每一间隔近端的是对称的。也可以看到节点 $\mu_i$ 相对于 $\mu=0$ 是反对称的。

(7.150)式中出现的勒让德多项式的零点和权重具有如下特性

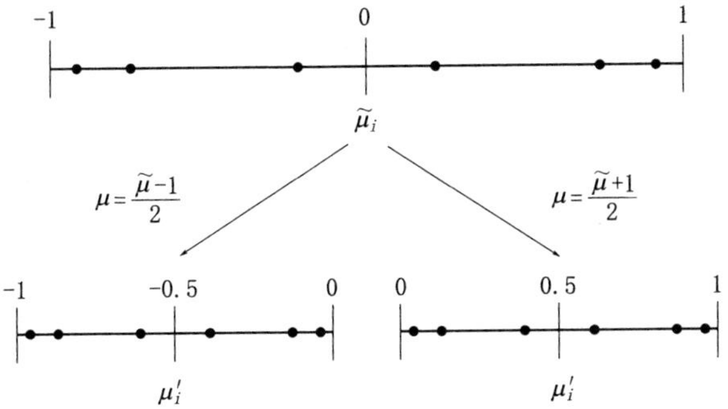


图 7.4　表示双高斯求积法则。点标记为 $i=1,2,\cdots,s$ 的位置正交模式

$$\overline{\mu}_i=-\overline{\mu}_{s+1-i},\quad w_i=-w_{s+1-i} \tag{7.151}$$

利用这些表示式，将 $\mu'=(\overline{\mu}_i+1)/2$ 代入，(7.150)式右边可以写为

$$\begin{aligned}
&\frac{1}{2}\sum_{i=1}^{s} w_i\left[f\left(\frac{\overline{\mu}_i-1}{2}\right)+f\left(\frac{\overline{\mu}_i+1}{2}\right)\right]\\
&=\frac{1}{2}\sum_{i=1}^{s} w_i\left[f\left(\frac{\overline{\mu}_{s+1-i}+1}{2}\right)+f\left(\frac{\overline{\mu}_i+1}{2}\right)\right]\\
&=\frac{1}{2}\sum_{i=1}^{s} w_{s+1-i}f(-\mu'_{s+1-i})+\frac{1}{2}\sum_{i=1}^{s} w_i f(-\mu'_i)\\
&=\frac{1}{2}\sum_{i=1}^{s} w_i[f(-\mu'_i)+f(\mu'_i)]
\end{aligned} \tag{7.152}$$

按下式引入节点和权重

$$w'_i=\frac{1}{2}w_i,\quad w'_{-i}=w'_i$$

$$\mu'_i=\frac{\overline{\mu}_i+1}{2},\quad \mu'_{-i}=-\mu'_i \tag{7.153}$$

称之 $2s$ 双倍高斯求积

$$\int_{-1}^{1} f(\mu)\mathrm{d}\mu\approx\sum_{i=-s}^{s} w'_i f(\mu'_i) \tag{7.154}$$

由此(7.144)式可以表示为

$$\begin{aligned}
\mu_i\frac{\mathrm{d}I^+(\tau,\mu_i)}{\mathrm{d}\tau}=&I^+(\tau,\mu_i)-\frac{\varpi_0}{2}\sum_{j=1}^{N} w_j p(\mu_j,\mu_i)I^+(\tau,\mu_j)\\
&-\frac{\varpi_0}{2}\sum_{j=1}^{N} w_j p(-\mu_j,\mu_i)I^-(\tau,\mu_j)-X_{0i}{}^{+}\mathrm{e}^{-\tau/\mu_0}
\end{aligned} \tag{7.155a}$$

$$-\mu_i\frac{\mathrm{d}I^-(\tau,\mu_i)}{\mathrm{d}\tau}=I^-(\tau,\mu_i)-\frac{\varpi_0}{2}\sum_{j=1}^{N} w_j p(\mu_j,-\mu_i)I^+(\tau,\mu_j)$$

$$-\frac{\varpi_0}{2}\sum_{j=1}^{N}w_j p(-\mu_j,-\mu_i)I^-(\tau,\mu_j)-X_{0i}^-\mathrm{e}^{-\tau/\mu_0}$$

(7.155b)

设

$$\alpha_{i,j}=-\mu_i^{-1}(\varpi_0/2)w_j p(\mu_i,\mu_j)\qquad(i\neq j)$$

$$=\mu_i^{-1}[1-(\varpi_0/2)w_j p(\mu_i,\mu_j)]\qquad(i=j)$$

$$\beta_{i,j}=-\mu_i^{-1}(\varpi_0/2)w_j p(\mu_i,-\mu_j)\qquad(i\neq j)$$

$$=\mu_i^{-1}[1-(\varpi_0/2)w_j p(\mu_i,-\mu_j)]\qquad(i=j)$$

则有

$$\frac{\mathrm{d}I(\tau,\mu_i)}{\mathrm{d}\tau}=\sum_{j=1}^{N}\alpha_{i,j}I(\tau,\mu_j)+\sum_{j=1}^{N}\alpha_{i,-j}I(\tau,-\mu_j)\tag{7.156a}$$

$$\frac{\mathrm{d}I(\tau,-\mu_i)}{\mathrm{d}\tau}=\sum_{j=-s}^{s}\beta_{-i,j}I(\tau,\mu_j)+\sum_{j=1}^{N}\beta_{-i,-j}I(\tau,-\mu_j)\tag{7.156b}$$

## 7.7 离散纵标法矩阵公式

### 7.7.1 二流离散近似(N=1)

在考虑多流辐射流解之前,先描述二流或四流近似情况下的解,然后说明多流解如何进行的。在(7.155a)和(7.155b)式中设 $N=1$,就得二流近似的二个微分方程式

$$\mu_1\frac{\mathrm{d}I^+(\tau)}{\mathrm{d}\tau}=I^+(\tau)-\frac{\varpi_0}{2}P(-\mu_1,\mu_1)I^-(\tau)-\frac{\varpi_0}{2}P(\mu_1,\mu_1)I^+(\tau)-Q'^+(\tau)$$

(7.157a)

$$-\mu_1\frac{\mathrm{d}I^-(\tau)}{\mathrm{d}\tau}=I^-(\tau)-\frac{\varpi_0}{2}P(-\mu_1,-\mu_1)I^-(\tau)-\frac{\varpi_0}{2}P(\mu_1,-\mu_1)I^+(\tau)-Q'^-(\tau)$$

(7.157b)

式中

$$I^\pm(\tau)\equiv I^\pm(\tau,\mu_1)$$

$$Q'^\pm(\tau)\equiv\frac{\varpi_0}{4\pi}P(-\mu_0,\pm\mu_1)\mathrm{e}^{-\tau/\mu_0}\tag{7.158}$$

$$\frac{\varpi_0}{2}P(\mu_1,-\mu_1)\equiv\frac{\varpi_0}{2}(1-3g\mu_1{}^2)\equiv\varpi_0 b=\frac{\varpi_0}{2}P(-\mu_1,\mu_1)$$

$$\frac{\varpi_0}{2}P(\mu_1,\mu_1)\equiv\frac{\varpi_0}{2}(1+3g\mu_1{}^2)\equiv\varpi_0(1-b)=\frac{\varpi_0}{2}P(-\mu_1,-\mu_1)$$

(7.157a)和(7.157b)式与(7.135)、(7.136)式是等同的,式中 $b=\frac{1}{2}(1+3g\mu_1{}^2)$,称为后向散射比,$g$ 是对称因子。如果取 $\mu_1=3^{-1/3}$,则对于 $g=-1$,为纯后向散射($b=1$);$g=1$,为纯前向散射($b=0$)。$g=0$,各向同性散射($b=1/2$)。当 $\mu_1=$

$3^{-1/3}$,相应于高斯求积区域[−1,1]。对于高斯求积区域[0,1],得 $\mu_1=1/2$。

可以将(7.157a)和(7.157b)式以矩阵形式表示为

$$\frac{\mathrm{d}}{\mathrm{d}\tau}\begin{bmatrix}I^+\\I^-\end{bmatrix}=\begin{bmatrix}-\alpha & -\beta\\ \beta & \alpha\end{bmatrix}\begin{bmatrix}I^+\\I^-\end{bmatrix}-\begin{bmatrix}Q^+\\Q^-\end{bmatrix} \tag{7.159}$$

式中

$$Q^{\pm}\equiv\pm\mu_1^{-1}Q'^{\pm}$$

$$\begin{aligned}\alpha&\equiv\mu_1^{-1}\left[\frac{\varpi_0}{2}P(\mu_1,\mu_1)-1\right]=\mu_1^{-1}\left[\frac{\varpi_0}{2}P(-\mu_1,-\mu_1)-1\right]\\&=\mu_1^{-1}[\varpi_0(1-b)-1]\end{aligned} \tag{7.160}$$

$$\beta\equiv\mu_1^{-1}\frac{\varpi_0}{2}P(\mu_1,-\mu_1)=\mu_1^{-1}\frac{\varpi_0}{2}P(-\mu_1,\mu_1)=\mu_1^{-1}\varpi_0 b$$

### 7.7.2 四流离散近似(N=2)

由(7.155a)和(7.155b)式可以得到四个成双的微分方程式($\mu_{-i}=-\mu_i,w_{-i}=w_i$),

$$\begin{aligned}\mu_1\frac{\mathrm{d}I^+(\tau,\mu_1)}{\mathrm{d}\tau}=&I^+(\tau,\mu_1)-Q'^+(\tau,\mu_1)\\&-w_2\frac{\varpi_0}{2}P(-\mu_2,\mu_1)I^-(\tau,\mu_2)-w_1\frac{\varpi_0}{2}P(-\mu_1,\mu_1)I^-(\tau,\mu_1)\\&-w_1\frac{\varpi_0}{2}P(\mu_1,\mu_1)I^+(\tau,\mu_1)-w_2\frac{\varpi_0}{2}P(\mu_2,\mu_1)I^+(\tau,\mu_2)\end{aligned} \tag{7.161a}$$

$$\begin{aligned}\mu_2\frac{\mathrm{d}I^+(\tau,\mu_2)}{\mathrm{d}\tau}=&I^+(\tau,\mu_2)-Q'^+(\tau,\mu_2)\\&-w_2\frac{\varpi_0}{2}P(-\mu_2,\mu_2)I^-(\tau,\mu_2)-w_1\frac{\varpi_0}{2}P(-\mu_1,\mu_2)I^-(\tau,\mu_1)\\&-w_1\frac{\varpi_0}{2}P(\mu_1,\mu_2)I^+(\tau,\mu_1)-w_2\frac{\varpi_0}{2}P(\mu_2,\mu_2)I^+(\tau,\mu_2)\end{aligned} \tag{7.161b}$$

$$\begin{aligned}-\mu_1\frac{\mathrm{d}I^-(\tau,\mu_1)}{\mathrm{d}\tau}=&I^-(\tau,\mu_1)-Q'^-(\tau,\mu_1)\\&-w_2\frac{\varpi_0}{2}P(-\mu_2,-\mu_1)I^-(\tau,\mu_2)-w_1\frac{\varpi_0}{2}P(-\mu_1,-\mu_1)I^-(\tau,\mu_1)\\&-w_1\frac{\varpi_0}{2}P(\mu_1,-\mu_1)I^+(\tau,\mu_1)-w_2\frac{\varpi_0}{2}P(\mu_2,-\mu_1)I^+(\tau,\mu_2)\end{aligned} \tag{7.161c}$$

$$-\mu_2 \frac{dI^-(\tau,\mu_2)}{d\tau} = I^-(\tau,\mu_2) - Q'^-(\tau,\mu_2)$$
$$-w_2 \frac{\varpi_0}{2} P(-\mu_2,-\mu_2) I^-(\tau,\mu_2) - w_1 \frac{\varpi_0}{2} P(-\mu_1,-\mu_2) I^-(\tau,\mu_1)$$
$$-w_1 \frac{\varpi_0}{2} P(\mu_1,-\mu_2) I^+(\tau,\mu_1) - w_2 \frac{\varpi_0}{2} P(\mu_2,-\mu_2) I^+(\tau,\mu_2) \tag{7.161d}$$

将上面方程式写成矩阵形式为

$$\frac{d}{d\tau}\begin{bmatrix} I^+(\tau,\mu_1) \\ I^+(\tau,\mu_2) \\ I^-(\tau,\mu_1) \\ I^-(\tau,\mu_2) \end{bmatrix} = \begin{bmatrix} -\alpha_{11} & -\alpha_{12} & -\beta_{11} & -\beta_{12} \\ -\alpha_{21} & -\alpha_{22} & -\beta_{21} & -\beta_{22} \\ \beta_{11} & \beta_{12} & \alpha_{11} & \alpha_{12} \\ \beta_{21} & \beta_{22} & \alpha_{21} & \alpha_{22} \end{bmatrix} \begin{bmatrix} I^+(\tau,\mu_1) \\ I^+(\tau,\mu_2) \\ I^-(\tau,\mu_1) \\ I^-(\tau,\mu_2) \end{bmatrix} - \begin{bmatrix} Q^+(\tau,\mu_1) \\ Q^+(\tau,\mu_2) \\ Q^-(\tau,\mu_1) \\ Q^-(\tau,\mu_2) \end{bmatrix} \tag{7.162}$$

式中

$$Q^{\pm}(\tau,\mu_i) = \pm\mu_i^{-1} Q'^{\pm}(\tau,\mu_i) \quad (i=1,2)$$
$$\alpha_{11} = \mu_1^{-1}\left[w_1 \frac{\varpi_0}{2} P(\mu_1,\mu_1) - 1\right] = \mu_1^{-1}\left[w_1 \frac{\varpi_0}{2} P(-\mu_1,-\mu_1) - 1\right]$$
$$\alpha_{12} = \mu_1^{-1} w_2 \frac{\varpi_0}{2} P(\mu_1,\mu_2) = \mu_1^{-1} w_2 \frac{\varpi_0}{2} P(-\mu_1,-\mu_2)$$
$$\alpha_{21} = \mu_2^{-1} w_1 \frac{\varpi_0}{2} P(\mu_2,\mu_1) = \mu_2^{-1} w_1 \frac{\varpi_0}{2} P(-\mu_2,-\mu_1)$$
$$\alpha_{22} = \mu_2^{-1}\left[w_1 \frac{\varpi_0}{2} P(\mu_2,\mu_2) - 1\right] = \mu_2^{-1}\left[w_1 \frac{\varpi_0}{2} P(-\mu_2,-\mu_2) - 1\right] \tag{7.163}$$
$$\beta_{11} = \mu_1^{-1} w_1 \frac{\varpi_0}{2} P(\mu_1,-\mu_1) = \mu_1^{-1} w_1 \frac{\varpi_0}{2} P(-\mu_1,\mu_1)$$
$$\beta_{12} = \mu_1^{-1} w_2 \frac{\varpi_0}{2} P(\mu_1,-\mu_2) = \mu_1^{-1} w_2 \frac{\varpi_0}{2} P(-\mu_1,\mu_2)$$
$$\beta_{21} = \mu_2^{-1} w_1 \frac{\varpi_0}{2} P(\mu_2,-\mu_1) = \mu_2^{-1} w_1 \frac{\varpi_0}{2} P(-\mu_2,\mu_1)$$
$$\beta_{22} = \mu_2^{-1} w_2 \frac{\varpi_0}{2} P(\mu_2,-\mu_2) = \mu_2^{-1} w_2 \frac{\varpi_0}{2} P(-\mu_2,\mu_2)$$

引入矢量

$$\boldsymbol{I}^{\pm} = [I^{\pm}(\tau,\mu_i)]; \quad \boldsymbol{Q}^{\pm} = [Q^{\pm}(\tau,\mu_i)] \quad (i=1,2,\cdots,N) \tag{7.164}$$

可以将上面写成更普遍形式

$$\frac{d}{d\tau}\begin{bmatrix} \boldsymbol{I}^+ \\ \boldsymbol{I}^- \end{bmatrix} = \begin{bmatrix} -\tilde{\alpha} & -\tilde{\beta} \\ \tilde{\beta} & \tilde{\alpha} \end{bmatrix} \begin{bmatrix} \boldsymbol{I}^+ \\ \boldsymbol{I}^- \end{bmatrix} - \begin{bmatrix} \boldsymbol{Q}^+ \\ \boldsymbol{Q}^- \end{bmatrix} \tag{7.165}$$

式中由上面确定矩阵的所有元素 $\tilde{\alpha}$ 和 $\tilde{\beta}$，应注意到这方程式与二流近似得到的方程式很类似，只是标量 $\alpha$ 和 $\beta$ 变成 $2\times2$ 矩阵。由(7.159)式和(7.165)式看到 $\tilde{\alpha}$ 和 $\tilde{\beta}$ 可以分别解释为局地透过率和反射率算符。

### 7.7.3　N 辐射流近似

从上面的二流和四流近似描述的方法推广到一般的情况下，可以把(7.155a)和(7.155b)式写成矩阵形式为

$$\frac{\mathrm{d}}{\mathrm{d}\tau}\begin{bmatrix}\boldsymbol{I}^+\\\boldsymbol{I}^-\end{bmatrix}=\begin{bmatrix}-\tilde{\alpha} & -\tilde{\beta}\\\tilde{\beta} & \tilde{\alpha}\end{bmatrix}\begin{bmatrix}\boldsymbol{I}^+\\\boldsymbol{I}^-\end{bmatrix}-\begin{bmatrix}\boldsymbol{Q}^+\\\boldsymbol{Q}^-\end{bmatrix}\tag{7.166}$$

式中

$$\begin{aligned}
\boldsymbol{I}^{\pm}&=[I^{\pm}(\tau,\mu_i)]\quad(i=1,2,\cdots,N)\\
\boldsymbol{Q}^{\pm}&=\pm\boldsymbol{M}^{-1}\boldsymbol{Q}'^{\pm}=[Q^{\pm}(\tau,\mu_i)]\quad(i=1,2,\cdots,N)\\
\boldsymbol{M}&=[\mu_i\delta_{i,j}]\quad(i,j=1,2,\cdots,N)\\
\tilde{\alpha}&=\boldsymbol{M}^{-1}[\boldsymbol{D}^+\boldsymbol{W}-1]\\
\tilde{\beta}&=\boldsymbol{M}^{-1}\boldsymbol{D}^-\boldsymbol{W}\\
\boldsymbol{W}&=[w_i\delta_{i,j}]\quad(i,j=1,2,\cdots,N)\\
\boldsymbol{I}&=[\delta_{i,j}]\quad(i,j=1,2,\cdots,N)\\
\boldsymbol{D}^+&=\frac{\varpi_0}{2}[P(\mu_i,\mu_j)]=\frac{\varpi_0}{2}[P(-\mu_i,-\mu_j)]\\
\boldsymbol{D}^-&=\frac{\varpi_0}{2}[P(-\mu_i,\mu_j)]=\frac{\varpi_0}{2}[P(\mu_i,-\mu_j)]\quad(i,j=1,2,\cdots,N)
\end{aligned}\tag{7.167}$$

注意到在(7.166)式中仅取决于散射角[$\Omega(\mu,\phi)$ 与 $\Omega'(\mu',\phi')$ 之间的夹角]相函数可以处理为($2N\times2N$)矩阵结构

$$\begin{bmatrix}-\tilde{\alpha} & -\tilde{\beta}\\\tilde{\beta} & \tilde{\alpha}\end{bmatrix}\tag{7.168}$$

因而这一特殊结构也选取一满足 $\mu_{-i}=-\mu_i$，$w_{-i}=-w_i$ 的求积规则。下面看到，由于这一特殊结构，(7.166)式的具有正/负成双的特征值的特征解。特别是发现它可以通过乘因子 2 用于降低代数特征值问题的阶数，减小了计算量。

## 7.8　矩阵特征解

### 7.8.1　二流解($N=1$)

求解对于 $Q^{\pm}=0$ 时(7.159)式的齐次解 $I^{\pm}=g^{\pm}\mathrm{e}^{-\lambda\tau}$，$g^{\pm}=g(\pm\mu_1)$，得到如下代

数方程式

$$\begin{bmatrix} \alpha & \beta \\ -\beta & -\alpha \end{bmatrix} \begin{bmatrix} g^{+} \\ g^{-} \end{bmatrix} = \lambda \begin{bmatrix} g^{+} \\ g^{-} \end{bmatrix} \tag{7.169}$$

把这矩阵形式写成

$$\alpha g^{+} + \beta g^{-} = \lambda g^{+} \tag{7.170a}$$

$$-\beta g^{+} - \alpha g^{-} = \lambda g^{-} \tag{7.170b}$$

将上两式相加和相减，求得

$$(\alpha - \beta)(g^{+} - g^{-}) = \lambda (g^{+} + g^{-}) \tag{7.171a}$$

$$(\alpha + \beta)(g^{+} + g^{-}) = \lambda (g^{+} - g^{-}) \tag{7.171b}$$

后一式(7.171b)代入前一式(7.171a)得到

$$(\alpha + \beta)(\alpha - \beta)(g^{+} + g^{-}) = \lambda^{2} (g^{+} + g^{-}) \tag{7.172}$$

具有解 $\lambda_1 = k, \lambda_{-1} = -k$，且有

$$k = \sqrt{\alpha^2 - \beta^2} = \frac{1}{\mu} \sqrt{(1 - \varpi_0)(1 - \varpi_0 + 2\varpi_0 b)} \quad (\varpi_0 < 1) \tag{7.173}$$

和

$$g^{+} + g^{-} = \text{任意常数} \tag{7.174}$$

对此可以将其设为单位 1。对于 $\lambda_1 = k$，假定 $k \neq 0$ 或 $\varpi_0 \neq 1$，(7.171b)式得到

$$g^{+} - g^{-} = (\alpha + \beta)/k \tag{7.175}$$

结合(7.174)和(7.175)式，得到

$$\frac{g_1^{+}}{g_1^{-}} = \frac{k + (\alpha + \beta)}{k - (\alpha + \beta)} = \frac{\sqrt{1 - \varpi_0 + 2\varpi_0 b} - \sqrt{1 - \varpi_0}}{\sqrt{1 - \varpi_0 + 2\varpi_0 b} + \sqrt{1 - \varpi_0}} \equiv \rho_\infty \tag{7.176}$$

由此

$$\begin{bmatrix} g_1^{+} \\ g_1^{-} \end{bmatrix} = \begin{bmatrix} \rho_\infty \\ 1 \end{bmatrix} \tag{7.177}$$

是相应于特征值 $\lambda_1 = k$ 的特征矢量。对于 $\lambda_{-1} = -k$，重复这一步骤，求得 $g_{-1}^{-}/g_{-1}^{+} = \rho_\infty$ 和

$$\begin{bmatrix} g_{-1}^{+} \\ g_{-1}^{-} \end{bmatrix} = \begin{bmatrix} 1 \\ \rho_\infty \end{bmatrix} \tag{7.178}$$

完整的齐次解为特征值 $\lambda_1 = k$ 和 $\lambda_{-1} = -k$ 的指数解的线性组合，就是

$$\begin{aligned} I^{+}(\tau) = I(\tau, +\mu_1) &= C_{-1} g_{-1}(+\mu_1) e^{+k\tau} + C_1 g_1(+\mu_1) e^{-k\tau} \\ &= C_{-1} g_{-1}(+\mu_1) e^{+k\tau} + \rho_\infty C_1 g_1(-\mu_1) e^{-k\tau} \end{aligned} \tag{7.179a}$$

$$\begin{aligned} I^{-}(\tau) = I(\tau, -\mu_1) &= C_{-1} g_{-1}(-\mu_1) e^{+k\tau} + C_1 g_1(-\mu_1) e^{-k\tau} \\ &= \rho_\infty C_{-1} g_{-1}(+\mu_1) e^{+k\tau} + C_1 g_1(-\mu_1) e^{-k\tau} \end{aligned} \tag{7.179b}$$

式中 $C_1$ 和 $C_{-1}$ 是积分常数，注意到

$$I^{\pm}(\tau,\mu_i)=\sum_{j=1}^{1}C_{-j}g_{-j}(\pm\mu_i)e^{+k_j\tau}+\sum_{j=1}^{1}C_j g_j(\pm\mu_i)e^{-k_j\tau} \tag{7.180}$$

式中 $k_1=k$ 且由(7.133)式给出。

### 7.8.2　多流辐射解

方程式(7.166)是具有常系数的 $2N$ 成对的常用微分方程组，这些方程是线性的，这里的目标是通过线性代数方法，使它们不是成对的。根据二流和四流情况的讨论，求取(7.166)式($Q=0$)情况下具有下面形式的齐次解

$$\boldsymbol{I}^{\pm}=\boldsymbol{g}^{\pm}e^{-k\tau} \tag{7.181}$$

可求得

$$\begin{bmatrix}\tilde{\alpha} & \tilde{\beta}\\ -\tilde{\beta} & -\tilde{\alpha}\end{bmatrix}\begin{bmatrix}g^{+}\\ g^{-}\end{bmatrix}=k\begin{bmatrix}g^{+}\\ g^{-}\end{bmatrix} \tag{7.182}$$

这是一个确定特征值 $k$ 和特征矢量 $\boldsymbol{g}^{\pm}$ 的 $2N\times 2N$ 个标准的代数方程的特征值问题。

如前面注意到(7.182)式矩阵特殊的结构，特征值以正和负的成对出现，代数特征值问题(7.166)式的阶数可以如下面减少。对于(7.166)式齐次解重新写成

$$\frac{d\boldsymbol{I}^{+}}{d\tau}=-\tilde{\alpha}\boldsymbol{I}^{+}-\tilde{\beta}\boldsymbol{I}^{-} \tag{7.183a}$$

$$\frac{d\boldsymbol{I}^{-}}{d\tau}=\tilde{\alpha}\boldsymbol{I}^{-}+\tilde{\beta}\boldsymbol{I}^{+} \tag{7.183b}$$

将这两全方程式相加和相减，得到

$$\frac{d(\boldsymbol{I}^{+}+\boldsymbol{I}^{-})}{d\tau}=-(\tilde{\alpha}-\tilde{\beta})(\boldsymbol{I}^{+}-\boldsymbol{I}^{-}) \tag{7.184a}$$

和

$$\frac{d(\boldsymbol{I}^{+}-\boldsymbol{I}^{-})}{d\tau}=-(\tilde{\alpha}+\tilde{\beta})(\boldsymbol{I}^{+}+\boldsymbol{I}^{-}) \tag{7.184b}$$

结合(7.184a)式和(7.184b)式，可得到

$$\frac{d^2(\boldsymbol{I}^{+}+\boldsymbol{I}^{-})}{d\tau^2}=(\tilde{\alpha}-\tilde{\beta})(\tilde{\alpha}+\tilde{\beta})(\boldsymbol{I}^{+}+\boldsymbol{I}^{-}) \tag{7.185}$$

或观察(7.181)式，有

$$(\tilde{\alpha}-\tilde{\beta})(\tilde{\alpha}+\tilde{\beta})(\boldsymbol{g}^{+}+\boldsymbol{g}^{-})=k^2(\boldsymbol{g}^{+}+\boldsymbol{g}^{-}) \tag{7.186}$$

这实现了阶的减少。对于求解(7.186)式得到特征值和特征矢量($\boldsymbol{g}^{+}+\boldsymbol{g}^{-}$)的过程，则使用(7.184b)式确定($\boldsymbol{g}^{+}-\boldsymbol{g}^{-}$)和如四流近似过程情形构建一组完备的特征矢量。

### 7.8.3 特解(非齐次解)

对于平行入射辐射的特解写为

$$I(\tau,u_i)=Z_0(u_i)e^{-\tau/\mu_0} \tag{7.187}$$

式中 $Z_0(u_i)$ 由如下线性代数方程确定

$$\sum_{\substack{j=-N\\j\neq 0}}^{N}\left[(1+u_j/\mu_0)\delta_{ij}-w_j\frac{\varpi_0}{2}P(u_i,u_j)\right]Z_0(u_j)=X_0(u_i) \tag{7.188}$$

(7.188)式可以将试探解(7.187)式代入到(7.165a)和(7.165b)式得到。在二流近似中,(7.188)式简化为有二个未知量的二个代数方程组,可以很容易得到解析解。四流近似则得到四个代数方程组,也可以得到解析解。

### 7.8.4 热力源

对于热力源发射辐射是各向同性的,因此源函数项是一与方位无关的函数,写为

$$Q'(\tau)=(1-\varpi_0)B(\tau) \tag{7.189}$$

考虑到水平介质的温度变化,对于每一层的普朗克函数可以用关于 $\tau$ 的多项式近似表示为

$$B[T(\tau)]=\sum_{l=0}^{K}b_l\tau^l \tag{7.190}$$

则其解也应当是多项式,表示为

$$I(\tau,u_i)=\sum_{l=0}^{K}Y_l(u_i)\tau^l \tag{7.191}$$

证明系数可以通过求解如下代数方程式组确定

$$Y_K(u_i)=(1-\varpi_0)b_K \tag{7.192}$$

$$\sum_{l=0}^{K}\left[\delta_{ij}-w_j\frac{\varpi_0}{2}P(u_i,u_j)\right]Y_l(u_j)=(1-\varpi_0)b_l-(l+1)u_iY_l(u_i)$$

$$(l=K-1,K-2,\cdots,0) \tag{7.193}$$

实际中,一般使用线性近似($K=1$),它只需要计算普朗克函数每一层界面处的温度。注意到在长波区域普朗克函数与温度为线性关系,但是在短波区域是维恩极限关系。在大多数情况下普朗克函数是对于 $\tau$ 指数幂次的依赖关系。

### 7.8.5 全解

(7.155a)和(7.155b)式的通解是具有系数 $C_j$ 的线性组合,即是齐次解加上特解,为

$$I^{\pm}(\tau,\mu_i)=\sum_{j=1}^{N}C_{-j}g_{-j}(\pm\mu_i)e^{+k_j\tau}+\sum_{j=1}^{N}C_jg_j(\pm\mu_i)e^{-k_j\tau}+Z_0(\pm\mu_i)e^{-\tau/\mu_0} \tag{7.194}$$

式中 $k_j$ 和 $g_j(\pm\mu_i)$ 是由上面得到的特征值和特征矢量。$\pm\mu_i$ 是求积角，$C_j$ 是积分常数。

### 7.8.6 源函数和角分布

对于厚度为 $\tau^*$ 的平行介质，求解方程式(7.155a)和(7.155b)式可以得到

$$I^{+}(\tau;\mu)=I(\tau;\mu)=I^{+}(\tau^*;\mu)e^{-(\tau^*-\tau)/\mu}+\int_{\tau}^{\tau^*}J^{+}(t;\mu)e^{-(t-\tau)/\mu}\frac{dt}{\mu} \tag{7.195a}$$

$$I^{-}(\tau;\mu)=I(\tau;-\mu)=I^{-}(0;\mu)e^{-\tau/\mu}+\int_{0}^{\tau}J^{-}(t;-\mu)e^{-(\tau-t)/\mu}\frac{dt}{\mu} \tag{7.195b}$$

这两个方程式表明，如果已知源函数，就可以通过对源函数的积分求取任意角度的强度，下面将利用离散纵标解对源函数积分导得它的显式表示，虽然这方法有时称为源函数迭代法，但实质是由内插构成。

观察方程式(7.188)和(7.189)，对于离散纵标法的源函数近似写为

$$J^{\pm}(\tau;\mu)=\frac{\varpi_0}{2}\sum_{i=1}^{N}w_iP(-\mu_i,\pm\mu)I^{-}(\tau;\mu_i)+\frac{\varpi_0}{2}\sum_{i=1}^{N}w_iP(+\mu_i,\pm\mu)I^{+}(\tau;\mu_i)+X_0^{\pm}(\mu)e^{-\tau/\mu_0} \tag{7.196}$$

将(7.194)式全解代入(7.196)式，可求得

$$J^{\pm}(\tau,\mu)=\sum_{j=1}^{N}C_{-j}\tilde{g}_{-j}(\pm\mu_i)e^{+k_j\tau}+\sum_{j=1}^{N}C_j\tilde{g}_j(\pm\mu_i)e^{-k_j\tau}+\tilde{Z}_0^{\pm}(\mu_i)e^{-\tau/\mu_0} \tag{7.197}$$

式中

$$\tilde{g}_j(\pm\mu_i)=\frac{\varpi_0}{2}\sum_{i=1}^{N}[w_iP(-\mu_i,\pm\mu)g_j(-\mu_i)+w_iP(+\mu_i,\pm\mu)g_j(+\mu_i)] \tag{7.198a}$$

$$\tilde{Z}_0^{\pm}(\mu)=\frac{\varpi_0}{2}\sum_{i=1}^{N}[w_iP(-\mu_i,\pm\mu)Z_0(-\mu_i)+w_iP(+\mu_i,\pm\mu)Z_0(+\mu_i)]+X_0(\pm\mu) \tag{7.198b}$$

方程(7.198a)和(7.198b)式是对于 $\tilde{g}_j(\pm\mu_i)$ 和 $\tilde{Z}_0^{\pm}(\mu)$ 简便的内插公式，(7.197)式显示了源函数的插值特征，事实上它是由基本的辐射传输导得，求取的解表示这些表示式优于其他插值方法。

对于(7.195a)－(7.195b)式应用(7.196)式，可求取光学厚度为 $\tau^*$ 的辐射强度

$$I^{+}(\tau;\mu)=I^{+}(\tau^{*};\mu)\mathrm{e}^{-(\tau^{*}-\tau)/\mu}+\sum_{j=-N}^{N}C_{j}\frac{\widetilde{g}_{j}(+\mu)}{1+k_{j}\mu}\{\mathrm{e}^{-k_{j}\tau}-\mathrm{e}^{-[k_{j}\tau^{*}+(\tau^{*}-\tau)/\mu]}\}$$

(7.199a)

$$I^{-}(\tau;\mu)=I^{-}(0;\mu)\mathrm{e}^{-\tau/\mu}+\sum_{j=-N}^{N}C_{j}\frac{\widetilde{g}_{j}(-\mu)}{1-k_{j}\mu}(\mathrm{e}^{-k_{j}\tau}-\mathrm{e}^{-\tau/\mu})\quad(7.199\mathrm{b})$$

这里在求和中方便地包括有当 $j=0$ 时的特解项，使得 $C_0\widetilde{g}_0(\pm\mu)\equiv\widetilde{Z}_0(-\mu)$ 和 $k_0=1/\mu_0$。

## 本章要点

1. 要掌握散射相函数的勒让德多项式展开表示。
2. 理解辐射传输方程式相函数展开处理。
3. 掌握各向同性离散纵标法，高斯求积公式的应用，通解和特解的求取。
4. 理解有外部源和守恒散射时离散纵标法解。
5. 熟悉各向异性离散纵标法求解规则。
6. 熟悉离散纵标法矩阵公式。
7. 熟悉矩阵特征解，二流和四流离散近似。
8. 熟悉各向异性离散纵标法的通解和特解。

## 思考题和习题

1. Henyey-Greenstein 相函数由(7.25)式给出，

(a)证明它是归一化的

$$\frac{1}{4\pi}\int_{4\pi}\mathrm{d}\omega p_{\mathrm{HG}}(\cos\Theta)=1$$

(b)导出对于方位平均的相函数表示式

$$p_{\mathrm{HG}}(u,u')=\frac{1}{2\pi}\int_{0}^{2\pi}\mathrm{d}\phi p_{\mathrm{HG}}(u,\phi;u',\phi')=\sum_{l=0}^{\infty}g^{l}(2l+1)P_{l}(u)P_{l}(u')$$

式中 $P_l(u)$ 是勒让德多项式，通过对(7.26)式的二项式级数展开，给出显式，$\chi_l=g^l$。(提示：作为以 $g^2-2g\cos\Theta$ 和并集中乘以 $g$ 的各种幂的项幂级数展开)

2. Henyey-Greenstein 相函数 $p_{\mathrm{HG}}$ 的缺点是它处在的范围 $g\to0$ 内(小粒子范围)，接近瑞利散射相函数 $p_{\mathrm{Ray}}$，(相反它接近于 $p\to1$)这问题说明了对于小粒子更加满足相函数参数。

(a)证明当 $g\to0$ 时下面参数接近 $p_{\mathrm{Ray}}$

$$p'_{\mathrm{HG}}(\Theta)=\frac{3(1-g^{2})(1+\cos^{2}\Theta)}{2(2+g^{2})(1+g^{2}-2g\cos\Theta)^{3/2}}$$

(b)证明 $p'_{\mathrm{HG}}$ 是通过使用特性

$$\chi_l = \frac{1}{2}\int_0^{\pi} \mathrm{d}\Theta \sin\Theta p_{\mathrm{HG}}(\Theta) = g^l。（提示：\cos^2\Theta = \frac{1}{3}[2P_2(\Theta)+1]）$$

是完全归一化的。

(c)证明不对称因子是

$$\langle\cos\Theta\rangle = \frac{1}{2}\int_0^{\pi} \mathrm{d}\Theta \sin\Theta \cos\Theta p'_{\mathrm{HG}}(\Theta) = \frac{3g(g^2+4)}{5(g^2+2)}$$

3. 如果 $J = \frac{1}{2}(I_+ + I_-)$ 和 $F = I_+ - I_-$，证明使用(7.2)式，有

$$J = \frac{1}{2}F(2\tau+1)$$

式中 $\tau$ 是光学厚度，和 $\tau=0$ 处，$I_-=0$。

4. 如果 $I(\tau,\mu) = \sum_{l=0}^{\infty} I_l(\tau)P_l(\mu)$，式中 $P_l$ 是勒让德多项式，证明

(a) $\mu \frac{\mathrm{d}I}{\mathrm{d}\tau} = I - J \qquad (J = \frac{1}{2}\int_{-1}^{+1} I(\tau,\mu)\mathrm{d}\mu)$

成为

$$\mu \frac{\mathrm{d}I}{\mathrm{d}\tau} = I - I_0$$

(b)
$$\frac{l}{2l-1}\frac{\mathrm{d}I_{l-1}}{\mathrm{d}\tau} + \frac{l+1}{2l+3}\frac{\mathrm{d}I_{l+1}}{\mathrm{d}\tau} = I_l \quad (l=1,2,\cdots)$$

和

$$\frac{1}{3}\frac{\mathrm{d}I_l}{\mathrm{d}\tau} = 0 \quad (l=0)$$

5. 证明关系式

$$\sum_{j=-n}^{n} \frac{a_j}{1+\mu_j k} = 2$$

成为

$$\sum_{j=1}^{n} \frac{a_j}{1-\mu_j^2 k^2} = 1$$

式中 $\mu_j$ 和 $a_j$ 是在 $\mu$ 的[+1,−1]区间高斯-勒让德求积公式的根和权重。

6. 证明

$$\sum_{i=-n}^{n} \frac{a_i \mu_i}{1+\mu_i k} = 0$$

7. 证明其解 $I_i = b(\tau+q_i)$，$(i=\pm1,\cdots\pm n)$代入

$$\mu_i \frac{\mathrm{d}I_i}{\mathrm{d}\tau} = I - \frac{1}{2}\sum_i a_j I_j \quad (i,j=\pm1,\cdots\pm n)$$

且给出

$$\mu_i = q_i - \frac{1}{2}\sum a_j q_j$$

8. 证明勒让德多项式的特征根和零，满足关系式

$$\prod_{\alpha=1}^{n-1} k_\alpha \prod_{\alpha=1}^{n} \mu_\alpha = 3^{-\frac{1}{2}}$$

9. 证明 Chandrasekhar 解的三和四项近似为

$$I(0,\mu) = \frac{3}{4}F\left(\mu + 0.703899 - \frac{0.101245}{1+3.20295\mu} - \frac{0.02530}{1+1.22521\mu}\right)$$

$$I(0,\mu) = \frac{3}{4}F\left(\mu + 0.70692 - \frac{0.08392}{1+4.45808\mu} - \frac{0.03619}{1+1.59178\mu} - \frac{0.03619}{1+1.59178\mu} - \frac{0.00946}{1+1.103194\mu}\right)$$

10. 写出用高斯求和对于 Chandrasekhar 解的一次近似的平均强度、净辐射通量密度和 $K$。

11. 对于具有瑞利散射相函数 $p(\theta',\phi';\theta)$ 的平行平面气层的辐射传输方程为

$$\cos\theta \frac{\mathrm{d}I(\tau,\theta)}{\mathrm{d}\tau} = I(\tau,\theta) - \frac{1}{4\pi}\int_0^{\pi}\int_0^{2\pi} I(\tau,\theta')p(\theta',\phi';\theta)\sin\theta'\mathrm{d}\theta'\mathrm{d}\phi'$$

式中瑞利散射相函数 $p(\theta',\phi';\theta)$ 为

$$p(\theta',\phi';\theta) = \frac{3}{4}(1+\cos^2\Theta)\mathrm{d}\omega'$$

及
$$\cos\Theta = \mu\mu' + (1-\mu^2)^{\frac{1}{2}}(1-\mu'^2)^{\frac{1}{2}}\cos\phi'$$

(a) 证明上面的辐射传输方程序可以写成

$$\mu\frac{\mathrm{d}I}{\mathrm{d}\tau} = I - \frac{3}{8}\left[(3-\mu^2)J + (3\mu-1)K\right]$$

(b) 而且如果对于 $\tau=0$ 边界条件为 $I_{-i}=0$，当 $\tau\to\infty$，$I_i$ 没有增加，证明第 $n$ 阶近似的发射辐射的角分布为

$$I(0,\mu) = \frac{3}{4}F\left[\mu + Q + (3-\mu^2)\sum_{\alpha=1}^{N-1} L_\alpha(1+k_\alpha\mu)^{-1}\right]$$

式中 $L_\alpha$ 和 $Q$ 是积分常用数。

(c) 证明解的第一和第二项近似解分别为

$$I(0,\mu) = \frac{3}{4}F(\mu + 3^{\frac{1}{2}})$$

和

$$I(0,\mu) = \frac{3}{4}F\left[\mu + 0.69539 - (3-\mu^2)\frac{0.044845}{1+1.87083\mu}\right]$$

(d)计算第三和第四项近似。

12. 假定辐射传输是局地热力平衡，如果温度从 $T$ 到 $T_0+\Delta T$ 改变，证明 $\Delta T$ 量级为

$$\Delta T=\int_0^\infty \frac{\kappa_\nu[J-B_\nu(T_0)]\mathrm{d}\nu}{\int_0^\infty \kappa_\nu \frac{\partial B\nu}{\partial T}\mathrm{d}\nu}$$

13. 在方程式

$$\mu\frac{\partial I}{\partial r}+\frac{1-\mu^2}{r}\frac{\partial I}{\partial \mu}=-kI+\frac{1}{2}k\int_{-1}^{+1}I(\tau,\mu)\mathrm{d}\mu$$

中的球形项

$$\frac{1-\mu^2}{r}\frac{\partial I}{\partial \mu}$$

由高斯分割点$[\partial I/\partial\mu]_{\mu=\mu_i}$，$i=\pm 1,\cdots,2n$ 代替，定义多项式

$$P_n(\mu)=-\frac{\mathrm{d}Q_n}{\mathrm{d}\mu}$$

对于$|\mu|=1(m=0,1,\cdots,2n)$具有 $Q_m=0$ 和 $Q_m(\mu)=(P_{m-1}-P_{m+1})/(2\mu+1)+$常数，这样 $\eta(\mu)$定义为

$$Q_m(\mu)=\eta(\mu)(1-\mu^2)$$

和

$$\int_{-1}^{+1}Q_m(\mu)\frac{\partial I}{\partial\mu}d\mu=\int_{-1}^{+1}I\frac{\mathrm{d}Q_m}{\mathrm{d}\mu}\mathrm{d}\mu=\int_{-1}^{+1}IP_m(\mu)\mathrm{d}\mu$$

使用第 $n$ 近似的高斯求和，求取对于 $m=1,\cdots,5$，$P_m$、$Q_m(\mu)$、$\eta(\mu)$的值。

14. 写出热力平衡情形下、温度为 $T$ 的等温散射大气的红外辐射传输方程式，假定大气是各向同性的，求证散射强度为

$$I(\tau,\mu)=\sum_{j=-n}^{n}\frac{L_j}{1+\mu_i k_j}\exp(-k_j\tau)+B_\nu(T)$$

式中 $L_j$ 是未知比例常数，$\mu_i$ 是辐射离散流，$k_j$ 是本征值，$B_\nu$ 是普朗克函数。

# 第 8 章　辐射传输的近似处理方法和二流近似计算

本章内容有：(1)相函数定标处理辐射传输方程式；(2)辐射传输方程式的一次散射和逐次处理；(3)二流近似方程和求解；(4)介质中在有嵌入辐射源的二流近似；(5)各向异性散射二流近似处理。二流近似方法很多，也是最常见的一种近似方法。

## 8.1　$\delta$-相函数定标处理辐射传输方程式

### 8.1.1　前向散射峰的调整

在二流近似计算中，由于在多次散射中大粒子散射有强的前向散射峰，如图 5.1 所示，粒子越大，反射峰越强，特别是云中粒子，会引起很大的误差。对此，将散射的前向散射峰部分 $f$ 从散射参数 $\tau_s$、$\varpi_0$、$g$ 中去除，得到调整后的定标散射参数 $\tau_s'$、$\varpi_0'$、$g'$。即是

$$\tau_s' = (1-f)\tau_s$$
$$\tau_a' = \tau_a \tag{8.1}$$

调整后为

$$\tau' = \tau_s' + \tau_a' = (1\text{-}f)\tau_s + \tau_a = \tau(1-f\,\varpi_0) \tag{8.2}$$

于是单次反照率为

$$\varpi_0' = \frac{\tau_s'}{\tau'} = \frac{(1-f)\tau_s}{(1-f\,\varpi_0)\tau} = \frac{(1-f)\varpi_0}{1-f\,\varpi_0} \tag{8.3}$$

另外，把不对称因子的两边乘以散射光学厚度，得相似性方程式

$$\tau_s' g' = \tau_s g - \tau_s f \quad 或 \quad g' = \frac{g-f}{1-f} \tag{8.4}$$

注意到前向峰值的不对称因子为 1，在漫射区域内，可以设定调整后的大气强度解，使它与真实大气中的强度解相等，其本征值有如

$$k\tau = k'\tau' \tag{8.5}$$

由(8.2)—(8.5)式，辐射传输的相似关系可以表示为

$$\frac{\tau}{\tau'} = \frac{k'}{k} = \frac{1-\varpi_0'}{1-\varpi_0} = \frac{\varpi_0'(1-g')}{\varpi_0(1-g)}$$

可以定义相似参数为

$$s=\left(\frac{1-\varpi_0}{1-\varpi_0 g}\right)^{1/2}=\left(\frac{1-\varpi_0'}{1-\varpi_0' g'}\right)^{1/2} \tag{8.6}$$

### 8.1.2 δ-各向异性散射定标处理

对于求解前向散射峰值很强的辐射传输方程时常是困难的，对于一般云滴的相函数精确展开需要取几百项。

显然，如在辐射传输方程(7.33)中，采用勒让德多项式表示相函数的相同的$(2N)$阶有限求和项近似求积分，这导致一个很大的方程组，需要巨大的计算贮存器和时间求解，是不实际的。

为解决这具有强前向散射峰的数值困难，提出定标变换，在这种情况下采用定标方法，其思路是将具有强前向散射峰的相函数的传输方程式变换为较少各向异性的相函数，更容易求取的问题。

如果作相函数相对于散射角余弦(代替散射角)的函数，发现云滴的前向散射峰更尖锐。事实上，作散射角余弦时，前向散射峰与 Dirac-$\delta$ 函数相似，这就可以把尖锐的前向散射峰的相函数处理为 Dirac-$\delta$ 函数。

当相函数用勒让德多项式表示，相函数的前向部分用 Dirac-$\delta$ 函数表示，也就是

$$\begin{aligned}\hat{p}_{\delta-N}(\cos\Theta)&=\hat{p}_{\delta-N}(\mu',\phi';\mu,\phi)\\&=2f\delta(1-\cos\Theta)+(1-f)\sum_{l=0}^{2N-1}(2l+1)\hat{\chi}_l P_l(\cos\Theta)\\&=4\pi f\delta(\mu'-\mu)\delta(\phi'-\phi)+(1-f)\sum_{l=0}^{2N-1}(2l+1)\hat{\chi}_l\\&\quad\times\left[\sum_{m=0}^{l}P_l^m(\mu')P_l^m(u)\cos m(\phi'-\phi)\right]\end{aligned} \tag{8.7}$$

式中 $f(0\leqslant f\leqslant 1)$是与实际相函数拟合得到的无量纲参数，将这变换称为 $\delta$-$N$ 方法，用下标表示。如果 $f=0$，通常只留下勒让德多项式展开部分和 $\hat{\chi}_l=\chi_l$。图 8.1 显示了在自然中实际的相函数和 $\delta$-$N$ 方法近似的比较，图中表明要得到具有低阶定标相函数精确的强度的问题，虽然这样的相函数给出了精确的通量和平均强度。

为简化，考虑方位平均的辐射传输方程，首先要求得一个方位平均的定标相函数：

$$\hat{p}(\mu',\mu)=\frac{1}{2\pi}\int_0^{2\pi}\mathrm{d}\phi\hat{p}(\cos\Theta)=2f\delta(\mu'-\mu)+(1-f)\sum_{l=0}^{2N-1}(2l+1)\hat{\chi}_l P_l(\mu')P_l(\mu) \tag{8.8}$$

定标问题的第二部分是如何对相函数的其余部分作近似。下面将从最简单的开始，然后将这方法推广，达到较高的精确。

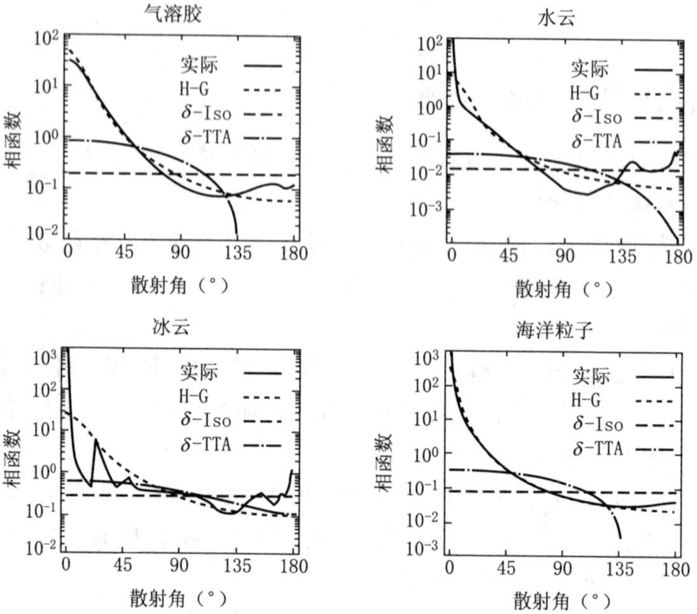


图 8.1　对于气溶胶粒子、云滴、冰粒和海洋粒子的实际相函数和 $\delta$-$N$ 定标相函数（Thomas 和 Stamnes，1999）

### 8.1.3　δ-各向同性近似处理传输方程式

最早的处理有强前向散射问题的方法是将相函数的其他部分近似为一常数（各向同性散射），这种处理称之为定标处理，具体为相函数的方位平均成为

$$\hat{p}_{\delta\text{-iso}}(\mu',\mu)=\frac{1}{2\pi}\int_0^{2\pi}\mathrm{d}\phi\hat{p}(\cos\Theta)=2f\delta(\mu'-\mu)+(1-f)\tag{8.9}$$

将这相函数代入到方位平均的辐射传输方程式，得到

$$\mu\frac{\mathrm{d}I(\tau,\mu)}{\mathrm{d}\tau}=I(\tau,\mu)-\frac{\varpi_0}{2}\int_{-1}^{1}\mathrm{d}\mu' p(\mu',\mu)I(\tau,\mu')$$

$$=I(\tau,\mu)-\varpi_0 fI(\tau,\mu)-\frac{\varpi_0(1-f)}{2}\int_{-1}^{1}\mathrm{d}\mu' I(\tau,\mu')$$

即

$$\mu\frac{\mathrm{d}I(\hat{\tau},\mu)}{\mathrm{d}\tau}=I(\hat{\tau},\mu)-\frac{\hat{\varpi}_0}{2}\int_{-1}^{1}\mathrm{d}\mu' I(\tau,\mu')\tag{8.10}$$

式中

$$\mathrm{d}\hat{\tau}=(1-\varpi_0 f)\mathrm{d}\tau,\quad \hat{\varpi}_0\equiv\frac{(1-f)\varpi_0}{1-\varpi_0 f}\tag{8.11}$$

为简化起见，最简单的方法是忽略有源项 $Q(\tau,\mu)=S(\tau,\mu)+(1-\omega_0)B(\tau)$，因

为被$(1-\varpi_0 f)$除，这项就简单地成为$\hat{Q}(\hat{\tau},\mu)=Q(\tau,\mu)/(1-\varpi_0 f)$。

最后，为完成定标，如何能确定前向散射峰值的强度 $f$ 是多少？显然这里没有唯一的选择，关于不对称因子应当有简单的方式，由于 $\chi_1=g$ 是非定标相函数的一阶矩，这里指出精确相函数 $p_{\text{acc}}$ 的一阶矩等于定标相函数 $\hat{p}$ 的一阶矩，就是

$$\hat{\chi}_1=\frac{1}{2}\int_{-1}^{1}\mathrm{d}\mu'\mu'\hat{p}_{\delta-\text{iso}}(\mu',\mu)=f \tag{8.12}$$

由(8.9)式代入上面结果，进行积分，相配合的要求是 $f=\chi_1=g$。

$\delta$-各向同性近似有时是指传输近似，在传输方程中应用这导得具有各向同性散射的(8.11)式的变换，但定标光学厚度 $\mathrm{d}\hat{\tau}=(1-\varpi_0 f)\mathrm{d}\tau$ 和定标单次反照率为$\hat{\varpi}_0=(1-g)\varpi_0/(1-g\,\varpi_0)$。因此具有强的各向异性散射的辐射传输方程式简化为具有各向同性散射的一个方程，由此很容易进行数值计算。这些光学厚度和单次反照率的定标变换有时称为相似关系。

### 8.1.4　δ-相函数二项处理辐射传输方程式

采用(8.8)式相函数的二项（如 $N=1$）表示可得到较好的结果，即是

$$\hat{p}_{\delta-\text{TTA}}(\mu',\mu)=2f\delta(\mu'-\mu)+(1-f)\sum_{l=0}^{l=1}(2l+1)\hat{\chi}_l P_l(\mu')P_l(\mu) \tag{8.13}$$

将这相函数代入到方位平均的辐射传输方程式，得到

$$\mu\frac{\mathrm{d}I(\hat{\tau},\mu)}{\mathrm{d}\tau}=I(\hat{\tau},\mu)-\frac{\hat{\varpi}_0}{2}\sum_{l=0}^{l=1}(2l+1)\hat{\chi}_l P_l(\mu)\int_{-1}^{1}\mathrm{d}\mu' P_l(\mu')I(\hat{\tau},\mu') \tag{8.14}$$

式中 $\mathrm{d}\hat{\tau}$ 和$\hat{\varpi}_0$ 按(8.11)式确定，再通过近似的和精确的相函数的拟合，求得

$$\hat{\chi}_1\equiv\hat{g}=\frac{\chi_l-f}{1-f}=\frac{g-f}{1-f},\quad f=\chi_2$$

### 8.1.5　关于低阶定标近似

现在要问定标得到什么？首先注意到二项近似，对于 $l\geqslant 2$ 作替代 $\chi_l=0$，由此所有高阶矩，如果出现强的各向异性，它可以对相函数有相当大的贡献，但设置为 0。由下面一般情况（任意 $N$）的讨论，可证明，$\delta$-TTA 两项近似，等效于对于 $l\geqslant 2$，作替代 $\chi_l=\chi_2$。因此对于强各向异性相函数，$\chi_3=\chi_2$，这说明了定标变换的优点（即将三阶矩和高阶矩设为二阶矩，一般期望比设为 0 要好）。

二项近似常用于二流近似和爱丁顿近似，可以看到，在二流近似中，辐射传输方程由容易求解的成对一阶微分方程式代替。在二流近似中，通过二项或流数（其实际是用两求积点的数量）替代积分（多次散射）得到一对方程；在爱丁顿近似中，辐射强度按勒让德多项式展开只取两项（就是 $I(\tau,\mu)=I_0(\tau)+\mu I_1(\tau)$），把这近似代入到

(2.101a)—(2.101b)式中，使用第一、二阶矩，就可得到一组方程。这里要注意的是，按照一般情形，相函数的展开保持的项数等于求积项数（或近似要求的强度展开项数）。因此相函数的两项展开导得了二流或爱顿丁近似，虽然对于辐射传输方程的二流近似的相函数展开可以有更多的项。

最后，如果在 $\delta$-TTA 近似中使用 H-G 相函数，则 $f=g^2$，由此 $\hat{g}=g/(1+g)$，当 $0\leqslant g\leqslant 1$ 时，则 $0\leqslant \hat{g}\leqslant 0.5$，这意味着对于二流近似，$\delta$-TTA 近似应用于 $\hat{g}$($\hat{g}<0.5$) 范围，可得到合理的精度。不过注意到为保证对于所有散射角的截断相函数（就是 $\hat{p}(\cos\Theta)=(1-f)(1+3\hat{g}\cos\Theta)$）为正值，要求 $\hat{g}\equiv\hat{\chi}_1<1/3$。这就表明可能得到没有物理意义的结果（就是负的反射率）除非 $\hat{g}<1/3$ 或 $g<1/2$。

### 8.1.6 $\delta$-$N$ 近似辐射传输方程式

现将上面方法推广到任意多的项表示(8.7)式的相函数，这种变换称为 $\delta$-$N$ 方法。方法使相函数在前向为尖锐的峰，它已经成功地应用于求解与云滴和粒子有尖锐峰相的实际的辐射传输问题。

将(8.8)式代入到(8.10)式得到

$$\mu\frac{\mathrm{d}I(\hat{\tau},\mu)}{\mathrm{d}\tau}=I(\hat{\tau},\mu)-\frac{\hat{\varpi}_0}{2}\sum_{l=0}^{2N-1}(2l+1)\hat{\chi}_l P_l(\mu)\int_{-1}^{1}\mathrm{d}\mu' P_l(\mu')I(\hat{\tau},\mu') \tag{8.15}$$

式中 $\mathrm{d}\hat{\tau}$ 和 $\hat{\varpi}_0$ 按(8.11)式确定。同前一样可以通过精确的矩与近似相函数相等，设展开系数 $\hat{\chi}_l$ 等于精确相函数的矩：

$$\begin{cases}\chi_l=\dfrac{1}{2}\displaystyle\int_{-1}^{1}\mathrm{d}\cos\Theta\, p_{\mathrm{acc}}(\cos\Theta)P_l(\cos\Theta)\\[2ex]\hat{\chi}_l=\dfrac{1}{2}\displaystyle\int_{-1}^{1}\mathrm{d}\cos\Theta\,\hat{p}_{\delta-N}(\cos\Theta)P_l(\cos\Theta)\end{cases} \tag{8.16}$$

式中 $p_{\mathrm{acc}}$ 表示 $p$ 的精确值，这导得

$$\chi_l=f+(1-f)\hat{\chi}_l,\quad \hat{\chi}_l=\frac{\chi_l-f}{1-f} \tag{8.17}$$

很易看到，如果设 $f=0$，则 $\mathrm{d}\hat{\tau}=\mathrm{d}\tau$，$\hat{\varpi}_0=\varpi_0$ 和 $\hat{\chi}_l=\chi_l$，意味着定标方程简化为不定标。通过设 $f=\chi_{2N}$ 确定 $f$，显然这是对于 $N=1$ 方法的推广。注意到对于 $l\geqslant 2N$，设 $\hat{\chi}_l=0$，替代对于 $l\geqslant 2N$，具有 $\chi_{2N}$ 的 $\chi_l$。因此这里对于 $l\geqslant 2N$，通常的 $2N$ 阶勒让德多项式展开，设 $\chi_l=0$。对于 $l\geqslant 2N$，$\delta-N$ 方法作替代 $\chi_l=\chi_{2N}$。最后注意到使用 $\delta$-$N$ 方法，相函数的误差表示为

$$p_{\mathrm{acc}}(\cos\Theta)-\hat{p}_{\delta-N}(\cos\Theta)=\sum_{l=2N+1}^{\infty}(2l+1)(\chi_l-\chi_{2N})P_l(\cos\Theta) \tag{8.18}$$

### 8.1.7　$\delta$-Henyey-Greenstein 近似($\delta$-HG)

在这种情况下，有 $\hat{p}(\cos\Theta)=2f\delta(1-\cos\Theta)+(1-f)p_{\mathrm{HG}}(\cos\Theta)$，这里 $p_{\mathrm{HG}}(\cos\Theta)=\sum_{l=0}^{\infty}(2l+1)g_lP_l(\cos\Theta)$。通过这相函数的第一、二矩($\hat{\chi}_1$、$\hat{\chi}_2$)一实际相函的拟合，近似得到

$$\begin{cases}\hat{\chi}_1=f+(1-f)g=\chi_1\\ \hat{\chi}_2=f+(1-f)g^2=\chi_2\end{cases}\tag{8.19}$$

由此解得 $g$ 和 $f$ 为

$$g=\frac{\chi_1-\chi_2}{1-\chi_1},\quad f=\frac{\chi_2-\chi_1^2}{1-2\chi_1+\chi_2}\tag{8.20}$$

### 8.1.8　定标的数学物理意义

定标的重要特征是把非定标问题改变为当吸收($\hat{\varpi}_0<\varpi_0$)增加时，光学厚度减小($d\hat{\tau}<d\tau$)。此外，散射相函数表现为较小的各向异性。不过应当强调的是(8.15)式的数学形式是与(7.39)式等同的，这就是可以应用定标方程用于解决未定标方程的方法。实际上，定标的作用是使问题在数值上更容易处理，因为新方程具有由于前向散射峰的截断而具有更小各向异性的相函数。因此只要对勒让德多项式函数展开取很少的项就足够精度需要。这意味着定标方程很容易通过数值求解(见第 8.1.2 节)。因此 $\delta$-$N$ 方法不是一个解的方法，而是无论是解析的还是数值的对辐射传输方程求解的方法。

从物理角度看，$\delta$-$N$ 近似是按如下前提：散射光束只包含在前向峰的小角度内，之外没有散射；这些后向散射束加到原始辐射场。这就说明为什么定标光学厚度 $\hat{\tau}$ 小于原有的光学厚度 $\tau$。有效不对称因子也小于原有的不对称因子(非定标的)，因此在前向峰外侧的散射光角依赖性是很小的。在定标问题中，透射的辐射通量为

$$F(\hat{\tau}^*)=F_d(\hat{\tau}^*)+\mu_0F^S\exp(-\hat{\tau}^*/\mu_0)\tag{8.21}$$

式中 $d$ 表示漫射辐射，由于 $\hat{\tau}^*<\tau^*$，这意味着定标直接太阳辐射通量大于非定标的，由于相函数的截断，实际上"直接"通量包含某些在接近入射辐射方向的散射辐射。如通过霾和尘埃大气太阳光表现为模糊扩展的很亮的圆盘，稍比太阳本身的圆盘要大，这叫太阳的日晕，这可用于推断对流层中霾粒子的尺度。太阳的日晕的主要部分应当涉及 $\delta$-$N$ 直接通量，在这近似中的散射通量就当用于太阳日晕外侧的散射光。最后注意到这些，由于总的向下通量应当无论是定标还是非定标都是相同的，就是 $F_{\mathrm{tot}}^-(\hat{\tau})=F_{\mathrm{tot}}^-(\tau)$，或是

$$F_d^-(\hat{\tau})+\mu_0 F^S \exp(-\hat{\tau}/\mu_0)=F_d^-(\tau)+\mu_0 F^S \exp(-\tau/\mu_0) \tag{8.22}$$

可以求得对于非定标向下通量解得为

$$F_d^-(\tau)=F_d^-(\hat{\tau})+\mu_0 F^S[\exp(-\hat{\tau}/\mu_0)-\exp(-\tau/\mu_0)] \tag{8.23}$$

式中右边的量都是已知的。而对于向上的辐射通量没有这样的订正。

# 8.2 辐射传输的一次散射和迭代计算

## 8.2.1 太阳光的一次散射计算

**1. 源函数**

若仅考虑对 $\Omega(\mu,\phi)$ 方向的散射辐射是由方向为 $-\Omega_0(-\mu_0,\phi_0)$ 太阳直接辐射的一次散射辐射引起的,则源函数写为

$$J(\tau;\mu,\phi)=\frac{\varpi_0}{4\pi}F_0 P(\mu,\phi,-\mu_0,-\phi_0)\mathrm{e}^{-\tau/\mu_0} \tag{8.24}$$

**2. 有限大气内辐射传输方程的解**

根据(8.24)式,对于由 $\tau=0$ 和 $\tau=\tau_1$ 两个面所确定的有限大气内,辐射传输方程式的解为

(1)向上(反射)的辐射强度

$$I(\tau;\mu,\phi)=I(\tau_1,\mu,\phi)\mathrm{e}^{-(\tau_1-\tau)/\mu}+\frac{\varpi_0}{4\pi}F_0 P(\mu,\phi,-\mu_0,\phi_0)\int_\tau^{\tau_1}\mathrm{e}^{-[(\tau'-\tau)/\mu+\tau'/\mu_0]}\frac{\mathrm{d}\tau'}{\mu} \tag{8.25}$$

(2)向下(透射)的辐射强度

$$I(\tau;-\mu,\phi)=I(0,-\mu,\phi)\mathrm{e}^{-\tau/\mu}+\frac{\varpi_0}{4\pi}F_0 P(-\mu,\phi,-\mu_0,\phi_0)\int_0^{\tau}\mathrm{e}^{-(\tau'/\mu+\tau'/\mu_0)}\frac{\mathrm{d}\tau'}{\mu} \tag{8.26}$$

**3. 边界条件**

可以认为在有限大气的顶部和底部(没有大气),没有向下和向上的散射辐射,故边界条件为

$$\begin{cases} I(0;-\mu,\phi)=0 \\ I(\tau_1;\mu,\phi)=0 \end{cases} \tag{8.27}$$

**4. 有限大气顶和底部的反射和透射辐射**

由(8.25)、(8.26)式和边界条件(8.27),求得光学厚度为 $\tau_1$ 的有限大气顶部和底部的反射辐射和透射辐射为

$$I(0;\mu,\phi)=\frac{\varpi_0\mu_0 F_0}{4\pi(\mu+\mu_0)}P(\mu,\phi,-\mu_0,\phi_0)\{1-\exp[-\tau_1(1/\mu+1/\mu_0)]\} \tag{8.28a}$$

$$I(\tau_1;-\mu,\phi)=\begin{cases}\dfrac{\varpi_0\mu_0F_0}{4(\mu-\mu_0)}P(-\mu,\phi;-\mu_0,\phi_0)(e^{-\tau_1/\mu}-e^{-\tau_1/\mu_0}) & (\mu\neq\mu_0)\\ \dfrac{\varpi_0\tau_1F_0}{4\mu_0}P(-\mu_0,\phi_0;-\mu_0,\phi_0)e^{-\tau_1/\mu_0} & (\mu=\mu_0)\end{cases}$$

(8.28b)

由(8.28)式可见，对于单次散射强度正比于相函数。

### 8.2.2 散射辐射的逐次近似计算法

散射辐射的逐次计算是对每一次散射计算其强度，然后将所有各次散射计算的强度求和得总强度，即

$$I(\tau;\mu,\phi)=\sum_{n=1}^{\infty}I_n(\tau;\mu,\phi) \tag{8.29a}$$

$$I(\tau;-\mu,\phi)=\sum_{n=1}^{\infty}I_n(\tau;-\mu,\phi) \tag{8.29b}$$

式中 $n$ 表示散射的次数，$I_n$ 是第 $n$ 次散射辐射的强度。

当满足边界条件(8.27)式时，辐射传输方程的形式解为

$$I(\tau;\mu,\phi)=\int_{\tau}^{\tau_1}J(\tau';\mu,\phi)\exp[-(\tau'-\tau)/\mu]\frac{d\tau'}{\mu} \tag{8.30a}$$

$$I(\tau;-\mu,\phi)=\int_{0}^{\tau}J(\tau';\mu,\phi)\exp[-(\tau-\tau')/\mu]\frac{d\tau'}{\mu} \tag{8.30b}$$

根据由(8.24)式给出的太阳光直接辐射的一次散射源函数，代入上面方程(8.30a)和(8.30b)，就可以得到粒子对光一次散射的强度。若将上面式子写成下面的递推关系，就可以逐级导出辐射源函数和强度

$$J_{n+1}(\tau;\mu,\phi)=\frac{\varpi_0}{4\pi}\int_0^{2\pi}\int_{-1}^{1}P(\mu,\phi;\mu',\phi')I_n(\tau;\mu',\phi')d\mu'd\phi' \tag{8.31a}$$

$$I_n(\tau;\mu,\phi)=\int_{\tau}^{\tau_1}J_n(\tau';\mu,\phi)\exp[-(\tau'-\tau)/\mu]\frac{d\tau'}{\mu}\quad(n\geqslant1) \tag{8.31b}$$

$$I_n(\tau;-\mu,\phi)=\int_{0}^{\tau}J_n(\tau';-\mu,\phi)\exp[-(\tau-\tau')/\mu]\frac{d\tau'}{\mu}\quad(n\geqslant1)$$

其中零次辐射强度由狄拉克(Dirac)$\delta$ 函数给出，写为

$$I_0(\tau;\mu,\phi)=F_0e^{-\tau/\mu_0}\delta(\mu'-\mu_0)\delta(\phi'-\phi_0) \tag{8.32}$$

## 8.3 辐射传输的二流近似

通常在遥感中处理大气或植被时，将它们作为水平均匀处理，这时辐射仅考虑向

上和向下两支辐射流，这就是所谓二流近似。

### 8.3.1 半区域辐射场近似的二流微分方程式

各向同性二流近似方程式在大气辐射传输中，可以近似认为辐射在水平方向各向同性，所以在处理辐射传输中将辐射分成向上和向下两部分。对此可将二流近似方程表示为

$$\mu \frac{\mathrm{d}}{\mathrm{d}\tau}I^+(\tau,\mu)=I^+(\tau,\mu)-\frac{\varpi_0}{2}\int_0^1\mathrm{d}\mu' I^+(\tau;\mu')-\frac{\varpi_0}{2}\int_0^1\mathrm{d}\mu' I^-(\tau;\mu')-(1-\varpi_0)B \tag{8.33a}$$

$$-\mu \frac{\mathrm{d}}{\mathrm{d}\tau}I^-(\tau,\mu)=I^-(\tau,\mu)-\frac{\varpi_0}{2}\int_0^1\mathrm{d}\mu' I^+(\tau;\mu')-\frac{\varpi_0}{2}\int_0^1\mathrm{d}\mu' I^-(\tau;\mu')-(1-\varpi_0)B \tag{8.33b}$$

由于散射是各向同性的，辐射场与方位无关，在二流近似中以每一半球的角平均 $I^+(\tau)$和 $I^-(\tau)$替代与角度相关的 $I^\pm$，由此导得下面成对的二流方程式

$$\overline{\mu}^+\frac{\mathrm{d}}{\mathrm{d}\tau}I^+(\tau)=I^+(\tau)-\frac{\varpi_0}{2}I^+(\tau)-\frac{\varpi_0}{2}I^-(\tau)-(1-\varpi_0)B \tag{8.34a}$$

$$-\overline{\mu}^-\frac{\mathrm{d}}{\mathrm{d}\tau}I^-(\tau)=I^-(\tau)-\frac{\varpi_0}{2}I^+(\tau)-\frac{\varpi_0}{2}I^-(\tau)-(1-\varpi_0)B \tag{8.34b}$$

这里 $\overline{\mu}^\pm$ 是平均极角的余弦，在两半球中是不同的，这是一组线性成对的常微分方程式，当介质是均匀的$\varpi_0(\tau)=\varpi_0=$常数，它可以通过标准的方法求得解析解。

### 8.3.2 源函数、通量和加热率

对于各向同性情况下的二流近似源函数、通量和加热率分别表示为

源函数
$$J(\tau)=\frac{\varpi_0}{2}\int_0^1\mathrm{d}\mu[I^+(\tau,\mu)+I^-(\tau,\mu)]+(1-\varpi_0)B$$
$$\approx\frac{\varpi_0}{2}[I^+(\tau)+I^-(\tau)]+(1-\varpi_0)B \tag{8.35}$$

通量
$$F(\tau)=2\pi\int_0^1\mathrm{d}\mu\mu[I^+(\tau,\mu)-I^-(\tau,\mu)]$$
$$\approx 2\pi[\overline{\mu}^+ I^+(\tau)-\overline{\mu}^- I^-(\tau)] \tag{8.36}$$

和

加热率
$$\widetilde{H}(\tau)=-\frac{\partial F}{\partial z}\approx 2\pi\alpha[I^+(\tau)+I^-(\tau)]-4\pi\alpha B \tag{8.37}$$

式中 $\alpha$ 是吸收系数，由(8.37)式可以计算加热率。

### 8.3.3 平均倾角(天顶角)的可能选择

上面在二流近似的描述中没有给出确定的 $\overline{\mu}^\pm$ 值，对此下面将给出确定方法。一

种方法是可以用强度加权角平均确定 $\bar{\mu}^{\pm}$ 写为

$$\bar{\mu}^{\pm}=\langle\mu\rangle^{\pm}\equiv\frac{2\pi\int_0^1 \mathrm{d}\mu\mu I^{\pm}(\tau,\mu)}{2\pi\int_0^1 \mathrm{d}\mu I^{\pm}(\tau,\mu)}=\frac{F^{\pm}}{2\pi I^{\pm}} \tag{8.38}$$

但是上式中辐射强度分布未知，不过一般 $\bar{\mu}$ 随光学厚度而变化，在上下两半球内取值，由此得到两半球同样的值($\bar{\mu}=\bar{\mu}^{+}=\bar{\mu}^{-}=$常数)是一个近似。如果强度值在整个球内是完全各向同性的，则由(8.38)式得到对于所有的光学厚度和两半球内 $\bar{\mu}=1/2$，这与高斯对一个点半球数值求积得到的结果是等同的。

如果辐射强度 $I$ 分布与 $\mu$ 近似线性分布，就是 $I(\mu)\approx C\mu$，式中 $C$ 是常数，则 $\bar{\mu}=2/3$，为求取最优精度高吸收平板的估计计算，$\bar{\mu}$ 应在 2/3 和 1/2 之间。

类似地，另一种方法可以用均方根值

$$\bar{\mu}=\mu_{\mathrm{rms}}=\sqrt{\langle\mu^2\rangle}=\sqrt{\frac{\int_0^1 \mathrm{d}\mu\mu^2 I(\tau,\mu)}{\int_0^1 \mathrm{d}\mu I(\tau,\mu)}} \tag{8.39}$$

如果辐射场是各向同性的，可以得到 $\bar{\mu}=1/\sqrt{3}$，这出现在对于 $u=\cos\theta(-1\leqslant u\leqslant 1)$ 的整个范围的两点高斯求积辐射场所的线性变化导得 $\bar{\mu}=1/\sqrt{2}=0.71$。因此，这些可能选择得到值的范围在 0.5 到 0.71。

### 8.3.4　二流微分方程式解

现忽略热力发射项，将二流方程中的 $I^{+}$ 和 $I^{-}$ 分开处理，首先将(8.33a)和(8.33b)式相加和相减得到

$$\bar{\mu}\frac{\mathrm{d}}{\mathrm{d}\tau}(I^{+}-I^{-})=(1-\varpi_0)(I^{+}+I^{-}) \tag{8.40}$$

$$\bar{\mu}\frac{\mathrm{d}}{\mathrm{d}\tau}(I^{+}+I^{-})=(I^{+}-I^{-}) \tag{8.41}$$

然后(8.41)式对 $\tau$ 求导，并且把 $\mathrm{d}(I^{+}-I^{-})/\mathrm{d}\tau$ 代入到(8.40)式中，得到

$$\frac{\mathrm{d}^2}{\mathrm{d}\tau^2}(I^{+}+I^{-})=\frac{(1-\varpi_0)}{\bar{\mu}^2}(I^{+}+I^{-}) \tag{8.42}$$

得到只包含有辐射强度之和$(I^{+}+I^{-})$的微分方程式，同样把 $\mathrm{d}(I^{+}+I^{-})/\mathrm{d}\tau$ 代入到(8.41)式中，可得到

$$\frac{\mathrm{d}^2}{\mathrm{d}\tau^2}(I^{+}-I^{-})=\frac{(1-\varpi_0)}{\bar{\mu}^2}(I^{+}-I^{-}) \tag{8.43}$$

只包含有辐射强度之差$(I^{+}-I^{-})$的微分方程式，这样得到求解两个量的方程组。令 $Y$ 为未知量，有二阶微分方程式

$$\frac{\mathrm{d}^2}{\mathrm{d}\tau^2}Y=\Gamma^2Y,\text{其中 }\Gamma=\sqrt{(1-\omega_0)}/\bar{\mu} \tag{8.44}$$

通解为正、负指数之和

$$Y=A'\mathrm{e}^{\Gamma\tau}+B'\mathrm{e}^{-\Gamma\tau}$$

这里 $A'$ 和 $B'$ 是要确定的常数，由于两强度之和与差表示为指数的和，因此每个强度分量也应以同样的方式表示

$$I^+(\tau)=A\mathrm{e}^{\Gamma\tau}+B\mathrm{e}^{-\Gamma\tau},\quad I^-(\tau)=C\mathrm{e}^{\Gamma\tau}+D\mathrm{e}^{-\Gamma\tau} \tag{8.45}$$

这里 $A$、$B$、$C$ 和 $D$ 是任意常数。

现引入介质顶和底的边界条件，在水平介质顶的入射辐射为常数和底没有介质辐射，因此

$$I^-(\tau=0)=\widetilde{T}=\text{常数},\quad I^+(\tau^*)=0 \tag{8.46}$$

在(8.45)式中有四个积分常数，边界条件(8.46)式有两个，但是微分方程是两个，只有两个独立常数，为此需要 $A$、$B$、$C$ 和 $D$ 的关系式，将(8.45)式代入(8.40)—(8.41)式中，求得

$$\frac{C}{A}=\frac{B}{D}=\frac{1-\varpi_0}{2-\varpi_0+2\bar{\mu}\Gamma}=\frac{1-\bar{\mu}\Gamma}{1+\bar{\mu}\Gamma}=\frac{1-\sqrt{1-\varpi_0}}{1+\sqrt{1-\varpi_0}}\equiv\rho_\infty \tag{8.47}$$

为说明上式的物理意义，上式的比值定为 $\rho_\infty$，这里 $0\leqslant\rho_\infty\leqslant1$，代入到通解(8.45)式，得到

$$I^+(\tau)=A\mathrm{e}^{\Gamma\tau}+\rho_\infty D\mathrm{e}^{-\Gamma\tau},\quad I^-(\tau)=\rho_\infty A\mathrm{e}^{\Gamma\tau}+D\mathrm{e}^{-\Gamma\tau} \tag{8.48}$$

应用边界条件(8.46)式，得到

$$I^-(\tau=0)=\rho_\infty A+D=\widetilde{T},\quad I^+(\tau=\tau^*)=A\mathrm{e}^{\Gamma\tau^*}+\rho_\infty D\mathrm{e}^{-\Gamma\tau^*}=0$$

求解 $A$ 和 $D$ 得到

$$A=\frac{-\rho_\infty\widetilde{T}\mathrm{e}^{-\Gamma\tau^*}}{\mathrm{e}^{\Gamma\tau^*}-\rho_\infty^2\mathrm{e}^{-\Gamma\tau^*}},\quad D=\frac{\widetilde{T}\mathrm{e}^{\Gamma\tau^*}}{\mathrm{e}^{\Gamma\tau^*}-\rho_\infty^2\mathrm{e}^{-\Gamma\tau^*}} \tag{8.49}$$

则解为

$$I^+(\tau)=\frac{\widetilde{T}\rho_\infty}{D}\left[\mathrm{e}^{\Gamma(\tau^*-\tau)}-\mathrm{e}^{-\Gamma(\tau^*-\tau)}\right] \tag{8.50a}$$

$$I^-(\tau)=\frac{\widetilde{T}}{D}\left[\mathrm{e}^{\Gamma(\tau^*-\tau)}-\rho_\infty^2\mathrm{e}^{-\Gamma(\tau^*-\tau)}\right] \tag{8.50b}$$

式中分母为

$$D\equiv\mathrm{e}^{\Gamma\tau^*}-\rho_\infty^2\mathrm{e}^{-\Gamma\tau^*} \tag{8.51}$$

由(8.35)—(8.37)式，源函数、通量和加热率的解为

$$J(\tau)=\frac{\varpi_0\widetilde{T}}{2D}(1+\rho_\infty)\left[\mathrm{e}^{\Gamma(\tau^*-\tau)}-\rho_\infty\mathrm{e}^{-\Gamma(\tau^*-\tau)}\right] \tag{8.52a}$$

$$F(\tau)=-2\bar{\mu}\frac{\pi\widetilde{T}}{D}(1-\rho_\infty)[\mathrm{e}^{\Gamma(\tau^*-\tau)}+\rho_\infty \mathrm{e}^{-\Gamma(\tau^*-\tau)}] \tag{8.52b}$$

$$\widetilde{H}(\tau)=\frac{2\pi\alpha\widetilde{T}}{D}(1+\rho_\infty)[\mathrm{e}^{\Gamma(\tau^*-\tau)}-\rho_\infty \mathrm{e}^{-\Gamma(\tau^*-\tau)}] \tag{8.52c}$$

注意到(8.36)式，对于在水平介质顶的入射通量 $F^-(0)=2\pi\bar{\mu}I^-(\tau)=2\pi\bar{\mu}\widetilde{T}$。可以设 $\bar{\mu}=0.5$，由此表示式精确为 $\pi\widetilde{T}$，但为保持与二流近似一致，使用近似表示式(8.36)，通量反射率 $\rho(-2\pi,2\pi)$、通量透过率 $\widetilde{T}(-2\pi,-2\pi)$ 和通量吸收率 $\alpha(-2\pi)$ 为

$$\rho(-2\pi,2\pi)=\frac{2\pi\bar{\mu}I^+(0)}{2\pi\bar{\mu}\widetilde{T}}=\frac{\rho_\infty}{D}(\mathrm{e}^{\Gamma\tau^*}-\mathrm{e}^{-\Gamma\tau^*}) \tag{8.53a}$$

$$\widetilde{T}(-2\pi,-2\pi)=\frac{2\pi\bar{\mu}I^-(\tau^*)}{2\pi\bar{\mu}\widetilde{T}}=\frac{1-\rho_\infty^2}{D} \tag{8.53b}$$

和

$$\alpha(-2\pi)=1-\rho(-2\pi,2\pi)-\widetilde{T}(-2\pi,-2\pi)=\frac{1-\rho_\infty}{D}(\mathrm{e}^{\Gamma\tau^*}+\rho_\infty \mathrm{e}^{-\Gamma\tau^*}-1-\rho_\infty) \tag{8.53c}$$

注意到包括直接辐射透过率

$$\widetilde{T}_b(-2\pi,-2\pi)=\frac{\int_0^1 \mathrm{d}\mu\mu\widetilde{T}\mathrm{e}^{-\tau^*/\mu}}{\int_0^1 \mathrm{d}\mu\mu\widetilde{T}}=2E_3(\tau^*) \tag{8.54}$$

的通量透过是重要的，因此漫通量透过率为

$$\widetilde{T}_d(-2\pi,-2\pi)=\widetilde{T}(-2\pi,-2\pi)-\widetilde{T}_b(-2\pi,-2\pi)=\frac{1-\rho_\infty^2}{D}-2E_3(\tau^*) \tag{8.55}$$

图 8.2 的左边给出了对于一组光学参数 $\tau^*$、$\varpi_0$、$\bar{\mu}$ 和 $\widetilde{T}$ 的向上和向下二流近似的辐射通量和平均强度值，为光学厚度的函数，而图的右边上面的图是使用二流近似引起的误差。注意向上通量在地面边界处($\tau=\tau^*=1.0$)为 0，在边界顶($\tau=0$)处的向下通量是 $2\pi\bar{\mu}\widetilde{T}$，在这一例子中，这些通量的误差从边界开始几乎单调地增加，并达到25%那么大。图 8.2 的下边部分，给出了对于守恒散射($\varpi_0=1$)下的类似结果。加热率(通量的散度)正比于总(直接加散射)的平均辐射通量。这里的误差较半球通量小，表明在二流近似中，可以精确估计能量累积。上面左图中，参数取 $\widetilde{T}=1$，$\tau^*=1$，$\varpi_0=0.4$，$\bar{\mu}=1/2$ 和 $p=1$，实线为向下通量 $F^-$，点线为向上通量 $F^+$，虚线为平均辐射强度 $\bar{I}$。上部右边图，二流近似中误差($\varepsilon$)近似，$\varepsilon_-=F^--F^-_{ac}$，(实线)，$\varepsilon_+=F^+-F^+_{ac}$，

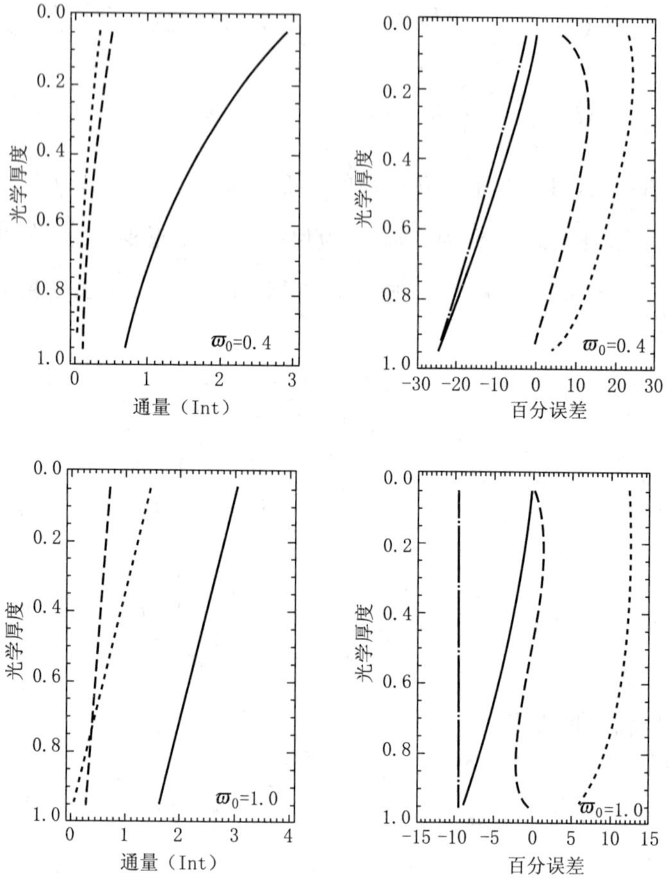


图 8.2 均匀光照射下二流近似解(Thomas 和 Stamnes,1999)

(点线),$\varepsilon_{net}=F-F_{ac}$(点虚线),$\varepsilon_{div}=(\Delta F-\Delta F_{ac})/\Delta\tau$(长虚线),下标 ac 表示由 8 流离散纵标法计算的精确解,$\Delta F/\Delta\tau$ 是散度,$\varepsilon_{div}$ 是通量散度误差;底下的图的表示与上相同。

方程式(8.50a)式和(8.50b)式表明光子穿透的(1/e)深度

$$\Gamma^{-1}=\frac{\bar{\mu}}{\sqrt{1-\varpi_0}}$$

称量 $\Gamma^{-1}$ 为热化(吸收)长度。它被解释为光子穿透在其遭受吸收(热化)之前反复散射的平均光学深度。对 $\bar{\mu}$ 的依赖是显然的,因为光线的平均倾角越陡,穿透越浅。对 $\sqrt{1-\varpi_0}$ 的逆依赖性在定性上是合理的,当 $\varpi\to 1$(守恒散射)时,穿透深度变为无穷大,正如人们期望的那样没有光子损失。

为什么 $\Gamma^{-1}$ 与体积发射率 $(1-\varpi_0)$ 的平方根是相互依赖的？为了回答这个问题,

我们将使用多次散射光子在距离上"扩散"的随机运动图。想象一下，光子被反复地在无界散射介质中并且是随机的在被吸收之前平均散射$\langle N\rangle$次。由于每次碰撞被吸收的概率是$(1-\varpi_0)$，那么很明显$\langle N\rangle(1-\varpi_0)=1$。根据随机运动理论，在$\langle N\rangle$次碰撞之后光子平均"移动"平均总距离为$\sqrt{\langle N\rangle}\,mfp$，其中$mfp$是光子平均自由路径。现在$mfp$只是平均光线倾角的余弦的一个光学深度的倍数。在被吸收之前所移动的平均总距离仅为$\sqrt{\langle N\rangle}\cdot\bar{\mu}=\bar{\mu}/\sqrt{1-\varpi_0}$。

### 8.3.5　半无限水平介质二流近似

对于很厚的大气层或很深的海洋，可以近似考虑为半无限介质，$\tau^*\to\infty$，则应用$S(\tau)e^{-\tau}\to 0$，这里必须不计正的项，解简化为

$$I^-(\tau)=\widetilde{T}e^{-\Gamma\tau},\quad I^+(\tau)=\widetilde{T}\rho_\infty e^{-\Gamma\tau} \tag{8.56a}$$

$$J(\tau)=\frac{\varpi_0}{2}\widetilde{T}(1+\rho_\infty)e^{-\Gamma\tau} \tag{8.56b}$$

$$F(\tau)=-2\pi\bar{\mu}\widetilde{T}(1-\rho_\infty)e^{-\Gamma\tau} \tag{8.56c}$$

$$\widetilde{H}(\tau)=\frac{\alpha\widetilde{T}}{2\bar{\mu}}(1+\rho_\infty)e^{-\Gamma\tau} \tag{8.56d}$$

要注意$F(\tau)$出现负值，表示净通量流是向下的，还需注意的是当$\tau$超过热化长度时，$F(\tau)\to 0$，半无限水平介质的通量反射率为

$$\rho(-2\pi,2\pi)=\frac{I^+(\tau=0)}{\widetilde{T}}=\frac{\widetilde{T}\rho_\infty}{\widetilde{T}}=\rho_\infty=\frac{1-\sqrt{1-\varpi_0}}{1+\sqrt{1-\varpi_0}} \tag{8.57}$$

现在符号$\rho_\infty$的意义很清楚了，上面表示式是对于强度反射率的表示。由(8.57)式得到通量吸收率为

$$\alpha(-2\pi)=1-\rho(-2\pi,2\pi)=\frac{2\sqrt{1-\varpi_0}}{1+\sqrt{1-\varpi_0}} \tag{8.58}$$

### 8.3.6　守恒散射的极限（范围）

有两种方式求取这一解，第一种方法是取对于非守恒散射表达式的极限$\varpi_0\to 1$，第二种方法是回到成对的微分方程组，重新求解，则只需求解一阶微分方程。两种方法得到如下结果

$$I^+(\tau)==\frac{\widetilde{T}(\tau^*-\tau)}{2\bar{\mu}+\tau^*},\quad I^-(\tau)=\frac{\widetilde{T}[2\bar{\mu}+(\tau^*-\tau)]}{2\bar{\mu}+\tau^*} \tag{8.59a}$$

$$J(\tau)=\frac{\widetilde{T}[\bar{\mu}+(\tau^*-\tau)]}{2\bar{\mu}+\tau^*},\quad F(\tau)=-\frac{4\pi\bar{\mu}^2\widetilde{T}}{2\bar{\mu}+\tau^*},\quad \widetilde{H}(\tau)=0 \tag{8.59b}$$

因此在守恒散射的水平介质情形中，通过大气的通量是守恒的，由此加热率为 0。假定 $\bar{\mu}=1/2$，Schuster(1905)求得介质的反射率和透过率为

$$\rho(-2\pi,2\pi)=\frac{I^{+}(0)}{\widetilde{T}}=\frac{\tau^{*}}{1+\tau^{*}},\quad \widetilde{T}(-2\pi,-2\pi)=\frac{I^{-}(\tau^{*})}{\widetilde{T}}=\frac{1}{1+\tau^{*}} \tag{8.60}$$

### 8.3.7 强吸收介质二流近似

对于强吸收介质，通过展开关于$\varpi_0$的幂级数很容易证明，保留最低级数的项，对于半无限水平介质的反射率，当$\varpi_0\to 0$，有 $\rho_\infty\approx\varpi_0/4$，则源函数和通量为

$$J(\tau)\approx\frac{\varpi_0\widetilde{T}}{2}\mathrm{e}^{-\tau/\bar{\mu}},\quad F(\tau)\approx-2\pi\bar{\mu}\widetilde{T}\mathrm{e}^{-\tau/\bar{\mu}} \tag{8.61}$$

这些结果表明，只有一次散射对源函数有贡献和只有直接透射辐射对净通量有贡献，反射率、透过率和吸收率 $\alpha$ 为

$$\rho(-2\pi,2\pi)\approx\frac{\varpi_0}{4}(1-\mathrm{e}^{-2\tau^{*}/\bar{\mu}}),\quad \widetilde{T}(-2\pi,2\pi)\approx\mathrm{e}^{-\tau^{*}/\bar{\mu}} \tag{8.62a}$$

$$\alpha(-2\pi)\approx 1-\mathrm{e}^{-\tau^{*}/\bar{\mu}} \tag{8.62b}$$

注意反射率中出现项 $\mathrm{e}^{-2\tau^{*}/\bar{\mu}}$，为一个反射的光子二次通过介质，平均而言输送了一个光子。

而对于 $\tau^{*}\ll 1$，$\varpi_0\ll 1$，光学特性薄的、高吸收的情况下，则

$$\rho(-2\pi,2\pi)\approx\frac{\varpi_0\tau^{*}}{2\bar{\mu}}=\frac{\tau_{\mathrm{s}}^{*}}{2\bar{\mu}},\quad \widetilde{T}(-2\pi,2\pi)\approx 1-\frac{\tau_{\mathrm{a}}^{*}}{\bar{\mu}},\quad \alpha(-2\pi)\approx\frac{\tau_{\mathrm{a}}^{*}}{\bar{\mu}} \tag{8.63}$$

在这种情况下，反射率与平均倾斜散射光学程长 $\tau^{*}/\bar{\mu}$ 呈线性关系，因子 1/2 是考虑到各向同性散射，在前向只有一半光子，在水平介质透过率和吸收率线性地依赖于平均斜线吸收光学路径 $\tau_{\mathrm{a}}^{*}/\bar{\mu}$，这也是合理的。

### 8.3.8 辐射场的角分布

在二流近似中求取辐射强度，应用(2.73)－(2.74)式，对源函数积分，这得到与角相关的强度和对某些问题是精确的完全形式解，向上和向下辐射强度表示为

$$I^{+}(\tau,\mu)=\int_{\tau}^{\tau^{*}}\frac{\mathrm{d}\tau'}{\mu}J(\tau')\mathrm{e}^{-(\tau'-\tau)/\mu} \tag{8.64a}$$

$$I^{-}(\tau,\mu)=\int_{0}^{\tau}\frac{\mathrm{d}\tau'}{\mu}J(\tau')\mathrm{e}^{-(\tau-\tau')/\mu}+\widetilde{T}\mathrm{e}^{-\tau/\mu} \tag{8.64b}$$

将二流近似、源函数(8.52a)式的近似和先前的进行的积分代入到二流近似，使用 $\rho_\infty$、$\Gamma$、$\bar{\mu}$ 间的关系式(8.47)式和代数运算，得到

$$I^{+}(\tau,\mu)=\frac{\widetilde{T}\rho_\infty}{D}\{[C^{+}(\mu)\mathrm{e}^{\Gamma(\tau^{*}-\tau)}-C^{-}(\mu)\mathrm{e}^{-\Gamma(\tau^{*}-\tau)}]+[C^{-}(\mu)-C^{+}(\mu)]\mathrm{e}^{-(\tau^{*}-\tau)/\mu}\} \tag{8.65a}$$

$$I^{-}(\tau,\mu)=\frac{\widetilde{T}}{D}\{C^{-}(\mu)e^{\Gamma(\tau^*-\tau)}-C^{+}(\mu)\rho_{\infty}^{2}e^{-\Gamma(\tau^*-\tau)}]+[1-C^{-}(\mu)]e^{-\Gamma\tau^*-\tau/\mu}$$

$$-\rho_{\infty}^{2}[1-C^{+}(\mu)]e^{-\Gamma\tau^*-\tau/\mu}\} \tag{8.65b}$$

式中 $C^{\pm}(\mu)\equiv(1\pm\Gamma\bar{\mu})/(1\pm\Gamma\mu)$。这一公式是很方便的，因为它表明当 $\mu=\bar{\mu}$ 时，$C^{\pm}(\mu)=1$，且使得与(8.50a)－(8.50b)式等同。

有意义的是观察角与水平介质($\mu=0$)平行，上面方法的结果为源函数，$I^{\pm}(\tau,\mu\to 0)=J(\tau)$，(8.51a)式，这一特性可用于精确结果，这也很容易证明上面的对于满足所有 $\mu$ 的边界条件的结果，就是 $I^{-}(0,\mu)=\widetilde{T}$，$I^{+}(\tau^*,\mu)=0$。

对于半球方向反射率 $I^{+}(0,\mu)/\widetilde{T}$ 和透过率 $I^{-}(\tau^*,\mu)/\widetilde{T}$ 为

$$\rho(-2\pi,\mu)=\frac{\rho_{\infty}}{D}\{C^{+}(\mu)e^{\Gamma\tau^*}-C^{-}(\mu)e^{-\Gamma\tau^*}+[C^{-}(\mu)-C^{+}(\mu)]e^{-\tau^*/\mu}\} \tag{8.66a}$$

$$\widetilde{T}(-2\pi,\mu)=\frac{1}{D}\{C^{-}(\mu)-C^{+}(\mu)\rho_{\infty}^{2}+[1-C^{-}(\mu)]e^{\Gamma\tau^*-\tau^*/\mu}$$

$$-\rho_{\infty}^{2}[1-C^{+}(\mu)]e^{-\Gamma\tau^*-\tau^*/\mu}\} \tag{8.66b}$$

在 $\mu=\bar{\mu}$ 的情况下，由于 $C^{\pm}(\mu)=1$，通量反射率和透过率的结果与二流结果(8.53a)、(8.53b)式是一致的。按累加原理，上面的方程式等同于方向半球反射率 $\rho(-2\pi,\mu)$ 和透过率 $\widetilde{T}(-2\pi,\mu)$。

### 8.3.9　指数核近似

二流近似求解辐射传输方程的另一个方法是用 Mine-Schwardzschild 积分方程的源函数开始，通过积分源函数导得漫辐射强度，然后加上直接太阳辐射强度。这可通过求解微分方程方法与前面的结果比较，对于各向同性散射和对于一般的内部源和边界 $J^*$ 的贡献，(2.96)式写成

$$J(\tau)=J^{\text{int}}(\tau)+J^*(\tau)+\frac{\varpi_0}{2}\int_0^{\tau^*}d\tau' E_1[|\tau'-\tau|]J(\tau') \tag{8.67}$$

边界 $J^*$ 的贡献可以用进入介质顶强度 $I^{-}(0,\mu',\phi')$ 的一般分布表示，由(2.87)式为

$$J^*(\tau)=\frac{\varpi_0}{4\pi}\int_{4\pi}d\omega' I^{-}(0,\mu',\phi')e^{-\tau/\mu} \tag{8.68}$$

对于半球各向同性源函数，写为

$$J^*(\tau)=\frac{\varpi_0}{2}\widetilde{T}\int_0^1 d\mu' e^{-\tau/\mu'}=\frac{\varpi_0}{2}\widetilde{T}E_2(\tau) \tag{8.69}$$

式中 $E_2(\tau)$ 是二阶指数积分。

指数核近似包括以下替换

$$E_1[|\tau'-\tau|]=\int_0^1 \frac{d\mu'}{\mu'}e^{-|\tau'-\tau|/\mu'} \approx \frac{1}{\bar{\mu}}e^{-|\tau'-\tau|/\bar{\mu}} \tag{8.70}$$

式中$\bar{\mu}$的意思与前相同,这可以通过一个点的积分求积或以射线平均角积分求取的角积分的替换。对于$J^*$中$E_2$的表示,第$n$次指数积分近似为

$$E_n(\tau)\approx e^{-\tau/\bar{\mu}}\bar{\mu}^{n-2} \tag{8.71}$$

代入上面结果(8.69)式成为

$$J(\tau)=\frac{\varpi_0}{2}\widetilde{T}e^{-\tau/\bar{\mu}}+\frac{\varpi_0}{2}\int_0^{\tau^*}\frac{d\tau'}{\bar{\mu}}e^{-|\tau'-\tau|/\bar{\mu}}J(\tau') \tag{8.72}$$

这一方程式表明,具有正负指数组成。将试验解$J(\tau)=Ae^{\Gamma\tau}+Ce^{-\Gamma\tau}$代入,式中$\Gamma$由(8.44)式给出,进行积分得到

$$\begin{aligned}Ae^{\Gamma\tau}+Ce^{-\Gamma\tau}&=\frac{\varpi_0}{2}\widetilde{T}e^{-\tau/\bar{\mu}}+\frac{\varpi_0}{2}\int_0^{\tau^*}\frac{d\tau'}{\bar{\mu}}e^{-(\tau-\tau')/\bar{\mu}}+\int_\tau^{\tau^*}\frac{d\tau'}{\bar{\mu}}e^{-(\tau'-\tau)/\bar{\mu}}[Ae^{\Gamma\tau'}+Ce^{-\Gamma\tau'}]\\&=Ae^{\Gamma\tau}+Ce^{-\Gamma\tau}+e^{-\tau/\bar{\mu}}\left[\frac{\varpi_0}{2}\left(1-\frac{A}{1-\Gamma\bar{\mu}}-\frac{C}{1+\Gamma\bar{\mu}}\right)\right]\\&\quad-\frac{\varpi_0}{2}\left(\frac{Ae^{-\Gamma\tau^*}}{1+\Gamma\bar{\mu}}-\frac{Ce^{\Gamma\tau^*}}{1-\Gamma\bar{\mu}}\right)\end{aligned} \tag{8.73}$$

消去左右两边相等项,可得到右侧为0的方程式,对于这方程式是对所有的$\tau$值适合,它需要两线性独立项的系数(其一是与$e^{-\tau/\bar{\mu}}$成比例,而另一个恰好为常数),分别为0,就是

$$1-\frac{A}{1-\Gamma\bar{\mu}}-\frac{C}{1+\Gamma\bar{\mu}}=0,\quad \frac{Ae^{-\Gamma\tau^*}}{1+\Gamma\bar{\mu}}-\frac{Ce^{\Gamma\tau^*}}{1-\Gamma\bar{\mu}}=0 \tag{8.74}$$

很容易解得

$$A=\frac{-\widetilde{T}(1-\Gamma\bar{\mu})e^{\Gamma\tau^*}}{D},\quad C=\frac{-\rho_\infty\widetilde{T}(1-\Gamma\bar{\mu})e^{-\Gamma\tau^*}}{D} \tag{8.75}$$

这里已经使用(8.52)式的$\rho_\infty$和(8.51)式$D$的定义,注意到$1-\Gamma\bar{\mu}=(\varpi_0/2)(1+\rho_\infty)$,求得如(8.56a)式的$S(\tau)$同样的解。给定源函数,给出漫辐射强度为

$$I_d^+(\tau)=I^+(\tau,\bar{\mu})=\int_\tau^{\tau^*}\frac{d\tau'}{\bar{\mu}}J(\tau')e^{-(\tau'-\tau)/\bar{\mu}} \tag{8.76a}$$

$$I_d^-(\tau)=I^-(\tau,\bar{\mu})=\int_0^{\tau^*}\frac{d\tau'}{\bar{\mu}}J(\tau')e^{-(\tau-\tau')/\bar{\mu}} \tag{8.76b}$$

总的辐射是漫辐射和直接辐射之和$I_d+I_s$。这里的直接辐射为

$$I_s(\tau)=\frac{\varpi_0}{2}\widetilde{T}E_2(\tau)\approx\frac{\varpi_0}{2}\widetilde{T}e^{-\tau/\bar{\mu}} \tag{8.77}$$

进行积分得到总的辐射强度$I^\pm(\tau)$,这与前面的结果(8.48)式相一致,如果$\mu\neq\bar{\mu}$强

度 $I(\tau,\mu)$ 与(8.64a)—(8.64b)式相一致。

## 8.4　介质中在有嵌入辐射源时的二流近似

### 8.4.1　有嵌入辐射源的二流近似方程

现在处理在水平介质内存在有发射源的辐射传输二流方程式，假定水平介质是等温的、均匀、各向同性散射，二流方程式为

$$\mu\frac{\mathrm{d}}{\mathrm{d}\tau}I^{+}(\tau)=I^{+}(\tau)-(1-\varpi_0)B-\frac{\varpi_0}{2}I^{+}(\tau)-\frac{\varpi_0}{2}I^{-}(\tau) \tag{8.78a}$$

$$-\mu\frac{\mathrm{d}}{\mathrm{d}\tau}I^{-}(\tau)=I^{-}(\tau)-(1-\varpi_0)B-\frac{\varpi_0}{2}I^{+}(\tau)-\frac{\varpi_0}{2}I^{-}(\tau) \tag{8.78b}$$

具有边界条件 $I^{-}(0)=I^{+}(\tau^{*})=0$，这些方程式与前面不同的是在它的右边附加有不均匀项，为此，通常是首先设嵌入辐射源 $(1-\varpi_0)B$ 为 0，然后解齐次方程式，其次是求得满足整个方程式的特解，则通解是齐次解与特解之和。假定解的形式为

$$I^{+}(\tau)=A\mathrm{e}^{\Gamma\tau}+\rho_{\infty}\widetilde{D}\mathrm{e}^{-\Gamma\tau},\quad I^{-}(\tau)=\rho_{\infty}A\mathrm{e}^{\Gamma\tau}+\widetilde{D}\mathrm{e}^{-\Gamma\tau} \tag{8.79}$$

式中 $A$ 和 $\widetilde{D}$ 是由边界条件确定，而 $\Gamma$ 和 $\rho_{\infty}$ 在前面确定。

特解是通过估猜 $I^{+}=B$ 和 $I^{-}=B$ 为解得到的，这很容易验证，只需把它代入到控制方程式中。根据边界条件得到下面两个并列的方程式

$$A\mathrm{e}^{\Gamma\tau^{*}}+\rho_{\infty}\widetilde{D}\mathrm{e}^{-\Gamma\tau^{*}}+B=0,\quad \rho_{\infty}A+\widetilde{D}+B=0 \tag{8.80}$$

解出 $A$ 和 $\widetilde{D}$ 得到

$$A=\frac{-B(1-\rho_{\infty}\mathrm{e}^{\Gamma\tau^{*}})}{D},\quad \widetilde{D}=\frac{-B(\mathrm{e}^{\Gamma\tau^{*}}-\rho_{\infty})}{D} \tag{8.81}$$

式中 $D$ 由(8.51)式确定，应用上面这些结果代入到通解中，求得

$$I^{+}(\tau)=\frac{B}{D}\{\rho_{\infty}^{2}\mathrm{e}^{-\Gamma\tau}-\mathrm{e}^{\Gamma\tau}+\rho_{\infty}[\mathrm{e}^{-\Gamma(\tau^{*}-\tau)}-\mathrm{e}^{\Gamma(\tau^{*}-\tau)}]\}+B \tag{8.82a}$$

$$I^{-}(\tau)=\frac{B}{D}[\rho_{\infty}^{2}\mathrm{e}^{-\Gamma(\tau^{*}-\tau)}-\mathrm{e}^{\Gamma(\tau^{*}-\tau)}+\rho_{\infty}(\mathrm{e}^{-\Gamma\tau}-\mathrm{e}^{\Gamma\tau})]+B \tag{8.82b}$$

由(8.36)式，通量的表达式为

$$\begin{aligned}F(\tau)=&2\pi\mu\frac{B}{D}\{\rho_{\infty}^{2}[\mathrm{e}^{-\Gamma\tau}-\mathrm{e}^{-\Gamma(\tau^{*}-\tau)}]+[\mathrm{e}^{\Gamma(\tau^{*}-\tau)}-\mathrm{e}^{\Gamma\tau}]\\&+2\pi\mu\frac{B}{D}\rho_{\infty}[\mathrm{e}^{-\Gamma(\tau^{*}-\tau)}-\mathrm{e}^{-\Gamma\tau}-\mathrm{e}^{\Gamma(\tau^{*}-\tau)}+\mathrm{e}^{\Gamma\tau}]\end{aligned} \tag{8.83}$$

由(8.35)式，源函数为

$$J(\tau)=\frac{\varpi_0}{2}[I^++I^-]+(1-\varpi_0)B$$

$$\frac{J(\tau)}{B}=1-\frac{\varpi_0(1+\rho_\infty)}{2D}[e^{\Gamma\tau}-\rho_\infty e^{-\Gamma(\tau^*-\tau)}+e^{\Gamma(\tau^*-\tau)}-\rho_\infty e^{-\Gamma\tau}] \tag{8.84}$$

由(1.71)式水平介质的发射率为

$$\varepsilon(2\pi)=\frac{I^+(0)}{B}=\frac{I^-(\tau^*)}{B}=\frac{1}{D}[\rho_\infty^2-1-\rho_\infty(e^{\Gamma\tau^*}-e^{-\Gamma\tau^*})]+1 \tag{8.85}$$

图 8.3 给出了分别对于强吸收介质(上面图$\varpi_0=0.4$)和守恒散射情况($\varpi_0=1.0$)，通量的深度变化和平均强度的一个例子。误差由对于吸收($\varpi_0=0.4$)情形的 10%减小为对于守恒散射的 1%～2%，这里平均强度的误差是较大的：对于吸收($\varpi_0=0.4$)约为 10%，对于守恒散射约为 15%。图的左面显示了对于几个 $\tau^*$ 和$\varpi_0=0.95$ 的 $J/B$ 相对于 $\tau/\tau^*$ 的关系，这图显示对于 $\tau^*>15$，源函数饱和，就是在介质中心接近普朗克函数。当光学厚度远大于内部深处，这就是平均辐射强度接近普朗克函数的结果。散

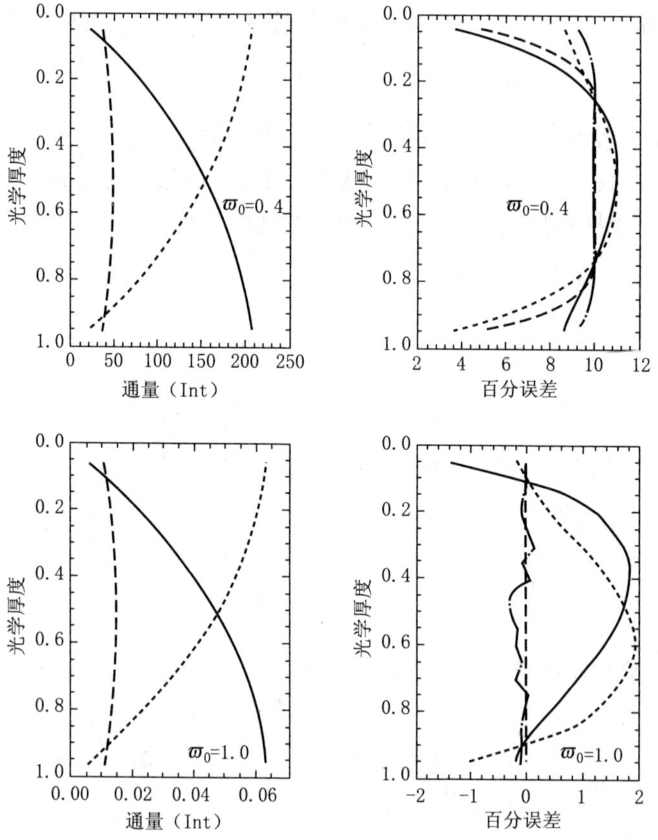


图 8.3 对于嵌入源的二流近似解(Thomas 和 Stamnes，1999)

射的贡献为源函数$\varpi_0 \bar{I} \approx \varpi_0 B$，则可确定源函数为$(1-\varpi_0)B$ 热力作用，各线条的表示与图 8.2 相同。

### 8.4.2　解的对称性

图 8.4 分别显示了 $J(\tau)$和 $F(\tau)$的对称性和关于 $\tau^*/2$ 的不对称性，这可以通过 $\tau$ 变换为 $\tau^*-\tau$ 和 $\tau^*-\tau$ 变换为 $\tau$ 得到证明，就得到

$$J(\tau)=J(\tau^*-\tau), \quad F(\tau)=-F(\tau^*-\tau) \tag{8.86}$$

取这对称性的特点，上面的结果可以重写，将变量 $\tau$ 改为 $t$，这里 $\tau=T+t$ 和 $T\equiv\tau^*/2$，则新的变量 $t$ 可以为负值，在 $-T\leqslant t\leqslant +T$ 范围内变化，在进行某些运算后，得到如下表示式

$$I^+(t)=B\left(1-\frac{e^{\Gamma t}+\rho_\infty e^{-\Gamma t}}{e^{\Gamma T}+\rho_\infty e^{-\Gamma T}}\right), \quad I^-(t)=B\left(1-\frac{e^{-\Gamma t}+\rho_\infty e^{\Gamma t}}{e^{\Gamma T}+\rho_\infty e^{-\Gamma T}}\right) \tag{8.87}$$

$$J(t)/B=1-\varpi_0\frac{(1+\rho_\infty)(e^{\Gamma t}+e^{-\Gamma t})}{2(e^{\Gamma T}+\rho_\infty e^{-\Gamma T})}, \quad F(t)=2\pi\bar{\mu}B(1-\rho_\infty)\frac{e^{-\Gamma t}-e^{\Gamma t}}{e^{\Gamma T}+\rho_\infty e^{-\Gamma T}} \tag{8.88}$$

图 8.4 给出当有嵌入源情形下的二流近似解，在图 8.4 的左图中表示单次反照率为$\varpi_0=0.95$ 情形下，对于不同 $\tau^*$ 值，$J/B$ 相对于 $\tau/\tau^*$ 变化图。从图中看到，在介质中心处，对于 $\tau^*>15$，源函数“饱和”，即趋向于普朗克函数。即当光学厚度大大超过热化厚度时，散射对源函数的贡献为$\varpi \bar{I}\approx\varpi B$，则补充了热量$(1-\varpi)B$ 的不足。在图 8.4 的右图中表示了 $J(\tau)/B$ 随光学厚度的变化，其中介质的光学厚度 $\tau^*=2$ 时，和单次散射反率取值$\varpi_0=0.2$、0.6、0.8、0.95。清楚看到，当$\varpi_0\rightarrow0$ 时，$J\rightarrow B$。图的上

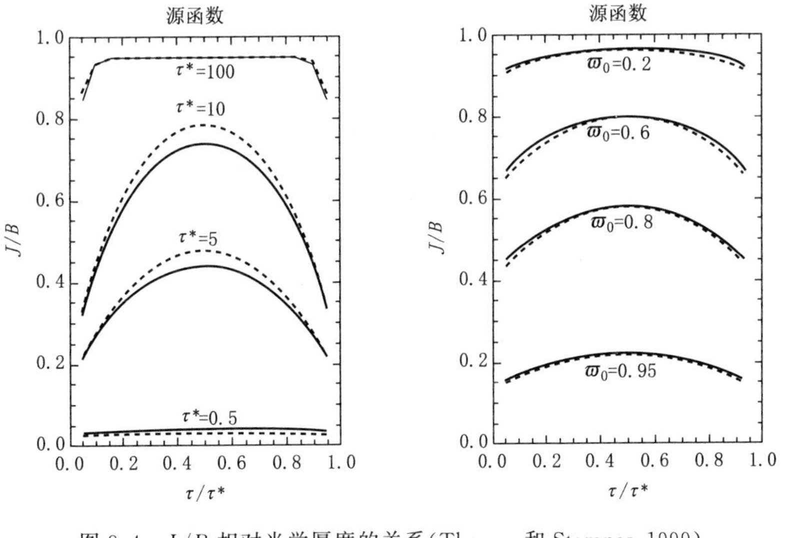


图 8.4　$J/B$ 相对光学厚度的关系(Thomas 和 Stamnes，1999)

面部分的参数是 $B=100,\tau^*=1,\varpi_0=0.4,\bar{\mu}=1/2$ 和 $p=1$,图下面部分除$\varpi_0=1$ 外都相同,图中虚线是两流近似结果,实线是精确结果。图的上面部分图的参数是$B=100,\tau^*=1,\varpi_0=0.4,\bar{\mu}=1/2$ 和 $p=1$,图下面部分图除$\varpi_0=1$ 外都相同,图中虚线是二流近似结果,实线是精确结果。

水平介质发射的热辐射由相对于黑体辐射的发射率来表示,即是

$$\varepsilon(2\pi)=\frac{F(T)}{2\pi\bar{\mu}B}=(1-\rho_\infty)\frac{e^{\Gamma T}-e^{-\Gamma T}}{e^{\Gamma T}+\rho_\infty e^{-\Gamma T}} \tag{8.89}$$

注意到与二流近似的一致性,使用对于黑体通量的表示式 $2\pi\bar{\mu}B$,而不是值 $\pi B$。

### 8.4.3 半无限水平介质解

使用上面的(8.84)式的结果和取 $\tau^*\to\infty$,可得到

$$J/B=1-(1-\sqrt{1-\varpi_0})e^{-\Gamma\tau} \tag{8.90}$$

类似地,净辐射通量(8.83)式成为

$$F(\tau)=2\pi\bar{\mu}B(1-\rho_\infty)e^{-\Gamma\tau} \tag{8.91}$$

在边界 $\tau=0$ 处辐射通量流向上为正,也注意到当光学厚度很大时,通量接近为 0,该处 $J\to B$。这更多的情况出现当 $\Gamma\tau\gg1$ 或光学厚度远大于内部的厚度。对于半无限介质的加热率表示为

$$\widetilde{H}(\tau)=-\frac{4\pi\alpha B}{1+\sqrt{1-\varpi_0}}e^{-\Gamma\tau} \tag{8.92}$$

可看到这里的任一地方是净的冷却,最大的出现在 $\tau=0$ 处。应特别注意 $\tau=0$ 处的源函数,就是

$$J(\tau=0)=\sqrt{1-\varpi_0}\,B \tag{8.93}$$

是一个精确的结果。对于小的$(1-\varpi_0)$,表面的源函数值为普朗克函数。

### 8.4.4 半无限水平介质的守恒散射($\varpi_0=1$)二流近似解

当$\varpi_0\to1$,介质内部就不存在辐射源,解可呈现不确定,但它可以通过考虑比值 $J(\tau)/J(0)$获得,对于半无限水平介质,简单地为

$$\frac{J(\tau)}{J(0)}=\frac{1}{\sqrt{1-\varpi_0}}\left[1-(1-\sqrt{1-\varpi_0})e^{-\Gamma\tau}\right] \tag{8.94}$$

展开下面指数,且只保留一阶项,即

$$e^{-\Gamma\tau}\approx1-\Gamma\tau=1-\tau\sqrt{1-\varpi_0}/\bar{\mu} \tag{8.95}$$

在$\varpi_0\to1$,代入上式,求得

$$J(\tau)=J(0)(1+\tau/\bar{\mu}) \tag{8.96}$$

这是一个关于“二流”问题解,它描述的是半无限介质的守恒散射问题,处于介质内部

深处的向上辐射流，它近似于通太阳的光球层的辐射流。

源函数与向上通量的关系可通过二流近似，$F^+(\tau=0)=2\pi\bar{\mu}I^+(\tau=0)=4\pi\bar{\mu}J^+(\tau=0)$，如果设 $\bar{\mu}=1/\sqrt{3}$，就可以得到

$$J(\tau=0)=\frac{F}{4\pi\bar{\mu}}=\frac{\sqrt{3}}{4\pi}F \tag{8.97}$$

这也是一个精确结果。在 Milne 问题中，向下辐射通量是常数，源函数的二流近似解为

$$J(\tau)=\frac{F}{4\pi\bar{\mu}}(1+\tau/\bar{\mu})=\frac{3F}{4\pi}\left(\tau+\frac{1}{\sqrt{3}}\right)\quad(\bar{\mu}=1/\sqrt{3}) \tag{8.98}$$

现把这个解与精确解比较

$$J(\tau)=\frac{3F}{4\pi}[\tau+q(\tau)] \tag{8.99}$$

式中 $q(\tau)$ 是 Hopf-函数，这精确解是在 1934 年由 E. Hopf 导得的。他证明 $q(\tau)=0.577350$，$q(\tau)$ 随光学厚度缓慢增加，光学厚度趋同向很大时，$q(\tau\rightarrow\infty)=0.710446$。二流近似设 $q\approx q_a=$ 常数。如果 $\bar{\mu}=1/\sqrt{3}$，则 $q_a=\bar{\mu}=0.577350$，通常对于 $q_a$ 的最优值 $q_a=2/3=0.666667$。

### 8.4.5 纯吸收情形($\varpi_0=0$)二流近似解

这是常见到的情形，前面已经得到精确解，当 $\varpi_0\rightarrow 0$，对于等温水平介质的解为

$$I^+(t)=B[1-e^{-(T-t)/\bar{\mu}}],\quad I^-(t)=B[1-e^{-(T+t)/\bar{\mu}}],\quad J(t)=B \tag{8.100}$$

$$F(t)=2\pi\bar{\mu}B[e^{-(T+t)/\bar{\mu}}-e^{-(T-t)/\bar{\mu}}],\quad \varepsilon(2\pi)=(1-e^{-2T/\bar{\mu}})=(1-e^{-\tau^*/\bar{\mu}}) \tag{8.101}$$

发射率的二流结果与下面精确结果不同

$$\varepsilon(2\pi)=1-2E_3(\tau^*) \tag{8.102}$$

使这两个结果相等得到

$$e^{-\tau^*/\bar{\mu}}=2E_3(\tau^*)=2\int_0^1 d\mu\mu e^{-\tau^*/\mu} \tag{8.103}$$

可以求得对于 $\bar{\mu}$ 的最优值。

$$\int_0^\infty dt\left[E_3(t)-\frac{1}{2}e^{-t/\mu}\right]=0 \tag{8.104}$$

由这方程式的解很容易证明 $\bar{\mu}=2/3$，但是如前讨论的，对于所有的环境这种选择不是最佳的。

当介质是半无限的，$\tau^*\rightarrow\infty$，很容易处理在$(0\rightarrow\tau^*)$范围内的通量和发射率为

$$F(0)=2\pi\bar{\mu}B,\quad \varepsilon(2\pi)=1 \tag{8.105}$$

其为与精确解 $F(0)=\pi B$ 一致，要求 $\bar{\mu}=1/2$。

## 8.5 外部源阳光下的二流近似

现考虑来自行星大气顶的平行太阳辐射通量密度 $F^S$ 入射到行星大气中最重要的散射问题，现简单地处理各向同性、均匀大气，并假定大气下边界为黑体，设入射角为 $\cos^{-1}\mu_0$，则可得两个二流近似方程式

$$\bar{\mu}\frac{\mathrm{d}}{\mathrm{d}\tau}I_d^+=I_d^+-\frac{\varpi_0}{2}(I_d^++I_d^-)-\frac{\varpi_0}{4\pi}F^S\mathrm{e}^{-\tau/\mu_0} \tag{8.106a}$$

和

$$-\bar{\mu}\frac{\mathrm{d}}{\mathrm{d}\tau}I_d^-=I_d^--\frac{\varpi_0}{2}(I_d^++I_d^-)-\frac{\varpi_0}{4\pi}F^S\mathrm{e}^{-\tau/\mu_0} \tag{8.106b}$$

式中 $I_d^+$ 和 $I_d^-$ 是漫辐射强度，如前将上面两方程式相加和相减，得到

$$\bar{\mu}\frac{\mathrm{d}}{\mathrm{d}\tau}(I_d^+-I_d^-)=(1-\varpi_0)(I_d^++I_d^-)-\frac{\varpi_0}{2\pi}F^S\mathrm{e}^{-\tau/\mu_0} \tag{8.107a}$$

$$\bar{\mu}\frac{\mathrm{d}}{\mathrm{d}\tau}(I_d^++I_d^-)=(I_d^+-I_d^-) \tag{8.107b}$$

对(8.107b)式求导，代入到(8.107a)式，得

$$\bar{\mu}^2\frac{\mathrm{d}^2}{\mathrm{d}\tau^2}(I_d^++I_d^-)=(1-\varpi_0)(I_d^++I_d^-)-\frac{\varpi_0}{2\pi}F^S\mathrm{e}^{-\tau/\mu_0} \tag{8.108}$$

同样对(8.107a)式求导，代入到(8.107b)式得

$$\bar{\mu}^2\frac{\mathrm{d}^2}{\mathrm{d}\tau^2}(I_d^+-I_d^-)=(1-\varpi_0)(I_d^+-I_d^-)+\frac{\varpi_0\bar{\mu}}{2\pi\mu_0}F^S\mathrm{e}^{-\tau/\mu_0} \tag{8.109}$$

现用前面同样的求解方法，考虑齐次解，可以写为

$$I_d^+=A\mathrm{e}^{\Gamma\tau}+\rho_\infty D\mathrm{e}^{-\Gamma\tau},\quad I_d^-=\rho_\infty A\mathrm{e}^{\Gamma\tau}+D\mathrm{e}^{-\Gamma\tau} \tag{8.110}$$

式中 $\Gamma$ 和 $\rho_\infty$ 的意义如前，可以猜测解与 $\mathrm{e}^{-\tau/\mu_0}$ 成比例，给出

$$I_d^+=A\mathrm{e}^{\Gamma\tau}+\rho_\infty D\mathrm{e}^{-\Gamma\tau}+Z^+\mathrm{e}^{-\tau/\mu_0} \tag{8.111a}$$

和

$$I_d^-=\rho_\infty A\mathrm{e}^{\Gamma\tau}+D\mathrm{e}^{-\Gamma\tau}+Z^-\mathrm{e}^{-\tau/\mu_0} \tag{8.111b}$$

式中，$Z^+$ 和 $Z^-$ 是确定的常数，代入到(8.106a)—(8.106b)式，得到

$$Z^++Z^-=-\frac{\varpi_0F^S\mu_0^2}{2\pi\bar{\mu}^2(1-\Gamma^2\mu_0^2)},\quad Z^+-Z^-=\frac{\varpi_0F^S\mu_0\bar{\mu}}{2\pi\bar{\mu}^2(1-\Gamma^2\mu_0^2)} \tag{8.112}$$

由上两式分别解得

$$Z^+=\frac{\varpi_0F^S\mu_0(\bar{\mu}-\mu_0)}{4\pi\bar{\mu}^2(1-\Gamma^2\mu_0^2)},\quad Z^-=\frac{\varpi_0F^S\mu_0(\mu_0+\bar{\mu})}{4\pi\bar{\mu}^2(1-\Gamma^2\mu_0^2)} \tag{8.113}$$

对漫辐射强度使用边界条件 $I_d^+(\tau=0)=0$ 和 $I_d^-(\tau^*=0)=0$，从这两条件得到对于 $A$ 和 $D$ 的两联立方程，求得

$$A=\frac{\varpi_0 F^S \mu_0}{4\pi\bar{\mu}^2(1-\Gamma^2\mu_0^2)D}\left[\rho_\infty(\bar{\mu}+\mu_0)\mathrm{e}^{-\Gamma\tau^*}+(\bar{\mu}-\mu_0)\mathrm{e}^{-\tau^*/\mu_0}\right] \tag{8.114}$$

$$D=\frac{\varpi_0 F^S \mu_0}{4\pi\bar{\mu}^2(1-\Gamma^2\mu_0^2)D}\left[(\bar{\mu}+\mu_0)\mathrm{e}^{-\Gamma\tau^*}+\rho_\infty(\bar{\mu}-\mu_0)\mathrm{e}^{-\tau^*/\mu_0}\right] \tag{8.115}$$

式中 $D$ 由(8.51)式确定，现可以求解源函数、通量密度等，如源函数为

$$J(\tau)=\frac{\varpi_0}{2}(I_d^+ + I_d^-)+\frac{\varpi_0}{4\pi}F^S\mathrm{e}^{-\tau/\mu_0} \tag{8.116}$$

对于有限介质很难表示复杂的解，现考虑简单的半无限介质的情形，边界条件为 $J(\tau)\mathrm{e}^{-\tau}\to 0$，正的指数必须舍弃，这样 $A=0$，常数 $D$ 为

$$D=\frac{\varpi_0 F^S\mu_0(\bar{\mu}+\mu_0)}{4\pi\bar{\mu}^2(1-\Gamma^2\mu_0^2)} \tag{8.117}$$

则漫辐射强度为

$$\begin{cases} I_d^+ =\rho_\infty D\mathrm{e}^{-\Gamma\tau}+Z^+\mathrm{e}^{-\tau/\mu_0} \\ \quad =\dfrac{\varpi_0 F^S\mu_0}{4\pi\bar{\mu}^2(1-\Gamma^2\mu_0^2)}\left[\rho_\infty(\bar{\mu}+\mu_0)\mathrm{e}^{-\Gamma\tau}+(\bar{\mu}-\mu_0)\mathrm{e}^{-\tau/\bar{\mu}}\right] & (8.118\mathrm{a}) \\ I_d^- =D\mathrm{e}^{-\Gamma\tau}+Z^-\mathrm{e}^{-\Gamma\tau/\mu_0} \\ \quad =\dfrac{\varpi_0 F^S\mu_0}{4\pi\bar{\mu}^2(1-\Gamma^2\mu_0^2)}\left[(\bar{\mu}+\mu_0)\mathrm{e}^{-\Gamma\tau}-(\bar{\mu}+\mu_0)\mathrm{e}^{-\tau/\mu_0}\right] & (8.118\mathrm{b}) \end{cases}$$

(8.88)式源函数成为

$$J(\tau)=\frac{\varpi_0 F^S}{4\pi}\left\{\frac{\varpi_0\mu_0}{\bar{\mu}^2(1-\Gamma^2\mu_0^2)}\left[\frac{1}{2}(\bar{\mu}+\mu_0)(1+\rho_\infty)\mathrm{e}^{-\Gamma\tau}-\mu_0\mathrm{e}^{-\tau/\mu_0}\right]+\mathrm{e}^{-\tau/\mu_0}\right\} \tag{8.119}$$

可以问，如果对于方程式的 $I_d^\pm$ 中的分母$(1-\Gamma^2\mu_0^2)$为 0，会发生什么？如果太阳处在天空的特别位置，这是会发生的，这可以通过 Hospital 规则修正奇异点，这可得到一个作为随 $\tau\exp(-\tau/\mu_0)$变化的新的算法。

总的通量密度和加热率分别为

$$\begin{aligned} F(\tau)&=2\pi\bar{\mu}(I_d^+ - I_d^-)-\mu_0 F^S\mathrm{e}^{-\tau/\mu_0} \\ &=\frac{\varpi_0 F^S\mu_0(\mu_0+\bar{\mu})}{2\bar{\mu}(1-\Gamma^2\mu_0^2)}\left[\rho_\infty(\bar{\mu}+\mu_0)\mathrm{e}^{-\Gamma\tau}-2\mu_0\mathrm{e}^{-\tau/\mu_0}\right]-\mu_0 F^S\mathrm{e}^{-\tau/\mu_0} \end{aligned} \tag{8.120}$$

和

$$\widetilde{H}(\tau)=2\pi\alpha(I_d^+ - I_d^-)+\alpha F^S\mathrm{e}^{-\tau/\mu_0}$$

$$=2\pi\alpha\,\frac{\varpi_0 F^S\mu_0(\mu_0+\bar{\mu})}{4\pi\bar{\mu}^2(1-\Gamma^2\,\bar{\mu}^2)}\left[(1+\rho_\infty)(\bar{\mu}+\mu_0)\mathrm{e}^{-\Gamma\tau}-2\mu_0\mathrm{e}^{-\tau/\mu_0}\right]+\alpha F^S\mathrm{e}^{-\tau/\mu_0} \tag{8.121}$$

注意到在通量方程式中和加热率中分别加上$-\mu_0 F^S\mathrm{e}^{-\tau/\mu_0}$和$\alpha F^S\mathrm{e}^{-\tau/\mu}$，是考虑到太阳分量。图 8.5 给出了计算对于吸收介质($\varpi_0=0.4$，上图)和非吸收介质($\varpi_0=1.0$，下图)的通量和平均强度的廓线，左图是二流近似计算引起的误差。

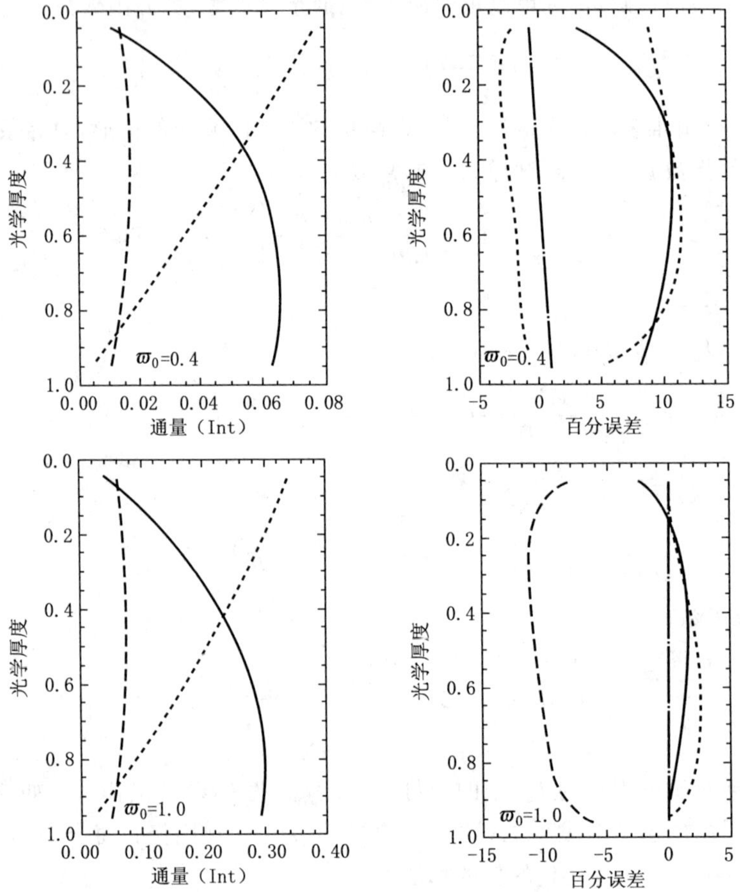


图 8.5 对于漫射量的二流近似结果(Thomas 和 Stamnes,1999)

### 8.5.1 对于半无限介质点方向增益

从(2.78c)式，对于半无限介质点方向的增益是

$$G(\tau,\mu_0;\tau^*\to\infty)=\frac{J(\tau:\tau^*\to\infty:-\mu_0)}{(\varpi_0 F^S/4\pi)} \tag{8.122}$$

式中 $J$ 是由(8.121)式给出，$H$ 函数由(7.93)式给出，

$$H(\mu)=G(0,\mu;\tau^*\to\infty)=1+\frac{\varpi_0\mu}{\bar{\mu}^2(1-\Gamma^2\mu_0^2)}\left[\frac{1}{2}(\bar{\mu}+\mu)(1+\rho_\infty)-\mu\right]\tag{8.123}$$

上面的形式可以用更加简化的代数式表示为

$$H(\mu)=\frac{\bar{\mu}+\mu}{\bar{\mu}+\mu\sqrt{1-\varpi_0}}\tag{8.124}$$

方向半球反射率表示为

$$\rho(-\mu_0,2\pi)=\frac{2\pi\bar{\mu}I_d^+(0)}{\mu_0F^s}=\frac{\varpi_0\mu_0}{2\bar{\mu}(1-\Gamma^2\mu_0^2)}[\rho_\infty(\bar{\mu}+\mu_0)+(\bar{\mu}-\mu_0)]\tag{8.125}$$

可以简化为

$$\rho(-\mu_0,2\pi;\tau^*\to\infty)=\frac{\bar{\mu}-\bar{\mu}\sqrt{1-\varpi_0}}{\bar{\mu}+\mu_0\sqrt{1-\varpi_0}}=1-\sqrt{1-\varpi_0}H(\mu_0)\tag{8.126}$$

对于方向半球反射率，以上各量与二流近似之间的有用关系式为

$$\rho(-2\pi,\mu;\tau^*\to\infty)=\rho_\infty C^+(\mu)=\frac{1-\sqrt{1-\varpi_0}}{1+\sqrt{1-\varpi_0}}\frac{1+\Gamma\bar{\mu}}{1+\Gamma\mu}=\frac{\bar{\mu}-\bar{\mu}\sqrt{1-\varpi_0}}{\bar{\mu}+\mu\sqrt{1-\varpi_0}}\tag{8.127}$$

这是与(8.66)式同样的结果。因此对于方向反射率的二流近似，遵守二元规则，$\rho(-\mu,2\pi;\tau^*\to\infty)=\rho(-2\pi,\mu;\tau^*\to\infty)$。

### 8.5.2　有限水平介质的守恒散射

由于 $I^++I^-$ 的齐次解，是 $\tau$ 的线性函数(就是 $B\tau+C$)，需求解辐射传输方程，这里没有给出求解详细过程，只给出结果

$$I_d^+(\tau)=\frac{F^Sm}{4\pi}\left[\frac{(m+1)(\tau^*-\tau)+(m-1)(\tau+2\bar{\mu})e^{-\tau^*/\mu_0}}{(\tau+2\bar{\mu})}-(m-1)e^{-\tau/\mu_0}\right]\tag{8.128a}$$

$$I_d^-(\tau)=\frac{F^Sm}{4\pi}\left[\frac{(m+1)(\tau^*-\tau+2\bar{\mu})+(m-1)\tau e^{-\tau^*/\mu_0}}{(\tau+2\bar{\mu})}-(m+1)e^{-\tau/\mu_0}\right]\tag{8.128b}$$

$$\begin{aligned}J(\tau)=&\frac{F^Sm}{4\pi(\tau^*+2\bar{\mu})}[(m+1)(\tau^*-\tau+\bar{\mu})-(m-1)(\tau+\bar{\mu})e^{-\tau^*/\mu_0}\\&-m(\tau^*+2\bar{\mu})e^{-\tau/\mu_0}]+\frac{F^S}{4\pi}e^{-\tau/\mu_0}\end{aligned}\tag{8.128c}$$

$$F(\tau)=\frac{F^S\mu_0\bar{\mu}}{(\tau^*+2\bar{\mu})}[(1+m)+(1-m)e^{-\tau^*/\mu_0}]\tag{8.128d}$$

$$\rho(-\mu_0,2\pi)=\frac{F^+(0)}{\mu_0 F^S}=\frac{\tau^*+(\overline{\mu}-\mu_0)(1-e^{-\tau^*/\mu_0})}{\tau^*+2\overline{\mu}} \tag{8.129}$$

$$\widetilde{T}(-\mu_0,2\pi)=\frac{F^-(\tau^*)}{\mu_0 F^S}=\frac{\overline{\mu}+\mu_0+(\overline{\mu}-\mu_0)e^{-\tau^*/\mu_0}}{\tau^*+2\overline{\mu}} \tag{8.130}$$

式中 $m=\mu_0/\overline{\mu}$，由于(8.128b)式是向下漫辐射强度，总的透过率应为

$$\widetilde{T}(-\mu_0,2\pi)=\widetilde{T}_d(-\mu_0,2\pi)+e^{-\tau^*/\mu_0}=[2\pi\overline{\mu}I_d^-(\tau^*)/\mu_0 F^S]+e^{-\tau^*/\mu_0} \tag{8.131}$$

很容易证明 $\rho(-\mu_0,2\pi)+\widetilde{T}(-\mu_0,2\pi)=1$。

考虑光学厚度很大的情形，对于 $\tau^*\to\infty$，$F(\tau^*)\to 0$，$\rho(-\mu_0,2\pi)\to 1$，$\widetilde{T}(-\mu_0,2\pi)\to 0$，在这种情形下源函数为

$$J(\tau)=\frac{F^S}{4\pi}[(1-m)^2 e^{-\tau/\mu_0}+m(m+1)] \tag{8.132}$$

从此表示式可以看到，二流近似得到 $J(\tau\to\infty)/J(0)=m=\sqrt{3}\mu_0$，这里当 $\overline{\mu}=1/\sqrt{3}$ 时，结果是精确的。

### 8.5.3 辐射强度的角分布

对于有入射辐射的强度角分布可以由微分方程式的方法求取，显然方法较繁琐，但只给出关于发射强度简要方法是可能的，钱德拉塞卡(S. Chandrasekhar)给出了发射强度的闭合形式结果

$$I^+(0,\mu;\tau^*)=\frac{\varpi_0 F^S\mu_0}{4\pi(\mu+\mu_0)}[X(\mu)X(\mu_0)-Y(\mu)Y(\mu_0)] \tag{8.133a}$$

$$I^-(\tau^*,\mu;\tau^*)=\frac{\varpi_0 F^S\mu_0}{4\pi(\mu-\mu_0)}[Y(\mu)X(\mu_0)-X(\mu)Y(\mu_0)] \tag{8.133b}$$

式中 $X(\mu)$ 和 $Y(\mu)$ 函数直接由点方向增益得到，$X(\mu)=G(0,\mu;\tau^*)$ 和 $Y(\mu)=G(\tau^*,\mu;\tau^*)$，$X(\mu)$ 和 $Y(\mu)$ 函数由二流近似方法得到。

对于半无限介质，由钱德拉塞卡得到的结果为

$$\begin{aligned}I^+(0,\mu;\tau^*\to\infty)&=\frac{\varpi_0 F^S\mu_0}{4\pi(\mu+\mu_0)}H(\mu)H(\mu_0)\\&\approx\frac{\varpi_0 F^S\mu_0}{4\pi(\mu+\mu_0)}\left(\frac{\overline{\mu}+\mu_0}{\overline{\mu}+\mu\sqrt{1-\varpi_0}}\right)\left(\frac{\overline{\mu}+\mu_0}{\overline{\mu}+\mu_0\sqrt{1-\varpi_0}}\right)\end{aligned} \tag{8.134}$$

式中 $H(\mu)=1+\frac{1}{2}\varpi_0\mu H(\mu)\int_0^1\frac{H(\mu')}{\mu+\mu'}d\mu'$。

## 8.6 Eddington 二流近似——各向异性散射的二流近似

二流近似主要用于计算平行平面的辐射量和平均辐射强度，辐射量和平均辐射强度只取决于平均辐射场的方位，因此对于各向异性散射的平均辐射传输方程简单地写为

$$\mu\frac{\mathrm{d}I(\tau_d,\mu)}{\mathrm{d}\tau}=I_d(\tau,\mu)-\frac{\varpi_0}{2}\int_{-1}^{1}\mathrm{d}\mu' p(\mu,\mu')I_d(\tau,\mu')-J^*(\tau,\mu) \quad (8.135)$$

现略去热力辐射项，也就是只存有散射的情况下，为对每半球近似积分(8.135)式，可以对半球平均向上和向下辐射强度流，化为成双的一阶微分方程式，如前面，这就导得二流近似。类似地使用二项求积代入(8.135)式得到，这一对全部范围间隔($-1\leqslant\mu\leqslant+1$)求积或分别对考虑其范围的一半$-1\leqslant\mu\leqslant0$ 和 $0\leqslant\mu\leqslant+1$ 求积。后一方法就是上面叙述的。

现提出采用关于 $\mu$ 的多项式的强度与角度依赖关系近似方法，取线性多项式，$I(\tau,\mu')=I_0(\tau)+\mu I_1(\tau)$，取(8.135)的角矩 $I_0$ 和 $I_1$，这方法就是 Eddington 二流近似。

假定平行入射光为 $J^*(\tau,\mu)=(\varpi_0/4\pi)F^S p(-\mu_0,\mu)\mathrm{e}^{-\tau/\mu_0}$，辐射强度与角度的依赖关系写为常数加上关于 $\mu$ 的线性关系，$I(\tau,\mu')=[I_0(\tau)+\mu I_1(\tau)]$，代入到(8.135)式中得到

$$\mu\frac{\mathrm{d}(I_0+\mu I_1)}{\mathrm{d}\tau}=(I_0+\mu I_1)-\frac{\varpi_0}{2}\int_{-1}^{1}\mathrm{d}\mu' p(\mu,\mu')(I_0+\mu' I_1)-\frac{\varpi_0}{4\pi}F^S p(-\mu_0,\mu)\mathrm{e}^{-\tau/\mu_0} \quad (8.136)$$

以勒让德多项式展开相函数，求取方位平均的相函数为

$$p(\mu,\mu')=\sum_{l}^{\infty}(2l+1)\chi_L P_l(\mu)P_l(\mu') \quad (8.137)$$

这里相函数的矩为

$$\chi_L=\frac{1}{2}\int_{-1}^{1}\mathrm{d}\mu' p(\mu,\mu')P_l(\mu') \quad (8.138)$$

在二流近似中，通常只保留两项：零阶矩，其因为相函数归一化为 1($\chi_0=1$)；一阶矩，是指不对称因子 $\chi_1$(通常用 $g$ 表示)，则有

$$\frac{\varpi_0}{2}\int_{-1}^{1}\mathrm{d}\mu' p(\mu,\mu')(I_0+\mu' I_1)=\varpi_0(I_0+3g\mu\langle\mu\rangle_2 I_1) \quad (8.139)$$

式中符号〈　〉是表示球的角平均

$$\langle\mu\rangle_2\equiv\frac{1}{2}\int_{-1}^{1}\mathrm{d}\mu\mu^2 \quad (8.140)$$

由于 $p(-\mu,\mu')=1-3g\mu\mu_0$，方程式(8.136)成为

$$\mu\frac{\mathrm{d}(I_0+\mu I_1)}{\mathrm{d}\tau}=(I_0+\mu I_1)-\varpi_0(I_0+3g\mu\langle\mu\rangle_2 I_1)-\frac{\varpi_0}{4\pi}F^S(1-3g\mu\mu_0)\mathrm{e}^{-\tau/\mu_0} \tag{8.141}$$

首先对(8.141)式对 $\mu$ 从 $-1$ 到 1 积分，得到以下第一方程式，因此用对于强度矩(moment of intensity) $I_0$ 和 $I_1$ 成对方程式考虑略不同的方式，而不是直接求解

$$\frac{\mathrm{d}I_1}{\mathrm{d}\tau}=\frac{1}{\langle\mu\rangle_2}(1-\varpi_0)I_0-\frac{\varpi_0 F^S}{4\pi\langle\mu\rangle_2}\mathrm{e}^{-\tau/\mu_0} \tag{8.142a}$$

$$\frac{\mathrm{d}I_0}{\mathrm{d}\tau}=(1-3g\,\varpi_0\langle\mu\rangle_2)I_1+\frac{3\,\varpi_0 F^S}{4\pi}3g\mu_0\mathrm{e}^{-\tau/\mu_0} \tag{8.142b}$$

先以强度的半区域范围写(8.135)式，即

$$\begin{aligned}\mu\frac{\mathrm{d}I_d^+(\tau,\mu)}{\mathrm{d}\tau}&=I_d^+(\tau,\mu)-\frac{\varpi_0}{2}\int_0^1\mathrm{d}\mu' p(-\mu',\mu)I_d^-(\tau,\mu')\\&\quad-\frac{\varpi_0}{2}\int_0^1\mathrm{d}\mu' p(\mu',\mu)I_d^+(\tau,\mu')-\frac{\varpi_0}{4\pi}F^S p(-\mu_0,\mu)\mathrm{e}^{-\tau/\mu_0}\\&\equiv I_d^+(\tau,\mu)-J^+(\tau,\mu)\end{aligned} \tag{8.143a}$$

和

$$\begin{aligned}-\mu\frac{\mathrm{d}I_d^-(\tau,\mu)}{\mathrm{d}\tau}&=I_d^-(\tau,\mu)-\frac{\varpi_0}{2}\int_0^1\mathrm{d}\mu' p(-\mu',-\mu)I_d^-(\tau,\mu')\\&\quad-\frac{\varpi_0}{2}\int_0^1\mathrm{d}\mu' p(\mu',-\mu)I_d^+(\tau,\mu')-\frac{\varpi_0}{4\pi}F^S p(-\mu_0,-\mu)\mathrm{e}^{-\tau/\mu_0}\\&\equiv I_d^-(\tau,\mu)-J^-(\tau,\mu)\end{aligned} \tag{8.143b}$$

上面方程式是精确的，应用算子 $\int_0^1\mathrm{d}\mu$ 对两方程式实行半球积分，如果 $I^\pm(\tau,\mu)$ 用每一半球的 $I^\pm(\tau)$ 平均代替，而 $\mu$ 由某个平均 $\bar{\mu}$ 代替，导得下面成对关于 $I^\pm$ 的方程式(略去下标)

$$\bar{\mu}\frac{\mathrm{d}}{\mathrm{d}\tau}I^+(\tau)=I^+-\varpi_0(1-b)I^+-\varpi_0 bI^--J^{*+} \tag{8.144a}$$

$$-\bar{\mu}\frac{\mathrm{d}}{\mathrm{d}\tau}I^-(\tau)=I^--\varpi_0(1-b)I^--\varpi_0 bI^+-J^{*-} \tag{8.144b}$$

式中

$$J^{*+}=\frac{\varpi_0 F^S}{2\pi}b(\mu_0)\mathrm{e}^{-\tau/\mu_0}\equiv X^+\mathrm{e}^{-\tau/\mu_0} \tag{8.145a}$$

$$J^{*-}=\frac{\varpi_0 F^S}{2\pi}[1-b(\mu_0)]\mathrm{e}^{-\tau/\mu_0}\equiv X^-\mathrm{e}^{-\tau/\mu_0} \tag{8.145b}$$

及

$$X^{+} \equiv \frac{\varpi_0}{2\pi} b(\mu_0) F^S \tag{8.146a}$$

$$X^{-} \equiv \frac{\varpi_0}{2\pi} F^S [1 - b(\mu_0)] \tag{8.146b}$$

定义后向散射系数为

$$b(\mu) \equiv \frac{1}{2}\int_0^1 \mathrm{d}\mu' p(-\mu', \mu) = \frac{1}{2}\int_0^1 \mathrm{d}\mu' p(\mu', -\mu) \tag{8.147a}$$

$$b \equiv \int_0^1 \mathrm{d}\mu b(\mu) = \frac{1}{2}\int_0^1 \mathrm{d}\mu \int_0^1 \mathrm{d}\mu' p(-\mu', \mu) = \frac{1}{2}\int_0^1 \mathrm{d}\mu \int_0^1 \mathrm{d}\mu' p(\mu', -\mu) \tag{8.147b}$$

$$1 - b = \frac{1}{2}\int_0^1 \mathrm{d}\mu \int_0^1 \mathrm{d}\mu' p(\mu', \mu) = \frac{1}{2}\int_0^1 \mathrm{d}\mu \int_0^1 \mathrm{d}\mu' p(-\mu', -\mu) \tag{8.147c}$$

式中使用了相函数的互易关系，$p(-\mu', \mu) = p(\mu', -\mu)$，$p(-\mu', -\mu) = p(\mu', \mu)$，以及归一化特性。

## 本章要点

1. 相函数定标处理辐射传输方程式。
2. 辐射传输方程式的一次散射和逐次处理。
3. 掌握二流近似方程和求解方法。
4. (1)介质中在有嵌入辐射源的二流近似；
   (2)各向异性散射二流近似处理。

## 思考题和习题

1. (a)证明对于相函数的 $\delta$ 勒让德多项式表示为

$$\hat{p}(\cos\Theta) = 2f\delta(1 - \cos\Theta) + (1 - f)\sum_{l=0}^{2N-1}(2l + 1)\hat{\chi}_l P_l(\cos\Theta)$$

导得对于 $m$ 阶傅里叶强度分量 $I^m(\hat{\tau}, \mu)$，除了光学厚度、单次反照率和源函数是按下面定标的

$$\mathrm{d}\hat{\tau} = (1 - \varpi_0 f)\mathrm{d}\tau, \quad \hat{\varpi}_0 \equiv \frac{(1-f)\varpi_0}{1 - \varpi_0 f}, \quad \hat{Q}^m(\hat{\tau}, \mu) = \frac{Q^m(\tau, \mu)}{1 - \varpi f}$$

(b)证明 $\hat{p}(\cos\Theta)$ 是完全归一化的。

2. 假定晴天大气的强度分布由一次散射的光子描述。

(a)忽略地面反射，证明在下边界处晴天向下辐射强度为

$$I_d^-(\tau^*, \mu, \phi) = \frac{\varpi p_{\mathrm{RAY}}(\cos\Theta)}{4\pi} \mathrm{F}_0 \frac{\mu_0}{\mu_0 - \mu}(\mathrm{e}^{-\tau^*/\mu} - \mathrm{e}^{-\tau^*/\mu_0})$$

(b)当$\mu \to \mu_0$时，辐射强度分布简化成什么表达式？（注：假定$\tau^*/\mu$和$\tau^*/\mu_0 \ll 1$）

(c)设$\theta=45°$，画出在海平面处于太阳主平面（$\phi=0°$和$\phi=180°$）对于四个不同天空光学厚度（$\tau^*=1.0$，$\tau^*=0.25$，$\tau^*=0.15$，$\tau^*=0.05$）的晴天相对强度（相应波长为316、440、498和654 nm。）

(d)假定朗伯表面是具有BRDF低的反射率$\rho_L$，通过对源函数$J^*+J_b^*$的积分，其中$J_b^*$是下边界对源函数的贡献，表示为

$$J_b^*(\tau;\pm\mu,\phi)=\frac{\varpi_0\mu_0F^s}{4\pi}\int_0^{2\pi}\mathrm{d}\phi'\int_0^1 p(\mu',\phi';\pm\mu,\phi)\rho(-\mu_0,\phi_0;\mu',\phi')\mathrm{e}^{-(\tau^*-\tau)/\mu'}$$

求取对于晴天强度的表示式，证明小$\tau^*$的极限，地面的晴天强度由下式给出

$$I_d^-(\tau^*,\mu,\phi)=\frac{F_0\tau^*}{4\pi\mu}[p_{\mathrm{Ray}}(-\mu_0,\phi_0;-\mu,\phi)+2\pi\mu_0\rho_L]$$

（注：使用指数核近似积分：$E_2(\tau^*-\tau)\approx \mathrm{e}^{-(\tau^*-\tau)/\bar{\mu}}$）

(e)与(c)相同的条件下，画$I_d^-(\tau^*,\mu,\phi)$，包括具有表面反射率$\pi\rho_L=0.3$和0.7的作用。

3. 用两种方法推导(8.59a)和(8.59b)式：(1)取极限$\varpi\to 1$和使用洛必达（L'Hospital）规则；和(2)通过求解相关的一阶微分方程。

4. 由(8.88)式导得(8.87)式。

5. 由(8.130)式导得(8.128b)式。

6. 由(7.140a)式给出对于一个位于黑体表面之上的各向异性散射平板层的微分方程的二流近似反射通量解，现考虑到下边界是一个通量反射率为$\rho_L$朗伯反射面：

(a)利用(7.140a)证明使用边界条件$I^+(\tau^*)=\rho_L I^-(\tau^*)$，有

$$\rho_{\mathrm{tot}}(-2\pi,2\pi)=\frac{\rho_\infty(1-\rho_\infty\rho_L)\mathrm{e}^{\Gamma\tau^*}+(\rho_L-\rho_\infty)\mathrm{e}^{-\Gamma\tau^*}}{(1-\rho_\infty\rho_L)\mathrm{e}^{\Gamma\tau^*}+\rho_\infty(\rho_L-\rho_\infty)\mathrm{e}^{-\Gamma\tau^*}}$$

(b)写出$\widetilde{T}_{\mathrm{tot}}(-2\pi,2\pi)$的表达式。

(c)证明如果$\rho_L$等于$\rho_\infty$，则$\rho_{\mathrm{tot}}=\rho_\infty$，这结果与不变性原理有什么关系？

7. 在大气中，辐射强度与方位间的关系很小，为此方位角强度平均写为

$$\bar{I}=\frac{1}{2\pi}\int_{2\pi}I(\theta,\phi)\mathrm{d}\phi$$

这个量可以方便地表示为

$$\bar{I}(\mu)=I_0+\sum_n I_n\mu^n$$

式中$\mu=\cos\theta$，假定这展开式有下面形式：

(a)$\bar{I}(\mu)=I_0+I_1\mu$；

(b)$\overline{I}(\mu)=I_0$。

计算如下半球积分

$$h=2\pi\int_0^1\overline{I}\,\mathrm{d}\mu,\quad F=2\pi\int_0^1\overline{I}\mu\,\mathrm{d}\mu,$$

$$K=2\pi\int_0^1\overline{I}\mu^2\,\mathrm{d}\mu \quad 和 \quad 漫射率 \quad D=F/h$$

8. 用 $f+b=1$,以合适的平面平行形式方程

$$\mu\frac{\mathrm{d}I}{\mathrm{d}\tau}=-I+\frac{\varpi}{4\pi}\int_0^{2\pi}\int_{-1}^1 PI\,\mathrm{d}\mu\,\mathrm{d}\phi$$

式中 $\mathrm{d}\omega=-\mu\mathrm{d}\phi$,$\mathrm{d}s=\mathrm{d}z/\mu$,$\mathrm{d}\tau=-\sigma_{\mathrm{ext}}\mathrm{d}z$ 和略云各量的位置和角度的依赖关系。

(a)写下这方程的方位平均形式

$$\overline{P}=\frac{1}{2}(1+g\mu\mu')$$

代替方位平均相函数,根据(7.3)式,取 $N=1$ 和球谐函数相加定理,推导二流近似方程式。

(b)假定由前题(a)给定的 $\overline{I}$ 的形式,对(8.148)式的每一项进行积分变换:$2\pi\int_0^1\cdots\overline{I}\mu\,\mathrm{d}\mu$ 和 $2\pi\int_{-1}^0\cdots\overline{I}\mu\,\mathrm{d}\mu$,通量的定义

$$F^+=2\pi\int_0^1\overline{I}\mu\,\mathrm{d}\mu \quad 和 \quad F^-=2\pi\int_{-1}^0\overline{I}\mu\,\mathrm{d}\mu$$

推导二流近似方程式?

(c)推导 $F^+$ 和 $F^-$,与(8.33)式比较,这方程式就是爱顿丁二流近似方程式,也可看到两者只是系数不同,形式相同。

9. 如上题,使用光束的边界条件,也就是求解行星大气光入射的问题,假定反射表面是朗伯表面,各向同性散射:

(a)当 $\rho_L=1$ 时,求 $\rho_{\mathrm{tot}}$。

(b)当$\varpi=1$,求 $\rho_{\mathrm{tot}}$。

(c)当 $\tau^*\to\infty$,求 $\rho_{\mathrm{tot}}$ 的极限。

10. 考虑单色光入射到均匀半无限介质,发生各向同性散射,对于强度为 $I^-(\tau,\mu)=F_0\delta(\mu-\mu_0)\delta(\phi-\phi_0)$;反射强度的角分布可以用 $H$ 函数表示为

$$I^+(0,+\mu,\phi)=\frac{\varpi}{4\pi}F_0\frac{\mu_0}{\mu+\mu_0}H(\mu)H(\mu_0)$$

式中$\varpi$为单次反照率,$\mu_0$ 是射线入射角的余弦。

(a)证明总的反射强度 ($I^+(0)=2\pi\int_0^1\mathrm{d}\mu I^+(\tau=0,\mu)$) 被 $F^S$ 除是 $I^+(0)/F^S=[H(\mu_0)-1]$,而方向半球反照率是

$$\rho(-\mu_0, 2\pi) = \frac{F^+(0)}{\mu_0 F_0} = 1 - \sqrt{1-\varpi}\, H(\mu_0)$$

现假定入射光具有$\widetilde{T} f(\mu_0)$分布，替代一平行射线束，式中$\widetilde{T}$ 是常数和 $2\int_0^1 \mathrm{d}\mu\mu f(\mu) = 1$，因此入射通量是 $\pi \widetilde{T}$。

(b)证明反射光的角分布或表示为

$$\frac{I^+(0,\mu)}{\widetilde{T}} = \frac{H(\mu)}{H_f(\mu)} - H(\mu)\left[1 - \int_0^1 \mathrm{d}\mu f(\mu)\right]^{1/2}$$

式中 $H_f(\mu)$满足方程

$$\frac{\varpi}{2}\int_0^1 \frac{\mathrm{d}\mu' f(\mu') H_f(\mu')}{\mu + \mu'} = \frac{1}{H_f(\mu)} - \left[1 - \varpi\int_0^1 \mathrm{d}\mu f(\mu)\right]^{1/2}$$

(c)如果散射是守恒($\varpi=1$)的和入射光是均匀的($f(\mu_0)=1$)，反射光的角分布是什么形状？

(d)推导总的反射强度(定标辐射)被 $I$ 除得如下表示式。

$$\frac{I^+(0)}{\widetilde{T}} = \int_0^1 \mathrm{d}\mu \frac{H(\mu)}{H_f(\mu)} - \frac{2}{\varpi}(1 - \sqrt{1-\varpi})\left[1 - \varpi\int_0^1 \mathrm{d}\mu f(\mu)\right]^{1/2}$$

(e)证明对于均匀入射光，有如下精确表示式

$$\frac{I^+(0,\mu=0)}{\widetilde{T}} = 1 - \sqrt{1-\varpi}, \quad \frac{I^+(0)}{\widetilde{T}} = \frac{1-\sqrt{1-\varpi}}{1+\sqrt{1-\varpi}}$$

(f)用 $H$ 函数导得通量反射率或反照率的表示式，并且证明对于均匀照射，这表示式简化为(a)方向半球反照率的结果。

11. 由定义的系数 $r^{\pm}(\tau)$

$$r^+(\tau) = \frac{1}{(1-b)I^+}\frac{1}{2}\int_0^1 \mathrm{d}\mu\int_0^1 \mathrm{d}\mu' P(\mu',\mu) I^+(\tau,\mu')$$

$$r^-(\tau) = \frac{1}{bI^-}\frac{1}{2}\int_0^1 \mathrm{d}\mu\int_0^1 \mathrm{d}\mu' P(-\mu',\mu) I^-(\tau,\mu')$$

证明 $r^{\pm}(\tau)$可以用勒让德多项式表示为

$$r^+(\tau) = \frac{1}{bI^+} r_1^+(\mu)\int_0^1 \mathrm{d}\mu' P_1(\mu') I^+(\tau,\mu')$$

$$r^-(\tau) = \frac{1}{(1-b)I^-} r_1^-(\mu)\int_0^1 \mathrm{d}\mu' P_1(\mu') I^-(\tau,\mu')$$

式中

$$r_1^{\pm}(\mu) = \frac{1}{2}\sum_{l=0}^{2N-1}(\pm 1)^l (2l+1)\chi_l P_1(\mu)$$

和 $\chi_l$ 为按勒让德多项式表示的相函数的系数。

12. 在天顶，云从开始到形成，如云的厚度、云底部见到的亮度将变亮，当云成为厚云，达到最大，然后云开始减弱，略去地面的反射作用。

(a)用物理术语解释这些特征。

(b)假定云是平行的水平介质，可见光散射辐射是守恒的$\varpi=1$，云粒具有不对称因子 $g$ 和后向散射概率$b=(1-g)/2$。证明二流辐射近似方程写为

$$\bar{\mu}\frac{\mathrm{d}(I^{+}-I^{-})}{\mathrm{d}\tau}=0,\quad \bar{\mu}\frac{\mathrm{d}(I^{+}+I^{-})}{\mathrm{d}\tau}=(1-g)(I^{+}-I^{-})$$

(c)应用边界条件 $I^{-}(\tau=0)=I=$常数，$I^{+}(\tau^{*})=0$，把上式的解分成太阳和漫辐射分量，并证明漫透射辐射 $I_{d}^{-}(\tau^{*})$具有上面描述的特性（这意味着求解总的透射强度 $I^{-}(\tau^{*})$，并减去直接太阳辐射 $I\mathrm{e}^{-\tau^{*}/\mu_0}$）。

(d)画出解 $I_{d}^{-}(\tau^{*})$相对于 $\tau^{*}$ 的关系图，假定不对称因子为 $g=0.75$ 和 $\bar{\mu}=0.6$，将这结果与上面描述的云特征有什么可比较性？

(e)对于前面太阳光下边界条件 $I_{d}^{-}(\tau=0)=0$ 和 $I_{d}^{+}(\tau^{*})=0$，重复上面的分析，直接求解 $I_{d}^{-}(\tau^{*})$。通过使用含有反射率边界效应的(2.136)式。

13. 对于半无限各向异性散射介质，如具有辐射内部源的深海洋的辐射传输方程由下式给出

$$\mu\frac{\mathrm{d}I}{\mathrm{d}\tau}=I-\frac{\varpi}{2}\int_{-1}^{1}\mathrm{d}\mu' P_1(\mu',\mu)I^{-}(\tau,\mu')$$

式中是一个关于 $\mu$ 的任意函数和参数。

(a)对于 $\gamma\neq\Gamma$，上方程的二流解

$$I^{\pm}(\tau)=A^{\pm}\mathrm{e}^{-\Gamma\tau}+B^{\pm}\mathrm{e}^{-\gamma\tau}$$

式中

$$A^{-}=I-B^{-},\quad I=I^{-}(\tau=0)$$

$$A^{+}=\rho_{\infty}A^{-},\quad \rho_{\infty}=\frac{\sqrt{1-\varpi+2\varpi b}-\sqrt{1-\varpi}}{\sqrt{1-\varpi+2\varpi b}+\sqrt{1-\varpi}}$$

$$B^{\pm}=\frac{(\Gamma\bar{\mu})^{2}}{1-\varpi}\frac{G^{\pm}}{[(\Gamma\bar{\mu})^{2}-(\gamma\bar{\mu})^{2}]}\{1\mp\frac{\gamma\bar{\mu}(1-\varpi)}{(\Gamma\bar{\mu})^{2}}-\frac{1}{(\Gamma\bar{\mu})^{2}}[(\Gamma\bar{\mu})^{2}-(1-\varpi)^{2}](1-\frac{G^{\mp}}{G^{\pm}})\}$$

$$G^{\pm}\equiv\frac{1}{4\pi}\int_{0}^{1}\mathrm{d}\mu G(\pm\mu),\quad \Gamma\bar{\mu}=\sqrt{(1-\varpi)(1-\varpi+2\varpi b)}$$

(b)证明，对于源函数

$$J(\tau,\mu)=\frac{\varpi}{2}\int_{-1}^{1}\mathrm{d}\mu' P_1(\mu',\mu)I(\tau,\mu')+\frac{G(\mu)}{4\pi}\mathrm{e}^{-\gamma\tau}$$

的二流近似可以表示为

$$J_{\mathrm{tsa}}^{\pm}(\tau)=\widetilde{T}C^{\pm}\mathrm{e}^{-\Gamma\tau}+B^{-}D^{\pm}(\mathrm{e}^{-\gamma\tau}-\frac{C^{\pm}}{D^{\pm}}\mathrm{e}^{-\Gamma\tau})$$

式中

$$C^{+}=a[\rho_{\infty}+b(1-\rho_{\infty})],\quad C^{-}=a[1-b(1-\rho_{\infty})]$$

$$D^{+}=a\left[b+(1-b)\frac{B^{+}}{B^{-}}\right],\quad D^{-}=a\left[1-b\left(1-\frac{B^{+}}{B^{-}}\right)\right]$$

(c)证明，对于各向同性散射($b=1/2$)和各同性内部源($G^{+}=G^{-}\equiv\overline{G}=G/4\pi$)简化为

$$J_{\text{tsa}}^{+}(\tau)=J_{\text{tsa}}^{-}(\tau)=\widetilde{T}(1-\sqrt{1-\varpi})\mathrm{e}^{-\Gamma\tau}+\overline{G}H_{\text{tsa}}\left(\frac{1}{\gamma}\right)H_{\text{tsa}}\left(-\frac{1}{\gamma}\right)\left(\mathrm{e}^{-\gamma\tau}-\frac{1-\sqrt{1-\varpi}}{1-\gamma\overline{\mu}}\mathrm{e}^{-\Gamma\tau}\right)$$

式中 $H_{\text{tsa}}(x)$是由(8.124)式给出，是对于 $H$ 函数的二流近似。

(d)证明使用上面方程式导得对于 $I=0$(没有入射辐射)的近似解为

$$I_{\text{tsa}}^{+}(\tau=0,\mu)=\overline{G}\,\frac{H_{\text{tsa}}\left(\frac{1}{\gamma}\right)}{1+\gamma\mu}H_{\text{tsa}}(\mu)$$

讨论发射强度如何随内部源的空间变化而变化，就是随 $\gamma$ 的变化。

14. 平面平行大气对太阳辐射是透明的，而且仅仅是来自地面(假定为黑体)的加热，假定大气在红外谱段是灰体、深厚的和纯吸收，因此源函数的频率积分为

$$B(\tau)=\int_{0}^{\infty}\mathrm{d}\nu B_{\nu}(\tau)=\frac{\sigma_{B}}{\pi}T^{4}(\tau)$$

式中 $B_{\nu}$ 是普朗克函数，$\nu$ 是红外频率，$\sigma_{B}$ 是斯蒂芬玻尔兹曼常数，$T$ 是温度，$\tau$ 为光学厚度。

(a)根据爱丁顿近似证明频率积分红外辐射通量 $F$ 和源函数间的近似关系为

$$F(\tau)\approx\frac{4\pi}{3}\frac{\partial B(\tau)}{\partial\tau}$$

(b)假定大气是辐射平衡的，证明对任一光学厚度的源函数为

$$B(\tau)=B(\tau=0)+\frac{3F}{4\pi}\tau$$

(c)假定 $\overline{\mu}=1/2$，证明根据边界条件，这意味着 $F=2\pi B(\tau=0)$。

(d)假定大气中的吸收气体是均匀混合的，且服从静力方程式$\partial p_{a}/\partial z=-\rho_{a}g$，式中 $p_{a}$ 和 $\rho_{a}$ 是吸收气体分压和是质量密度，定义光学厚度为

$$\tau=\int_{z}^{\infty}\mathrm{d}z'\alpha_{m}\rho_{a}(z')$$

式中 $\alpha_{m}$ 是单位质量吸收系数，证明

$$T(\tau)=T(\tau=0)\left(1+\frac{3}{2}\alpha_{m}\rho_{a}/g\right)^{1/4}$$

# 第9章　辐射传输原理和球谐函数、有限差分法、蒙特卡洛法

本章介绍的几种常用辐射传输处理内容有:(1)相互作用原理和不变性原理;(2)地表反射对辐射的作用;(3)球谐函数法、有限差分法的原理、蒙特卡洛法。这些方法中相互作用原理、不变性原理和蒙特卡洛法应用尤其广泛。

## 9.1　相互作用原理

### 9.1.1　只考虑大气中某一气层时辐射的相互作用

假定在平面平行大气内,其特性主要决定光学厚度 $\tau$,且在任一高度上向上、向下的辐射强度分别表示为 $\boldsymbol{I}^+(\tau)$、$\boldsymbol{I}^-(\tau)$。如图9.1中,若某一气层 $a$ 的光学厚度为 $\tau_a=\tau_2-\tau_1$,其中 $\tau_2$、$\tau_1$ 为这一气层上、下边界处的光学厚度,则相互作用原理表述为出射辐射 $\boldsymbol{I}^+(\tau_1)$、$\boldsymbol{I}^-(\tau_2)$ 与入射辐射 $\boldsymbol{I}^-(\tau_1)$、$\boldsymbol{I}^+(\tau_2)$ 之间存在线性关系,表示为

$$\boldsymbol{I}^+(\tau_1)=\boldsymbol{R}_a\boldsymbol{I}^-(\tau_1)+\widetilde{\boldsymbol{T}}_a^*\boldsymbol{I}^+(\tau_2)+\Sigma_a^+ \tag{9.1a}$$

$$\boldsymbol{I}^-(\tau_2)=\widetilde{\boldsymbol{T}}_a\boldsymbol{I}^-(\tau_1)+\boldsymbol{R}_a^*\boldsymbol{I}^+(\tau_2)+\Sigma_a^- \tag{9.1b}$$

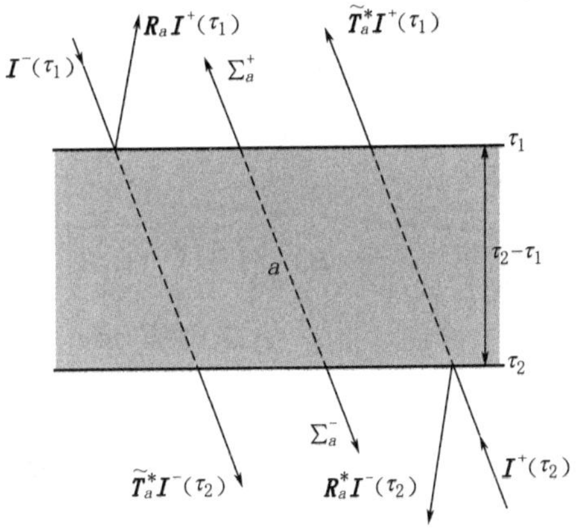


图9.1　相互作用原理图解

式中 $\boldsymbol{R}_a$ 和 $\widetilde{\boldsymbol{T}}_a$ 是气层 $a$ 上界向下入射辐射方向的反射和透过率算符,$\boldsymbol{R}_a^*$、$\widetilde{\boldsymbol{T}}_a^*$ 是气层 $a$ 下界向上入射辐射方向的反射和透射算符,$\Sigma_a^\pm$ 是气层 $a$ 自身向上和向下发射的辐射。注意到,在通常情况下,$\boldsymbol{R}_a\neq\boldsymbol{R}_a^*$ 和 $\widetilde{\boldsymbol{T}}_a\neq\widetilde{\boldsymbol{T}}_a^*$,则(9.1a)式、(9.1b)式可以写为

$$\begin{vmatrix}\boldsymbol{I}^+(\tau_1)\\ \boldsymbol{I}^-(\tau_2)\end{vmatrix}=\boldsymbol{S}(a)\begin{vmatrix}\boldsymbol{I}^-(\tau_1)\\ \boldsymbol{I}^+(\tau_2)\end{vmatrix}+\begin{vmatrix}\Sigma_a^+\\ \Sigma_a^-\end{vmatrix} \tag{9.2}$$

式中

$$\boldsymbol{S}(a)=\begin{vmatrix}\boldsymbol{R}_a & \widetilde{\boldsymbol{T}}_a^* \\ \widetilde{\boldsymbol{T}}_a & \boldsymbol{R}_a^*\end{vmatrix} \tag{9.3}$$

### 9.1.2 对于大气中相邻两气层的辐射相互作用

相互作用原理的反复使用,可以得到邻近两气层的相互作用规则。如图 9.2,有光学厚度分别为 $\tau_a$ 和 $\tau_b$ 的相邻两气层,其边界分别由光学厚度为 $\tau=\tau_1+\tau_2+\tau_3$ 所确定。对于第一气层 $a$,其相互作用原理关系式由(9.2)式给出;类似地,对于第二气层 $b$,相互作用原理关系表示为

$$\begin{vmatrix}\boldsymbol{I}^+(\tau_2) \\ \boldsymbol{I}^-(\tau_3)\end{vmatrix}=\boldsymbol{S}(b)\begin{vmatrix}\boldsymbol{I}^-(\tau_2) \\ \boldsymbol{I}^+(\tau_3)\end{vmatrix}+\begin{vmatrix}\sum_b^+ \\ \sum_b^-\end{vmatrix} \tag{9.4}$$

其中

$$\boldsymbol{S}(b)=\begin{vmatrix}\boldsymbol{R}_b & \widetilde{\boldsymbol{T}}_b^* \\ \widetilde{\boldsymbol{T}}_b & \boldsymbol{R}_b^*\end{vmatrix} \tag{9.5}$$

若由(9.2)和(9.4)式消去 $\boldsymbol{I}^{\pm}(\tau_2)$,就可以得到光厚度 $\tau_a+\tau_b$ 合并层的关系为

$$\begin{vmatrix}\boldsymbol{I}^+(\tau_1) \\ \boldsymbol{I}^-(\tau_3)\end{vmatrix}=\boldsymbol{S}(a+b)\begin{vmatrix}\boldsymbol{I}^-(\tau_1) \\ \boldsymbol{I}^+(\tau_3)\end{vmatrix}+\begin{vmatrix}\sum_{a+b}^+ \\ \sum_{a+b}^-\end{vmatrix} \tag{9.6}$$

其中

$$\boldsymbol{S}(a+b)=\begin{vmatrix}\boldsymbol{R}_a+\widetilde{\boldsymbol{T}}_a^*(\boldsymbol{I}-\boldsymbol{R}_b\boldsymbol{R}_a^*)^{-1}\boldsymbol{R}_b\widetilde{\boldsymbol{T}}_a & \widetilde{\boldsymbol{T}}_a(\boldsymbol{I}-\boldsymbol{R}_b\boldsymbol{R}_a^*)^{-1}\widetilde{\boldsymbol{T}}_b^* \\ \widetilde{\boldsymbol{T}}_b(\boldsymbol{I}-\boldsymbol{R}_a^*\boldsymbol{R}_b)^{-1}\widetilde{\boldsymbol{T}}_a & \boldsymbol{R}_b+\widetilde{\boldsymbol{T}}_b(\boldsymbol{I}-\boldsymbol{R}_a^*\boldsymbol{R}_b)^{-1}\boldsymbol{R}_a^*\widetilde{\boldsymbol{T}}_b^*\end{vmatrix} \tag{9.7}$$

和

$$\begin{vmatrix}\sum_{a+b}^+ \\ \sum_{a+b}^-\end{vmatrix}=\begin{vmatrix}\sum_a^+ \\ \sum_a^-\end{vmatrix}+\begin{vmatrix}\widetilde{\boldsymbol{T}}_a^*(\boldsymbol{I}-\boldsymbol{R}_b\boldsymbol{R}_a^*)^{-1}\boldsymbol{R}_b & \widetilde{\boldsymbol{T}}_a(\boldsymbol{I}-\boldsymbol{R}_b\boldsymbol{R}_a^*)^{-1} \\ \widetilde{\boldsymbol{T}}_b(\boldsymbol{I}-\boldsymbol{R}_a^*\boldsymbol{R}_b)^{-1} & \widetilde{\boldsymbol{T}}_b(\boldsymbol{I}-\boldsymbol{R}_a^*\boldsymbol{R}_b)^{-1}\boldsymbol{R}_a^*\end{vmatrix}\begin{vmatrix}\sum_a^- \\ \sum_b^+\end{vmatrix} \tag{9.8}$$

式中 $\boldsymbol{I}$ 为单位算符。由于相互作用原理是一普遍原理,将其用于光学厚度 $\tau_c=\tau_a+\tau_b=\tau_3-\tau_1$ 的合并层,则

$$\begin{vmatrix}\boldsymbol{I}^+(\tau_1) \\ \boldsymbol{I}^-(\tau_3)\end{vmatrix}=\boldsymbol{S}(c)\begin{vmatrix}\boldsymbol{I}^-(\tau_1) \\ \boldsymbol{I}^+(\tau_3)\end{vmatrix}+\begin{vmatrix}\sum_c^+ \\ \sum_c^-\end{vmatrix} \tag{9.9}$$

其中

$$\boldsymbol{S}(c)=\begin{vmatrix}\boldsymbol{R}_c & \widetilde{\boldsymbol{T}}_c^* \\ \widetilde{\boldsymbol{T}}_c & \boldsymbol{R}_c^*\end{vmatrix} \tag{9.10}$$

据此，(9.6)和(9.9)式是等同的，即有

$$\boldsymbol{S}(c)=\boldsymbol{S}(a+b) \tag{9.11a}$$

$$\sum\nolimits_{c}^{\pm}=\sum\nolimits_{a+b}^{\pm} \tag{9.11b}$$

求取(9.11a)式中单个分量的等式，得到结合层的反射和透射的算符分别为

$$\boldsymbol{R}_c=\boldsymbol{R}_a+\widetilde{\boldsymbol{T}}_a^*(1-\boldsymbol{R}_b\boldsymbol{R}_a^*)^{-1}\boldsymbol{R}_b\widetilde{\boldsymbol{T}}_a \tag{9.12a}$$

$$\widetilde{\boldsymbol{T}}_c=\widetilde{\boldsymbol{T}}_b(1-\boldsymbol{R}_a^*\boldsymbol{R}_b)^{-1}\widetilde{\boldsymbol{T}}_a \tag{9.12b}$$

$$\boldsymbol{R}_c^*=\boldsymbol{R}_b+\widetilde{\boldsymbol{T}}_b(1-\boldsymbol{R}_a^*R_b)^{-1}\boldsymbol{R}_a^*\widetilde{\boldsymbol{T}}_b^* \tag{9.13a}$$

$$\widetilde{\boldsymbol{T}}_c^*=\widetilde{\boldsymbol{T}}_a^*(1-\boldsymbol{R}_b\boldsymbol{R}_a^*)^{-1}\widetilde{\boldsymbol{T}}_b^* \tag{9.13b}$$

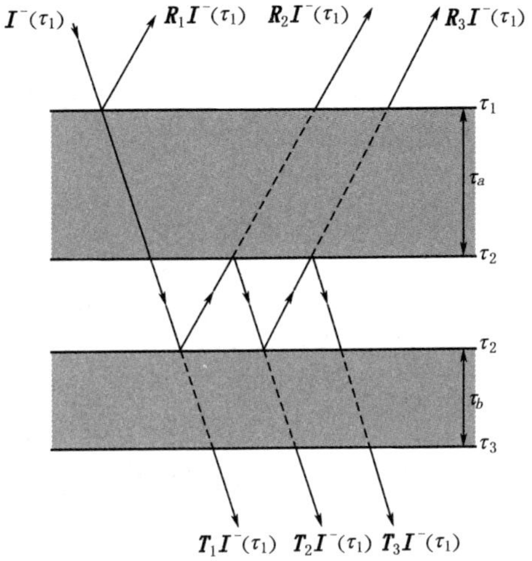

图 9.2　两层介质中辐射量

如果以入射辐射 $\boldsymbol{I}^-(\tau_1)$ 表示，则反射辐射可以由单次和多次反射辐射的迭加，由图 9.2 可以看出，

$$\boldsymbol{R}_1=\boldsymbol{R}_a \tag{9.14}$$

$$\boldsymbol{R}_2=\widetilde{\boldsymbol{T}}_a^*\boldsymbol{R}_b\widetilde{\boldsymbol{T}}_a \tag{9.15}$$

并且一般地有

$$\boldsymbol{R}_n=\widetilde{\boldsymbol{T}}_a^*(\boldsymbol{R}_b\boldsymbol{R}_c^*)^{n-1}\boldsymbol{R}_b\widetilde{\boldsymbol{T}}_a \quad (n=2,3,\cdots) \tag{9.16}$$

因此，总的反射强度为

$$\begin{aligned}\boldsymbol{I}^+(\tau_1)&=[\boldsymbol{R}_a+\widetilde{\boldsymbol{T}}_a^*\sum_{n=1}^{\infty}(\boldsymbol{R}_b\boldsymbol{R}_a^*)^{n-1}\boldsymbol{R}_b\widetilde{\boldsymbol{T}}_a]\boldsymbol{I}^-(\tau_1)\\&=[\boldsymbol{R}_a+\widetilde{\boldsymbol{T}}_a^*(\boldsymbol{I}-\boldsymbol{R}_b\boldsymbol{R}_a^*)^{-1}\boldsymbol{R}_b\widetilde{\boldsymbol{T}}_a]\boldsymbol{I}^-(\tau_1)\\&=\boldsymbol{R}_c\boldsymbol{I}^-(\tau_1)\end{aligned} \tag{9.17}$$

这就解释了(9.12a)式。类似地，从图 9.2 可以得出如下关系

$$\widetilde{\boldsymbol{T}}_c=\sum_{n=1}^{\infty}\widetilde{\boldsymbol{T}}_n \tag{9.18}$$

其中

$$\widetilde{\boldsymbol{T}}_1=\widetilde{\boldsymbol{T}}_b\widetilde{\boldsymbol{T}}_a \tag{9.19}$$

$$\widetilde{\boldsymbol{T}}_2=\widetilde{\boldsymbol{T}}_b\boldsymbol{R}_a^*\boldsymbol{R}_b\widetilde{\boldsymbol{T}}_a \tag{9.20}$$

以及

$$\widetilde{\boldsymbol{T}}_n=\widetilde{\boldsymbol{T}}_b(\boldsymbol{R}_a^*\boldsymbol{R}_b)^{n-1}\widetilde{\boldsymbol{T}}_a \quad (n=3,4,\cdots) \tag{9.21}$$

### 9.1.3 星半群

对于 $a$ 层，由(9.3)式定义算符 $\boldsymbol{S}(a)$；对于 $b$ 层，由(9.5)式定义算符 $\boldsymbol{S}(b)$，则(9.7)式给出了计算两层合并后的 $\boldsymbol{S}(a+b)$，这简单合成组成规则可以形式地定义为

$$\boldsymbol{S}(a+b)=\boldsymbol{S}(a)*\boldsymbol{S}(b) \tag{9.22}$$

这里累加的数量是重要的。一般地，$\boldsymbol{S}(a+b)\neq\boldsymbol{S}(b+a)$，星号的相乘是不可交换的，除非相结合的层是均匀的。可以证明，对于三个结合层，星号乘积为

$$\boldsymbol{S}(a+b+c)=\boldsymbol{S}(a)*[\boldsymbol{S}(b)*\boldsymbol{S}(c)]=[\boldsymbol{S}(a)*\boldsymbol{S}(b)]*\boldsymbol{S}(c) \tag{9.23}$$

对于光学厚度为零的气层，定义

$$\boldsymbol{S}(0)=\begin{pmatrix}0 & \boldsymbol{I}\\ \boldsymbol{I} & 0\end{pmatrix} \tag{9.24}$$

显然由(9.7)式，对任何 $a$ 层，可得

$$\boldsymbol{S}(0+a)=\boldsymbol{S}(0)*\boldsymbol{S}(a)=\boldsymbol{S}(a)*\boldsymbol{S}(0)=\boldsymbol{S}(a+0)=\boldsymbol{S}(a) \tag{9.25}$$

式中 $\boldsymbol{S}(0)$对于星号相乘起单位算符的作用。

设

$$\boldsymbol{S}(a)*\boldsymbol{S}(b)=\boldsymbol{S}(0) \tag{9.26}$$

对于取 $k=j+1$，由上面的相互作用原理可以得到

$$\boldsymbol{U}_j=\boldsymbol{R}_{kj}\boldsymbol{D}_j+\boldsymbol{T}_{kj}\boldsymbol{U}_k+\boldsymbol{F}_{kj} \tag{9.27a}$$

$$\boldsymbol{D}_k=\boldsymbol{T}_{jk}\boldsymbol{D}_j+\boldsymbol{R}_{jk}\boldsymbol{U}_k+\boldsymbol{F}_{jk} \tag{9.27b}$$

如果大气项以下标“1”表示，地面以下标“2”表示，则有

$$\begin{cases}\boldsymbol{U}_1=\boldsymbol{R}_{21}\boldsymbol{D}_1+\boldsymbol{T}_{21}\boldsymbol{U}_2+\boldsymbol{F}_{21}\\ \boldsymbol{D}_2=\boldsymbol{T}_{12}\boldsymbol{D}_1+\boldsymbol{R}_{12}\boldsymbol{U}_2+\boldsymbol{F}_{12}\\ \boldsymbol{U}_2=\boldsymbol{R}_{23}\boldsymbol{D}_2+\boldsymbol{T}_{32}\boldsymbol{U}_3+\boldsymbol{F}_{32}\\ \boldsymbol{D}_3=\boldsymbol{T}_{23}\boldsymbol{D}_2+\boldsymbol{R}_{23}\boldsymbol{U}_3+\boldsymbol{F}_{23}\\ \boldsymbol{U}_m=\boldsymbol{R}_{nm}\boldsymbol{D}_m+\boldsymbol{T}_{nm}\boldsymbol{U}_n+\boldsymbol{F}_{nm}\\ \boldsymbol{D}_n=\boldsymbol{T}_{mn}\boldsymbol{D}_m+\boldsymbol{R}_{mn}\boldsymbol{U}_n+\boldsymbol{F}_{mn}\\ \cdots\quad\cdots\quad\cdots\quad\cdots\end{cases} \tag{9.28}$$

## 9.2 不变性原理

### 9.2.1 由不变性原理求取半无限大气的反射函数

所谓不变性原理是：如果增加一层与初始大气具有同样光学特性，而光学厚度有限的大气时，则由这种大气产生的漫反射强度将不改变。如图 9.3 所示，考虑方向为

$(-\mu_0, \phi_0)$的太阳辐射入射到光学厚度为 $\tau_1$ 的半无限的平面平行大气，在其上增加一光学厚度为 $\Delta\tau$ 的薄层，$\Delta\tau$ 是如此之小，$(\Delta\tau)^2$ 与其相比可以略去。为简单起见，不考虑漫反射辐射与方位的依赖关系，且设大气顶的漫反射辐射强度为 $I(0,\mu)$，则反射函数为

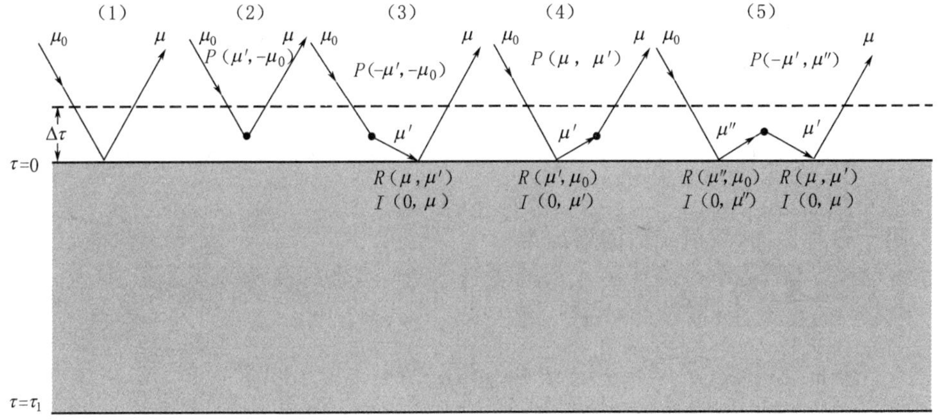


图 9.3　半无限平面平行大气的不变性原理

$$R(\mu,\mu_0)=\pi I(0,\mu)/(\mu_0 F_0) \tag{9.29}$$

(1)太阳辐射向下通过薄层 $\Delta\tau(=\bar{\sigma}_e N\Delta z)$后，反射函数的改变为

$$\Delta R_1'=-R(\mu,\mu_0)\Delta\tau/\mu_0 \tag{9.30}$$

则在 $\tau=0$ 处的反射函数为$(R+\Delta R_1')$，向上通过 $\Delta\tau$ 后再次衰减，其改变量为

$$\Delta R_1''=-[R(\mu,\mu_0)+\Delta R_1']\Delta\tau/\mu \tag{9.31}$$

则总的衰减为

$$\begin{aligned}\Delta R_1 &=\Delta R_1'+\Delta R_1''=-R(\mu,\mu_0)\{\Delta\tau[(1/\mu)+(1/\mu_0)]-\Delta\tau^2/(\mu\mu_0)\}\\ &\approx -R(\mu,\mu_0)\Delta\tau[(1/\mu)+(1/\mu_0)]\end{aligned} \tag{9.32}$$

(2)由于增加 $\Delta\tau$ 气层引起向上散射辐射增加而使反射函数改变

如图 9.3 中，$\Delta\tau$ 气层对入射的太阳辐射 $F_0$ 散射至 $\mu$ 方向引起反射函数的增加，表示为

$$\Delta R_2=\frac{1}{\mu_0 F_0}\frac{\varpi_0}{4\pi}F_0 P(\mu,-\mu_0)\Delta\tau/\mu=\frac{\varpi_0}{4}P(\mu,-\mu_0)\Delta\tau/(\mu\mu_0) \tag{9.33}$$

(3)由于增加的 $\Delta\tau$ 气层对太阳辐射的向下散射辐射在$\tau=0$ 处的反射引起反射函数改变 $\Delta\tau$ 将太阳辐射部分散射至$\mu'$方向，并投射至 $\tau=0$ 处，后又被其反射，由此反射函数的改变(增加)为

$$\Delta R_3=\frac{1}{\mu_0 F_0}\,\frac{\varpi_0}{4\pi}\int_0^{2\pi}\mathrm{d}\phi'\int_0^1 I(0,\mu)P(-\mu',-\mu_0)\mathrm{d}\mu'\Delta\tau/\mu'$$

$$=\frac{\varpi_0}{2}\frac{\Delta\tau}{\mu_0}\int_0^1 R(\mu,\mu')P(-\mu',-\mu_0)\mathrm{d}\mu' \tag{9.34}$$

(4)入射太阳辐射到 $\tau=0$ 处被反射至 $\mu'$ 方向后，在 $\Delta\tau$ 内又被散射到 $\mu$ 方向引起反射函数的增量

与上式类似，可以写为

$$\Delta R_4=\frac{1}{\mu_0 F_0}\frac{\varpi_0}{4\pi}\int_0^{2\pi}\mathrm{d}\phi'\int_0^1 P(\mu,\mu')I(0,\mu')\mathrm{d}\mu'\Delta\tau/\mu=\frac{\varpi_0}{2}\frac{\Delta\tau}{\mu}\int_0^1 P(\mu,\mu')R(\mu',\mu_0)\mathrm{d}\mu' \tag{9.35}$$

(5)太阳辐射在 $\tau=0$ 被反射至 $\mu''$ 方向，后在 $\Delta\tau$ 内又被散射到 $\mu'$ 方向至 $\tau=0$ 处，再朝 $\mu$ 方向反射

由于这种原因，反射函数的增加为

$$\Delta R_5=\frac{\pi}{\mu_0 F_0}\frac{\varpi_0}{4\pi}\int_0^{2\pi}\mathrm{d}\phi'\int_0^1\frac{I(0,\mu)}{F_0}\mathrm{d}\mu'\left[\int_0^{2\pi}\mathrm{d}\phi'\int_0^1 P(-\mu',\mu'')I(0,\mu'')\mathrm{d}\mu''\right]\frac{\Delta\tau}{\mu'}$$

$$=\varpi_0\Delta\tau\int_0^1 R(\mu,\mu')\mathrm{d}\mu'\left[\int_0^1 P(-\mu',\mu'')R(\mu'',\mu_0)\mathrm{d}\mu''\right] \tag{9.36}$$

根据不变性原理有

$$\Delta R_1+\Delta R_2+\Delta R_3+\Delta R_4+\Delta R_5=0 \tag{9.37}$$

于是将(9.32)—(9.36)式代入(9.37)式得

$$\begin{aligned}R(\mu,\mu_0)\left(\frac{1}{\mu}+\frac{1}{\mu_0}\right)=\frac{\varpi_0}{4\mu\mu_0}\Big\{&P(\mu,-\mu_0)+2\mu\int_0^1 R(\mu,\mu')P(-\mu',-\mu_0)\mathrm{d}\mu'\\&+2\mu_0\int_0^1 P(\mu,\mu')R(\mu',\mu_0)\mathrm{d}\mu'\\&+4\mu\mu_0\int_0^1 R(\mu,\mu')\mathrm{d}\mu'\left[\int_0^1 P(-\mu',\mu'')R(\mu'',\mu_0)\mathrm{d}\mu''\right]\Big\}\end{aligned} \tag{9.38}$$

在各向同性散射的情况下，散射相函数等于1，则(9.38)式写为

$$\begin{aligned}R(\mu,\mu_0)(\mu+\mu_0)&=\frac{\varpi_0}{4}\Big[1+2\mu\int_0^1 R(\mu,\mu')\mathrm{d}\mu'+2\mu_0\int_0^1 R(\mu',\mu_0)\mathrm{d}\mu'\\&\qquad+4\mu\mu_0\int_0^1 R(\mu,\mu')\mathrm{d}\mu'\int_0^1 R(\mu'',\mu_0)\mathrm{d}\mu''\Big]\\&=\frac{\varpi_0}{4}\left[1+2\mu\int_0^1 R(\mu,\mu')\mathrm{d}\mu'\right]\left[1+2\mu_0\int_0^1 R(\mu',\mu_0)\mathrm{d}\mu'\right]\end{aligned} \tag{9.39}$$

由(9.39)式发现，若反射函数 $R(\mu,\mu_0)$ 满足(9.39)式，$R(\mu_0,\mu)$ 也满足(9.39)式，由于(9.39)式只能有一个唯一的解，故 $R(\mu,\mu_0)$ 必定是对称的，即有

$$R(\mu,\mu_0)=R(\mu_0,\mu) \tag{9.40}$$

$$H(\mu)=1+2\mu\int_0^1 R(\mu,\mu')\mathrm{d}\mu' \tag{9.41}$$

则将(9.41)式代入到(9.39)式可得

$$R(\mu,\mu_0)=\frac{\varpi_0}{4}\frac{H(\mu)H(\mu_0)}{\mu+\mu_0} \tag{9.42}$$

在这里为考察 $H(\mu)$ 函数，将(9.42)式代入(9.41)式，便得

$$H(\mu)=1+\frac{\varpi_0}{2}\mu H(\mu)\int_0^1\frac{H(\mu')\mathrm{d}\mu'}{\mu+\mu'} \tag{9.43}$$

从上可以看出，求(9.39)式的解 $R(\mu,\mu_0)$，现归结为求解(9.43)式的 $H(\mu)$ 函数，对此可以先选择一个 $H(\mu)$ 函数的近似值，然后通过迭代方法求得。若 $H(\mu)$ 的平均值为

$$H_0=\int_0^1 H(\mu)\mathrm{d}\mu \tag{9.44}$$

同时由(9.43)式得

$$\int_0^1 H(\mu)\mathrm{d}\mu=1+\frac{\varpi_0}{2}\int_0^1\int_0^1\frac{H(\mu)H(\mu')\mu}{\mu+\mu'}\mathrm{d}\mu\mathrm{d}\mu' \tag{9.45}$$

用 $\mu'$ 代换 $\mu$，(9.45)式不变，因而可以有

$$\begin{aligned}\int_0^1 H(\mu)\mathrm{d}\mu&=1+\frac{\varpi_0}{4}\int_0^1\int_0^1\frac{H(\mu)H(\mu')\mu}{\mu+\mu'}\mathrm{d}\mu\mathrm{d}\mu'+\frac{\varpi_0}{4}\int_0^1\int_0^1\frac{H(\mu)H(\mu')\mu'}{\mu+\mu'}\mathrm{d}\mu\mathrm{d}\mu'\\&=1+\frac{\varpi_0}{4}\int_0^1 H(\mu)\mathrm{d}\mu\int_0^1 H(\mu')\mathrm{d}\mu'\end{aligned} \tag{9.46}$$

显然，上式写为

$$H_0=1+(\varpi_0/4)H_0^2 \tag{9.47}$$

这是一个二次方程，从而得出 $H_0$ 的解为

$$H_0=\int_0^1 H(\mu)\mathrm{d}\mu=(2/\varpi_0)(1-\sqrt{1-\varpi_0}) \tag{9.48}$$

式中正根是无意义的，因为这使反照率变得大于 1。为了求得 $H(\mu)$，可以将(9.43)式 $H(\mu)$ 的零级近似代入(9.43)式中，从而求得 $H(\mu)$ 的一级近似，一直进行到求得合乎所需精度为止。

## 9.3　考虑地表面反射后的大气的反射辐射和透射辐射

在大气辐射的研究和计算中，地表面对太阳光的反射和透射起着重要作用，如图 9.4 可以按这三部分考虑。

在图 9.4a 中，表示到达大气顶的辐射，主要有：

(1)入射太阳光辐射进入大气后被大气反射；

(2)入射太阳光辐射透过大气到地表，被地表反射大气，经大气散射向上到达大气顶；

(3)假定地表面是朗伯面,地面反射是各向同性的,则太阳光入射到地表后反射的向上辐射强度写为

$$I(\tau_1;\mu,\phi)=I_s=\text{常数} \tag{9.49}$$

透过大气层到达大气顶。

在图 9.4b 中,地面向上辐射被大气向下反射回地表。

在图 9.4c 中表示向下到地表的通量密度和地表向上的通量密度。

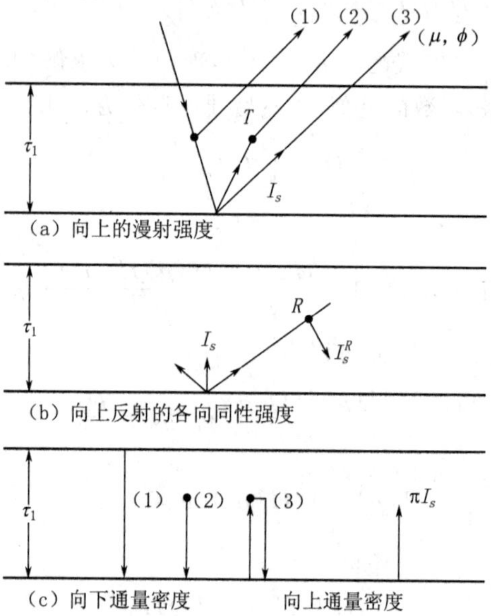


图 9.4 考虑到地表反射辐射示意图

### 9.3.1 到达大气顶的辐射

令 $I^*(0;\mu,\phi)$ 为包括地表反射在内的大气顶处的辐射强度,其可以写为

$$I^*(0;\mu,\phi)=I(0;\mu,\phi)+\frac{1}{\pi}\int_0^{2\pi}\int_0^1\widetilde{T}(\mu,\phi;\mu',\phi')I_s\mu'\mathrm{d}\mu'\mathrm{d}\phi'+I_s\mathrm{e}^{-\tau_1/\mu} \tag{9.50}$$

式中第二和第三项分别为向上的各向同性的辐射的漫透射和直接透射。或者将(9.50)式写为

$$I^*(0;\mu,\phi)=\mu_0F_0R(\mu,\phi;\mu_0,\phi_0)+I_s\gamma(\mu) \tag{9.51}$$

式中

$$\gamma(\mu)=\mathrm{e}^{-\tau_1/\mu}+t(\mu) \tag{9.52}$$

式中 $\gamma(\mu)$ 为总的透射率,$t(\mu)$ 为漫透射率,$\mathrm{e}^{-\tau_1/\mu}$ 为直接透射率。

### 9.3.2　到达地表的辐射

由地表向上的辐射 $I_s$ 要受到大气的反射，运用互易性原理 $R(\mu,\phi;\mu',\phi')=R(\mu',\phi';\mu,\phi)$，写为

$$I_s^R(-\mu)=\frac{1}{\pi}\int_0^{2\pi}\int_0^1 R(\mu,\phi;\mu',\phi')I_s\mu'\mathrm{d}\mu'\mathrm{d}\phi'=I_s r(\mu) \tag{9.53}$$

因此，考虑大气对地表辐射反射后，到达地面的总的漫辐射为

$$I^*(\tau_1;-\mu,\phi)=I(\tau_1;-\mu,\phi)+I_s^R(-\mu)=\mu_0F_0\widetilde{T}(\mu,\phi;\mu_0,\phi_0)+I_s r(\mu) \tag{9.54}$$

### 9.3.3　地表向上辐射 $I_s$ 的求取

由于将地表看成是一个朗伯面，所以向上的辐射通量密度等于向下的辐射通量密度乘以地表反照率 $r_s$，就有

$$\pi I=r_s\times\text{向下辐射通量} \tag{9.55}$$

由图 9.4 可见，向下的辐射通量密度由三部分组成。

(1)太阳直接透射部分

$$\mu_0F_0\mathrm{e}^{-\tau_1/\mu_0} \tag{9.56}$$

(2)漫透射部分

$$\begin{aligned}\int_0^{2\pi}\int_0^1 I(\tau_1;-\mu,\phi)\mu\mathrm{d}\mu\mathrm{d}\phi&=\int_0^{2\pi}\int_0^1\frac{\mu_0F_0}{\pi}T(\mu,\phi;\mu_0,\phi_0)\mu_0\mathrm{d}u\mathrm{d}\phi\\&=\mu_0F_0t(\mu_0)\end{aligned} \tag{9.57}$$

(3)被大气反射的 $I_s$ 部分

$$\int_0^{2\pi}\int_0^1 I_s^R(-\mu)\mu\mathrm{d}\mu\mathrm{d}\phi=\pi I_s\bar{r} \tag{9.58}$$

则由(9.55)式，在地表 $\tau=\tau_1$ 处有

$$\pi I_s-r_s[\mu_0F_0\mathrm{c}^{-\tau_1/\mu_0}+\mu_0F_0t(\mu_0)+\pi I_s\bar{r}] \tag{9.59}$$

即得

$$I_s=\frac{r_s}{1-r_s\bar{r}}\mu_0F_0\frac{\mu_0F_0}{\pi}\gamma(\mu_0) \tag{9.60}$$

### 9.3.4　考虑地表后在大气顶和地表处的反射和透射辐射

包括有地表情形下，则(9.50)式，大气顶和地表处的反射和透射辐射表示为

$$I^*(0;\mu,\phi)=I(0;\mu,\phi)+\frac{r_s}{1-r_s\bar{r}}\frac{\mu_0F_0}{\pi}\gamma(\mu)\gamma(\mu_0) \tag{9.61a}$$

$$I^*(\tau_1;\mu,\phi)=I(\tau_1;-\mu,\phi)+\frac{r_s}{1-r_s\bar{r}}\frac{\mu_0F_0}{\pi}\gamma(\mu_0)r(\mu) \tag{9.61b}$$

对立体角积分，得到反射和透射的通量密度为

$$F^{*}(0)=F(0)+\frac{r_s}{1-r_s\bar{r}}\mu_0F_0\gamma(\mu_0)\bar{\gamma} \tag{9.62a}$$

$$F^{*}(\tau_1)=F(\tau_1)+\frac{r_s}{1-r_s\bar{r}}\mu_0F_0\gamma(\mu_0)\bar{r} \tag{9.62b}$$

式中

$$\bar{\gamma}=\bar{t}+2\int_0^1 \mathrm{e}^{-\tau_1/\mu_0}\mu_0 d\mu_0 \tag{9.63}$$

同时，将(9.62)式除以 $\mu_0F_0$，得到总的反射和透射率分别为

$$r^{*}(\mu_0)=r(\mu_0)+f(\mu_0)\bar{\gamma} \tag{9.64a}$$

$$\gamma^{*}(\mu_0)=\gamma(\mu_0)+f(\mu_0)\bar{r} \tag{9.64b}$$

式中

$$f(\mu_0)=\frac{r_s}{1-r_s\bar{r}}\bar{\gamma}(\mu_0)$$

## 9.4 辐射传输的球谐函数法

考虑水平均匀的大气层，球谐函数方法(SHM)将辐射率按傅里叶余弦展开为

$$I(\tau;\mu,\phi)=\sum_{m=0}^{\Lambda}(2-\delta_{0m})I^m(\tau,\mu)\cos m\phi \tag{9.65}$$

有几种有效方法将式中 $\tau$ 和 $\mu$ 分离的方法，采用下面展开式

$$I^m(\tau,\mu)=\sum_{l=m}^{M}\frac{2l+1}{2}I_l^m(\tau)P_l^m(\mu) \tag{9.66}$$

式中 $M=2p-1+m$，其中 $p$ 是满足 $2p-1+m\geqslant\Lambda$ 最小积分数，按式(7.8)，对于 $m>l$，将(9.66)式代入(7.39)式，采用积分算子

$$\int_{-1}^{1}\cdots P_n^m(\mu)\mathrm{d}\mu \tag{9.67}$$

导得 $\Lambda+1$ 常非齐次微分方程组，为确定未知函数 $I_l^m(\tau)$，这样的系统包含有 $2p=M+1-m$ 个微分方程，具有形式

$$\begin{aligned}(l+m+1)\frac{\mathrm{d}I_{l+1}^m(\tau)}{\mathrm{d}\tau}+(l-m)\frac{\mathrm{d}I_{l-1}^m(\tau)}{\mathrm{d}\tau}+[\varpi_0p_l-(2l+1)]I_l^m(\tau)\\=-\frac{\omega_0}{2\pi}S_0\exp\left(-\frac{\tau}{\mu_0}\right)p_l^mP_l^m(-\mu_0)-2(1-\varpi_0)B(\tau)\delta_{0m}\delta_{0l}\end{aligned} \tag{9.68}$$

具有 $m=0,\cdots,\Lambda$ 和 $l=m,m+1,\cdots,M$。为要使方程式与未知同样多，要求

$$I_{m-1}^m(\tau)=0,\quad I_{M+1}^m(\tau)=0 \tag{9.69}$$

对于 $l=m$ 和 $l=M$ 这两项分别在(9.68)式显示，否则系统是不确定的。

为什么对于未知函数 $I_l^m(\tau)$ 应是偶数 $(2p)$ 个方程？从(9.66)式看到，$I_l^m(\tau)$ 的展开系数完全确定辐射率函数 $I^m(\tau,\mu)$ 的第 $m$ 个傅里叶展开系数。将不均匀大气考虑为由单个均匀的子层组成，对于每一个子层 $m$，要求辐射函数 $I^m(\tau,\mu)$ 在 $\mu$ 的 $(-1,1)$ 范围内是连续函数。由于在某一层顶，对于入射向下辐射如在层底的向上辐射有确定的方程相同数，这导致在全部 $\mu$ 区域有偶数个方程。

为方便对于 $m=0,\cdots,\Lambda$，引入下面矢量和矩阵符号

$$\boldsymbol{I}^m(\tau)=\begin{pmatrix} I_m^m(\tau) \\ I_{m+1}^m(\tau) \\ \vdots \\ I_M^m(\tau) \end{pmatrix} \tag{9.70}$$

注意这列矢量具有 $2p$ 行。对于一次散射太阳光和热发射项，就是(9.68)式右边的项，引入 $2p$ 维矢量 $\boldsymbol{f}^m(\tau)$，而且定义两个 $2p\times 2p$ 系数矩阵 $\boldsymbol{A}^m$ 和 $\boldsymbol{B}^m$。包含在(9.68)式这些的第一个因子乘以相对于 $\tau$ 的导数，当第二个矩阵与 $I_l^m(\tau)$ 的前面相乘因子结合。在这情况下，由(9.68)式得到对于每个傅里叶模 $m$ 矩阵的差分方程

$$\boldsymbol{B}^m\frac{\mathrm{d}\boldsymbol{I}^m(\tau)}{\mathrm{d}\tau}-\boldsymbol{A}^m\boldsymbol{I}^m(\tau)=\boldsymbol{f}^m(\tau) \tag{9.71}$$

这里 $\boldsymbol{A}^m$ 和 $\boldsymbol{B}^m$ 矩阵元，可以如下确定：现考虑固定但任意的 $m$ 值，方程式组(9.68)式的第一、二个和最后两个方程式为

$$\begin{aligned}
&(2m+1)\frac{\mathrm{d}I_{m+1}^m(\tau)}{\mathrm{d}\tau}+[\varpi_0 p_m-(2m+1)]I_m^m(\tau)\\
&\quad=-\frac{\varpi_0}{2\pi}S_0\exp\left(-\frac{\tau}{\mu_0}\right)p_m^m P_m^m(-\mu_0)-2(1-\varpi_0)B(\tau)\delta_{0m}\delta_{0m}\\
&\quad\times(2m+2)\frac{\mathrm{d}I_{m+2}^m(\tau)}{\mathrm{d}\tau}+\frac{\mathrm{d}I_m^m(\tau)}{\mathrm{d}\tau}+[\varpi_0 p_{m+1}-(2m+3)]I_{m+1}^m(\tau)\\
&\quad=-\frac{\varpi_0}{2\pi}S_0\exp\left(-\frac{\tau}{\mu_0}\right)p_{m+1}^m P_{m+1}^m(-\mu_0)-2(1-\varpi_0)B(\tau)\delta_{0m}\delta_{0\,m+1}
\end{aligned} \tag{9.72}$$

$$\begin{aligned}
&(M+m)\frac{\mathrm{d}I_M^m(\tau)}{\mathrm{d}\tau}+(M-1-m)\frac{\mathrm{d}I_{M+2}^m(\tau)}{\mathrm{d}\tau}+[\varpi_0 p_{M-1}-(2M+1)]I_{M-1}^m(\tau)\\
&\quad=-\frac{\varpi_0}{2\pi}S_0\exp\left(-\frac{\tau}{\mu_0}\right)p_{M-1}^m P_{M-1}^m(-\mu_0)-2(1-\varpi_0)B(\tau)\delta_{0m}\delta_{0\,M-1}\\
&\quad\times(M-m)\frac{\mathrm{d}I_{M-1}^m(\tau)}{\mathrm{d}\tau}+[\varpi_0 p_M-(2M+1)]I_M^m(\tau)\\
&\quad=-\frac{\varpi_0}{2\pi}S_0\exp\left(-\frac{\tau}{\mu_0}\right)p_M^m P_M^m(-\mu_0)-2(1-\varpi_0)B(\tau)\delta_{0m}\delta_{0M}
\end{aligned} \tag{9.73}$$

容易看到，$\boldsymbol{B}^m$ 是一关于对角中心为 0 的对角矩阵，矩阵 $\boldsymbol{B}_{i,k}^m$ 的元分别为

$$
\begin{aligned}
&B_{i,i-1}=i-1 && (i=2,\cdots,2p)\\
&B_{i,i+1}=2m+i && (i=1,\cdots,2p-1)\\
&B_{i,k}=0 && (i=1,\cdots,2p \quad k\neq i-1,i+1)
\end{aligned}
\tag{9.74}
$$

类似地,可以得矩阵的主对角元是非零的

$$
\begin{aligned}
&A_{i,k}^{m}=0, && (i\neq k,i=1,\cdots,2p \quad k=1,\cdots,2p)\\
&A_{i,i}^{m}=[2(m+i)-1]-\omega_0 p_{m+l-1} && (i=1,\cdots,2p)
\end{aligned}
\tag{9.75}
$$

对于矢量 $\boldsymbol{f}^m(\tau)$ 分量可得到

$$
f_i^m(\tau)=-\frac{\varpi_0}{2\pi}S_0\exp\left(-\frac{\tau}{\mu_0}\right)p_{l+m-1}^{m}\ P_{l+m-1}^{m}(-\mu_0)-2(1-\varpi_0)B(\tau)\delta_{0m}\delta_{0,j+m-1}
$$

$$
(i=1,\cdots,2p) \tag{9.76}
$$

$(B^m)^{-1}$ 乘(9.73)式和使用缩写符号

$$
\boldsymbol{G}^m=(B^m)^{-1}A^m,\quad \boldsymbol{D}^m(\tau)=(B^m)^{-1}\boldsymbol{f}^m(\tau) \tag{9.77}
$$

得到

$$
\frac{\mathrm{d}\boldsymbol{I}^m(\tau)}{\mathrm{d}\tau}-G^m\boldsymbol{I}^m(\tau)=\boldsymbol{D}^m(\tau) \tag{9.78}
$$

常微分方程式的解为

$$
\boldsymbol{I}^m(\tau)=\exp(G^m\tau)\boldsymbol{C}^m+\int_0^{\tau}\exp[G^m(\tau-\tau')]\boldsymbol{D}^m(\tau')\mathrm{d}\tau' \tag{9.79}
$$

式中 $\boldsymbol{C}^m$ 是一积分常数矢量

$$
\boldsymbol{C}^m=\begin{pmatrix} C_1^m\\ C_2^m\\ \vdots\\ C_{2p}^m \end{pmatrix} \tag{9.80}
$$

应当注意,(9.79)式给出的解包含有边界条件部分,对于均匀层在 $\tau=0$ 和 $\tau=\tau_1$ 之间,直接得到上边界为

$$
\boldsymbol{I}^m(\tau=0)=\boldsymbol{C}^m \tag{9.81}
$$

按 $\tau=0$ 处入射的辐射确定积分常数。

可以有许多方法求取(9.79)式中的指数矩阵,其一种方法是利用 Jordan 矩阵 $\boldsymbol{J}^m$ 求取指数矩阵,定义为

$$
\boldsymbol{J}^m=\begin{pmatrix} \lambda_1^m & \cdots & 0\\ \vdots & \ddots & \vdots\\ 0 & \cdots & \lambda_{2p}^m \end{pmatrix} \tag{9.82}
$$

可以求得指数矩阵为

$$
\exp(\boldsymbol{G}^m\tau)=\boldsymbol{P}^m\ \exp(\boldsymbol{J}^m\tau)(\boldsymbol{P}^m)^{-1} \tag{9.83}
$$

式中 $\boldsymbol{P}^m$ 称为模式矩阵，包含有 $\boldsymbol{G}^m$ 的特征矢量。每个特征矢量由各个特征值 $\lambda_1^m,\cdots,\lambda_{2p}^m$ 构成。

但是对于系统不是太大，Putzer（1966）给出一个完全的分析方法，（9.79）式中的指数矩阵可以由下式求取

$$\boldsymbol{N}^m(\tau)=\exp(\boldsymbol{G}^m\tau)=\sum_{j=0}^{M-m}\eta_{j+1}^m(\tau)\boldsymbol{X}_j^m \tag{9.84}$$

在式中定义

$$\boldsymbol{X}_0^m=\boldsymbol{E},\quad \boldsymbol{X}_j^m=\prod_{i=1}^{j}(\boldsymbol{G}^m-\lambda_i^m E)\quad (j=1,2,\cdots,M+1-m) \tag{9.85}$$

式中 $\boldsymbol{E}$ 是一个 $2p\times 2p$ 单位矩阵，$\lambda_i^m$ 是矩阵 $\boldsymbol{G}^m$ 的特征值，可用通常的数值方法确定。在（9.84）式中的标量系数 $\eta_1^m(\tau),\cdots,\lambda_{M+1-m}^m(\tau)$ 可以通过求解下面递推常微分线性方程确定

$$\frac{\mathrm{d}\eta_1^m}{\mathrm{d}\tau}=\lambda_1^m\eta_1^m \tag{9.86a}$$

$$\frac{\mathrm{d}\eta_{j+1}^m}{\mathrm{d}\tau}=\lambda_{j+1}^m\eta_{j+1}^m+\eta_j^m\quad (j=1,\cdots,M-m) \tag{9.86b}$$

这方程式的初始条件为

$$\eta_1^m(0)=1,\quad \eta_{j+1}^m(0)=0 \tag{9.87}$$

虽然这方法要求解线性常微分方程式，但它是一个对角结构，解是可以确定的。

利用（9.84）式定义，可以将（9.79）式的积分项写成

$$\boldsymbol{H}^m(\tau)=\int_0^\tau \exp[G^m(\tau-\tau')]\boldsymbol{D}^m(\tau')\mathrm{d}\tau'=\int_0^\tau N^m(\tau-\tau')\boldsymbol{D}^m(\tau')\mathrm{d}\tau' \tag{9.88}$$

应用（9.20）和（9.25）式，（9.15）式的第 $m$ 个微分方程式的解写为

$$\boldsymbol{I}^m(\tau)=N^m(\tau)\boldsymbol{C}^m+\boldsymbol{H}^m(\tau) \tag{9.89}$$

另外，把这方程式的分量形式写为

$$\begin{pmatrix} I_m^m(\tau)\\ \vdots \\ I_M^m(\tau)\end{pmatrix}=\begin{pmatrix} N_{1,1}^m(\tau) & \cdots & N_{1,2p}^m(\tau)\\ \vdots & & \vdots \\ N_{2p,1}^m(\tau) & \cdots & N_{2p,2p}^m(\tau)\end{pmatrix}\begin{pmatrix} C_1^m\\ \vdots \\ C_{2p}^m\end{pmatrix}+\begin{pmatrix} H_1^m(\tau)\\ \vdots \\ H_{2p}^m(\tau)\end{pmatrix} \tag{9.90}$$

从这方程式可以直接看到，对于 $m=0,1,\cdots,\Lambda$，总计有 $\Lambda+1$ 个解。在（9.90）式中，对于 $m$ 的每一个值，共计有 $2p$ 个不同的行。可看到对于傅里叶模 $m$ 增加，各方程组减小，其最大为 $m=M$，只有单个标量微分方程式可解。

现回到边界条件（9.79）式，积分常数可以通过在（9.2）式中第一个组合解 $I_l^m(\tau)$ 获得的辐射率的第 $m$ 个傅里叶模确定。没有预定的方式确定边界条件，下面使用有广泛接受的一种方法是称作是 Marshak 边界条件，假定在大气顶没有向下的漫辐射，对于向下 $I^m(\tau=0,-\mu)$ 和向上辐射 $I^m(\tau_Q,\mu)$ 场需满足下面关系式

$$\int_{-1}^{0} I^m(\tau=0,\mu)P_{m+2j-1}^m(\mu)\mathrm{d}\mu=0 \tag{9.91}$$

$$\begin{aligned}&\int_0^1 I^m(\tau_Q,\mu)\ P_{m+2j-1}^m(\mu)\mathrm{d}\mu\\&=\int_0^1\left[2A_g\int_{-1}^0 I^m(\tau_Q,\mu')\mu'\mathrm{d}\mu'+\left[A_g\ \frac{\mu_0 S_0}{\pi}\exp(-\tau_Q/\mu_0)\right]\right.\\&\quad\left.+(1-A_g)\ B_g)\delta_{0m}\right]P_{m+2j-1}^m(\mu)\mathrm{d}\mu\end{aligned} \tag{9.92}$$

式中 $j=1,\cdots,p$ 和 $m=0,1,\cdots,\Lambda$。注意到在(9.92)式已采用地面漫反射的定标边界条件,积分常数可以用标准线性方程组的算法求取。在 DOM 中垂直不均匀大气要求对于每一层的内部边界处的辐射场保持连续。

球谐函数方法(SHM)的优缺点。

(1)可以通过解析形式导得辐射场的解。

(2)与 DOM 相比较,SHM 不需要 $\mu$ 的离散依赖关系。因此对于很多个 $\mu$ 方向不增加计算时间。

(3)SHM 避免了在进行解析积分对于大 $l$ 的 $P_l^m$ 函数高振荡的求积。

(4)可以同时得到在所有深度处的反射和透射辐射场。

(5)同样介质的光学厚度增加辐射方向的数目,增加总的计算时间。

(6)SHM 如果同样的信息量,较 DOM 和 SOS 要节省计算时间。

## 9.5 有限微分法

FDM 是根据(7.39)式的 RTE 积分微分方程式,使用在 $\Lambda$ 项截断后的相函数,第 $m$ 个傅里叶模写为

$$\begin{aligned}\mu\ \frac{\mathrm{d}}{\mathrm{d}\tau}I^m(\tau,\mu)&=I^m(\tau,\mu)-\frac{\varpi_0}{2}\int_{-1}^1\sum_{l=m}^{\Lambda}p_l^m\ P_l^m(\mu)\ P_l^m(\mu')I^m(\tau,\mu')\mathrm{d}\mu'\\&\quad-\frac{\varpi_0}{4\pi}\ S_0\exp\left(-\frac{\tau}{\mu_0}\right)\sum_{l=m}^{\Lambda}p_l^m\ P_l^m(\mu)P_l^m(-\mu_0)-(1-\varpi_0)B(\tau)\delta_{0m}\end{aligned} \tag{9.93}$$

由 $\tau$ 空间转换 $z$ 空间的 RTE 方程式更方便地写为

$$\begin{aligned}\mu\ \frac{\mathrm{d}}{\mathrm{d}z}I^m(z,\mu)=&\ -k_{\mathrm{ext}}(z)\ I^m(z,\mu)+\frac{k_{\mathrm{sca}}(z)}{2}\int_{-1}^1\sum_{l=m}^{\Lambda}p_l^m\ P_l^m(\mu)\ P_l^m(\mu')I^m(z,\mu')\mathrm{d}\mu'\\&+\frac{k_{\mathrm{sca}}(z)}{4\pi}\ S_0\exp\left[-\frac{\tau(z)}{\mu_0}\right]\sum_{l=m}^{\Lambda}p_l^m\ P_l^m(\mu)\ P_l^m(-\mu_0)+k_{\mathrm{abs}}(z)B(z)\delta_{0m}\end{aligned} \tag{9.94}$$

引入 $2n$ 组高斯求积点$(w_i,\mu_i)$对 $\mu$ 离散,且有下面特性

$$w_{-i}=w_i,\quad \mu_{-i}=-\mu_i\quad (i=-n,\cdots,-1,1,\cdots,n) \tag{9.95}$$

并且，在方向 $\mu_i$ 对称和反对称求和

$$I_i^{m,+}(z)=\frac{1}{2}[I_i^m(z)+I_{-i}^m(z)];\qquad I_i^{m,-}(z)=\frac{1}{2}[I_i^m(z)-I_{-i}^m(z)] \tag{9.96}$$

式中 $I_i^m(z)=I^m(z,\mu_i)$ 和 $I_{-i}^m(z)=I^m(z,-\mu_i)$。根据这些定义和作一定的运算，得到成对的一阶常微分方程式，

$$\mu_i\frac{\mathrm{d}I_i^{m,+}(z)}{\mathrm{d}z}+k_{\text{ext}}(z)\,I_i^m-k_{\text{sca}}\sum_{j=1}^{n}w_jP_{ij}^{m,-}I_j^{m,-}=k_{\text{sca}}S_i^{m,-}\quad (i=1,\cdots,n) \tag{9.97}$$

$$\mu_i\frac{\mathrm{d}I_i^{m,-}(z)}{\mathrm{d}z}+k_{\text{ext}}(z)\,I_i^{m,+}-k_{\text{sca}}\sum_{j=1}^{n}w_jP_{ij}^{m,+}I_j^{m,+}=k_{\text{sca}}S_i^{m,+}+k_{\text{abs}}(z)B(z)\delta_{0m}$$

式中 $S_i^{m,+}$、$S_i^{m,-}$ 表示一次散射光，注意到(9.34)式对称求和没有出现普朗克发射源项，对于在方向$\pm\mu_j$ 相函数的对称和不对称求和，定义

$$P_{ij}^{m,+}=p^m(\mu_i,\mu_j)+p^m(\mu_i,-\mu_j),\quad P_{ij}^{m,-}=p^m(\mu_i,\mu_j)-p^m(\mu_i,-\mu_j) \tag{9.98}$$

式中系数由下式给出

$$p^m(\mu_i,\mu_j)=\frac{1}{2}\sum_{l=m}^{\Lambda}p_l^m\,P_l^m(\mu_i)P_l^m(\mu_j) \tag{9.99}$$

利用相函数的对称特性

$$P(-\mu_i,-\mu_j)=P(\mu_i,\mu_j);\quad P(-\mu_i,\mu_j)=P(\mu_i,-\mu_j) \tag{9.100}$$

得到(9.98)式的定义。最后对于一次散射太阳光，在(9.97)式中引入如下表示式

$$\begin{cases}S_i^{m,+}=\dfrac{S_0}{4\pi}\exp\left[-\dfrac{\tau(z)}{\mu_0}\right]\dfrac{1}{2}\displaystyle\sum_{l=m}^{\Lambda}p_l^m[P_l^m(\mu_i)+P_l^m(-\mu_i)]\,P_l^m(-\mu_0)\\ S_i^{m,-}=\dfrac{S_0}{4\pi}\exp\left[-\dfrac{\tau(z)}{\mu_0}\right]\dfrac{1}{2}\displaystyle\sum_{l=m}^{\Lambda}p_l^m[P_l^m(\mu_i)-P_l^m(-\mu_i)]\,P_l^m(-\mu_0)\end{cases} \tag{9.101}$$

如果要求取通量和加热率的特殊情况下，$m=0$ 特别有用。由于 $P_l(-\mu)=(-1)^lP_l(\mu)$，按照(7.7)式，相函数的勒让德展开可以写成 $P_{ij}^{+}=P_{ij}^{m,+}$ 和 $P_{ij}^{-}=P_{ij}^{m,-}$，为全对称表示

$$\begin{aligned}P_{ij}^{+}&=\frac{1}{2}\sum_{l=0}^{\Lambda}p_lP_l(\mu_i)P_l(\mu_j)+\frac{1}{2}\sum_{l=0}^{\Lambda}p_lP_l(\mu_i)P_l(-\mu_j)\\&=\frac{1}{2}\sum_{l=0}^{\Lambda/2}p_{2l}P_{2l}(\mu_i)P_{2l}(\mu_j)+\frac{1}{2}\sum_{l=0}p_{2l}P_{2l}(\mu_i)P_{2l}(\mu_j)\\&\quad+\frac{1}{2}\sum_{l=0}^{\Lambda/2}p_{2l}P_{2l}(\mu_i)P_{2l}(-\mu_j)+\frac{1}{2}\sum_{l=0}p_{2l+1}P_{2l+1}(\mu_i)P_{2l+1}(-\mu_j)\\&=\sum_{l=0}^{\Lambda/2}p_{2l}P_{2l}(\mu_i)P_{2l}(\mu_j)\end{aligned} \tag{9.102}$$

式中 $\Lambda'$ 是 $(\Lambda-1)/2$ 的下一个最小积分值，$p_l = p_l^{m=0}$。类似地得到 $P_{ij}^-$ 表示式

$$P_{ij}^- = \sum_{l=0}^{\Lambda/2} p_{2l+1} P_{2l+1}(\mu_i) P_{2l+1}(\mu_j) \tag{9.103}$$

同样的方式可以定义太阳光的一次散射光表示为

$$P_{i0}^+ = \sum_{l=0}^{\Lambda/2} p_{2l} P_{2l}(\mu_i) P_{2l}(\mu_0), \qquad P_{i0}^- = \sum_{l=0}^{\Lambda/2} p_{2l+1} P_{2l+1}(\mu_i) P_{2l+1}(\mu_0) \tag{9.104}$$

因此与一次散射的直接太阳光给出

$$S_i^+ = \frac{S_0}{4\pi} \exp\left[-\frac{\tau(z)}{\mu_0}\right] P_{i0}^+, \qquad S_i^- = \frac{S_0}{4\pi} \exp\left[-\frac{\tau(z)}{\mu_0}\right] P_{i0}^- \tag{9.105}$$

### 9.5.1 有限差分方法的垂直方向离散表示式

为了求取 $m=0$ 成对的微分方程式(9.97)，引入奇数离散值 $z_k, k=1,2,\cdots,2K+1$。(9.97)式中的导数近似为中心差

$$\left.\frac{\mathrm{d}f}{\mathrm{d}z}\right|_{z_k} \approx \frac{f(z_{k+1}) - f(z_{k-1})}{\Delta z_k} \qquad (\Delta z_k = z_{k+1} - z_{k-1}) \tag{9.106}$$

为数值求解的方便，Barkstrom(1976)提出求取在所有偶数格点上的 $I_i^- = I_i^{m=0,-}$，边界点处的 $z_1$、$z_{2K-1}$ 和在所有奇数格点上的函数 $I_i^+ = I_i^{m=0,+}$，实际情况表明，对于漫入射辐射，由这些近似得出的结果相当精确。

在入射直接太阳辐射的一次散射辐射随光学厚度迅速改变，因此上面方法不是很精确的，但是通过对一次散射辐射的解析积分可以消除这一缺点，下面作说明。

在点 $z_{k+1}$ 和 $z_{k-1}$ 之间对(9.97)式积分，利用下式(除一次散射项之外)对所有的积分项近似

$$\int_{z_{k-1}}^{z_{k+1}} f(z)\mathrm{d}z \approx \Delta z_k f(z_k) \tag{9.107}$$

给出

$$I_i^+(z_{k+1}) - I_i^+(z_{k-1}) + \frac{\Delta z_k}{\mu_i}\left[k_{\text{ext}}(z_k)\, I_i^-(z_k) - k_{\text{sca}}(z_k) \sum_{j=1}^{n} w_j P_{ij}^-(z_k)\, I_j^-(z_k)\right]$$
$$= \int_{z_{k-1}}^{z_{k+1}} \frac{k_{\text{sca}}(z)}{\mu_i} S_i^-(z)\mathrm{d}z \tag{9.108}$$

$$I_i^-(z_{k+1}) - I_i^-(z_{k-1}) + \frac{\Delta z_k}{\mu_i}\left[k_{\text{ext}}(z_k)\, I_i^+(z_k) - k_{\text{sca}}(z_k) \sum_{j=1}^{n} w_j P_{ij}^+(z_k)\, I_j^+(z_k)\right]$$
$$= \int_{z_{k-1}}^{z_{k+1}} \frac{k_{\text{sca}}(z)}{\mu_i} S_i^+(z)\mathrm{d}z + \frac{\Delta z_k}{\mu_i} k_{\text{abs}}(z_k) B(z_k) \tag{9.109}$$

由于等式

$$\exp\left[-\frac{\tau(z)}{\mu_0}\right] = \frac{\mu_0}{k_{\text{ext}}(z)} \frac{\mathrm{d}}{\mathrm{d}z} \exp\left[-\frac{\tau(z)}{\mu_0}\right] \tag{9.110}$$

就得到

$$\int_{z_{k-1}}^{z_{k+1}} \frac{k_{\text{sca}}(z)}{\mu_i} S_i^{\pm}(z)\mathrm{d}z \approx \frac{k_{\text{sca}}(z_k)}{k_{\text{ext}}(z_k)} \frac{\mu_0}{\mu_i} \frac{S_0}{4\pi} P_{i0}^{\pm}(z_k) \times \left\{\exp\left[-\frac{\tau(z_{k+1})}{\mu_0}\right] - \exp\left[-\frac{\tau(z_{k-1})}{\mu_0}\right]\right\} \tag{9.111}$$

如上所述，(9.111)式给出对于太阳辐射项积分的精确积分。

将(9.111)式代入到(9.108)、(9.109)式就得到 RTE 的离散形式为

$$I_i^+(z_{k+1}) - I_i^+(z_{k-1}) + \frac{\Delta z_k}{\mu_i}\left[k_{\text{ext}}(z_k)\ I_i^-(z_k) - k_{\text{sca}}(z_k)\sum_{j=1}^{n} w_j P_{ij}^-(z_k)\ I_j^-(z_k)\right]$$
$$= \frac{k_{\text{sca}}(z_k)}{k_{\text{ext}}(z_k)} \frac{\mu_0}{\mu_i} \frac{S_0}{4\pi} P_{i0}^-(z_k)\left\{\exp\left[-\frac{\tau(z_{k+1})}{\mu_0}\right] - \exp\left[-\frac{\tau(z_{k-1})}{\mu_0}\right]\right\} \tag{9.112a}$$

$$I_i^-(z_{k+1}) - I_i^-(z_{k-1}) + \frac{\Delta z_k}{\mu_i}\left[k_{\text{ext}}(z_k)\ I_i^+(z_k) - k_{\text{sca}}(z_k)\sum_{j=1}^{n} w_j P_{ij}^+(z_k)\ I_j^+(z_k)\right]$$
$$= \frac{k_{\text{sca}}(z_k)}{k_{\text{ext}}(z_k)} \frac{\mu_0}{\mu_i} \frac{S_0}{4\pi} P_{i0}^+(z_k)\left\{\exp\left[-\frac{\tau(z_{k+1})}{\mu_0}\right] - \exp\left[-\frac{\tau(z_{k-1})}{\mu_0}\right]\right\} + \frac{\Delta z_k}{\mu_i} k_{\text{abs}}(z_k) B(z_k) \tag{9.112b}$$

### 9.5.2　差分法的边界条件的处理

下面考虑边界条件的确定，假定在大气顶没有入射的漫辐射，也就是在 $z=z_t=z_{2K+1}$ 处有

$$I(z_t,\mu<0)=0 \tag{9.113}$$

在下边界 $z=z_g=0$ 处，假定地面是一个具有温度为 $T_g$ 的各向异性发射表面。如果地面发射辐射是黑体辐射 $B(T_g)$ 的 $\varepsilon_g$ 部分。$\varepsilon_g$ 是地面发射率。因而考虑到地面反照率为 $A_g$ 的各向同性漫反射辐射后，地面的边界条件为

$$I(0,\mu>0) = 2A_g\int_0^1 I(0,-\mu')\mu'\mathrm{d}\mu' + \frac{A_g}{\pi}\mu_0 S_0 \exp\left[-\frac{\tau(0)}{\mu_0}\right] + \varepsilon_g B(T_g) \tag{9.114}$$

按(9.94)式，向上和向下漫辐射可以是 $I^+$ 与 $I^-$ 函数的组合，为

$$I_i(z) = I_i^+(z) + I_i^-(z)\quad,\quad I_{-i}(z) = I_i^+(z) - I_i^-(z)\quad (i=1,2,\cdots,s) \tag{9.115}$$

对于 $I^+$ 与 $I^-$ 的边界条件(9.110)和(9.111)式可以表示为

(a)
$$I_i^+(0) + I_i^-(0) = 2A_g\sum_{j=1}^{n} w_j\mu_j\left[I_j^+(0) - I_j^-(0)\right] + \frac{A_g}{\pi}\mu_0 S_0\exp\left[-\frac{\tau(0)}{\mu_0}\right] + \varepsilon_g B(T_g) \tag{9.116a}$$

(b)
$$I_i^+(z_t) - I_i^-(z_t) = 0 \tag{9.116b}$$

为方便定义 $n$ 维矢量

$$\boldsymbol{I}^{+}(z)=\begin{pmatrix} I_1^{+}(z) \\ \vdots \\ I_n^{+}(z) \end{pmatrix},\qquad \boldsymbol{I}^{-}(z)=\begin{pmatrix} I_1^{-}(z) \\ \vdots \\ I_n^{-}(z) \end{pmatrix} \tag{9.117}$$

因而,向上和向下辐射分别用边界矩阵 $A_t$、$B_t$ 和 $A_g$、$B_g$ 表示,使用这些方程式(9.116)的定义,可以重新写成

$$A_t\boldsymbol{I}^{+}(z_t)+B_t\boldsymbol{I}^{-}(z_t)=0$$

$$A_g\boldsymbol{I}^{+}(0)+B_g\boldsymbol{I}^{-}(0)=\frac{A_g}{\pi}\mu_0 S_0\exp\left[-\frac{\tau(0)}{\mu_0}\right]+\varepsilon_g B(T_g)\begin{pmatrix}1\\ \vdots \\ 1\end{pmatrix} \tag{9.118}$$

将(9.116b)式写为

$$\sum_{j=1}^{n}\left[\delta_{ij}I_j^{+}(z_k)-\delta_{ij}I_j^{-}(z_k)\right]=0\quad(i=1,2,\cdots,s) \tag{9.119}$$

很容易看出上边界矩阵 $A_t$ 和 $B_t$ 元为

$$A_{t,ij}=\delta_{ij},\qquad B_{t,ij}=-\delta_{ij}\quad(i=1,2,\cdots s;j=1,2,\cdots,s) \tag{9.120}$$

同样可以得到下边界矩阵元

$$A_{g,ij}=\delta_{ij}-2A_g w_j\mu_j,\qquad B_{g,ij}=\delta_{ij}+2A_g w_j\mu_j$$

方程组具有$(2K+3)$个方程求解,则在 FDM 中是一组对角形式的公式

$$\begin{pmatrix}
B_g & A_g & & & & & & & & & \\
-E & A_1 & E & & & & & & & & \\
 & -E & B_2 & E & & & & & & & \\
 & & -E & B_3 & E & & & & & & \\
 & & & -E & B_4 & E & & & & & \\
 & & & & \vdots & & & & & & \\
 & & & & -E & A_{2K-1} & E & & & & \\
 & & & & & -E & B_{2K} & E & & & \\
 & & & & & & -E & A_{2K+1} & E & & \\
 & & & & & & & A_t & B_t & &
\end{pmatrix}
\begin{pmatrix}\boldsymbol{I}_1^{-}\\ \boldsymbol{I}_1^{+}\\ \boldsymbol{I}_2^{-}\\ \boldsymbol{I}_3^{+}\\ \boldsymbol{I}_4^{-}\\ \vdots \\ \boldsymbol{I}_{2K-1}^{+}\\ \boldsymbol{I}_{2K}^{-}\\ \boldsymbol{I}_{2K+1}^{+}\\ \boldsymbol{I}_{2K+1}^{-}\end{pmatrix}
=\begin{pmatrix}\boldsymbol{X}_R\\ \boldsymbol{X}_1\\ \boldsymbol{X}_2\\ \boldsymbol{X}_3\\ \boldsymbol{X}_4\\ \vdots \\ \boldsymbol{X}_{2K-1}\\ \boldsymbol{X}_{2K}\\ \boldsymbol{X}_{2K+1}\\ \boldsymbol{X}_t\end{pmatrix} \tag{9.121}$$

观察(9.112)式,有 $n\times n$ 组的矩阵元 $A_{k,ij}$(奇数)和 $B_{k,ij}$(偶数)为

$$\begin{cases}
A_{k,ij}=\dfrac{z_\beta-z_\alpha}{\mu_i}\left[k_{\text{ext}}(z_k)\,\delta_{ij}-k_{\text{sca}}(z_k)w_jP_{ij}^{+}(z_k)\right]\\
(k=1,3,5,\cdots,2K+1,\quad i=1,2,\cdots,s,\quad j=1,2,\cdots,s)\\
B_{k,ij}=\dfrac{\Delta z_k}{\mu_i}\left[k_{\text{ext}}(z_k)\,\delta_{ij}-k_{\text{sca}}(z_k)w_jP_{ij}^{-}(z_k)\right]\\
(k=2,4,6,\cdots,2K,\quad i=1,2,\cdots,s,\quad j=1,2,\cdots,s)
\end{cases} \tag{9.122}$$

对于奇数 $k \geqslant 3$，取 $z_\beta = z_{k+1}$，$z_\alpha = z_{k-1}$；对于 $k=1$ 和 $k=2K+1$，分别要求 $z_\beta = z_2$，$z_\alpha = z_1$ 和 $z_\beta = z_{2K+1}$，$z_\alpha = z_{2K}$。矢量 $\boldsymbol{X}_k$ 的分量为

$$X_{k,i} = \frac{k_{\text{sca}}(z_k)}{k_{\text{ext}}(z_k)}\frac{\mu_0}{\mu_i}\frac{S_0}{4\pi}P_{i0}^{+}(z_k)\left\{\exp\left[-\frac{\tau(z_{k+1})}{\mu_0}\right]-\exp\left[-\frac{\tau(z_{k-1})}{\mu_0}\right]\right\} + \frac{z_\beta - z_\alpha}{\mu_i}k_{\text{abs}}(z_k)B(z_k) \tag{9.123}$$

$$(k=1,3,5,\cdots,2K+1,\quad i=1,2,\cdots,s)$$

$$X_{k,i} = \frac{k_{\text{sca}}(z_k)}{k_{\text{ext}}(z_k)}\frac{\mu_0}{\mu_i}\frac{S_0}{4\pi}P_{i0}^{-}(z_k)\left\{\exp\left[-\frac{\tau(z_{k+1})}{\mu_0}\right]-\exp\left[-\frac{\tau(z_{k-1})}{\mu_0}\right]\right\}$$

$$(k=2,4,6,\cdots,2K,\quad i=1,2,\cdots,s) \tag{9.124}$$

矢量 $\boldsymbol{X}_g$、$\boldsymbol{X}_t$ 是(9.119)式边界条件右侧的缩略符号。图 9.5 给出了对于 FGM 的矩阵量和各种量的排列。

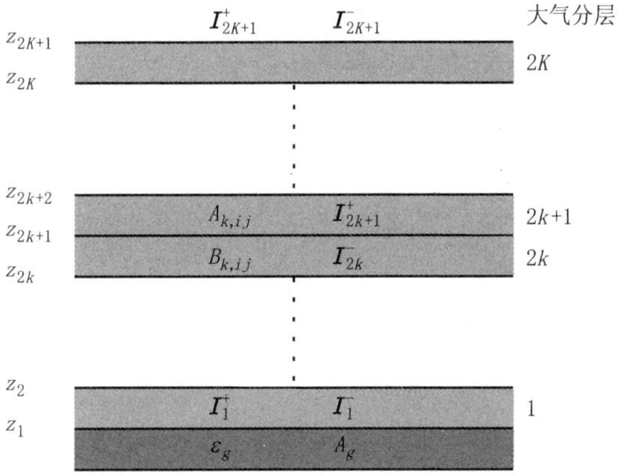


图 9.5　大气模式和矢量 $\boldsymbol{I}^+$、$\boldsymbol{I}^-$ 和矩阵元 $A_{k,ij}$、$B_{k,ij}$

## 9.5.3　平均辐射强度和通量的计算

一旦求得 $\boldsymbol{I}^+(z_k)$、$\boldsymbol{I}^-(z_k)$，$k=1,\cdots,2K+1$ 的解，很容易计算整个高度 $z_k$ 的内部漫辐射。则平均辐射率为

$$\overline{I}(z_k) = \frac{1}{4\pi}\int_0^{2\pi}\int_{-1}^{1} I(z_k;\mu)\,\mathrm{d}\mu\,\mathrm{d}\phi \tag{9.125}$$

直接由 $\boldsymbol{I}^+(z_k)$得到

$$\overline{I}(z_k) = \sum_{j=1}^{s} w_j I_j^{+}(z_k) \tag{9.126}$$

式中使用下式

$$\frac{1}{2}\int_{-1}^{1} I(z,\mu)\mathrm{d}\mu = \frac{1}{2}\int_{-1}^{0} I(z,\mu)\mathrm{d}\mu + \frac{1}{2}\int_{0}^{1} I(z,\mu)\mathrm{d}\mu = \sum_{j=1}^{s} w_j I_j^{+}(z)$$

总的平均辐射为平均漫辐射与直接辐射之和，为

$$\bar{I}_{\mathrm{tot}}(z_k) = \bar{I}(z_k) + S_0 \exp\left[-\frac{\tau(z_k)}{\mu_0}\right] \tag{9.127}$$

向上和向下漫辐射通量密度可由下式计算

$$E_{+}(z_k) = 2\pi\int_{0}^{1} \mu I(z_k;\mu)\mathrm{d}\mu = 2\pi\sum_{j=1}^{s} w_j\mu_j[I_j^{+}(z_k) + I_j^{-}(z_k)] \tag{9.128}$$

$$E_{-}(z_k) = 2\pi\left|\int_{-1}^{0} \mu I(z_k;\mu)\mathrm{d}\mu\right| = 2\pi\sum_{j=1}^{s} w_j\mu_j[I_j^{+}(z_k) - I_j^{-}(z_k)] \tag{9.129}$$

和总的向下漫辐射通量密度为

$$E_{-,\mathrm{tot}}(z_k) = 2\pi\sum_{j=1}^{s} w_j\mu_j[I_j^{+}(z_k) + I_j^{-}(z_k)] + \mu_0 S_0 \exp\left[-\frac{\tau(z_k)}{\mu_0}\right] \tag{9.130}$$

利用(9.126)式，净漫辐射通量密度为

$$E_{\mathrm{net}}(z_k) = 2\pi\int_{-1}^{1} \mu I(z_k;\mu)\mathrm{d}\mu = E_{+}(z_k) - E_{-}(z_k) = 4\pi\sum_{j=1}^{s} w_j\mu_j I_j^{-}(z_k) \tag{9.131}$$

总的净辐射通量密度为加上直接辐射(7.126)式得到

$$E_{\mathrm{net,tot}}(z_k) = E_{\mathrm{net}}(z_k) - \mu_0 S_0 \exp\left[-\frac{\tau(z_k)}{\mu_0}\right] \tag{9.132}$$

## 9.6 蒙特卡洛法

Monte Carlo 方法(MCM)是依据大气内的太阳或大气传输的散射过程的直接物理模拟，MCM 针对巨大数量的模式光子进入所考虑的介质(云或大气)，可以设想模式光子为一束实际的光子流，略去云大气的折射效应，粒子与辐射间相互作用是通过散射改变这些光子的直线路径。方法要求计算在某方向上通过一表面的传播大量的光子数，从这些计算得到辐射是位置的函数，由此可以得到任意取向表面的辐射通量密度、平均辐射场和由于介质内模式光子的吸收而造成的加热率。

### 9.6.1 光子路径的确定

为方便起见，只考虑有限范围的平行平面均匀介质，假定介质顶边界由平行太阳光均匀照射，还为简便，不考虑热辐射。又假定介质下边界为具有反照率 $A_g$ 的各向同性反射，现考虑一个模式光子到达地面，模式光子的能量 $1-A_g$ 被地面吸收，其余的被地面反射。

如上提出的，模式光子表示一束实际光子，在模拟中使用模式光子的初始能量通过对太阳能按单位面积单位时间的光谱间隔划分得到。如果一个模式光子与吸收分子或气溶胶粒子相互作用，通过单次反照率表示$\varpi_0$，$1-\varpi_0$表示失去的模式光子，散射只是光子方向发生改变，而能量不变。

一个任意的光子路径可以这样确定：若$P_0$是光子进入大气顶的进入点，从$P_0$到第一个相互作用点$P_1$，间距为$\Delta s_0$，且两相邻点$P_l$与$P_{l+1}$间距离为$\Delta s_l$，沿$\Delta s_l$前进的检测光子方向用方位角$\phi_l$和天顶角$\theta_l$表示。在笛卡儿坐标系中，$z$轴指向天顶，如图9.6中，$P_{l+1}$点的坐标$(x_{l+1},y_{l+1},z_{l+1})$为

$$x_{l+1}=x_l+\Delta s_l\sin\theta_l\cos\phi_l,\quad y_{l+1}=y_l+\Delta s_l\sin\theta_l\sin\phi_l,\quad z_{l+1}=z_l+\Delta s_l\cos\theta_l \tag{9.133}$$

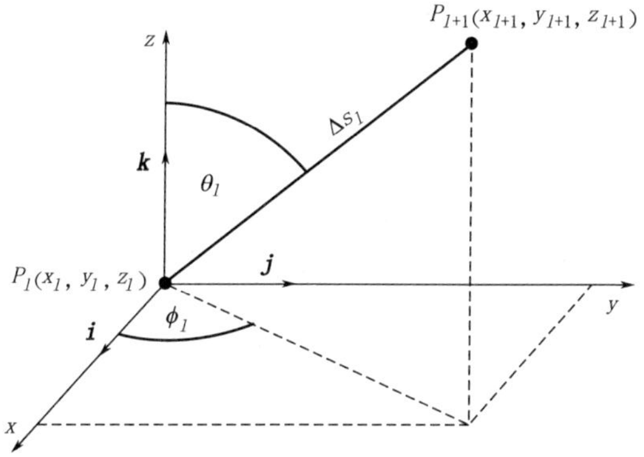


图9.6 两个任意作用点$P_l$与$P_{l+1}$的确定

开始时，略去气体吸收效应，但存在粒子的吸收，设位置处在坐标为$(x_l,y_l,z_l)$点$P_l$的检验光子发生散射，现该光子通过$\Delta s_l$到达$P_{l+1}$点与介质发生第二次散射，由于光子的散射，光子轨迹的新方向用方位角$\phi_l$和天顶角$\theta_l$表示，虽没有确定光子散射的类型，但模式光子通过大气的路径是曲折的。

整个大气通过一组参考高度$z_j(j=0,\cdots,J)$离散化，这里$z_0=z_g$和$z_J=z_t$分别表示地面和大气顶。如图9.7中，检测光子通过大气在$z_j$高度相交，相交点$D_{i,j}$用$i$表示在每次散射后的出发点$P_i$的次数，作为一计算步骤，存放所有检测光子的通过$z_j$的方向。

图9.7中，给出了一个检测光子通过大气轨迹的例子。光子在大气顶$P_0$处进入大气，入射角为$(\theta_0,\phi_0)$。在$P_1$点到$P_4$处，来自$(\theta_{l-1},\phi_{l-1})$方向的入射光的光子散射到新的$(\theta_l,\phi_l)$方向。位置散射角$(\theta_l',\phi_l')$是位于$P_l$点处散射的天顶和方位角与入射辐射间的夹角。在$P_5$点处，主要的特点是地面的各向同性反射和部分吸收辐射，用$(\theta_r,\phi_r)=(\theta_5,\phi_5)$表示地面的反射过程。图中也用$D_{i,j}$表示光子在参考高度$z_j$的

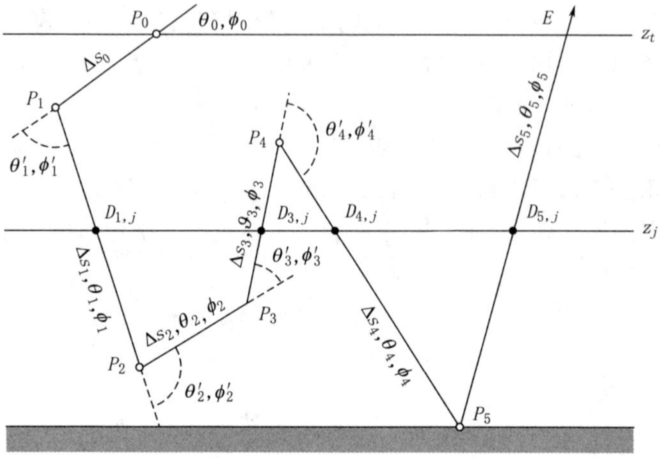


图 9.7 任意一检测光子的轨迹

计数。

光子传播距离 $\Delta s_l$ 由比尔(Beers)定理确定,对于衰减系数为均匀介质光子通过距离 $s$ 后的透过率为

$$\widetilde{T}(s)=\exp(-k_{\text{ext}}\,s) \tag{9.134}$$

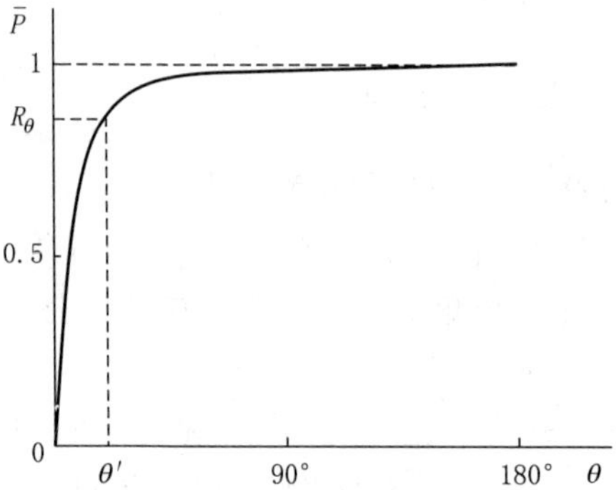


图 9.8 散射位置天顶角 $\theta'_1$ 的确定

由于 $k_{\text{ext}}$ 依赖于波长,因此可以将方法进行按波长分别进行辐射量积分。

对于透过率可以解释为在下一次散射或吸收过程出现前光子通过距离 $s$ 的概率,因此,在(9.68)式中,透过率是一个在 0 与 1 之间选择的随机数 $R_{t,0}$,确定路径长度。在这种情形下,可以求得在第一次相交的 $P_1$ 点的坐标 $(x_1,y_1,z_1)$。

至此,检测光子沿太阳光方向 $(\theta_0,\phi_0)$ 运动,后由于在 $P_1$ 点的散射,沿新的方向位置散射角 $(\theta'_1,\phi'_1)$ 传播。位置天顶角 $\theta'_1$ 可以由下面方程中的特别相函数 $P(\cos\theta)$ 确定,检测光子散射到方向的概率密度函数由下式给出

$$\overline{P}(\cos\theta')=\frac{\int_0^{\theta}P(\cos\theta)\sin\theta\,\mathrm{d}\theta}{\int_0^{\pi}P(\cos\theta)\sin\theta\,\mathrm{d}\theta} \tag{9.135}$$

图 9.9 表示了概率密度函数 $\overline{P}(\cos\theta)$ 与 $\theta'$ 间的关系，一旦通过积分确定 $\overline{P}(\cos\theta')$ 函数选定为特殊相函数 $P(\cos\theta)$。现在在 0 与 1 之间选择随机数 $R_{0,1}$，对于 $\overline{P}(\theta_1')$ 是确定的值。图 9.8 表示了对曲线数值反演导得散射角 $\theta_1'$。

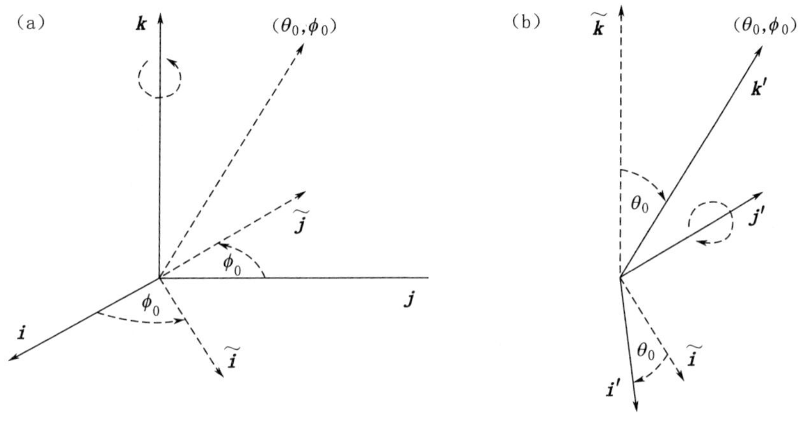


图 9.9　(a)$(\boldsymbol{i},\boldsymbol{j},\boldsymbol{k})$坐标系环绕角 $\phi_0$ 旋转；(b)导得$(\boldsymbol{i}',\boldsymbol{j}',\boldsymbol{k}')$坐标系

对于散射的位置方位顶角可以类似的方法得到，如图 9.8 中，因 $\overline{P}(\cos\theta_1')$ 的对称性，对于 $\theta_1'$ 的定值，相函数是与一垂直于入射方向的一个平面内的方位角 $\phi'$ 无关，通过从间隔$[0,2\pi)$选择随机数 $R_{\phi,1}$ 得到 $\phi_1'$，现求得在 $P_1$ 点的散射角$(\theta_1',\phi_1')$，其可确定检验光子在这一点的入射方向$(\theta_0,\phi_0)$。

在下一步，是确定相对于固定的笛卡儿坐标的光子的新的飞行方向$(\theta_1,\phi_1)$，设在 $P_1$ 点引入新的笛卡儿坐标，其单位矢量表示为$(\boldsymbol{i}',\boldsymbol{j}',\boldsymbol{k}')$，这个坐标系的取向是这样的，$\boldsymbol{k}'$ 指向$(\theta_0,\phi_0)$方向，这可以通过坐标系$(\boldsymbol{i},\boldsymbol{j},\boldsymbol{k})$绕 $z$ 轴旋转角度 $\phi_0$，得到中间$(\bar{i},\bar{j},\bar{k})$系统。这个是中间坐标系绕 $\bar{j}$ 轴旋转角度 $\theta_0$，得到最终坐标系$(\boldsymbol{i}',\boldsymbol{j}',\boldsymbol{k}')$。两旋转坐标系由下面给出：

$$\begin{cases}\bar{\boldsymbol{i}}=\boldsymbol{i}\cos\phi_0+\boldsymbol{j}\sin\phi_0\\ \bar{\boldsymbol{j}}=-\boldsymbol{i}\sin\phi_0+\boldsymbol{j}\cos\phi_0\\ \bar{\boldsymbol{k}}=\boldsymbol{k}\end{cases}\tag{9.136a}$$

$$\begin{cases}\boldsymbol{i}'=\bar{\boldsymbol{i}}\cos\theta_0-\bar{\boldsymbol{k}}\sin\theta_0\\ \boldsymbol{j}'=\bar{\boldsymbol{j}}\\ \boldsymbol{k}'=\bar{\boldsymbol{i}}\sin\theta_0+\bar{\boldsymbol{k}}\cos\theta_0\end{cases}\tag{9.136b}$$

图 9.9 显示了这两个绕 $\phi_0$ 和 $\theta_0$ 旋转。将(9.136a)式代入到(9.136b)式，使用矩阵符号，得到由$(\boldsymbol{i},\boldsymbol{j},\boldsymbol{k})$变换到$(\boldsymbol{i}',\boldsymbol{j}',\boldsymbol{k}')$的公式

$$\begin{pmatrix} \boldsymbol{i}' \\ \boldsymbol{j}' \\ \boldsymbol{k}' \end{pmatrix} = \begin{pmatrix} \cos\theta_0\cos\phi_0 & \cos\theta_0\sin\phi_0 & -\sin\theta_0 \\ -\sin\phi_0 & \cos\phi_0 & 0 \\ \sin\theta_0\cos\phi_0 & \sin\theta_0\sin\phi_0 & \cos\theta_0 \end{pmatrix} \begin{pmatrix} \boldsymbol{i} \\ \boldsymbol{j} \\ \boldsymbol{k} \end{pmatrix} \tag{9.137}$$

在(9.137)式中的矩阵元可用 $\boldsymbol{A}'_{ij}$ 表示，写为

$$\boldsymbol{i}'_k = \sum_{n=1}^{3} \boldsymbol{A}'_{kn} \boldsymbol{i}_n \qquad (k=1,2,3) \tag{9.138}$$

式中有下面等式：$\boldsymbol{i}=\boldsymbol{i}_1$，$\boldsymbol{j}=\boldsymbol{i}_2$ 和 $\boldsymbol{k}=\boldsymbol{i}_3$。

在 $P_1$ 点可以定义三个坐标系，双“″”单位矢量($\boldsymbol{i}''$，$\boldsymbol{j}''$，$\boldsymbol{k}''$)，其中单位矢量 $\boldsymbol{k}''$ 指向在散射后的检测光子的传播方向($\theta_1$，$\phi_1$)，通过($\theta'_l$，$\phi'_l$)连续两次坐标旋转，把基本坐标系变换到(″)坐标系。按(9.137)式，可以求得

$$\begin{pmatrix} \boldsymbol{i}'' \\ \boldsymbol{j}'' \\ \boldsymbol{k}'' \end{pmatrix} = \begin{pmatrix} \cos\theta'_1\cos\phi'_1 & \cos\theta'_1\sin\phi'_1 & -\sin\theta'_1 \\ -\sin\phi'_1 & \cos\phi'_1 & 0 \\ \sin\theta'_1\cos\phi'_1 & \sin\theta'_1\sin\phi'_1 & \cos\theta'_1 \end{pmatrix} \begin{pmatrix} \boldsymbol{i}' \\ \boldsymbol{j}' \\ \boldsymbol{k}' \end{pmatrix} \tag{9.139}$$

或

$$\boldsymbol{i}''_k = \sum_{n=1}^{3} \boldsymbol{A}''_{kn} \boldsymbol{i}'_n \quad (k=1,2,3) \tag{9.140}$$

将(9.138)和(9.140)式结合，导得

$$\boldsymbol{i}''_k = \sum_{n=1}^{3} \sum_{m=1}^{3} \boldsymbol{A}''_{kn} \boldsymbol{A}'_{mn} \boldsymbol{i}_m \quad (k=1,2,3) \tag{9.141}$$

最后，由固定坐标系($\boldsymbol{i}$，$\boldsymbol{j}$，$\boldsymbol{k}$)旋转得到第四个坐标系($\boldsymbol{i}^*$，$\boldsymbol{j}^*$，$\boldsymbol{k}^*$)，其中 $\boldsymbol{k}^*$ 指向在 $P_1$ 点光子新的方向($\theta_1$，$\phi_1$)。由(9.139)式得到

$$\begin{pmatrix} \boldsymbol{i}^* \\ \boldsymbol{j}^* \\ \boldsymbol{k}^* \end{pmatrix} = \begin{pmatrix} \cos\theta_1\cos\phi_1 & \cos\theta_1\sin\phi'_1 & -\sin\theta_1 \\ -\sin\phi_1 & \cos\phi_1 & 0 \\ \sin\theta_1\cos\phi_1 & \sin\theta_1\sin\phi_1 & \cos\theta_1 \end{pmatrix} \begin{pmatrix} \boldsymbol{i} \\ \boldsymbol{j} \\ \boldsymbol{k} \end{pmatrix} \tag{9.142}$$

显然单位矢量 $\boldsymbol{k}^*$ 与 $\boldsymbol{k}''$ 是等同的，在 $P_1$ 点散射发生之前，光子沿 $\boldsymbol{k}'$ 方向传播，在散射之后，则光子的新方向是 $\boldsymbol{k}''$。因此，对于 $k=3$，(9.141)式与(9.142)式后两项比较，有等式

$$\sin\theta_1\cos\phi_1 = \sum_{n=1}^{3} \boldsymbol{A}''_{3n} \boldsymbol{A}'_{n1}, \quad \sin\theta_1\sin\phi_1 = \sum_{n=1}^{3} \boldsymbol{A}''_{3n} \boldsymbol{A}'_{n2}, \quad \cos\theta_1 = \sum_{n=1}^{3} \boldsymbol{A}''_{3n} \boldsymbol{A}'_{n3} \tag{9.143}$$

新的随机数 $R_{t,1}$ 确定在 $P_1$ 点和新的点 $P_2$ 之间的路径长度 $\Delta s_1$，将这新的路径长度与(9.143)式一起代入到(9.66)式中，得到 $P_2$ 点的新坐标($x_2$，$y_2$，$z_2$)。在这一点，选择新的位置散射角作为随机数，和重复计算过程，直至检测光子在介质内吸收，或在地面，或离开大气进入空间。由于假定地面反射是各向同性的，在[0，π/2]和[0，

2π]两个间隔中随机数均匀分布，在地面反射后可以求得检测光子的新方向。

上面的讨论是在假定介质是均匀情况下。对于垂直和水平不均匀介质的情况下，当光学厚度确定时，透过率的计算必须完全按照依赖$(x,y,z)$的情形进行，就是一般(9.134)式写成

$$\widetilde{T}(\Delta s)=\exp\left[\int_{\Delta s}-k_{\text{ext}}(s)\mathrm{d}s\right] \tag{9.144}$$

另外，对于垂直不均匀介质，对于一定的 $z_j$ 高度，引入与$(x,y)$空间相似的格点。因此，对于三维介质空间是离散为体积元 $\Delta V$，由光子路径为单个体积元，辐射通量或光化通量可以通过对每个六面体积元用光子与某一参照点相交的参考面积对应的投影因子加权的中点确定。在光化学的情况下，这个投影因子始终为 1，由于每个光子的加权与传播方向无关。对于辐射通量密度通过面元 $x=$常数，如图 9.10 中，权重因子等于面元向外的法向 $\boldsymbol{n}_x$ 和光子方向确定的单位矢量 $\Omega$ 的所对 $\alpha$ 角余弦，如果光子进入到体积元 $\Delta V$ 内，能量是正的，否则是负的。

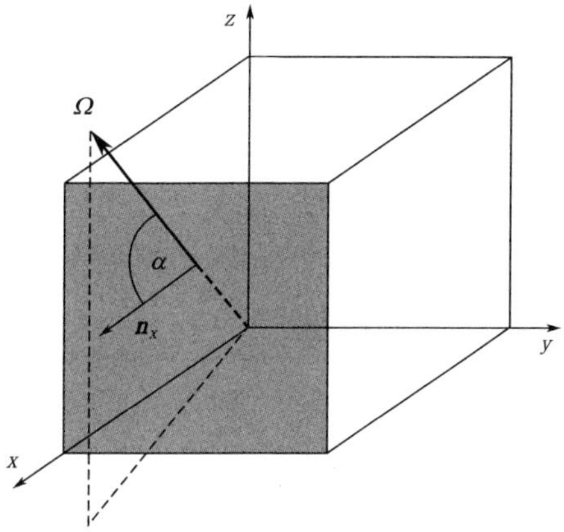

图 9.10　光子飞行方向 $\Omega$ 和体积元 $\Delta V$ 的 $x=$常数面元向外法向 $\boldsymbol{n}_x$ 间夹角 $\alpha$ 的确定

## 9.6.2　吸收的处理

模式光子的初始能量由于气体和大气粒子吸收而减小，设 $N$ 表示总的模式光子数，例总光子数为 100000 进入大气顶，一个光子携带的初始能量为：$E_0=\mu_0 S_0/N$，式中 $S_0$ 是太阳常数，在一个光谱间隔很小的范围内近似为常数。如图 9.7 中，设 $s_{i,j}$ 为起始点与任意相交点 $D_{i,j}$ 之间的总光子的路程，则这路径的长度由下式给出

$$s_{i,j}=\sum_{k=0}^{i-1}\Delta s_k+\Delta s_{i,j} \tag{9.145}$$

式中 $s_{i,j}$ 是点 $P_i$ 与 $D_{i,j}$ 之间的距离。如果$\varpi_{0,i}$是位于点 $P_i$ 处粒子的单次反照率，则模式光子通过路程 $s_{i,j}$ 后的能量可以表示为

$$E(s_{i,j})=E_0[1-\boldsymbol{a}(s_{i,j})]\prod_{k=1}^{i}\varpi_{0,k} \tag{9.146}$$

式中 $\boldsymbol{a}(s_{i,j})$是大气吸收气体的吸收函数。在地面反射的情况下，由地面反照率 $A_g$ 代替相应的$\varpi_{0,k}$，从(9.146)式看到，在纯散射大气光子路径计算后，可以确定大气气体和粒子的吸收效应。

最后，对已经确定的位置发生了什么样粒子的相互作用，通常用出现三种不同的过程是可能的，就是分子散射、气溶胶粒子衰减或由云粒子引起的衰减。在(9.146)式中，气体吸收已经用 $\boldsymbol{a}(s_{i,j})$ 函数进行了处理，为了确定在点 $P_i$ 相互作用的类型，附加随机数的绘制，通常用假定只有一种可能的相互作用发生，但是有的也允许气溶胶和云粒的衰减组合。在这些例子中，计算衰减系数的平均值和不同粒子的相函数。

上面已经描述了如何确定检测光子的随机数，为得到统计意义的结果，需模拟大量的光子 $N$ 的路径。对于辐射率和通量密度计算需要考虑试验光子通过在高度 $z_j$ 处所有交点 $D_j=\sum_i D_{i,j}$ 的数目和能量，为了简化，假定大气是水平均匀的，因此所有光子路径只与单位面积垂直大气有关，这种方法可以用于处理对于所指气柱均匀范围，求取具有相同的一定能量和飞行方向的光子数。

假定对于 $D_j$，记录到总数为 $J(z_j)$ 检测光子，且引入在整个 $4\pi$ 单位立体角内总数为 $2s$ 的立体角元 $\Delta\Omega_i$，就是

$$\begin{array}{ll} \text{下 } 2\pi\text{半球} & \Delta\Omega_i(i=1,\cdots,s) \\ \text{上 } 2\pi\text{半球} & \Delta\Omega_i(i=s+1,\cdots,2s) \end{array} \tag{9.147}$$

在 $\Delta\Omega_i$ 内的检测光子数用 $J_i(z_j)$ 表示，因此有

$$J(z_j)=\sum_{i=1}^{2s}J_i(z_j) \tag{9.148}$$

$J_i(z_j)$ 的每一个光子可以携带一份的能量 $E_l(\Delta\Omega_i,z_j)$，是在 $\Delta\Omega_i$ 内模式光子数 $l$ 垂直于参考表面 $z_j$ 能量，则在立体角元 $\Delta\Omega_i$ 内全部光子的能量相加得到高度 $z_j$ 处的辐射为

$$I_i(z_j)=\frac{1}{\Delta\Omega_i\Delta t\Delta A}\sum_{l=1}^{J_i(z_j)}E_l(\Delta\Omega_i,z_j) \tag{9.149}$$

这里 $\Delta t$ 和 $\Delta A$ 是时间间隔和光子进入大气顶的参考高度 $P_0$ 处的面积，由(9.149)式求得

$$E_+(z_j)=\sum_{i=s+1}^{2s}I_i(z_j)\Delta\Omega_i,\qquad E_-(z_j)=\sum_{i=1}^{s}I_i(z_j)\Delta\Omega_i \tag{9.150}$$

类似地可以求得三维大气的表示确定通过面元的通量密度。

上面描述的蒙特卡洛不限于不平均匀介质，还可以在侧方向无限扩展。上面只是引入了一般原理，还能考虑对于三维情况下的蒙特卡洛模式。

## 本章要点

1. 熟悉相互作用原理和不变性原理。
2. 理解地表反射对辐射的作用、方程推导。
3. 了解球谐函数法、有限差分法的原理。

4. 理解蒙特卡洛法。

## 问题和思考题

1. (a)对半无限各向同性散射大气，证明行星反照率为

$$r(\mu_0)=1-H(\mu_0)\sqrt{1-\varpi_0}$$

及球面反照率为

$$\bar{r}=1-2\sqrt{1-\varpi_0}\int_0^1 H(\mu_0)\mu_0\mathrm{d}\mu_0$$

(b)利用 $H$ 函数的一级近似，且假定单次反照率为 0.4 和 0.8，试计算 $\mu_0$ 为 1 和 0.5 的行星反照率和球面反照率积。

2. 将光学厚度为 $\Delta\tau$ 薄层加到光学厚度为 $\tau_1$ 的有限大气层上，由于加上薄层，造成所有入射光束的透射如图所示，利用不变性原理，导出

$$\begin{aligned}\frac{\partial T(\tau_1;\mu,\mu_0)}{\partial\tau_1}=&-\frac{1}{\mu_0}(\tau_1;\mu,\mu_0)+\frac{\varpi_0}{4\pi\mu\mu_0}\exp\left(-\frac{\tau_1}{\mu}\right)P(-\mu,-\mu_0)\\&+\frac{\varpi_0}{2\mu}\exp\left(-\frac{\tau_1}{\mu}\right)\int_0^1 P(-\mu,\mu'')R(\tau_1;\mu'',\mu_0)\mathrm{d}\mu''\\&+\frac{\varpi_0}{2\mu}\int_0^1 T(\tau_1;\mu,\mu')P(-\mu',-\mu_0)\mathrm{d}\mu'\\&+\varpi_0\int_0^1 T(\tau_1;\mu,\mu')\mathrm{d}\mu'\left[\int_0^1 P(-\mu',\mu'')R(\tau_1;\mu'',\mu_0)\mathrm{d}\mu''\right]\end{aligned}$$

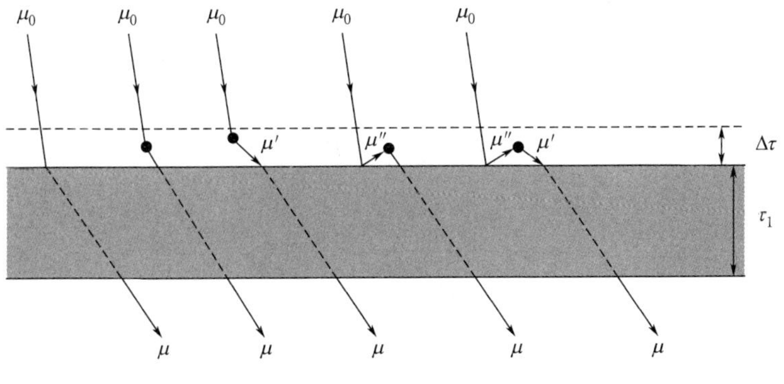


3. 考虑总透射率为 $\bar{\gamma}$，总反射率为 $\bar{r}$ 的一层云，位于反照率为 $r$ 的朗伯面上，地表云之间大气效应忽略，试用云和地表之间多次反射几何射线法，求取(9.62a)和(9.62b)式。

4. 利用不变性原理证明：$I(0,\mu)=J(0)H(\mu_0)$。

# 第 10 章　辐射与气候过程

气候是指一段时间内大气的平均状态，气候状态及其变化则是对一段时间天气观测到气象要素温度、降水、风等的平均值及其统计偏差描述。影响气候状态和其变化的因子很多，其中太阳和地球大气辐射控制着气候变化。而大气成分的分布和变化、地球表面冰雪、海洋、陆地、陆面覆盖物是主要变化因素，太阳和地球辐射的发射和吸收与大气成分、地球表面冰雪、海洋、陆地、陆面覆盖物间相互作用，辐射对大气的加热冷却是影响气候的重要物理过程。

本章主要讨论辐射对气候的作用，包括辐射平衡、辐射对流平衡、辐射加热率、辐射强迫等基本问题。

## 10.1　太阳辐射与简单的气候模式的全球温度预报

### 10.1.1　简单的气候模式

反照率为 $\overline{\alpha}_0$ 的地球大气系统，一方面接收来自太阳的平均辐照度 $\overline{E}_0$，同时将接收到的部分太阳辐射 $\overline{\alpha}_0\overline{E}_0$ 反射回空间，其余部分 $(1-\overline{\alpha}_0)\overline{E}_0$ 为地球大气系统所吸收，增加其平均行星温度 $\overline{T}_e$。地球大气又以自己的温度向外发射辐射，大气柱能量 $\overline{E}$ 的时间变化 $\overline{N}$ 为

$$\frac{\partial \overline{E}}{\partial t} \equiv \overline{N} = (1-\overline{\alpha}_0)\overline{E}_0 - \overline{F}_{\mathrm{TOA}} \tag{10.1}$$

地球大气系统以其平均行星温度发射热辐射 $\overline{F}_{\mathrm{TOA}} = \sigma \overline{T}_e^4$。在平衡情形下，进入地球系统的总能量为其截面积 $\pi r_e^2$ 截获的太阳能量 $E = \pi r_e^2 (1-\overline{\alpha}_0)\overline{E}_0$ 等于地球整个球表面 $4\pi r_e^2$ 发出的辐射 $4\pi r_e^2 \sigma \overline{T}_e^4$，便有

$$\pi r_e^2 (1-\overline{\alpha}_0)\overline{E}_0 = 4\pi r_e^2 \sigma \overline{T}_e^4 \tag{10.2}$$

这样由(10.2)式就建立了一个最简单的预报地气系统平均温度 $\overline{T}_e$ 的气候模式

$$\overline{T}_e = [(1-\overline{\alpha}_0)\overline{E}_0/4\sigma]^{1/4} \tag{10.3}$$

在以温度 $\overline{T}_e$ 表示的最简单的气候模式中，可以看到温度 $\overline{T}_e$ 是以直接输入的太阳辐射 $\overline{E}_0$ 为函数，如果 $\overline{E}_0$ 增加，平均温度 $\overline{T}_e$ 也增加。然而实际情形并非如此，有时当直接输入地面的太阳辐射增加时，全球的平均温度反而减小，这是由于平均温度 $\overline{T}_e$ 不

完全取决于输入的太阳辐射，更多地取决于地球大气系统本身内部物质成分（气体和地表面）的复杂变化和引起的辐射交换过程，$\overline{\alpha}_0$ 是 $\overline{T}_e$ 一个未知函数。

## 10.1.2　太阳辐射的纬度变化和地球能量

入射到大气顶的太阳辐射具有明显随纬度变化的经向分布，从年平均而言，从赤道的最大到南北两极减小。但是由于地球自转轴的倾斜，极区的辐照度并不按纬度 $\phi$ 的余弦很快地变化。

极地的平均辐照度只是赤道地区的 0.4，加上高纬度地区冰雪分布引起反照率的增加，使得地球表面吸收的能量大约与 $\cos\phi$ 成正比。所以输入到地球大气系统的能量主要由赤道地区控制着，由地球大气系统发射至空间的红外辐射能量及温度也向两极递减。

图 10.1 显示了地表温度的经圈分布。从图中看到，1 月北半球地表温度随纬度迅速减小，南北温度梯度大；在 7 月份，则地面温度随纬度变化明显减小。

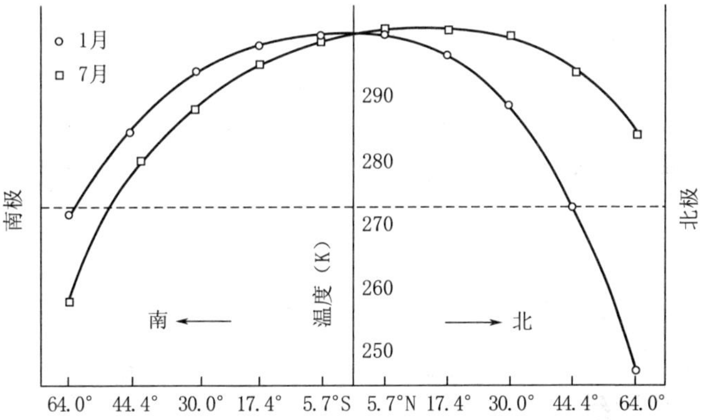


图 10.1　地表温度的经圈分布（Crutcher 和 Meserve，1970）

从辐射平衡角度而言，地球系统向外的热通量等于吸收的太阳辐射通量。为实现全球的能量平衡，赤道地区吸收的能量必须通过大气和海洋向两极输送，再向空间发出辐射。

大气和海洋的动力学和热力学过程是实现经向流动最简单的途径，其由流动路径两端赤道和两极的输入和输出的辐射能所确定。然而确定辐射能的输入和输出的源和汇是极其复杂的。主要有两方面因子。

一是覆盖全球范围内云量及它的分布，云对太阳辐射的反射和热辐射具有决定性的作用。云的类型不同，它对太阳辐射的反射和热辐射有明显的差异；

二是确定控制大气和海洋经向能量流的各因子。例如云量是影响辐射过程最重要的因素，如图 10.2 给出了地面观测和卫星观测云量的续向分布。

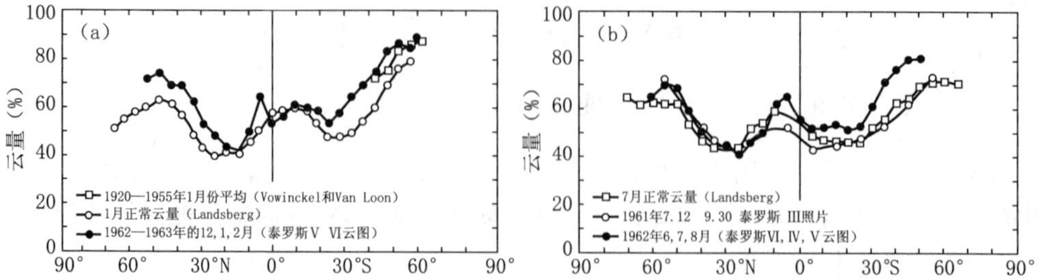


图 10.2 总平均云量的纬度分布(Clapp,1964)

(a)1 月云量;(b)7 月云量

辐射在气候变化中起着重要作用,因此在很多气候研究中把辐射过程作为主要因子考虑。通常,辐射体状态的变化会引起自身辐射的变化,如冷空气平流造成大气温度(状态)的降低的同时,引起大气自身辐射亦随之减小;当平流层接收来自下面辐射发生变化的同时便立即发生响应。热量相对于辐射的输送要缓慢得多。辐射是大气中能量最有效的快速传递者,在中小尺度天气过程中能量传送起着主要作用。

太阳辐射、大气环流、下垫面性质等是控制气候变化的三大自然基本因子。太阳辐射是大气的主要能源,也是大气中一切物理过程和物理现象形成与演化的原动力,因此也是气候形成的基本因子。其中太阳辐射对气候的作用很大程度上是通过它与大气中气体和云、气溶胶的相互作用实现的。图 10.3 显示了太阳、地球和空间之间

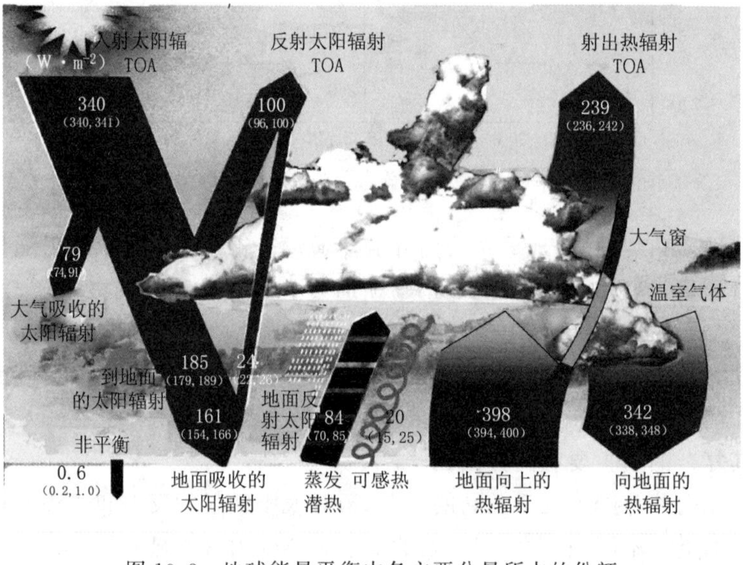


图 10.3 地球能量平衡中各主要分量所占的份额

(Kiehl 和 Trenberth,1997)

的全球年平均能量交换平衡，入射到大气和地面的辐射与能量的转换过程。太阳入射到日地平均距离处的照度为 1360.8 ± 0.5 W · $m^{-2}$，则太阳入射至地球大气顶的辐射通量平均为 340 W · $m^{-2}$，其中地球大气吸收 79 W · $m^{-2}$，到达地面的太阳辐照度 185 W · $m^{-2}$，其中有 24 W · $m^{-2}$ 被地面反射回大气，其余为大气和云反射，反射到空间的有 100 W · $m^{-2}$，地面吸收 161 W · $m^{-2}$，这样有 240 W · $m^{-2}$ 留在地球大气系统内。在大气、陆地和海洋混合层，地面吸收的太阳辐射能转变为化学、热能（增加自身的温度）、动能，作为驱动天气和气候的能量，同时又以自身的温度向宇宙发射红外辐射。地面可感热 20 W · $m^{-2}$，蒸发潜热 84 W · $m^{-2}$，大气和云向下热辐射能量 342 W · $m^{-2}$，向上热辐射能量 398 W · $m^{-2}$，由地球大气系统返回空间的为 239 W · $m^{-2}$。

### 10.1.3　考虑到大气后地表和大气的温度

地面是吸收太阳辐射能、并贮存和转化的场所，是太阳辐射的储存器和调节器，从而影响气候的形成和变化。考虑到地表温度和大气辐射，将地面、大气层和大气顶三部分构建二层模式，如果入射大气顶的辐射为 $E$，地气系统的平均吸收率 $\overline{A}$、平均反射率 $\overline{r}$ 和大气层的发射率 $\overline{\varepsilon}$，地表平均温度为 $\overline{T}_s$，则大气顶和地表面处的辐射能平衡方程为

大气顶：
$$E(1-\overline{r})+(1-\overline{\varepsilon})\sigma_B\overline{T}_s^4=\overline{\varepsilon}\sigma_B\overline{T}_a^4 \tag{10.4a}$$

地表面：
$$E(1-\overline{r}-\overline{A})+\overline{\varepsilon}\sigma_B\overline{T}_a^4=\sigma_B\overline{T}_s^4 \tag{10.4b}$$

地表和大气层的温度为

$$\overline{T}_s^4=\frac{E[2(1-\overline{r})-\overline{A}]}{\sigma_B(2-\overline{\varepsilon})} \tag{10.5}$$

$$\overline{T}_a^4=\frac{E[\overline{A}-\overline{\varepsilon}(1-\overline{r}-\overline{A})]}{\sigma_B\overline{\varepsilon}(2-\overline{\varepsilon})} \tag{10.6}$$

### 10.1.4　考虑到有云时对温度的影响

如果考虑到大气中存在有云的情形下，向上的辐射通量密度由地表面发出 $\varepsilon_s\sigma_B T_s^4$ 和云底向下到地面反射的 $(1-\varepsilon_s)F_c^-$ 两部分组成

$$F_s^+=\varepsilon_s\sigma_B T_s^4+(1-\varepsilon_s)F_c^- \tag{10.7a}$$

向下辐射通量则为由云向下发射 $\varepsilon_c\sigma T_c{}^4$ 和云对向上地面辐射的反射辐射 $(1-\varepsilon_c)F_s^+$ 组成

$$F_c^-=\varepsilon_c\sigma_B T_c^4+(1-\varepsilon_c)F_s^+ \tag{10.7b}$$

由此上面两方程式可以解得

$$F_s^+=\frac{(1-\varepsilon_s)\varepsilon_c\sigma_B T_c^4+\varepsilon_s\sigma_B T_s^4}{1-(1-\varepsilon_s)(1-\varepsilon_c)} \tag{10.8a}$$

$$F_c^- = \frac{(1-\varepsilon_c)\varepsilon_s\sigma_B T_s^4 + \varepsilon_c\sigma_B T_c^4}{1-(1-\varepsilon_c)(1-\varepsilon_s)} \tag{10.8b}$$

由于不考虑大气的影响，这时净辐射通量为

$$\Delta F_n = F_s^+ - F_c^- = \frac{\varepsilon_c\varepsilon_s}{1-(1-\varepsilon_c)(1-\varepsilon_s)}\sigma_B(T_s^4 - T_c^4) \tag{10.9}$$

假定云和地面为黑体，可以定义辐射强迫为

$$\Delta F = \Delta F_n - \Delta F_{\rm clr} = \sigma_B(T_s^4 - T_c^4) - \sigma_B T_s^4 = \sigma_B T_c^4 \tag{10.10}$$

因此由于云的存在，地面温度的改变为

$$\Delta T = \Delta t(-\Delta F/\Delta z)(\rho c_p)^{-1} \tag{10.11}$$

从(10.11)式可看出，地表温度的改变取决于云停留在地表上的时间 $\Delta t$ 和净的辐射通量的散度($-\Delta F/\Delta z$)。

大气环流具有双重性，它一方面影响和制约着各地气候的形成，而且还是气候形成因子中最活跃的因子。另一方面大气环流本身也是一种气候现象。

## 10.2 气候变化

### 10.2.1 辐射强迫和反馈

辐射强迫 $N$，即是大气顶处入射和射出通量之差，辐射强迫与地表温度的关系，先考虑射出长波辐射主要是地面贡献项和大气发射项两项之和。如略去较小的大气的贡献和地面近似为黑体，可以将大气顶射出长波辐射通量近似为 $F_{\rm TOA} \backsim \widetilde{T}_F \sigma_{\rm B} T_s^4$，$\widetilde{T}_F$ 是通量透过率。如果略去它的订正项，可以将上面的表示式用有效通量透过率 $\widetilde{T}_{\rm eff}(0<\widetilde{T}_F<\widetilde{T}_{\rm eff}<1)$ 重写，由此

$$F_{\rm TOA}(T_s) = \widetilde{T}_{\rm eff}\sigma_B T_s^4 \tag{10.12}$$

(10.12)式表明辐射强迫是表面温度的函数。

现考虑对辐射强迫一个扰动，这样 $N(T_s)$ 改变为 $N(T_s)+\Delta N$，(略去符号的平均值，注意不应与全球和时间平均量相混淆)，假定扰动大气后达到新的平衡状态，即假定扰动 $\Delta N$ 为很小的改变，可以将 $N$ 的总导数写为辐射强迫和大气响应的总和，即

$$\Delta N + \frac{\partial N}{\partial T_s}\Delta T_s = 0 \tag{10.13}$$

对地面温度响应求解，有

$$\Delta T_s^d = \alpha\Delta N, \quad \alpha \equiv -(\partial N/\partial T_s)^{-1} = \left[\frac{\partial F_{\rm TOA}}{\partial T_s} - \frac{\partial(1-\bar{\rho})\overline{F}^s}{\partial T_s}\right]^{-1} \tag{10.14}$$

式中，因子 $\alpha$ 称为气候敏感性，使用符号 $\Delta T_s^d$ 表示直接温度响应。

### 10.2.2　气候对 $CO_2$ 倍增的响应

来自 $CO_2$ 的加倍增加的辐射强迫可以通过精细的光谱辐射模式计算。它的值为 $\Delta N \sim 4\ \mathrm{W \cdot m^{-2}}$。然后可以求得由于随温度的地面通量变化的（负）反馈引起的温度响应，或是由于 $F_{\mathrm{TOA}}$ 项的变化，气候敏感性为

$$\alpha = [\partial(\sigma_B T_s^4 \widetilde{T}_{\mathrm{eff}})/\partial T_s]^{-1} = (4\sigma_B T_s^3 \widetilde{T}_{\mathrm{eff}})^{-1} = T_s/4F_{\mathrm{TOA}} = 288/(4\times240)$$
$$= 0.3(\mathrm{W \cdot m^{-2} \cdot K^{-1}})$$

则地面温度的直接响应（没有反馈），$\Delta T_s^d$ 是 $0.3\times4=1.2$ K。

### 10.2.3　气候对太阳常数变化的响应

假定太阳常数大约降低 1%，除了热发射的负反馈外，没有反馈，地面温度改变是多少？由于略去了地面反照率的变化，气候敏感性 $\alpha$ 简化为 $\alpha=(\partial F_{\mathrm{TOA}}/\partial T_s)^{-1}$，由(10.1)式，$\Delta N=(1-\bar{\rho})\Delta F^s$，因此地面的温度改变为 $\Delta T_s=\alpha(1-\bar{\rho})\Delta F^s$。由(10.12)式有

$$\alpha = (\partial F_{\mathrm{TOA}}/\partial T_s)^{-1} = [\partial(\widetilde{T}_{\mathrm{eff}}\sigma_B T_s^4)/\partial T_s]^{-1} = [(4/T_s)F_{\mathrm{TOA}}]^{-1} \qquad (10.15)$$

由于无扰动的系统是辐射平衡状态，$F_{\mathrm{TOA}}=(1-\bar{\rho})\Delta F^s$，由此有

$$\Delta T_s^d = \left(\frac{T_s}{4}\right)\frac{\Delta F^s}{F^s} \qquad (10.16)$$

设 $\Delta F^s/F^s=-0.01$，$T_s=288$ K，求得 $\Delta T_s^d=-0.72$ K，注意，通过 $CO_2$ 倍增模拟计算，这应当有部分增暖（+1.2 K）偏移。

### 10.2.4　气候系统的反馈

对于地面温度的间接影响，可通过与温度的依赖关系考虑。若变化趋向于放大温度的响应，称为正反馈。如增加温度，趋向于增加蒸发，由此增加湿度。由于水汽是温室气体，增加红外不透明度，进而引起温度升高。相反，负反馈趋同于抑制温度。如增加低层云量，可能导致气候变暖，但云量增多引起高的反照率，这就使地球变冷。根据这一特点，设参数 $Q$（如反照率），其取决于地面温度。则直接强迫 $\Delta N$ 通过附加项 $(\partial N/\partial Q)(\partial Q/\partial T_s)\Delta T_s$ 得到加强。因此，$\Delta N+(\partial N/\partial Q)(\partial Q/\partial T_s)\Delta T_s=-(\partial F_{\mathrm{TOA}}/\partial T_s)\Delta T_s$。求解气候敏感性 $\alpha$ 得到

$$\alpha = [4F_{\mathrm{TOA}}/T_s - (\partial N/\partial Q)(\partial Q/\partial T_s)]^{-1} \qquad (10.17)$$

对于任意强迫函数 $Q_i$，使用一系列微分规则，得到普遍的气候敏感性的表示式为

$$\alpha = \left[4F_{\mathrm{TOA}}/T_s - \sum_i (\partial N/\partial Q_i)(\partial Q_i/\partial T_s)\right]^{-1} \qquad (10.18)$$

温度响应可以写为

$$\Delta T_s = \alpha\Delta N = f\Delta T_s^d \qquad (10.19)$$

式中气候系统增益为

$$f=(1-\sum_{i}\lambda_{i})^{-1} \tag{10.20}$$

式中

$$\lambda_{i}\equiv\frac{(\partial N/\partial Q_{i})(\partial Q_{i}/\partial T_{s})}{4F_{\text{TOA}}/T_{s}} \tag{10.21}$$

当没有反馈时，$f=1$；当为正反馈时，$f>1$，当为负反馈时$\left(\sum_{i}\lambda_{i}<0\right)$，$f<1$。

由方程(10.19)可看到，只要温度响应具有同样数值，其温度响应与辐射强迫机制无关，也表明，对于二种不同温室气体(如 $CO_2$ 和 $CH_4$)的增加，如果它们的个别强迫 $\Delta N_i$ 是同样的，对气候具有同样的影响，精细模式计算证明，这的确是一个好的近似。有两个要注意的异常：①平流层臭氧的强迫，在高度上其比在完全混合的对流层气体有很大的依赖关系；②区域浓度硫酸气溶胶，与完成混合长寿命温室气体，以不同的方式作用于全球平均。

如图 10.4a，辐射强迫是过去几个世纪不同时期由多个温室气体作用的结果，这些结果是由精确的辐射传输模式计算得出的。辐射强迫概念可以扩展到包括有云的情形，这时强迫有短波(由于反照率变化)和长波(由于云的温室作用)贡献两项。气候系统的响应将取决于扰动的种类，精细的气候模式必须确定的量 $\lambda_i$ 和 $\alpha$。图 10.4b 给出了 1850 年到目前的估计，其中包括气溶胶和太阳的强迫。主要的间接效应是由氯氟碳化合物和其他卤碳化合物引起的平流层臭氧的减弱和对流层臭氧浓度的增加。

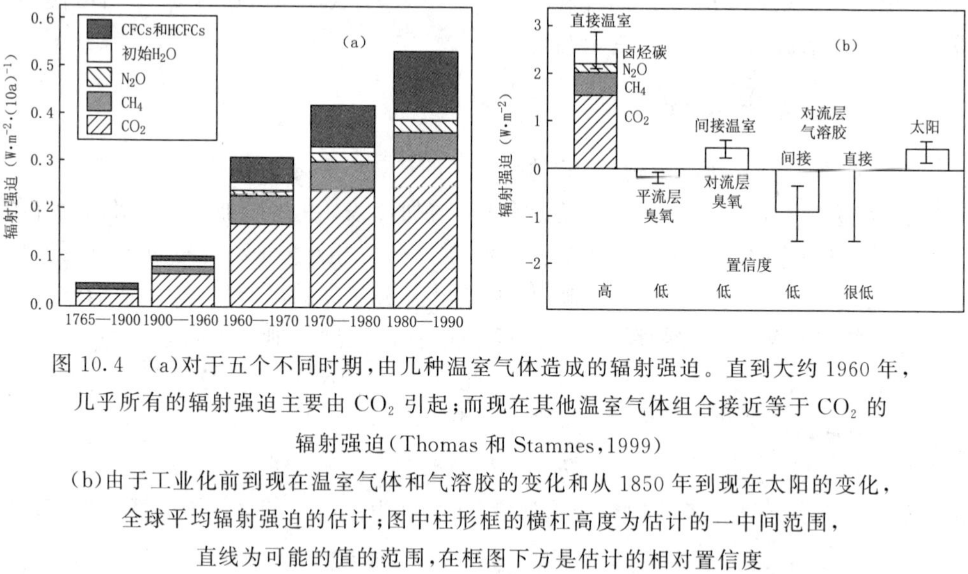


图 10.4 (a)对于五个不同时期，由几种温室气体造成的辐射强迫。直到大约 1960 年，几乎所有的辐射强迫主要由 $CO_2$ 引起；而现在其他温室气体组合接近等于 $CO_2$ 的辐射强迫(Thomas 和 Stamnes，1999)

(b)由于工业化前到现在温室气体和气溶胶的变化和从 1850 年到现在太阳的变化，全球平均辐射强迫的估计；图中柱形框的横杠高度为估计的一中间范围，直线为可能的值的范围，在框图下方是估计的相对置信度

由于 $CO_2$ 增加，发生在 1900 到 1990 年期间的辐射强迫的改变，估计为 $\Delta N=1.92\ \text{W}\cdot\text{m}^{-2}$，这相应于直接温度改变 $\Delta T_s^d=0.356$ ℃，而实际温度响应为 $\Delta T_s=$

0.5 ℃，对当前气候的增加估计为 1.4 ℃。这没有考虑到响应的时间延迟。对于来自 $CO_2$ 的 4 W・$m^{-2}$ 加倍辐射强迫，得到稳定状态的温度改变约为 3±1.5 ℃，另外，1.2 ℃的直接响应，导致包括时间延迟在内的 2.5±1.25 ℃。

温度只是很多响应之中的一个，大气动力过程和水过程也受到辐射强迫，并且这些还附加有生物和海洋的作用。海洋在气候变化中起什么作用？上面的讨论似乎不要求海洋，事实上，海洋在时间响应的依赖起至关重要作用。海洋吸收辐射并且加热大气，与大气时间尺度相比较，这是个很长的时间尺度。对于大气变化的时间尺度大约是一年。在海洋对气候扰动做出充分反应之前，可能会有几百年的历史，这导致了气候系统响应的时间滞后。

## 10.3　辐射平衡

### 10.3.1　不考虑可见光的(零可见光不透明的)辐射平衡

最简单的能量平衡解是假定不考虑大气对可见光辐射的吸收，虽然可能有可见光散射，但是短波的效应作用仅是可见光反照率。在实践中，在近红外的 $H_2O$ 吸收 20%左右太阳辐射能，约 70%的太阳能限于地表面之上 2 km 的范围内，因此假定基本的太阳能贮藏在地表面是合理的。其他略去的是在紫外线区域平流层 $O_3$ 吸收很小部分(约 3%)，这种吸收引起平流层加热，造成平流层逆温。

地表面对可见光反射，假定地表面在红外是黑体，因此，入射的太阳辐射和来自大气向下的红外辐射加热地面；由地面和大气周围气层发出的红外辐射加热大气。吸收向外的红外辐射加热大气，在光学厚区域形成一扩散的温度梯度。在上边界，不透明度为 1，大气以全球能量平衡的有效温度向空间发出辐射，对于旋转的行星，有方程式(10.3)。

如果没有可见光，单次反照率 $\varpi=0$，辐射传输方程写为

$$\mu\frac{dI(\tau,\mu)}{d\tau}=I(\tau,\mu)-B(\tau) \tag{10.22}$$

如果边界条件：①黑体表面温度为 $T_s$，大气光学厚度为 $\tau^*$；②来自空间的红外辐射为 0。则对于一灰体的近似的热力源函数为

$$S(\tau)=B(\tau)=\int d\nu\ B_\nu=\frac{\sigma_B T^4(\tau)}{\pi} \tag{10.23}$$

相应半域的方程为

$$\mu\frac{dI^+(\tau,\mu)}{d\tau}=I^+(\tau,\mu)-B(\tau),\quad -\mu\frac{dI^-(\tau,\mu)}{d\tau}=I^-(\tau,\mu)-B(\tau) \tag{10.24}$$

上式相加和相减为

$$\mu \frac{\mathrm{d}[I^+(\tau,\mu)-I^-(\tau,\mu)]}{\mathrm{d}\tau}=I^+(\tau,\mu)+I^-(\tau,\mu)-2B(\tau) \tag{10.25}$$

$$\mu \frac{\mathrm{d}[I^+(\tau,\mu)+I^-(\tau,\mu)]}{\mathrm{d}\tau}=I^+(\tau,\mu)-I^-(\tau,\mu)$$

现在通过设置净辐射通量等于发射出长波辐射 $\sigma_B T_e^4$，这对于所有的 $\tau$ 是常数，将(10.22)式对立体角积分得到 $\mathrm{d}F/\mathrm{d}\tau=4\pi(\overline{I}-B)=0$。因此，就得到 $\overline{I}=B$，就是辐射平衡源函数等于平均强度

$$B(\tau)=\frac{1}{2}\int_{-1}^{1}\mathrm{d}\mu I(\tau,\mu)=\frac{1}{2}\left[\int_0^1 I^+(\tau,\mu)\mathrm{d}\mu+\int_0^1 I^-(\tau,\mu)\mathrm{d}\mu\right] \tag{10.26}$$

因此灰体辐射传输方程式成为

$$\mu \frac{\mathrm{d}I(\tau,\mu)}{\mathrm{d}\tau}=I(\tau,\mu)-\frac{1}{2}\left[\int_0^1 I^+(\tau,\mu)\mathrm{d}\mu+\int_0^1 I^-(\tau,\mu)\mathrm{d}\mu\right] \tag{10.27}$$

其在辐射平衡下求解必须有约束

$$F=2\pi\int_0^1 \mathrm{d}\mu\mu[I^+(\tau,\mu)-I^-(\tau,\mu)]=2\pi\int_0^1 \mathrm{d}\mu\mu\frac{\sigma_B T_e^4}{\pi}=\text{常数} \tag{10.28}$$

应用二流近似在这里有特别的作用，如前面二流近似章节中讨论的，辐射强度 $I(\tau,\mu)$ 的方位角用具有常数的角平均 $I(\tau,\mu=\overline{\mu})$ 代替，这里 $\overline{\mu}$ 是在半球范围内射线倾角的平均。如果用符号 $I^{\pm}(\tau)\equiv I^{\pm}(\tau,\overline{\mu})$，则二流近似方程直接写成上、下半球区的方程式

$$\overline{\mu}\frac{\mathrm{d}(I^+-I^-)}{\mathrm{d}\tau}=I^++I^--2B(\tau) \tag{10.29a}$$

$$\overline{\mu}\frac{\mathrm{d}(I^++I^-)}{\mathrm{d}\tau}=I^+-I^- \tag{10.29b}$$

必须在约束条件(10.28)式下解得

$$F=2\pi\overline{\mu}[I^+(\tau)-I^-(\tau)]=2\overline{\mu}\sigma_B T_e^4 \tag{10.30}$$

将 $B(\tau)=(1/2)(I^+-I^-)$ 代入(10.29b)式的左侧、右侧用净通量 $F=2\overline{\mu}\sigma_B T_e^4=2\pi\overline{\mu}(I^+-I^-)$ 表示，得到源函数的微分方程式

$$\frac{\mathrm{d}B(\tau)}{\mathrm{d}\tau}=\frac{\sigma_B T_e^4}{2\pi\overline{\mu}}=\text{常数} \tag{10.31}$$

对上式直接积分得到

$$B(\tau)=\frac{\sigma_B T_e^4}{2\pi\overline{\mu}}\tau+C \tag{10.32}$$

式中 $C$ 是积分常数，这常数可以通过在介质底($\tau=\tau^*$)的半球通量求取。首先在表面向上的热辐射通量简单地写成 $F^+(\tau^*)=2\pi\overline{\mu}I^+(\tau^*)=2\overline{\mu}\sigma_B T_s^4$，其次，由于在这点上(如在所有的点)的净辐射通量是 $2\overline{\mu}\sigma_B T_e^4$，则 $2\pi\overline{\mu}[I^+(\tau^*)-I^-(\tau^*)]=2\overline{\mu}\sigma_B T_e^4$。求解这表面处向下的通量，就有

$$F^{-}(\tau^{*})=2\pi\overline{\mu}I^{-}(\tau^{*})=2\pi\overline{\mu}\sigma_B(T_s^4-T_e^4) \tag{10.33}$$

继续确定 $C$，现可求取介质底表面的源函数为

$$B(\tau^{*})=\frac{\sigma_B T_e^4}{2\pi\overline{\mu}}\tau^{*}+C=\frac{1}{2}[I^{+}(\tau^{*})-I^{-}(\tau^{*})]=\frac{2\sigma_B T_s^4-\sigma_B T_e^4}{2\pi} \tag{10.34}$$

由上式解得 $C=(1/2)\pi[2\sigma_B T_s^4-\sigma_B T_e^4(1+\tau^{*}/\overline{\mu})]$。因此源函数为

$$B(\tau)=\frac{1}{2\pi}\{2\sigma_B T_s^4-\sigma_B T_e^4[1+(\tau^{*}-\tau)/\overline{\mu}]\} \tag{10.35}$$

有用 $T_e$ 和 $\tau^{*}$ 表示的 $T_s$ 更多的类似结果，在 $\tau=0$ 处的源函数(10.26)式，由边界条件，$I^{-}(0)=0$，可求得 $B(0)=(1/2)I^{+}(0)$。由于 $F(0)=2\pi\overline{\mu}I^{+}(0)=2\overline{\mu}\sigma_B T_e^4$，就可求得 $B(0)=\sigma_B T_e^4/2\pi$。在(10.35)式中设 $\tau=0$，对于 $B(0)$ 方程式有两个结果，并解得

$$T_s=T_e(1+\tau^{*}/2\overline{\mu})^{1/4}\equiv T_e g^{1/4} \tag{10.36}$$

式中 $g=(T_s/T_e)^4$ 称为(表面)温室因子，可以想象为源函数的拦截因子，它线性地取决于红外光学厚度 $\tau^{*}$。拦截效应的另一个度量是温室效应，它定义为表面与大气顶间的通量差，即是

$$G=2\overline{\mu}\sigma_B(T_s^4-T_e^4)=2\overline{\mu}\sigma_B T_e^4(g-1) \tag{10.37}$$

从(10.33)式，$G$ 也是在表面处的向下通量(逆回流通量)。从源函数(10.35)式，消去 $T_s$，经某些运算，得到

$$B(\tau)=\frac{\sigma_B T_e^4}{2\pi}\left(1+\frac{\tau}{\overline{\mu}}\right) \tag{10.38}$$

现考虑热力源函数 $B(\tau)$ 与大气温度 $T(\tau)$ 间的关系。根据(10.23)式，设 $B(\tau=\overline{\mu})=\sigma_B T_e^4/\pi$，这与在 $\tau=\overline{\mu}$ 处由(10.38)式求取的结果是一致的，使用这关系式和(10.38)式，求得大气平衡温度的表示式

$$T_{re}(\tau)=T_e\left(\frac{1}{2}+\frac{\tau}{2\overline{\mu}}\right)^{1/4}\equiv T_e g^{1/4}(\tau) \tag{10.39}$$

因此，$g$ 因子是对于任一 $\tau$ 层的温室因子。这表明，温度从大气外部表层温度 $T_{re}(0)=T_e/(2)^{1/4}$ 向大气下低部边界温度 $T_{re}(\tau^{*})$ 单调增加，其值低于 $T_s$。现讨论在瞬间覆盖地表面上的空气与地表面本身的不连续性。

在空气和地表面之间界面上相对温度的变化为

$$\Delta T/T_s=[T_s-T(\tau^{*})]/T_s=1-\left(\frac{1+\tau^{*}/\overline{\mu}}{2+\tau^{*}/\overline{\mu}}\right)^{1/4} \tag{10.40}$$

对于薄层(光特性)介质，这温度的相对的跳跃值约为 16%，并且当 $\tau^{*}\to\infty$，其减少为 0。这些特征来自于被太阳和大气对地表面的加热，这里覆盖在这表面上大气被邻近区域大气加热，因而，通过这些界面的能量贮存于地表，导致地表面比瞬间覆盖其上的大气层要热。这人造的条件意味着 $\Delta T$ 从大约在 $\tau^{*}/\overline{\mu}=0$ 处的 40.6 K 到 $\tau^{*}/\overline{\mu}=2$ 处的 21.0 K 和 $\tau^{*}/\overline{\mu}=4$ 的 15.0 K 变化。

方程式(10.39)忽略了通过界面的热力输送。在实际情形中,对流极其迅速地消除了不连续性,但不一定消除,对流输送将在下面部分讨论。

后面将可以用二流近似求取温度是以 $\tau$ 的任意函数的灰体近似。如果根据近似指数积分

$$E_n(\tau)=\int_0^1 \mathrm{d}\mu\mu^{n-2}\mathrm{e}^{-\tau/\mu}\approx\overline{\mu}^{n-2}\mathrm{e}^{-\tau/\overline{\mu}} \tag{10.41}$$

则(2.108a)和(2.108b)式成为

$$F^+(\tau)=2\overline{\mu}\sigma_B T_s^4\mathrm{e}^{-(\tau^*-\tau)/\overline{\mu}}+2\int_\tau^{\tau^*}\mathrm{d}\tau'\sigma_B T^4(\tau')\mathrm{e}^{-(\tau'-\tau)/\overline{\mu}} \tag{10.42a}$$

$$F^-(\tau)=2\int_0^\tau \mathrm{d}\tau'\sigma_B T^4(\tau')\mathrm{e}^{-(\tau-\tau')/\overline{\mu}} \tag{10.42b}$$

这积分可以用辐射平衡解析地求取,因此,对于(10.36)式 $T_s^4$ 和对于(10.39)式 $T^4(\tau)$代入到(10.42)式中并进行积分得到

$$F_{re}^+(\tau)=2\overline{\mu}\sigma_B T_e^4(1+\tau/2\overline{\mu}),\quad F_{re}^-(\tau)=\sigma_B T_e^4\tau \tag{10.43}$$

这些是与(10.36)式一致的,因此是有价值的检查。

温度随高度 $z$ 的分布是由 $\tau$ 与 $z$ 的关系得到。对于地球对流层大气,控制红外吸收的主要是水汽,其具有的定标高度为 $H_a\approx 2$ km(图 4.3)。从光学路径 $M_i(z,\theta)=\rho_i(z)H_i\sec\theta$ 和理想气体定理 $\rho=mp/RT=mn$($m$ 是分子平均质量,$n$ 是单位体积分子数),在高度 $z$ 处的光学厚度由下式近似给出

$$\tau(z)=\langle\alpha_m\rangle\int_z^\infty \mathrm{d}z'\rho_0\mathrm{e}^{-z'/H_a}=\tau^*\mathrm{e}^{-z/H_a} \tag{10.44}$$

式中 $\tau^*$ 是等效光学厚度,$\langle\alpha_m\rangle$是光谱平均质量吸收系数和 $\rho_0$ 是地面水汽密度。

为求取$\langle\alpha_m\rangle$,必须对光谱进行平均,用光谱吸收系数与辐射场的依赖关系加权,不过对于适合所有的情形,这不是唯一加权方法,更多的是利用两种方法,一种是普朗克(Planck)平均

$$\langle\alpha_m\rangle_P\equiv\int_{IR}\mathrm{d}\nu\ \alpha_m(\nu)B_\nu(T)/\sigma_B T_e^4 \tag{10.45}$$

另一种是罗斯兰(Rrosseland)平均

$$\langle\alpha_m\rangle_R^{-1}\equiv\frac{\int_{IR}\mathrm{d}\nu\alpha_m^{-1}(\nu)(\mathrm{d}B_\nu/\mathrm{d}T)}{\int_{IR}\mathrm{d}\nu(\mathrm{d}B_\nu/\mathrm{d}T)} \tag{10.46}$$

Planck 平均适合于光学薄介质,这里透过率由强吸收带决定。罗斯兰平均是对于光学厚的情况下合适的,辐射传输在不透明光谱区域没发生,而是在接近透明区。$\langle\alpha_m\rangle$的值依赖于高度,通过取决于温度和压力的线强两者的乘积。不过,灰体近似在$\langle\alpha_m\rangle$计算中是相当粗糙的和没有意义的多余计算工作。由于从物理角度考虑,而不是数值精度,它在模式中,$\tau^*$ 或$\langle\alpha_m\rangle$是一很有用的调整参数,其值通过与观测的温度廓线拟

合得到。图 10.5 显示了由(10.39)式导得对于若干 $\tau^*$ 值的温度分布(虚线),方程式(10.39)要求 $\tau^*/2\overline{\mu}=0.63$,得到 288 K 表面温度(假定 $T_e=255$ K)。这是目前全球平均表面温度。这一辐射平衡解最初是由 Schwarszchild(1906)、Emden(1907)和 Gold 和 Humphreys(1909)导得的。这成为对流层温度递减和冷的等温平流层可接受的解释。现在知道,由于臭氧的紫外 UV 吸收的结果,只在平流层下部接近等温的,温度的反转出现在平流层上部。但是由(10.39)式导得的表层温度 $T(0)=255\times 2^{-1/4}$ K=214 K,是对于全球对流层平均最低温度的较好估计。换言之,对流层最低温度的出现可以理解为只考虑到辐射,不过,在实际大气中,对流层递减率是由动力输送作用控制。

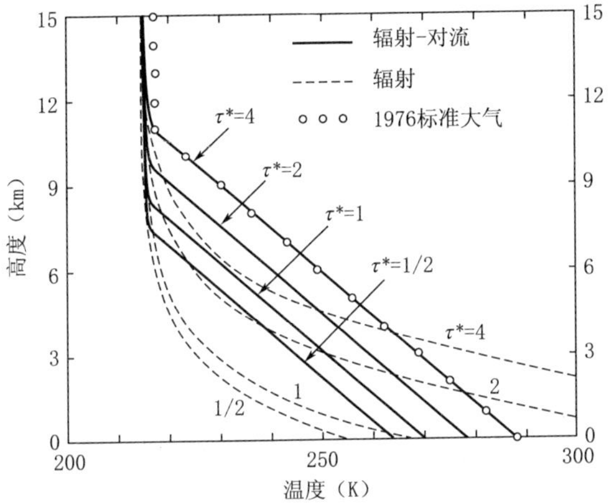


图 10.5　对于四个不同光学厚度和对于 $\overline{\rho}=0.30$ 辐射(虚线)和辐射对流平衡(实线)温度廓线(Thomas 和 Stamnes,1999)

### 10.3.2　有限可见光不透明介质的辐射平衡

任何实际大气在红外和可见光波段吸收辐射,对这样的介质可以考虑为半无限的,可以认为这里不需要考虑较低边界表面。假定加热是由白天对太阳全部入射角的平均所决定,因此其平均余弦为 $\overline{\mu}_0$,则对于旋转恒星在白天期间吸收的太阳辐射通量为 $\overline{\mu}_0 F_a^s$,此外采用球反照率,与前一样略去散射,总的净辐射通量(可见光加上红外辐射通量)为

$$F_{\text{tot}}(z)=-F_v(z)+F_{IR}(z)=-\overline{\mu}_0 F_a^s e^{-\tau_v/\overline{\mu}_0}+F_{IR}(z) \tag{10.47}$$

式中 $\tau_v$ 是可见光频率平均的光学厚度。辐射平衡要求 $F_{\text{tot}}$=常数,或者 $\mathrm{d}F_{\text{tot}}/\mathrm{d}z=0$,使用微分链式法则,就有

$$\frac{\mathrm{d}F_{\text{tot}}}{\mathrm{d}z}=-\frac{\mathrm{d}F_v}{\mathrm{d}z}+\frac{\mathrm{d}F_{IR}}{\mathrm{d}z}=-\frac{\mathrm{d}(\overline{\mu}_0 F_a^s e^{-\tau_v/\overline{\mu}_0})}{\mathrm{d}\tau_v}\frac{\mathrm{d}\tau_v}{\mathrm{d}z}+\frac{\mathrm{d}F_{IR}}{\mathrm{d}z}$$

$$=-k_v F_a^s e^{-\tau/\bar{\mu}_0}+\frac{dF_{IR}}{dz}=0 \tag{10.48}$$

式中 $k_v$ 是可见光吸收系数，因此 $d\tau_v=-k_v dz$，这个方程式给出了红外辐射通量的导数和太阳加热率 $H_v=-dF_v/dz=k_v F_a^s e^{-\tau/\bar{\mu}_0}$ 间的关系。

与对红外通量导数有关的源函数的表示式是由推广的法则，应用于灰体得到，理想的吸收介质为

$$B(\tau)=\bar{I}-\frac{1}{4\pi}\frac{dF_{IR}}{d\tau}=\bar{I}(\tau)+\frac{F_a^s}{4\pi n}e^{-\tau/n\bar{\mu}_0} \tag{10.49}$$

式中 $d\tau=-k_{IR}dz$，$n$ 表示红外与可见光吸收系数的比值，$n=k_{IR}/k_v$，辐射传输方程式成为

$$\mu\frac{dI(\tau,\mu)}{d\tau}=I(\tau,\mu)-B(\tau)=I(\tau,\mu)-\frac{1}{2}\int_{-1}^{1}d\mu\, I(\tau,\mu)+\frac{F_a^s}{4\pi n}e^{-\tau/n\bar{\mu}_0} \tag{10.50}$$

这式等同于(10.27)式，除它包含有嵌入源，这方程式与前面节中的等同。如果设 $\varpi_0=1$，$p=1$，相应于 $F^s\to F_a^s/n$ 和 $\mu_0\to n\bar{\mu}_0$。对于半无限大气二流近似解源函数(8.130)式

$$S(\tau)=\frac{F^s}{4\pi}[(1-m^2)]e^{-\tau/\mu_0}+m(1+m)$$

$$=\frac{F^s}{4\pi n}[(1-\gamma^2)e^{-\tau/\gamma\bar{\mu}_0}+\gamma(1+\gamma)] \tag{10.51}$$

式中 $m\equiv\mu_0/\bar{\mu}_0$ 和 $\gamma\equiv\overline{n\mu}_0/\bar{\mu}$。要求吸收的太阳能直接与有效温度关联(也就是它驱动)，设 $\mu_0 F^s=2\bar{\mu}\sigma_B T_e^4$，对于 $\gamma=1$(等温情形)得到 $S(\tau)=\sigma_B T_e^4/\pi$。因此设 $S(\tau)=B(\tau)=\sigma_B T^4(\tau)/\pi$ 是 $\gamma=1$ 时与(10.51)式一致的，使用上面的结果和 $S(\tau)=\sigma_B T^4/\pi$，求得用 $\gamma$ 参数表示的温室因子为

$$g(\tau)\equiv T^4(\tau)/T_e^4=\frac{1}{2\gamma}[(1-\gamma^2)e^{-\tau/\gamma\bar{\mu}_0}+\gamma(1+\gamma)] \tag{10.52}$$

在这简单的模式中，$\gamma$ 是红外光($\tau_{IR}/\bar{\mu}$)与可见光的($\tau_{VIS}/\bar{\mu}_0$)倾斜之比值，对几个不同 $\gamma$ 值的温度廓线与光学厚度 $\tau$ 的关系显示在图 10.6 中，表现有三种情形。

(1)$\gamma\gg1$，或等效于 $k_{IR}\gg k_{VIS}$，是强温室极限，其是太阳辐射穿透深入到对流层，导致红外辐射被拦截捕获。大气的作用像阀门一样，入射太阳辐射($\bar{\mu}_0 F_a^s$)很容易进入，而红外辐射 IR 很难以逃逸。在深层大气中，温室因子增强“饱和”至常数 $g(\tau^*\to\infty)=(1+\gamma)/2$。因此渐近温度是

$$T(\tau^*\to\infty)=T_e(1/2+n\bar{\mu}_0/2\bar{\mu})^{1/4}\approx T_e(k_{IR}\bar{\mu}_0/k_{VIS})^{1/4} \tag{10.53}$$

如希望的那样，对于灰体辐射传输问题的完全解，对于光厚灰体情形所希望的二流近似是十分精确的。当用微波光谱行星观测，表面温度近 800 K，对于金星的温度结构有 $\gamma\gg1$ 的类似的解。对于金星低层大气，求取的纯辐射平衡解是很好的近似。

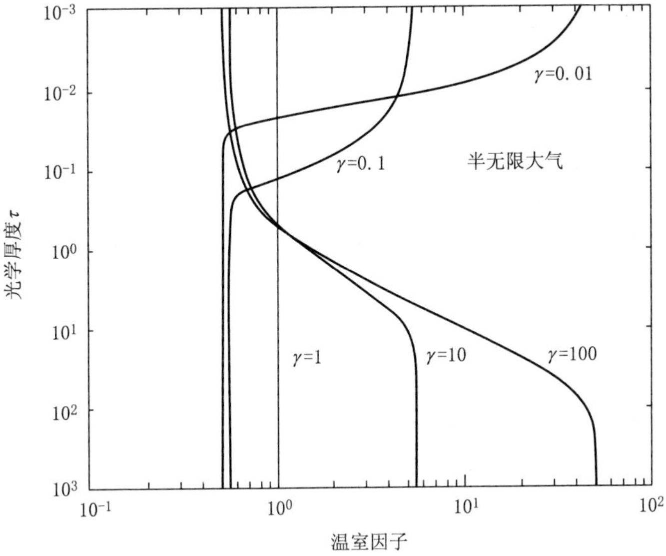


图 10.6　对于一均匀、半无限大气相对于五种不同在光学厚度温室气体因子，红外斜线路径相对于可见光学斜线路径的比值(Thomas 和 Stamnes，1999)

不过，在地球和火星上，适度的温室气体俘获经历由上面的公式不能很好描述，因为地面辐射的重要性和我们略去了对流加热传输。

(2)$\gamma=1$，表示一等温情形下，太阳加热完全平衡 IR 发出(逸出)。$n=1$ 的情形也描述了对于均匀半无限大气的守恒散射。1949 年 Chandrasekhar 求得精确解。将源函数比 $S(\tau\to\infty)/(\tau=0)R$ 精确值与二流近似结果 $\bar{\mu}_0/\bar{\mu}$ 比较，直接推得 $\bar{\mu}=1/\sqrt{3}$ 是对于厚光学介质最优值。

(3)$\gamma\ll1$，或 $k_{IR}\ll k_{\mathrm{VIS}}$，表示反温室的情形，这是与太阳系中很多现象有关。

① 地球平流层上部的逆温结构，这里高层中等 UV 透明度，由于臭氧吸收提升温度到温度反转。

② 对核冬季情形，反温室情形也描述辐射平衡温度分布，这假设情形相应于通过平流层气溶胶可见光强吸收扰动引起降低地面温度。

③ 反温室的情形也在地球过去的历史中发生过，$6.5\times10^{7}$ 年前地球上，作为一个或一个以上 10 km 直径流星撞击结果，注入大量的粉尘块状，整个世界冷却引起物种大灭绝。

④ 在 7 万年前，由巨大托巴(Mt. Toba)火山喷发，平流层气溶胶(光学厚度约在 10 以上)，导致 200 年期间气候逐渐冷却。

⑤ 反温室的解也应用于火星和土星的最大的卫星尘埃大气。

## 10.4 辐射对流平衡

### 10.4.1 辐射对流平衡

1931 年，R. Emden 首先指出辐射平衡的解在行星大气中光学厚度足够大的部分是对流不稳定。当深厚大气层吸收太阳辐射，辐射平衡情况下，温度递减率$\partial T/\partial z$ 增加，且是负值时，如果这个梯度超过某一界限，大气就成为对流不稳定，并且自动调整到一个新的绝热递减率。对于非凝结的大气(没有相变)"干"绝热递减率为 $\Gamma_d = -g/c_p$。对于地球大气约是 $\Gamma_d = -9.8\ \mathrm{K \cdot km^{-1}}$。

对于饱和大气，凝结或沉积(蒸发或升华)可以在上升(或下沉)气块上发生，必须考虑到潜热的交换。凝结潜热的释放局部抵消了空气块上升膨胀冷却。在下沉运动的气块中，水滴的蒸发或冰晶的升华消耗(来自)空气中的热量，由此抵消了局部空气压缩增加的热量。结果湿绝热递减率 $\Gamma_m$ 的范围通常在 $-9.8\ \mathrm{K \cdot km^{-1}} < \Gamma_m < -3\ \mathrm{K \cdot km^{-1}}$。

全球对流层平均温度递减率约是 $\Gamma_d = -6.5\ \mathrm{K \cdot km^{-1}}$，把这作为环境递减率，多年来已经有模式挑战热量对流成分浓度输送的第一性原理描述，合适的处理涉及一系列复杂过程。一个巧妙的方法，假定不稳定区域是由已经辐射平衡区域引起，辐射平衡温度梯度由环境温度梯度 $\Gamma_a$ 替代。

很容易将获得光学厚度用 $\tau_c$ 表示，相应的高度为 $z_c$。可是如果使温度梯度等于不稳定条件下的绝热值，这温度是非物理的。这是因为它违反能量守恒定理，这是为什么？让在 $z_c$ 之上的瞬时的辐射平衡通量 $F_{re}^{+}(\tau_c) = \sigma_B T_e^4(1+\tau/2\bar{\mu})$，与在 $z_c$ 之下的对流平衡通量 $F_{\mathrm{conv}}^{+}$ 比较，这些必须相等，因为在此高度上的辐射只是热输送(实际上只需要净通量等于保存的能量；不过，向下通量是不变，因此向上通量也必须不改变)。在高度 $z_c$ 之下等梯度区域的通量给出为

$$F_{\mathrm{conv}}^{+}(\tau) = 2\bar{\mu}\sigma_B T_s^4 \mathrm{e}^{-(\tau^* - \tau)/\bar{\mu}} + 2\int_{\tau}^{\tau^*} \mathrm{d}\tau' \mathrm{e}^{-(\tau' - \tau)/\bar{\mu}} \sigma_B [T_s + \Gamma_a z(\tau')]^4 \quad (10.54)$$

式中 $z(\tau)$ 通过关系式 $z(\tau) = H_a \ln(\tau^*/\tau)$ 表示为 $\tau$ 的函数。由于对所有 $z < z_c$，温度 $T_s + \Gamma_a z$ 小于 $T_{re}$，则 $F_{\mathrm{conv}}^{+}(\tau) < F_{re}^{+}(\tau)$。这只是在 $z_c$ 处有个 $\delta$ 函数源是可能的。

通过识别对流调整，设置温度梯度来解决这个问题，因此可以适当改变实际温度值。如果在对流区域每一处增加温度，则显然将增加由这些区域发出的通量。因此可以使辐射平衡通量值相适应，但由于辐射和对流曲线交点上移，也需要重新计算辐射平衡通量。这方法是简便的，但是需要通过数值方法重复求取(10.54)式，最终是跃变高度(对流层顶)是不稳定层初始点之上的几千米，通过边界的通量是连续的，但是温度本身的斜线是不连续的。图 10.5 中显示了几个辐射对流平衡温度分布的调整的几个例子。注意地面温度和对流层高度 $\tau^* = 4.05$ 模式与 1976 年全球平均温度模式

是一致的。

图 10.7 显示了对于高度 $\tau^*=4.05$ 的入射可见光辐射和射出红外辐射净通量情形。这些结果与从混合状态辐射对流模式计算比较，这些数字显示大气中水汽对近红外太阳吸收，在这吸收，在近似值与精确 IR 通量的计算之间的差对于这吸收可以忽略不计。也注意到在这简单的模式中，在对流层处净的红外通量等于入射太阳辐射通量，是零通量散射(零太阳加热)。在理想的情形下，两个值随高度其一个逐渐接近另一个，但是它们不能同时(一起)接近渐近值(240 $W\cdot m^{-2}$)，直到平流层，就是在臭氧加热峰值区之上。

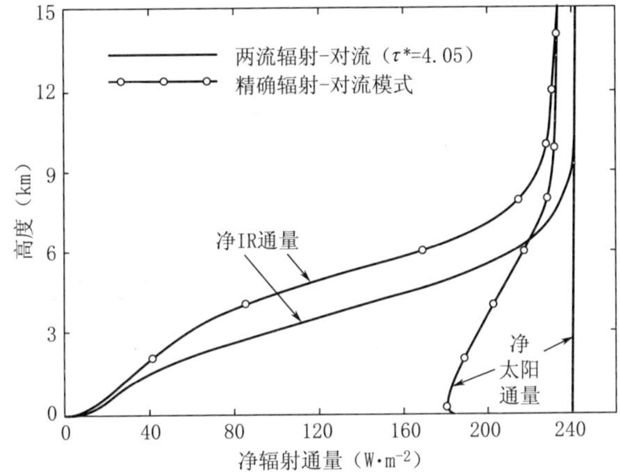


图 10.7　实线：对于 $\tau^*=4.05$ 入射太阳辐射和射出 IR 两者的净通量，空心圆圈是非灰体下辐射对流平衡模式的结果。在精确模式的净太阳辐射通量曲线显示在对流层中有 20% 的太阳通量吸收(Thomas 和 Stamnes，1999)

图 10.8 给出了由简单的二流辐射对流模式计算的 $T_s$ 随光学厚度的变化，随对流层高度变化。图中也显示了反照率按 ±5% 的变化结果。虽然是按照简单的考虑导得的，但这些图反映了温室效应的重要特性和它可能由 IR 光学厚度(通过红外重要的如像 $CO_2$ 和 $CH_4$ 的变化)和反照率(通过云、气溶胶或冰/雪覆盖的变化)控制。

### 10.4.2　发射高度的概念

现要求模式的数值积分结果与对流层的通量相吻合，这就限制了它的概念应用。为将地面温度与以上完全精确的结果拟合，引入发射高度的概念，在这高度上的介质出现(遇到)最大辐射冷却。具有最大冷却出现在光学厚度 $\tau_e$ 处，这里的温度近似为 $T_e$，这是前面提到的辐射平衡问题中的值，容易由(10.39)式通过设 $T_{re}(\tau_e)=T_e$ 求得。结果是 $\tau_e=\bar{\mu}$，其物理是合理的，由于介质有效冷却处的平均倾斜的光学厚度

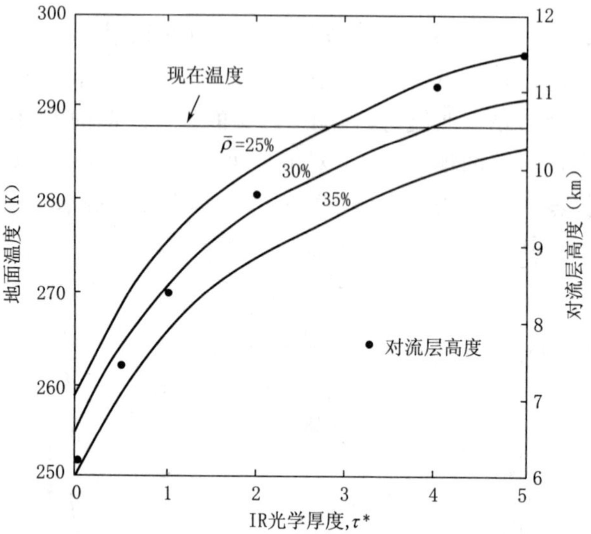


图 10.8　二流辐射-对流平衡模式预测地面温度（实线）和对流层高度（实心圆点）随光学厚度变化。三曲线表示三种不同的球反照率

$\tau/\bar{\mu}$ 是单位 1，而对于其他温度分布，光学厚度 $\tau_e$ 取不同的值。几何高度由（10.44）式容易求取，可得 $z_e = H_a \ln(\tau^*/\tau_e)$。设温室效应增加的温度（有效温度）是温度递减率 $\Gamma_a$ 与 $z_e$ 的乘积，或写为

$$T_s \approx T_e + |\Gamma_a| z_e = T_e + |\Gamma_a| H_a \ln(\tau^*/\tau_e) \tag{10.55}$$

如果 $\bar{\mu}=0.5$，则对于 $T_s(\tau^*)$ 的数值结果显示在图 10.5、图 10.7 中，与（10.55）式非常一致，根据 $T_s$ 相对于 $\tau^*$ 的曲线拟合，在 $\tau^* > 0.4$，$\tau_e$ 与 $\tau^*$ 关系为

$$\tau_e^{-1} = 3.125 + 0.235/\tau^{*2} \tag{10.56}$$

当 $\tau^* \to \infty$ 时，$\tau_e$ 的渐近值是 0.32。如前述，这个值与辐射平衡（$\tau_e = \bar{\mu} = 0.5$）情形下导得的略有不同。对于守恒散射，晴空模式具有参数 $\tau^* = 4$，$H_a = 2$ km 和 $z_e = 5$ km。

使用（10.55）式，可以用光学厚度 $\tau^*$ 模拟实际大气的温室效应，将 $\tau^*$ 写为无水混浊温室气体（$\tau_n^*$）与液态水路径的线性函数之和 $bw$，这里 $b$ 是经验常数，$w = \rho_0 H_a$ 是可降水（g · cm$^{-2}$）。为确定模式中 $\tau_n^*$ 和 $b$ 的数值，必须注意两个约束：①对于 $w=0$，晴天温室效应 $G \equiv \sigma_B T_s^4 - \sigma_B T_e^4$ 应当等于 50 W · cm$^{-2}$；②由（10.55）式定义的温室效应因子 $g = T_s^4/T_e^4$ 与观测值一致。约束①来自于是由细致建模研究；约束②是由地球辐射收支试验的资料。这两个约束得到如下晴天 IR 光学厚度

$$\tau^* = \tau_n^* + bw \tag{10.57}$$

式中 $\tau_n^* = 0.788$ 和 $b = 1.1$ cm$^2$ · g$^{-1}$。对于全球平均值 $\bar{w} = 1.32$ g · cm$^{-2}$，$CO_2$、$CH_4$、$N_2O$、$O_3$ 和 CFCs 各类的组合总的晴空光学厚度的贡献约 35%。求得 $G \equiv \sigma_B T_s^4$

$(\tau_n^*)-\sigma_B T_e^4=53\ \mathrm{W\cdot cm^{-2}}$，使用 $\tau_n^*=0.788$、$\Gamma_a=-6.5\ \mathrm{K\cdot km^{-1}}$ 和 $H_a=2\ \mathrm{km}$ 在方程式(10.55)中，温室因子 $g=(T_s/T_e)^4=1+|\Gamma_a|z_e(T_e)^4$，与结果一致显示在图 10.9 中，表明递增率为 $-6.5\ \mathrm{K\cdot km^{-1}}$，这些用于评估水汽的反馈作用。

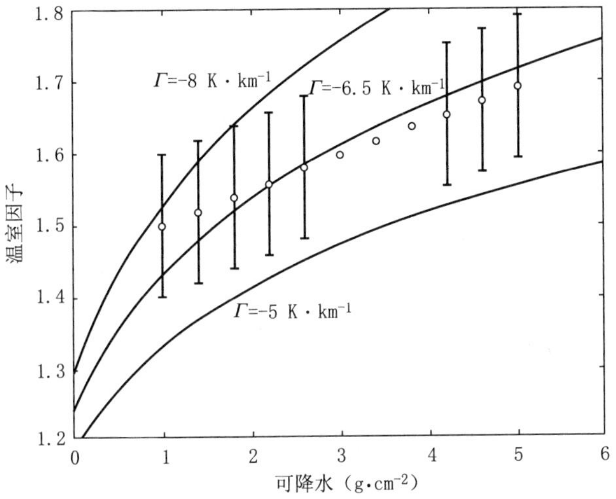


图 10.9 实线：对于三个不同的环境温度递减率下温室因子为可降水函数，图中也显示由卫星资料推得的圆圈值，误差横线表示数据点扩展。为与数据比较，需要考虑随海面温度的变化。求得这经验关系

### 10.4.3 大气窗区的作用

对于透明的光谱窗区 8～12 μm 作灰体模式更加实际。可以将温度与透明度因子的关系 $\beta(T)$ 确定为通过由窗区的黑体辐射的那部分，即是

$$\beta(T)=\int_{\tilde{\nu}_1}^{\tilde{\nu}_2}\mathrm{d}\tilde{\nu}B_{\tilde{\nu}}(T)/\sigma_B T^4 \tag{10.58}$$

式中 $\tilde{\nu}_1$、$\tilde{\nu}_2$ 是大气窗区的上、下限，假定由地面发射的黑体辐射的一部分 $\beta(0\leqslant\beta\leqslant1)$ 透射到空间，留下部分 $(1-\beta)$ 为大气截获，则对于 $F^+_{\mathrm{conv}}(\beta=0;\tau)$，(10.54)式成为

$$F^+_{\mathrm{conv}}(\beta,z)\rightarrow(1-\beta)F^+_{\mathrm{conv}}(\beta=0;\tau)+\beta\sigma_B T_s^4 \tag{10.59}$$

对于订正因子 $(1-\beta)$，零透明情形下的向下辐射通量同样表示为

$$F^-_{\mathrm{conv}}(\beta,z)=2(1-\beta)\int_0^{\tau(z)}\mathrm{d}\tau'\sigma_B T^4(\tau')\mathrm{e}^{-[\tau(z)-\tau']/\bar{\mu}} \tag{10.60}$$

由下面只对辐射对流模式讨论，因此略去下标“conv”，温室方程 $T_s\equiv g^{1/4}T_e$，在大气窗区修改为

$$T_s=\left[\frac{g(\beta=0)}{1-\beta+\beta g(\beta=0)}\right]^{1/4}T_e \tag{10.61}$$

注意到当大气是完全透明的，采用发射高度去表述，则地面温度表示为

$$T_s = \frac{T_s(\beta=0)}{[1-\beta+\beta T_s^4(\beta=0)/T_e^4]^{1/4}} = \frac{T_e + |\Gamma_a| z_e}{[1-\beta+\beta(1+|\Gamma_a| z_e/T_e)^4]^{1/4}} \tag{10.62}$$

显然从上面结果，对于一定光学厚度，由于窗区效应，地面冷却率较高，减小地面的温度，截获的 IR 减小。

对净通量求微分得到加热率 $\widetilde{H}$ 为

$$\begin{aligned}\widetilde{H}(\beta,z) &= -\frac{\partial}{\partial z}[F^+(\beta;z) - F^-(\beta;z)] \\ &= -\frac{(1-\beta)\tau(z)}{H_a}\frac{\partial}{\partial \tau}[F^+(\beta=0;z) - F^-(\beta=0;\tau)]\end{aligned} \tag{10.63}$$

可以发现，包括窗区的加热率是没有窗区的$(1-\beta)$倍，进行微分，得到

$$\widetilde{H}(\beta,z) = \frac{(1-\beta)\tau(z)}{\overline{\mu}H_a}\left\{-2\sigma_B T_s^4 e^{-[\tau^*-\tau(z)]/\overline{\mu}} + 2\int_0^{\tau^*}\frac{d\tau'}{\overline{\mu}}e^{-[\tau(z)-\tau']/\overline{\mu}}\sigma_B T^4 \tau'\right\} \tag{10.64}$$

在上面方程中，通过设 $T$=常数，求得空间的冷却率为

$$\widetilde{H}_{cs} = \frac{2(1-\beta)\tau(z)}{\overline{\mu}H_a}\sigma_B T^4 e^{-\tau/\overline{\mu}} \tag{10.65}$$

## 10.5 辐射加热率

### 10.5.1 加热率方程式

加热率是指在单位时间、单位体积内内能的增加，在散射大气中，根据通量密度的定义，对任何给定的向上和向下的漫射通量密度写为

$$F_{\text{dif}}^+(\tau) = \int_0^{2\pi}\int_0^1 I(\tau;\mu,\phi)\mu\, d\mu\, d\phi \quad (\mu \geqslant 0) \tag{10.66a}$$

$$F_{\text{dif}}^-(\tau) = \int_0^{2\pi}\int_0^{-1} I(\tau;\mu,\phi)\mu\, d\mu\, d\phi \quad (\mu < 0) \tag{10.66b}$$

注意到(7.29)式中

$$\int_0^{2\pi}\cos m(\phi-\phi_0)\, d\phi = 0 \quad (m \neq 0) \tag{10.67}$$

由此可以略去与方位的依赖关系，向上、向下的漫辐射通量密度写为

$$F_{\text{dif}}^{\pm}(\tau) = 2\pi\int_0^{\pm 1} I(\tau;\mu,\phi)\mu\, d\mu \tag{10.68}$$

上面给出的是漫辐射通量密度，对于计算向下辐射，需要加上直接辐射成分。直接辐射可以写为

$$F_{\text{dir}}^-(\tau) = \mu_0 F_0 e^{-\tau/\mu_0} \tag{10.69}$$

则对给定 $\tau$ 处的向上和向下的总通量密度分别为

$$F^{+}(\tau)=F_{\mathrm{dif}}^{+}(\tau)=2\pi\int_{0}^{1} I(\tau;\mu)\mu\,\mathrm{d}\mu \tag{10.70}$$

$$F^{-}(\tau)=F_{\mathrm{dir}}^{-}(\tau)+F_{\mathrm{dif}}^{-}(\tau)=\mu_0 F_0 \mathrm{e}^{-\tau/\mu_0}+2\pi\int_{0}^{-1} I(\tau;\mu)\mu\,\mathrm{d}\mu \tag{10.71}$$

则 $\tau$ 处的净辐射通量密度为

$$F(\tau)=F^{+}(\tau)-F^{-}(\tau) \tag{10.72}$$

对于净辐射通量密度是由高层向低层逐渐减小，于是对 $\Delta z$ 气层内净辐射通量密度的辐散(损耗)为

$$\Delta F(z)= F(z)-F(z+\Delta z) \tag{10.73}$$

或为

$$\Delta F(z)= -F^{-}(z+\Delta z)A(\Delta z) \tag{10.74}$$

式中 $A(\Delta z)$为气层的吸收率。则辐射通量散度为

$$\nabla\cdot F(z)=\lim_{\Delta z\to 0}\Delta F(z)/\Delta z \tag{10.75}$$

如果散度$\nabla\cdot F_{\nu}>0$，介质失去辐射能量，内能下降；散度$\nabla\cdot F_{\nu}<0$，辐射流向介质，介质辐射加热，内能增加，加热率定义为

$$\widetilde{H}\equiv-\int_{0}^{\infty}\mathrm{d}\tilde{\nu}\,\frac{\partial}{\partial z}(F_{\nu}^{+}-F^{-})=-\int_{0}^{\infty}\mathrm{d}\tilde{\nu}\,\nabla\cdot F_{\nu}(z) \tag{10.76}$$

### 10.5.2　增温率方程式

增温率是指在单位时间和单位体积物质温度的改变。当介质辐射加热，内能增加，温度上升。对于介质质量为 $\rho\Delta z$，定压比热为 $c_p$，则该介质质量温度上升 1 ℃所需要的能量为 $c_p\rho\Delta z$，若在 $\Delta t$ 时间内介质吸收的辐射能为 $\Delta t\nabla\cdot F_{\nu}$，则介质温度的改变为 $\Delta T$，有

$$\Delta T = -\Delta t\,\nabla\cdot F(z)/c_p\rho \tag{10.77}$$

增温率定义为

$$W=\frac{\widetilde{H}}{c_p\rho}=\frac{g}{c_p\rho}\frac{\partial}{\partial p}(F^{+}-F^{-})=\frac{\partial T}{\partial t}=-\nabla\cdot F(z)/c_p\rho \tag{10.78}$$

### 10.5.3　辐射增温率的计算

如果散度$\nabla\cdot F_{\nu}>0$，介质失去辐射能量，内能下降，导致温度下降冷却；散度$\nabla\cdot F_{\nu}<0$，辐射流向介质，写为

$$\Delta F_{\nu}(z)=-\rho c_p\,\Delta z\,\frac{\partial T}{\partial t} \tag{10.79}$$

吸收的辐射能用于大气的加热，用温度随时间的变化度表示辐射的加热，写为

$$\frac{\partial T}{\partial t}=-\frac{1}{c_p\rho}\frac{\Delta F_\nu(z)}{\Delta z}=-\frac{1}{c_p\rho}\frac{F_\nu^{\downarrow}(z+\Delta z)A(\Delta z)}{\Delta z} \tag{10.80}$$

如果用气压坐标表示增温率，由静力方程

$$\mathrm{d}p=-\rho g\,\mathrm{d}z \tag{10.81}$$

式中 $g$ 重力加速度，则增温率又表示为

$$\frac{\partial T}{\partial t}=\frac{g}{c_p\rho}\frac{\Delta F_\nu(p)}{\Delta p} \tag{10.82}$$

如果以吸收气体的程长表示增温率，对某一气体（如水汽）的程长为

$$\mathrm{d}u=\rho_w\,\mathrm{d}z=\frac{\rho_w}{\rho}\rho\,\mathrm{d}z=q\rho\,\mathrm{d}z=-\frac{q}{g}\mathrm{d}p \tag{10.83}$$

式中 $\rho_w$ 是水汽密度，$q$ 表示比湿。因而增温率表示为

$$\frac{\partial T}{\partial t}=-\frac{q}{c_p\rho}\frac{\Delta F(u)}{\Delta u} \tag{10.84}$$

如果将太阳光谱分成 $N$ 个谱段，并对每个谱段 $i$ 计算增温率，则总的太阳谱区增温率可以写为

$$\left(\frac{\partial T}{\partial t}\right)_{总}=\sum_{i=1}^{N}\left(\frac{\partial T}{\partial t}\right)_i \tag{10.85}$$

由于压力加宽造成的吸收系数强烈地依赖于气压，所以在计算非均匀大气中吸收与压力的关系时，用经验方法解决，其定义一个有效压力，通过它将大气压力的变化对吸收过程式的影响考虑在内，有效压力定义为

$$\overline{P}=\int_0^u P(u)\mathrm{d}u\Big/\int_0^u\mathrm{d}u \tag{10.86}$$

上式将所有吸收物质都置于同一气压 $\overline{P}$ 之下，在计算时可以用 $\overline{P}$ 代替 $P$ 进行经验调整。

### 10.5.4　晴空状况下的辐射通量和加热率计算

红外分子吸收是由几乎所有的分子到痕量气体，其中 $H_2O$、$CO_2$ 和 $O_3$ 是十分丰富的，由于这些分子在温室增暖过程中起关键性作用，在晴空条件下传输问题自然先考虑到。方程式先用于晴天无云、没有粒子的大气，现仅考虑热辐射和吸收的情形下，由于在热红外（$\lambda>3.5\ \mu$m）与吸收相比较，分子的散射是不重要的，如果假定局地热力平衡，在局地温度 $T$ 值处的源函数等于普朗克函数，还假定 $T$ 及所有的 IR 吸收的高度分布是确定的。为保持方程式可控制，覆盖于近地面的大气温度 $T(\tau^*)$ 与地面温度 $T_s$ 是相近的。

**1. 单色辐射通量**

对于半球通量的单色辐射传输的解可写为

$$F_{\tilde{\nu}}^{+}(\tau)=2\pi\int_{0}^{1}\mathrm{d}\mu\mu\int_{\tau}^{\tau'}\frac{\mathrm{d}t}{\mu}B_{\tilde{\nu}}(t)\exp[-(t-\tau)/\mu]$$
$$+2\varepsilon_{F}^{s}(\tilde{\nu})\int_{0}^{1}\mathrm{d}\mu\mu B_{\tilde{\nu}}(T_{s})\exp[-(\tau^{*}-\tau)/\mu]$$
$$+[1-\varepsilon_{F}^{s}(\tilde{\nu})]F_{\tilde{\nu}}^{-}(\tau^{*})2\int_{0}^{1}\mathrm{d}\mu\mu\ \exp[-(\tau^{*}-t)/\mu] \quad (10.87\mathrm{a})$$

$$F_{\tilde{\nu}}^{-}(\tau)=2\pi\int_{0}^{1}\mathrm{d}\mu\mu\int_{\tau}^{\tau'}\frac{\mathrm{d}t}{\mu}B_{\tilde{\nu}}(t)\exp[-(t-\tau)/\mu] \quad (10.87\mathrm{b})$$

式中假定地面具有通量发射率为 $\varepsilon_{F}^{s}(\tilde{\nu})\equiv\varepsilon_{F}^{s}(\tilde{\nu},2\pi)$，向上辐射通量的第三项为地面对向下大气辐射的反射，属于非黑体自然表面。

交换积分号，通过下式对于均匀照射通量透过率的定义，消去与角度的依赖关系：

$$\widetilde{T}(\tilde{\nu},-2\pi,-2\pi)=2\int_{0}^{1}\mathrm{d}\mu\ \mu\,\mathrm{e}^{-\tau(\tilde{\nu},z,z')/\mu}=2E_{3}\left[\int_{z}^{z'}\mathrm{d}z''\alpha(\tilde{\nu},z'')\right] \quad (10.88)$$

式中 $E_3(\tau)$是 3 阶指数积分，$\alpha$ 是吸收系数。对于漫透射通量使用缩记号 $\widetilde{T}_F(\tilde{\nu},z,z')$，如果变换到高度 $z$ 和使用 $\mathrm{d}t=-\alpha\mathrm{d}z'$，通量方程式成为

$$F_{\tilde{\nu}}^{+}(z)=\varepsilon_{F}^{s}(\tilde{\nu})B_{\tilde{\nu}}(T_{s})\widetilde{T}_{F}(\tilde{\nu},0,z)+[1-\varepsilon_{F}^{s}(\tilde{\nu})]F_{\tilde{\nu}}^{-}(z=0)\widetilde{T}_{F}(\tilde{\nu},0,z)$$
$$\int_{0}^{z}\pi B_{\tilde{\nu}}[T(z')]\frac{\mathrm{d}\widetilde{T}_{F}(\tilde{\nu};z,z')}{\mathrm{d}z'}\mathrm{d}z' \quad (10.89\mathrm{a})$$

$$F_{\tilde{\nu}}^{-}(z)=-\int_{z}^{\infty}\pi B_{\tilde{\nu}}[T(z')]\frac{\mathrm{d}\widetilde{T}_{F}(\tilde{\nu};z,z')}{\mathrm{d}z'}\mathrm{d}z' \quad (10.89\mathrm{b})$$

式中使用下面关系式

$$\frac{\mathrm{d}\widetilde{T}_{F}(\tilde{\nu};z,z')}{\mathrm{d}z'}=2\alpha(\tilde{\nu})E_{2}[t-\tau(\tilde{\nu})],\qquad \frac{\mathrm{d}\widetilde{T}_{F}(\tilde{\nu};z,z')}{\mathrm{d}z'}=-2\alpha(\tilde{\nu})E_{2}[\tau(\tilde{\nu})-t] \quad (10.90)$$

方程式表示按高度对普朗克函数积分，通过对单色透过率(和它的导数)加权，当然在研究能量流要求是光谱量。对普朗克函数积分，没有特殊问题，因为它是一个关于 $T$ 和 $\tilde{\nu}$ 的光滑的解析函数。不过吸收系数的计算存在有重要的实际问题，因为它随 $\tilde{\nu}$ 有不连续的变化。下面将说明完成这积分的一些常用方法。

最直接(不是最有效的)的求取通量积分方法是确定小光谱间隔($10^{-4}$ 到 $10^{-2}\ \mathrm{cm}^{-1}$)的 $\alpha(\tilde{\nu})$，这是需要繁琐的步骤才能确定，因为 $\alpha(\tilde{\nu})$取决于整个 IR 光谱所有谱线的位置 $\tilde{\nu}_{0i}$、强度 $S_i$ 和谱线的形状 $\Phi_i$。如前面讨论的，吸收系数是对在波数 $\tilde{\nu}$ 处主要重叠所有谱线 $i$ 求和，写为

$$\alpha(\tilde{\nu},T,p)=\sum_{i}S_{i}(T)\Phi(\tilde{\nu},p,\tilde{\nu}_{0i}) \quad (10.91)$$

这里 $\alpha(\tilde{\nu})$和 $\int\mathrm{d}\tilde{\nu}\widetilde{T}_{F}(\tilde{\nu})$ 是对整个光谱，每次计算对一波数进行的。使用逐线计算方法

已经在第 4 章中讨论。

**2. 大气辐射的宽带计算方法**

大气辐射随波长或波数而改变，计算某一光谱段的大气辐射需要对频率进行积分，根据(4.13)式，在坐标中总的向上和向下辐射通量写为

$$F^{+}(z)=\int_0^{\infty}\pi B_\nu(T_s)\widetilde{T}_\nu^f\mathrm{d}\nu+\int_0^{\infty}\int_0^{z}\pi B_\nu(z')\frac{\mathrm{d}\widetilde{T}_\nu^f(z,z')}{\mathrm{d}z'}\mathrm{d}z'\mathrm{d}\nu \tag{10.92a}$$

$$F^{-}(z)=\int_0^{\infty}\int_0^{z}\pi B_\nu(z')\frac{\mathrm{d}\widetilde{T}_\nu^f(z,z')}{\mathrm{d}z'}\mathrm{d}z'\mathrm{d}\nu \tag{10.92b}$$

为进行谱段的大气辐射的频率积分，引入宽带发射率，宽带发射率方法是基于如艾尔萨色辐射图的基础上发展而来，现定义等温宽带能量发射率

$$\varepsilon^f(z,z')=\int_0^{\infty}\pi B_\nu(T)[1-\widetilde{T}_\nu^f(z)]\frac{\mathrm{d}\nu}{\sigma_B T^4} \tag{10.93}$$

由于大气的水平方向相对于垂直方向，可以近似看成均匀的，若将大气在垂直方向分成许多层，每一层可以作为等温层处理的平面平行大气，则向上和向下辐射通量写为

$$F^{+}(z)\approx\sigma_B T_s^4[1-\varepsilon^f(z,0)]-\int_0^{u}\sigma_B T^4(z')\frac{\mathrm{d}\varepsilon^f[z',z,T(z')]}{\mathrm{d}z'}\mathrm{d}z' \tag{10.94a}$$

$$F^{-}(z)\approx\int_0^{u}\sigma_B T^4(z')\frac{\mathrm{d}\varepsilon^f[z',z,T(z')]^f}{\mathrm{d}z'}\mathrm{d}z' \tag{10.94b}$$

实际大气主要吸收气体为 $CO_2$、$H_2O$、$O_3$，因此定义的宽带发射率按这三种气体在谱带上以求和表示，令 $z_1(=z_w)_x$、$z_2(=z_c)$ 和 $z_3(=z_0)$ 分别代表 $H_2O$、$CO_2$ 和 $O_3$ 的路径长度，于是有

$$\varepsilon^f(z_j,T)=\sum_i\pi B_{\bar{\nu},i}(T)[1-\widetilde{T}_{\nu,i}^f(z_i)]\frac{\Delta\nu_i}{\sigma_B T^4}\quad(j=1,2,3) \tag{10.95}$$

作为近似现用分谱透射率代替漫射分谱透射率，这里漫射因子 $1/\overline{\mu}=1.66$，分谱透射率可以通过逐线或通过对均匀路径进行谱带模式计算得到。

等温大气的发射总量等于各种气体的单独发射量之和，但由于 $H_2O$ 和 $CO_2$ 在 15 μm 处的吸收线有很多重叠，因此为防止高估和的发射，必须进行订正，重叠区的发射率可以精确地表示为

$$\varepsilon^f(z_w,z_c,T)=\int_0^{\infty}\pi B_\nu(T)[1-\widetilde{T}_\nu(\overline{z}_w,\overline{z}_c)]\frac{\mathrm{d}\nu}{\sigma_B T^4} \tag{10.96}$$

式中，根据单色透射率定义知，总的两种吸收气体的透射率分别为每种吸收气体的透射率之乘积，即是

$$\widetilde{T}_\nu(\overline{z}_w,\overline{z}_c)=\widetilde{T}_{\nu F}(\overline{z}_w)\widetilde{T}_{\nu F}(\overline{z}_c) \tag{10.97}$$

由此可以得到重叠区域发射率表示为

$$\varepsilon_F(z_w,z_c,T)=\varepsilon_F(z_w,T)+\varepsilon_F(z_c,T)-\Delta\varepsilon_F(z_w,z_c,T) \tag{10.98}$$

式中订正项为

$$\begin{aligned}\Delta\varepsilon_F(z_w,z_c,T)&=\int_0^\infty \pi B_\nu(T)[1-\widetilde{T}_\nu(\overline{z}_w)][1-\widetilde{T}_\nu(\overline{z}_c)]\frac{\mathrm{d}\nu}{\sigma_B T^4}\\&\approx\sum_i \pi B_{\bar{\nu},i}(T)\int_{\Delta\nu_i}[1-\widetilde{T}_\nu(\overline{z}_w)][1-\widetilde{T}_\nu(\overline{z}_c)]\frac{\mathrm{d}\nu}{\sigma_B T^4}\end{aligned} \tag{10.99}$$

如果 $\widetilde{T}_\nu(\overline{z}_w)$ 或 $\widetilde{T}_\nu(\overline{z}_c)$ 的变化小于它们的乘积,则可对它们的任一个进行波数积分得到

$$\Delta\varepsilon^f(z_w,z_c,T)\approx\sum_i \pi B_{\bar{\nu},i}(T)[1-\widetilde{T}_{\nu,i}(\overline{z}_w)][1-\widetilde{T}_{\nu,i}(\overline{z}_c)]\frac{\Delta\nu_i}{\sigma_B T^4} \tag{10.100}$$

这是个较好的近似。

**3. 窄带吸收模式计算**

窄带方法是对足够包括有主要若干谱线的光谱间隔的单色通量方程式积分,但是光谱间隔对于普朗克函数是如此小,可以认为是常数。这里采用地表近似为黑体,对于高反射率(沙地 $\varepsilon_F^s\approx 0.88$)射出通量的误差约为 10%,对于水面(0.97)、冰(0.95)和非荒芜陆地(0.95)的误差较小。如果设 $\varepsilon_F^s=1$,半球通量积分为

$$F^+(i,z)=\Delta\tilde{\nu}_i\left[\pi\widetilde{B}_i(0)\langle\widetilde{T}_i^F(0,z)\rangle+\int_0^z\pi\widetilde{B}_i(z')\frac{\mathrm{d}\langle\widetilde{T}_i^f(z,z')\rangle}{\mathrm{d}z'}\mathrm{d}z'\right] \tag{10.101a}$$

$$F^-(i,z)=\Delta\tilde{\nu}_i\left[\int_z^\infty\pi\widetilde{B}_i(z')\frac{\mathrm{d}\langle\widetilde{T}_i^f(z,z')\rangle}{\mathrm{d}z'}\mathrm{d}z'\right] \tag{10.101b}$$

式中 $\widetilde{B}_i$ 是在谱带中心处 $\pi B_{\tilde{\nu}}$ 的值,$\Delta\tilde{\nu}_i$ 是谱带间隔,〈 〉表示谱平均透过率,为

$$\langle\widetilde{T}_i^f(z',z)\rangle\equiv\frac{1}{\Delta\tilde{\nu}_i}\int_{\Delta\nu_i}\mathrm{d}\nu\,\widetilde{T}_\nu^f(\nu;z',z) \tag{10.102}$$

上式常是研究的起点。通过对个别贡献的求和,$F^\pm(z)=\sum_i F^\pm(i,z)$,得到总的通量,求和的项数约为 30 项,光谱范围从 0 到 3000 $\mathrm{cm}^{-1}$。

通量积分的关键是对于均匀路径的光谱平均透过率 $\langle\widetilde{T}_i^F\rangle$ 的求取。当压缩到标准气温和大气压时,无论是单位面积气柱内的质量 $u$($\mathrm{g\cdot cm^{-2}}$ 或 $\mathrm{kg\cdot m^{-2}}$)或是单位面积柱内的粒子数,在垂直路径上通常为独立变量。另外,对线强和线宽计算,必须确定压力和温度。在确定函数这三个量与 $\langle\widetilde{T}_i^F\rangle$ 的依赖关系后,就可将不均匀路径等效为

均匀路径,可以估计

$$\langle \widetilde{T}_i^F \rangle (z, z') \approx \langle \widetilde{T}_i^F \rangle (\langle u \rangle, \langle p \rangle, \langle T \rangle) \tag{10.103}$$

式中$\langle u \rangle$、$\langle p \rangle$和$\langle T \rangle$是对于垂直路径 $z$ 到 $z'$吸收质量路径、气压和温度的定标量。

**4. 谱带重叠考虑**

对于很多分子的吸收带的位置,处在同一光谱间隔 $\Delta\tilde{\nu}$ 内吸收,如 $H_2O$ 和 $CO_2$ 两分子在 580～750 $cm^{-1}$ 范围内都有吸收。由于总的光学厚度为各气体光学厚度之和,考虑到谱带模式中的重叠,依据多频段的乘法性质,使用随机谱带模式透过率的推导。如果 $u_1, u_2, \cdots, u_N$ 表示各个吸收气体的含量,则第 $i$ 光谱间隔的净透过率写为

$$\langle \widetilde{T}_i^F (u_1, u_2, \cdots, u_N) \rangle \cong \langle \widetilde{T}_i^F (u_1) \rangle \langle \widetilde{T}_i^F (u_1) \rangle \cdots \langle \widetilde{T}_i^F (u_N) \rangle \tag{10.104}$$

虽然上式已经被广泛使用。实际上,乘法属性仅适用 $u$ 于有限数量的透过函数,仅当各种气体谱线位置之间的相关性很小时是有效的。在窄带模式中,略去 $H_2O$ 和 $CO_2$ 谱带重叠,当增加时,会引起向下通量变化的误差。

**5. 漫近似**

对于强度随角度变化不大,对(10.86)式角积分的数值问题不是很困难的,低阶求积方法十分精确,对于最低阶方法就是对一个点求积等效于在二流近似中方法。在带模式中,把这称作漫近似,设 $E_3(\tau) = \int_0^1 d\mu \mu e^{-\tau/\mu} \approx \overline{\mu} e^{-\tau/\overline{\mu}} \equiv r^{-1} e^{-r\tau}$。式中 $r \equiv \overline{\mu}^{-1}$ 是漫射因子,$\overline{\mu}$ 是平均倾角(见第 8.3.3 节定义),这近似由 Elsasser(1942)首先采用。其引起的误差在 1%～2%内,这相对于其他误差是相当低的。通常假定 $r$ 是常数,常用值是 5/3。实际上 $r$ 随光学厚度变化。对于很精确的最佳拟合表示式为

$$r(\tau) \cong 1.5 + \frac{0.5}{1 + 4\tau + 10\tau^2} \tag{10.105}$$

### 10.5.5 大气冷却率

**1. 等温大气冷却率**

在等温大气中,如何构建辐射和加热率方程式,一般的方法是采用宽带方程式,按(10.94)式用光程($du' = -\rho dz'$),则有

$$F^+(u) = \sigma_B T^4 \tag{10.106a}$$

$$F^-(u) = \sigma_B T^4 \langle \varepsilon_F(u) \rangle \tag{10.106b}$$

向上辐射为常数,等于温度为 $T$ 的黑体发射辐射,来自地面的向上热辐射被大气发射辐射替代,向下辐射通量是黑体辐射乘以取决于物质量($u$)的发射率$\langle \varepsilon_F(u) \rangle$。

对于等温平板的加热率,由(10.76)式,按 $u$ 表示的表达式为

$$\widetilde{H} = \rho \frac{\partial}{\partial u}(F_\nu^+ - F^-) \equiv \widetilde{H}_{cs} = -\sigma_B T^4 \rho \frac{\partial}{\partial u} \langle \varepsilon_F(u) \rangle \tag{10.107}$$

这是通常用的由地球冷却到空间的情况，更一般的形式是非等温大气。$H_{cs}$ 的值总是负的，就是介质的任何地方以乘积 $\rho\partial\langle\varepsilon_F(u)\rangle/\partial u$ 的速率冷却。虽然光辐射被在所有高度 $u'$ 的四周介质吸收增暖这区域，以相同的速率 $u$ 补偿冷却。对于等温介质，与周围介质的热交换的效果为 0。因此如果光直接向空间发射，等温介质是变冷。

$H_{cs}$ 随高度有什么特点？这由 $\langle\varepsilon_F(u)\rangle$ 的表示式 $1-\exp(-au^b)$ 与路径的依赖性很容易理解，式中 $a$ 和 $b$ 是最小二乘法与实际发射率拟合得到的系数。容易看到空间的冷却项与 $u^b\exp(-au^b)$ 成比例，在 $au^b=1$ 达到最大，因此其作用是在光学厚度等于 1 时最大，这是与由地表面在某光学厚度处行星发射的辐射是一致的。

假定谱带透过率由 Elsasser 模式给定，可以定义无量纲的到空间的冷却函数为

$$
\begin{aligned}
CSF &\equiv -\frac{u^* H_{cs}}{\sigma_B T^4 \rho_0} = \tilde{u}\,\frac{\partial\langle\widetilde{T}_b(\tilde{u})\rangle}{\partial\tilde{u}} = \tilde{u}\,\frac{\partial}{\partial\tilde{u}}\int_{-1/2}^{+1/2}\mathrm{d}x\exp\left[-\frac{2\pi\tilde{u}y\sinh(2\pi y)}{\cosh(2\pi y)-\cos(2\pi x)}\right] \\
&= -\int_{-1/2}^{+1/2}\mathrm{d}x\;\frac{2\pi\tilde{u}y\sinh(2\pi y)}{\cosh(2\pi y)-\cos(2\pi x)}\exp\left[-\frac{2\pi\tilde{u}y\sinh(2\pi y)}{\cosh(2\pi y)-\cos(2\pi x)}\right]
\end{aligned}
\tag{10.108}
$$

式中 $\tilde{u}\equiv Su/2\pi\bar{\mu}\alpha_L$ 是对于各向同性辐射场的无量纲质量路径，式中使用了辐射透过率的射线透过率的漫近似。$\rho_0$ 是在 $z=0$ 处的吸收气体的密度，其假定为指数表示 $\rho\propto u/u^*$（对于水汽或二氧化碳是合适的，它可以用一个恒定的定标高度 $H_a$ 表示，因此 $\rho$ 和 $u\propto\exp(-z/H_a)$），但对臭氧除外。上面的表达式可以通过数值积分求取，图 10.10 显示了相对于不同灰色参数 $y=\alpha_L/\Delta\tilde{\nu}$，无量纲冷却到空间函数随光学厚度的变化。对于小的 $y$ 值，函数很宽，且最大值出现在介质内，这是由于光子从 $u=0$ 附近谱线中心逸出的结果。随厚度加深，离谱线翼越来越远，更多的冷却发生，这里总是单色的光学厚度近似为 1。对于大的 $y$ 值，谱线宽度超过间隔 $\delta$，线型模糊吸收系数为一固定值，就是谱带近似为一连续的吸收体。在这种灰体情形下冷却发生在窄带层，在光学厚度 $2\pi y\tilde{u}=Su/\delta\cong 1$ 处达到极大。

**2. 非等温大气冷却率**

对于上述窄带辐射表示式(10.101a)微分，消二项后求得

$$
\begin{aligned}
-\frac{\widetilde{H}_i}{\Delta\tilde{\nu}_i} &= \widetilde{B}_i(0)\,\frac{\partial\widetilde{T}_F^i(0,z)}{\partial z} + \int_0^z \mathrm{d}z'\,\widetilde{B}_i(z')\,\frac{\partial^2\widetilde{T}_F^i(z',z)}{\partial z\partial z'} \\
&\quad + \int_z^\infty \mathrm{d}z'\,\widetilde{B}_i(z')\,\frac{\partial^2\widetilde{T}_F^i(z,z')}{\partial z\partial z'}
\end{aligned}
\tag{10.109}
$$

从这式可看到，加热率取决于透过率的二阶导次数。

可以很方便地将(10.109)式分离为各大气层之间的交换和大气层与边界层之间

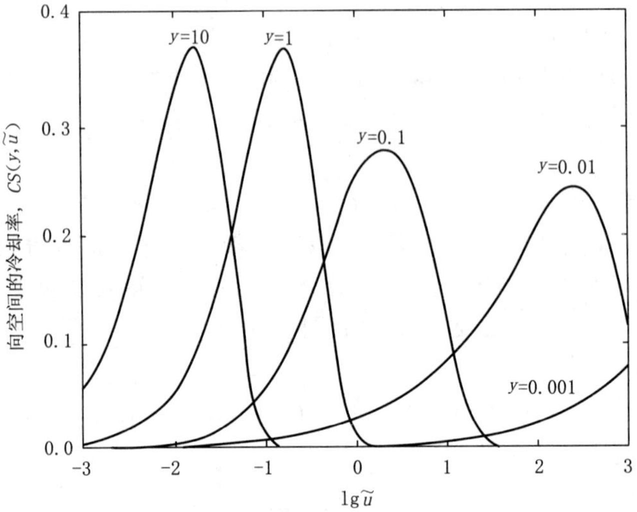


图 10.10 根据(10.108)式数值积分计算进入空间的冷却函数 CSF，这是对于大气垂直厚度 $\widetilde{u}\equiv Su/2\pi\bar{\mu}\alpha_L$ 均匀一个无量纲冷却率。吸收根据 Elsasser 带模式，$y=\alpha_L/\Delta\tilde{\nu}$ 是灰度参数(Thomas 和 Stamnes，1999)

交换，上边界通常可以认为温度为 0 的真空空间；下边界常是地面，也可以是由温度和发射率表示的云面。假定在(10.109)式中的第一积分项，$\widetilde{B}_i(z')$用 $\widetilde{B}_i(z)$替代，则有

$$\int_0^z dz'\,\widetilde{B}_i(z)\,\frac{\partial^2\langle\widetilde{T}_F^i(z,z')\rangle}{\partial z\partial z'}=\widetilde{B}_i(z)\int_0^z dz'\,\frac{\partial}{\partial z}\,\frac{\partial\langle\widetilde{T}_F^i(z',z)\rangle}{\partial z'}$$
$$=-\widetilde{B}_i(z)\frac{\partial\langle\widetilde{T}_F^i(0,z)\rangle}{\partial z}\tag{10.110}$$

在(10.109)式第二个积分项中作类似的替换，得到类似的封闭表示式

$$\int_z^\infty dz'\,\widetilde{B}_i(z)\,\frac{\partial^2\langle\widetilde{T}_F^i(z,z')\rangle}{\partial z\partial z'}=\widetilde{B}_i(z)\,\frac{\partial\langle\widetilde{T}_F^i(z,\infty)\rangle}{\partial z}\tag{10.111}$$

如果将上面(10.109)式中的二项相减和相加，可得到第 $i$ 光谱间隔的精确加热率的表示公式

$$\frac{\widetilde{H}_i}{\Delta\tilde{\nu}_i}=-[\widetilde{B}_i(0)-\widetilde{B}_i(z)]\,\frac{\partial\langle\widetilde{T}_F^i(0,z)\rangle}{\partial z}-\widetilde{B}_i(z)\,\frac{\partial\langle\widetilde{T}_F^i(z,\infty)\rangle}{\partial z}$$
$$-\int_0^z dz'[\widetilde{B}_i(z')-\widetilde{B}_i(z)]\,\frac{\partial^2\langle\widetilde{T}_F^i(z',z)\rangle}{\partial z\partial z'}$$
$$-\int_z^\infty dz'[\widetilde{B}_i(z')-\widetilde{B}_i(z)]\,\frac{\partial^2\langle\widetilde{T}_F^i(z',z)\rangle}{\partial z\partial z'}\tag{10.112}$$

第一项表示地面到高度 $z$ 之间能量输送对加热的贡献。当地面的发射率超过局地普朗克函数时，由于 $-\partial/\partial z\langle\widetilde{T}_i^F(0,z)\rangle$ 项是正的，这一项的所有符号是正的。换言之，如果地面的发射率为 1，地面温度大于（或小于）大气温度 $T(z)$ 时，发生加热（或冷却）。

第二项是向空间冷却项，适合局地温度 $T(z)$，注意第一项与第二项相似。

第三、四项是交换项，描述各层之间传输作用，在等温情形下可以消去。实际情况中，第四项是很小的，与第三项可比较。

### 10.5.6 地球大气冷却率计算结果

上面描述了行星大气中增暖和冷却率的计算方法，不过上面方法只是当忽略大气散射，在晴天条件下计算。由于瑞利散射必须考虑在有太阳吸收情形下，方法不能使用。如果出现云和气溶胶，在任何光谱区不能应用。因此必须要找到有散射出现情况下考虑到多次散射的计算增暖和冷却的方法。.

原则上可以计算考虑到每一条谱线的吸收发射和散射，对任意粒子分布的整个太阳和地球精细光谱的辐射场，但是这不是个常用的方法。

前面在大气吸收理论中曾讨论了谱带模式，由于在大气化学和气候模式中，逐线计算不能计算整个光谱的加热率和冷却率，谱带模式是十分重要的。前面已经描述谱带模式如何考虑到多次散射，可以建立计算不同光谱部分的辐射场。图 10.11 给出了由于 $H_2O$、$CO_2$ 和 $O_3$ 对于标准大气的晴空冷却率。

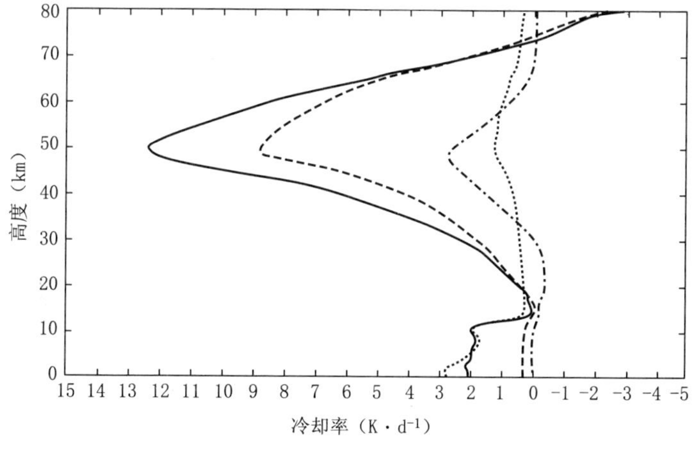


图 10.11 对于 $H_2O$（点线）、$CO_2$（虚线）和 $O_3$（点虚线）使用逐线计算法得到的红外冷却率（Thomas 和 Stamnes，1999）

### 10.5.7 云和气溶胶的红外冷却

在有云情形下，需要考虑到附加的吸收和发射率，对通量方程式修改。大气中的悬浮粒子增加对吸收和散射的作用，对于晴空状况下，其对平面平行的对称性破坏更大。由于它们较长的生命时间，气溶胶比云有着更加重要的作用。除几何的复杂性外，气溶胶和云粒子分布在很宽的尺度范围内，在冰粒的情形下，具有多种形状，而且由于气溶胶粒子之间折射指数变化，希望只用一种传输模式是不现实的。

设有一厚度为 $\Delta z = z_t - z_b$ 的薄云处于温度为 $T(z_t \approx z_b) \equiv T_c$ 的高度的大气中，这里 $z_t$ 和 $z_b$ 分别是云顶和云底的高度。现首先考虑云与红外大气辐射是如何相互作用的，然后由一个简单模式导出的方程式研究这些效应，这里将略去太阳加热，只是考虑特别是云顶的红外冷却。

云粒一方面吸收来自周围（云粒和大气两者）的 IR 辐射，与环境辐射的平均强度成正比，另一方面它在给定波数处按照它的吸收系数与自身温度 $T_c$ 处普朗克函数的乘积也向外发射辐射。通常吸收和发射的速率不是平衡的。另外，辐射加热和湿对流将对大气（和云粒）增温，显然由于由地面和低的暖的大气发射的入射辐射，在云底的红外辐射增温是强的和正的。而且，云底变冷的趋势被覆盖的不透明的云阻止，在云顶，相反的情形发生。入射的辐射主要是向下的辐射，它是很小的（它的有效温度小于 $T_c$），因为降低来自下垫面发射辐射。向上辐射被不透明的云衰减。但是，云辐射按云的温度 $T_c$，由于不透明的厚的云可以近似为黑体，辐射冷却到空间是很有效的。总之，在云的底部有强的增暖，云顶部有强的冷却。

以上效应可以用云和辐射场的简单模式描述。现假定云是灰体、平面平行、薄的，为避免出现指数积分，将漫近似（或二流近似）通量透过率。假定入射介质顶和底的辐射是已知的。用 $F^+(z_b)$ 和 $F^-(z_t)$ 表示入射通量，由云粒发射到半球的光谱积分用 $\widetilde{B}_c = \sigma T_c^4$ 表示，假定是常数。

在云内的向上辐射是①透过大气的辐射通量密度 $F^+(z_b)\exp[-r(\tau_c^* - \tau_c)]$ 和②来自云粒发射的辐射通量 $B_c\{1-\exp[-r(\tau_c^* - \tau_c)]\}$，这里 $\tau_c^*$ 和 $\tau_c$ 分别是总的光学厚度和在云内任一高度 $z$ 的光学厚度。注意忽略了大气衰减，对于薄的云是可以的。为避免“突变”出现（和不可靠的增暖和冷却的出现），这里对于云粒的高度分布采用高斯函数，则光学厚度由下式给出

$$\tau_c(z) = \frac{\tau_c^*}{\Delta z\sqrt{2\pi}}\int_z^{\infty} dz' e^{-\frac{1}{2}[(z'-z_c)/\Delta z]^2} = \tau_c^*\{1 - C_n[(z-z_c)/\Delta z]\} \quad (10.113)$$

式中 $\sqrt{2}\Delta z$ 是 1/e 云厚，$C_n$ 是累积归一化函数，为

$$C_n(x) \equiv \frac{1}{\sqrt{2\pi}}\int_{-\infty}^{x} dt\, e^{-t^2/2} \quad (10.114)$$

云内的向下辐射通量也是透过辐射和云本身发射辐射之和，因此有

$$F^{+}(\tau_c)=F^{+}(z_b)\mathrm{e}^{-(\tau_c^{*}-\tau_c)/\bar{\mu}}+\widetilde{B}_c[1-\mathrm{e}^{-(\tau_c^{*}-\tau_c)/\bar{\mu}}] \tag{10.115a}$$

$$F^{-}(\tau_c)=F^{-}(z_t)\mathrm{e}^{-\tau_c/\bar{\mu}}+\widetilde{B}_c(1-\mathrm{e}^{-\tau_c/\bar{\mu}}) \tag{10.115b}$$

注意，如果云的光学厚度($\tau_c^{*}\gg 1$)很大，云内的辐射通量与云边界处的相差很大且等于黑体辐射 $\widetilde{B}_c$ 为各向同性辐射。在光学厚度很大的云内部没有加热发生。相反对于薄云($\tau_c^{*}\ll 1$)，辐射可简单地分为向上和向下大气辐射通量。云内的加热率为净通量的导数

$$\widetilde{H}=-\frac{\partial}{\partial z}[F^{+}(z)-F^{-}(z)]=-\frac{\partial\tau_c}{\partial z}\frac{\partial}{\partial\tau_c}[F^{+}(z)-F^{-}(z)] \tag{10.116}$$

由(10.113)式，$\partial\tau_c/\partial z=-(\tau_c^{*}/\Delta z)\exp[-(1/2)(z-z_b)^2/\Delta z^2]$，消去后得到

$$\widetilde{H}(z)=\frac{\tau_c^{*}}{\bar{\mu}\Delta z}\mathrm{e}^{-(1/2)(z-z_c)^2/\Delta z^2}\times\{[F^{+}(z_b)-\widetilde{B}_c]\mathrm{e}^{-(\tau_c^{*}-\tau_c)/\bar{\mu}}+[F^{-}(z_t)-\widetilde{B}_c]\mathrm{e}^{-\tau_c/\bar{\mu}}\} \tag{10.117}$$

式中按照(10.113)式，$\tau_c$ 是 $z$ 的函数。上面结果很容易解释。在云底，第一项大于第二项，且为正值；不过，在云顶，是以第二项为主。因此在云底研究加热过程，云顶研究冷却过程。

云底的加热和云顶的冷却，使大气趋向不稳定。其初始作用是引起对流增加，增强垂直运动，干空气卷入，直至云消散。云常常是动力过程的结果，理解潜热的增暖和冷却、对流的输送、辐射对云粒的加热和冷却由于光学特性改变的反作用是大气研究的重要内容之一。

## 10.6 辐射强迫

前面定义温室效应因子 $G$ 是由地面发射的平均通量与行星大气顶射出的平均通量之差。现把它定义为在某波数处的局地偏差：$G_{\bar{\nu}}=F_{\bar{\nu}}^{+}(\tau^{*})-F_{\bar{\nu}}^{+}(0)$，因此对温室因子光谱积分得

$$G=\int \mathrm{d}\bar{\nu}G_{\bar{\nu}}=\sigma_B T_s^4-F_{\mathrm{TOA}} \tag{10.118}$$

全球平均而言，图 10.12 给出了这两个通量的光谱变化，显示了主要温室气体主要吸收带的各个最大值。引起气候变化的变量产生一个扰动 $G$，给定增量 $\Delta G$，改变在平衡中地面温度($\Delta T_s$)。定义 $\Delta G$ 作为强迫函数，有以下问题。

(1)由于 $G$ 和 $\Delta G$ 涉及地面温度，它们包括有气候系统的反馈响应；

(2)$\Delta G$ 只是大气返回地面变暖的测量，应包括进入大气柱的通量更合理的定义；

(3)由卫星不容易测量地面温度，特别是陆地表面。

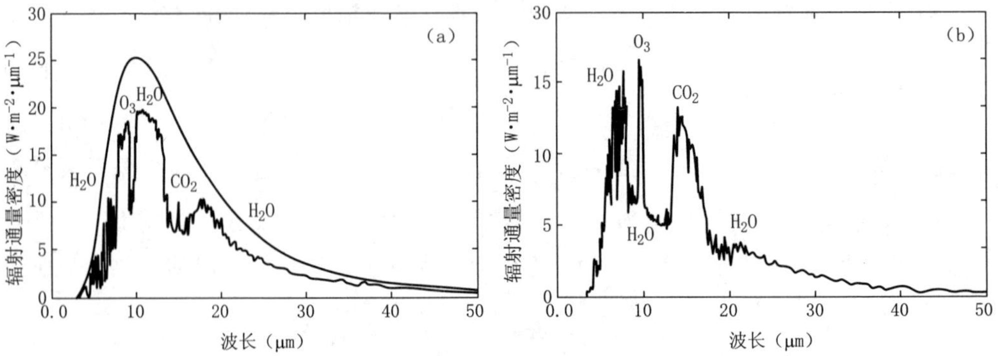


图 10.12 (a)最上的光滑曲线表示黑体辐射，下面的曲线是由窄带模式计算大气顶辐射通量密度的结果；(b)对于 kiehl-Trenberth 模式的温室因子。$G=F_{\lambda}^{+}(z=0)-F_{\lambda}^{+}(z\rightarrow\infty)$ (Thomas 和 Stamnes,1999)

针对以上问题，定义一个包括大气在内的辐射强迫，即是大气顶处入射和射出通量之差：

$$N\equiv N_{sw}-N_{lw}\equiv(1-\rho)F^{s}-F_{\mathrm{TOA}} \tag{10.119}$$

式中 $N$ 等于由短波加热和长波冷却之间不平衡引起的瞬间气柱积分辐射加热率。注意这定义涉及局地或区域量。因此，$N$ 可以随纬度和每日时间变化。也注意到反照率 $\rho$、太阳通量 $F^{s}$ 和射出红外通量 $F_{\mathrm{TOA}}$ 很容易由卫星测量到的。

为说明 $N$ 作为辐射强迫的作用，考虑更一般的能量平衡方程应用到某一地区域

$$\frac{\partial E_{\mathrm{atm}}}{\partial t}=N-\int_{0}^{\infty}\mathrm{d}z\ \mathrm{div}F_{h}\equiv N-\Phi \tag{10.120}$$

这里 $E_{\mathrm{atm}}$ 是区域气柱平均大气能而 $\Phi$ 是离开大气柱的平均通量能的水平辐散，它是大尺度大气环流和海流经向输送的结果。如果把上面方程对地球表面平均，输送项可略去，从而对一年作平均得到全球平衡

$$\frac{\partial(\overline{E}_{\mathrm{atm}})}{\partial t}=\langle\overline{N}\rangle=0 \tag{10.121}$$

要求$\langle\overline{N}\rangle=0$ 是用于检测辐射收支测量精度。图 10.13 显示了假定$\langle\overline{N}\rangle=0$，$\langle N\rangle$随纬度变化的测量和推导的能量经向输送 ($\int\mathrm{d}zF_{h}$)。

## 10.6.1 云对气候的影响

现考虑云对大气热平衡中短波与长波辐射组合作用，增加可以放大或减弱温室气体的气候作用，取决于随之而来的云的变化导致增暖(由于加强温室效应)或冷却(由于增加短波反照率)。然而有很多不确定性存在在当前的气候模式中。在各气候模式中云强迫的变化可以是整个 $CO_2$ 的二倍辐射强迫一样大。

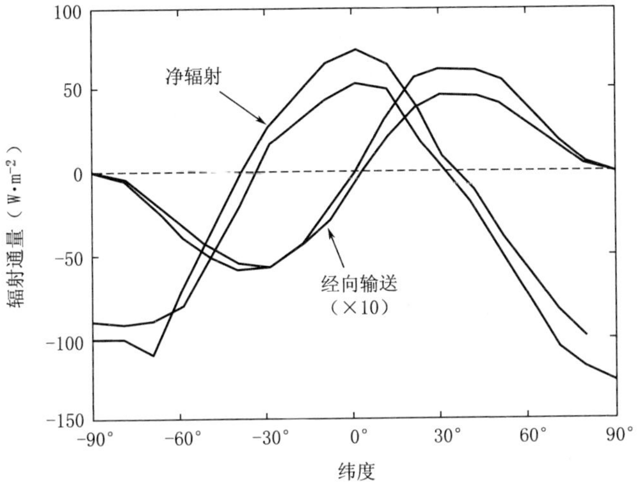


图 10.13　标有净辐射曲线：由卫星观测的纬向和年平均净辐射通量（$N$）。标记有经向输送的曲线是上述〈$N$〉随纬度变化所推定的向北输送 $\int dz F_h$，并假定经向输送与辐射加热之间平衡，$\partial \overline{E}_{atm}/\partial t=0$。两曲线来自不同的两数据集。注意，经向输送项没有统一单位（Thomas 和 Stamnes，1999）

**1. 水云的长波辐射效应**

IR 不透明的层状水滴云加上不透明的气体，笼罩在地表面和引起额外的变暖。这种温室增暖效应主要表现在有云的夜间，随后是晴天强烈的太阳加热。在吸收大气中具有散射和吸收云引入了很多复杂的辐射传输问题，很多问题至今没有解决。为了研究云的一次作用的某些问题，例如，略去地面上云内的短波辐射吸收，它与 IR 吸收相比较是很小的，且略去红外 IR 散射。即假定云是平面平行、水平均匀的，虽然上面采用灰体、二流近似求解辐射-平衡辐射场问题时，更多的辐射传输问题出现在大气窗区域，采用在 11 μm 处的灰体吸收系数。它满足云的光学厚度 $\tau_c^*$ 近似为质量吸收系数 $\alpha_m^c$（m$^2$ · g$^{-1}$）与液态水路径 LWP（g · m$^{-2}$）的乘积。注意到由于云中含有的水量小于空气，云中的含水量的单位采用（g · cm$^{-2}$）较方便。

首先估算云的 IR 作用，考虑到在对流大气中云粒引入附加的光学厚度 $\tau_c^*$。如果在晴空发射高度之上引入云，它将提高有效发射高度到较冷的区域。较低的冷却率意味着较高的地面温度。在第一近似中，由此在（10.55）式中订正有效冷却高度 $z_e$，引起附加的云的不透明性。在有云大气中地面温度写为

$$
\begin{aligned}
T_s &\approx T_e+|\Gamma_a|z_e=T_e+|\Gamma_a|H\ln\{[\tau_n^*+\tau^*(H_2O)+\tau_c^*]/\tau_e\} \\
&=T_e+|\Gamma_a|H\ln[(\tau_n^*+b\,w+\alpha_m^c \mathrm{LWP})/\tau_e] \qquad (10.122)
\end{aligned}
$$

上面的结果与观测比较，对温室因子 $g=(T_s/T_e)^4$，再利用由卫星观测导得的有云时液态水路径数据。图 10.14 显示了由卫星数据导得的 $g=\sigma_B T_{ss}^4/F_{TOA}$，卫星导得数据：①海面温度 $T_{ss}$；②射出辐射通量 $F_{TOA}$；③液态水路径 LWP。也可看到，为比较，由解析公式对于两个不同值的 $\alpha_m^c$ 的预测。$\alpha_m^c$(0.10－0.14)最佳拟合值在理论范围内，观测值为($0.06<\alpha_m^c<0.16$)。这是云的红外效应对提高有效辐射高度的简单理论的成功应用。

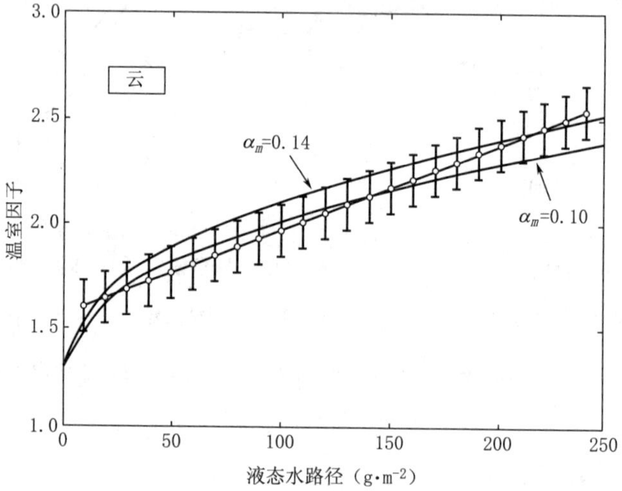


图 10.14 对于云天大气相对于云滴的液态水路径温室因子 $g$。具有误差横杠的圆圈数据表明环绕平均周围分布(Thomas 和 Stamnes，1999)

**2. 水云的短波辐射影响**

云粒的短波辐射吸收是当今有争论的有意义的重要研究课题。争论的中心问题是飞机测量的云粒的奇异超常吸收的量解释，期望的吸收量只是在近红外波段。这有两种可能，或者是云内吸收的辐射，或是由云的侧向逃逸辐射，由此避开的飞机仪器的测量。为进一步探索，对于能量收支，仅考虑另一个由于云的出现时反照率的变化的主要作用。增加反照率(大的 $\bar{\rho}$)引起吸收能量$(1-\bar{\rho})F^s$ 的减小，降低平均温度，一般来说，水云的短波效应是地球趋向于变冷，相反，红外效应使地球增暖。如前面所述，选择简单的模式，说明云的不透明性和云量是如何影响地面温度。在辐射对流平衡中对于表面温度，将仍继续用解析近似的方法，因此只需要考虑由于附加云以后有效温度的变化。

为此，采用二流近似，求得守恒散射($\varpi=1$)和各向同性($P=1$)平面平行介质的反照率的解 $\rho_c$ 为

$$\rho_c=\frac{2b_c\tau_c^*+(\overline{\mu}-\mu_0)(1-e^{-2b_c\tau_c^*/\mu_0})}{2b_c\tau_c^*+2\overline{\mu}} \tag{10.123}$$

式中 $\tau_c^*$ 是云的可见光光学厚度，$\overline{\mu}$ 是多次散射光方向的平均余弦，$\mu_0$ 是太阳天顶角，$b_c=(1-g_c)/2$ 是云的后向散射系数，$g_c$ 是不对称因子。

为了通过液态水路径求取反照率，采用精确的米氏理论导得的光特性参数化，光学厚度和不对称因子为

$$\tau_c^*=k_m^c\mathrm{LWP}\approx\langle a_1\langle r\rangle^{b_1}+c_1\rangle\mathrm{LWP} \tag{10.124a}$$

$$g_c=1-2b_c\approx a_3\langle r\rangle^{b_3}+c_3 \tag{10.124b}$$

式中系数 $a_i$、$b_i$ 和 $c_i$ 是最佳拟合值，它取决于波长和粒子半径，$\langle r\rangle$是平均粒子半径。

如前述，通过与资料比较检验(10.123)式，图 10.15 显示了由雨云 7 和 ERBE 卫星资料获取的云反照率值约为 97%。为比较，对于波长 0.459 μm(在 0.3～0.7 波长区域，散射系数随光谱呈水平分布，就是在可见光区域是单一的值)，使用参数化公式(10.124)，由二流近似公式给出预测值。

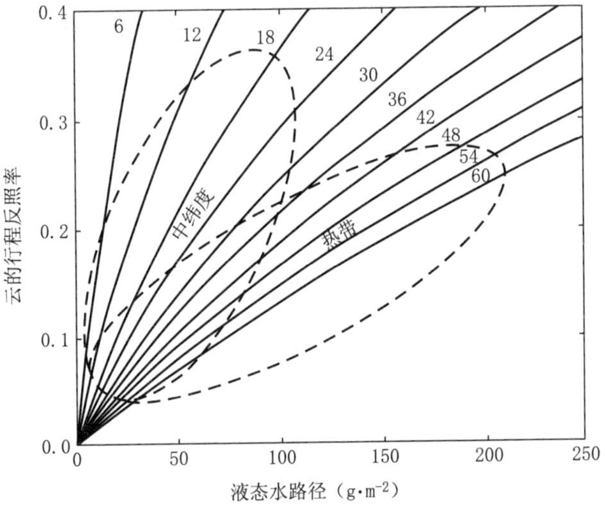


图 10.15　由二流近似(10.123)式计算的云行星反照率相对于液态水路径，不对称因子和吸收系数取自(10.124)式。各曲线相应于不同的粒子平均半径$\langle r\rangle$。虚线包括热带和中纬度全部观测的 97%(Stephens 和 Greenwald)

如 Stephens 和 Greenwald 所讨论，图 10.15 揭示一重要差异，由于在测量位置，显示云粒大小$\langle r\rangle$是在 5～10 μm。解释这一差异，在二流近似中的结果误差是太小。在云主体上方对 LWP 测量对冰粒不是很敏感的，也不足以解释这个偏差。对于平面平行云出现理论预测反照率的值较观测值要高。Stephens 提出，对于有限云尺度忽

略微物理特性，比由云的微物理不确定性引入的误差要大。这个未解决的问题是要对于理解云对气候的反馈作用是一个重要的障碍。

现考虑地面大气云系统的反照率在整个行星能量平衡中的作用。首先应当考虑地面反射可见光，具有平均反照率 $\bar{\rho}_s=0.11$，这个值是低的。因为海洋的反照率很低（5%～10%），也必须考虑虽然小但仍然重要的晴天的影响，以及由分子大气的短波太阳辐射吸收。大气的球反照率是 $\bar{\rho}_a=0.07$。考虑到地面与大气间的多次反射，应用（2.135）式，可得到大气和地面构成的球反照率为

$$\bar{\rho}_{as}=\bar{\rho}_a+\frac{\bar{\rho}_s(1-\bar{\rho}_a)^2}{1-\bar{\rho}_s\bar{\rho}_c} \tag{10.125}$$

将上面数值 $\bar{\rho}_a$ 和 $\bar{\rho}_s$ 代入到式中，得到 $\bar{\rho}_{as}=0.166$，这与卫星观测到的 0.14～0.18 很一致。

假定覆盖在大气地表系统的云的球反照率 $\bar{\rho}_c$，可以应用同样的公式估计云天大气的球反照率为

$$\bar{\rho}_{\text{cas}}=\bar{\rho}_c+\frac{\bar{\rho}_{as}(1-\bar{\rho}_c)^2}{1-\bar{\rho}_{as}\bar{\rho}_c} \tag{10.126}$$

也必须考虑到部分云 $A_c(0\leqslant A_c\leqslant 1)$ 覆盖的地球。因此，将晴空反照率 $\rho_{as}$ 与晴空部分 $(1-A_c)$ 加权，因此地球系统总的球反照率近似为

$$\bar{\rho}_{\text{tot}}=A_c\bar{\rho}_{\text{cas}}+(1-A_c)\bar{\rho}_{as} \tag{10.127}$$

为确定云反照率，需说明与更多主要 $\bar{\rho}_c$ 和云特性间的关系，如像液态水路径（LWP）或冰水路径（IWP）。有两种方法：经验法和解析法。首先求取的过程是，重新使用二流近似。由（10.71）式对全部太阳天顶角求平均得球反照率。但是，对于球反照率方程 $\bar{\rho}_3$ 更加简单地调用二元性原理，对于无源平面反照率 $\rho_1$，后者由（7.142a）式给出 $\bar{\rho}_c\equiv\rho_1=\bar{\rho}_3=\tau_c^*/(\tau_c^*+2\bar{\mu})$ 或当考虑到对各向异性散射合适的定标，给出

$$\bar{\rho}_c=\frac{(1-g_c)\tau_c^*}{(1-g_c)\tau_c^*+2\bar{\mu}} \tag{10.128}$$

注意到由平面反照率求取球反照率求平均的方法，在方程式（10.122）中设 $\mu_0=\bar{\mu}$。另一个上面的公式，在下面讨论，是使用 $\bar{\rho}_c$ 和 LWP 之间的经验关系导得。

**3. 云对短波和长波组合效应**

如果总的反照率 $\bar{\rho}_{\text{tot}}$ 比某个临界值 $\bar{\rho}_{\text{crit}}$ 高，应当是有云出现，导致相对于晴天大气有净的冷却率。但是如果 $\bar{\rho}_{\text{tot}}<\bar{\rho}_{\text{crit}}$，将发生净的增暖。可以用晴空（$g_{\text{clr}}$）和云天（$g_{\text{cld}}$）时的温室因子的乘积的表面温度表示估算作为云光学厚度为函数的临界值，即

$$T_s^4=(1-\bar{\rho}_{\text{tot}})\frac{S}{4\sigma_B}g_{\text{cld}}=T_s^4(\text{LWP}=0)\frac{(1-\bar{\rho}_{\text{tot}})}{(1-\bar{\rho}_{as})}\left(1+\frac{d_1}{c_1}\text{LWP}\right) \tag{10.129}$$

晴空地表通量是 $\sigma_B T_s^4(\text{LWP}=0)=(1-\bar{\rho}_{as})(S/4)g_{\text{clr}}(\tau^*)$。根据发射高度的概念和图 10.16 的结果，$\tau^*$ 是晴天光学厚度。有近似为液态水路径的线性函数。云天

温室因子 $g_{cld}$ 与资料作线性拟合，得到 $g_{cld}=c_1+d_1\mathrm{LWP}$，式中 $c_1=1.56$ 和 $d_1=4.09\times10^{-3}$。现在无云覆盖（LWP=0），温室因子是 $g_{clr}(\tau^*)=c_1$，定义反照率临界值，得到为 $T_s(\mathrm{LWP})=T_s(\mathrm{LWP}=0)=$常数，如在(10.77)式中液态水路径变化，则解得临界值为

$$\bar{\rho}_{crit}=\frac{\bar{\rho}_{as}+(d_1/c_1)\mathrm{LWP}}{1+(d_1/c_1)\mathrm{LWP}} \tag{10.130}$$

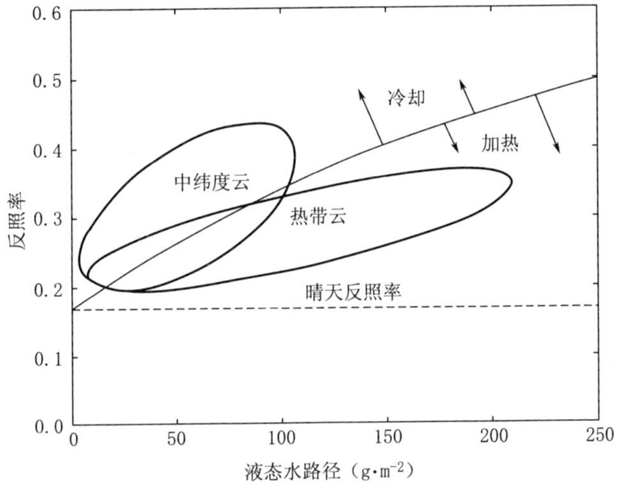


图 10.16　云的反照率相对于液态水路径，图中实直线是临界行星反照率 $\bar{\rho}_{crit}$，划分为净增暖和净冷却率两区域，由(10.130)式求得晴空加地面反照率 $\bar{\rho}_{as}=1.66$，$d_1/c_1=2.622\times10^{-3}$，椭圆区为含有75%所有热带和中纬度观测区域，根据(10.126)式计算得出，这里 $\bar{\rho}_c$ 由图10.13给出。如果是在上部区域($\bar{\rho}_{tot}>\bar{\rho}_{crit}$)，发生净冷却；如果下部区域($\bar{\rho}_{tot}<\bar{\rho}_{crit}$)，出现净增暖。(Thomas 和 Stamnes，1999)

由于它是依据地面温度与云的光学厚度的经验关系得出的，这一结果具有相当普遍性。它是假定稳定状态的结果，但不要求辐射平衡。因此在任一纬度是有效的。不过，作为云特性的变化，它要求入射辐射、射出辐射和经向输送是一固定比例。

上面对于没有影响地面温度的情形下，定义了反照率的临界值 $\bar{\rho}_{crit}$，因此，当 $\bar{\rho}_{tot}>\bar{\rho}_{crit}$，相应于冷却，而 $\bar{\rho}_{tot}<\bar{\rho}_{crit}$ 时，增暖。这在图10.14中显示。临界反照率分成冷却和增暖两个。在中纬度的云是净冷却效应，热带地区的云主要是增暖作用。这一特征从图10.13中直接看出，可看到热带地区的云水含量较中纬度地区更加弱的作用。虽然这结果思路简单，但是与很多文献是一致的。

对于获得地面温度的另一个模式，是利用涉及部分有云情形下的有效辐射高度的概念。反照率和有效辐射高度取决于云的液态水路径和云量 $A_c$ 的大小。有效温度

和辐射高度的贡献按照云(10.122)式和晴空区的(10.55)式加权，结果为

$$T_s = \left[\frac{F^s(1-\bar{\rho}_{\text{tot}})}{\sigma_B}\right]^{1/4} + A_c H_{\text{cld}}|\Gamma_{\text{cld}}|\ln[(\tau_n^* + b\,w + \alpha_m^c \text{LWP})/\tau_e]$$
$$+ (1-A_c)H_{\text{clr}}|\Gamma_{\text{clr}}|\ln[(\tau_n^* + bw)/\tau_e] \qquad (10.131)$$

式中 $F^s \equiv S/4$ 是入射到整个地球和 24 小时的太阳平均辐射通量密度，$S$ 是太阳常数。注意定标高度($H_{\text{clr}}$ 或 $H_{\text{cld}}$)和递减率($\Gamma_{\text{clr}}$ 或 $\Gamma_{\text{cld}}$)是在云天和晴空之间变化。上面方程可用于研究云量 $A_c$、空气湿度 $w$、云水路径 LWP 变化对行星温度的作用。

**4. 云高的气候作用**

一般来说，低云是相对暖的，它比相对冷的高云对能量平衡应有不同的效应。为将涉及的云高作为另一个气候变量，采用更加一般的辐射平衡公式，其仍保留灰体近似的简单性。这种方法采用在大气顶的射出红外辐射通量密度 $F_{\text{TOA}}$ 和假定地面温度 $T_s$ 是可调节的变量。通过调节 $T_s$，可有效地调节对流层内的温度，这里 $T(\tau)=T_s+\Gamma z(\tau)$。为简化起见，假定一薄云($z_b \approx z_1 \equiv z_c$)和一固定的透明因子 $\beta$。分别用通量发射率 $\varepsilon_c$ 和吸收率($1-\varepsilon_c$)表示这云的特征。在二流灰体近似中，$\varepsilon_c$ 简化为 $1-e^{-\tau_c^*/\bar{\mu}}$，这里 $\tau_c^*$ 是云光学厚度。对于晴天和有云区的射出长波辐射可以考虑为 $T_s$、具有云参数 $\varepsilon_c$ 和 $z_c$ 的函数：

$$F_{\text{TOA}}(T_s;\varepsilon_c,z_c) = 2\bar{\mu}(1-\beta)\varepsilon_c\sigma_B T^4(z_c)e^{-\tau_c^*/\bar{\mu}} + 2\bar{\mu}\beta\varepsilon_c\sigma_B T^4(z_c)$$
$$+ 2(1-\beta)\int_0^{\tau_c^*} d\tau'\sigma_B T^4(\tau')e^{-\tau'/\bar{\mu}}$$
$$+ 2\bar{\mu}(1-\beta)(1-\varepsilon_c)\sigma_B T_s^4(z_c)e^{-\tau_c^*/\bar{\mu}} + 2\bar{\mu}\beta\sigma_B T_s^4(1-\varepsilon_c)$$
$$+ 2(1-\beta)\int_{\tau_c^*}^{\tau^*} d\tau'\sigma_B T^4(\tau')(1-\varepsilon_c)e^{-\tau'/\bar{\mu}} \qquad (10.132)$$

式中 $\tau^*$ 是晴天总的光学厚度。辐射平衡意味着吸收太阳通量密度($\sigma_B T_e^4$)和射出 IR 通量相等，就是

$$\sigma_B T_e^4 = A_c F_{\text{TOA}}(T_s;\varepsilon_c,z_c) + (1-A_c)F_{\text{TOA}}(T_s;\varepsilon_c=0) \qquad (10.133)$$

式中晴空和云天部分是分别通过($1-A_c$)和 $A_c$ 加权得到。由于是在上面方程中 $T_s$ 是一个变量参数，它可以调节直到满足等式。这作为云量为函数的数值结果，显示在图 10.17 中。选择几个云高和混浊度表示多高的冷云于暖地表面和低暖云在冷地表面上，前者的效应是由于减小了到空间的发射率，后者是由于增大了到空间的发射率。调整厚中云($z_c=4$ km)光学厚度(通过改变 $\tau^*$)的模式得到对于云量为 60%的全球平均地面温度 288 K。图 10.17 指出地球表面温度 $T_s$ 是如何受云量变化、云高、云的透明度影响的结果。

另外有些因素使这个简单问题更复杂。例如，覆盖于暖而高反射率的地表上低云的影响，由于长波温室加热可抵消晴天到阴天条件下总反照率小变化的效应。更

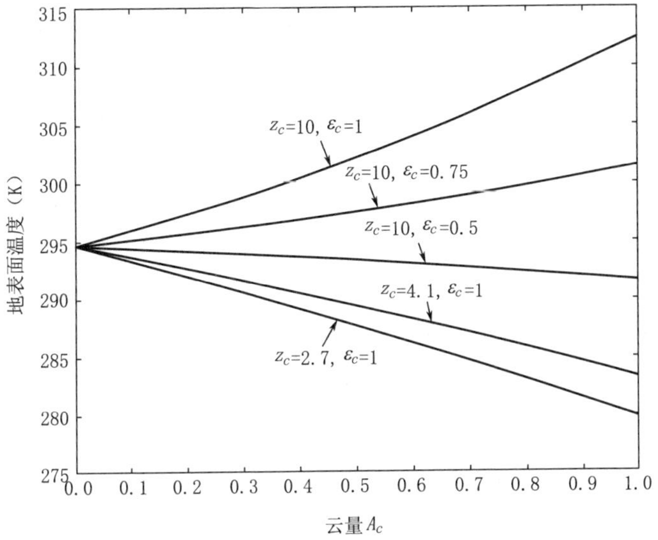


图 10.17　辐射对流平衡表面温度是对于低云(2.7 km)和中云(4.1 km)发射率为 1 云面积函数，和三个不同云发射率的高云(10 km)，这些结果是(10.132)式数值积分的结果，其调整 $T_s$，直至(10.133)式满足。假定晴空反照率为 0.166，和完全云覆盖反照率 0.389。假定晴空光学厚度($\tau^*$)是 6。结合窗区透明因子($\beta$=0.22)，当 $A_c$=0.6 的中云模式，由这些参数得到 $T_s$=288 K(Thomas 和 Stamnes，1999)

加精确的辐射传输计算显示来自高云的加热不仅是由于阻截热量，冷却进入空间，而且也是冰晶的 $n=k_{IR}/k_V$ 比水滴具有相当大的值。这是以阀门方式捕获辐射。如前讨论，云的反照率的纬度差异，使地表面温度关系较前面讨论的复杂。实际上，云高度的纬度差异只是解释为什么中纬度云在冷表面和热带云在暖表面上的一个因素。

**5. 云和气溶胶的强迫**

考虑到云的辐射效应(与应用于气溶胶同样的公式)，通常使用云辐射强迫的概念

$$CF \equiv N_{\text{cld}} - N_{\text{clr}} \equiv \text{SWCF} + \text{LWCF} \tag{10.134}$$

式中 $N_{\text{cld}}$ 和 $N_{\text{clr}}$ 是有云和无云时在大气顶测量到的辐射通量密度。如果 $CF$ 是由经验确定，对同一纬度和在相同类型的地表面上使用云或晴天背景。通过参照晴空大气，将云的作用与另一种辐射作用分割开，例如，改变水汽或地面反照率。

云强迫 $CF$(不要与同样符号的 Chapman 函数相混淆)常常分成短波(SWCF)和长波(LWCF)贡献两部分，显然有

$$\text{SWCF} = (1-\rho_{\text{cas}})F_s - (1-\rho_{as})F_s = (\rho_{as}-\rho_{\text{cas}})F_s \tag{10.135a}$$

$$\text{LWCF} = F_{\text{tot}}(\text{clr}) - F_{\text{tot}}(\text{cld}) \tag{10.135b}$$

式中$\rho_{cas}$是云天大气（云加大气加地面）的行星反照率，$\rho_{as}$是晴天大气的反照率。注意由于云增加总的反照率，通常SWCF是负的。由于云降低射出通量，使LWCF是正值。

**6. 模式大气中长波辐射云强迫**

下面对如下云分布计算模式大气（1976，美国标准大气）的长波强迫：①具有云顶高度$z_t^{(1)}=11$ km、发射率$\varepsilon_c^{(1)}=0.06$和云量为$A_c^{(1)}=0.20$的高云；②具有$z_t^{(2)}=6$ km、$\varepsilon_c^{(2)}=0.1$，$A_c^{(2)}=0.06$的中云；③$z_t^{(3)}=2$ km、$\varepsilon_c^{(3)}=0.1$和$A_c^{(3)}=0.49$的低云；对于晴天和云天的射出长波辐射求取长波云强迫。由精确的窄带光谱模式计算晴空的情形，它们的值是$F_{\text{TOA}}(\text{clr})=262\ \text{W}\cdot\text{m}^{-2}$，与晴天（265262 $\text{W}\cdot\text{m}^{-2}$）十分一致。

由具有非光谱窗区（$\beta=0$）灰体二流近似模式估计在云天的射出通量。使用（10.132）式，包括具有云顶高度$z_t$的单层云。很容易证明大气顶的通量是

$$F_{\text{TOA}}(\text{cld})=2\bar{\mu}\sigma_B T_s^4(1-\varepsilon_c)\mathrm{e}^{-\tau^*/\bar{\mu}}+\varepsilon_c\sigma_B T^4(z_1)+2\int_0^{\tau}\mathrm{d}\tau'\mathrm{e}^{-(\tau-t)/\bar{\mu}}\sigma_B T^4[z(\mathrm{d}\tau')]$$

$$+2(1-\varepsilon_c)\int_{\tau}^{\tau^*}\mathrm{d}\tau'\mathrm{e}^{-(\tau'-\tau)/\bar{\mu}}\sigma_B T^4_{(z)} \quad (10.136)$$

式中$\varepsilon_c$是云通量发射率，$(1-\varepsilon_c)$是云通量透过率，$\tau$是对于$\tau(z_t)$的速记号。假定云是几何薄云。

在上面表达式中除薄卷云处，略去大气的作用，对于薄的高的卷云情形下，可以把大气贡献近似为$(1-\varepsilon_c)F_{\text{TOA}}(\text{clr})$，这时在有云情形下每种云的贡献，假定它们是相互独立的，有

$$F_{\text{TOA}}^{(1)}(\text{cld})\approx\varepsilon_c^{(1)}\sigma_B T^4(z_1^{(1)})+(1-\varepsilon_c^{(1)})F_{\text{TOA}}(\text{clr})=184.5\ (\text{W}\cdot\text{m}^{-2}) \quad (10.137\text{a})$$

$$F_{\text{TOA}}^{(2)}(\text{cld})\approx\sigma_B T^4(z_1^{(2)})\mathrm{e}^{-\tau(z_c^{(2)})/\bar{\mu}}=146.8\ (\text{W}\cdot\text{m}^{-2}) \quad (10.137\text{b})$$

$$F_{\text{TOA}}^{(3)}(\text{cld})\approx\sigma_B T^4(z_1^{(3)})\mathrm{e}^{-\tau(z_c^{(3)})/\bar{\mu}}=262\ (\text{W}\cdot\text{m}^{-2}) \quad (10.137\text{c})$$

式中设$\varepsilon_c^{(2)}=\varepsilon_c^{(3)}=1$，$\bar{\mu}=0.5$。使用1976年标准大气的温度值，给出上面的数值结果。

求取净通量，需要考虑云的重叠，净通量是各通量的加权之和。

$$F_{\text{TOA}}=\sum_i p_c^i F_{\text{TOA}}^{(i)}+p_{nc}F_{\text{TOA}}(\text{clr}) \quad (10.138)$$

这里$p_c^i$是给定的视线的垂线相交第$i$云的概率，没有与其他云相交，$p_{nc}$是没有云的概率。由于$A_c^i$是出现云的概率，$(1-A_c^i)$是没有出现云的概率，则显然有

$$p_c^{(1)}=A_c^{(1)}=0.2,\quad p_c^{(2)}=A_c^{(2)}(1-A_c^{(1)})=0.048 \quad (10.139\text{a})$$

$$p_c^{(3)}=A_c^{(3)}(1-A_c^{(1)})(1-A_c^{(2)})=0.368 \quad (10.139\text{b})$$

$$p_{nc}=(1-A_c^{(1)})(1-A_c^{(2)})(1-A_c^{(3)})(1-A_c^{(4)})=0.384 \quad (10.139\text{c})$$

容易检验，必须为$\sum_i p_c^i+p_{nc}=1$。有效云面积是$\sum_i p_c^i A_c^i=0.62$，因为随机重叠，其

小于 $\sum_i A_c^i = 0.75$。

对于 $\tau(z)$，使用(10.44)式，设 $\tau^* = 4$，由(10.138)式求得 $F_{TOA}(\text{cld}) = 241\ \text{W} \cdot \text{m}^{-2}$，与精确结果十分一致，因此长波云强迫 $\text{LWCF} = F_{TOT}(\text{cld}) - F_{TOT}(\text{clr}) = 265 - 241 = 24\ \text{W} \cdot \text{m}^{-2}$(二流)，或 $265 - 235 = 30\ \text{W} \cdot \text{m}^{-2}$(精确结果)。

长波云强迫的光谱变化在图 10.18 中给出，根据精确的窄带辐射传输模式计算。此图与温室效应对应，是光学厚带(optically thick band)主导的地方。在有云情况下，大气窗区 8～12 μm 控制云的辐射强迫。

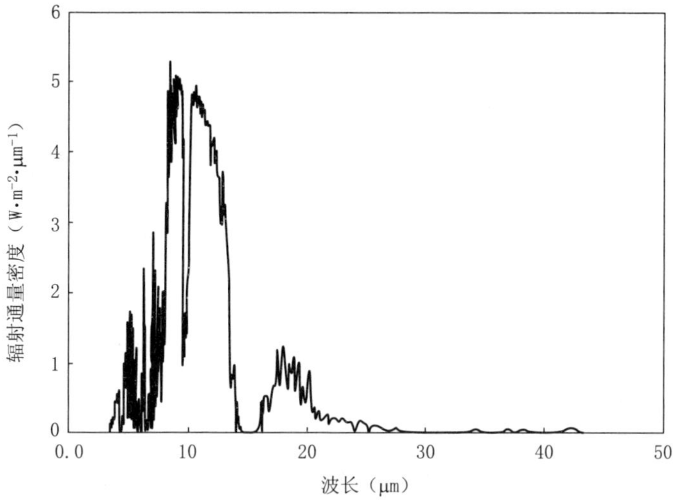


图 10.18　长波云辐射强迫的光谱变化，大气顶晴空通量与云天大气射出长波通量之差(Thomas 和 Stamnes，1999)

## 10.6.2　气溶胶强迫

怀疑火山气溶胶是全球气候变化的重要作用已经有很久时间了，对于气候最重要的是，在平流层的这些粒子来自 1979 年称之为普林尼火山爆发喷射硫(主要是二氧化硫)的结果，硫酸的增长是出现的异质核和过冷区的同质核的结果。这些液态粒子在平流层中在火山喷发后存在几年。光学特性与小云粒子类似，在短波区趋向冷大气，而在长波区趋向暖大气。事实表明，总的强迫取决于平均粒子的尺度，从图 10.19 中可见，如果有效半径超过 2 μm，趋势是产生地面增暖。气溶胶成分、谱分布和高度的作用比平均尺度的影响要小。由于平流层火山源喷发的气溶胶尺度范围在 0.5～1.5 μm，对地球总的效应是冷却。事实上，20 世纪最大火山喷发是皮纳图博火山，引起辐射强迫峰值约为 4～5 $\text{W} \cdot \text{m}^{-2}$，引起北半球对流层下部降温 0.5～0.7 ℃。

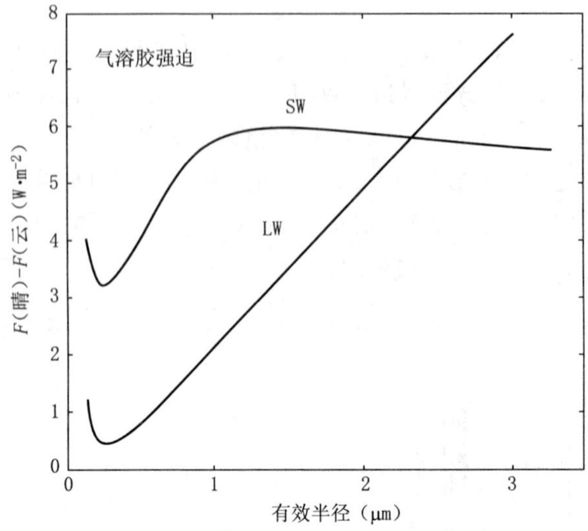


图 10.19　由于一定地面温度下一维辐射对流平衡模式中增加平流层(20～25 km)气溶胶($\tau^*$(0.55 μm)=0.1)引起的对流层(长波和短波强迫)短波和长波通量的变化(Thomas 和 Stamnes,1999)

## 10.6.3　水汽反馈

辐射强迫 $N_{sw}-N_{lw}$ 是作为温室增暖效应的定量测量,这里分为短波和长波强迫贡献,其可以简单地写为 $N_{sw}=(1-\bar{\rho})F^s$ 和 $N_{lw}=F_{\mathrm{TOA}}$,$N$ 是大气顶的净辐射通量,在辐射平衡时为 0。前面已经证明,地面温度对强迫的响应 $\Delta T_s^d$ 写为直接响应与系统增益 $f$ 的乘积,为

$$\Delta T_s = f\Delta T_s^d = \frac{1}{(1-\sum_i \lambda_i)}\frac{N}{(4F_{\mathrm{TOA}}/T_s)} \tag{10.140}$$

不同的反馈参数 $\lambda_i$,是单个反馈过程的测量,参数 $\lambda_i$ 用一般的温度与气候变量 $Q_i$ 的依赖关系,写为

$$\lambda_i=(T_s/4F_{\mathrm{TOA}})\frac{\partial N}{\partial Q_i}\frac{\partial Q_i}{\partial T_s} \tag{10.141}$$

对于由于来自温度与水汽的依赖关系引起 IR 不透明性的变化,最重要的是地球的反馈影响,在较多(较少)温室增暖引起在较暖(较冷)的气候中大气变得更多(较低)湿。温度和湿度的基本关系是由方程描述,表示饱和水汽压与温度的关系。下式是卫星资料确定的表示了可降水与海面温度的经验关系

$$w=a_w e^{b_w(T_s-288)} \tag{10.142}$$

式中 $T_s$ 单位是 K，$a_w=1.753\ \mathrm{g\cdot cm^{-2}}$ 和 $b_w=0.0686\ \mathrm{K^{-1}}$。这个结果是与海洋上平均表面相对湿度 85%(RH)相一致，证明对于水汽的平均定标高度为 2 km。当海面温度改变时，相对湿度趋向于一固定值，这里绝对水汽含量 $w$ 与温度呈指数关系。

现在由方程式估计在晴空大气中的水汽反馈。前面确定了大气的光学厚度与水汽的关系：$\tau^*=\tau_n^*+bw$，式中 $\tau_n^*$ 表示窄带温室气体晴空光学厚度，$b$ 是由温室因子与卫星资料拟合模式得到的一个常数，注意到在(10.141)式中，温度依赖变量的关系是 $Q=\tau(H_2O)=bw$。由于 $N_{lw}=\sigma_B T_e^4$，这可以由(10.55)式，$N_{lw}=\sigma_B[T_s-|\Gamma_a|H\ln(\tau^*/\tau_e)]^4$，用光学厚度 $\tau^*$ 表示，可以求得反馈参数为

$$\lambda=\left(\frac{T_s}{4F_{TOA}}\right)\left(\frac{\partial N}{\partial\tau^*}\right)\left(\frac{\partial\tau^*}{\partial w}\right)\left(\frac{\partial w}{\partial T_s}\right)=\frac{|\Gamma_a|H_a(b)(b_w w)}{\tau_a^*+bw}\tag{10.143}$$

注意到 $\lambda>0$，表示正反馈。以平均水汽含量 $\overline{w}=1.32\ \mathrm{g\cdot cm^{-2}}$ 和 $b$、$b_w$ 的值代入，求得 $\lambda=0.66$。这结果是与数值气候模式和观测到的晴天温度和水汽变化十分一致，更多的方法得到 $\lambda$ 的值在 0.59～0.77 之间。

如果 $\lambda\to1$，$f\to\infty$，称之为温室通道，在较高温度下引起更多水汽红外不透明性，而且更高温度下引起更多蒸发等。最后结果是所有海洋被蒸发，早期的金星大气就是这种命运。如果地球未来气候显著增暖，就会发生类似的情形。

### 10.6.4　二氧化碳变化作用

观测到地球的平均温度自 1900 年以 0.5 ℃增加，指出 $CO_2$ 从百万分之 200 增加到 240 可能是主要原因。图 10.4 给出了 $CO_2$ 辐射强迫以及其他温室气体和这些强迫的改变，自工业化时已经发生。

对于 $CO_2$ 辐射强迫的近似精确的气候模式的公式为

$$N_{lw}(\chi)=32+6.3\ln(\chi/\chi_0)\quad(\mathrm{W\cdot m^{-2}})\tag{10.144}$$

式中 $\chi_0$ 是每天 $CO_2$ 的百分数浓度。对于气候变化的 $CO_2$ 加倍标准方案，按当前世界工业生产率，预计将可发生在 21 世纪末。上面这公式预测强迫 $N_{lw}=6.3\ln2=4.37\ \mathrm{W\cdot m^{-2}}$。由(10.88)式，气响应是 $\Delta T_s=1.2f$(℃)。使用经验资料模式分析提出增益落在范围 $2<f<4$。因此，对于 $CO_2$ 增加 1 倍，平均海面温度上升，可能值在范围 2.4～4.8 K 内，与精确模式预测(1.5～4.5 K)基本一致。不过，应当说明的是这是全平衡响应。由下可知，响应时间可能是很长的。

由于已经知道温室强迫($1.92\ \mathrm{W\cdot m^2}$)，利用(10.140)式曾经用于预测 1900 到 1990 年期间温度变化。方程(10.140)式预测一直接温度 0.36 K 变化。用水汽反馈效应的增益 2.9。预测 1 K 的变化，超过观测值 0.5 K。为说明这种差异，可能由许多因素造成的，至少问题的一部分源于忽略了系统响应中时间滞后，由于海洋混合层的缓慢翻转，这个时间滞后估计超过 100 年，在任一气候模式中，必须包括与时间有关的

海洋-大气的相互作用。

### 10.6.5 对于单个吸收气体的温室效应

为方便评估单个温室气体的辐射强迫的重要性，这里定义温室效应，应用于单个光谱带。在光谱间隔 $\Delta\tilde{\nu}_i$ 定义特别的温室效应 $G$（(10.37)式），为地面和大气顶通量之间的差

$$G_i \equiv F_i^+(z=0) - F_i^+(\mathrm{TOA}) \tag{10.145}$$

式中 $F_i^+$ 是由(10.94)式确定，但对于光谱谱带 $\Delta\tilde{\nu}_i$

$$F_i^+(z) = p_i(T_s)\sigma_B T_s^4[1-\langle\varepsilon_F^i(0,z)\rangle] - \int_0^z dz'\sigma_B T^4(z')p_i[T(z')]\frac{\partial\langle\varepsilon_F^i(z',z)\rangle}{\partial z'} \tag{10.146}$$

式中如果在谱带 $\tilde{\nu}_i$ 是完全不透明的，$p_i(T_s) \equiv \pi B_{\tilde{\nu}}(T)/\sigma_B T^4$ 是谱带占有普朗克函数的部分，$\langle\varepsilon_F^i\rangle$是对于间隔 $i$ 普朗克加权通量发射率。从方程式(10.88)和(10.93)，对于质量路径 $u$ 和温度 $T$ 的通量发射率定义为

$$\langle\varepsilon_F^i(\tilde{\nu},u)\rangle \equiv \int_{\nu_i} d\tilde{\nu}\{1-2E_3[\int_0^u du'\alpha(\tilde{\nu},u')]\} \tag{10.147}$$

式中 $\alpha(\tilde{\nu},u')$是在波数 $\tilde{\nu}$ 处和相应于垂直质量路径 $u'$的高度的吸收系数，$E_3$ 是3阶指数积分，现在略去大气的贡献近似地面通量。

$$G_j(u_j) \simeq \sigma_B T_s^4 \sum_i p_i(T_s)\langle\varepsilon_F^i(u_j)\rangle \tag{10.148}$$

我们求得晴天条件下特定的温室效应因子，它近似为所有特定的温室气体谱带占有的表面发射的普朗克辐射的部分。显然这里略去了各类气体的谱带重叠，$G=\sum_j G_j$。表4.1中，列出了当前对于各种温室气体的垂直质量路径 $u_j$ 相应的 $P_j\langle\varepsilon_F^i\rangle$。表中最后一栏给出了由精确模式计算的特定的温室效应。

## 本章要点

1. 理解太阳辐射与简单的气候模式的全球温度预报。
2. 理解影响气候变化的因子。
3. 理解辐射平衡。
4. 理解辐射对流平衡。
5. 理解辐射加热率。
6. 理解辐射强迫。

## 问题和习题

1. 求入射地球大气顶的太阳辐射等于地球大气射出的长波辐射，假定太阳和地

球发出辐射对应的温度分别是 6000 K 和 255 K。地球直径和日距离分别为 $12.74\times 10^3$ km 和 $1.49\times 10^8$ km。

2. 如果地球表面的发射率和反照率分别是 70% 和 25%，计算地球表面的平衡温度？当地球表面的发射率和反照率分别增加 100% 和 30% 时，地球表面的平衡温度是增加还是减少？

3. 从不同的观点考虑热辐射平衡。设模式大气是由 $N$ 个平行平面等温、各个光学厚度的大气层累积而成，考虑到每层不透明，因此吸收率和发射率近似为 1，红外辐射通量依次通过大气层，由 $T_n$ 第 $n$ 层向上和向下发射的辐射为 $\sigma_B T_n^4$，由于这层对于 IR 是不透明的，它吸收的辐射和来自于两相邻的气层吸收的能量 $\sigma_B T_n^4$ 和 $\sigma_B T_{n-1}^4$，最上层 $n=1$ 辐射到空间，没有来自上面的能量，它的温度是 $T_e$。

(a) 若每层吸收的能量和发射的能量相等，证明每层的温度是

$$T_n = n^{1/4} T_e$$

(b) 若将太阳辐射加到红外发射，地面接收太阳辐射的量为 $S(1-\bar{\rho})/4$（无衰减），证明地面温度由吸收和发射的平衡方程确定

$$S(1-\bar{\rho})/4 + \sigma_B T_N^4 = \sigma_B T_s^4$$

由此温度的改变 $(T_s - T_N)$ 来自于空气表面界面的能量平衡。

(c) 现考虑于顶层增加一个具有温度为 $T_0$ 薄层，其 $T_0$ 这层的温度，假定通量发射率和吸收率 $\varepsilon=\alpha\ll 1$，如前，对这层在两个方向失去能量，只在一个方向增加能量，证明对这个层的表面温度为

$$T_0 = T_1/(2)^{1/4} = T_e/(2)^{1/4}$$

4. 对于窗区 $(\beta\neq 0)$ 和非窗区 $(\beta=0)$ 两种情形，TOA 辐射通量和要求 $F_{\mathrm{TOA}}=\sigma_B T_e^4$，使用(10.60)式证明(10.61)式和(10.62)式，两方程式或以通过要求 $T(\beta;z)$ 与 $T(\beta=0;z)$ 在所有高度上有一固定比值建立关系，证明这个比值为 $[1+\beta(g-1)]^{-1/4}$。

5. 通过设 $\partial H_{cs}/\partial z=0$ 和对于 $\tau=\tau_e$ 辐射对流大气对 $\tau=\tau_e$ 求解，证明

$$\tau_e/\bar{\mu} = \tau(z_e)/\bar{\mu} = 1 + \frac{4H_a|\Gamma_a|}{T_s - |\Gamma_a| z_e}$$

6. 对于 10.3.1 节中的问题，假定吸收气体在大气中完全混合，且遵从静力方程 $\partial p_a/\partial z = -\rho_a g$，式中 $p_a$ 是吸收体的分压和 $\rho_a$ 是吸收气体的质量密度。

(a) 定义光学厚度 $\tau=\langle\alpha_m\rangle\int_z^\infty \mathrm{d}z'\rho_a(z')$，式中 $\langle\alpha_m\rangle$ 是灰体质量吸收系数，证明

$$T(p_a) = T(\tau=0)\left[1+\frac{3}{2}\langle\alpha_m\rangle\rho_a/g\right]^{1/4}$$

(b) 证明辐射平衡温度的递减率为

$$\partial T/\partial z = \frac{-g}{R_a}\frac{\frac{3}{8}\tau}{\left(1+\frac{3}{2}\tau\right)}$$

从上面结果证明只有当 $c_p>4R_a$ 时，大气成为对流不稳定，这里 $c_p$ 和 $R_a$ 分别是比热和单位质量气体常数。

(c)从上面结果证明，对于地球，主要吸收气体 $H_2O$ 的定标高度是 2 km。对于温度梯度 $-6.5$ ℃ · $km^{-1}$ 的高度是

$$z_{6.5}=2\lg(\tau^*/0.205)$$

7. 通过将平流层近似为薄臭氧层覆盖在重叠的大气层模式上，假定外层吸收太阳 UV 辐射是按吸收率 $\alpha_{UV}\sim\tau_{UV}$，证明表层或平流层温度近似为

$$T_0^4\approx(1/2)T_1^4+(\tau_{UV}/\tau_{IR})S_{UV}/4\sigma_B$$

式中有近似关系式 $\alpha_{IR}=\varepsilon_{IR}=\tau_{IR}$，$S_{UV}$ 是对于波长 $\lambda<290$ nm 的太阳常数。$T_1$ 是平流层温度，近似等于 $T_e$，求比值 $(\tau_{UV}/\tau_{IR})$ 需要得到 250 K 平均平流层温度，式中，$S_{UV}$ 是太阳常数 $S$ 的 0.1%。

8. (a)使用温室解 $T(\gamma;\tau)$，式中 $\gamma>1$，证明如果超过由下式解出的临界值 $\gamma_c$，

$$\frac{(\gamma_c^2-1)}{2\gamma_c\mathrm{e}}[T(\gamma_c;\tau=\gamma_c\bar{\mu}/T_e)]^{-3}=2/N$$

大气成为对流不稳定。这里 $N$ 是发生辐射分子结构的自由度有效数(包括平动)，如对于 $CO_2$，$N=5$，这样 $c_p=NR_a/2$，e 是自然对数基，假定定标高度 $H_a$ 等于 $R_aT_e/g$，$R_a$ 是比气体常数(提示：首先证明对于一定 $\gamma$ 的最大递减率，此时有 $\tau/\gamma_c\bar{\mu}=1$)。

(b)这结果表明，即使很冷的行星大气，对流也可以发生。

9. 假设环境递减率是 $\Gamma_a$，其改变是由于动力热交换过程变化的结果。

(a)证明由(10.55)式，由于改变 $\Delta\Gamma_a$ 引起的辐射强迫和温度响应分别为

$$\Delta G=4\sigma_BT_s{}^3(T_s-T_e)(\Delta\Gamma_a/\Gamma_a)$$

$$\Delta T_s=f(T_s-T_e)(\Delta\Gamma_a/\Gamma_a)$$

(b)求取温度递减率的相对改变 $(\Delta\Gamma_a/\Gamma_a)$ 导得全球冷却率正好抵消由于 $CO_2$ 增加的增暖，这结果应当与 $f$ 无关。

10. (a)证明如果 $|\Gamma_a|$ Habw$\geqslant1$，(参照(10.143)式)，发生失控的温室效应，$\lambda=1$，求取对于目前地球状况下的此因子和讨论未来发生这现象，其他反馈因子是如何影响这效应。

(b)将(10.143)式推广到包括大气窗，由量 $\beta$ 描述，重复上面(a)。

11. 证明在等温大气中的向上和向下辐射通量密度为

$$F^+(u)=\sigma_BT^4$$

$$F^-(u)=\sigma_BT^4\langle\varepsilon_F(u)\rangle$$

12. 这是对流层中的透过率和冷却速率问题，由于 $CO_2$ 目前浓度($1\times CO_2$ scenario)和在未来改变气候($1\times CO_2$ scenario)。使用随机洛伦兹指数模式：

(a)证明在 15 μm 带到空间的冷却近似为以压力坐标的冷却率

$$W=\frac{\widetilde{H}}{c_p\rho}=\pi B[\tilde{\nu}=667\ \mathrm{cm}^{-1};T(p)]\Delta\frac{g}{c_p}\frac{\partial\widetilde{T}_F(667\ \mathrm{cm}^{-1};p,0)}{\partial p}$$

式中

$$\widetilde{T}_F(\tilde{\nu}=667\ \mathrm{cm}^{-1};p,0)=\exp\left[-\frac{\overline{S}u}{\overline{\mu}\delta}\left(1+\frac{\overline{S}_m u/\overline{\mu}}{\pi\overline{\alpha}_L(p,0)}\right)^{1/2}\right]$$

式中 $\overline{\mu}$ 是平均天顶角，$\overline{S}$ 是 15 μm 每单位质量平均谱带强度有，$\delta$ 是平均谱线间隔，$u=w_m p/g$，这里 $w_m$ 是 $CO_2$ 质量混合比，$p$ 是气压，$g$ 是重力加速度，$c_p$ 是定压比热，$\overline{\alpha}_L(p,0)$是罗仑兹谱线半宽度的定标值$=\alpha_L(p_0)\times(p/p_0)$，这里 $p_0$ 是 1 hPa。

(b)证明 $\widetilde{T}_F$是以形式 $e^{-ap}$ 部分，其中 $a$ 是与压力无关的量，由此得到

$$\frac{\partial\widetilde{T}_F}{\partial p}=\widetilde{T}_F\ln\widetilde{T}_F/p$$

(c)使用(a)结果，求取对于 $1\times CO_2$ 和 $2\times CO_2$ 背景来自大气层 30 hPa 到空间的通量透射率，使用以下值 $\overline{\mu}=3/5$，对于大气体积混合比 $w$ 是 360 ppmv，$\overline{S}_m/\delta=718.7\ \mathrm{cm^2\cdot g^{-1}}$，$\pi\alpha(p_0)/\delta=0.448$。

(d)利用上面结果求取在大气层 30 hPa 处，两种背景下：设 $T=220$ K 和 $B(\tilde{\nu}=667\ \mathrm{cm}^{-1};220\ \mathrm{K})\Delta\tilde{\nu}=24.36\ \mathrm{W\cdot m^{-2}}$ 冷却率$(\mathrm{K\cdot d^{-1}})$，与精确结果比较。

(e)讨论由于 $CO_2$ 倍增引起 300 hPa 和整个平流层冷却，从而导致平流层温度降低，相对在对流层底部温度增加，两区域的辐射传输过程。

# 参考文献


Ackerman T P, Liou K, Leovy C B, 1976. Infrared radiative transfer in polluted atmospheres[J]. J Appl Meteor, 15:28-35.

Aida M, 1977. Scattering of solar radiation as a function of cloud dimensions and orientation[J]. J Quant Spectrosc Radiat Transfer, 17:303-310.

Ambartzumian V A, 1942. A new method for computing light scattering in turbid media[J]. Izv: Akad Nauk SSSR Ser Geogri Geofiz, 3:97-104.

Anderson G P, 1996. MODTRAN3 User Instruction[Z]. US Air Force Geophysics.

Angstorm A, 1964. The parameter of atmosphere turbidity[J]. Tellus, 16:64-75.

Arking A, Grossman K, 1972. The influence of line shape and band structure on temperatures in planetary atmospheres[J]. J Atmos Sci, 29:937-949.

Armstrong B H, 1967. Spectrum line profiles: The Voigt function[J]. J Quant Spectrosc Radiat Transfer, 7:61-88.

Armstrong B H, 1968. Analysis of the Curtis-Godson approximation and radiation transmission through inhomogeneous atmospheres[J]. J Atmos Sci, 25:312-322.

Asano S, 1983. Transfer of solar radiation in optically anisotropic ice clouds[J]. J Meteor Soc Japan, 61:402-413.

Asano S, Sato M, 1980. Light scattering by randomly oriented spheroidal particles[J]. Appl Opt, 19: 962-974.

Asano S, Yamamoto G, 1975. Light scattering by a spheroidal particle[J]. Appl Opt, 14:29-49.

Asono S, 1975. On the discretes method for the radiative transfer[J]. J Meterol Soc, 53:92-95.

Barber P, Yeh C, 1975. Scattering of electromagnetic waves by arbitrarily shaped dielectric bodies[J]. Appl Opt, 14:2864-2872.

Barker H W, Morcrette J J, Alexander D, 1998. Broadband solar fluxes and heating rates for atmospheres with 3D broken clouds[J]. Quart J Roy Meteor Soc, 124:1245-1271.

Barkstrom B R, 1976. A finite diffrence method of solving anisotropic scattering problem[J]. J Quant Spectrosc Radiat Transfer, 16:725-739.

Barkstrom B R, Smith G L, 1986. The Earth Radiation Budget Experiment: Science and implementation[J]. Rev Geophys, 24:379-390.

Berger A L, 1978. Long-term variations of daily insolation and quaternarycli-matic changes[J]. J Atmos Sci, 35:2362-2367.

Blau H H, Espinola R P, Reifenstein E C, 1966. Near infrared scattering by sunlit terrestrial clouds

[J]. Appl Opt,5:555-564.

Bohren C F,Huffman D R,1983. Absorption and Scattering of Light by Small Particles[M]. Wiley, New York,Chichester,Brisbane,Toronto,Singapore:John Wiley and Sons:530.

Bonnel B,Fouquart Y,Vanhoutte J C,et al,1983. Radiative properties of some African and mid-latitude stratocumulus clouds[J]. Beitr Phys Atmosph,56:409-428.

Born M,Wolf E,1975. Principles of Optic[M]. Oxford:Pergamon Press:808.

Brown L R,Farmer C B,Rinsland C P,et al,1987. Molecular line parameters for the atmospheric trace molecule spectroscopy experiment[J]. Appl Opt,26:5154-5182.

Cai Q,Liou K N,1982. Polarized light scattering by heagonal ice crystals:Theory[J]. Appl Opt,21:3569-3580.

Cairns B,Lacis A A,Carlson B E,2000. Absorption within inhomogeneous clouds and its parameterization in general circulation models[J]. J Atmos Sci,57:700-714.

Chandrasekhar S,1958. On the diffuse reflection of a pencil of radiation by a plane parallel atmosphere[J]. Proc Nat Acad Sci USA,44:933-940.

Chandrasekhar S,1960. Radiative Transfer[M]. New York:Dover Publications.

Chou M D,1986. Atmospheric solar heating rate in the water vapor band[J]. Climate Appl Meteor, 25:1532-1542.

Chou M D,Arking A,1980. Computation of infrared cooling rates in the water vapor bands[J]. J Atmos Sci,37:855-867.

Chou M D,Kouvaris L,1986. Monochromatic calculations of atmospheric radiative transfer due to molecular line absorption[J]. J Geophys Res,91:4047-4055.

Chou M D,Kratz D P,Ridgway W,1991. IR radiation parameterizafions in numerical climate models [J]. J Climate,4:424-437.

Clapp P F,1964. Global cloud cover for seasons using TIROS nephanalyses[J]. Mon Wea Rev,92:404-507.

Coaldey J A Jr,Chylek P,1975. The two-stream approximation in radiative transfer:Including the angle of the incident radiation[J]. J Atmos Sci,32:409-418.

Coffeen D L,1979. Polarization and scattering characteristics in the atmosphere of Earth,Venus,and Jupiter[J]. J Opt Soc Amer,69:1051-1064.

Coleman R F, Liou K N, 1981. Light scattering by heagonal ice crystals[J]. J Atmos Sci, 38:1260-1271.

Crosbie A L,Linsenbardt T L,1978. Two-dimensional isotropic scattering in a semi-infinite medium [J]. J Quant Spectrosc Radiat Transfer,19:257-284.

Cruteher H L,Meserve J M,1970. Selected level heights temperratures and dew ponts for the Northern Hemisphere [R]. Washington D C:US Naval Weather Service,Navair 50-IC-52.

Curtis A R,1952. Discussion quart[J]. J Roy Meteor Soc,78:638-640.

Curtis A R,1956. The computation of radiative heating rates in the atmosphere[J]. Proc Roy Soc A, 236:148-156.

Cusack S, Slingo A, Edwards J M, et al, 1998. The radiative impact of a simple aerosol climatology on the Hadley Centre atmospheric GCM[J]. Quart J Roy Meteor Soc, 124A: 2517-2526.

Cuzzi I N, Ackerman T P, Helmle L C, 1982. The delta-four-stream approximation for radiative flux transfer[J]. J Atmos Sci, 39: 917-925.

Dave J V, 1970. Coefficients of the Legendre and Fourier series for the scattering functions of spherical particles[J]. Appl Opt, 9: 1888-1896.

Dave J V, 1975. A direct solution of the spherical harmonics approximation to the radiative transfer equation for an arbitrary solar elevation. Part I: Theory[J]. J Atmos Sci, 32: 790-798.

Dickinson R E, 1973. Method of parameterization for infrared cooling between altitudes of 30 and 70 kilometers[J]. J Geophys Res, 78: 4451-4457.

Doherty G M, Newell R E, Danielson E F, 1984. Radiative heating rates near the stratospheric formation[J]. J Geophys Res, 89: 1380-1384.

Domoto G A, 1974. Frequency integration for radiative transfer problems in-volving homogeneous non-gray gases: The inverse transmission function[J]. J Quant Spectrosc Radiat Transfer, 14: 935-942.

Ebert E E, Curry J A, 1992. A parametrisation of ice cloud optical properties for climate models[J]. J Geophys Res, 97D: 3831-3836.

Ellingson R G, Gille J C, 1978. An infrared radiative transfer model. I. Model description and comparison of observations with calculations[J]. J Atmos Sci, 35: 523-545.

Elsasser W M, 1938. Mean absorption and equivalent absorption coefficient of a band spectrum[J]. Phys Rev, 54: 126-129.

Elsasser W M, 1942. Heat Transfer by Infrared Radiation in Atmosphere[M]. Boston: Harvard University Press.

Elsasser W M, Culbertson M F, 1960. Atmospheric radiation tables[J]. Meteor Monogr, 4: 1-43.

Fels S B, 1979. Simple strategies for inclusion of Voigt effects in infrared cooling rate calculations [J]. Appl Opt, 18: 2634-2637.

Fomichev V I, Shved G M, 1985. Parameterization of the radiative flux divergence in the 9.6 μm $O_3$ band[J]. J Atmos Terr Phys, 47: 1037-1049.

Fouquart Y, Bonnel B, 1980. Computations of solar heating of the earth's atmosphere: A new parameterization[J]. Beitr Phys Atmosph, 53: 35-62.

Fouquart Y, Bonnel B, Ramaswamy V, 1991. Intercomparing shortwave radiation codes for climate studies[J]. J Geophys Res, 96: 8955-8968.

Fu Q, Liou K N, 1993. Parameterization of the radiative properties of cirrus clouds[J]. J Atmos Sci, 50: 2008-2025.

Fu Q, Sun W B, Yang P, 1999. Modeling of scattering and absorption by nonspherical cirrus ice particles at thermal infrared wavelengths[J]. J Atmos Sci, 56: 2937-2947.

Fu Q, Yang P, Sun W B, 1998. An accurate parameterization of the infrared radiative properties of cirrus clouds of climate models[J]. J Climate, 11: 2223-2237.

Garratt J R,1994. Incoming shortwave fluxes at the surface:A comparison of GCM results with observations[J]. J Climate,7:72-80.

Garratt J R,Prata A J,Rotstayn L D,et al,1998. The surface radiation budget over oceans and continents[J]. J Climate,11:1951-1968.

Gille J C,Lyjak L V,1986. Radiative heating and cooling rates in the middle atmosphere[J]. J Atmos Sci,43:2215-2229.

Giorgetta M A,Morcrette J J,1995. Voigt line approximation in the ECMWF radiation scheme[J]. Mon Wea Rev,123:3381-3383.

Godson W L,1953. The evaluation of infrared radiative fluxes due to atmospheric water vapour[J]. Quart J Roy Meteor Soc,79:367-379.

Godson W L,1955. The computation of infrared transmissios by atmospheric water vopour[J]. J Atmos Sci,12:272-284.

Goody R M,1952. A statistical model for water vapour absorption[J]. Quart J Roy Meteor Soc,78:165-169.

Goody R M, 1964a. Atmospheric Radiation. I: Theoretical Basis[M]. London: Oxford University Press:436.

Goody R M,1964b. The transmission of radiation through an inhomogeneous atmosphere[J]. J Atmos Sci,21:575-581.

Goody R M,West R,Chen L,et al,1989. The correlated-k method for radiation calculations in nonhomogeneous atmospheres[J]. J Quant Spectrosc Radiat Transfer,42:539-550.

Goody R M,Yung Y L,1989. Atmospheric Radiation:Theoretical Bases[M]. New York:Oxford University Press:519.

Grant W B,1990. Water vapor absorption coefficients in the 8-13 μm spectral region:A critical review [J]. Appl Opt,29:451-462.

Gunn K L S,East T W R,1954. The microwave properties of precipitation particle[J]. Quart J Roy Meteor Soc,80:522-545.

Hale G M,Querry M R,1973. Optical constants of water in 200 μm to 200 nm wavelenght region[J]. Appl Opt,12:555-563.

Hansen J E,1969. Radiative transfer by doubling very thin layers[J]. Astrophys J,155:565-573.

Hansen J E,1971. Multiple scattering of polarized light inpanetary atmospheres. Parts Ⅰ and Ⅱ[J]. J Atmos Sci,28:120-125,1400-1426.

Hansen J E,Pollack J B,1970. Near-infrared light scattering by terrestrial clouds[J]. J Atmos Sci,27:265-281.

Hansen J E, Travis L D, 1974. Light scattering in planetary atmosphere[J]. Space Sci Rev, 16:527-610.

Harrison E F,Minnis P,Barkstrom B R,et al,1990. Seasonal variation of cloud radiative forcing derived from the Earth Radiation Budget Experiment[J]. J Geophys Res,95(18):687-18,703.

Herman B M,Abraham F F,1960. A note on the two-stream theory of radiational transtar through clouds[J]. J Meteor, 17:471-473.

Herzberg G, 1945. Molecular Spectra and Molecular Structure[M]. Van Nostrand Reinhold, Princeton, New Jersey, 632.

Hopf E A, 1934. Mathematical Problem of Radiative Equilibrium[M]. New Yourk: Cambridge University Press.

Hovenier J W, 1969. Symmetry relationships for scattering of polarized light in a slab of randomly oriented particles[J]. J Atmos Sci, 26:488-499.

Iqbal M, 1983. An Introduction to Solar Radiation[M]. Toronto and New York: Academic Press: 390.

Irvine W M, Pollack J B, 1968. Infrared optical properties of water and ice spheres[J]. Icarus, 8: 324-360.

Jacobowitz H, 1971. A method for computing transfer of solar radiation through clouds of heagonal ice crystals[J]. J Quant Spectrosc Radiat Transfer, 11:691-695.

Joseph J H, Wiscombe W J, Weinman J A, 1976. The Delta-Eddington approximation for radiative flux transfer[J]. J Atmos Sci, 33:2452-2459.

Kato S, Ackerman T P, Mather J H, et al, 1999. The k-distribution method and correlated-k approximation for a shortwave radiative transfer model[J]. J Quant Spectrosc Radiat Transfer, 62: 109-121.

Keeling R F, 1988. Measuring correlations between atmospheric oxygen and carbon dioxide mole fractions: A preliminary study of urban air[J]. J Atmos Chem, 7:153-176.

Kerker M, 1969. The Scattering of Light and Other Electromagnetic Radiation[M]. New York: Academic Press: 666.

Kessler E, 1969. On the distribution and continuity of water substance in atmospheric circulations[R]. Meteor Monogr, No. 10, Amer Meteor Soc, Boston, 84.

Kiehl J, Trenberth K, 1997. Earth's annual global mean energy budget[J]. Bull Am Meteorol Soc, 78: 197-206.

King M D, Harshvardhan. 1986. Comparative accuracy of selected multiple scattering approximations [J]. J Atmos Sci, 43:784-801.

Kneizys F X, Coauthors, 1996. The MODTRAN 2/3 report and LOWTRAN 7 model[R]. Phillips Laboratory, Geophysics Directorate, Hanscom AFB, 261.

Kokhanovsky A A, 2006. Cloud Optics[M]. Dordrecht: Springer.

Kondratyev K Y, 1969. Radiation in the Atmosphere[M]. New York: Academic Press: 912.

Kratz D P, Cess R D, 1985. Solar absorption by atmospheric water vapor: A comparison of radiation models[J]. Tellus, 37B:53-63.

Labs D, Neckel H, 1968. The radiation of the solar photosphere from 2000 Å to 100 μm[J]. Z Astrophys, 69:1-73.

Lacis A A, Hansen J E, 1974. A parameterization for the absorption solar radiation in the earth's atmosphere[J]. J Atmos Sci, 31:118-133.

Lacis A A, Oinas V, 1991. A description of the correlated k-distribution method for modeling nongrey gaseous absorption, thermal emission and multiple scattering in vertically inhomogeneous atmospheres[J]. J Geophys Res, 96: 9027-9063.

Lacis A, Oinas V, 1991. A description of the correlated k-distribution method for modeling nongray gaseous absorption, thermal emission, and multiple scattering in vercally inhomogeneous atmospheres[J]. J Geophys Res, 96: 9027-9063.

Lacis A, Wang W C, Hansen J, 1979. Correlated k-distribution method for radiative transfer in climate models: Application to effect of cirrus clouds on climate[R]. NASA Conf, Publ, 2076: 309-304.

Lean J, Rind D, 1998. Climate forcing by changing solar radiation[J]. J Climate, 11: 3069-3094.

Leckner B, 1978. The spectral distribution of solar radiation at the earth's surface elements of a model [J]. Sol Energy, 20: 143-191.

Liou K N, 1972. Light scattering by ice clouds in the visible and infrared: A theoretical study[J]. J Atmos Sci, 29: 524-536.

Liou K N, 1973a. A numerical experiment on Chandrasekhar's discrete-ordinates method for radiative transfer[J]: Application to cloudy and hazy atmospheres[J]. J Atmos Sci, 30: 1303-1326.

Liou K N, 1973b. Transfer of solar irradiance through cirrus cloud layers[J]. J Geophys Res, 78: 1409-1418.

Liou K N, 1974. Analytic two-stream and four-stream solutions for radiative transfer[J]. J Atmos Sci, 31: 1473-1475.

Liou K N, 1975. Applications of the discrete-ordinate method for radiative transfer to inhomogeneous aerosol atmospheres[J]. J Geophys Res, 80: 3434-3440.

Liou K N, 1976. On the absorption, reflection and transmission of solar radiation in cloudy atmospheres[J]. J Atmos Sci, 33: 798-805.

Liou K N, 1980. An Introduction to Atmospheric Radiation[M]. International Geophysics Series, Vol 25, Academic Press: 392.

Liou K N, 1992. Radiation and cloud processes in the atmosphere[M]. Oxford, New York: Oxford University Press: 487.

Liou K N, 2002. An Introduction to Atmospheres Radiation[M]. Amsterdam: Academic press.

Liou K N, Fu Q, Ackerman T P, 1988. A simple formulation of the delta-four-stream approximation for radiative transfer parameterizations[J]. J Atmos Sci, 45: 1940-1947.

Liou K N, Ou S C, 1981. Parameterization of infrared radiative transfer in cloudy atmospheres[J]. J Atmos Sci, 38: 2707-2716.

Liou K N, Sasamori T, 1975. On the transfer of solar radiation in aerosol atmospheres[J]. J Atmos Sci, 32: 2166-2177.

Ludlam F H, 1956. The forms of ice clouds, II[J]. Quart J Roy Meteor Soc, 82: 257-265.

Malkmus W, 1967. Random Lorentz band model with exponential tailed 1/S line intensity[J]. J Optic Soc Amer, 57: 323-329.

Margenau W A, Griggs M, 1969. Aireraft measurements and calculation of total downward flux of solar radiation as function of altitude[J]. J Atmos Sci, 26: 469-477.

Margenau W A,Griggs M,1969. Aireraft measurements and ealeulations of total clounward flux of solar rediation as a function of altitude[J]. J Atmos Sci,26:469-477.

Meador W E,Weaver W R,1980. Two stream approximations to radiative transfer in planetary atmospheres:A unified description of existing methods and a new improvement[J]. J Atmos Sci,37:630-643.

Mitchell J F B,Johns T C,Gregory J M,et al,1995. Climate response to increasing levels of greenhouse gases and sulphate aerosols[J]. Nature,376:501-504.

Mlawer E J,Taubman S J,Brown P D,et al,1997. Radiative transfer for inhomogeneous atmospheres:RRTM,a validated correlated-k model for the longwave[J]. J Geophys Res,102(16):16663-16682.

Morcrette J J,1990. Impact of changes to the radiation transfer parameterizations plus cloud optical properties in the ECMWF model[J]. Mon Wea Rev,118:847-873.

Morcrette J J,1991. Radiation and cloud radiative properties in the ECMWF operational weather forecast model[J]. J Geophys Res,96:9121-9132.

Morcrette J J,Smith L,Fouquart Y,1986. Pressure and temperature dependence of the absorption in longwave radiation parameterizations[J]. Beitr Phys Atmosph,59:455-469.

Neiburger M,1949. Reflection,absorption,and transmission insolation stratus cloud[J]. J Meteor,6:98-104.

Ohmura A,Dutton E G,Forgan B,et al,1998. Baseline Surface RadiationNetweork(BSRN/WCRP):New precision radiometry for climate research[J]. Bull Amer Meteor Soc,79:2115-2136.

Ou S C,Liou K N,1983. Parameterization of carbon dioxide 15 μm band absorption and emission[J]. J Geophys Res,88:5203-5207.

Paltridge G W,Platt C M R,1976. Radiative Processes in Meteorology and Climatology[M]. New York:Elsevier:318.

Peraiash A,2002. In Introduction to Radiative Transfer[M]. Cambridge:Cambridge University Press.

Pilewskie P,Valero F,1995. Direct observations of excess soalr absorption by clouds[J]. Science,267:1626-1629.

Potter J F,1970. The delta functionapproimation in radiative transfer theory[J]. J Atmos Sci,27:943-951.

Putzer E J,1966. Avoiding the Jordan canonical form in the discussion of linear systems with constant coefficients[J]. Aner Math Monthly,73:2.

Quenzel H,1985. Radiation from molecules and aerosol particles[J]. Promet,15(2/3):7-9.

Ramanathan V,1987. The role of earth radiation budget studies in climate and general circulation research[J]. J Geophys Res,92:4075-4096.

Ramanathan V,Cess R D,Harrison E F,et al,1989. Cloud-radiative forcing and climate:Results for the Earth Radiation Budget Experiment[J]. Science,243:57-63.

Ramanathan V,Downey P,1986. Anonisothermal emissivity and absorptivity formulation for water vapor[J]. J Geophys Res,91:8649-8666.

Ramanathan V,Subalisar B,Zhang G J,et al,1995. Warm pool heat budget and short wave cloud forcing. A missing physics[J]. Science,267:499-503.

Ramaswamy V,Freidenreich S M,1992. A study of broadband parameterizations of the solar radiative interactions with water vapor and water drops[J]. J Geophys Res,97(11):487-11,512.

Roberts E,Selby J,Biberman L,1976. Infrared continuum absorption by atmospheric water vapor in the 8-12 μm window[J]. Appl Opt,15:2085-2090.

Rodgers C D,1967. The use of emissivity in atmospheric radiation calculations[J]. Quart J Roy Meteor Soc,93:43-54.

Rodgers C D,Walshaw C D,1966. The computation of the infrared cooling rate in planetary atmospheres[J]. Quart J Roy Meteor Soc,92:67-92.

Rothman L S,Rinsland C P,Goldman A,1998. The HITRAN molecular spectroscopic database and HAWKS:1996 edition[J]. J Quant Spectrosc Radiat Transfer,60:665-710.

Rothman L S,Gamache R R,Goldman A,et al,1987. The HITRAN database:1986 edition[J]. Appl Opt,26:4058-4097.

Sasamori T,London J,Hoyt D V,1972. Radiation budget of the Southern Hemisphere. In Meteorology of the Southern Hemisphere[J]. Meteor Monogr,13:9-24.

Savijarvi H,Raisanen P,1997. Long-wave optical properties of water clouds and rain[J]. Tellus,50A: 1-11.

Schaller E,1979. A delta-two-stream approximation radiative flux calculations[J]. Contrib Atmos Phys,52:17-26.

Schulz M,Balkanski Y J,Guelle W,et al,1998. Role of aerosol size distribution and source location in a three-dimensional simulation of a Saharan dust episode tested against satellite-derived optical thickness[J]. J Geophys Res,103(10):10579-10592.

Shettle E P,Weinman J A,1970. The transfer of solar irradiance through inhomogeneous turbid atmospheres evaluated by Eddington's approximation[J]. J Atmos Sci,27:1048-1055.

Slingo A,1989. A GCM parameterization for the shortwave radiative properties of water clouds[J]. J Atmos Sci,46:1419-1427.

Smith E A,Lei Shi,1992. Surface forcing of the infrared cooling profile over the Tibetan plateau. Part I:Influence of relative longwave radiative heating at high altitude[J]. J Atmos Sci,49:805-822.

Sobolev V V,1975. Light Scattering in Planetarx Atmospheres[M]. Oxford:Pergamon Press:254.

Stamnes K,1986. The theory of multiple scattering of radiation in plane atmospheres[J]. Rev Geophys,24:299-310.

Stamnes K,Dale H,1981. A new look at the discrete-ordinate method for radiative transfer calculations in anisotropically scattering atmospheres. II. Intensity computations[J]. J Atmos Sci, 38: 2696-2706.

Stamnes K,Swanson R A,1981. A new look at the discrete-ordinate method for radiative transfer calculations in anisotropically scattering atmospheres[J]. J Atmos Sci,38:387-399.

Stephens G L,1979. Optical properties of eight water cloud types[J]. C S I R O Div Atmos Phys, Tech Paper,36:1-36.

Stephens G L,1984. The parameterization of radiation for numerical weather prediction and climate models[J]. Mon Wea Rev,112:826-867.

Stephens G L, 1988. Radiative transfer through arbitrarily shaped optical media: Part I: A general method of solution. Part Ⅱ:Group theory and simple closures[J]. J Atmos Sci,45:1818-1848.

Stephens G L,1994. Remote Sensing of the Lower Atmosphere:An Introduction[M]. New York:Oxford University Press.

Stephens G L,1996. How much solar radiation do clouds absorb[J]. Science,271:1131-1134.

Stephens G L,T J Greenwald,1991. The earth's radiation budget and its relation to atmospheric hydrology 2. Observation of cloud effect[J]. J Geophys Res,96(15):325-340.

Stephens G L,Tsay S C,1990. On the cloud absorption anomaly[J]. Quart J Roy Meteor Soc,116: 671-704.

Stephens G L,Webster P J,1979. Sensitivity of radiative forcing to variable cloud and moisture[J]. J Atmos Sci,36:1542-1556.

Stokes G G, 1852. On the composition and resolution of streams of polarized light from different sources[J]. Trans Cambridge Philos Soc,9:399-423.

Strabala K I,Ackexman S A,Menzel W P,1994. Cloud properties inferred from 8-12 micron data[J]. J Appl Meteor,33:212-229.

Thckackara M P,1976. Solar irradiance:Total and spectral and its possible variations[J]. Appl Opt, 15:915-920.

Thomas G E,Stamnes K,1999. Radiative Transfer in the Atmosphere and Ocean[M]. New York: Cambridge University Press.

Tiedtke M,1996. An extension of cloud-radiation parameterization in the ECMWF model:The representation of sub-grid scale variations of optical depth[J]. Mon Wea Rev,124:745-750.

U S National Oceanic and Atmospheric Administration,1976. U S Standard Atmosphere,1976. NOAA-S/T76-1562[S]. Washington D C:U S Govt Printing Office:227.

van de Hulst H C,1945. Theory of absorption lines in the atmosphrere of the earth[J]. Ann Astrophys,8:1-11.

van de Hulst H C,1980. Multiple Light Scattering. Tables,Formulas,and Applications,Vols 1 and 2 [M]. New York:Academic Press:739.

Walter S J,1992. The tropospheric microwave water vapor spectrum:Uncertainties for remote sensing[R]. In Proceeding of Microwave Radiometry and Remote sensing,Boulder,Jan:14-16.

Wang J H,Rossow W B,1995. Determination of cloud vertical structure from upper-air observations [J]. J Appl Meteor,34:2243-2258.

Warren S G, 1984. Optical constants of ice from ultraviolt to the microwave[J]. Appl Opt, 23: 1206-1225.

Watson G N,1980. Treatise on the Theory of Bessel Function[M]. Cambridge:Cambridge University

Press.

Wehrbein W M, Leovy C B, 1982. An accurate radiative heating and cooling algorithm for use in a dynamical model of the middle atmosphere[J]. J Atmos Sci, 39: 1532-1544.

Wiscombe W J, 1980. Improved Mie scattering algorithms[J]. Appl Opt: 1505-1509.

Wiscombe W, 1977. The delta-M method: Rapid yet accurate radiative flux calculations for strongly asymmetric phase functions[J]. J Atmos Sci, 34: 1408-1422.

Wyser K, 1998. The effective radius of ice clouds[J]. J Climate, 11: 1793-1802.

Yagi T, 1969. On the relation between the shape of cirrus clouds and the static stability of the cloud level. Studies of cirrus clouds: Part IV[J]. J Meteor Soc Japan, 47: 59-64.

Yamamoto G, 1962. Direct absorption of solar radiation by atmospheric water vapor, carbon dioxide and molecular oxygen[J]. J Atmos Sci, 19: 182-188.

Yamamoto G, Aida M, 1970. Transmission in a non-homogeneous atmosphere with an absorbing gas of constant mixing ratio[J]. J Quart Spectrosc Radiat Transfer, 10: 593-608.

Yamamoto G, Aida M, Yamamoto S, 1972. Improved Curtis-Godson approximation in a non-homogeneous atmosphere[J]. J Atmos Sci, 29: 1150-1155.

Zdunkowski W G, Korb G J, Davis C T, 1974. Radiative transfer in model clouds of variable and height constant liquid water content as computed by approximate and exact methods[J]. Beitr Phys Atmos, 47: 157-186.

Zdunkowski W G, Trautmann T, Bott A, 2007. Rdiation in the Atmosphere[M]. Cambridge: Cambridge University Prees.

Zhang Y C, Rossow W B, Lacis A A, 1995. Calculation of surface and top of the atmosphere radiative fluxes from physical quantities based on ISCCP data sets, 1: Method and sensitivity to input data uncertainties[J]. J Geophys Res, 100: 1149-1166.

# 附录A 一些通用常数

| | |
|---|---|
| 重力加速(海平面和海平面45°纬度) | $g=9.80616\ \mathrm{m\cdot s^{-2}}$ |
| 地球角速度 | $\omega=7.27221\times10^{-5}\ \mathrm{rad\cdot s^{-1}}$ |
| 阿伏伽德罗数 | $N_o=6.02297\times10^{23}$ molecule · $\mathrm{mol^{-1}}$ |
| 玻尔兹曼常数 | $K=1.38062\times10^{-23}\ \mathrm{J\cdot K^{-1}}$ |
| 标准压力和温度下的空气密度 | $\rho=1.273\times10^{-3}\ \mathrm{g\cdot cm^{-3}}=1.273\ \mathrm{kg\cdot m^{-3}}$ |
| 冰密度(0 ℃) | $\rho_i=0.917\ \mathrm{g\cdot cm^{-3}}=0.917\times10^3\ \mathrm{kg\cdot m^{-3}}$ |
| 液态水密度(4 ℃) | $\rho_\ell=1\ \mathrm{g\cdot cm^{-3}}=1\times10^3\ \mathrm{kg\cdot m^{-3}}$ |
| 电荷 | $e=1.60219\times10^{-19}$ C(coulomb,mks) |
| 引力常数 | $G=6.673\times10^{-11}\ \mathrm{N\cdot m^2\cdot kg^{-2}}$ |
| 0 ℃处凝结潜热 | $L_c=2.5\times10^6\ \mathrm{J\cdot kg^{-1}}$ |
| 洛希米德数(标准温度和压力) | $n_o=2.68719\times10^{25}$ molecule · $\mathrm{m^{-3}}$ |
| 电子质量 | $m_e=9.10956\times10^{-31}\ \mathrm{kg}$ |
| 地球的质量 | $M_e=5.988\times10^{24}\ \mathrm{kg}$ |
| 地球和太阳之间的平均距离 | $r_0=1.49598\times10^{11}\ \mathrm{m}$ |
| 平均地球半径 | $a_e=6.37120\times10^6\ \mathrm{m}$ |
| 太阳的平均半径(可见光盘) | $a_s=6.96000\times10^8\ \mathrm{m}$ |
| 干燥空气的分子量 | $M=28.97\ \mathrm{g\cdot mol^{-1}}$ |
| 真空磁导率 | $\mu_0=12.56637\times10^{-7}\ \mathrm{kg\cdot m\cdot C^{-2}}$(inks)<br>=1 Gaussian unit(cgs) |
| 真空介电常数 | $\varepsilon_0=8.85419\times10^{-12}\ \mathrm{C\cdot kg^{-1}\cdot m^{-3}\cdot s^2}$(inks)<br>=1 Gaussian unit(cgs) |
| 普朗克常数 | $h=6.62620\times10^{-34}\ \mathrm{J\cdot s}$ |
| 饱和水汽压(0 ℃) | $e_0=6.1078\ \mathrm{hPa}=0.61078\ \mathrm{kPa}$ |
| 太阳常数 | $S\cong1366\ \mathrm{W\cdot m^{-2}}(\mathrm{J\cdot s^{-1}\cdot m^{-2}})$ |
| 定压空气比热 | $c_p=10.04\times10^2\ \mathrm{m^2\cdot s^{-2}\cdot K^{-1}}$ |
| 恒定体积的空气比热 | $c_V=7.17\times10^2\ \mathrm{m^2\cdot s^{-2}\cdot K^{-1}}$ |
| 标准大气压 | $p_0=1013.25\ \mathrm{hPa}=101.325\ \mathrm{kPa}$ |

续表

| | |
|---|---|
| 标准温度 | $T_0=273.16$ K |
| 斯蒂芬-玻尔兹曼常数 | $\sigma=5.66961\times 10^{-8}$ J·m$^{-2}$·s$^{-1}$·K$^{-4}$ |
| 通用气体常用数 | $R^*=8.31432$ J·mol$^{-1}$·K$^{-1}$ |
| 光速 | $c=2.99792458\times 10^{8}$ m·s$^{-1}$ |
| 维恩位移常数 | $\alpha=0.2897\times 10^{-2}$ m·K |

# 附录B　标准大气(美)

| 高度 (km) | 压力 (hPa) | 温度 (K) | 密度 ($g\cdot m^{-3}$) | 水汽 ($g\cdot m^{-3}$) | 臭氧 ($g\cdot m^{-3}$) |
|---|---|---|---|---|---|
| 0 | $1.103\times10^{3}$ | 288.1 | $1.225\times10^{3}$ | $5.9\times10^{0}$ | $5.4\times10^{-5}$ |
| 1 | $8.986\times10^{2}$ | 281.6 | $1.111\times10^{3}$ | $4.2\times10^{0}$ | $5.4\times10^{-5}$ |
| 2 | $7.950\times10^{2}$ | 275.1 | $1.007\times10^{3}$ | $2.9\times10^{0}$ | $5.4\times10^{-5}$ |
| 3 | $7.012\times10^{2}$ | 268.7 | $9.093\times10^{2}$ | $1.8\times10^{0}$ | $5.0\times10^{-5}$ |
| 4 | $6.166\times10^{2}$ | 262.2 | $8.193\times10^{2}$ | $1.1\times10^{0}$ | $4.6\times10^{-5}$ |
| 5 | $5.405\times10^{2}$ | 255.7 | $7.364\times10^{2}$ | $6.4\times10^{-1}$ | $4.5\times10^{-5}$ |
| 6 | $4.111\times10^{2}$ | 249.2 | $6.601\times10^{2}$ | $3.8\times10^{-1}$ | $4.5\times10^{-5}$ |
| 7 | $3.565\times10^{2}$ | 242.7 | $5.900\times10^{2}$ | $2.1\times10^{-1}$ | $4.8\times10^{-5}$ |
| 8 | $3.080\times10^{2}$ | 236.2 | $5.258\times10^{2}$ | $1.2\times10^{-1}$ | $5.2\times10^{-5}$ |
| 9 | $2.650\times10^{2}$ | 229.7 | $4.671\times10^{2}$ | $4.6\times10^{-2}$ | $7.1\times10^{-5}$ |
| 10 | $4.722\times10^{2}$ | 223.2 | $4.135\times10^{2}$ | $1.8\times10^{-2}$ | $9.0\times10^{-5}$ |
| 11 | $2.270\times10^{2}$ | 216.8 | $3.648\times10^{2}$ | $8.2\times10^{-3}$ | $1.3\times10^{-4}$ |
| 12 | $1.940\times10^{2}$ | 216.6 | $3.119\times10^{2}$ | $3.7\times10^{-3}$ | $1.6\times10^{-4}$ |
| 13 | $1.658\times10^{2}$ | 216.6 | $2.666\times10^{2}$ | $1.8\times10^{-3}$ | $1.7\times10^{-4}$ |
| 14 | $1.417\times10^{2}$ | 216.6 | $2.279\times10^{2}$ | $8.4\times10^{-4}$ | $1.9\times10^{-4}$ |

续表

| 高度 (km) | 压力 (hPa) | 温度 (K) | 密度 ($g \cdot m^{-3}$) | 水汽 ($g \cdot m^{-3}$) | 臭氧 ($g \cdot m^{-3}$) |
|---|---|---|---|---|---|
| 15 | $1.211\times10^{2}$ | 216.6 | $1.948\times10^{2}$ | $7.2\times10^{-4}$ | $2.1\times10^{-4}$ |
| 16 | $1.035\times10^{2}$ | 216.6 | $1.665\times10^{2}$ | $6.1\times10^{-4}$ | $2.3\times10^{-4}$ |
| 17 | $8.850\times10^{1}$ | 216.6 | $1.423\times10^{2}$ | $5.2\times10^{-4}$ | $2.8\times10^{-4}$ |
| 18 | $7.565\times10^{1}$ | 216.6 | $1.216\times10^{2}$ | $4.4\times10^{-4}$ | $3.2\times10^{-4}$ |
| 19 | $6.467\times10^{1}$ | 216.6 | $1.040\times10^{2}$ | $4.4\times10^{-4}$ | $3.5\times10^{-4}$ |
| 20 | $5.529\times10^{1}$ | 216.6 | $8.891\times10^{1}$ | $4.4\times10^{-4}$ | $3.8\times10^{-4}$ |
| 21 | $4.729\times10^{1}$ | 217.6 | $7.572\times10^{1}$ | $4.8\times10^{-4}$ | $3.8\times10^{-4}$ |
| 22 | $4.047\times10^{1}$ | 218.6 | $6.451\times10^{1}$ | $5.2\times10^{-4}$ | $3.9\times10^{-4}$ |
| 23 | $3.467\times10^{1}$ | 219.6 | $5.500\times10^{1}$ | $5.7\times10^{-4}$ | $3.8\times10^{-4}$ |
| 24 | $2.972\times10^{1}$ | 220.6 | $4.694\times10^{1}$ | $6.1\times10^{-4}$ | $3.6\times10^{-4}$ |
| 25 | $2.549\times10^{1}$ | 221.6 | $4.008\times10^{1}$ | $6.6\times10^{-4}$ | $3.4\times10^{-4}$ |
| 30 | $1.197\times10^{1}$ | 226.5 | $1.841\times10^{1}$ | $3.8\times10^{-4}$ | $2.0\times10^{-4}$ |
| 35 | $5.746\times10^{0}$ | 236.5 | $8.463\times10^{0}$ | $1.6\times10^{-4}$ | $1.1\times10^{-4}$ |
| 40 | $2.871\times10^{0}$ | 250.4 | $3.996\times10^{0}$ | $6.7\times10^{-5}$ | $4.9\times10^{-5}$ |
| 45 | $1.491\times10^{0}$ | 264.2 | $1.966\times10^{0}$ | $3.2\times10^{-5}$ | $1.7\times10^{-5}$ |
| 50 | $7.978\times10^{-1}$ | 270.6 | $1.027\times10^{0}$ | $1.2\times10^{-5}$ | $4.0\times10^{-6}$ |
| 75 | $5.520\times10^{-2}$ | 219.7 | $8.754\times10^{-2}$ | $1.5\times10^{-7}$ | $8.6\times10^{-8}$ |
| 100 | $3.008\times10^{-4}$ | 210.0 | $4.989\times10^{-4}$ | $1.0\times10^{-9}$ | $4.3\times10^{-11}$ |

来源:U S Standard Atmosphere,1976.

# 附录C　水和冰的复折射指数

## 1. 水的复折射指数

| λ(μm) | $m_r$ | $m_i$ | λ(μm) | $m_r$ | $m_i$ | λ(μm) | $m_r$ | $m_i$ |
|---|---|---|---|---|---|---|---|---|
| 0.200 | 1.396 | $1.10\times10^{-7}$ | 0.800 | 1.329 | $1.25\times10^{-7}$ | 3.00 | 1.371 | $2.72\times10^{-1}$ |
| 0.225 | 1.373 | $4.90\times10^{-8}$ | 0.825 | 1.329 | $1.82\times10^{-7}$ | 3.05 | 1.426 | $2.40\times10^{-1}$ |
| 0.250 | 1.362 | $3.35\times10^{-8}$ | 0.850 | 1.329 | $2.93\times10^{-7}$ | 3.10 | 1.467 | $1.92\times10^{-1}$ |
| 0.275 | 1.354 | $2.35\times10^{-8}$ | 0.875 | 1.328 | $3.91\times10^{-7}$ | 3.15 | 1.483 | $1.35\times10^{-1}$ |
| 0.300 | 1.349 | $1.60\times10^{-8}$ | 0.900 | 1.328 | $4.86\times10^{-7}$ | 3.20 | 1.478 | $9.24\times10^{-2}$ |
| 0.325 | 1.346 | $1.08\times10^{-8}$ | 0.925 | 1.328 | $1.06\times10^{-7}$ | 3.25 | 1.467 | $6.10\times10^{-2}$ |
| 0.350 | 1.343 | $6.50\times10^{-9}$ | 0.950 | 1.327 | $2.93\times10^{-6}$ | 3.30 | 1.450 | $3.68\times10^{-2}$ |
| 0.375 | 1.341 | $3.50\times10^{-9}$ | 0.975 | 1.327 | $3.48\times10^{-6}$ | 3.35 | 1.432 | $2.61\times10^{-2}$ |
| 0.400 | 1.339 | $1.86\times10^{-9}$ | 1.000 | 1.327 | $2.89\times10^{-6}$ | 3.40 | 1.420 | $1.95\times10^{-2}$ |
| 0.425 | 1.338 | $1.30\times10^{-9}$ | 1.200 | 1.324 | $9.89\times10^{-6}$ | 3.45 | 1.410 | $1.32\times10^{-2}$ |
| 0.450 | 1.337 | $1.02\times10^{-9}$ | 1.400 | 1.321 | $1.38\times10^{-4}$ | 3.50 | 1.400 | $9.40\times10^{-3}$ |
| 0.475 | 1.336 | $9.35\times10^{-9}$ | 1.600 | 1.317 | $8.55\times10^{-5}$ | 3.60 | 1.385 | $5.15\times10^{-3}$ |
| 0.500 | 1.335 | $1.00\times10^{-10}$ | 1.80 | 1.312 | $1.15\times10^{-4}$ | 3.70 | 1.374 | $3.60\times10^{-3}$ |
| 0.525 | 1.334 | $1.32\times10^{-9}$ | 2.00 | 1.306 | $1.10\times10^{-3}$ | 4.80 | 1.364 | $3.40\times10^{-3}$ |
| 0.550 | 1.333 | $1.96\times10^{-9}$ | 2.20 | 1.296 | $2.89\times10^{-4}$ | 4.90 | 1.357 | $3.80\times10^{-3}$ |
| 0.575 | 1.333 | $3.60\times10^{-9}$ | 2.40 | 1.279 | $9.56\times10^{-4}$ | 4.00 | 1.351 | $4.60\times10^{-3}$ |
| 0.600 | 1.332 | $1.09\times10^{-9}$ | 2.60 | t.242 | $3.17\times10^{-3}$ | 4.10 | 1.346 | $5.62\times10^{-3}$ |
| 0.625 | 1.332 | $1.39\times10^{-8}$ | 2.65 | 1.219 | $6.70\times10^{-3}$ | 4.20 | 1.342 | $6.88\times10^{-3}$ |
| 0.650 | 1.331 | $1.64\times10^{-8}$ | 2.70 | 1.188 | $1.90\times10^{-2}$ | 4.30 | I.338 | $8.45\times10^{-3}$ |
| 0.675 | 1.331 | $2.23\times10^{-8}$ | 2.75 | 1.157 | $5.90\times10^{-2}$ | 4.40 | 1.334 | $1.03\times10^{-2}$ |
| 0.700 | 1.331 | $3.35\times10^{-8}$ | 2.80 | 1.142 | $1.15\times10^{-1}$ | 4.50 | 1.332 | $1.34\times10^{-2}$ |
| 0.725 | 1.330 | $9.15\times10^{-8}$ | 2.85 | 1.149 | $1.85\times10^{-1}$ | 4.60 | 1.330 | $1.47\times10^{-2}$ |
| 0.750 | 1.330 | $1.56\times10^{-7}$ | 2.90 | 1.201 | $2.68\times10^{-1}$ | 4.70 | 1.330 | $1.57\times10^{-2}$ |
| 0.775 | 1.330 | $1.487\times10^{-7}$ | 2.95 | 1.292 | $2.98\times10^{-1}$ | 4.80 | 1.330 | $1.50\times10^{-2}$ |

续表

| λ(μm) | $m_r$ | $m_i$ | λ(μm) | $m_r$ | $m_i$ | λ(μm) | $m_r$ | $m_i$ |
|---|---|---|---|---|---|---|---|---|
| 4.9 | 1.328 | $1.37\times10^{-2}$ | 7.8 | 1.297 | $3.35\times10^{-2}$ | 18.5 | 1.443 | $4.21\times10^{-1}$ |
| 5.0 | 1.325 | $1.24\times10^{-2}$ | 7.9 | 1.294 | $3.39\times10^{-2}$ | 19.0 | 1.461 | $4.14\times10^{-1}$ |
| 5.1 | 1.322 | $1.11\times10^{-2}$ | 8.0 | 1.291 | $3.43\times10^{-2}$ | 19.5 | 1.476 | $4.04\times10^{-1}$ |
| 5.2 | 1.317 | $1.01\times10^{-2}$ | 8.2 | 1.286 | $3.51\times10^{-2}$ | 20.0 | 1.480 | $3.93\times10^{-1}$ |
| 5.3 | 1.312 | $9.80\times10^{-2}$ | 8.4 | 1.281 | $3.61\times10^{-2}$ | 21.0 | 1.487 | $3.82\times10^{-1}$ |
| 5.4 | 1.305 | $1.03\times10^{-2}$ | 8.6 | 1.275 | $3.72\times10^{-2}$ | 22.0 | 1.500 | $3.73\times10^{-1}$ |
| 5.5 | 1.298 | $1.16\times10^{-2}$ | 8.8 | 1.269 | $3.85\times10^{-2}$ | 23.0 | 1.511 | $3.67\times10^{-1}$ |
| 5.6 | 1.289 | $1.42\times10^{-2}$ | 9.0 | 1.262 | $3.99\times10^{-2}$ | 24.0 | 1.521 | $3.61\times10^{-1}$ |
| 5.7 | 1.277 | $2.03\times10^{-2}$ | 9.2 | 1.255 | $4.15\times10^{-2}$ | 25.0 | 1,531 | $3.56\times10^{-1}$ |
| 5.8 | 1.262 | $3.30\times10^{-2}$ | 9.4 | 1.247 | $4.33\times10^{-2}$ | 26.0 | 1.539 | $3.50\times10^{-1}$ |
| 5.9 | 1.248 | $6.22\times10^{-2}$ | 9.6 | 1.239 | $4.54\times10^{-2}$ | 27.0 | 1.545 | $3.44\times10^{-1}$ |
| 6.0 | 1.265 | $1.07\times10^{-1}$ | 9.8 | 1.229 | $4.79\times10^{-2}$ | 28.0 | 1.549 | $3.38\times10^{-1}$ |
| 6.1 | 1.319 | $1.31\times10^{-1}$ | 10.0 | 1.218 | $5.08\times10^{-2}$ | 29.0 | 1.551 | $3.33\times10^{-1}$ |
| 6.2 | 1.363 | $8.80\times10^{-2}$ | 10.5 | 1.185 | $6.62\times10^{-2}$ | 30.0 | 1.551 | $3.28\times10^{-1}$ |
| 6.3 | 1.357 | $5.70\times10^{-2}$ | 11.0 | 1.153 | $9.68\times10^{-2}$ | 32.0 | 1.546 | $3.24\times10^{-1}$ |
| 6.4 | 1.347 | $4.49\times10^{-2}$ | 11.5 | 1.126 | $1.42\times10^{-1}$ | 34.0 | 1.536 | $3.29\times10^{-1}$ |
| 6.5 | 1.339 | $3.92\times10^{-2}$ | 12.0 | 1.111 | $1.99\times10^{-1}$ | 36.0 | 1.527 | $3.43\times10^{-1}$ |
| 6.6 | 1.334 | $3.56\times10^{-2}$ | 12.5 | 1.123 | $2.59\times10^{-1}$ | 38.0 | 1.522 | $3.6t\times10^{-1}$ |
| 6.7 | 1.329 | $3.37\times10^{-2}$ | 13.0 | 1.146 | $3.05\times10^{-1}$ | 40.0 | 1.519 | $3.85\times10^{-1}$ |
| 6.8 | 1.324 | $3.27\times10^{-2}$ | 13.5 | 1.177 | $3.43\times10^{-1}$ | 42.0 | 1.522 | $4.09\times10^{-1}$ |
| 6.9 | 1.321 | $3.22\times10^{-2}$ | 14.0 | 1.210 | $3.70\times10^{-1}$ | 44.0 | 1.530 | $4.36\times10^{-1}$ |
| 7.0 | 1.317 | $3.20\times10^{-2}$ | 14.5 | 1.241 | $3.88\times10^{-1}$ | 46.0 | 1.541 | $4.62\times10^{-1}$ |
| 7.1 | 1.314 | $3.20\times10^{-2}$ | 15.0 | 1.270 | $4.02\times10^{-1}$ | 48.0 | 1.555 | $4.88\times10^{-1}$ |
| 7.2 | 1.312 | $3.21\times10^{-2}$ | 15.5 | 1.297 | $4.14\times10^{-1}$ | 50.0 | 1.587 | $5.14\times10^{-1}$ |
| 7.3 | 1.309 | $3.22\times10^{-2}$ | 16.0 | 1.325 | $4.22\times10^{-1}$ | 60.0 | 1.703 | $5.87\times10^{-1}$ |
| 7.4 | 1.307 | $3.24\times10^{-2}$ | 16.5 | 1.351 | $4.28\times10^{-1}$ | 70.0 | 1.821 | $5.76\times10^{-1}$ |
| 7.5 | 1.304 | $3.26\times10^{-2}$ | 17.0 | 1.376 | $4.29\times10^{-1}$ | 80.0 | 1.886 | $5.47\times10^{-1}$ |
| 7.6 | 1.302 | $3.28\times10^{-2}$ | 17.5 | 1.401 | $4.29\times10^{-1}$ | 90.0 | 1.924 | $5.36\times10^{-1}$ |
| 7.7 | 1.299 | $3.31\times10^{-2}$ | 18.0 | 1.423 | $4.26\times10^{-1}$ | 100.0 | 1.957 | $5.32\times10^{-1}$ |

来源：Hale 和 Querry，1973

## 2. 冰的复折射指数

| λ(μm) | $m_r$ | $m_i$ | λ(μm) | $m_r$ | $m_i$ | λ(μm) | $m_r$ | $m_i$ |
|---|---|---|---|---|---|---|---|---|
| 0.210 | 1.3800 | $1.325\times10^{-8}$ | 0.940 | 1.3025 | $5.530\times10^{-7}$ | 1.280 | 1.2965 | $1.330\times10^{-5}$ |
| 0.250 | 1.3509 | $8.623\times10^{-9}$ | 0.960 | 1.3022 | $7.550\times10^{-7}$ | 1.290 | 1.2963 | $1.320\times10^{-5}$ |
| 0.300 | 1.3339 | $5.504\times10^{-9}$ | 0.980 | 1.3018 | $1.120\times10^{-6}$ | 1.300 | 1.2961 | $1.320\times10^{-5}$ |
| 0.350 | 1.3249 | $3.765\times10^{-9}$ | 1.000 | 1.3015 | $1.620\times10^{-6}$ | 1.310 | 1.2958 | $1.310\times10^{-5}$ |
| 0.400 | 1.3194 | $2.710\times10^{-9}$ | 1.010 | 1.3013 | $2.000\times10^{-6}$ | 1.320 | 1.2956 | $1.320\times10^{-5}$ |
| 0.420 | 1.3177 | $2.260\times10^{-9}$ | 1.020 | 1.3012 | $2.250\times10^{-6}$ | 1.330 | 1.2954 | $1.320\times10^{-5}$ |
| 0.440 | 1.3163 | $1.910\times10^{-9}$ | 1.030 | 1.3010 | $2.330\times10^{-6}$ | 1.340 | 1.2952 | $1.340\times10^{-5}$ |
| 0.460 | 1.3151 | $1.530\times10^{-9}$ | 1.040 | 1.3008 | $2.330\times10^{-6}$ | 1.350 | 1.2950 | $1.390\times10^{-5}$ |
| 0.480 | 1.3140 | $1.640\times10^{-9}$ | 1.050 | 1.3006 | $2.170\times10^{-6}$ | 1.360 | 1.2948 | $1.420\times10^{-5}$ |
| 0.500 | 1.3130 | $1.910\times10^{-9}$ | 1.060 | 1.3005 | $1.960\times10^{-6}$ | 1.370 | 1.2945 | $1.480\times10^{-5}$ |
| 0.520 | 1.3122 | $2.260\times10^{-9}$ | 1.070 | 1.3003 | $1.810\times10^{-6}$ | 1.380 | 1.2943 | $1.580\times10^{-5}$ |
| 0.540 | 1.3114 | $2.930\times10^{-9}$ | 1.080 | 1.3001 | $1.740\times10^{-6}$ | 1.390 | 1.2941 | $1.740\times10^{-5}$ |
| 0.560 | 1.3106 | $3.290\times10^{-9}$ | 1.090 | 1.3000 | $1.730\times10^{-6}$ | 1.400 | 1.2938 | $1.980\times10^{-5}$ |
| 0.580 | 1.3100 | $4.040\times10^{-9}$ | 1.100 | 1.2998 | $1.700\times10^{-6}$ | 1.410 | 1.2936 | $2.500\times10^{-5}$ |
| 0.600 | 1.3094 | $5.730\times10^{-9}$ | 1.110 | 1.2996 | $1.760\times10^{-6}$ | 1.420 | 1.2933 | $5.400\times10^{-5}$ |
| 0.620 | 1.3088 | $8.580\times10^{-9}$ | 1.120 | 1.2995 | $1.820\times10^{-6}$ | 1.430 | 1.2930 | $1.040\times10^{-4}$ |
| 0.640 | 1.3083 | $1.220\times10^{-8}$ | 1.130 | 1.2993 | $2.040\times10^{-6}$ | 1.440 | 1.2927 | $2.030\times10^{-4}$ |
| 0.660 | 1.3078 | $1.660\times10^{-8}$ | 1.140 | 1.2991 | $2.250\times10^{-6}$ | 1.450 | 1.2925 | $2.708\times10^{-4}$ |
| 0.680 | 1.3073 | $2.090\times10^{-8}$ | 1.150 | 1.2989 | $2.290\times10^{-6}$ | 1.460 | 1.2923 | $3.511\times10^{-4}$ |
| 0.700 | 1.3069 | $2.900\times10^{-8}$ | 1.160 | 1.2987 | $3.040\times10^{-6}$ | 1.471 | 1.2921 | $4.299\times10^{-4}$ |
| 0.720 | 1.3065 | $4.030\times10^{-8}$ | 1.170 | 1.2985 | $3.840\times10^{-6}$ | 1.481 | 1.2919 | $5.181\times10^{-4}$ |
| 0.740 | 1.3060 | $4.920\times10^{-8}$ | 1.180 | 1.2984 | $4.770\times10^{-6}$ | 1.493 | 1.2917 | $5.855\times10^{-4}$ |
| 0.760 | 1.3057 | $7.080\times10^{-8}$ | 1.190 | 1.2982 | $5.760\times10^{-6}$ | 1.504 | 1.2915 | $5.899\times10^{-4}$ |
| 0.780 | 1.3053 | $1.020\times10^{-7}$ | 1.200 | 1.2980 | $6.710\times10^{-6}$ | 1.515 | 1.2913 | $5.635\times10^{-4}$ |
| 0.800 | 1.3049 | $1.340\times10^{-7}$ | 1.210 | 1.2978 | $8.660\times10^{-6}$ | 1.527 | 1.2911 | $5.480\times10^{-4}$ |
| 0.820 | 1.3045 | $1.430\times10^{-7}$ | 1.220 | 1.2976 | $1.020\times10^{-5}$ | 1.538 | 1.2908 | $5.266\times10^{-4}$ |
| 0.840 | 1.3042 | $1.510\times10^{-7}$ | 1.230 | 1.2974 | $1.130\times10^{-5}$ | 1.563 | 1.2903 | $4.394\times10^{-4}$ |
| 0.860 | 1.3038 | $2.150\times10^{-7}$ | 1.240 | 1.2972 | $1.220\times10^{-5}$ | 1.587 | 1.2896 | $3.701\times10^{-4}$ |
| 0.880 | 1.3035 | $3.350\times10^{-7}$ | 1.250 | 1.2970 | $1.290\times10^{-5}$ | 1.613 | 1.2889 | $3.372\times10^{-4}$ |
| 0.900 | 1.3032 | $4.200\times10^{-7}$ | 1.260 | 1.2969 | $1.320\times10^{-5}$ | 1.650 | 1.2878 | $2.410\times10^{-4}$ |
| 0.920 | 1.3028 | $4.740\times10^{-7}$ | 1.270 | 1.2967 | $1.350\times10^{-5}$ | 1.680 | 1.2869 | $1.890\times10^{-4}$ |

续表

| λ(μm) | $m_r$ | $m_i$ | λ(μm) | $m_r$ | $m_i$ | λ(μm) | $m_r$ | $m_i$ |
|---|---|---|---|---|---|---|---|---|
| 1.700 | 1.2862 | $1.660\times10^{-4}$ | 2.270 | 1.2558 | $2.320\times10^{-4}$ | 2.985 | 1.0219 | $3.880\times10^{-1}$ |
| 1.730 | 1.2852 | $1.450\times10^{-4}$ | 2.290 | 1.2538 | $2.890\times10^{-4}$ | 3.003 | 1.0427 | $4.380\times10^{-1}$ |
| 1.760 | 1.2841 | $1.280\times10^{-4}$ | 2.310 | 1.2518 | $3.810\times10^{-4}$ | 3.021 | 1.0760 | $4.930\times10^{-1}$ |
| 1.800 | 1.2826 | $1.030\times10^{-4}$ | 2.330 | 1.2497 | $4.620\times10^{-4}$ | 3.040 | 1.1295 | $5.540\times10^{-1}$ |
| 1.830 | 1.2814 | $8.600\times10^{-5}$ | 2.350 | 1.2475 | $5.480\times10^{-4}$ | 3.058 | 1.2127 | $6.120\times10^{-1}$ |
| 1.840 | 1.2809 | $8,220\times10^{-5}$ | 2.370 | 1.2451 | $6.180\times10^{-4}$ | 3.077 | 1.3251 | $6.250\times10^{-1}$ |
| 1.850 | 1.2805 | $8.030\times10^{-5}$ | 2.390 | 1.2427 | $6.800\times10^{-4}$ | 3.096 | 1.4260 | $5.930\times10^{-1}$ |
| 1.855 | 1.2802 | $8.500\times10^{-5}$ | 2.410 | 1.2400 | $7.300\times10^{-4}$ | 3.115 | 1.4966 | $5.390\times10^{-1}$ |
| 1.860 | 1.2800 | $9.900\times10^{-5}$ | 2.430 | 1.2373 | $7.820\times10^{-4}$ | 3.135 | 1.5510 | $4.910\times10^{-1}$ |
| 1.870 | 1.2795 | $1.500\times10^{-4}$ | 2.460 | 1.2327 | $8.480\times10^{-4}$ | 3.155 | 1.5999 | $4.380\times10^{-1}$ |
| 1.890 | 1.2785 | $2.950\times10^{-4}$ | 2.500 | 1.2258 | $9.250\times10^{-4}$ | 3.175 | 1.6363 | $3.720\times10^{-1}$ |
| 1.905 | 1.2777 | $4.687\times10^{-4}$ | 2.520 | 1.2220 | $9.200\times10^{-4}$ | 3.195 | 1.6502 | $3.000\times10^{-1}$ |
| 1.923 | 1.2769 | $7.615\times10^{-4}$ | 2.550 | 1.2155 | $8.920\times10^{-4}$ | 3.215 | 1.6428 | $2.380\times10^{-1}$ |
| 1.942 | 1.2761 | $1.010\times10^{-3}$ | 2.565 | 1.2118 | $8.700\times10^{-4}$ | 3.236 | 1.6269 | $1.930\times10^{-1}$ |
| 1.961 | 1.2754 | $1.313\times10^{-3}$ | 2.580 | 1.2079 | $8.900\times10^{-4}$ | 3.257 | 1.6128 | $1.580\times10^{-1}$ |
| 1.980 | 1.2747 | $1.539\times10^{-3}$ | 2.590 | 1.2051 | $9.300\times10^{-4}$ | 3.279 | 1.5924 | $1.210\times10^{-1}$ |
| 2.000 | 1.2740 | $1.588\times10^{-3}$ | 2.600 | 1.2021 | $1.010\times10^{-3}$ | 3.300 | 1.5733 | $1.030\times10^{-1}$ |
| 2.020 | 1.2733 | $1.540\times10^{-3}$ | 2.620 | 1.1957 | $1.350\times10^{-3}$ | 3.322 | 1.5577 | $8.360\times10^{-2}$ |
| 2.041 | 1.2724 | $1.412\times10^{-3}$ | 2.675 | 1.1741 | $3.420\times10^{-3}$ | 3.345 | 1.5413 | $6.680\times10^{-2}$ |
| 2.062 | 1.2714 | $1.244\times10^{-3}$ | 2.725 | 1.1473 | $7.920\times10^{-3}$ | 3.367 | 1.5265 | $5.400\times10^{-2}$ |
| 2.083 | 1.2703 | $1.068\times10^{-3}$ | 2.778 | 1.1077 | $2.000\times10^{-2}$ | 3.390 | 1.5114 | $4.220\times10^{-2}$ |
| 2.105 | 1.2690 | $8.414\times10^{-4}$ | 2.817 | 1.0674 | $3.800\times10^{-2}$ | 3.413 | 1.4973 | $3.420\times10^{-2}$ |
| 2.130 | 1.2674 | $5.650\times10^{-4}$ | 2.833 | 1.0476 | $5.200\times10^{-2}$ | 3.436 | 1.4845 | $2.740\times10^{-2}$ |
| 2.150 | 1.2659 | $4.320\times10^{-4}$ | 2.849 | 1.0265 | $6.800\times10^{-2}$ | 3.460 | 1.4721 | $2.200\times10^{-2}$ |
| 2.170 | 1.2644 | $3.500\times10^{-4}$ | 2.865 | 1.0036 | $9.230\times10^{-2}$ | 3.484 | 1.4612 | $1.860\times10^{-2}$ |
| 2.190 | 1.2628 | $2.870\times10^{-4}$ | 2.882 | 0.9820 | $1.270\times10^{-1}$ | 3.509 | 1.4513 | $1.520\times10^{-2}$ |
| 2.220 | 1.2604 | $2.210\times10^{-4}$ | 2.899 | 0.9650 | $1.690\times10^{-1}$ | 3.534 | 1.4421 | $1.260\times10^{-2}$ |
| 2.240 | 1.2586 | $2.030\times10^{-4}$ | 2.915 | 0.9596 | $2.210\times10^{-1}$ | 3.559 | 1.4337 | $1.060\times10^{-2}$ |
| 2.245 | 1.2582 | $2.010\times10^{-4}$ | 2.933 | 0.9727 | $2.760\times10^{-1}$ | 3.624 | 1.4155 | $8.020\times10^{-3}$ |
| 2.250 | 1.2577 | $2.030\times10^{-4}$ | 2.950 | 0.9917 | $3.120\times10^{-1}$ | 3.732 | 1.3942 | $6.850\times10^{-3}$ |
| 2.260 | 1.2567 | $2.140\times10^{-4}$ | 2.967 | 1.0067 | $3.470\times10^{-1}$ | 3.775 | 1.3873 | $6.600\times10^{-3}$ |

续表

| λ(μm) | $m_r$ | $m_i$ | λ(μm) | $m_r$ | $m_i$ | λ(μm) | $m_r$ | $m_i$ |
|---|---|---|---|---|---|---|---|---|
| 3.847 | 1.3773 | $6.960\times10^{-3}$ | 6.410 | 1.3224 | $5.900\times10^{-2}$ | 10.640 | 1.1013 | $1.340\times10^{-1}$ |
| 3.969 | 1.3645 | $9.160\times10^{-3}$ | 6.452 | 1.3215 | $5.700\times10^{-2}$ | 10.750 | 1.0908 | $1.680\times10^{-1}$ |
| 4.099 | 1.3541 | $1.110\times10^{-2}$ | 6.494 | 1.3204 | $5.600\times10^{-2}$ | 10.870 | 1.0873 | $2.040\times10^{-1}$ |
| 4.239 | 1.3446 | $1.450\times10^{-2}$ | 6.579 | 1.3181 | $5.500\times10^{-2}$ | 11.000 | 1.0925 | $2.480\times10^{-1}$ |
| 4.348 | 1.3388 | $2.000\times10^{-2}$ | 6.667 | 1.3171 | $5.700\times10^{-2}$ | 11.110 | 1.1065 | $2.800\times10^{-1}$ |
| 4.387 | 1.3381 | $2.300\times10^{-2}$ | 6.757 | 1.3181 | $5.800\times10^{-2}$ | 11.360 | 1.1478 | $3.410\times10^{-1}$ |
| 4.444 | 1.3385 | $2.600\times10^{-2}$ | 6.897 | 1.3195 | $5.700\times10^{-2}$ | 11.630 | 1.2020 | $3.790\times10^{-1}$ |
| 4.505 | 1.3405 | $2.900\times10^{-2}$ | 7.042 | 1.3193 | $5.500\times10^{-2}$ | 11.900 | 1.2582 | $4.090\times10^{-1}$ |
| 4.547 | 1.3429 | $2.930\times10^{-2}$ | 7.143 | 1.3190 | $5.500\times10^{-2}$ | 12.200 | 1.3231 | $4,220\times10^{-1}$ |
| 4.560 | 1.3442 | $3.000\times10^{-2}$ | 7.246 | 1.3191 | $5.400\times10^{-2}$ | 12.500 | 1.3857 | $4.220\times10^{-1}$ |
| 4.580 | 1.3463 | $2.850\times10^{-2}$ | 7.353 | 1.3180 | $5.200\times10^{-2}$ | 12.820 | 1.4448 | $4.030\times10^{-1}$ |
| 4.719 | 1.3442 | $1.730\times10^{-2}$ | 7.463 | 1.3163 | $5.200\times10^{-2}$ | 12.990 | 1.4717 | $3.890\times10^{-1}$ |
| 4.904 | 1.3345 | $1.290\times10^{-2}$ | 7.576 | 1.3154 | $5.200\times10^{-2}$ | 13.160 | 1.4962 | $3.740\times10^{-1}$ |
| 5.000 | 1.3290 | $1.200\times10^{-2}$ | 7.692 | 1.3154 | $5.200\times10^{-2}$ | 13.330 | 1.5165 | $3.540\times10^{-1}$ |
| 5.100 | 1.3233 | $1.250\times10^{-2}$ | 7.812 | 1.3155 | $5.000\times10^{-2}$ | 13.510 | 1.5333 | $3.350\times10^{-1}$ |
| 5.200 | 1.3180 | $1.340\times10^{-2}$ | 7.937 | 1.3145 | $4.700\times10^{-2}$ | 13.700 | 1.5490 | $3.150\times10^{-1}$ |
| 5.263 | 1.3143 | $1.400\times10^{-2}$ | 8.065 | 1.3110 | $4.300\times10^{-2}$ | 13.890 | 1.5628 | $2.940\times10^{-1}$ |
| 5.400 | 1.3062 | $1.750\times10^{-2}$ | 8.197 | 1.3068 | $3.900\times10^{-2}$ | 14.080 | 1.5732 | $2.710\times10^{-1}$ |
| 5.556 | 1.2972 | $2.400\times10^{-2}$ | 8.333 | 1.2993 | $3.700\times10^{-2}$ | 14.290 | 1.5803 | $2.460\times10^{-1}$ |
| 5.714 | 1.2890 | $3.500\times10^{-2}$ | 8.475 | 1.2925 | $3.900\times10^{-2}$ | 14.710 | 1.5792 | $1.980\times10^{-1}$ |
| 5.747 | 1.2873 | $3.800\times10^{-2}$ | 8.696 | 1.2839 | $4.000\times10^{-2}$ | 15.150 | 1.5667 | $1.640\times10^{-1}$ |
| 5.780 | 1.2860 | $4.200\times10^{-2}$ | 8.929 | 1.2740 | $4.200\times10^{-2}$ | 15.380 | 1.5587 | $1.520\times10^{-1}$ |
| 5.814 | 1.2851 | $4.600\times10^{-2}$ | 9.091 | 1.2672 | $4.400\times10^{-2}$ | 15.630 | 1.5508 | $1,420\times10^{-1}$ |
| 5.848 | 1.2854 | $5.200\times10^{-2}$ | 9.259 | 1.2599 | $4.500\times10^{-2}$ | 16.130 | 1.5381 | $1.280\times10^{-1}$ |
| 5.882 | 1.2881 | $5.700\times10^{-2}$ | 9.524 | 1.2451 | $4.600\times10^{-2}$ | 16.390 | 1.5330 | $1,250\times10^{-1}$ |
| 6.061 | 1.3016 | $6.900\times10^{-2}$ | 9.804 | 1.2224 | $4.700\times10^{-2}$ | 16.670 | 1.5322 | $1.230\times10^{-1}$ |
| 6.135 | 1.3090 | $7.000\times10^{-2}$ | 10.000 | 1.1991 | $5.100\times10^{-2}$ | 16.950 | 1.5334 | $1.160\times10^{-1}$ |
| 6.250 | 1.3172 | $6.700\times10^{-2}$ | 10.200 | 1.1715 | $6.500\times10^{-2}$ | 17.240 | 1.5329 | $1.070\times10^{-1}$ |
| 6.289 | 1.3189 | $6.500\times10^{-2}$ | 10.310 | 1.1553 | $7.500\times10^{-2}$ | 18.180 | 1.5170 | $7.900\times10^{-2}$ |
| 6.329 | 1.3204 | $6.400\times10^{-2}$ | 10.420 | 1.1370 | $8.800\times10^{-2}$ | 18.870 | 1.5010 | $7.200\times10^{-2}$ |
| 6.369 | 1.3220 | $6.200\times10^{-2}$ | 10.530 | 1.1181 | $1.080\times10^{-1}$ | 19.230 | 1.4968 | $7.600\times10^{-2}$ |

续表

| λ(μm) | $m_r$ | $m_i$ | λ(μm) | $m_r$ | $m_i$ | λ(μm) | $m_r$ | $m_i$ |
|---|---|---|---|---|---|---|---|---|
| 19.610 | 1.4993 | $7.500\times10^{-2}$ | 43.580 | 1.2417 | $5.247\times10^{-1}$ | 61.000 | 1.5992 | $4.509\times10^{-1}$ |
| 20.000 | 1.5015 | $6.700\times10^{-2}$ | 44.580 | 1.2818 | $5.731\times10^{-1}$ | 61.250 | 1.6140 | $4.671\times10^{-1}$ |
| 20.410 | 1.4986 | $5.500\times10^{-2}$ | 45.500 | 1.3278 | $6.362\times10^{-1}$ | 62.500 | 1.6662 | $4.779\times10^{-1}$ |
| 20.830 | 1.4905 | $4.500\times10^{-2}$ | 46.150 | 1.3866 | $6.839\times10^{-1}$ | 63.780 | 1.7066 | $4.890\times10^{-1}$ |
| 22.220 | 1.4607 | $2.900\times10^{-2}$ | 46.710 | 1.4649 | $7.091\times10^{-1}$ | 64.670 | 1.7371 | $4.899\times10^{-1}$ |
| 22.600 | 1.4518 | $2.750\times10^{-2}$ | 47.360 | 1.5532 | $6.790\times10^{-1}$ | 65.580 | 1.7686 | $4.873\times10^{-1}$ |
| 23.050 | 1.4422 | $2.700\times10^{-2}$ | 48.000 | 1.6038 | $6.250\times10^{-1}$ | 66.550 | 1.8034 | $4.766\times10^{-1}$ |
| 23.600 | 1.4316 | $2.730\times10^{-2}$ | 48.780 | 1.6188 | $5.654\times10^{-1}$ | 67.600 | 1.8330 | $4.508\times10^{-1}$ |
| 24.600 | 1.4138 | $2.890\times10^{-2}$ | 50.030 | 1.6296 | $5.433\times10^{-1}$ | 69.000 | 1.8568 | $4.193\times10^{-1}$ |
| 25.000 | 1.4068 | $3.000\times10^{-2}$ | 51.280 | 1.6571 | $5.292\times10^{-1}$ | 70.530 | 1.8741 | $3.880\times10^{-1}$ |
| 26.000 | 1.3895 | $3.400\times10^{-2}$ | 52.750 | 1.6981 | $5.070\times10^{-1}$ | 73.000 | 1.8911 | $3.433\times10^{-1}$ |
| 28.570 | 1.3489 | $5.300\times10^{-2}$ | 53.500 | 1.7206 | $4.883\times10^{-1}$ | 75.000 | 1.8992 | $3.118\times10^{-1}$ |
| 31.000 | 1.3104 | $7.550\times10^{-2}$ | 54.240 | 1.7486 | $4.707\times10^{-1}$ | 76.290 | 1.9043 | $2.935\times10^{-1}$ |
| 33.330 | 1.2642 | $1.060\times10^{-1}$ | 55.000 | 1.7674 | $4.203\times10^{-1}$ | 80.000 | 1.9033 | $2.350\times10^{-1}$ |
| 34.480 | 1.2366 | $1.350\times10^{-1}$ | 55.740 | 1.7648 | $3.771\times10^{-1}$ | 82.970 | 1.8874 | $1.981\times10^{-1}$ |
| 35.640 | 1.2166 | $1.761\times10^{-1}$ | 56.400 | 1.7501 | $3.376\times10^{-1}$ | 85.000 | 1.8750 | $1.865\times10^{-1}$ |
| 37.000 | 1.2023 | $2.229\times10^{-1}$ | 57.000 | 1.7233 | $3.056\times10^{-1}$ | 86.800 | 1.8670 | $1.771\times10^{-1}$ |
| 38.240 | 1.1964 | $2.746\times10^{-1}$ | 57.460 | 1.6849 | $2.835\times10^{-1}$ | 90.800 | 1.8536 | $1.620\times10^{-1}$ |
| 39.600 | 1.1997 | $3.280\times10^{-1}$ | 58.400 | 1.6240 | $3.170\times10^{-1}$ | 95.170 | 1.8425 | $1.490\times10^{-1}$ |
| 41.140 | 1.2086 | $3.906\times10^{-1}$ | 59.290 | 1.5960 | $3.517\times10^{-1}$ | 100.000 | 1.8323 | $1.390\times10^{-1}$ |
| 42.760 | 1.2217 | $4.642\times10^{-1}$ | 60.000 | 1.5851 | $3.902\times10^{-1}$ | | | |

来源：Warren(1984)，reference in Chapter 5

# 附录 D　辐射参数量纲

| 符号 | 名称 | 量纲 | 符号 | 名称 | 量纲 |
|---|---|---|---|---|---|
| $a$ | 吸收率 | | $Q_a$ | 单粒子吸收效率 | |
| $\bar{a}$ | 球吸收比 | | $Q_s$ | 单粒子散射效率 | |
| $\bar{\alpha}_0$ | 平均地球反照率 | | $Q_e$ | 单粒子衰减效率 | |
| $A_c$ | 云反照率 | | $\boldsymbol{P}(\cos\Theta)$ | 相函数 | $sr^{-1}$ |
| $A_g, A_s, r_s$ | 地面反照率 | | $R$ | 反射函数 | |
| $B_\lambda$ | 普朗克黑体辐射 | $W \cdot m^{-2} \cdot sr^{-1} \cdot \mu m^{-1}$ | $\bar{r}_s$ | 地面反照率 | |
| $B_\nu$ | 普朗克黑体辐射 | $W \cdot m^{-2} \cdot sr^{-1} \cdot Hz^{-1}$ | $r_e$ | 粒子半径 | μm |
| $\boldsymbol{B}$ | 磁场矢量 | T | $S$ | 谱线强度 | $m^{-2}$ |
| $\boldsymbol{B}$ | 偏振黑体辐射矢量 | $W \cdot m^{-2} \cdot sr^{-1}$ | $S$ | 太阳常数 | $W \cdot m^{-2}$ |
| $\bar{C}_{abs}$ | 粒子群吸收截面 | $m^2$ | $\tilde{T}_\nu$ | 通量透过率 | |
| $\bar{C}_{sca}$ | 粒子群散射截面 | $m^2$ | $\tilde{T}_\nu(-\Omega', -\Omega)$ | 双向透射率 | |
| $\bar{C}_{ext}$ | 粒子群衰减截面 | $m^2$ | $\tilde{T}_\nu(-\Omega', -2\pi)$ | 方向半球或通量透射率 | |
| $c_p$ | 定压比热 | $m^2 \cdot s^{-1} \cdot K$ | $\tilde{T}_\nu(-2\pi, -\Omega)$ | 半球方向透射率 | |
| $\boldsymbol{D}$ | 电位移矢量 | $A \cdot s \cdot m^{-2}$ | $T$ | 温度 | ℃ |
| $\bar{d}$ | 日地平均距离 | $1.496 \times 10^8$ km | $W$ | 谱线等效宽度(波数) | $cm^{-1}$ |
| $E_\lambda$ | 辐照度 | $W \cdot m^{-2} \cdot \mu m^{-1}$ | $\alpha$ | 气候敏感性 | $K \cdot W^{-1} \cdot m^2 \cdot s$ |
| $\boldsymbol{E}$ | 电场矢量 | $V \cdot m^{-1}$ | $\alpha$ | 谱线半宽度 | Hz 或 $\mu m^{-1}$ |
| $E_0$ | 电场振幅 | $V \cdot m^{-1}$ | $\alpha_L$ | 罗仑兹谱线半宽度 | Hz 或 $\mu m^{-1}$ |
| $f$ | 散射前向部分 | | $\alpha_D$ | 多普勒谱线半宽度 | Hz 或 $\mu m^{-1}$ |
| $f(k)$ | $k$ 分布 | cm | $\langle \alpha_m \rangle$ | 光谱平均质量吸收系数 | $m^2 \cdot kg^{-1}$ |
| $f(\nu-\nu_0)$ | 谱型函数 | | $\omega$ | 立体角 | sr |
| $F_\lambda$ | 辐射通量密度 | $W \cdot m^{-2} \cdot \mu m^{-1}$ | $\Omega$ | 立体角矢量 | sr |
| $G, g(\tau)$ | 温室因子 | $W \cdot m^{-2}$ | $\sigma_B$ | 斯蒂芬玻尔磁曼常数 | $W \cdot m^{-2} \cdot K^{-1}$ |
| $g(k)$ | $k$ 的累积概率 | | $\sigma_a$ | 单粒子吸收截面 | $m^2$ |
| $g(\omega)$ | $f(t)$的付里叶变换 | | $\sigma_s$ | 单粒子散射截面 | $m^2$ |
| $H$ | H 函数 | | $\sigma_e$ | 单粒子衰减截面 | $m^2$ |

续表

| 符号 | 名称 | 量纲 | 符号 | 名称 | 量纲 |
|---|---|---|---|---|---|
| $H$ | 加热率 | $W \cdot m^{-3}$ | $\rho(-\Omega', \Omega)$ | 双向反射函数 | |
| $\boldsymbol{I}_\nu$ | 辐射率 | $W \cdot m^{-2} \cdot sr^{-1} \cdot Hz^{-1}$ | $\rho(-2\pi, \Omega)$ | 半球方向反射率 | |
| $\boldsymbol{I}_\nu^+$ | 向上辐射强率 | $W \cdot m^{-2} \cdot sr^{-1} \cdot Hz^{-1}$ | $\rho(-\Omega', 2\pi)$ | 方向半球通量反射率或行星反照率 | |
| $\boldsymbol{I}_\nu^-$ | 向下辐射强率 | $W \cdot m^{-2} \cdot sr^{-1} \cdot Hz^{-1}$ | $\varepsilon_r$ | 相对介电常数 | |
| $\boldsymbol{J}_\nu$ | 源函数 | $W \cdot m^{-2} \cdot sr^{-1} \cdot Hz^{-1}$ | $\in$ | | |
| $j_\nu$ | 发射系数 | $W \cdot m^{-2} \cdot sr^{-1} \cdot Hz^{-1}$ | $\delta$ | 相移 | |
| $\boldsymbol{k}$ | 波矢量 | | $\delta(\mu)$ | Dirac-$\delta$ 函数 | |
| $k_a$ | 质量吸收系数 | $m^2 \cdot kg^{-1}$ | $\mu=\cos\theta$ | 天顶角余弦 | |
| $k_{av}$ | 吸收系数 | $m^{-1}$ | $\tau_a(s)$ | 吸收光学厚度 | |
| $k_s$ | 质量散射系数 | $m^2 \cdot kg^{-1}$ | $\tau_s(s)$ | 散射光学厚度 | |
| $k_n=\sigma_a$ | 单粒子吸收截面 | $m^2$ | $\tau_e(s)$ | 衰减光学厚度 | |
| $k_e$ | 衰减系数 | $m^{-1}$ | $\tau(z)=\tau$ | 垂直光学厚度 | |
| $k(g)$ | $k$ 分布逆 | | $\Theta$ | 散射角 | |
| $m$ | 折射指数($m=m_r+im_i$) | | $\varpi_0$ | 单次反照率 | |
| $m_r$ | 折射指数实部 | | $\boldsymbol{\nabla}$ | 梯度算符 | $m^{-1}$ |
| $m_i$ | 折射指数虚部 | | $\tilde{\nu}$ | 波数 | $cm^{-1}$ |
| $r(-\mu_0, 2\pi)$ | 半球反射比 | | $R(\mu, \phi; \mu', \phi')$ | | |
| $t(-\mu_0, -2\pi)$ | 漫透射比 | | $T(\mu, \phi; \mu', \phi')$ | | |

# 附录 E 大气顶太阳辐照度和水汽、臭氧、混合气体的吸收系数

| 波长 ($\mu$m) | 大气上界太阳辐照度 (W·m$^{-2}$·$\mu$m$^{-1}$) | 水汽 $k_\lambda(w)$ | 臭氧 $k_\lambda(O_3)$ | 混合气体 $k_\lambda(m)$ | 波长 ($\mu$m) | 大气上界太阳辐照度 (W·m$^{-2}$·$\mu$m$^{-1}$) | 水汽 $k_\lambda(w)$ | 臭氧 $k_\lambda(O_3)$ | 混合气体 $k_\lambda(m)$ |
|---|---|---|---|---|---|---|---|---|---|
| 0.300 | 535.9 | 0.0 | 10.0 | 0.0 | 0.470 | 1987.0 | 0.0 | 0.009 | 0.0 |
| 0.305 | 558.3 | 0.0 | 4.8 | 0.0 | 0.480 | 2027.0 | 0.0 | 0.014 | 0.0 |
| 0.310 | 622.0 | 0.0 | 2.70 | 0.0 | 0.490 | 1896.0 | 0.0 | 0.021 | 0.0 |
| 0.315 | 692.7 | 0.0 | 1.35 | 0.0 | 0.500 | 1909.0 | 0.0 | 0.030 | 0.0 |
| 0.320 | 715.1 | 0.0 | 0.800 | 0.0 | 0.510 | 1927.0 | 0.0 | 0.040 | 0.0 |
| 0.325 | 832.9 | 0.0 | 0.380 | 0.0 | 0.520 | 1831.0 | 0.0 | 0.048 | 0.0 |
| 0.330 | 961.9 | 0.0 | 0.160 | 0.0 | 0.530 | 1891.0 | 0.0 | 0.063 | 0.0 |
| 0.335 | 931.9 | 0.0 | 0.075 | 0.0 | 0.540 | 1898.0 | 0.0 | 0.075 | 0.0 |
| 0.340 | 900.6 | 0.0 | 0.040 | 0.0 | 0.550 | 1892.0 | 0.0 | 0.085 | 0.0 |
| 0.345 | 911.3 | 0.0 | 0.019 | 0.0 | 0.570 | 1840.0 | 0.0 | 0.120 | 0.0 |
| 0.350 | 975.5 | 0.0 | 0.007 | 0.0 | 0.593 | 1768.0 | 0.075 | 0.119 | 0.0 |
| 0.360 | 975.9 | 0.0 | 0.0 | 0.0 | 0.610 | 1728.0 | 0.0 | 0.120 | 0.0 |
| 0.370 | 1119.9 | 0.0 | 0.0 | 0.0 | 0.630 | 1658.0 | 0.0 | 0.090 | 0.0 |
| 0.380 | 1103.8 | 0.0 | 0.0 | 0.0 | 0.656 | 1524.0 | 0.0 | 0.065 | 0.0 |
| 0.390 | 1033.8 | 0.0 | 0.0 | 0.0 | 0.6676 | 1531.0 | 0.0 | 0.051 | 0.0 |
| 0.400 | 1479.1 | 0.0 | 0.0 | 0.0 | 0.690 | 1420.0 | 0.016 | 0.028 | 0.15 |
| 0.410 | 1701.3 | 0.0 | 0.0 | 0.0 | 0.710 | 1399.0 | 0.0125 | 0.018 | 0.0 |
| 0.420 | 1740.4 | 0.0 | 0.0 | 0.0 | 0.718 | 1374.0 | 1.80 | 0.015 | 0.0 |
| 0.430 | 1587.2 | 0.0 | 0.0 | 0.0 | 0.7244 | 1373.0 | 2.5 | 0.012 | 0.0 |
| 0.440 | 1837.0 | 0.0 | 0.0 | 0.0 | 0.740 | 1298.0 | 0.061 | 0.010 | 0.0 |
| 0.450 | 2005.0 | 0.0 | 0.003 | 0.0 | 0.7525 | 1269.0 | 0.0008 | 0.008 | 0.0 |
| 0.460 | 2043.0 | 0.0 | 0.006 | 0.0 | 0.7575 | 1245.0 | 0.0001 | 0.007 | 0.0 |

续表

| 波长 (μm) | 大气上界太阳辐照度 ($W \cdot m^{-2} \cdot \mu m^{-1}$) | 水汽 $k_\lambda(w)$ | 臭氧 $k_\lambda(O_3)$ | 混合气体 $k_\lambda(m)$ | 波长 (μm) | 大气上界太阳辐照度 ($W \cdot m^{-2} \cdot \mu m^{-1}$) | 水汽 $k_\lambda(w)$ | 臭氧 $k_\lambda(O_3)$ | 混合气体 $k_\lambda(m)$ |
|---|---|---|---|---|---|---|---|---|---|
| 0.7625 | 1223.0 | 0.00001 | 0.006 | 4.0 | 1.24 | 477.5 | 0.002 | 0.0 | 0.05 |
| 0.7675 | 1205.0 | 0.00001 | 0.005 | 0.35 | 1.27 | 442.7 | 0.002 | 0.0 | 0.30 |
| 0.780 | 1183.0 | 0.0006 | 0.0 | 0.0 | 1.29 | 440.0 | 0.1 | 0.0 | 0.02 |
| 0.800 | 1148.0 | 0.0360 | 0.0 | 0.0 | 1.32 | 416.8 | 4.0 | 0.0 | 0.0002 |
| 0.816 | 1091.0 | 1.6 | 0.0 | 0.0 | 1.35 | 391.4 | 200.0 | 0.0 | 0.00011 |
| 0.8237 | 1062.0 | 2.5 | 0.0 | 0.0 | 1.395 | 358.9 | 1000.0 | 0.0 | 0.00001 |
| 0.8315 | 1038.0 | 0.500 | 0.0 | 0.0 | 1.4425 | 327.5 | 185.080 | 0.0 | 0.05 |
| 0.840 | 1022.0 | 0.155 | 0.0 | 0.0 | 1.4625 | 317.5 | 0 | 0.0 | 0.011 |
| 0.860 | 998.0 | 0.0001 | 0.0 | 0.0 | 1.477 | 307.3 | 80.0 | 0.0 | 0.005 |
| 0.880 | 947.2 | 0.0026 | 0.0 | 0.0 | 1.495 | 300.4 | 12.0 | 0.0 | 0.0006 |
| 0.905 | 893.2 | 7.0 | 0.0 | 0.0 | 1.520 | 292.8 | 0.16 | 0.0 | 0.0 |
| 0.915 | 868.2 | 5.0 | 0.0 | 0.0 | 1.539 | 275.5 | 0.002 | 0.0 | 0.005 |
| 0.925 | 829.7 | 5.0 | 0.0 | 0.0 | 1.558 | 272.1 | 0.0005 | 0.0 | 0.13 |
| 0.930 | 830.3 | 27.5 | 0.0 | 0.0 | 1.578 | 259.3 | 0.0001 | 0.0 | 0.04 |
| 0.937 | 814.0 | 55.0 | 0.0 | 0.0 | 1.592 | 246.9 | 0.00001 | 0.0 | 0.06 |
| 0.948 | 786.9 | 45.0 | 0.0 | 0.0 | 1.610 | 244.0 | 0.0001 | 0.0 | 0.13 |
| 0.965 | 768.3 | 4.0 | 0.0 | 0.0 | 1.630 | 243.5 | 0.001 | 0.0 | 0.001 |
| 0.980 | 767.0 | 1.48 | 0.0 | 0.0 | 1.646 | 234.8 | 0.01 | 0.0 | 0.0014 |
| 0.9935 | 757.6 | 0.1 | 0.0 | 0.0 | 1.678 | 220.5 | 0.036 | 0.0 | 0.0001 |
| 1.04 | 688.1 | 0.00001 | 0.0 | 0.0 | 1.740 | 190.8 | 1.1 | 0.0 | 0.00001 |
| 1.07 | 640.7 | 0.001 | 0.0 | 0.0 | 1.80 | 171.1 | 130.0 | 0.0 | 0.00001 |
| 1.10 | 606.2 | 3.2 | 0.0 | 0.0 | 1.860 | 144.5 | 1000.0 | 0.0 | 0.0001 |
| 1.12 | 585.9 | 115.0 | 0.0 | 0.0 | 1.920 | 135.7 | 500.0 | 0.0 | 0.001 |
| 1.13 | 570.2 | 70.0 | 0.0 | 0.0 | 1.960 | 123.0 | 100.0 | 0.0 | 4.3 |
| 1.145 | 564.1 | 75.0 | 0.0 | 0.0 | 1.985 | 123.8 | 4.0 | 0.0 | 0.20 |
| 1.161 | 544.2 | 10.0 | 0.0 | 0.0 | 2.005 | 113.0 | 2.9 | 0.0 | 21.0 |
| 1.17 | 533.4 | 5.0 | 0.0 | 0.0 | 2.035 | 108.5 | 1.0 | 0.0 | 0.13 |
| 1.20 | 501.6 | 2.0 | 0.0 | 0.0 | 2.065 | 97.5 | 0.4 | 0.0 | 1.0 |

续表

| 波长(μm) | 大气上界太阳辐照度($W\cdot m^{-2}\cdot \mu m^{-1}$) | 水汽 $k_\lambda(w)$ | 臭氧 $k_\lambda(O_3)$ | 混合气体 $k_\lambda(m)$ | 波长(μm) | 大气上界太阳辐照度($W\cdot m^{-2}\cdot \mu m^{-1}$) | 水汽 $k_\lambda(w)$ | 臭氧 $k_\lambda(O_3)$ | 混合气体 $k_\lambda(m)$ |
|---|---|---|---|---|---|---|---|---|---|
| 2.10 | 92.4 | 0.22 | 0.0 | 0.08 | 3.0 | 24.8 | 240.0 | 0.0 | 0.0095 |
| 2.148 | 82.4 | 0.25 | 0.0 | 0.001 | 3.1 | 22.1 | 230.0 | 0.0 | 0.001 |
| 2.198 | 74.6 | 0.33 | 0.0 | 0.00038 | 3.2 | 19.6 | 100.0 | 0.0 | 0.8 |
| 2.270 | 68.3 | 0.50 | 0.0 | 0.001 | 3.3 | 17.5 | 120.0 | 0.0 | 1.9 |
| 2.360 | 63.8 | 4.0 | 0.0 | 0.0005 | 3.4 | 15.7 | 19.5 | 0.0 | 1.3 |
| 2.450 | 49.5 | 80.0 | 0.0 | 0.00015 | 3.5 | 14.1 | 3.6 | 0.0 | 0.075 |
| 2.5 | 48.5 | 310.0 | 0.0 | 0.00014 | 3.6 | 12.7 | 3.1 | 0.0 | 0.01 |
| 2.6 | 38.6 | 15000.0 | 0.0 | 0.00066 | 3.7 | 11.5 | 2.5 | 0.0 | 0.00195 |
| 2.7 | 36.6 | 22000.0 | 0.0 | 100.0 | 3.8 | 10.4 | 1.4 | 0.0 | 0.004 |
| 2.8 | 32.0 | 8000.0 | 0.0 | 150.0 | 3.9 | 9.5 | 0.17 | 0.0 | 0.29 |
| 2.9 | 28.1 | 650.0 | 0.0 | 0.13 | 4.0 | 8.6 | 0.0045 | 0.0 | 0.025 |